Charles Perrow

Normale Katastrophen

Die unvermeidbaren Risiken der Großtechnik

Mit einem Vorwort von Klaus Traube
Aus dem Englischen
von Udo Rennert

Campus Verlag
Frankfurt/New York

Die amerikanische Originalausgabe *Normal Accidents. Living with High-Risk Technologies*
erschien 1984 bei Basic Books, New York.
Copyright © 1984 by Basic Books

CIP-Titelaufnahme der Deutschen Bibliothek

Perrow, Charles:
Normale Katastrophen : d. unvermeidbaren Risiken d.
Grosstechnik / Charles Perrow. Mit e. Vorw. von Klaus Traube.
Aus d. Engl. von Udo Rennert. – Frankfurt/Main ; New York :
Campus Verlag, 1987
(Theorie und Gesellschaft ; Bd. 8)
Einheitssacht.: Normal accidents <dt>

ISBN 3-593-33840-8
NE: GT

Umschlaggestaltung: Atelier Warminski, Büdingen
Satz: Bruno Leingärtner, Nabburg/Neusath
Druck und Bindung: Fuldaer Verlagsanstalt, Fulda
Printed in Germany

Inhalt

Vorwort von Klaus Traube

Mit der hochentwickelten Industriegesellschaft ist ein vielfältiges Zerstörungspotential entstanden, das zu Katastrophen von zuvor ungeahnten Ausmaßen führen kann – bis hin zum atomaren Holocaust. Abgesehen vom militärischen Bereich ist die katastrophale Freisetzung der Zerstörungspotentiale zwar nicht beabsichtigt; die Möglichkeit wird aber mehr oder weniger bewußt in Kauf genommen. Das gilt sowohl für die alltägliche, routinemäßige Vergiftung der Umwelt, deren Katastrophenträchtigkeit sich im Sterben der Arten und der Wälder offenbart, als auch für singuläre Katastrophen des Typs, den Namen wie Tschernobyl, Bhopal, Sandoz bezeichnen. Davon – vom plötzlichen Versagen hochgefährlicher technischer Systeme – handelt dieses Buch.

Die Wissenschaft sorgte nicht nur für die Entstehung der Zerstörungspotentiale; seit diese ein hochrangiges Politikum geworden sind, beschäftigt sie sich auch mit den Folgen. So untersuchen Ingenieure die Wahrscheinlichkeit des Eintretens von Unfällen, befassen sich Mediziner und Biologen mit zulässigen Grenzwerten, erforschen Sozialwissenschaftler die Wahrnehmung von Gefahren etc. Der wissenschaftliche Aufwand an Risikoforschung dient in der Regel dazu, brisante Gefahren politisch handhabbar zu machen, Akzeptanz zu erzeugen. Dies ruft »Gegenwissenschaftler« auf den Plan; sie benutzen in der Regel das gleiche methodische Rüstzeug wie ihre jeweiligen Kontrahenten.

Der Sozialwissenschaftler Perrow begibt sich mit der in diesem Buch vorgestellten Untersuchung der Mechanismen des Versagens katastrophenträchtiger technischer Systeme auf ein Terrain, das bisher den Ingenieuren vorbehalten war. Perrow überschreitet traditionelle Grenzen der sozialwissenschaftlichen Behandlung des Themenfeldes Mensch/Maschine; er erhebt rundheraus den Anspruch, eine neuartige, empirisch abgesicherte Theorie technischer Systeme unter dem Aspekt ihrer Anfälligkeit für katastrophales Versagen zu entwerfen. Der provozierende Buchtitel *Normale Katastrophen* zeigt an, daß Perrow dabei nicht im Elfenbeinturm bleibt. Er nimmt entschieden Stellung zu politisch umstrittenen Technolgien. Bei der Debatte um die damit verbundenen Risiken gehe es letztlich, so schreibt er, um die Macht der Wenigen, den Vielen die Risiken aufzuerlegen.

Perrow untersucht ein recht heterogenes Feld technischer Systeme im Hinblick auf Versagensmechanismen. Unter diesen Systemen nimmt das technisch-militärische System, das möglicherweise infolge von Fehlalarm einen Atomkrieg auslösen könnte, eine Sonderstellung ein; die Folgen des Versagens wären unvergleichbar schrecklich. Ansonsten markieren Atomenergie- und Gentechnologie, gefolgt von Chemieanlagen und Schiffen mit explosiver oder toxischer Ladung, die Obergrenze möglicher Katastrophen infolge technischen Versagens – wohl zu unterscheiden von den, auch nach Auffassung von Perrow langfristig eher noch katastrophaleren Auswirkungen der routinemäßigen Vergiftung der Biosphäre. Die Untersuchung von Systemen mit begrenzterem Katastrophenpotential – Flugverkehr, Raumfahrt, Bergwerke, Dämme – dient offenbar vorwiegend der Abrundung des Studiums von Versagensmechanismen und der Verifizierung der darauf aufbauenden Theorie.

Bei der Analyse technischer Systeme behält Perrow deren Hard- und Software – also das, was üblicherweise Technik genannt wird – durchaus im Auge. Aber er nimmt sie anders wahr als etwa ein Ingenieur, in dessen Kopf das System aus *der* Technik besteht, der Menschen als Operateure gegenüberstehen. Dessen Sicht begünstigt die nach Katastrophen übliche Einteilung der Ursachen in technisches und menschliches Versagen, die selbstredend – Perrow geht dem an vielen Beispielen nach – auch dem Schutz von Interessen dient und darüber hinaus eine generelle ideologische Funktion hat.

Für den Organisationssoziologen Perrow sind technische Systeme *auch* soziale Gebilde, entworfen, erbaut und betrieben von Organisationen, in denen mit – mehr oder weniger – Nachlässigkeit, Inkompetenz, Produktionsdruck, auch mit Kriminalität zu rechnen ist. Ursachen des Versagens technischer Systeme sind letztlich solche »Unzulänglichkeiten« wie auch die prinzipiell beschränkten Fähigkeiten der Organisationen bzw. der in ihnen kommunizierenden Menschen, alle Ereigniskombinationen, die im Verlauf der Errichtung und des Betriebs eines technischen Systems auftreten können, im Voraus zu durchdenken oder außergewöhnliche Kombinationen, wenn sie auftreten, ad hoc zu verstehen. Salopp gesagt: Technische Systeme sind etwa so perfekt wie die aus Menschen zusammengesetzten Organisationen, die sie entwerfen, fabrizieren oder betreiben. Diese eher schlichte, aber für das Verständnis des Phänomens katastrophalen Versagens wesentliche Erkenntnis gerät nicht ins Blickfeld bei der geläufigen Fokussierung des Blicks auf einerseits Technik, andererseits Operateure, die zu der irreführenden Einteilung in menschliche und technische Versagensursachen führt.

Anlaß für Perrows Buch war die Beschäftigung mit dem Reaktorunfall in Harrisburg im Rahmen eines Organisations-Gutachtens für die zur Untersuchung des Unfallhergangs eingesetzte Kommission. Die wesentlichen Leitideen dieses Buches sind geprägt von der Auseinandersetzung mit der vorwiegend ingenieurwissenschaftlich orientierten Analyse dieser Kommission. Eingedenk der Rolle von Organisationen als Teile technischer Systeme, der Defizite bei der Kommunikation von Menschen miteinander und mit anderen Teilen des Systems, fragt Perrow nach Merkmalen technischer Systeme, die den Grad ihrer Anfälligkeit für katastrophales Versagen bestimmen. Es gelingt ihm, ein recht übersichtliches und einleuchtendes, allgemein verständliches Gerüst solcher Merkmale in Verbindung mit einer Klassifizierung von Stufen des Versagens und seiner Folgen zu entwickeln. Dessen Relevanz kann er empirisch belegen anhand einer – manchen Leser vielleicht ermüdenden – Fülle von Beispielen des Versagens unterschiedlichster Systeme. Bemerkenswert ist auch die didaktisch geschickte, um Verständlichkeit bemühte Präsentation.

Perrows Schlüsselbegriffe sind Komplexität und Kopplung. Je komplexer das System und die Interaktionen seiner Bestandteile, desto häufiger kann es zu unvorhergesehenen Störungen kommen, können die Signale, die den Zustand des gestörten Systems anzeigen, mehrdeutig und mithin mißdeutbar sein, können daher Reaktionen der Operateure oder automatischer Steuerungen destabilisierend statt stabilisierend wirken. Je starrer die Bestandteile des Systems (zeitlich, räumlich, funktionell) gekoppelt sind, desto größer die Möglichkeit, daß lokale Störungen weitere Systemteile in Mitleidenschaft ziehen – weil beispielsweise zu wenig Zeit zu sorgfältiger Analyse der Störung verfügbar ist, weil der gestörte Systemteil nicht abgeschaltet werden kann oder weil infolge räumlicher Nähe die Explosion eines Behälters auch andere Systemteile zerstört etc. Sind hohe Komplexität und starre Kopplung immanente

Charakteristika eines Systemtyps, dann ist das Versagen einzelner Systeme dieses Typs auch bei ausgefeilter Sicherheitstechnik unvermeidbar, »normal«. Weist dieser Typ zudem ein hohes Zerstörungspotential auf, dann ist die Katastrophe »normal« – so die Botschaft des Buchtitels.

Perrow analysiert die betrachteten Systeme qualitativ unter den Kriterien Komplexität und Kopplung mit dem Ergebnis, daß die Kombination von hochgradiger Komplexität und starrer Kopplung am ausgeprägtesten ist beim Atomwaffensystem und den Kernkraftwerken, gefolgt von Gentechnologie und Schiffahrt. Zerstörungspotential und prinzipielle Neigung zum Versagen stehen demnach in enger Beziehung – das ist der wesentliche Befund der Untersuchung. Das Buch schließt mit einer Kritik der in der Risikoforschung vertretenen Positionen, insbesondere der unterliegenden Werte und Begriffe von Rationalität, sowie mit der Empfehlung, die Atombomben und Atomkraftwerke abzuschalten, die Gentechnologie nur langsam zu entwickeln und striktester staatlicher Kontrolle zu unterwerfen, den Seetransport von giftigen und explosiven Stoffen zu beschränken und weit schärfer als bisher zu regulieren.

Perrows Einblicke in die bizarre Welt katastrophenträchtiger Systeme, die die technisch orientierte Literatur so nicht eröffnet, sind – so meine ich – ein wegweisendes Beispiel für sozialwissenschaftliche Technikforschung wie auch ein bedeutender Beitrag zur Risikoforschung. Bei seiner Analyse von Beispielen katastrophalen Versagens steht die Erforschung der Motive für Handlungen, die als menschliches Versagen interpretiert werden, im Vordergrund. Perrow geht von der Beobachtung aus, daß katastrophales Versagen komplexer Systeme zumeist nicht die Folge des Versagens von lediglich einer Komponente ist (wie dies etwa bei der Challenger-Katastrophe der Fall war); häufiger ist es gekennzeichnet durch ein kaum vorhersehbares Zusammentreffen des Versagens mehrerer Systemteile, das teilweise dem Verhalten der Operateure zuzuschreiben ist. Perrow zeigt anhand von Fallstudien auf überzeugende Weise, daß dieses objektiv »falsche« Verhalten, auch wenn es ex post als ungewöhnlich nachlässig oder inkompetent erscheint, bei näherer Analyse oft auf die prinzipiellen Grenzen kognitiver Fähigkeiten zurückgeführt werden kann.

Indem Perrow anhand zahlreicher Beispiele den Gründen für Handlungen, die beinahe oder tatsächlich zu Katastrophen geführt haben, nachgeht, führt er technischen Laien wie – möglicherweise betriebsblinden – Profis die Grenzen der Beherrschbarkeit hochkomplexer, gefährlicher Systeme vor Augen. Die Frage nach der Relevanz dieses Anschauungsunterrichts hat mir soeben der hessische Umweltminister auf seine Art beantwortet. Bei der Ankündigung der erstmaligen Genehmigung einer industriellen gentechnischen Anlage versicherte er (laut Frankfurter Rundschau vom 10.9.87), es sei alles getan, »daß nichts passieren kann«. Nicht zuletzt angesichts der Alltäglichkeit solcher Sprüche wünsche ich dem brillant geschriebenen Buch viele Leser.

Vorwort zur deutschen Ausgabe

Bald nach dem Erscheinen dieses Buches in den Vereinigten Staaten ereigneten sich die Katastrophen, die sich mit den Namen Bhopal, Tschernobyl und Challenger verbinden und uns einiges zu sagen haben. Ich möchte an dieser Stelle nur auf zwei Punkte näher eingehen. Zum einen habe ich so etwas wie einen Leitfaden zusammengestellt, der dem Leser bei der nächsten Katastrophe hilfreich sein mag; zum anderen führe ich eine Reihe von Bedingungen auf, die alle zusammen eintreten müssen, damit es zu einer Katastrophe kommt, und aus denen ich eine seltsam anmutende Erkenntnis gewonnen habe: Es muß schon sehr viel passieren, bis eine Katastrophe ausgelöst wird. Beides betrifft den *politischen* Aspekt dieses Buches, der dort nur in Umrissen sichtbar wird, weil es mir in erster Linie darum ging, Belege für eine Behauptung beizubringen, die mir von ganz besonderer Wichtigkeit zu sein scheint: Ungeachtet all unserer Bemühungen sind einige der von uns entwickelten Systeme mit unvermeidlichen Risiken behaftet, so daß es bei ihnen zwangsläufig zu größeren Unfällen kommt, und sofern diese Risiken katastrophaler Natur sind, werden solche Katastrophen tatsächlich eintreten. Obwohl sich gezeigt hat, daß zahlreiche schwere Unfälle durch geeignete Vorsichtsmaßnahmen vermeidbar gewesen wären, habe ich in diesem Buch fast durchgehend betont, daß diese Unfälle trotz angestrengtester Bemühungen immer wieder auftreten werden. Die Katastrophen von Bhopal und Tschernobyl, das Challenger-Unglück und einige andere von Menschen verursachte Katastrophen der jüngsten Zeit sind allerdings Beispiele dafür, daß auf besondere Sicherheit der Systeme wenig Wert gelegt wurde; bei der Anlage in Bhopal und beim Challenger-Programm hatte es sogar wiederholte Warnungen vor einem möglichen Unglück gegeben.

Der politische Aspekt ist trivial und dennoch wesentlich. Regierungen und große Privatunternehmen räumen Zielen wie denen der Energieerzeugung, der chemischen Produktion oder der militärischen Herrschaft im Weltraum einen besonderen Vorrang ein. Die Eliten »wissen« aufgrund praktischer Erfahrung, daß sie zur Verwirklichung dieser Ziele Systeme mit einem immanenten Katastrophenpotential errichten, aber da es relativ selten auch wirklich zu Katastrophen kommt, gehen sie das Risiko ein. Wenn dieser Fall dann tatsächlich eintritt, kann man ziemlich sicher sein, daß die Verantwortlichen versuchen werden, den Unfall zu vertuschen oder seine Schäden zu verharmlosen, und daß sie beteuern, es werde sich nicht wiederholen. Auf diese Weise bleibt das risikoträchtige System weiterhin in Betrieb. Ich vermute, daß erst noch einige schwere Unglücke passieren müssen, bis diese gefährlichen Systeme unter hohen Kosten völlig neu konzipiert oder gänzlich stillgelegt werden.

Halten wir in unserem *Leitfaden für die nächste Katastrophe* zunächst einmal fest, daß alle Risikosysteme von ihren Auftraggebern für sicher gehalten werden (andernfalls würden sie nicht gebaut). Häufig stellt sich sogar heraus, daß diese Systeme noch wenige Monate vor einer Katastrophe einer Routineüberprüfung unterzogen worden waren. Regierungsamtliche Vertreter beschwören z. B. regelmäßig die Sicherheit von Kernkraftwerken. So gab noch einen Monat vor dem Reaktorunglück von Tschernobyl der britische Energieminister ein entsprechendes Statement für die gesamte Atomindustrie ab, und ein Jahr davor erklärte ein sowjetischer Vertreter den Reaktor von Tschernobyl für sicher, ein Unfall sei fast undenkbar. Eine Überprüfung der Chemieanlage in Bhopal durch das amerikanische Mutterunternehmen Union Carbide ein Jahr vor der Katastrophe warf zwar einige Fragen auf, aber insgesamt wurde die Anlage als betriebssicher deklariert. Nach dem Unfall hieß es, ein vergleichbares Unglück könne sich in einer ähnlichen Produktionsanlage der Union Carbide in Institute, West Virginia, unmöglich ereignen, und trotzdem kam es bald danach zu einem solchen Unfall, bei dem allerdings niemand schwer verletzt oder getötet wurde. Auch die NASA gab regelmäßig Erklärungen über die Sicherheit von Raumflügen ab, und die Lehrerin, die den Flug an Bord der Challenger mitmachen sollte, glaubte ihnen. Noch Wochen nach dem Unglück kamen immer neue erdrückende Beweise für den unverantwortlichen Leichtsinn ans Licht, mit dem Risiken in Kauf genommen wurden, während die Vertreter der NASA nicht müde wurden zu verkünden, Sicherheit sei immer ihr oberstes Ziel gewesen. Deshalb steht in unserem Leitfaden, daß solchen

Erklärungen mit tiefer Skepsis zu begegnen ist. Jedes Privatunternehmen und jede Regierungsbehörde wird von sich aus die Wahrscheinlichkeit, daß sich innerhalb der nächsten ein bis zwei Jahre eine Katastrophe ereignet, lediglich als vernachlässigbar klein ausgeben – auch dann, wenn sie es besser wissen.

Als nächstes informiert uns der Leitfaden, daß die Nachrichten über ein eingetretenes Unglück in der Regel aus Quellen *außerhalb* des Systems stammen, sofern es nicht zufällig vom Fernsehen direkt übertragen wird wie im Fall des Challenger-Unglücks. Die Schweden waren die ersten, die die Welt von der Katastrophe in Tschernobyl unterrichteten, während die Sowjets selbst das Ereignis noch dementierten. In Bhopal waren Polizisten und Reporter Zeugen, wie Menschen in den Straßen tot umfielen, und dennoch beschieden die Verantwortlichen von Union Carbide alle Telefonanrufer, es seien keine giftigen Gase ausgetreten, obwohl sie es besser wußten. Als 1957 im Kernkraftwerk Windscale in England die Brennstäbe Feuer fingen, wurde die Umwelt vier Tage lang radioaktiv verseucht, bevor die Werksleitung endlich zugab, daß ein Feuer ausgebrochen war. Sie wollte erst dann die Öffentlichkeit informieren, wenn sie eine Möglichkeit gefunden hatte, das Feuer zu löschen. Das Großfeuer bei Sandoz in Basel wurde von der Polizei entdeckt; vier Tage vorher waren die Lagereinrichtungen bei einer Inspektion noch als sicher erklärt worden.

Die Sprecher von Großunternehmen haben ein Interesse daran, Informationen über solche Unfälle zurückzuhalten, zu verzögern und möglichst lange zu dementieren, weil immer eine gewisse Möglichkeit besteht, daß sich der Schaden schließlich als begrenzt erweisen wird. Besonders die Beinahe-Unfälle lassen sich verheimlichen, so daß keine Warnungen nach außen dringen, daß durch die Aktivitäten des Unternehmens Menschenleben gefährdet sein können. In Frankreich ereigneten sich zwei schwere Reaktorunfälle, die offiziell nie bekannt gegeben wurden, bis dann Monate später Nachrichten darüber durchsickerten. Und wir werden vermutlich nie erfahren, ob nicht irgendwo eine Katastrophe wie die in Harrisburg gerade noch vermieden wurde. Nach dem Unglück von Tschernobyl wurde ebenfalls in Frankreich von offizieller Seite tagelang die Zunahme an Radioaktivität bestritten, bis die Verantwortlichen zugeben mußten, daß sie die Unwahrheit gesagt hatten und daß die Strahlung über Paris um das 400fache des Normalwerts erhöht war. Das alles ist aber immer noch nichts im Vergleich zur völligen Geheimhaltung der atomaren Katastrophe, die sich 1957 in Kyschtym

(Ural) in der Sowjetunion ereignet hat. Ein Unglück von solchen Ausmaßen hätte im Westen unmöglich verheimlicht werden können, aber bei kleineren Unfällen versuchen westliche Länder und Unternehmen dies durchaus mit Erfolg. Etwa ein Jahr nach der Katastrophe von Bhopal gab es in einer Anlage der Union Carbide in Charleston, West Virginia, einen Unfall, bei dem giftiges Gas freigesetzt und über ein Einkaufszentrum geweht wurde, so daß die Menschen, die sich gerade dort aufhielten, reihenweise zusammenbrachen. Die Union Carbide löste weder einen Alarm aus, noch wurde die Freisetzung des Giftgases gegenüber Ärzten zugegeben, die wissen wollten, gegen welche Vergiftung die Opfer behandelt werden mußten. Es dauerte zwei Tage, bis das Unternehmen überhaupt zugab, daß Gas ausgetreten war. Dazu heißt es in unserem Leitfaden, daß die von solchen Unfällen am meisten Betroffenen häufig die letzten sind, die darüber informiert werden.

Wenn einmal Nachrichten nach außen gedrungen sind, werden der Unfall und seine möglichen Folgen so weit wie möglich bagatellisiert. So verfuhren z. B. die Sowjets nach Tschernobyl, obwohl sie dabei von den zur Zeit nach dem Unglück herrschenden ungewöhnlichen (und für die betroffenen Bürger günstigen) Wetterverhältnissen zu gewissen Fehlschlüssen verleitet wurden. Da die radioaktive Rauchwolke zunächst etwa 1 000 m hoch stieg, bevor sie sich ausbreitete, ergaben Messungen in der Nähe der »havarierten« Kraftwerkblocks einen zu niedrigen Strahlungswert, während die Schweden bei ihren Messungen von einer Ausbreitung der Wolke in niedrigerer Höhe ausgingen und deshalb die Schwere der Katastrophe zunächst überschätzten. Das Ausmaß des Unglücks in Bhopal wurde mehrere Stunden lang von den Sprechern des Unternehmens bestritten, und bis heute sind viele davon überzeugt, daß die Zahl der Todesopfer sowohl von der indischen Regierung als auch von Union Carbide viel zu gering angegeben wurde. Selbst nach der Explosion der Challenger hieß es zunächst, die Astronauten seien eines gnädigen, sofortigen Todes gestorben, obwohl Informationen vorlagen, nach denen die Unglücklichen wahrscheinlich noch einige Sekunden oder gar Minuten lang gelebt haben (letzteres wurde sehr viel später bestätigt).

Im Fall des Challenger-Unglücks bestand zwar keine unmittelbare Katastrophengefahr, aber es kann nicht genug betont werden, welch ein großer Glücksfall es für die amerikanische Bevölkerung war, daß sich die Explosion während dieses und nicht während des nächsten geplanten

Raumflugs ereignet hat. Ein Reporter ging bei seinen Recherchen Hinweisen nach, daß bei manchen Raumflügen für wissenschaftliche Zwecke tödliches Plutonium mitgeführt würde. Aufgrund des in der Welt einmaligen und unschätzbar wertvollen Gesetzes über den freien Zugang zu allen Informationsquellen in den USA brachte er in Erfahrung, daß die nächste Raumsonde auf ihrem Flug zum Jupiter fast 21 kg Plutonium in einer Bleikassette im Nutzlastraum befördern sollte, um ein sogenanntes »Galileo Experiment« während des Raumflugs mit Energie zu versorgen. Früher oder später wäre es auf jeden Fall während einem der Flüge zu der Explosion gekommen. Angenommen, sie hätte sich während des Jupiterflugs ereignet, dann wäre möglicherweise die Bleikassette zerstört worden und das Plutonium aufgrund der in 15 000 m vorherrschenden Winde über Florida niedergegangen, was mehr Todesopfer gefordert hätte als die Katastrophen von Bhopal und Tschernobyl zusammen.

Das Galileo-Experiment war einer »Risikoanalyse« unterzogen worden, die zu dem Ergebnis gelangte, die Möglichkeit einer Explosion der Raumfähre sei so gering, daß keine Gefahr bestehe. An dieser Schlußfolgerung wird noch immer festgehalten. Während jedoch das Projekt, wie auch die meisten anderen wissenschaftlichen Experimente im Weltraum, auf unbestimmte Zeit verschoben wurde, hat man den Einsatz von Isotopenbatterien in Raumfahrzeugen nicht untersagt. Nach wie vor können sie in die Atmosphäre hinaufkatapultiert werden. Das Bemerkenswerte an der Angelegenheit ist, daß das Experiment keine militärische Bedeutung hat. Es ist die amerikanische Wissenschaft, die das Leben von Hunderttausenden von Bürgern aufs Spiel setzt, um in die Geheimnisse des Universums einzudringen! Zumindest eine Zeitlang wurde der Einsatz von Plutonium zur Energieversorgung von Satelliten aufgegeben, nachdem sich vier Unfälle ereignet hatten, über die in diesem Buch berichtet wird, aber für Raumsonden wurde es weiterhin verwendet. Im Rahmen des Projekts »Strategische Verteidigungsinitiative« (SDI) sollen Laserwaffen im Weltraum durch große Atomreaktoren mit Strom versorgt werden, was bedeutet, daß auch das US-Militär bereit ist, das Leben zahlreicher amerikanischer Bürger zu gefährden.

Als nächstes steht in unserem Leitfaden, daß jeder größere Unfall wenn irgend möglich zunächst mit »menschlichem Versagen« oder mit »Bedienungsfehlern« erklärt wird und daß diese Erklärung in aller Regel nicht zutreffend ist. Die vorherrschende Neigung, für Unfälle das Bedienungspersonal verantwortlich zu machen, ist eines der Hauptthemen in diesem Buch. Bedienungsfehler lassen sich korrigieren, während fehlerhafte Systeme nur völlig neu konzipiert oder aufgegeben werden müssen. Eine besondere Rolle spielt dieser Vorwurf in den beiden Unglükken von Bhopal und Tschernobyl. Zwar fehlen mir die nötigen Informationen, um das Verhalten der Bedienungsmannschaft in Tschernobyl beurteilen zu können, aber immerhin ist der Hinweis angebracht, daß das »ungenehmigte Experiment«, das den Unfall verursacht hatte, zuvor bereits mindestens zweimal sicher durchgeführt worden und ein sinnvolles Experiment war. Unglücklicherweise hatte man es zeitlich so gelegt, daß sich seine kritischste Phase spät in der Nacht vor einem arbeitsfreien Tag abspielte. Zweifellos machen Operateure ebenso Fehler wie leitende Angestellte, Führungskräfte von Unternehmen oder Regierungsbeamte, so daß es durchaus sein kann, daß das Bedienungspersonal tatsächlich für die Katastrophe verantwortlich war. Dennoch rät der Leitfaden prinzipiell zu zurückhaltender Skepsis. Menschliches Versagen ist bei allen Unfällen immer die bequemste Erklärung derjenigen, die auf risikoreiche Systeme einfach nicht verzichten wollen.

Das Beispiel Bhopal ist in diesem Zusammenhang besonders interessant. Anfänglich wurden schlecht ausgebildete und gering motivierte indische Bedienungskräfte als Ursache angeführt; sie hatten während einer Teepause ein Leck unbeaufsichtigt gelassen usw. Aber neun Monate später kam es in einer Anlage der Union Carbide in Institute, West Virginia, trotz gut ausgebildeter und hoch motivierter Bedienungsmannschaften zu einem ganz ähnlichen Unfall. Möglicherweise war das Bedienungspersonal in beiden Fällen überhaupt nicht verantwortlich. Diesen Schluß legt zumindest eine eingehende Untersuchung der Anlage in Bhopal nahe. Sie befand sich in einem derart schlechten Betriebszustand, daß niemand sich auf die Instrumente verlassen konnte, daß zahlreiche Sicherheitsvorkehrungen außer Betrieb oder ungeeignet waren, ein »Durchgehen« der Anlage zu verhindern, daß das Bedienungspersonal Leckagen aufspüren mußte, indem es verdächtigen Gerüchen nachging und dabei unter Umständen auch giftige Dämpfe einatmete, und daß solche Lecks so häufig auftraten, daß zumeist eine gewisse Zeit verstrich, bevor man dem jeweiligen Defekt auf den Grund ging. Und außerdem stellte sich heraus, daß sowohl in Bhopal als auch in den USA selbst diese Mängel den leitenden Personen durchaus bekannt waren.

Ist unter diesen Umständen der heruntergekommene Zustand der Produktionsanlage eine ausreichende Erklärung für den Unfall?

Anscheinend nicht. Die Anlage in Institute, West Virginia, war nicht nur hervorragend gewartet und verfügte nicht nur über ein erfahrenes Betriebspersonal, sondern sie war auch kurz nach dem Unglück von Bhopal eingehend auf Mängel untersucht worden. Trotzdem trat dort ein ähnlicher Unfall auf, und eine anschließende Überprüfung durch das US-Arbeitsministerium führte zur Auferlegung einer Geldbuße in Höhe von 1,4 Millionen Dollar, der höchsten Buße, die je verhängt wurde. Der Arbeitsminister redete eine Sprache, die eher Bhopal angemessen zu sein schien als der blitzblanken, gut geführten Anlage in den USA. Er erhob den Vorwurf, eine umfassende Prüfung der Produktionsanlage in Institute habe »fortwährende, bewußte eklatante Verletzungen« der Vorschriften ans Licht gebracht. Das schlimmste Problem war nach seinen Worten »die allgemeine Atmosphäre, d.h. die Einstellung (der Unternehmensleitung), ein paar Unfälle dann und wann seien der notwendige Preis für die Produktion«. In beiden Fällen war offenbar mehr im Spiel als lediglich menschliches Versagen.

Später behaupteten die Verantwortlichen von Union Carbide, das Unglück von Bhopal sei das Werk eines rachsüchtigen Angestellten gewesen, der mit einem Schlauch Wasser in einen riesigen Tank mit meta-Isozyanat geleitet hätte. Es hätte nicht in seiner Absicht gelegen, an die 10 000 Menschen zu töten und 100 000 zu Krüppeln zu machen, sondern er wollte lediglich die chemische Substanz verderben. Aber diese Erkärung des Unfalls mit Sabotage ist nicht besser als die mit menschlichem Versagen oder Bedienungsfehlern. Sofern es überhaupt einen Saboteur gab, dann handelte es sich dabei um einen Werksangehörigen, der viel zu schlecht geschult worden war, als daß er die Gefährlichkeit seines Tuns hätte erkennen können. Aber selbst dann hätte er damit keine so verheerende Explosion auslösen können, hätte man nicht gerade zu dieser Zeit die Kühleinheit ausgeschaltet und das Kühlmittel ablaufen lassen, wären die Meßinstrumente nicht unzuverlässig gewesen, hätte man nicht den Skrubber (eine Sicherheitsvorkehrung) abgeschaltet, hätte man die Sprinkleranlage so ausgelegt, daß auch Gasemissionen benetzt wurden, oder wäre der Fackelturm in Betrieb und genügend dimensioniert gewesen, um die Anlage zu entlasten. Für alle diese Zustände war nicht der fragliche Saboteur, sondern das Unternehmen verantwortlich.

Interessanterweise fielen bei der »gut geführten« Anlage in Institute ebenfalls häufig die Meßgeräte aus, und der dortige Skrubber und der Fackelturm waren ebenfalls für Großunfälle zu gering dimensioniert.

Zum Glück befand sich im Tank der Anlage in Institute eine weniger giftige Substanz, und außerdem war er nur zu einem Viertel gefüllt. Die unglücklichen Operateure in der Schaltwarte stellten fest, daß es dort zu wenige Gasmasken gab. Sie mußten sich flach auf den Boden legen und die Masken untereinander weiterreichen, um überhaupt atmen zu können.

Als nächstes macht der Leitfaden darauf aufmerksam, daß Sie bei allen nachfolgenden eingehenden Untersuchungen auf Vertuschungsversuche gefaßt sein müssen. Die Leute an der Spitze der verschiedenen Organisationen, die beschlossen haben, es liege im Interesse der Allgemeinheit, mit diesen Systemen das Leben der Allgemeinheit aufs Spiel zu setzen, werden in den seltensten Fällen auf eine Untersuchung dringen. Die indische Regierung erklärte die Anlage in Bhopal selbst für das amerikanische Mutterunternehmen zum Sperrgebiet – vermutlich deshalb, um ihre eigene Rolle bei der Duldung der Schlamperei nicht bekannt werden zu lassen. Nach der Katastrophe von Tschernobyl bestritten die Sowjets zunächst, daß es überhaupt einen Unfall gegeben hatte, gaben später jedoch eine in diesem Umfang beispiellose Fülle an Informationen preis. Dennoch bleiben die meisten wichtigen Fragen bis heute unbeantwortet, z. B. die nach den Gründen für die lange Verzögerung der Evakuierung der Bevölkerung, nach dem Ausmaß des radioaktiven Fallouts in Kiew, dem Ausmaß der Nahrungsmittelverseuchung in der Umgebung und die nach dem Gefahrenpotential ähnlicher Reaktoren, die nach wie vor produziert und sogar exportiert werden.

Die Vertuschung beim Challenger-Unglück war im Vergleich zu anderen Unglücksfällen gering, aber zur Zeit forschen die Anwälte nach wertvollen Dokumenten der NASA und der Herstellerfirma der Startraketen, da beide wegen grober Fahrlässigkeit gerichtlich belangt werden. Es ist zu vermuten, daß bei den verschiedenen offiziellen Untersuchungen nicht alle relevanten Informationen preisgegeben wurden, und der vom Präsidenten ernannten Untersuchungskommission unter dem Vorsitz von William Rogers ist der Vorwurf gemacht worden, sie sei etlichen erfolgversprechenden Hinweisen nicht nachgegangen, die das gesamte Raumfahrtprogramm der USA und der privaten Zulieferindustrie weit mehr in Frage stellten, als die Kommission dies tat. Eine ernsthafte Untersuchung müßte sich z. B. mit der Rolle James Fletchers beschäftigen, der in den 70er Jahren die NASA leitete. Mit seinen guten Beziehungen zu Rüstungsfirmen und zu Politikern des Staates Utah schleuste er während dieser Zeit die NASA in den militärisch-industriellen Komplex ein. Einem Reporter der *New York Times,* Stuart Diamond, blieb es vorbehalten, den von mir so bezeichneten »Pentagoneffekt« aufzudecken. Zu ihm gehören unter anderem enorm überhöhte Rechnungen der Vertragsfirmen der NASA, verlorengegangene oder gestohlene Ausrüstung im Wert von mehreren Milliarden Dollar, Ingenieure und andere Angestellte, die nur während zwei Dritteln ihrer bezahlten Zeit arbeiten, endlose Änderungen der Konstruktionspläne, ausuferndes *Featherbedding* (Schaffung überflüssiger Arbeitsplätze auf Druck der Gewerkschaften) sowie in den Wind geschlagene Warnungen über Sicherheitsprobleme durch verschiedene Regierungsbehörden und die NASA selbst.

In dem Bericht der Untersuchungskommission wurde harte Kritik geübt, allerdings hauptsächlich an der »mangelhaften Kommunikation« innerhalb der NASA. James Fletcher und sein wichtigster Helfer von Morton Thiokol, der Herstellerfirma der Startraketen, übernahmen wieder die Leitung der NASA, und die Produktionsanlage von Morton Thiokol in Utah fährt weiterhin Millionengewinne ein. Sämtliche Hinweise auf Korruption und Unfähigkeit innerhalb der NASA und ihrer Vertragsfirmen wurden von der Kommission beiseite gewischt. Der militärisch-industrielle Komplex in den USA ist organisationstechnisch eine Katastrophe, aber die Gründe dafür sind nicht in Fehlern des Managements, sondern in wirtschaftlichen und politischen Interessen zu suchen, und wie sich gezeigt hat, gehört die NASA jetzt ebenfalls dazu.

Die erfolgreichste Form der Vertuschung besteht darin, das Bekanntwerden von Informationen über Risiken und Unfälle zu verhindern. Vor allem der großchemischen Industrie der Vereinigten Staaten ist dies gelungen. Wie ich in dem Kapitel über großchemische Produktionsanlagen bemerkt habe, konnte ich nur sehr spärliche Informationen über Unfälle in dieser Branche erhalten. Nach dem Unfall der Union Carbide in Institute gab eine Bundesbehörde eine Untersuchung über Unfälle in der Chemieindustrie in Auftrag. Dabei stellte sich heraus, daß es im Verlauf von fünf Jahren zu knapp 7000 nennenswerten Leckagen gekommen war, bei denen toxische Substanzen austraten und rund 5000 Personen verletzt und 135 getötet wurden. Erst in den letzten Jahren werden US-Unternehmen mit Geldbußen belegt, wenn sie Daten in den Berichten über Unfälle und Personenschäden, zu denen sie gesetzlich verpflichtet sind, fälschen, aber noch immer fehlen uns ausreichende Informationen über diese zunehmend gefährliche Industriebranche.

Als letztes besagt unser Leitfaden, daß sich nach Abschluß einer Unfalluntersuchung kaum etwas ändern wird. Zwar ist die Anlage in Bhopal weiterhin stillgelegt und hat Union Carbide auch die an anderen Stätten gelagerten Mengen an meta-Isozyanat verringert sowie weniger giftige Ersatzsubstanzen und ein Verfahren erwogen, das ohne diese Substanz auskommt. Aber sowohl Union Carbide als auch die gesamte übrige Branche lagern nach wie vor andere giftige Substanzen in großen Mengen, und wir können sicher sein, daß viele dieser Anlagen über unzureichende Sicherheitsvorkehrungen verfügen, wie dies in Bhopal und Institute der Fall war. Die Sowjetunion treibt den Bau weiterer Kernkraftwerke voran; da sie mit ihren Industriegütern auf dem Weltmarkt nicht konkurrieren kann, verkauft sie ihre fossilen Brennstoffe ins Ausland, um auf diese Weise 80 Prozent ihrer Deviseneinnahmen zu decken, und errichtet im eigenen Land mit Risiken verbundene Atomreaktoren. Die NASA schießt weiterhin Raketen auch bei schlechtem Wetter in die Atmosphäre, wobei vor kurzem wieder eine explodiert ist, sie verwendet weiterhin Startraketen von Morton Thiokol, und auch das Galileo-Experiment mit der Plutoniumbatterie steht nach wie vor auf dem Programm. (Die Startraketen waren nur eines unter vielen Subsystemen, die bei früheren Starts beinahe oder tatsächlich versagt haben; das Haupttriebwerk, der Hauptbrennstofftank, das Landungsfahrwerk der Fähre und die Bordcomputer sind andere Subsysteme, die in der Vergangenheit beinahe eine Katastrophe verursacht hätten.) Risikoreiche Systeme werden nicht einfach verschwinden. Diejenigen, von denen sie für unbedingt notwendig gehalten werden, wußten von Anfang an von den Risiken, mit denen sie behaftet sind.

Warum haben wir noch immer Systeme mit dem Potential, mit einem Schlag das Leben Hunderter von Menschen zu zerstören? Dafür gibt es eine ganze Reihe von Gründen. Die schweren Unfälle der jüngsten Zeit haben mir jedoch eine der triftigsten Erklärungen nahegelegt, die bislang noch nicht richtig erkannt wurde. Sie liegt darin, daß eine Katastrophe, die das Leben Hunderter oder Tausender von Menschen fordert, erst dann eintritt, wenn mehrere Bedingungen zusammenkommen, und deshalb seltener ist als ein Unfall mit geringeren Folgen, bei dem nur ein Teil dieser Bedingungen gegeben ist. In diesem Buch findet sich eine Fülle von Beispielen für Beinahe-Unfälle bzw. für Unfälle, bei denen man im Rückblick sagen könnte: »Ein Glück, daß es nicht noch schlimmer gekommen ist!« Glückliche Zufälle bestehen etwa darin, daß der Unfall an einem Samstag passiert und nur wenige Menschen sich in der Nähe befinden (z. B. die im Kapitel über petrochemische Anlagen beschriebene Explosion in Flixborough) oder daß sich eine riesige explosive Gaswolke bildet, die sich nicht entzündet, weil es spät in der Nacht ist usw. Die Katastrophe in Bhopal ist insofern ein sehr seltener Fall, als hier mehrere Bedingungen zusammenkamen, durch die sich die Zahl der Todesopfer wesentlich erhöhte: Es gab keinen Alarm, weder die Mitarbeiter noch die Bewohner der Umgebung ahnten etwas von der Giftigkeit der in der Anlage gelagerten Substanzen, die meisten befanden sich zum Unfallzeitpunkt zu Hause, die Anlage befand sich in einem Wohngebiet, die Menschen schliefen, und aufgrund der herrschenden Windverhältnisse wurde die Giftwolke über ein besonders dicht besiedeltes Gebiet getrieben und von dort nur langsam wieder fortgeweht. Im Gegensatz dazu löste sich die Giftwolke bei dem Unfall in Institute durch den Wind rasch auf. Sie richtete deshalb kein Unheil an, obwohl erst verspätet Alarm gegeben wurde und sich Wohnsiedlungen in der Nähe befanden. Der Unfall von Institute ist gewissermaßen die typische Variante; wir leben mit solchen Beinahe-Unfällen, und in der Regel sind sie für uns nichts Neues. Das Unglück von Bhopal gehört hingegen zum seltenen Typus.

Im folgenden sind einige der Bedingungen aufgeführt, die eintreten müssen, damit es in einer großchemischen Anlage zu einem Unfall mit katastrophalen Folgen kommt:

● Zunächst muß eine genügend große Menge an hochgiftigen oder -explosiven Substanzen freigesetzt werden. In der Vergangenheit gab es zahlreiche Fälle, bei denen geringe Mengen hochgefährlicher Stoffe oder große Mengen wenig gefährlicher oder stark verdünnter giftiger Substanzen entweichen konnten. Welcher der Fälle eintritt, ist häufig eine Sache des Zufalls (so wie es auch dem Zufall zu verdanken war, daß die Plutoniumbatterie noch nicht für den Raumflug vorgesehen war, bei dem die Startrakete explodierte, sondern erst für den darauf folgenden Raumflug).

● Die freigesetzte Substanz muß vom Wind über ein mehr oder weniger dicht besiedeltes Gebiet transportiert werden. In der Vergangenheit haben giftige oder explosive Wolken zwar große Sachschäden in ländlichen Gebieten angerichtet, aber nur geringe Personenschäden. Wären z. B. die Wind- und Wetterbedingungen in Tschernobyl etwas andere gewesen, dann wäre die gesamte Bevölkerung von Kiew in Mitleidenschaft gezogen worden. Ein Unfall in einem Kernkraftwerk an einem windigen, regnerischen Tag kann katastrophale Folgen haben.

- Damit es zu einer Katastrophe kommt, muß die giftige Wolke zu Boden sinken, und die explosive Wolke muß sich entzünden. Es gibt Beispiele, in denen eine Katastrophe nur deshalb vermieden werden konnte, weil diese Bedingungen nicht gegeben waren.
- In der Nähe der Anlage müssen sich Menschen befinden. Glücklicherweise ereignen sich viele solcher Unfälle während jener 16 Stunden des Tages, in denen sich nur wenige Werksangehörige auf dem Werksgelände befinden, und nicht während der eigentlichen Arbeitszeit. Das galt z. B. für Flixborough, Tschernobyl und Bhopal, allerdings nur im Hinblick auf das Betriebsgelände und nicht auf die umgebenden Ansiedlungen.
- Wichtig ist außerdem, daß die Bevölkerung rechtzeitig gewarnt wird. Die Alarmierung der Bevölkerung wenige Stunden vor dem Bruch des Tetondamms rettete Tausenden das Leben, während die Unterlassung solcher Warnungen beim Bruch der Viont-Talsperre in Italien 3000 Todesopfer kostete. In den USA wurde die Bevölkerung aufgefordert, vor Giftwolken zu fliehen, so daß es keine Verletzten gab. Die Entscheidung über den Erlaß solcher Warnungen wird jedoch innerhalb des Systems getroffen, und allzuoft unterbleiben sie oder erfolgen zu spät wie in Tschernobyl.
- Schließlich muß das Betriebspersonal darüber informiert sein und zugeben, daß die entwichenen Substanzen giftig oder explosiv sind, bevor andere gewarnt werden können. In Bhopal waren viele Werksangehörige ahnungslos, während einige, die im Bilde waren, die Gefährlichkeit der Substanz leugneten.

Alles ist fehleranfällig: Konstruktionen, Verfahren, Bedienungsmannschaften, innerbetriebliche Schulung, Material und Ausrüstung sowie die Umwelt. Fast ständig kommt es zu Pannen, in hochautomatisierten ebenso wie in wenig automatisierten Systemen. Aber seltener treten zwei oder mehr Defekte auf unerwartete Weise so miteinander in Interaktion, daß Sicherheitsvorkehrungen außer Funktion gesetzt werden. Noch seltener kommt es vor, daß sich daraus ein Unfall entwickelt, der das System beschädigt oder seinen Ablauf blockiert. Noch seltener kommt es zu einem schweren Unfall, der schwere Sach- und Personenschäden zur Folge hat. Und schließlich ist es ganz selten, daß alle die für eine Katastrophe wesentlichen Bedingungen, die ich aufgezählt habe, zu einem bestimmten Zeitpunkt zusammenkommen.

Katastrophen sind selten, und das mag ein wesentlicher Grund dafür sein, daß Eliten die Existenz oder die Errichtung von Systemen mit Katastrophenpotential hinnehmen. Es können Jahrzehnte vergehen, ohne daß eine Katastrophe eintritt, wie sich bei den Reaktoranlagen, bei groß-chemischen Anlagen und bei den Raumflugunternehmen gezeigt hat. Da es jedoch zu Katastrophen kommt und da viele katastrophenträchtige Systeme für unser Leben nicht unentbehrlich sind, können wir daraus wenig Trost beziehen.

Princeton, Juli 1987 *Charles Perrow*

Einleitung

Willkommen in der Welt hochriskanter Technologien! Vielleicht haben Sie selbst den Eindruck, daß sich diese Technologien ständig vermehren, und das stimmt auch. Während sich unser gesamter technischer Komplex erweitert, während die von uns geführten Kriege ständig an Zahl zunehmen, und während wir uns immer mehr der Natur bemächtigen, schaffen wir Systeme – Organisationen und Organisationen von Organisationen –, die die Gefahren für die Bedienungsmannschaften, Passagiere, zufällig Betroffene sowie für zukünftige Generationen erhöhen. In diesem Buch werden wir einige dieser Systeme etwas näher untersuchen – Kernkraftwerke, großchemische Produktionsanlagen, Flugüberwachung und die Wartung von Flugzeugen, Schiffe, Staudämme, Kernwaffen, Raumfahrtprogramme und die Gentechnologie. Die meisten dieser mit Risiken behafteten Systeme weisen ein Katastrophenpotential auf, die Fähigkeit, mit einem Schlag das Leben Hunderter von Menschen auszulöschen oder das von Tausenden, gar Millionen zu verkürzen oder diese zu Krüppeln zu machen. Jahr für Jahr nimmt die Anzahl dieser Systeme zu. Das ist die schlechte Nachricht.

Die gute Nachricht lautet, daß es mit Hilfe eines vertieften Verständnisses von den Eigenarten risikoreicher Systeme möglich ist, diese Gefahren zu verringern oder sogar gänzlich zu beseitigen. Es sind zwar eine Menge schlechter Nachrichten zu verdauen, bis wir zu den guten vorgedrungen sind, doch wird dieses Unternehmen von der Zuversicht geleitet, daß wir die Möglichkeit haben, hochriskante Technologien besser als bisher in den Griff zu bekommen. Es gibt zahlreiche Verbesserungen, auf die ich hier nicht eingehen werde, da sie auf der Hand liegen – z.B. eine bessere Schulung des Bedienungspersonals, sicherere Konstruktionen, verschärfte Qualitätskontrollen und effektivere Ausführungsbestimmungen. Sowohl in der Industrie als auch in Regierungsbehörden sitzen Fachleute, die an diesen Problemen arbeiten. Was den Erfolg ihrer Bemühungen angeht, bin ich nicht besonders optimistisch, da alles darauf hindeutet, daß die Risiken schneller zunehmen als die Möglichkeiten ihrer Verringerung. Doch das ist nicht das Thema dieses Buches.

Mir geht es vielmehr um jene Eigenschaften von hochriskanten Technologien, die darauf hindeuten, daß es trotz noch so effizienter herkömmlicher Sicherheitsvorkehrungen zu einfach unvermeidlichen Unfällen kommt. Das ist keine gute Nachricht über Systeme, die ein hohes Katastrophenpotential aufweisen, wie z. B. Kernkraftwerke, atomare Waffen, gentechnische Verfahren oder auch Schiffe, die eine hochgiftige oder -explosive Fracht befördern. Diese Eigenschaften lassen beispielsweise vermuten, daß die Wahrscheinlichkeit für das Durchbrennen eines Reaktorkerns und die Entlassung von radioaktiven Partikeln in die Atmosphäre nicht etwa eins zu einer Million, sondern eher eins zu zehn beträgt.

Die meisten Hochrisiko-Systeme weisen einige spezielle Eigenschaften auf, die unabhängig von ihren manifesten Gefahren (Giftigkeit, Explosivität etc.) Systemunfälle zu etwas Unausweichlichem, zu nachgerade »normalen« Unfällen machen. Das hängt mit der Art und Weise zusammen, wie Störungen miteinander interagieren können und wie das System innerlich verknüpft ist. Es ist möglich, diese besonderen Eigenschaften zu analysieren und dadurch ein wesentlich besseres Verständnis dafür zu gewinnen, warum es in diesen Systemen zu Unfällen und warum es immer wieder dazu kommt. Wenn wir das erkannt haben, können wir viel besser begründen, warum bestimmte Technologien aufgegeben werden müssen und warum andere, die wir nicht aufgeben können, weil sie zu einem unverzichtbaren Bestandteil unserer Wirtschaft und unserer Alltagswelt geworden sind, modifiziert werden müssen. Es wird uns nie gelingen, jedes Risiko aus risikoreichen Systemen zu eliminieren, und wir werden bestenfalls immer nur einige wenige Systeme komplett abschaffen können. Aber wir könnten wenigstens damit aufhören, den falschen Leuten und den falschen Faktoren die Schuld an den Unfällen zu geben und zu versuchen, die unfallträchtigen Systeme mit Mitteln zu verbessern, die ihre Gefährlichkeit nur noch erhöhen.

Im Grunde genommen ist das hier vorgetragene Argument recht einfach. Nehmen wir irgendeine Produktionsanlage, ein Flugzeug, ein Schiff, ein biologisches Laboratorium oder ein anderes System, das sich aus einer Vielfalt von Komponenten (Bauteilen, Verfahren, Operateuren) zusammensetzt. Nehmen wir zwei oder mehr Betriebsstörungen bei Komponenten, die auf eine Weise miteinander in Interaktion treten, die niemand vorher erwartet hatte. Keinem wäre es vorher in den Sinn gekommen, daß ausgerechnet dann, wenn X ausfällt, auch Y ausfallen kann und nun beide Defekte so miteinander interagieren, daß sowohl ein Feuer ausbricht als auch der Feueralarm ausfällt. Weil zunächst niemand dieser Interaktion auf die Spur kommt, kann auch niemand wissen, was zu tun ist. Das Problem ist eben so beschaffen, daß kein Konstrukteur vorher daran gedacht hat. Beim nächsten Mal wird die Konstruktionsabteilung ein zusätzliches Alarmsystem und eine zusätzliche Löschvorrichtung vorsehen, die dann jedoch möglicherweise ihrerseits drei zusätzliche unerwartete Interaktionen zwischen zwangsläufig auftretenden Störungen zulassen. Diese Tendenz zu Interaktionen zwischen Betriebsstörungen oder -ausfällen ist eine Eigenschaft des Systems und nicht die eines Bauteils oder eines Operateurs. Wir wollen sie als »Komplexität« des Systems bezeichnen.

Bei manchen Systemen, die eine derartige Komplexität aufweisen, etwa bei Universitäten oder Laboratorien für Forschung und Entwicklung, wird der Unfall keine weiteren und schwerwiegenden Folgen haben, da der vorhandene Handlungsspielraum groß ist und genügend Zeit oder Möglichkeiten zur Behebung des Schadens zur Verfügung stehen. Aber angenommen, ein System ist nicht nur komplex, sondern auch »eng gekoppelt« – d. h., seine Prozesse laufen sehr schnell ab und lassen sich nicht ohne weiteres abschalten, die ausgefallenen Aggregate lassen sich nicht von den übrigen Bauteilen isolieren, oder es besteht keine andere Möglichkeit, einen ungestörten Produktionsablauf zu gewährleisten –, dann ist eine Rückkehr in den ursprünglichen Zustand nicht möglich. In diesem Fall wird sich die Störung rasch und ohne erkennbare Ursache zumindest für eine gewisse Zeit ausbreiten. Eingriffe durch das Bedienungspersonal oder das Anspringen von Sicherheitssystemen machen sogar alles nur noch schlimmer, da eine Zeitlang kein Mensch weiß, worin das Problem wirklich besteht.

Wahrscheinlich haben viele Produktionsprozesse einmal so angefangen – eng gekopppelt und mit zahlreichen komplexen Interaktionsmöglichkeiten. Doch mit zunehmender Erfahrung verbesserten sich Konstruktion, Ausrüstung und Verfahren, die unerwarteten Interaktionen wurden umgangen, die enge Kopplung wurde gelockert. Das gilt offenbar für den Bereich der Flugsicherung und -überwachung, wo es gelungen ist, Komplexität und enge Kopplung durch eine effizientere Organisation und technische Verbesserungen zu reduzieren. Wir werden auch sehen, daß in den letzten Jahrzehnten der Zusammenhang zwischen dem Bau von Staudämmen und dem Auftreten von Erdbeben besser erkannt wurde. Wir wissen heute, daß hierbei ein größeres System beteiligt ist, als wir ursprünglich geglaubt haben, denn es ist nicht damit getan, lediglich ein Flußtal zu verbarrikadieren und mit Wasser vollaufen zu lassen. Bei den meisten in diesem Buch behandelten Systemen scheinen jedoch weder eine bessere Organisation noch technische Neuerungen ihre Unfallträchtigkeit zu mindern. Tatsächlich erfordern diese Systeme Organisationsstrukturen, die umfangreiche innere Widersprüche aufweisen, sowie technische Nachrüstungen, die ihre Neigung zu komplexen Interaktionen und ihre enge Kopplung nur noch verstärken und sie dadurch noch anfälliger für Unfälle machen.

Wenn Komplexität und enge Kopplung als Systemeigenschaften zwangsläufig Unfälle herbeiführen, dann können wir wohl mit einiger Berechtigung von einem *normalen* oder einem *Systemunfall* sprechen. Mit dem ungewöhnlichen Begriff *normaler Unfall* wollen wir deutlich machen, daß beim Vorliegen der genannten Systemeigenschaften vielfache und unerwartete Interaktionen zwischen Störungen des Systems zwangsläufig auftreten werden. Er ist ein Ausdruck für eine immanente Eigenschaft des Systems und keine Häufigkeitsaussage. Es ist normal, daß wir sterben, aber wir tun es nur einmal. Systemunfälle sind ungewöhnlich, sogar selten; dennoch ist diese Tatsache alles andere als beruhigend, wenn sie eine Katastrophe nach sich ziehen können.

Die beste Möglichkeit, den Leser mit der Vorstellung von normalen oder Systemunfällen vertraut zu machen, ist ein hypothetisches Beispiel aus einer alltäglichen Situation, wie sie uns allen mehr oder weniger vertraut ist. So etwas ereignet sich an einem jener Tage, an denen alles schiefgeht.

Ein Beispiel aus dem Alltagsleben

Stellen Sie sich vor, Sie gehen eines Morgens nicht zur Arbeit, weil es Ihnen nach vielen Mühen gelungen ist, für diesen Vormittag ein wichtiges Vorstellungsgespräch in der Personalabteilung einer anderen Firma zu vereinbaren. Ihre Freundin oder Frau hat das Haus bereits verlassen, wenn Sie das Frühstück machen, aber dummerweise hat sie die fast geleerte gläserne Kaffeekanne auf der Heizplatte der angeschalteten Kaffeemaschine stehenlassen, so daß der Kaffee verkocht und die Kanne gesprungen ist. Ohne Kaffee am Morgen sind Sie zu nichts zu gebrauchen, also stöbern Sie im Schrank, bis Sie Filterpapier und einen alten Kaffeefilter entdecken. Sie müssen nun noch warten, bis das Wasser kocht und durch den Filter gelaufen ist, dann trinken Sie hastig, unter nervösen Seitenblicken auf Ihre Uhr, die Tasse leer und stürmen aus dem Haus. Vor der Autotür stellen Sie fest, daß Sie in der Eile Ihr Schlüsselbund vergessen haben. Das ist nicht weiter tragisch, da Sie eigens für derartige Notfälle einen zweiten Hausschlüssel in einem Blumenkasten versteckt und einen zweiten Autoschlüssel in der Wohnung deponiert haben. (Das ist eine Sicherheitsvorkehrung, eine sogenannte »Redundanz«.) Aber dann fällt Ihnen ein, daß Sie am Abend zuvor den Hausschlüssel einem Bekannten gegeben haben, der bei Ihnen, während Sie nicht daheim sind, im Laufe des Tages einige Bücher abholen will. (Damit ist dieser »Redundanzpfad«, wie es in der Fachsprache heißt, nicht weiter gangbar.)

Nun drängt allmählich die Zeit, aber immerhin hat ja der Nachbar ein Auto. Er ist ein freundlicher alter Herr, der seinen Wagen nur einmal im Monat fährt und gut in Schuß hält. Sie klingeln bei ihm und wollen Ihre Geschichte loswerden, aber Sie hören von ihm, daß ausgerechnet in der vergangenen Woche die Lichtmaschine ausfiel und erst am Nachmittag repariert werden soll. Ein weiteres »Notfallsystem« hat Sie im Stich gelassen, diesmal ohne jeden Zusammenhang mit Ihrem eigenen Verhalten (ein sogenanntes *entkoppeltes* oder unabhängiges Ereignis, da zwischen dem verliehenen Schlüssel und dem Defekt der Lichtmaschine kein Zusammenhang besteht). Na gut, Sie können ja immer noch den Bus nehmen. Aber eben doch nicht »immer«. Der freundliche alte Herr hat die Nachrichten gehört und erzählt Ihnen, daß das Busunternehmen mit der angedrohten Aussperrung der Busfahrer Ernst gemacht hat. Die Fahrer hatten sich geweigert, mit angeblich verkehrsunsicheren Bussen zu fahren, und außerdem verlangten sie höhere Löhne. (Jetzt ist obendrein auch noch ein Sicherheitssystem ausgefallen.) Vom Telefon Ihres Nachbarn aus rufen Sie die Taxizentrale an, aber wegen der Aussperrung der Busfahrer sind alle Taxen besetzt. (Diese beiden Ereignisse, die Aussperrung und die Unmöglichkeit, ein freies Taxi zu ergattern, sind abhängige, eng miteinander verknüpfte, sogenannte *eng gekoppelte* Ereignisse, wie ich sie bezeichnen möchte, da das zweite durch das erste ausgelöst wird.)

Sie rufen den Sekretär der Personalleiterin an und sagen ihm: »Es ist
wie verhext – bei mir ist heute morgen alles schiefgelaufen, und ich muß
leider die Verabredung mit Mrs. Thompson absagen. Können wir einen
neuen Termin vereinbaren?« Und Sie nehmen sich vor, beim nächsten
Mal zwei Autos zu organisieren, zusätzlich ein Taxi vorzubestellen und
sich den Kaffee selbst zu machen. Der Sekretär verhält sich entgegen-
kommend, aber im stillen denkt er sich: »Dieser Bewerber ist offensichtlich unzuverlässig; erst hat er alle Hebel wegen dieses Termins in Bewegung gesetzt, und dann erscheint er nicht.« Er macht darüber eine
Aktennotiz und bemüht sich, einen denkbar ungünstigen Termin in der
nächsten Woche anzubieten, von dem er annimmt, daß er von Mrs.
Thompson geändert werden wird.

Ich möchte Sie jetzt bitten, ein paar kurze Fragen zu diesem hypothetischen Ereignis zu beantworten. Welches war die primäre Ursache dieses
»Unfalls« oder dieser Pechsträhne?

1. Menschliches Versagen (z.B. das unterlassene Abschalten der Kaffeemaschine
   oder das Vergessen der Schlüssel in der Eile)?
   Ja   ☐
   Nein   ☐
   Weiß nicht ☐
2. Mechanischer Defekt (Ausfall der Lichtmaschine)?
   Ja   ☐
   Nein   ☐
   Weiß nicht ☐
3. Die Umwelt (Aussperrung der Busfahrer und Überlastung des Taxiver-
   kehrs)?
   Ja   ☐
   Nein   ☐
   Weiß nicht ☐
4. Anordnung des Systems (das es ermöglicht, daß Sie sich aus Ihrer Wohnung
   aussperren können, statt daß die Wohnungstür sich nur dann schließt, wenn
   Sie den Schlüssel von außen ins Schlüsselloch stecken, oder das keine Reserve-
   taxen für bestimmte Notfälle vorsieht)?
   Ja   ☐
   Nein   ☐
   Weiß nicht ☐
5. Angewandte Verfahren (z.B. das Warmhalten von Kaffee in einer Glaskanne
   oder das Aufstehen zur gewohnten Zeit)?
   Ja   ☐
   Nein   ☐
   Weiß nicht ☐

Wenn Sie bei allen fünf Fragen »Weiß nicht« oder »Nein« angekreuzt haben, sind wir einer Meinung. Haben Sie die erste Frage mit »Ja« beantwortet (menschliches Versagen), dann vertreten Sie gegenüber Unfällen mit mehreren Ursachen einen ähnlichen Standpunkt wie die Kommission des Präsidenten zur Untersuchung des Reaktorunfalls von Three Mile Island (TMI). Die Kommission gab allem und jedem die Schuld, in erster Linie jedoch dem Bedienungspersonal (s. Kemeny et al. 1979, S. 2, 11, 113-116; Perrow 1981). Die Hersteller der Anlage, Babcock und Wilcox, beschuldigten *ausschließlich* die Operateure. Haben Sie bei der zweiten Frage »Ja« angekreuzt (mechanischer Defekt), dann befinden Sie sich in guter Gesellschaft mit den Repräsentanten von Metropolitan Edison, der Betreiberfirma von TMI. Nach ihrer Meinung wurde der Unfall durch ein schadhaftes Ventil verursacht, und sie strengten einen Prozeß gegen Babcock und Wilcox an. Haben Sie hinter dem »Ja« der vierten Frage ein Kreuz gemacht (Systemaufbau), dann können Sie sich den Experten von Essex anschließen, die im Auftrag der Nuclear Regulatory Commission (NRC; das ist die US-Atomaufsichtsbehörde) die Steuerwarte einer Analyse unterzogen (s. Essex Corporation 1980).

Die beste Antwort auf die fünf Fragen lautet in allen fünf Fällen uneingeschränkt »Nein«. Die eigentliche Ursache des hypothetischen Zwischenfalls liegt in der Komplexität des Systems begründet. D. h., jeder der aufgeführten Ausfälle – im Hinblick auf Systemauslegung, Apparatur, Operateure, Verfahren oder Umwelt – war für sich allein betrachtet trivial. Man rechnet mit dem Auftreten solcher Störungen, weil eben nichts auf der Welt vollkommen ist, und normalerweise schenken wir ihnen kaum Beachtung. Die Aussperrung der Busfahrer wäre für Sie folgenlos, wenn Sie Ihren Wagenschlüssel nicht vergessen hätten oder den Wagen des Nachbarn benutzen könnten. Der Lichtmaschinendefekt im Auto Ihres Nachbarn bliebe für Sie ohne Folgen, wenn Sie sich eines Taxis bedienen könnten. Wenn die Einhaltung des Termins für Sie nicht so wichtig wäre, würde es für Sie kaum eine Rolle spielen, daß Ihnen weder ein Wagen noch ein Bus oder ein Taxi zur Verfügung steht. An jedem anderen Morgen wäre das Zerspringen der gläsernen Kaffeekanne lediglich eine Unannehmlichkeit (wir werden solche Ereignisse als *Zwischenfälle* bezeichnen), die Sie nicht weiter nervös machen und kaum dazu führen würde, daß Sie die Haustür hinter sich zuschlagen und drinnen die Schlüssel vergessen.

Obgleich die Ausfälle für sich betrachtet unbedeutend waren und obwohl jeweils ein Sicherheitssystem oder ein Redundanzpfad zur Ver-

fügung stand, falls der »Lösungsweg« blockiert war, zeitigten sie gravierende Folgen, sobald zwischen ihnen eine Interaktion erfolgte. Es ist die
Interaktion zwischen mehreren Defekten, die den Unfall erklärt. Wir
rechnen mit gelegentlichen Streiks oder Aussperrungen der Busfahrer,
wir rechnen damit, daß wir uns aus der eigenen Wohnung aussperren
(wozu sonst der Zweitschlüssel im Versteck?), und es kommt schon einmal vor, daß wir den Reserveschlüssel an einen Dritten verleihen.
Womit wir jedoch nicht rechnen, ist die Möglichkeit, daß sich alle diese
Störungen zur selben Zeit ereignen könnten. Deshalb haben wir dem
Sekretär gesagt, alles sei wie verhext, und deshalb haben wir uns innerlich auf Murphys Gesetz berufen (alles, was schiefgehen *kann*, geht auch
tatsächlich irgendwann einmal schief).

Die Ursache des Vorfalls lag in der interaktiven Natur unserer Welt an
jenem Morgen und in ihrer engen Kopplung – nicht in den einzelnen
Zwischenfällen, mit denen man rechnen muß und gegen die wir uns mit
Notfallsystemen zu schützen suchen. Die meiste Zeit über nehmen wir
keine Notiz von den Kopplungen, die unserer Welt innewohnen, weil
Pannen selten sind oder weil es zwischen gelegentlich auftretenden Störungen nicht zu Interaktionen kommt. Trotzdem kann es passieren, daß
mit einem Mal Dinge, zwischen denen wir nie einen Zusammenhang
vermutet hätten (Busse und Lichtmaschinen, Kaffee und ein verliehener
Schlüssel), miteinander verknüpft werden. Unvermittelt ist das System
enger gekoppelt als jemals vorgestellt. Wenn wir es mit komplexen und
außerdem eng gekoppelten Systemen zu tun haben, dann ist das Auftreten derartiger Zwischenfälle sehr wohl »normal«, auch wenn sie sich nur
selten ereignen. Sie sind vielmehr normal im Sinne einer immanenten
Eigenschaft des Systems, in dem eben von Fall zu Fall Interaktionen dieser Art auftreten. Das Unglück von TMI war ein solcher normaler oder
Systemunfall, genau wie zahlreiche andere Unfälle, die wir in diesem
Buch näher untersuchen wollen. Zu solchen Unfällen kommt es deshalb,
weil wir eine industrielle Gesellschaft aufgebaut haben, innerhalb derer
bestimmte Komponenten wie etwa Industrieanlagen oder Militärpro-
jekte hochgradig interaktive und eng gekoppelte Bestandteile aufweisen.
Leider sind einige mit einem Gefahrenpotential verbunden, das im
Ernstfall eine Katastrophe auslösen kann.

Unser Beispiel aus dem Alltagsleben hat uns mit einigen zweckmäßi-
gen Begriffen vertraut gemacht. Unfälle können das Resultat von *Mehr-
fachstörungen* sein. Unser Beispiel verdeutlicht Ausfälle in fünf verschiedenen Bereichen – Systemauslegung, Ausrüstung, Verfahren, Bedie-

nungspersonal und Umwelt. Um dieses Konzept auf Unfälle generell anwenden zu können, benötigen wir noch einen sechsten Bereich: Zubehör und Material. Wir bezeichnen alle sechs abgekürzt als DEPOSE-Komponenten (*D* esign, *E* quipment, *P* rocedures, *O* perators, *S* upplies and Materials, *E* nvironment). Das Beispiel hat gezeigt, auf welche Weise unterschiedliche Bestandteile des Systems eng voneinander abhängig werden können – so z. B., wenn eine Aussperrung der Busfahrer zu einem Mangel an verfügbaren Taxen führt. Diese Abhängigkeit bezeichnet man als *enge Kopplung*. Andererseits gibt es auch Ereignisse, die unabhängig voneinander in einem System auftreten können – in unserem Beispiel das Vergessen der Autoschlüssel und der Defekt an der Lichtmaschine. Dies sind *lose gekoppelte* Ereignisse, die zwar beide am selben Geschehensablauf beteiligt sind, ohne sich jedoch in einem Ursache-Wirkungs-Verhältnis zueinander zu befinden.

Ein letzter wichtiger Punkt läßt sich mit unserem Beispiel nicht anschaulich machen. Es ist kein Paradefall für einen normalen oder Systemunfall in unserem Sinne, da die wechselseitige Abhängigkeit der Ereignisse für Sie – den Betroffenen bzw. den »Operateur« – durchschaubar war. Sie konnten zwar an den Ereignissen im einzelnen oder in ihrer Wechselwirkung nichts ändern, aber Sie konnten doch die Interaktionen nachvollziehen. In komplexen Systemen der Großindustrie, der Raumfahrt oder der Militärtechnologie bedeutet ein normaler Unfall in der Regel (wenngleich nicht immer), daß die Interaktionen nicht nur unerwartet auftreten, sondern während eines bestimmten kritischen Zeitraums auch *undurchschaubar* sind. Das liegt zum Teil daran, daß die Interaktionen in diesen Mensch-Maschine-Systemen tatsächlich nicht unmittelbar beobachtet werden können, und zum Teil daran, daß man ihnen auch dann, wenn man sie visuell wahrnimmt, keinen Glauben schenkt. Wie wir im Anschluß an Robert Jervis (1976) und Karl Weick (1976) feststellen werden, heißt Sehen nicht zwangsläufig auch Glauben; manchmal sind wir sogar genötigt, zu glauben, noch ehe wir etwas sehen.

Variationen des Themas

So einfach der Grundgedanke dieses Buches auch prinzipiell sein mag, so radikal sind einige der Weiterungen, die er nach sich zieht. So schreibt etwa praktisch jedes der von uns untersuchten Systeme »menschlichem

Versagen« den ersten Platz in der Aufzählung möglicher Unfallursachen zu – auf diesen Faktor werden zwischen 60 und 80 Prozent aller Unfälle zurückgeführt. Wenn jedoch, wie wir immer und immer aufs neue feststellen werden, das Bedienungspersonal mit unerwarteten und zumeist mysteriösen Interaktionen zwischen zwei oder mehr Störungen konfrontiert ist, dann läßt sich erst nachträglich mit Bestimmtheit angeben, was in dieser Situation falsch gemacht wurde und was man statt dessen hätte tun sollen. Wir werden uns mit Unfällen beschäftigen, bei deren Auftreten niemand wissen konnte, was vor sich ging und welche Maßnahmen zu ergreifen waren. Manche der begangenen Fehler wirken geradezu grotesk, wenn z. B. zwei Schiffe miteinander kollidieren, die einen »Antikollisions-Kurs« steuern. Eine eingehende Untersuchung derartiger Fälle legt jedoch häufig den Schluß nahe, daß die Männer am Ruder völlig einleuchtende Erklärungen für ihr Verhalten hatten; es war nichts anderes als die Interaktion geringfügiger Fehler, von der sie dazu verleitet wurden, in Gedanken eine völlig falsche Wirklichkeit zu konstruieren, so daß ihr falsches Bild der Situation den Zusammenstoß herbeiführte.

Als eine zweite Folgerung aus unserem Modell ergibt sich, daß selbst große Ereignisse aus kleinen Anfängen heraus entstehen. Der Leser begegnet in diesem Buch auf Schritt und Tritt Unfällen, die wie in unserem Beispiel mit banalen Küchenpannen anfangen; er begegnet ihnen in Flugzeugen, auf Schiffen und in Kernkraftanlagen, und ihre Ursachen sind kaum weniger trivial als eine zersprungene Kaffeekanne. In Großsystemen ereignen sich zahlreiche Bagatellstörungen; nur selten werden schwere Unfälle dadurch verursacht, daß große Rohrleitungen brechen, Flugzeugtragflächen abreißen oder daß Motoren überdrehen. Eine geduldige Rekonstruktion der einzelnen Unfälle enthüllt immer wieder die Banalität hinter der Mehrzahl der Katastrophen.

Kleine Ursachen haben häufig in solchen Systemen eine große Wirkung, in denen ein Produkt einem Umwandlungsprozeß unterzogen wird. Überall dort, wo chemische Reaktionen, hohe Temperatur- und Druckbereiche oder Verwirbelungen von Wasser, Dampf oder Luft beteiligt sind, ist es uns unmöglich, die ablaufenden Prozesse zu beobachten oder – was ebenfalls vorkommt – deren Prinzipien zu verstehen. Bei vielen Umwandlungsprozessen wissen wir zwar allgemein, was vor sich geht, aber in manchen Fällen wissen wir nicht, warum dies so ist. Solche Systeme sind besonders anfällig für geringfügige Störungen, die sich aufgrund der Komplexität der Interaktionen und der engen Kopplung des Systems in unvorhergesehener Weise fortpflanzen. Wir werden auch andere Systeme kennenlernen, in denen weniger die Umwandlung als vielmehr die Fertigung oder die Montage von Produkten eine Rolle spielt, Systeme, die Rohstoffe verarbeiten und nicht verfahrenstechnisch umwandeln. Sie bieten uns die Möglichkeit, aus Unfällen Lehren zu ziehen und das bestehende Maß an Komplexität und enger Kopplung zu reduzieren. In diesen Systemen kann es auch künftig zu Unfällen kommen – das gilt generell für alle Systeme. Doch sind sie zumeist die Folge von schweren Störungen, deren Wirkungsweisen auf der Hand liegen, und weniger von trivialen Ursachen, die unserer Erkenntnis verborgen bleiben.

Eine dritte Folgerung, die sich aus unserem Modell ergibt, ist die Rolle von Organisationen und des Managements bei der Verhinderung – oder Verursachung – von Störungen. Organisationen stehen im Vordergrund unserer Untersuchung, auch wenn wir immer wieder von technischer Ausrüstung, Druck, Temperatur etc. sprechen werden. Risikoreiche Systeme haben einen zweifachen Nachteil: Da normale Unfälle aus der undurchschaubaren Interaktion kleinerer Defekte resultieren, müssen diejenigen, die mit dem System unmittelbar zu tun haben, die Operateure, zu unabhängigen und gelegentlich sogar schöpferischen Maßnahmen in der Lage sein. Wegen der engen Kopplung in diesen Systemen muß jedoch andererseits die Kontrolle der Operateure zentralisiert werden, da im Ernstfall kaum die Zeit bleibt, alles zu überprüfen und im Auge zu behalten, was in den verschiedenen Teilen des Systems vor sich geht. Ein Operateur kann nicht nach eigenem Gutdünken schalten und walten; eine enge Kopplung bedeutet streng vorgeschriebene Arbeitsschritte und unveränderliche Abfolgen, an denen nichts geändert werden darf. Systeme können jedoch nicht gleichzeitig zentralisiert und dezentralisiert sein; häufig sind sie Zwitterorganisationen, die versuchen, gleichzeitig in verschiedene Richtungen zu marschieren. Demnach müssen wir unserer Aufzählung von Problemen auch die immanenten Widersprüche von Organisationen hinzufügen.

Aber auch ohne diese Widersprüche spielen Organisationen für unser Thema eine wichtige Rolle. Immer wieder werden Warnungen in den Wind geschlagen und unnötige Risiken eingegangen, wird die Öffentlichkeit getäuscht und glatt belogen. Als Organisationssoziologe bin ich darüber kaum erstaunt, da dies bei allen Organisationen der Fall ist und zu unserer menschlichen Existenz gehört. Wo es sich jedoch um Systeme handelt, die mit radioaktiven, toxischen oder explosiven Materialien umgehen oder in einer unnachsichtigen, feindseligen Umwelt in der Luft, zur See oder unter Tage operieren, dort haben diese alltäglichen Verfehlungen von Organisationen äußerst unalltägliche Folgen. Unsere Organisationsfähigkeit reicht nicht aus, um den immanenten Risiken wirkungsvoll zu begegnen, die mit etlichen unserer organisatorischen Bemühungen verbunden sind. Jedes Unternehmen wird durch eine bessere Organisation in seinem Erfolg gefördert. Aber es gibt Unternehmungen, zu denen wir uns bislang entschieden haben, bei denen selbst die beste Organisation nicht gut genug ist.

Diese Lücke läßt sich auch nicht immer durch eine verbesserte Technik schließen. Dies hier ist nicht nur ein Buch über Organisationen (allerdings ein verständliches, ohne Fachjargon und heilige Texte), es ist auch ein Buch über Technik und Technologie. In ihm werden Sie wahrscheinlich mehr über Kondensatvollreinigung, Flattergrenzen, Aufkocher und sonstige Systeme erfahren als Ihnen lieb ist. Diese Passagen brauchen Sie jedoch nicht eingehend zu studieren (und selbst wenn Sie nur darüber hinweglesen, wird Ihnen ein hohes Maß an Begriffsstutzigkeit eingeräumt). Überhaupt nicht beiläufig, sondern ganz wesentlich geht es indessen um eine *Beurteilung* der Technik und ihrer »Verbesserungen«. Wie ein englisches Sprichwort sagt, ging das Streben des Menschen nach Höherem schon immer über seinen Verstand. Das kann wohl auch nicht anders sein. Aber vielleicht setzt bei uns allmählich die Erkenntnis ein, daß unter all den großartigen Möglichkeiten, nach denen wir streben können, einige unseren Verstand mit katastrophalen Folgen übersteigen. Es gibt kein technisches Gebot, das uns sagt, daß wir Kraftwerke oder Waffen haben *müssen,* die mit Kernspaltung oder Kernfusion arbeiten, oder daß wir Organismen erzeugen und auf die Erde loslassen *müssen,* die ausgelaufenes Erdöl einfach auffressen. Was wir hingegen anstreben können und was wir auch im Griff haben, das sind Sonnenenergie oder sichere Kohlekraftwerke und die sicheren Schiffskonstruktionen und Industriekontrollen, die den Öltankerkatastrophen praktisch ein Ende machen würden. Hier hätten wir kein Katastrophenpotential zu befürchten.

Wir müssen die technischen Verbesserungen vor allem bei jenen Systemen einer Bewertung unterziehen, ohne die wir nicht auskommen können oder wollen. Solche Verbesserungen, einschließlich der Sicherheitsvorkehrungen, führen gelegentlich zu neuen Unfällen und bieten allzuoft den Verantwortlichen lediglich die Möglichkeit, die Betriebsgeschwindigkeit des Systems zu erhöhen, es stärkeren Belastungen als bisher auszusetzen als zuvor. Manche technischen Verbesserungen verringern die Störanfälligkeit – das Düsentriebwerk ist einfacher und sicherer als der Kolbenmotor; das Echolot ist besser als eine Lotleine; drei Motoren sind bei einem Flugzeug besser als zwei; Computer sind zuverlässiger als pneumatische Steuerungen. Es gibt aber auch andere technische Verbesserungen, die lediglich eine schlechte Organisation entschuldigen oder Mängel der Systemkonstruktion ausgleichen sollen. Leider ist es bei manchen solcher Systeme äußerst schwierig, die Aufmerksamkeit von Behörden zu wecken, sobald es um Fragen der Sicherheit geht.

Wenn wir zu einer Katastrophe noch Komplexität von Interaktionen und enge Kopplung hinzufügen, ergibt sich etwas, das die Welt in dieser Form bisher kaum kennt. Katastrophen als solche hat es schon immer gegeben. In der fernen Vergangenheit waren die Naturkatastrophen gegenüber denen von Menschenhand an Zahl sicherlich weit überlegen. Vom Menschen ausgelöste Katastrophen werden anscheinend erst mit der Industrialisierung immer häufiger, in deren Verlauf wir Maschinen gebaut haben, die abstürzen, im Meer untergehen, in Brand geraten und explodieren können. In den letzten 50 Jahren und vor allem während des letzten Vierteljahrhunderts kam zu der üblichen Unfallursache – eine Störung bei einer Komponente, die für die Zukunft beseitigt werden konnte – eine neuartige hinzu: Eine Komplexität der Interaktionen in Verbindung mit einer engen Kopplung der Systemabläufe führte zu Systemunfällen. Wir haben Konstruktionen ausgedacht, die so kompliziert sind, daß wir nicht mehr alle möglichen Interaktionen der unvermeidbaren Defekte vorhersehen können; wir bauen Sicherheitsvorkehrungen ein, die von verborgenen Pfaden innerhalb des Systems irregeführt, umgangen oder außer Funktion gesetzt werden. Die Systeme wurden komplizierter, weil sie entweder mit für den Menschen immer gefährlicheren Substanzen umgehen, oder weil wir an ihre Funktionstüchtigkeit immer höhere Ansprüche stellen. Und immer neue Systeme entstehen vor unseren Augen, wie z.B. die Genmanipulation, während andere immer komplexer in ihren Interaktionen und immer enger gekoppelt werden. In der Vergangenheit konnten die Baumeister und Konstrukteure aus dem Einsturz einer im Bau befindlichen Kathedrale, der Kesselexplosion auf einem Dampfschiff oder dem Zusammenstoß zweier Eisenbahnzüge noch etwas lernen. Aber was lernen wir aus Explosionen in großchemischen Anlagen oder aus »Störfällen« in Kernkraftwerken? Wir sind möglicherweise an einem Punkt angelangt, wo die Kurve unserer Lernfortschritte fast horizontal verläuft. Zweifellos ist bei einer solchen Unterstellung Vorsicht angebracht. Wenn wir die lästigen Kassandras Revue passieren lassen, die im Verlauf der Menschheitsgeschichte geweissagt haben, wir seien mit der Kolbendampfmaschine oder der Dampflokomotive an unsere Grenzen gestoßen, so mahnt uns dies an die Fragwürdigkeit aller Prophezeiungen über die weitere Entwicklung der Technik. Dennoch sind einige Warnungen angebracht.

Zum Abschluß dieses Kapitels noch eine Bemerkung zu den Schamanen eigener Art, die mit den neuartigen technischen Risiken auf den Plan getreten sind, den Risikoberatern. Wie bei den Schamanen und Heilern von früher kann es sich als gefährlicher erweisen, ihren Rat zu suchen als auf ihren Beistand zu verzichten. Im letzten Kapitel dieses Buches werden wir die Gefahren dieser neuen Alchemie untersuchen, in der das Abschätzen von Verlustziffern an die Stelle gesellschaftlicher und kultureller Werte getreten ist und die uns daran hindert, an Entscheidungen über Risiken beteiligt zu werden, von denen einige wenige beschlossen haben, daß die vielen anderen ohne diese Risiken nicht mehr leben können. Zur Debatte stehen nicht die Risiken, sondern die Macht.

Volldampf voraus

Kapitel 1 behandelt den Reaktorunfall von Three Mile Island (TMI), wo vier voneinander unabhängige und jeweils geringfügige Störungen auftraten, die alle vom Bedienungspersonal nicht erkannt werden konnten. Es war das System, das diesen Unfall verursacht hat, und nicht die Bedienungsmannschaft. *Kapitel 2* beschäftigt sich mit der Frage, wieso es angesichts der hohen Komplexität und engen Kopplung dieser Anlagen bis jetzt außer diesem nur noch den Unfall in Tschernobyl gegeben hat. Ein näherer Blick auf die Atomindustrie und einige ihrer kleineren und schwereren Unfälle legt die Vermutung nahe, daß diese großen Anlagen von der Größenordnung wie TMI bislang noch zuwenig Zeit hatten, ihr gesamtes Gefahrenpotential zu entwickeln. Die Bilanz der Atomindustrie und der NRC ist erschreckend, aber nicht etwa deshalb, weil sie sich wesentlich von der anderer Industrien und Aufsichtsbehörden unterscheiden würde. Das ist nicht der Fall. Erschreckend ist sie wegen des Katastrophenpotentials dieser Industrie. Eigentlich dürften sich hier überhaupt keine Unfälle ereignen, aber davon kann auf absehbare Zeit keine Rede sein.

Mit den wenig präzise gefaßten Begriffen Komplexität, enge Kopplung und Katastrophe kommen wir zwar ein ganzes Stück weiter, aber um tiefer in die Welt risikoreicher Systeme einzudringen, benötigen wir bessere Definitionen und ein besseres Modell von Systemen, ihren Unfällen und Konsequenzen. Darum geht es in *Kapitel 3,* wo Begriffe definiert und mit weiteren Beispielen von Unfällen ausgiebig illustriert werden. In diesem Kapitel untersuchen wir die Vorteile einer losen Kopplung, ordnen unterschiedliche Systeme in die Koordinaten »Komplexität« und »Kopplung« ein und versuchen eine Typologie der Katastrophen.

In *Kapitel 4* wenden wir unsere theoretischen Begriffe auf die großchemische Industrie an. Ich möchte besonders deutlich machen, daß normale oder – wie wir sie generell bezeichnen wollen – Systemunfälle sich nicht auf die Atomindustrie beschränken. Einige der interessantesten und ungewöhnlichsten Beispiele für die unerwartete Interaktion von Störungen werden in diesem Kapitel vorgeführt – und dabei ist die Rede von einem ziemlich gut geführten Industriezweig, dem umfangreiche Rücklagen zur Verfügung stehen, die für verbesserte Sicherheitsvorkehrungen, eine bessere Schulung des Personals und für technisch fortschrittliche Problemlösungen ausgegeben werden können.

Trotzdem herrscht in den großchemischen Anlagen die meiste Zeit über Ruhe, obgleich sie hin und wieder die dicksten Brocken Hunderte von Metern weit in eine Siedlung schleudern oder ein tieffliegendes Flugzeug in Brand setzen können, wie wir noch sehen werden. In *Kapitel 5* gehen wir etwas in die Luft und beschäftigen uns mit Flugzeugen und ihrer Wartung, mit Flugrouten, Flugplätzen und den Problemen der Flugsicherung. Die Luftfahrt ist zum Teil ein Transformationssystem, in der Hauptsache jedoch hochkomplex und eng gekoppelt. Hier kommt es fortwährend zu technischen Verbesserungen, aber die Konstrukteure und Fluggesellschaften gehen nach jedem neuen Fortschritt erneut bis an die Grenzen der Belastbarkeit. Fliegen ist und bleibt eine riskante Sache. Am Beispiel des Luftverkehrssystems werden wir andererseits untersuchen, wie weit durch Änderungen in der Organisation sowie durch technische Weiterentwicklungen tatsächlich das Maß an Komplexität und enger Kopplung reduziert werden konnte; dieses System ist mittlerweile ziemlich sicher, wenigstens soweit man bei prinzipiell riskanten Systemen von Sicherheit sprechen kann. An die nach wie vor bestehenden Risiken des Luftverkehrs wird uns die nähere Beschäftigung mit dem John Wayne International Airport in Orange County, Kalifornien, erinnern.

Eine völlig gegenläufige Entwicklung ist im Bereich der Frachtschiffahrt zu beobachten, der das *Kapitel 6* gewidmet ist. Hier wurden
weder die Komplexität noch die enge Kopplung verringert. Über diese
Branche kursieren die schlimmsten Geschichten, von denen drei wiedergegeben werden und in denen es um die letztlich vermeidbaren Gefahren
dieses Systems geht. Allein aufgrund seiner Struktur ist es ein fehlerinduzierendes System, und wir werden einen genaueren Blick auf sein Versi-
cherungssystem, den Schiffsbau, Reeder, Kapitäne und Mannschaften,
Antikollisionssysteme und auf die internationale Anarchie werfen, die
eine effektive Regelung verhindert und zu einem allgemeinen Rowdy-
tum auf den Weltmeeren verleitet. Man sollte es eigentlich nicht glauben,
daß es zwischen Schiffen zu ähnlichen Massenkarambolagen kommen
kann wie im Nebel auf der Autobahn, und trotzdem finden sich in den
Zeitungen nur allzu häufig Berichte über derartige Vorkommnisse.

Kapitel 7 scheint nicht ganz hierherzugehören, da Staudämme, Seen
und Bergwerke nicht unbedingt zu Systemunfällen neigen. Sie stützen
jedoch unser Argument, da es sich hier eher um lineare als um komplexe
Systeme handelt, deren Unfälle vorhersehbar und vermeidbar sind.
Sobald wir uns hingegen vom einzelnen Staudamm oder Bergwerk entfernen und das größere System, in dem sie existieren, ins Blickfeld
bekommen, stoßen wir auf den »Ökosystemunfall«, eine Interaktion
von Systemen, die entgegen unserer Annahme aufgrund der umfassenderen Ökologie nicht voneinander unabhängig sind. Sobald wir das
erkannt haben, können wir zukünfige Unfälle dieses Typs vermeiden; in
linearen Systemen sind wir in der Lage, aus unseren Fehlern zu lernen.
Außerdem liefern uns auch Staudämme, Seen und Bergwerke erzählens-
werte Geschichten. Was geschieht, wenn ein Staudamm versagt? Können wir einem verheerenden Erdbeben in Kalifornien durch eine Reihe
von gigantischen chiropraktischen Eingriffen in die »Wirbelsäule« vor-
beugen? Wie ist es möglich, daß wir innerhalb weniger Stunden einen
kompletten See samt Booten und Schleppern verlieren? (Indem wir
unabsichtlich einen Ökosystemunfall herbeiführen.)

In *Kapitel 8* geht es um weit weniger alltägliche Systeme. Raumfahrtunternehmen sind ebenso komplex wie eng gekoppelt, aber ihr Katastrophenpotential erwies sich bis zum Challenger-Unglück als relativ
gering. Bedeutsamer ist jedoch der Umstand, daß uns dieses System die
Möglichkeit bietet, die Rolle des Operateurs näher zu beleuchten (in diesem Fall die des überdurchschnittlich gut geschulten Astronauten), den
die allwissenden Konstrukteure und Manager wie einen dressierten

Affen behandeln wollten. Dies ist ein warnendes Beispiel für alle High-tech-Systeme. Unfälle mit atomaren Waffen, die unabsichtlich abgeworfen oder abgefeuert wurden, machen uns mit einem System bekannt, das so kompliziert und störanfällig ist, daß das Schicksal unseres Planeten vermutlich eher durch eine Unachtsamkeit als durch einen gezielten militärischen Schlag entschieden wird. Die Aussichten dafür sind, wie ich befürchte, erschreckend. Nicht weniger erschreckend ist im selben Kapitel der Abschnitt über die Genmanipulation. In diesem Fall haben wir in der fehlgeleiteten Gier nach Preisen und Profiten auch auf die elementarsten Sicherheitsmaßnahmen verzichtet und setzen möglicherweise ein wildes Tier in die Welt, das wir gar nicht gebraucht hätten.

Im Vordergrund von *Kapitel 9* stehen die neuen Schamanen, die Risikoberater und ihre unfreiwilligen Verbündeten, die Vertreter der kognitiven Psychologie. Als Soziologe werde ich natürlich über die letzteren ein paar bissige Bemerkungen verlieren, ohne darüber zu vergessen, daß es letztlich ihren Forschungen zu verdanken ist, wenn die jeweiligen Entscheidungen über hochriskante Systeme in das Licht der Öffentlichkeit gerückt wurden, woran die Risikoberater ihrerseits gar nicht besonders interessiert sind. Zum Schluß werden wir die Vor- und Nachteile der untersuchten Systeme gegeneinander abwägen und einige bescheidene Vorschläge vortragen, einigen Systemen das Leben etwas schwerer zu machen – und andere ein für allemal aufzugeben.

Kapitel 1
Der ganz normale Unfall von Three Mile Island

Unser Beispiel für die Unfallträchtigkeit komplexer Systeme ist der Unfall im Reaktorblock 2 von Three Mile Island (TMI) in der Nähe von Harrisburg, Pennsylvania, am 28. März 1979. Ich habe die technischen Einzelheiten stark vereinfacht und darauf verzichtet, alle Begriffe zu definieren. Es ist für den Leser nicht erforderlich, ein tieferes Verständnis der Technik zu gewinnen, die hier eine Rolle spielt. Mir geht es vielmehr um die zahlreichen inneren Verschränkungen des Systems und die vielfachen Möglichkeiten für das Auftreten von unvorhergesehenen Interaktionen. Es wird die anspruchsvollste technische Darstellung in diesem Buch sein, doch selbst diejenigen Leser, die eher am dramatischen Geschehen als am technischen Ablauf des Unfalls interessiert sind, werden einen allgemeinen Eindruck von der Komplexität des Systems erhalten. *

Der Unfall von TMI war bis Tschernobyl zweifellos der gravierendste Reaktorunfall in der Geschichte der Atomindustrie. 14 Tage lang hielten die dramatischen Ereignisse von Harrisburg die amerikanische Nation in Atem, zwei Wochen, in denen an die Stelle der anfänglichen Beruhigung mit der Zeit fast panische Angstgefühle traten und in denen wir von einer riesigen Wasserstoffblase und von Freisetzungen radioaktiver Strahlung in einem Ausmaß erfuhren, daß schwangere Frauen und andere Bewohner der Umgegend die Flucht ergriffen. Der Präsident der Vereinigten Staaten begab sich persönlich an den Ort des Geschehens, während zwei schwache Pumpen, die für diese Aufgabe gar nicht vorgesehen waren, mit Mühe und Not ein weiteres Schmelzen des Reaktorkerns verhinderten. (Eine davon fiel bald aus, doch als auch die zweite Pumpe schließlich

---

* Die folgende Darstellung stützt sich auf zahlreiche Quellen, auf die ich hier nicht im einzelnen verwiesen habe. Siehe hierzu den ersten Teil der Bibliographie.

ihren Geist aufgab, hatte sich das System zum Glück so weit abgekühlt, daß wieder ein normaler Kreislauf möglich war.) Die nun folgenden Untersuchungen und Gerichtsprozesse enthüllten eine nicht enden wollende Geschichte von Unfähigkeit, Unaufrichtigkeit und Vertuschungen vor, während und nach dem Ereignis. Wie wir jedoch in Kapitel 2 noch sehen werden, hatten sich alle Beteiligten – Betreiber, Hersteller, Aufsichtsbehörde und Industrie – nichts zuschulden kommen lassen, was den üblichen Rahmen gesprengt hätte. Einzelne Bruchstücke aus der Gesamtheit des TMI-Unglücks finden sich auch in anderen Industriezweigen, nur waren sie bislang noch nicht auf so dramatische Weise zusammengesetzt worden wie hier.

Der Kraftwerkblock 2 von TMI hatte bereits vor seiner endgültigen Inbetriebnahme zum Jahresende 1978 mit größeren Problemen zu kämpfen. Alle Kernkraftanlagen leiden unter diesen Startschwierigkeiten, da das System sehr komplex und die Technologie kaum erprobt ist. Noch immer sind viele Prozesse nicht bis ins letzte erforscht, und für bestimmte Komponenten sind die Toleranzbreiten extrem gering. Überdies stellt eine Kernkraftanlage eine Zwitterkonstruktion dar – der Reaktor selbst ist kompliziert, neuartig und sorgfältig von einem Spezialunternehmen konstruiert, während das System zur Abnahme der Wärme und deren Umwandlung in Bewegungsenergie und elektrischen Strom ziemlich konventionell, altbekannt und vergleichsweise simpel ist und von einer anderen Firma gebaut wird. Möglicherweise gab es im Block 2 mehr als die üblichen Probleme. Zum Zeitpunkt des Unfalls war das Wartungspersonal überarbeitet und außerdem aufgrund von Einsparungsmaßnahmen reduziert worden. Die Anlage mußte immer wieder abgeschaltet werden, und bei der späteren Untersuchung zeigte sich, daß die unterschiedlichsten Dinge nicht störungsfrei funktionierten. Es ist jedoch zu vermuten, daß sich der Reaktor nicht wesentlich von anderen Anlagen unterschied; wenn es in einer großindustriellen Anlage zu einem Unfall kommt, wird jede eingehende Untersuchung zahlreiche Probleme zutagefördern, die kein Mensch bemerkt oder schriftlich festgehalten hätte, wenn der Unfall vermieden worden wäre. In dem 1982 stattfindenden Prozeß zwischen dem Betreiber des Reaktors, Metropolitan Edison, und der Herstellerfirma Babcock und Wilcox warf der Betreiber dem Hersteller eine erstaunliche Vielzahl von Fehlern und Störungen vor, und dieser revanchierte sich mit der Beschuldigung, der Betreiber sei nicht in der Lage, die Anlage sachgemäß in Betrieb zu nehmen (s. die Artikelfolge von Bird/Prial in der *New York Times*, 1982/83).

Aber Metropolitan Edison betreibt noch andere Anlagen, und Babcock und Wilcox hat viele Reaktoren gebaut, in denen es nicht zu einem derart schweren Unfall kam. Über die Probleme des Reaktorblocks 2 sind wir nur deshalb so gut im Bilde, weil er nach dem Unfall von TMI eingehend untersucht wurde; es ist vermutlich die am besten öffentlich dokumentierte Untersuchung über die Funktionstüchtigkeit einer Betriebsorganisation. Bei meiner letzten Recherche stieß ich auf zehn veröffentlichte technische Bücher allein zu dem Unfall, an die hundert Aufsätze und viele Bände mit den Aussagen von Zeugen und Sachverständigen.

Der Unfall begann im Kühlsystem des Reaktors. In einem Druckwasserreaktor, wie er in TMI verwendet wird, gibt es zwei Kühlkreisläufe. Im sogenannten Primärkreislauf zirkuliert Wasser unter hoher Temperatur und hohem Druck durch den Reaktorkern, wo die Kernreaktion abläuft. Dieses Wasser gelangt in einen Dampferzeuger, wo es dünne Rohrleitungen eines weiteren Kühlsystems umspült, des sogenannten Sekundärkreislaufs, und dessen Wasser aufheizt. Diese Übertragung von Wärme vom Primär- an den Sekundärkreislauf bewahrt den Reaktorkern vor dem Überhitzen und nutzt die Wärme zur Erzeugung von Dampf. Auch das Wasser im Sekundärkreislauf steht unter hohem Druck, bis es für den Antrieb der den Strom erzeugenden Turbinen in Wasserdampf umgewandelt wird. In diesem Sekundärkreislauf nahm das Unglück seinen Anfang.

Das Wasser des Sekundärkreislaufs ist nicht radioaktiv (wie das des Primärkreislaufs), aber es darf keinerlei Verunreinigungen enthalten, da der Dampf die extrem fein bearbeiteten Turbinenschaufeln antreibt. In das Wasser gelangende Partikel von verharztem Öl müssen durch die Kondensatvollreinigung entfernt werden.

Dieses Reinigungssystem ist ziemlich widerspenstig, und es hatte in der kurzen, nur einige Monate währenden Betriebszeit der Anlage bereits dreimal versagt. Nach etwa elfstündigem Betrieb schaltete sich die Turbine am 28. März 1979 um 4:00 Uhr Ortszeit selbsttätig ab. Zwar konnte das Bedienungspersonal zu diesem Zeitpunkt den Grund hierfür nicht erkennen, aber es wurde vermutet, daß aus der Kondensatvollreinigung etwas Wasser – vielleicht nicht mehr als eine Tasse voll – ausgetreten war, weil eine Dichtung leckte.

Es kommt immer wieder vor, daß eine Dichtung versagt, und normalerweise bedeutet das auch kein Problem. In diesem Fall gelangte die Feuchtigkeit jedoch in das pneumatische System der Anlage zur Steuerung bestimmter Instrumente und unterbrach den auf die Ventile zweier

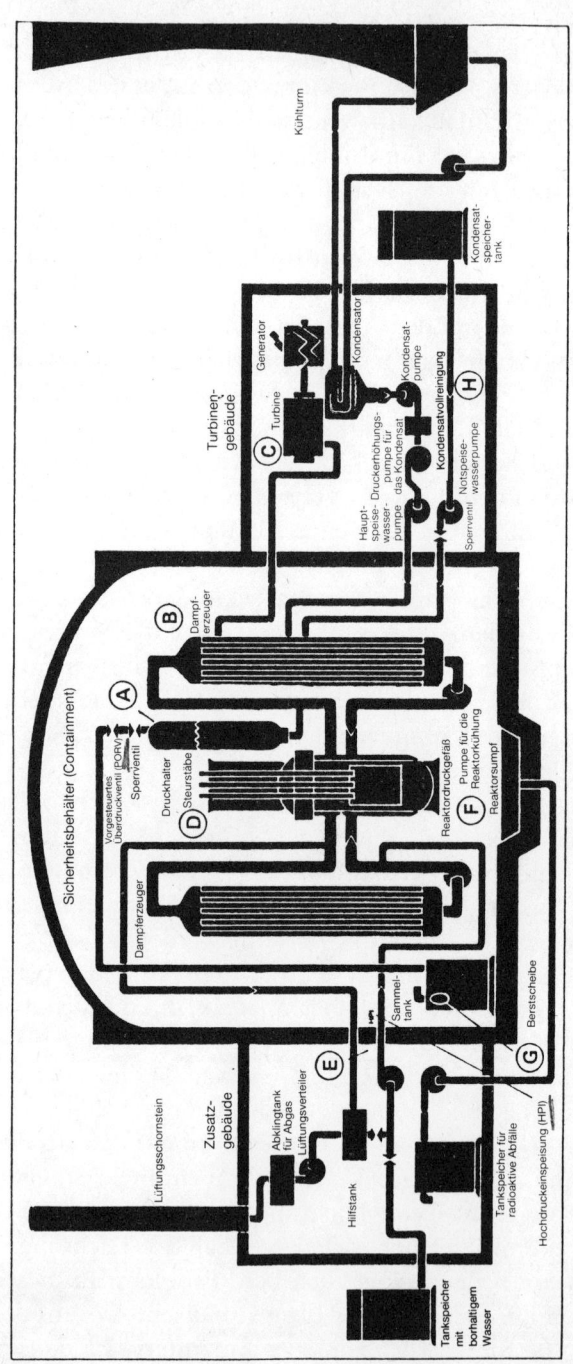

Abbildung 1.1

Reaktorblock 2 von TMI am 28. März 1978

Fehler 1	Verstopfte Zuleitung zur Kondensatvollreinigung Feuchtigkeit in der Druckluftreinigung zur Instumentenanzeige Falsches Signal an die Turbine
ASD*	Turbine schaltet automatisch ab *(d)*
ASD	Speisewasserpumpen schalten sich automatisch ab *(E)*
ASD	Notspeisewasserpumpen springen an *(H)*
Fehler 2	Zufluß blockiert; Ventile sind geschlossen statt offen
	Keine Wärmeabfuhr aus dem Primärkreislauf Anstieg von Temperatur und Druck im Reaktorkern
ASD	Reaktor geht in den Schnellschluß Reaktor heizt sich weiter auf; »Nachzerfallswärme«
	Anstieg von Temperatur und Druck
ASD	Entlastungsventil (PORV) öffnet sich
ASD	»Befehl« an PORV, sich zu schließen
Fehler 3	PORV klemmt und bleibt offen
Fehler 4	PORV-Anzeige zeigt »Schließstellung« an

ASD	Reaktorkühlpumpen springen an *(F)*
	Druck im Primärkreislauf fällt, Temperatur steigt
	Bildung von Dampfblasen in Kühlleitungen und im Kern, dadurch Verminderung der Kühlwassermengen und ungleichmäßige Druckverhältnisse im System
ASD	Hochdruckeinspeisung (HPI) springt an, um die Temperatur zu senken
	Druckhalter füllt sich mit Kühlwasser, dessen Weg durch das geschlossene PORV gespeichert wird. *(A)*
»Bedienungsfehler«	Die Bedienungsmannschaften drosseln die HPI, um den Druckhalter zu entlasten, durch manuellen Eingriff
	Temperatur und Druck im Kern steigen weiter; Ursachen: fehlende Wärmeabfuhr, Nachzerfallswärme, Dampfblasen, Wasserstoffbildung aus Zirkonium-Wasser-Reaktion und Freilegung des Reaktorkerns. Reaktorkühlwasserpumpen kavitieren (schlagen) und müssen abgeschaltet werden, so daß die Kühlwasserzirkulation noch mehr behindert wird.

* ASD (Automatic Safety Device) = Automatische Sicherheitsvorkehrung
Quelle: Kemeny, John et al. (1979)

Speisewasserpumpen einwirkenden Luftdruck. Diese Unterbrechung »sagte« den Pumpen, daß irgend etwas nicht in Ordnung war (obwohl das nicht stimmte), und veranlaßte sie zum Abschalten. Ohne die Pumpen strömte das kalte Wasser nicht mehr in den Dampferzeuger, wo die Wärme des Primärsystems an das Kühlwasser des Sekundärsystems abgegeben wird. Bei einer Unterbrechung dieser Strömung schaltet sich die Turbine automatisch ab – eine automatische Sicherheitsvorkehrung (ASD).

Das Abschalten der Turbine genügt jedoch nicht für die Sicherheit der Anlage. Auf irgendeine Weise muß die Wärme im Reaktorkern, die das Wasser im Primärkreislauf so stark aufheizt, wieder abgeführt werden. Wenn Sie einen pfeifenden Teekessel vom Herd nehmen und seinen Ausguß verstöpseln, wird die im Metall und im Wasser gespeicherte Wärme weiter Dampf erzeugen, der den Kessel zum Explodieren bringen kann, wenn er keinen Auslaß findet. Deshalb sprangen die Notspeisewasserpumpen an (vgl. Abb. 1.1. unter *H*; über diesen befinden sich die regulären Speisewasserpumpen, die sich kurz zuvor abgeschaltet hatten). Sie sind dazu gedacht, aus einem Notspeicherbehälter Wasser zu pumpen und durch den Sekundärkreislauf zu befördern, um dem System jenes Wasser neu zuzuführen, das verdampft, wenn es nicht zirkulieren kann. (Es hat denselben Effekt, wie wenn Sie den verstöpselten Teekessel mit kochendem Wasser unter kaltes Wasser halten.)

Zum Unglück waren jedoch beide Leitungen gesperrt: Bei zwei Tage zuvor erfolgten Wartungsarbeiten waren zwei Ventile versehentlich nicht wieder geöffnet worden. Die Pumpen sprangen an, und der Operateur überzeugte sich von diesem Sachverhalt, ohne zu ahnen, daß sie Wasser in eine gesperrte Leitung drückten.

Die vom Präsidenten eingesetzte Kemeny-Kommission zur Erforschung der Ursachen des TMI-Unfalls verwendete viel Zeit darauf herauszufinden, wer für das Schließen der Ventile verantwortlich war, aber vergeblich. Drei Bedienungsleute sagten aus, es sei ihnen ein Rätsel, wieso die Ventile geschlossen waren, da sie sich deutlich daran erinnerten, daß sie sie nach der Überprüfung wieder geöffnet hatten. Wahrscheinlich kennt jeder von uns eine ähnliche Situation, wenn er sich unterwegs im Auto plötzlich fragt, ob er daheim den Elektroherd oder den Zufluß zur Waschmaschine abgeschaltet hat – man ist ganz sicher, weil man es schon so oft getan hat. Vor der Untersuchungskommission sagten die Bedienungsleute aus, angesichts der Hunderte von Ventilen, die in einem Kernkraftwerk geöffnet oder geschlossen werden müssen, sei es nichts Ungewöhnliches, wenn einige davon sich in der falschen Stellung befänden – selbst dann nicht, wenn sie mit Sperren versehen sind und ein »Protokoll« geführt wird, in das die Operateure jedes Öffnen oder Schließen des Ventils eintragen.

Derartige mysteriöse Umstände finden sich bei Unfällen immer wieder. Einmal wurde der Notausstieg einer Mercury-Raumkapsel, der nur mit Hilfe einer Sprengladung geöffnet werden konnte, gerade in dem Moment aufgesprengt, als die Kapsel von einem Hubschrauber aus dem Meer geborgen werden sollte. Der Astronaut Gus Grissom beharrte später darauf, daß er die Ladung weder vorzeitig gezündet noch versehentlich den Auslöser berührt habe. (Er wäre bei dem Vorfall beinahe ertrunken.)

Es ist der alte Krieg zwischen den Operateuren und einer Ausrüstung, die von anderen entwickelt und gebaut wurde. Die Bedienungsleute beteuern, es sei nicht ihre Schuld, und die Konstrukteure beharren darauf, an der Konstruktion oder der Ausrüstung könne es nicht liegen. Wie es der Zufall wollte, hatten die Astronauten selbst darauf gedrängt, in die Raumkapsel einen Notausstieg als Sicherheitsvorkehrung einzubauen, falls sie einmal gezwungen sein sollten, diese schnell zu verlassen. Es ist nicht das einzige Beispiel, dem wir begegnen werden, wo Sicherheitsmaßnahmen die Wahrscheinlichkeit eines Unfalls noch erhöhen. Die TMI-Operateure mußten am Ende widerstrebend einräumen, daß große Ventile sich nicht von selbst schließen und daß irgend jemand Mist gebaut hatte.

Auf dem riesigen Steuerpult der TMI-Anlage gab es zwei Meßanzeiger, denen man hätte entnehmen können, daß die Ventile geschlossen statt offen waren. Der eine wurde durch einen Reparaturzettel verdeckt, der über ihm an einem Schalter hing. Doch zu diesem Zeitpunkt hatten die Operateure keine Ahnung davon, daß kein Notspeisewasser durch die Leitung kam, und es gab auch keinen Grund für sie, sich davon zu überzeugen, daß die Ventile, die bei normalem Betrieb grundsätzlich offenstehen, dies auch jetzt taten. Acht Minuten später, als ihnen das Verhalten der Anlage mysteriös erschien, kamen sie dahinter. In dieser kurzen Zeitspanne war der größte anfängliche Schaden bereits geschehen. Unsere Kenntnis solcher Reaktoren ist offenbar höchst unvollständig, denn einige Experten stuften die geschlossenen Ventile als einen gravierenden Bedienungsfehler ein, während andere behaupteten, es mache keinen großen Unterschied aus, ob die Ventile geschlossen waren oder nicht, da die Menge des Notspeisewassers begrenzt war und weil sich die auftretenden Schwierigkeiten sowieso verschlimmerten.

Nachdem im Sekundärkreislauf kein Kühlmittel mehr zirkulierte, mußten zwangsläufig einige Komplikationen eintreten. Der Dampferzeuger dampfte aus. Da aus dem Reaktorkern keine Wärme mehr abgeführt wurde, ging der Reaktor in den Schnellschluß (SCRAM). Bei dieser Notabschaltung werden Regelstäbe aus Graphit und Silber in den Kern gefahren, um dort die Neutronen zu absorbieren und die Kettenreaktion zu unterbrechen. Doch das allein genügt nicht. Das zerfallende radioaktive Material erzeugt noch immer genügend Wärme, um 18 000 Einfamilienhäuser mit Strom versorgen zu können. Die »Nachzerfallswärme« in diesem zwölf Meter hohen Behälter aus rostfreiem Stahl verursacht Temperaturen und Drücke von enormer Höhe. Normalerweise zirkulieren mehrere Tausend Liter Wasser im Primär- und Sekundärkreislauf, um dem Reaktorkern Wärme zu entziehen. Dieses Kühlsystem kann einen überhitzten Kern innerhalb weniger Tage wieder abkühlen, aber es funktionierte nicht.

Natürlich gibt es automatische Sicherheitsvorkehrungen (ASDs – *Automatic Safety Devices*) für derartige Fälle. Die erste ASD ist ein vorgesteuertes Überdruckventil (PORV – *Pilot-Operated Relief Valve*), das den Druck im Reaktorkern verringert, indem das Wasser aus dem Kern zunächst in einen großen Behälter, den Druckhalter geleitet wird und von dort aus durch eine Abflußleitung (den »heißen Strang«) in den Reaktorsumpf gelangt. Dieses Wasser ist radioaktiv und sehr heiß, so daß die Öffnung des Ventils einen Störfaktor bedeutet. Außerdem darf es nur so lange geöffnet bleiben, bis der übermäßige Druck abgebaut ist; bleibt es zu lange geöffnet, dann sinkt der Druck im Reaktorkern so stark, daß das Wasser in Dampf umschlägt, so daß sich im Kern und in den Strängen des Primärkreislaufs Dampfblasen bilden. Diese Blasen beeinträchtigen die Zirkulation des Kühlmittels, so daß sich an bestimmten Stellen ein Wärmestau bildet – insbesondere bei den Brennstäben, was die Gefahr einer erneut einsetzenden Kettenreaktion heraufbeschwört.

Das PORV ist auch unter der Handelsbezeichnung *Electromatic Relief Valve* der Firma Dresser Industries bekannt. (Diese Firma startete kurz nach dem Unfall eine Anzeigenkampagne, in der behauptet wurde, Jane Fonda sei gefährlicher als ein Kernkraftwerk. Sie spielte die Hauptrolle in dem Film *Das Chinasyndrom*, der damals zahlreiche Besucher anlockte und in dem es unter anderem um das gerade noch verhinderte Durchbrennen eines Kernreaktors ging.) Man rechnet damit, daß dieses Ventil bei etwa 50 Einsätzen einmal ausfällt, andererseits wird es jedoch selten benötigt. Die Kemeny-Kommission fand mindestens elf Fälle heraus, in denen das Ventil in anderen Reaktoranlagen versagt hatte (sehr zur Überraschung der US-Atomaufsichtsbehörde NRC und des Reaktorherstellers Babcock und Wilcox, denen nur vier solcher Fälle bekannt waren), und während der bisherigen kurzen Betriebszeit von TMI 2 hatte es bereits zwei Ausfälle des Ventils gegeben. Zu allem Unglück versagte dieses Ventil nun ausgerechnet in einer Situation, als die Trennventile geschlossen und die Kondensatpumpen funktionsunfähig waren und ein Meßanzeiger von einem Zettel verdeckt wurde: Nachdem der Druck im Kern genügend abgebaut war, schloß es sich nicht wieder.

Das bedeutete, daß der Reaktorkern, in dem sich wegen der fehlenden Zirkulation des Kühlmittels ein Wärmestau bildete, ein beträchtliches Loch aufwies – das Sicherheitsventil in Offenstellung. Das im Kern befindliche Kühlmittel, der Primärkreislauf, stand unter hohem Druck und wurde durch das offene Ventil in eine lange, gekrümmte Leitung gedrückt, die zu einem sogenannten Abblasetank führt. Auf diese Weise flossen insgesamt fast 150 000 Liter Wasser, ein Drittel des Fassungsvermögens des Reaktorkerns, aus. Das war kein unbedeutender Rohrbruch mehr, wie die Operateure ursprünglich angenommen hatten; der Reaktordruckbehälter war nicht mehr dicht und verlor unzulässigerweise an Druck.

Da es schon früher Schwierigkeiten mit dem Überdruckventil gegeben hatte (und es ist ein äußerst kniffliges technisches Problem, für die in einem Reaktor herrschenden Bedingungen ein besonders zuverlässiges Ventil zu konstruieren), hatte man vor kurzem an das Ventil einen Meßanzeiger angeschlossen, der das Bedienungspersonal warnen sollte, falls es sich nicht wieder schloß. Sicherheit ist das A und O in Kernkraftwerken. Da jedoch nichts vollkommen ist, kam es eben vor, daß diesmal der Meßanzeiger selbst ausfiel, wahrscheinlich wegen eines defekten Solenoids, eine Art elektromagnetischer Kippschalter. Eigentlich war es kein richtiges Anzeigeinstrument, und sowohl der Hersteller als auch der Betreiber der Anlage hätten wohl besser daran getan, gänzlich darauf zu verzichten. Sicherheitssysteme wie z. B. Warnlampen sind notwendig, können die Operateure jedoch auch irreführen. Hätte keine Lampe aufgeleuchtet und die Bedienungsmannschaft davon überzeugt, daß sich das Ventil wieder geschlossen hatte, dann hätte sie zu anderen Maßnahmen greifen müssen, um die Stellung des Ventils zu überprüfen, wie dies bereits anderthalb Jahre früher in einer anderen Anlage der Fall gewesen war. Aber wenn man sich nicht auf die Kontrollämpchen auf dem Steu-

erpult verlassen wollte, dann bräuchte man ein ganzes Heer von Operateuren, die keine andere Aufgabe hätten, als jede möglicherweise relevante Komponente des Systems zu überprüfen. Und es ist eine der Lehren, die wir aus komplexen Systemen und dem Unfall von Harrisburg
ziehen können, daß *jeder* Teil des Systems in unvorhergesehener Weise
mit anderen Bauteilen des Systems in Interaktion treten kann.

Der Meßfühler übermittelte der Kontrolltafel ein Signal, daß das Ventil den für seine Schließung erforderlichen Impuls erhalten hatte. (Es war
also kein direkter Hinweis darauf, daß sich das Ventil auch tatsächlich
geschlossen hatte.) Die Operateure konnten also feststellen, daß es mit
dem PORV keine Probleme gab, und warteten darauf, daß der Druck im
Reaktordruckbehälter wieder anstieg, der unmittelbar nach dem Öffnen
des Entlastungsventils drastisch abgefallen war. Es dauerte zwei Stunden
und 20 Minuten, bis ein neuer Schichtleiter, der die Problemlage noch
einmal von Anfang bis Ende durchging, den Fehler entdeckte.

So unvorstellbar es klingt, seit dem Eintreten des Störfalls sind erst 13
Sekunden vergangen; der neue Reaktorzustand wird als »Transiente«
bezeichnet, womit eine Lage gekennzeichnet wird, in der Leistung,
Druck, Temperatur etc. des Reaktors »vorübergehend« außer Kontrolle
geraten. (Der Begriff ist also nicht euphemistisch gemeint, sondern
bedeutet das Eintreten einer plötzlichen, drastischen Veränderung eines
der Reaktorparameter, in diesem Fall der Temperatur.) In diesen wenigen Sekunden führte ein falsches Signal zum Ausfall der Kondensatpumpen, zwei Ventile des Notkühlsystems befanden sich in falscher Stellung,
während das zugehörige Anzeigeinstrument den Augen der Operateure
durch einen Reparaturzettel verborgen blieb, ein Entlastungsventil
schloß sich nicht wieder, und seine Kontrollanzeige versagte. *Für die
Operateure war keine einzige dieser Störungen zu erkennen.*

Hinzu kommt, daß alle diese Teile zwar in hohem Maße wechselseitig
voneinander abhängen, so daß sie sich alle gegenseitig beeinflussen, aber
bei Normalbetrieb *nicht* linear hintereinandergeschaltet sind so wie beim
Betriebsablauf einer Fertigungsstraße oder bei einer Abfolge vorgeplan-
ter Sicherheitsmaßnahmen. Der Operateur weiß, daß eine Sperrung der
Kondensatleitung zur Abschaltung der Kondensatpumpen führt, so daß
kein Wasser mehr in den Dampferzeuger und von dort als Dampf in die
Turbinen gelangen kann und die Turbinen sich automatisch abschalten,
weil sie nicht mehr angetrieben werden. Das ist ein völlig durchschauba-
rer Ablauf. Mit dieser Sequenz verknüpft, wenn auch nicht Bestandteil
ihrer Betriebsfunktion, ist jedoch ein zweites System, der Primärkreis-

lauf, der die im Reaktordruckbehälter befindliche Wassermenge reguliert. Die Bedienungsmannschaft vermutete zu Recht, daß aufgrund des Druck- und Temperaturabfalls im Primärkreislauf der Wasserspiegel im Reaktorkern gefallen war. Aber für sie gab es keinen ersichtlichen Zusammenhang zwischen dem Sinken des Wasserspiegels und dem Abschalten der Turbinen. Dennoch gab es einen solchen engen Zusammenhang, und zwar wegen der interaktiven Komplexität des Systems. Dieser wird über das Überdruckventil (PORV) hergestellt, aber das hat weder vom Betriebsablauf noch vom Sicherheitssystem her einen Einfluß auf die Turbinenabschaltung oder auf das Versagen der Kondensatvollreinigung, selbst wenn die Operateure hätten herausfinden können, daß dies die Ursache für den Turbinenstillstand war. Die Operateure gingen von der Voraussetzung aus, daß das PORV allein von dem im Reaktordruckbehälter herrschenden Druck angesprochen wird, völlig unabhängig vom Zustand der Turbinen, des Sekundärkreislaufs (über den dem Dampferzeuger und den Turbinen Speisewasser zugeführt wird) oder der Notkühlpumpen für den Reaktorkern.

Selbst wenn eine Komponente des Systems Bestandteil eines linearen Betriebsablaufs wäre, kann eine Informationsstörung in einem beliebigen Teil dieses Betriebsablaufs diesen Zusammenhang weniger deutlich oder gar überhaupt nicht mehr sichtbar werden lassen. So ist z.B. das PORV in linearer Abfolge mit einer Abblaseleitung und über diese mit einem Abblasetank sowie – wenn dieser überläuft – mit dem Reaktorsumpf verknüpft. Auf dieser Strecke wurde von den Operateuren mehrfach festgestellt, daß das Wasser übermäßig viel Radioaktivität enthielt, aber für sie stammte dieses Wasser aus einer »unbekannten Quelle«, da sie durch das ausgebliebene Aufleuchten der Kontrollampe von der Schließstellung des PORV überzeugt waren. Sie vermuteten statt dessen einen Rohrbruch irgendwo in der Anlage, und da deren Rohrsystem so kompliziert ist, daß ein Mitarbeiter der Kemeny-Kommission sogar eine Lupe brauchte, um es auf einer Konstruktionszeichnung näher zu begutachten, lag für sie die Annahme nahe, daß es viele Möglichkeiten gab, woher das Wasser kam. Im späteren Verlauf des Unfalls stellten sie sogar fest, daß das radioaktive Wasser nicht in den von ihnen beabsichtigten Tank, sondern aufgrund von komplexen Interaktionen zwischen Strömungs- und Druckverhältnissen in einen falschen Tank gelangte, der sich in einem benachbarten Zusatzgebäude befand und ebenfalls überlief.

Damit haben wir alles, was zur Natur eines normalen Unfalls gehört: die Interaktion mehrerer Störungen, die nicht in einen linearen Betriebsablauf eingebettet sind. Wenn Sie wollen, können Sie diese Definition rot unterstreichen. Aber es fehlt eine weitere Eigenschaft, die wir noch nicht näher untersucht haben – Undurchschaubarkeit. Im Unterschied zu unserem Zwischenfall aus dem Alltagleben am Anfang dieses Buches, dessen Zusammenhänge völlig durchschaubar waren, sind die meisten normalen Unfälle in hohem Maße undurchschaubar. Kehren wir zum TMI-Unfall zurück und werfen wir einen näheren Blick auf dessen Undurchschaubarkeit – den Hauptgrund dafür, daß das so häufig als Ursache von Unfällen angegebene »menschliche Versagen« bei normalen oder Systemunfällen nicht weiterhilft.

Das PORV blieb also für zwei Stunden und 20 Minuten geöffnet, und Kühlmittel in großen Mengen gelangte aus dem Reaktorkern in den Abblasetank, so daß der Druck im Reaktordruckbehälter abfiel. Dieser Vorgang wird dann gefährlich, wenn es nicht gleichzeitig zu einem ebensogroßen Abfall der Temperatur kommt, da das überhitzte Wasser mit einer Temperatur von ca. 1 100° C bei niedrigerem Druck irgendwann zu Dampf wird, der weniger gut kühlt und zur Bildung von Dampfblasen neigt, die den Fluß des Kühlmittels unterbrechen. Deshalb sprang eine der beiden Notspeisewasserpumpen (eine weitere Sicherheitsvorkehrung) automatisch an, während die zweite, 13 Sekunden nach Einleitung des Störfalls, von Hand eingeschaltet wurde. Zwei bis drei Minuten lang schien alles in Ordnung, das Kühlmittel im Reaktorkern hatte sich scheinbar stabilisiert. Aber eben nur scheinbar. Aus einer Vielzahl von Gründen, die wir nur vermuten können, bildeten sich Dampfblasen offenbar in einer Weise, daß nach dem Anspringen der beiden Notspeisewasserpumpen der Eindruck entstand, als hätte sich die Lage stabilisiert. Den Operateuren blieb verborgen, daß kein Wasser in die Dampferzeuger gelangte. Als diese ausdampften, stieg die Temperatur des Reaktorkühlmittels erneut an, da das Sekundärsystem keine Wärme aus dem Primärkreislauf abführte, das diese wiederum dem Reaktorkern entzog. Da der Reaktorkern außerdem Wasser verlor, kam es zu einem starken Druckabfall im Kühlsystem.

Zu diesem Zeitpunkt, zwei Minuten nach Störfalleinleitung, sprang ein weiteres Notsystem an, die Hochdruckeinspeisung des Not- und Nachkühlsystems (HPI – *High Pressure Injection*), das Wasser unter hoher Geschwindigkeit in den Primärkreis und den Reaktorkern fördert. Nun kam es zum Höhepunkt des Dramas, zu jener Maßnahme, die als die Hauptursache des Unfalls und als der entscheidende Bedienungsfehler bezeichnet wurde. Nachdem das HPI etwa zwei Minuten lang mit Hochdruck dem Reaktordruckbehälter Wasser zugeführt hatte, wurde es von Hand plötzlich wieder stark gedrosselt, so daß für das aus dem PORV abgeführte Wasser kein Ersatz mehr eingespeist wurde. Das bedeutete, daß der Reaktorkern zunehmend freigelegt wurde – die schlimmste Gefahr in einem Kernkraftwerk, weil damit ein Durchbrennen des Reaktorkerns und die Freisetzung radioaktiver Strahlung in die Umgebung droht.

Als die Mitglieder der Kemeny-Kommission sich eingehend mit dieser Maßnahme des Bedienungspersonals befaßten, stießen sie auf einen früheren Unfall in einem Atomkraftwerk in Ohio, auf Aktennotizen eines TVA-Ingenieurs, Aktenvermerke in den Unterlagen der Herstellerfirma Babcock und Wilcox und auf einen Unfall in einem von Westinghouse gebauten Reaktor in Belgien. Alle diese warnenden Vorfälle lagen zeitlich vor dem Unfall von Harrisburg. Die Untersuchungskommission förderte eine bürokratische Welt zutage, wie sie Kafka nicht besser hätte erfinden können, deren Beschreibung wir uns jedoch an dieser Stelle ersparen, um bei den eigentlichen Schurken des Stückes zu bleiben: den unseligen Operateuren, wenn man den meisten Berichten glauben sollte.

Bei einer HPI wird kaltes Wasser unter hohem Druck in den Reaktorkern gespeist, um die dort herrschenden Temperaturen zu senken. Es gelangt mit einer Geschwindigkeit von rund 5 000 Litern pro Minute in den Kern, was ausreichen würde, um einen Swimming Pool in nur 20 Minuten zu füllen. Der Vorgang ist ziemlich riskant. Das kalte Wasser kann dem Kern einen »Schock« versetzen und zu Haarrissen in der Ausrüstung des Kerns selbst oder in der Wandung des Reaktordruckbehälters führen (letzteres jedoch vermutlich nur dann, wenn der Reaktor bereits mehrere Jahre lang in Betrieb war). Außerdem wird der Reaktorkern einer starken Druckbelastung mit möglichen Folgeschäden ausgesetzt. Viele Experten lassen diese Gefahren unberücksichtigt, aber nicht alle. Als Hinweis darauf, wie wenig wir eigentlich über Reaktorsysteme wissen, möchte ich lediglich den Umstand anführen, daß bald nach dem Unfall von einigen Experten sogar die Meinung geäußert wurde, es sei ein Glück gewesen, daß die Bedienungsleute die HPI wieder abschalteten, obwohl diese Auffassung mehrheitlich nicht geteilt wurde.

Zwei Jahre später veröffentlichte die NRC jedoch einen Bericht, der denen recht gab, die vor dieser Gefahr gewarnt hatten. Er enthüllte, daß 13 Reaktoren, von denen einige kaum drei oder vier Jahre in Betrieb waren, als Folge des intensiven radioaktiven Beschusses stärkere Anzei-

chen einer Materialversprödung aufwiesen, als man angenommen hatte
(s. Matthew. L. Wald in *New York Times*, 21.9.1981). Damit tauchten
gravierende Sicherheitsbedenken auf. Es ist offenbar doch möglich, daß
die Einspeisung von kaltem Wasser in einen spröden Behälter diesen zum
Bersten bringen und so eine Kernschmelze mit allen Konsequenzen herbeiführen kann. Zum Glück war der Reaktorblock TMI 2 erst etwa 40
Tage mit voller Leistung in Betrieb gewesen.

Ein weiteres Problem bei einer HPI ist Gegenstand einer lebhaften
Debatte. Sie kann im Druckhalter zu einem Druckanstieg führen, wenn
dieser geflutet, wird. Der Druckhalter ist eine Art riesiger Stoßdämpfer
und Stabilisator. Er ist praktisch ein großer Tank, in dem sich bei Normalbetrieb im unteren Teil rund 22 000 Liter Wasser und darüber etwa
20 000 Liter Dampf befinden. Der Dampfdruck im Druckhalter und
damit zugleich der Druck des Kühlwassers im Kern wird durch Heizen
geregelt. Gelangt über die HPI zuviel Wasser in den Reaktorkern, wird
der Druckhalter geflutet, und der Dampf kondensiert. Kommt es im
Reaktorkern zu einem beträchtlichen Druckanstieg, kann das durch den
Dampf im Druckhalter gebildete Polster verschwinden. Dann können die
Kühlwasserpumpen zerknallen (eine der möglichen Ursachen für einen
LOCA (*Loss of Coolant Accident* – Kühlwasserverlust-Unfall), und es kann
zu einer Kernschmelze kommen. Auch wenn die Sicherheitsventile ein
Zerknallen der Pumpen verhindern, bedeutet ein gefluteter Druckhalter
ein ernstes Problem. Er ist ein erstrangiges Notsicherheitssystem und
sollte nach Möglichkeit nicht außer Funktion gesetzt werden.

Die Bedienungsmannschaften waren sowohl vom Hersteller als auch
vom Betreiber der Anlage eindringlich angewiesen worden, eine Kondensierung des Dampfes im Druckhalter zu vermeiden. Aber weder die
Schulungsunterlagen noch die Betriebsanleitung enthielten einen Hinweis darauf, daß es unter bestimmten Bedingungen vorteilhafter sein
kann, ein Kondensieren des Dampfs im Druckhalter zuzulassen als auf
eine HPI zurückzugreifen. Diese Möglichkeit wurde nach einem früheren Unfall in einer anderen Anlage erwogen, aber von Babcock und Wilcox verworfen. Zwei Minuten nach Störfalleinleitung im Reaktor TMI 2
war eine Lage entstanden, in der eine HPI dringlicher war als ein regu-
lierbarer Druckhalter. Der Kern war im Begriff, freigelegt zu werden.

Nach dem Ansprechen der Hochdruckeinspeisung achteten die Operateure vor allem auf zwei Meßanzeigen, die dicht nebeneinanderlagen.
Die eine zeigte einen unverändert fallenden Druck im Reaktor an, ein
unerklärliches Verhalten, da die andere einen Druckanstieg im Druck-

halter in gefährlichem Ausmaß verzeichnete. Eigentlich hätten sich beide Zeiger wie bisher immer im Gleichtakt bewegen müssen, denn beide Meßstellen waren durch Leitungsstränge miteinander verbunden. Da der Druckhalter die Aufgabe hat, den Druck im Kühlsystem zu regulieren, und zudem mit dem Reaktorkern verbunden ist, muß eigentlich bei beiden der Druck gleich hoch sein.

Vielleicht stimmte mit den Instrumenten etwas nicht. Das kommt immer wieder vor. Aber welches von beiden zeigte den richtigen Meßwert an? War es das Meßgerät des Reaktors und fiel dessen Druck, dann mußte dort etwas Außergewöhnliches passiert sein, denn die nach wie vor laufenden Kühlwasserpumpen beförderten ebenso große Mengen Wasser in den Kern wie das gerade erst angesprungene HPI-System. Selbst wenn es irgendwo einen geringfügigen Rohrbruch gab, waren die Kühlwasserpumpen so dimensioniert, daß der Kern auch ohne den Einsatz der HPI mit genügend Wasser versorgt würde. Aber wenn so viel Wasser in den Reaktorkern gefördert wurde, wieso fiel dann der Druck? Da die Operateure andererseits wußten, daß die Notspeisewasserpumpen eingeschaltet waren (aber nicht, daß diese wegen der geschlossenen Ventile kein Wasser zu pumpen hatten), mußte in ihren Augen der Kern vom Sekundärkreislauf gekühlt werden, so daß der Druckabfall erklärlich war. Aber wenn das stimmte, warum schaltete sich dann das HPI-System automatisch ein? Vielleicht war es die Reaktordruckanzeige, die nicht stimmte.

Das zweite Meßinstrument gab zu den schlimmsten Befürchtungen Anlaß. Der im Druckhalter herrschende hohe Druck schaltete praktisch einen Sicherheitsspielraum aus, und sämtliche Instruktionen besagten, der Druckhalter dürfe nicht geflutet werden. Sofern die Operateure nichts unternahmen, bestand die Gefahr eines LOCA (Kühlmittelverlust-Unfall); denn wenn sich im oberen Teil des Druckhalters kein Dampf befand, konnte ein weiterer Druckanstieg zu einem Bruch der Leitung führen. Der Zusammenhang zwischen dem Anspringen der HPI und dem hohen Druck im Druckhalter schien eindeutig zu sein. Durch die HPI gelangten große Mengen Wasser in den Reaktorkern und fluteten anschließend den Druckhalter. Deshalb schaltete das Bedienungspersonal die HPI wieder ab. Kurz darauf fiel der Druck im Druckhalter wieder, womit die Gefahr einer Kondensierung des Dampfs in diesem Behälter vermindert wurde.

Was die Operateure hingegen weder wußten noch wissen konnten: Mit dem geöffneten Entlastungsventil (PORV) und den beiden geschlossenen Speisewasserventilen – was die Abfuhr von Nachwärme verhinderte – war es bereits zu dem befürchteten LOCA gekommen, wenn auch nicht wegen einer geplatzten Leitung. Der Druckanstieg im Druckhalter wurde vermutlich durch die beschleunigte Bildung von Dampfblasen infolge der zunehmenden Freilegung des Reaktorkerns verursacht. Um einen LOCA zu vermeiden, der schon eingetreten war, machten sie alles nur noch schlimmer. Da das PORV offenstand, wurde die Gefahr einer Kondensierung des Dampfs im Druckhalter zwar verringert, aber niemand wußte, daß es gar nicht geschlossen war.

Die Kemeny-Kommission war der Meinung, die Offenstellung des PORV hätte von den Operateuren erkannt werden müssen, und sie machte ihnen den Vorwurf, die Gefahr nicht beachtet zu haben. Zwei Anzeigen auf dem Schaltfeld seien »eindeutige Anhaltspunkte« für einen LOCA gewesen. »Die Hauptursache des Unfalls waren die vom Bedienungspersonal ergriffenen unsachgemäßen Maßnahmen«, heißt es in ihrem Abschlußbericht (Kemeny etal. 1979, S. 2, 11, 113-116). Babcock und Wilcox waren derselben Ansicht; Fehler der Bedienungsmannschaft seien die einzige Unfallursache gewesen, verlautbarten sie in einer Pressekonferenz am 5.6.1979. Der britische Energieminister äußerte sich weniger diplomatisch – nach seinen Worten war der Unfall auf »dumme Fehler« zurückzuführen (s. *Science*, 19.10.1979).

Genau genommen gab es drei Meßwertanzeigen, aus denen die Operateure einen LOCA hätten ablesen können, und wir können einiges über das Schicksal von Warnsignalen lernen, wenn wir auf diesen Punkt etwas näher eingehen. Zum ersten ist festzuhalten, daß ein LOCA von allen wahrscheinlichen Unfällen in einem Kernkraftwerk am meisten gefürchtet wird, weil dann eine Kernschmelze droht und – wie GAU-Analysen ergeben haben – eine Dampfexplosion möglich ist, durch die der Sicherheitsbehälter reißt, so daß Radioaktivität freigesetzt wird. Aber auch ohne Dampfexplosion kann unter Umständen die extreme Hitzeentwicklung durch eine ungebremste Kernspaltung den Sicherheitsbehälter zum Bersten bringen. Ein LOCA tritt auf, wenn der Wasserspiegel im Reaktordruckbehälter bis unterhalb der Brennstäbe sinkt und diese sich überhitzen. Bei den von Babcock und Wilcox gebauten Reaktoren besteht jedoch keine Möglichkeit, den Wasserstand im Reaktorkern direkt zu messen. Wie ein Vertreter des Unternehmens auf der erwähnten Pressekonferenz mitteilte, sei der Einbau eines Meßinstruments zwar prinzipiell möglich, es sei allerdings schwierig herzustellen und würde weitere Komplikationen nach sich ziehen (s. das von der

Firma veröffentlichte Protokoll, S. 82 f., 90). Man ist bemüht, für den Reaktorkern möglichst wenig Durchbrüche vorzusehen, und es würde Schwierigkeiten machen, den Stand von Wasser zu messen, das sich unter hohem Druck befindet und jeden Moment in Dampf umschlagen kann. Wenden wir uns deshalb den indirekten Meßinstrumenten zu.

Ein Meßgerät mißt den im Abblasetank herrschenden Druck; es wird jedoch von den Konstrukteuren nicht als besonders wichtig eingestuft und befindet sich auf der Rückseite eines zwei Meter hohen Steuerpults knapp über dem Boden. Da niemand ahnte, daß ein LOCA eingetreten war, kam es auch keinem in den Sinn, einen Blick auf dieses Instrument zu werfen (obgleich sich der Untersuchungsbericht zu diesem Punkt nicht eindeutig äußert). Ein zweites Anzeigegerät gibt die Temperatur im Abblasetank an. Da Tausende von Litern heißes Kühlwasser in den Tank abgeblasen wurden, hätte es auf diesem Instrument einen starken Zeigerausschlag geben müssen, und das war auch in der Tat der Fall. Da es jedoch bereits seit Wochen Probleme mit einem undichten Entlastungsventil (PORV) gegeben hatte, so daß immer ein Teil des heißen Kühlwassers in den Abblasetank gelangte, waren die Operateure schon daran gewöhnt, daß die Temperatur im Abblasetank über dem Normalwert lag. Zwar fiel ihnen ein kurzer Spitzenausschlag des Zeigers auf, aber das war kurz nachdem das PORV geöffnet wurde, und daß der Zeiger nicht sofort wieder zurückging, war verständlich, da sich die Leitung erhitzte und heiß blieb. «So heiß?«, fragte ein Kommissionsmitglied sinngemäß einen der Operateure während der Untersuchung. »Ja; dennoch war sie nicht so heiß, wie ich es bei einem LOCA erwartet hätte.« Es war kein LOCA von der Art, mit der sie während der Betriebsausbildung an Simulatoren vertraut gemacht wurden, da eine gewisse Kühlung durch ein Notsystem und durch das nicht völlig abgeschaltete HPI-System erfolgte. Ein Störfall mit mehreren Ursachen wie dieser hier war im Ausbildungsprogramm nicht vorgesehen. Nun bleibt noch der Druckabfall im Reaktorkern selbst übrig; war das kein sicheres Zeichen, daß irgendwo Kühlmittelverluste auftraten? Die Operateure ließen diesen Hinweis als unzutreffend oder einfach rätselhaft außer acht, da er der unmittelbar benachbarten Anzeige für den Druckhalter widersprach, der zufolge der Druck anstieg. Ein Schichtleiter sagte später aus:

»Ich glaube, uns allen war klar, daß wir vor einer bislang unbekannten Situation standen, aber ich denke auch, daß jede von uns getroffene Entscheidung sich auf etwas gründete, das uns bekannt war. So zeigte beispielsweise der Druckmesser einen niedrigen Stand an, aber man hatte die Speisewasserventile im Dampf-

erzeuger ziemlich schnell geöffnet, und es wurde vermutet, daß es einen
›Schwund‹ gegeben hätte. Zu diesem Zeitpunkt gab es für alle ergriffenen Maßnahmen gute Gründe, auch wenn Sie heute klüger sind und hinterher sagen können, das oder das hatte eine andere Ursache oder der Druck hätte schneller
zurückgehen müssen.« (President's Comission . . . 1979, S. 57)

Wir werden dem Dilemma dieses Mannes noch einige Male in diesem
Buch begegnen; es trifft den Kern eines allgemein verbreiteten Problems
in Organisationen. Auch in unsicheren oder unklaren Situationen müssen wir uns natürlich ein Urteil bilden, wenn auch nur versuchsweise
und vorläufig. Indem wir versuchen, uns von der Situation ein Bild zu
machen, schaffen wir ein »inneres Modell« oder ein unseren Erwartungen entsprechendes Universum.

Angenommen, Ihre Chefin gibt Ihnen eine Anweisung, die Sie unterschiedlich auslegen können. Sie wissen nicht, ob Sie A oder B tun sollen,
weil die Anweisung beides besagen kann. Möglichkeit A wäre die richtige, falls etwas total schiefgegangen oder die Situation ganz ungewöhnlich ist. Möglichkeit B wäre angemessen, wenn die jetzige Lage einem
Routinefall entspricht und nicht sehr gravierend ist. Sie gelangen zu dem
Schluß, daß Ihre Vorgesetzte B gemeint hat. Diese oft erprobte Alternative ist einfach auszuführen, und zwar in drei aufeinanderfolgenden
Schritten. Noch immer unsicher, prüfen Sie nach jedem Schritt, was passiert. Nach Schritt 1 müßten bestimmte Dinge erfolgen, und tatsächlich
treten die erwarteten Reaktionen ein, ebenso wie nach den Schritten 2
und 3. Das ist zwar keine hinreichende Kontrollprüfung, ob Möglichkeit
B zweckmäßiger ist als A, doch dient sie immerhin dazu, Ihre Entscheidung zu »bestätigen«. Wenn Sie auf diese Weise von der Richtigkeit Ihrer
Entscheidung überzeugt sind, dann tun Sie nichts anderes, als eine Welt
zu erzeugen, die mit Ihrer Interpretation übereinstimmt, auch wenn es
möglicherweise die falsche Welt ist und Sie keine Zeit mehr haben werden, das festzustellen.

Auch die Operateure im Reaktor TMI-2 standen vor diesem
Dilemma. Alternative A, dem Druckmesser des Reaktorkerns zu »glauben«, hätte bedeutet, daß der Kern freigelegt wurde. Eine Trockenle-
gung des Kerns hatte es in den etwa 380 »Reaktorjahren« großer kom-
merzieller Leichtwasserreaktoren (über 750 MW) noch nicht gegeben.
(Bei dieser Maßzahl werden die Betriebszeiten aller bisher in Betrieb
befindlichen Reaktoren addiert. Für Reaktoren mit einer Leistung von
rund 1 000 MW, die hier zu einem sinnvollen Vergleich herangezogen
werden müßten, lag die Betriebserfahrung nur bei 35 Reaktorjahren.)

Die Überzeugung, daß das Meßinstrument B richtig anzeigte, nicht jedoch Meßinstrument A (oder daß A nur vorübergehend ungewöhnliche Werte anzeigte), wurde kurz darauf bestätigt – nach der Drosselung der HPI fiel der Druck im Druckhalter ab. Die übrigen Anomalien waren schnell erklärt. Da die Kontrollampe signalisierte, daß sich das PORV geschlossen hatte, konnte der Druckabfall im Reaktorkern entweder auf einen »Kälteschock« zurückgehen (bedingt durch die zwei Minuten dauernde Einspeisung von kaltem Wasser durch das HPI-System), oder es handelte sich um einen Instrumentenfehler. Bereits in der Vergangenheit hatte es mehrfach Fehlanzeigen durch die Instrumente gegeben; die Temperaturanzeige für den Abblasetank war hierfür nur ein Beispiel.

Außerdem entstand ungefähr zu diesem Zeitpunkt – vier bis fünf Minuten seit der Störfalleinleitung – ein weiteres, drängenderes Problem. Die angesprungenen Reaktorkühlpumpen begannen zu rumpeln und zu schlagen, was man noch im weit entfernten Schaltraum hören und spüren konnte. Würden sie den Belastungen, denen sie ausgesetzt waren, standhalten? Oder war es besser, sie abzuschalten? Auf einer sofort einberufenen Besprechung wurde beschlossen, sie abzuschalten. (Das hätte ein Alarmsignal dafür sein können oder sogar müssen, daß weitere Gefahren bevorstanden, da die Pumpen »kavitierten« – d. h., sie wurden von zuwenig Notspeisewasser durchströmt und pumpten Luft.)

In der Schaltwarte ertönten drei vernehmbare Alarmsignale, und eine Vielzahl der etwa 1 600 Anzeigelämpchen (hinter kleinen Kunststoffschildern mit Kennziffern oder -buchstaben) leuchteten auf oder blinkten. Die Operateure schalteten die Hauptalarmsirene nicht ab, weil dann auch einige der Kontrollämpchen nicht mehr funktioniert hätten. Der Computer war völlig überfordert; tatsächlich dauerte es mehrere Stunden, bis seine Mitteilung, vielleicht stimme etwas nicht mit dem PORV, auf dem Drucker ausgedruckt wurde. Inzwischen ertönten auch Alarmsirenen, die signalisierten, daß Strahlung ausgetreten sei. Der Schaltraum füllte sich mit Experten; später am Tag befanden sich dort etwa 40 Personen. Ununterbrochen klingelten Telefone, weil Informationen verlangt wurden, über die das Bedienungspersonal selbst nicht verfügte.

Zwei Stunden und 20 Minuten nach Störfalleinleitung war Schichtwechsel. Der Unfallbericht gibt hierüber keine klare Auskunft, aber entweder entschied der neue Schichtleiter, das Entlastungsventil (PORV) zu überprüfen, oder ein Experte stellte dem Schichtleiter am Telefon eine Frage über die Stellung des PORV, so daß die Operateure entdeckten, daß es sich nicht geschlossen hatte, und ein Absperrventil betätigten, um den Zufluß zum PORV zu blockieren. Ein Operateur sagte vor der Kemeny-Kommission aus, es sei eher ein Akt der Verzweiflung gewesen, das Absperrventil zu schließen, als eine klar überlegte Maßnahme. Normalerweise komme niemand auf die Idee, ein Sicherheitssystem ohne Grund abzuschalten. Dennoch erwies sich die Maßnahme als glücklich; es war bereits ein enormer Schaden entstanden und teilweise zu einer Kernschmelze gekommen, aber hätte man das PORV auch nur 30 Minuten länger offen- und die Hochdruckeinspeisung gedrosselt gelassen, dann wäre es wahrscheinlich zu einer vollständigen Kernschmelze mit der Gefahr gekommen, daß das Reaktorsicherheitsgebäude in Mitleidenschaft gezogen wurde.

Doch damit war der Unfall noch lange nicht am Ende. Immer wieder traten neue Gefahren auf. 33 Stunden nach Störfalleintritt kam es zu einer weiteren unerwarteten und rätselhaften Interaktion. Es herrschte noch immer Verwirrung, als sich die ersten Anzeichen der später berühmten Wasserstoffblase zeigten; in den folgenden Tagen drohte die Blase die Anlage aufs schwerste zu beschädigen. Auch hier können wir eine Lehre daraus ziehen, welche Bedeutung Warnsignale und welche Schwierigkeiten selbst Fachleute haben, ein so komplexes System wie ein Kernkraftwerk zu verstehen. Die technischen Einzelheiten waren folgende:

Die Brennstäbe – insgesamt 36 816 Stück – enthalten angereichertes Uran in Form von kleinen Tabletten, die in einem dünnen Hüllrohr von etwa 3,60 m Länge stecken. Zwischen den in Brennelementen gebündelten Brennstäben zirkuliert Wasser und verhindert als Kühlmittel das zu schnelle Abbrennen der Stäbe. Im Fall einer Überhitzung können die Hüllrohre jedoch in einer Zirkonium-Wasser-Reaktion mit dem Wasser reagieren. Dabei wird Sauerstoff verbraucht und Wasserstoff freigesetzt, der zunächst kleine und dann große Gasblasen bildet, falls genügend Raum zur Verfügung steht, und der schließlich – wenn noch kleine Mengen Sauerstoff und ein Funke hinzukommen – in einer satten Explosion hochgeht.

Wenn ich richtig sehe, haben die Reaktortechniker diese mögliche Gefahrenquelle noch immer nicht voll erkannt. Als sie drei Jahre vor dem Unfall von Earl Gulbransen, einem Kernphysiker der University of Pittsburgh, in einem Aufsatz im *Bulletin of the Atomic Scientist* (1975, S. 5) erwähnt wurde, entgegnete Nunzio Palladino, einer seiner Kollegen von der Pennsylvania State University, spöttisch, das Problem sei eingehend untersucht worden, und es bestehe keine Gefahr (1976, S. 5). Wir könnten diesen Streit auf die traditionelle Rivalität zwischen diesen beiden

Universitäten zurückführen und als unbedeutend abtun, wäre da nicht der Umstand, daß der etwas voreilige Palladino später zum AKW-Berater des Gouverneurs Thornburg von Pennsylvania wurde und zu den prominenten Fachleuten gehörte, deren Rat nach dem TMI-Unfall eingeholt wurde. Präsident Reagan ernannte ihn nach diesem Unglück sogar zum Vorsitzenden der US-Atomaufsichtsbehörde NRC. Entgegen allen Verlautbarungen aus der Atomindustrie gibt es beim Betrieb von Reaktoranlagen noch immer eine Fülle ungelöster Rätsel, und gerade Harrisburg widerlegt den demonstrativen Optimismus der Hersteller und Betreiber in dieser Hinsicht, denn es dauerte Stunden, wenn nicht sogar Tage (je nachdem, welcher Aussage man mehr Glauben schenken will), bis die Experten die Bildung einer Wasserstoffblase überhaupt erkannten. So können wir es den Operateuren nachsehen, wenn sie ein weiteres Signal übergingen, das ihnen ebenfalls hätte anzeigen können, daß irgend etwas in der Anlage völlig falsch lief – nämlich den plötzlichen Ausschlag eines Druckanzeigers, der sogenannten »Nadel«.

Am Donnerstag um 13:00 Uhr Ortszeit, 33 Stunden nach Störfalleinleitung, war im Kontrollraum ein leiser, aber deutlicher Knall zu vernehmen. Es war nicht gerade das, worauf das Bedienungspersonal frohgemut gewartet hatte. Ein kurzer Blick zeigte, daß der Druck im Sicherheitsbehälter (*Containment*) – dem Gebäude, in dem sich Reaktorkern, Druckhalter, Abblasetank, Reaktorsumpfpumpe, Wasser-, Dampf- und Elektroleitungen etc. befinden – plötzlich stark angestiegen war. Dieser Druckausschlag nach oben war so hoch, daß er die Hälfte der sogenannten Auslegungsgrenze des Gebäudes erreichte (d.h., bei einem doppelt so hohen Druck hätte das Gebäude bersten können). An dieser Stelle wird die Geschichte unklar. Der zuständige Operateur sagte später vor der Kemeny-Kommission aus: »Wir schenkten dem damals keine Beachtung, weil wir dachten, daß wahrscheinlich mit dem Druckanzeiger etwas nicht stimmte.« Diese Schlußfolgerung war nicht unbegründet, da es immer wieder vorkommt, daß Meßinstrumente nicht richtig anzeigen. »Wir konnten uns von dem Druckanstieg kein richtiges Bild machen«, fuhr der Befragte fort, »da er ebenso schnell verschwand, wie er aufgetreten war.« (President's Commission . . . 1979, S. 57)

Nach einer anderen Version befand sich unter den rund 20 im Schaltraum versammelten Personen mindestens eine, die wußte, daß es eine Wasserstoffexplosion gegeben hatte. In der Befürchtung, daß eine weitere Gasblase auftreten und von einem Funken entzündet werden könnte, forderte der Betreffende seinen Kollegen auf, eine ausgefallene

Pumpe nicht wieder anzuwerfen, was dieser jedoch bereits getan hatte. (Pumpen werden von Motoren betrieben, in denen es zu Funkenbildung kommen kann.) Daraus schloß der erstere, wie er später mitteilte (s. *Washington Post*, 29.2.1980), daß es im Moment keinen Wasserstoff mehr gab. Er wußte also, daß es bereits eine Explosion gegeben hatte. Wenn diese Version der Geschichte stimmt, dann blieb eine wichtige Information für den Rest des Tages einer ganzen Reihe von Leuten vorenthalten.

Wozu die Aufregung? Weil bei einer unvermindert anhaltenden Freisetzung von Wasserstoff das Gas noch auf andere Weise aus dem Kern – dessen Zustand der Bedienungsmannschaft unbekannt war – hätte entweichen und sich im Sicherheitsbehälter sammeln können. Nicht nur durch die laufenden Pumpen hätten sich jederzeit Funken bilden können, und im *Containment* gab es reichlich Sauerstoff. Wenn der Wasserstoff in der Nähe wichtiger Aggregate explodiert wäre, dann hätten die durch die Gewalt des Drucks durch die Luft fliegenden Trümmer höchstwahrscheinlich weitere Beschädigungen anrichten können. Und tatsächlich stellte sich drei Jahre nach dem Unfall heraus, daß der riesige Kran, mit dem das Oberteil des Reaktorbehälters abgehoben wird, durch Explosionstrümmer Schäden davongetragen hatte; zwei Ingenieure, die die mangelnde Sicherheit des Krans beanstandet hatten, wurden entlassen (s. Lyons 1983). Selbst eine kleine Explosion hätte die Isolierung eines oder mehrerer Elektrokabel durchschmoren lassen und einen Kurzschluß auslösen, die Notkühlung außer Betrieb setzen oder eine Leitung demolieren können, was dann u. U. zu einem beschleunigten LOCA geführt hätte. Selbst nach Schließung des Entlastungsventils (PORV) ist die Bildung von Wasserstoff im Reaktorkern selbst extrem gefährlich, da die Gasblase möglicherweise den für die Kühlung erforderlichen Zustrom von Wasser behindert. Zwar kann der Wasserstoff dort nicht explodieren, doch nimmt ihm das nichts von seiner Gefährlichkeit.

Diese Komplexitäten sind es, die den normalen Unfall ausmachen. Vermutlich mit Ausnahme dieses einen Operateurs waren der Nadelausschlag des Druckanzeigers und die Wasserstoffblase für die gesamte Bedienungsmannschaft und sämtliche Experten etwas Unbegreifliches. Um den Unfall zu verstehen, hätten sie davon Kenntnis haben müssen, daß der Reaktorkern in gefährlichem Umfang trockenlag, daß wahrscheinlich eine Zirkonium-Wasser-Reaktion erfolgte (eine Möglichkeit, die von einem der Experten jedoch bestritten wurde), und sie hätten darauf kommen müssen, daß sich das PORV in Offenstellung befand, so daß der Wasserstoff aus dem Reaktorkern austreten und in den umgebenden Reaktorsicherheitsbehälter dringen konnte. Das alles waren Vorgänge, mit denen man in einem Produktions- oder einem Sicherheitssystem nicht rechnet. Es waren mehrfache Störungen, die auf eine undurchschaubare Weise miteinander Interaktionen eingingen – undurchschaubar für alle bis vielleicht auf jenen Operateur, der unverständlicherweise mit keinem Kollegen über seine Vermutung sprach oder deren Konsequenzen weiter verfolgte. Ein Warnsignal wie der plötzliche Nadelausschlag des Druckanzeigers wird nur dann wirksam, wenn es sich in unser innerstes Bild der Vorgänge einfügt. Wie im Fall der »Vorwarnungen« von Pearl Harbor kann es von der Flut derjenigen Signale hinweggeschwemmt werden, die unseren Erwartungen entsprechen, und auf diese Weise als »Rauschen« im System ignoriert werden.

So viel vorerst zu dem Unglück von Harrisburg, auf das wir noch mehrmals in diesem Buch zurückkommen werden. Doch zuvor müssen wir uns eine Frage stellen, die Sie sich vielleicht selbst schon gestellt haben: Wenn diese undurchschaubaren Systemabläufe für ein Kernkraftwerk typisch sind, wieso gab es dann erst zwei große Unfälle – den von TMI 2 und die Katastrophe von Tschernobyl? Waren beide Anlagen nur zwei untypische Ausnahmen der Atomindustrie? Im folgenden Kapitel möchte ich den Nachweis dafür erbringen, daß diese Reaktorunglücke nicht ungewöhnlich waren, und gleichzeitig Gründe anführen, warum es bisher nicht noch mehr solcher Unfälle gegeben hat. Aus naheliegenden Gründen greife ich dabei jeweils auf den Unfall von Harrisburg zurück. In Kapitel 3 werde ich wichtige Begriffe wie Komplexität, Kopplung und Katastrophe definieren. So gerüstet, können wir in den anschließenden Kapiteln andere Systeme näher inspizieren und nach Möglichkeiten suchen, wie sich solche bedrohlichen Unfälle vermeiden lassen. Ist es möglich, Organisation, Ausbildung des Personals oder die technische Ausrüstung in einer Weise zu verbessern, daß derartige Katastrophen künftig ausgeschlossen sind? Das wird kaum gelingen – und zwar aus prinzipiellen Gründen, wie ich zeigen möchte.

Kapitel 2
Kernkraftwerke als Hochrisikosysteme: Warum es immer und überall zu Unfällen kommen kann

Wenn es während der gut 30 Jahre des Reaktorzeitalters bislang »nur« zwei große Unfälle gegeben hat – ist es dann gerechtfertigt, immer noch von einem Hochrisikosystem zu sprechen? In der Regel scheinen doch die »tiefgestaffelten« Sicherheitssysteme tatsächlich zu funktionieren und bei Störfällen frühzeitig schlimmere Folgen zu verhindern. Wir werden auf diese Sicherheitssysteme kurz eingehen. Es kann aber auch sein, daß dem Kernkraftsystem bislang einfach zuwenig Zeit zur Verfügung stand, als daß sich sein gesamtes Gefahrenpotential hätte entfalten können. In Wirklichkeit verfügen wir nicht über eine 30jährige, sondern nur über eine äußerst kurze Erfahrung, die nach den meisten in der Industrie angelegten Maßstäben nicht ausreicht, um die mit der Nutzung der Kernenergie verbundenen Risiken sinnvoll abschätzen zu können.

Die Atomindustrie bestreitet, daß es ihr an Erfahrung fehlt. Deshalb müssen wir uns etwas eingehender mit dieser Erfahrung beschäftigen, indem wir einige schwere und leichtere Unfälle, Probleme der Zuverlässigkeit und des Managements und vor allem die besonderen Merkmale des Kernkraftsystems näher untersuchen. Erst dann verfügen wir über das notwendige Rüstzeug, in Form einer eigenen Begrifflichkeit, um in den anschließenden Kapiteln die Welt weiterer Hochrisikosysteme zu erschließen, von denen irgendwelche Leute beschlossen haben, daß wir ohne sie nicht leben können.

Betriebserfahrung

Wir haben dem System zur Nutzung von Kernenergie nicht genug Zeit gegeben, sein gesamtes Gefahrenpotential sichtbar werden zu lassen, und wir sind gerade erst dabei, potentielle Gefahren aufzudecken, die jede Risikoprognose als äußerst unzuverlässig erscheinen lassen. Zwar werden seit etwa 25 Jahren kommerzielle Kernkraftwerke betrieben, doch bezieht sich unsere Erfahrung auf Anlagen von recht unterschiedlicher Bauart oder Größe. Die älteste 1982 in Betrieb befindliche Anlage war ein Reaktor mit einer Leistung von 430 MW, der mehr oder weniger ununterbrochen seit 1967 in Betrieb war. Reaktoren in dieser Größenordnung werden heute nicht mehr gebaut, so daß die mit ihm gesammelten Betriebserfahrungen von 16 Jahren nur von eingeschränktem Wert sind.

Kleine Reaktoranlagen von ca. 400 MW unterscheiden sich in vieler Hinsicht von den auf etwa 1 000 MW ausgelegten Reaktortypen. Änderungen in der Größenordnung führen hier zu überraschenden Ergebnissen. So sind größere Anlagen anscheinend weniger zuverlässig; nach den ersten zwei bis drei Jahren zeigen sich bei ihnen längere Ausfallzeiten. Neben der Größe gibt es noch unterschiedliche Reaktortypen, den Druckwasser- und den Siedewasserreaktor (DWR bzw. SWR). Die mit einem der beiden Typen gesammelten Erfahrungen befähigen uns nicht notwendig, ein Urteil über die Zuverlässigkeit des anderen abzugeben; zwischen beiden bestehen sowohl Ähnlichkeiten als auch Unterschiede. Und schließlich gibt es unabhängig von Reaktorgröße und -typ in den USA vier verschiedene Hersteller von Kernkraftanlagen. General Electrics baut nur Siedewasserreaktoren, während Westinghouse, Babcock und Wilcox sowie Combustion Engineering Druckwasserreaktoren bauen. Die Bauweise ist von Hersteller zu Hersteller natürlich unterschiedlich, was die Verallgemeinerbarkeit von Erfahrungen bis zu einem gewissen Grad einschränkt.

Die von den Befürwortern der Kernenergie vorgebrachte Behauptung, wir hätten mit kommerziellen Kernkraftwerken eine Erfahrung von 500 »Reaktorjahren« gesammelt, ist demnach völlig irreführend. Es besteht keinerlei Übereinstimmung, was als angemessene Erfahrung für einen so komplizierten und neuartigen Transformationsprozeß wie die kontrollierte Kernspaltung zur Erzeugung von elektrischem Strom auf dem Umweg über Dampfturbinen zu gelten hat. Zwar haben wir mit Dampfturbinen Erfahrungen von mehreren Tausend Jahren gesammelt, aber mit der Kernspaltung haben wir kaum Erfahrungen gemacht. Das Problem der Kondensatvollreinigung auf der Turbinenseite der Anlage in TMI wäre bei einer Anlage mit Kohlefeuerung trivial, nicht jedoch in einem Kernkraftwerk. Große Druckbehälter werden seit dem späten 19. Jahrhundert gebaut, aber erst jetzt lernen wir etwas über die Probleme, die bei zwölf Meter hohen geschweißten Behältern aus rostfreiem Stahl auftreten, die unter Neutronenbeschuß stehen. Alle paar Monate treten in Reaktoranlagen neue Probleme auf, einschließlich Störungen in den angeblich störungssicheren Notabschaltsystemen. Zum Zeitpunkt des Reaktorunfalls von Harrisburg hatten wir erst 35 Jahre Erfahrung mit Reaktoren von der Größe des Reaktorblocks TMI 2. Bei einem System dieser Größenordnung und Komplexität bedeutet dies, daß es im Hinblick auf die Ausgereiftheit seiner Konstruktion noch in den Kinderschuhen steckt.

Der erste Auftrag für eine kommerzielle Reaktoranlage, die nicht zugleich Demonstrationszwecken diente, wurde 1963 erteilt. Bevor diese Anlage überhaupt in Betrieb ging, war in den USA bereits der Boom ausgebrochen. Ende 1967 standen 75 Anlagen in den Auftragsbüchern der Industrie; allein in den Jahren 1966 und 1967 wurden 49 Festaufträge erteilt (s. Bupp/Derian 1978, S. 49). Von noch größerer Tragweite ist der Umstand, daß die Stromversorgungsunternehmen 1968 Anlagen in Auftrag gaben, die sechsmal so groß waren wie die größten damals in Betrieb befindlichen Kernkraftwerke. Eine solche Extrapolation von einer Anlage, mit der man gewisse Erfahrungen gesammelt hat, zu einer um das Sechsfache größeren Anlage ist bei Installationen dieser Größenordnung höchst ungewöhnlich.

Bupp und Derian bemerken in ihrer Geschichte der kommerziellen Kernkraftwerke: »Die Stromerzeugung war eine Industrie, die bislang nach dem Grundsatz gehandelt hatte, daß die äußerste Grenze des gerade noch akzeptablen Risikos bei einem Verhältnis von zwei zu eins zwischen der installierten und der in Auftrag gegebenen Kapazität lag.« (Ebd., S. 74) Dieses Verhältnis, bei dem die installierte Kapazität als Maß für die gesammelten Erfahrungen dient, lag 1967 nicht mehr bei 2:1, sondern betrug nur noch 3,5 : 100! Kurz gesagt, kein Mensch wußte, ob diese 75 bestellten Anlagen jemals funktionieren würden. Niemand wußte außerdem, wie hoch sich die hierfür benötigten Kapitalkosten belaufen würden. Bei den 1975 fertiggestellten Anlagen betrugen die Kosten für eine Kilowattstunde das Dreifache der Kosten (in konstanten

Dollar) jener Kernkraftwerke, die nur fünf Jahre zuvor in Betrieb gingen. »Die Erfahrung, die im allgemeinen die Anfangskosten senkt, der erwartete Lernzuwachs stellte sich in der Atomindustrie im allgemeinen nicht ein. Entgegen ihren eigenen, immer wieder geäußerten Erwartungen, daß die Reaktorkosten sich bald stabilisieren und durch das ›Lernen am Objekt‹ sogar verringern würden, wurden die Anlagen immer teurer.« (Ebd., S. 75)

Was den erwarteten Lernzuwachs angeht, so heißt es in der zitierten Untersuchung: »Nach mehr als zehnjähriger Erfahrung mit großen Leichtwasserreaktoren wurden noch immer wesentliche konstruktive Änderungen vorgenommen. Das entspricht in keiner Weise der Erfahrung, die man mit den meisten anderen komplexen Industrieanlagen gemacht hat.« (Ebd., S. 155) Nach einem Jahrzehnt müßten eigentlich die Probleme konstruktiv ausgereifter Systeme behoben sein – nicht jedoch in diesem Fall. Der Grund dafür ist nach Ansicht der Autoren die Übereilung, mit der unerprobte Konstruktionen bestellt wurden, sowie die hartnäckige Weigerung, »die rein technische Komplexität der Aufgabe zur Kenntnis zu nehmen, wobei es selbst dann noch blieb, als Mitte bis Ende der 50er Jahre die ersten Prototypen von Reaktoranlagen gebaut worden waren« (ebd.). Andererseits konnte man für die ausbleibenden Fortschritte auch keine traditionalistische Einstellung einer schwerfälligen Industrie verantwortlich machen. Die Stromerzeugungsindustrie gehörte in der Nachkriegswirtschaft der USA zu den großen Wachstumsbranchen. Die Energieerzeugung verdoppelte sich alle neun bis zehn Jahre, und die Betriebskosten gingen ständig zurück, weitgehend im Gefolge technischer Verbesserungen. Die Stromerzeugungskosten sanken, weil die Größe konventioneller Kraftwerke zunahm und die betriebliche Leistungsfähigkeit ständig erhöht wurde. Technisch war es keine stagnierende Industrie. Aber auf technische Schwierigkeiten der kontrollierten Kernspaltung war sie trotzdem nicht vorbereitet. Mittlerweile werden fast monatlich neue Schwierigkeiten erkannt und veröffentlicht. Es sieht so aus, als würden die Probleme, die zuerst beim TMI-Unfall so manifest zum Vorschein kamen, in absehbarer Zukunft zu weiteren Reaktorunfällen führen.

So stellen z. B. die Dampferzeuger für alle Kraftwerke ein Problem dar, weil die Leitungen rosten. In Kernkraftwerken wird besonders sorgfältig und mit speziellen Materialien gearbeitet, aber 1981 zeigten sich bei 17 Reaktoren, von denen einige erst fünf oder sechs Jahre in Betrieb waren, ernsthafte Korrosionsprobleme. Die Instandsetzung von zwei Anlagen der Virginia Electric Power Company kostete insgesamt 112 Mio. Dollar. Rost bedeutet für Atomkraftwerke ein besonders schwerwiegendes Problem, da die dünnen Leitungen in den Dampferzeugern fortwährend von Wasser umspült werden und undichte Stellen dazu führen, daß radioaktives Wasser in den (nicht radioaktiven) Sekundärkreislauf gelangt. Es wurden verschiedene Maßnahmen ergriffen, um die Rostbildung zu verringern, bei manchen Anlagen jedoch offenbar ohne Erfolg (s. Wald 1981). Das Problem liegt darin, daß undichte Stellen in den Dampferzeugern von Kernkraftwerken Defekte sind, die mit anderen Defekten in Interaktion treten und damit zur Quelle von Systemunfällen werden können; daß Reparaturen an einem solchen System u. U. enorme Kosten verursachen (im Gegensatz zu den Reparaturen bei einem konventionellen Kraftwerk); und daß keine Möglichkeit bestand, diese Probleme bei einer neuen Technologie mit derart langen Vorbereitungszeiten für Entwurf und Konstruktion vorherzusehen.

Noch schwerwiegender ist das Problem der Versprödung des Reaktorkerns. Der Neutronenbeschuß innerhalb des Reaktordruckbehälters bedeutete für diesen eine höhere Belastung als ursprünglich angenommen. Der zwölf Meter hohe Behälter aus rostfreiem Stahl ist für eine Betriebsdauer von 40 Jahren ausgelegt, doch wie die US-Atomaufsichtsbehörde NRC 1981 bekanntgab, sind bereits an 47 Anlagen potentielle Versprödungsprobleme aufgetreten, in 13 Fällen gravierender Art. Eine davon ist erst drei und drei weitere sind nicht länger als vier Jahre in Betrieb. Die Schwierigkeit liegt in der hohen Temperatur im Reaktorkern – etwa 290° C –, und wenn ein Notfall eintritt, bei dem mehrere Tausend Liter kaltes Wasser in den Kern gedrückt werden müssen, dann schrumpft die Innenseite des 20 cm starken Behälters schneller als die Außenseite, so daß es zu Rißbildungen kommt. Bei einem Unfall muß der Druck hoch gehalten werden, was den Kern zusätzlich belastet. Diese Probleme treten zwar nur bei Druckwasserreaktoren auf, doch machen diese etwa zwei Drittel aller in Betrieb befindlichen Atomreaktoren aus.

Halten wir also fest: Das System ist ziemlich neu – so neu, daß es sein gesamtes Gefahrenpotential bisher »lediglich« zweimal entfaltet hat. Ein Gefahrenpotential, das nicht bekannt ist, läßt sich nur so ausloten, daß die Anlagen betrieben und die Risiken in Kauf genommen werden. Und selbst ein qua Betriebserfahrung zuverlässig abschätzbares Gefahrenpotential, so läßt sich wohl aus Tschernobyl schlußfolgern, reicht nicht hin, die Risiken als unabdingbare Systemeigenschaften zu begreifen.

Das Problem der Bauausführung

Es gibt noch weitere Probleme, die weniger mit der technischen Seite des Systems als vielmehr mit den Besonderheiten der nordamerikanischen Stromversorgungs- und Bauindustrien zusammenhängen. Einige Wochen nach dem Harrisburg-Unglück berichtete die US-Atomaufsichtsbehörde NRC von einer laufenden Untersuchung über Schutzvorkehrungen gegen Erdbeben in Kernkraftwerken. Zum Berichtszeitpunkt hatte sie 35 Reaktoranlagen mit »signifikanten Unterschieden« zwischen Bauplan und Bauausführung ausfindig gemacht. Mit diesem Befund sei »das gesamte Verfahren der Bauüberwachung und Bauabnahme« in Frage gestellt, äußerte ein Vertreter der NRC (s. Emshwiller 1979). Da für jede im Bau befindliche Kernkraftanlage jeweils nur ein Ingenieur der NRC für die Bauüberwachung zur Verfügung steht, ist die NRC gezwungen, »sich fast ausschließlich darauf zu verlassen, daß sich die Stromversorgungsunternehmen und die Hersteller der Anlage selbst beaufsichtigen und über Abweichungen von akzeptablen Normen Bericht erstatten«, heißt es in einem Rechenschaftsbericht über das Vorjahr (zit. n. ebd.). Man sollte meinen, allein schon aus Zweckmäßigkeitserwägungen müßten die Energieerzeugungsunternehmen die Last der Verantwortung selbst tragen, da sie und nicht die Regierung die Eigentümer der Anlagen sind. Mittlerweile ist jedoch genug passiert, um fraglich erscheinen zu lassen, ob es überhaupt jemanden gibt, der zuverlässig in der Lage ist, sichere Kernkraftwerke zu bauen.

Beim Bau der Reaktoranlage Marble Hill in Madison, Indiana, wurde die NRC beispielsweise erst durch schriftliche Eingaben von Bauarbeitern darauf aufmerksam gemacht, daß – wie Emshwiller im *Wall Street Journal* schrieb – »die Bauleute es anscheinend nicht schaffen, den Beton richtig zu gießen« (ebd.). Bis dahin hatte man rund 500 Luftblasen (in einer Größe bis zu 5 000 dm^3!) in den Betonbauten entdeckt. Die Arbeiter wurden angewiesen, mit Farbe und Pinsel kosmetische Operationen vorzunehmen, um die Anlage durch die Inspektion zu bekommen. Beim Bau einer anderen Anlage wurde das Bauunternehmen Brown & Root beschuldigt, amtliche Inspektoren einzuschüchtern, in einem Fall sogar derart, daß der Inspektor für zwei Tage lang ein Krankenhaus aufsuchen mußte. Andererseits sind Ingenieure unter Protest aus der NRC ausgeschieden und haben diese Behörde selbst der Vertuschung und Einschüchterung beschuldigt. Die NRC wurde davon unterrichtet, daß bei der Inspektion eines Sicherheitssystems einer Anlage im Mittelwesten

Dokumente gefälscht wurden, doch, wie der betreffende NRC-Verwalter selber aussagte, nahm er davon keine Notiz. Drei Monate später gingen zwei Angestellte mit den Dokumenten an die Öffentlichkeit, und in den Abendnachrichten der NBC vom 24.7.1982 versprach die NRC eine Untersuchung.

Unsachgemäße Bauausführung und unabsichtliche Fehler, Einschüchterung und regelrechter Betrug – das alles gehört zum Wesen der industriellen Welt. Keine Industriebranche ist frei von diesen Problemen, genauso wie es kein Ventil gibt, das absolut unanfällig für Störungen wäre. Normalerweise zieht das keine katastrophalen Folgen nach sich. Anders liegen die Dinge jedoch beim Bau von Systemen mit Katastrophenpotential. Kein Geringerer als der ehemalige Reaktorkonstrukteur und frühere Dekan des Engineering College an der Pennsylavania State University, Nunzio J. Palladino, der 1981 zum Vorsitzenden der NRC ernannt wurde, bemerkte im Dezember desselben Jahres:

»Während der ersten fünf Monate meiner Amtszeit als NRC-Vorsitzender sind mir eine Reihe von Beanstandungen an einzelnen Anlagen zur Kenntnis gelangt, die einen erstaunlichen Mangel an Sachkenntnis im Bau und der Betriebsvorbereitung von Kernkraftanlagen verraten. Die Verantwortung für derartige Unzulänglichkeiten liegt ganz eindeutig beim Management . . . Es hat Sünden der unterschiedlichsten Art gegeben – in der Konstruktionsanalyse, was zu Eigenfehlern des Systems geführt hat, in der Bauausführung, in der Qualitätskontrolle, wo Mitarbeiter eingeschüchtert wurden, und in der unzureichenden Schulung des Betriebspersonals.« (Zit. n. Turner 1981)

Sicherere Konstruktionen?

Wenn die Bauausführung der Reaktoranlagen Mängel aufweist und wenn wir nicht über genügend Betriebserfahrung verfügen, um von der Sicherheit der Konstruktion samt Ausrüstung überzeugt zu sein, könnten wir vielleicht versuchen, nach Konstruktionen Ausschau zu halten, die sicherer sind. Aber *gibt* es diese überhaupt? Nach all meinen bisherigen Kenntnissen, die zum Teil auch das Material für das hier vorgetragene Argument liefern, bin ich in dieser Hinsicht mehr als skeptisch. Zwar ist z.B. der kanadische Schwerwasserreaktor CANDO wegen des langsameren Betriebsablaufs angeblich »fehlerverzeihender« und weniger eng gekoppelt als unsere Druck- und Siedewasserreaktoren in den USA. Dem Bedienungspersonal steht mehr Zeit für intervenierende

Maßnahmen zur Verfügung, und seine Eingriffsmöglichkeiten sind größer. Das konnte allerdings nicht verhindern, daß es auch in Kanada zu
Reaktorunfällen kam. Zudem sind die kanadischen Atommeiler kleiner
und weniger effizient als die der USA.

Manche Ingenieure sind der Meinung, wir würden den Anschluß verpassen, wenn wir nicht nachhaltiger in den Bau von gasgekühlten Reaktoren investieren, die als sicherer gelten. Eine kleine kommerzielle
Anlage dieses Typs wurde zwar gebaut, aber vor einiger Zeit stillgelegt,
obwohl der Betreiber Pennsylvania Electric verlauten ließ, er wolle sich
wegen des größeren Sicherheitsspielraums die Möglichkeit der Weiterentwicklung gasgekühlter Reaktoren offen halten. Ein zweiter gasgekühlter Reaktor größerer Bauart nahm unlängst bei einem anderen
Stromversorger den Betrieb auf. In Frankreich sind zwei natriumge-
kühlte Brutreaktoren in Betrieb. Diese »Schnellen Brüter« erzeugen
mehr Brennstoff als sie verbrauchen – ein wichtiger Vorteil, da die
Welturanvorräte ziemlich begrenzt sind. Allerdings ist die Technologie
von natriumgekühlten Brutreaktoren recht jung, und manche Fachleute
schätzen die Gefahren von radioaktivem Natrium weit höher ein als die
der Leichtwasserreaktoren (DWR und SWR). Wir werden auf diesen
Punkt später in dem Kapitel zurückkommen, wenn es um die bisherige
Betriebserfahrung des Fermi-Brüters geht. Es gibt noch andere Konstruktionen, doch bislang spricht nichts dafür, daß sie deutlich weniger
zu komplexen Interaktionen neigen oder weniger eng gekoppelt sind als
die Leichtwasserreaktoren, von denen hier bislang die Rede war.

Es läßt sich recht eindeutig rekonstruieren, warum in den USA vorwiegend die Konstruktion des Leichtwasserreaktors gewählt wurde,
obwohl Schwerwasserreaktoren, gasgekühlte Reaktoren und mögliche
andere Bautypen vielleicht besser sind. In den 50er Jahren hatte die US-
Regierung ein starkes Interesse an friedlichen Nutzanwendungen der
Atomenergie und vor allem an einer Entwicklung der Stromerzeugung
durch Reaktoren. Die Gründe für die damalige übergroße Eile der Regierung sind noch umstritten, doch waren sie zweifellos nicht der Befürchtung einer drohenden Energieknappheit oder eines Anstiegs der Energie-
kosten geschuldet. Im Gegenteil, billiges Erdöl und Erdgas verdrängten
damals kleinere Wasserkraftwerke im Nordosten und die beliebten
Solaranlagen zur Warmwasserbereitung im Süden. Die Regierung
mußte den Stromversorgungsunternehmen starke Anreize bieten und,
als diese nicht fruchteten, mit der Verstaatlichung der privaten Energie-
unternehmen drohen, bevor diese sich zum Bau von Kernkraftwerken

bereit erklärten. Die Regierung verfügte über die Konstruktionspläne eines Reaktors, der für Unterseeboote gebaut wurde. Diese Reaktoren sind ziemlich kompakt, flexibel in der Leistungsabgabe und können vergleichsweise mühelos einmal im Jahr mit neuem Brennstoff versehen werden, während das U-Boot im Hafen liegt und keinen Strom benötigt.

Keine einzige dieser Eigenschaften ist für ein Stromversorgungsunternehmen von Vorteil, ganz im Gegenteil. Ein Stromversorgungsunternehmen ist nicht daran interessiert, zum Nachladen des Brennstoffs einmal jährlich die Anlage stillzulegen, weil während dieser Zeit Ersatzstrom gekauft werden muß, der im allgemeinen aus jenen wenig effizienten Anlagen stammt, die Strom nur zur Deckung des Spitzenbedarfs erzeugen (Wärmekraftwerke mit Öl- und Gasfeuerung und niedrigem Output) und deshalb sehr teuer sind. Kompakte Bauweise ist bei einem Kraftwerk nicht erforderlich, ebensowenig eine flexible Leistungsabgabe, da Reaktoranlagen zur Deckung der Grundlast, also des Strombedarfs »rund um die Uhr«, gedacht sind und nicht für Stoßbetrieb mit kurzen Anlauf- und Abschaltzeiten. Trotz dieser Unterschiede übernahmen die künftigen Erbauer von Kernkraftwerken den für Unterseeboote gedachten Konstruktionstyp und mußten ihn nun beträchtlich verändern und erweitern. Anscheinend rissen sich alle darum, mit ins Geschäft zu kommen. Tatsächlich wurden die ersten »schlüsselfertigen« Anlagen mit erheblichen Verlusten verkauft, um sich in dieser Branche einen festen Platz zu sichern. Es handelt sich hierbei um ein gutes Beispiel für einen Produktionsdruck, der von der Technik und nicht von der Nachfrage ausgeht. Die Übereile, mit der damals die Entwicklung von Reaktoranlagen betrieben wurde, bescherte uns eine besonders komplexe und eng gekoppelte Konstruktion, von der überdies angenommen wurde, ihr Maßstab lasse sich ohne ernsthafte Komplikationen beliebig vergrößern.

Selbst wenn es einen technologischen Durchbruch und einen weit sichereren Bautyp gäbe, ist es doch ziemlich unwahrscheinlich, daß er innerhalb der beiden kommenden Jahrzehnte in den USA gebaut werden würde. Wir verfügen gegenwärtig über etwa 70 ans Netz angeschlossene Kernkraftwerke, und in den kommenden Jahren sollen weitere 50 Anlagen den Betrieb aufnehmen – sofern die bisherige Stillegungsquote konstant bleibt (s. Gilinsky 1982, S. 10). Selbst die optimistischsten Schätzungen gehen davon aus, daß innerhalb der nächsten fünf Jahre höchstens 120 Reaktoranlagen Strom erzeugen werden. Ein neuer Konstruktionstyp würde bei den Geldgebern für derartige Anlagen auf wenig Interesse stoßen; im allgemeinen leiden die Stromversorgungsunternehmen unter Überkapazitäten, da der jahrzehntelang konstant bei 7 % liegende Anstieg des Strombedarfs seit 1974 ständig zurückgegangen ist (1981 lag er nur noch bei 1,4 %). Darüber hinaus würde es etwa zehn Jahre in Anspruch nehmen, eine neue Anlage zu entwerfen und zu bauen, selbst wenn sie wesentlich weniger komplex wäre als die, über die wir zur Zeit verfügen. Es bleibt uns also gar nichts anderes übrig, als mit den Kernkraftwerken zu leben, die wir haben, mögen sie auch noch so unsicher sein. Wohlgemerkt: Ich behaupte nicht, daß es niemals eine Reaktoranlage geben wird, die *nicht* für komplexe Interaktionen hoch anfällig und eng gekoppelt wäre (obwohl ich vermute, daß dies aufgrund der Eigenart des hier relevanten Transformationsprozesses unmöglich ist), sondern nur, daß eine solche Anlage, sollte sie möglich sein, in den USA auf absehbare Zeit hinaus nicht gebaut werden wird. Und wenn wir der von der Industrie verkündeten Prognose Glauben schenken dürfen, dann haben die gegenwärtig in Betrieb befindlichen und die demnächst ans Netz gehenden Reaktoranlagen eine Lebensdauer von bis zu 40 Jahren.

Tiefgestaffelte Sicherheitssysteme

Auf die eingangs in diesem Kapitel gestellte Frage, warum es bisher noch nicht mehr Reaktorunfälle wie die in Harrisburg oder gar in Tschernobyl gegeben hat, gibt es noch eine ganz andere Antwort. Bis jetzt habe ich behauptet, die Zeitspanne zur vollen Entfaltung des in diesen Anlagen verborgenen Katastrophenpotentials sei zu kurz gewesen. Die konstruktiven und baulichen Mängel kommen nicht so bald und nicht bei jedem Reaktor zum Vorschein. Aber ist es nicht doch vorstellbar, daß die »tiefgestaffelten« Sicherheitsvorkehrungen wahrhaftig greifen – daß Sicherheitsbehälter wirklich sicher sind, daß Notkühlsysteme im Notfall tatsächlich kühlen, daß selbst bei einer unvorhergesehenen Freisetzung von radioaktiver Strahlung die Reaktoranlagen genügend weit von dicht besiedelten Gegenden entfernt sind, um das »Restrisiko« vernachlässigbar klein zu halten? Schon. Aber so beruhigend, wie es klingt, ist die Lage eben nicht, da es nach wie vor zu Systemunfällen kommen kann, bei denen das Sicherheitssystem umgangen wird. Gehen wir die Sicherheitsvorkehrungen im einzelnen durch.

Zum Glück für uns gibt es Reaktorsicherheitsbehälter (*Containments*). Das sind Ummantelungen aus Beton, die den Reaktordruckbehälter, die Dampferzeuger und andere Ausrüstungsteile des Reaktors umschließen und in denen Unterdruck herrscht – ein Druck, der unterhalb des atmosphärischen Drucks außerhalb des Reaktorgebäudes liegt –, so daß im Fall einer Leckage keine radioaktiv verseuchte Luft ins Freie dringen kann. Die Sowjetunion, wo erst seit etwa 1970 mit dem Bau großer Kernkraftwerke begonnen wurde, hat sich weit weniger Gedanken um das mögliche Eintreten von gravierenden Reaktorunfällen gemacht, so daß die ersten dort gebauten Reaktoren weder von einem Sicherheitsbehälter umgeben sind noch über Notkühlsysteme verfügen. Diese gravierenden Mängel haben bei dem Gau von Tschernobyl zu entsetzlichen Konsequenzen geführt: Das Bedienungspersonal sowie die Rettungstrupps sind vermutlich einer tödlichen Strahlungsdosis und ein Großteil der Bevölkerung ist mehr oder weniger schweren Strahlungsschäden ausgesetzt gewesen.

Im Reaktorblock TMI 2 erzeugte die Explosion (oder »Verbrennung«) des Wasserstoffs, die sich im Sicherheitsbehälter ereignete, einen Druckanstieg bis zur Hälfte des Wertes, für den das Bauwerk ausgelegt war. Der Sicherheitsbehälter war nur deshalb so druckfest gebaut worden, weil die Behörden Pennsylvanias darauf bestanden hatten, daß er dem Aufprall eines Düsenflugzeugs widerstehen müsse (die Reaktoranlage befindet sich in der Nähe des Flughafens von Harrisburg). In den ursprünglichen Plänen war dies nicht vorgesehen. Zwar hat man mir versichert, daß auch ohne nachträgliche Verstärkung das Bauwerk durch die Verbrennung des Wasserstoffs wahrscheinlich nicht geborsten wäre, so daß strahlende Teilchen hätten freigesetzt werden können. Zu einer derartigen Katastrophe kann es aber in einer Anlage mit den oben geschilderten Mängeln in der Bauausführung durchaus kommen. Außerdem hätte die Explosion ebensogut auch 30 Minuten später erfolgen können, als sich noch mehr Wasserstoff angesammelt hatte, und sie hätte sich in einem Teil des Gebäudes ereignen können, wo wegen der größeren Anhäufung von technischer Ausrüstung mehr Trümmer durch die Luft geflogen wären und möglicherweise etliche der zahlreichen Durchlässe des Behälters für elektrische oder andere Leitungen beschädigt hätten. Sicherheitsbehälter für den Reaktorkern sind zwar absolut notwendig, aber nicht unter allen Umständen ausreichend. Sie *können* zum Reißen gebracht werden.

Es gab bereits einmal eine Situation, in der ein Reaktorsicherheitsbehälter fast auf die Probe gestellt worden wäre, ob er dem Aufprall eines abgestürzten Flugzeugs standhalten kann. 1971 befand sich ein Bomber B-52 auf einem routinemäßigen Übungsflug in der Nähe von Charlevoix, Michigan, an der Küste des Michigansees. Bomber und Jagdbomber einer in der Nähe liegenden strategischen Luftflottenbasis flogen trotz eines Verbots immer wieder Tiefflugeinsätze (in einer Höhe von ca. 300 m) über der Reaktoranlage. Diesmal hielt die Maschine direkten Kurs auf den Reaktor, als sie abstürzte, von der Wasseroberfläche des Sees abprallte und in einem Feuerball explodierte, der sich bis zu 200 m Höhe ausdehnte. Ein Sprecher des Luft- und Raumfahrtunternehmens Grumman äußerte die Vermutung, das Flugzeug sei möglicherweise in eine radioaktive Gaswolke aus dem Schornstein der Anlage geraten, wodurch die elektronische Steuerung des Bombers gestört wurde. Zwei Sekunden später wäre die Maschine direkt auf den Reaktorsicherheitsbehälter geprallt, und er hätte seine Festigkeit unter Beweis stellen müssen (s. Webb 1976, S. 194 f.).

Zum Glück werden Reaktoranlagen in den USA zumeist in dünn besiedelten Gegenden errichtet, obwohl sich in ihrer weiteren Umgebung häufig große Städte befinden. Einen idealen Standort für Kernkraftwerke gibt es nicht. Einerseits sollten diese Anlagen aus Gründen der Unfallsicherheit nicht in der Nähe großräumiger Ansiedlungen errichtet werden, andererseits aber doch, um die auftretenden Übertragungsverluste möglichst gering zu halten; sie sollten in der Nähe großer Wasservorkommen liegen, doch genau dort ist gemeinhin die Siedlungsdichte recht hoch; sie sollten Erdbebenzonen meiden, doch diese befinden sich häufig in der Nähe von Meeresküsten, Flüssen oder anderen ebenfalls vom Menschen bevorzugten Lagen; in ihrer Umgebung sollte keine Landwirtschaft betrieben werden, aber damit wird die Entfernung zu den möglichen Stromabnehmern wieder erhöht. Infolgedessen liegen die meisten amerikanischen Kernkraftwerke zwar in der Nähe größerer Ansiedlungen, aber in landwirtschaftlichen oder Freizeitgebieten. So wurden etwa die Kernkraftwerkblöcke Indian Point am Hudson errichtet, aber lediglich 60 km in der Hauptwindrichtung von Manhattan entfernt. Der Eigentümer einer der dort betriebenen Anlagen, Consolidated Edison, machte einmal den Vorschlag, ein Kernkraftwerk mitten in Queens zu errichten – zweifellos eines der am dichtesten besiedelten Gebiete der USA. Einige Anlagen wurden an erdbebengefährdeten Küsten, andere an Flüssen gebaut, aus denen Großstädte ihr Trinkwasser beziehen und die Farmbetrieben zur Bewässerung ihrer Felder dienen. Einige Kritiker haben isoliert gelegene Reaktorparks vorgeschlagen, also mehrere unmittelbar benachbarte Reaktoranlagen mit langen Übertragungsstrecken in die Siedlungsgebiete. Das hat jedoch den Nachteil, daß bei einem eventuell auftretenden Störfall in einem der Kraftwerke möglicherweise der gesamte Komplex aufgegeben werden muß (und daß dort vielleicht weitere Unfälle auftreten).

Trotz all dieser Probleme hat der Kompromiß in der Standortwahl von Atomkraftwerken in den USA zweifellos deren Sicherheit erhöht. Bei vielen von ihnen ist es nach Unfällen zu geringfügigen Emissionen radioaktiver Teilchen gekommen. Befänden sie sich mitten in Queens, dann wären die langfristigen Gefahren sicherlich größer. Darüber hinaus entläßt jede Anlage schon bei Normalbetrieb radioaktive Substanzen in die Umwelt, auch wenn fast alle Experten deren Menge für winzig klein halten. Je weiter entfernt Sie von einem Kernkraftwerk wohnen, desto besser für Sie.

Schließlich gibt es noch das Notkühlsystem für den Reaktorkern. Bei einer drohenden Kernschmelze flutet dieses System den Kern mit Wasser und kühlt ihn auf diese Weise ab. Es liegt in der Natur der Sache, daß wir unmöglich einen Ernstfalltest dieses Systems durchführen können. Bei einer Testreihe an einem 25 cm hohen Reaktormodell versagte das System jedesmal (s. McKinley 1976, S. 22). Manche Kritiker wie die Union of Concerned Scientists (Vereinigung besorgter Wissenschaftler) sind der Meinung, das Notkühlsystem in seiner gegenwärtigen Ausführung sei unzureichend. In der Reaktoranlage Browns Ferry setzte ein Feuer, das die Notabschaltung von zwei Reaktoren auslöste und mehrere Stunden lang außer Kontrolle geriet, das Notkühlsystem außer Betrieb. Zum Glück konnten andere Maßnahmen ergriffen werden, um eine Kernschmelze zu verhindern. Die anspruchsvollste bislang vorliegende Sicherheitsuntersuchung – in Auftrag gegeben und durchgeführt von der Atomic Energy Commission (Atomenergiebehörde), dem Vorläufer der US-Atomaufsichtsbehörde NRC –, die *Reactor Safety Study* (der sogenannte Rasmussen-Report), ließ bei ihrer Beurteilung des Notkühlsystems die Möglichkeit außer Betracht, daß es in einer Reaktoranlage neben einem Unfall, durch den das Notkühlsystem ausgelöst wird, noch zu weiteren Störungen kommen kann. D.h., die Untersuchung schloß die Möglichkeit aus, daß diese Sicherheitsvorkehrung durch das gleichzeitige Auftreten unterschiedlicher Störungen selbst außer Funktion gesetzt werden könnte. So sind beispielsweise die Dampferzeuger ein Dauerproblem in Kernkraftwerken; falls eine größere Zahl der in ihrem Inneren befindlichen Rohrstränge bei einem Unfall beschädigt werden sollten, würde das Notkühlsystem ausfallen. Auf der Grundlage der mit Druckbehältern in Branchen außerhalb der Atomindustrie gemachten Betriebserfahrungen ist auch die Zuverlässigkeit des Reaktordruckbehälters in Zweifel gezogen worden (s. Union of Concerned Scientists 1977, S. 44-51). 1981 fielen in der Anlage Browns Ferry die Steuerstäbe nicht wie vorgesehen in den Reaktorkern, und 1983 streikte in der Anlage Salem in Südjersey zweimal das Notabschaltsystem. Beide Ereignisse galten bis dahin als extrem unwahrscheinlich; beide hätten leicht die Notkühlung außer Betrieb setzen können.

Selbstverständlich müssen wir froh sein, daß Sicherheitsbehälter, eine gewisse Entfernung der Atomkraftwerke von dicht besiedelten Gegenden und umfangreiche Sicherheitssysteme dazu beitragen, die Gefahren zu verringern. Ohne solche Vorkehrungen hätte es zweifellos mehr schwere Unfälle in Reaktoranlagen gegeben. Es ist jedoch unwahrscheinlich, daß sie künftige Katastrophen verhindern können. Die Standorte liegen nicht abseits genug, die Sicherheitsbehälter können durch mangelhafte Bauausführung oder bei Wasserstoffexplosionen durch umherfliegende Trümmer beschädigt werden, und die »tiefgestaffelten« Sicherheitssysteme wie z. B. das Notkühlsystem sind möglicherweise gar nicht so tiefgestaffelt, wie ihre Konstrukteure sich selbst und uns glauben machen möchten.

Triviale Ereignisse in nicht-trivialen Systemen

Nichts auf der Welt ist vollkommen; jeder Bestandteil eines Systems, industriell oder nicht, ist für Störungen anfällig. In allen normalen Industrieanlagen kommt es ständig zu Defekten, die unbemerkt bleiben. Die komplizierteren, hochentwickelten Verarbeitungsanlagen im Dauerbetrieb, wie sie in der Großchemie oder der Stahlverarbeitung eingesetzt werden, bilden hier keine Ausnahme. Je komplexer oder je enger gekoppelt eine Anlage ist, desto mehr Sorgfalt wird darauf verwendet, die Zahl der möglichen Ausfälle oder Fehler zu reduzieren, doch wie ich im folgenden Kapitel ausführen werde, reicht das allein nicht aus. Sobald eine Anlage wie im Fall der Kernenergie zu einer Katastrophe führen kann, dürfen wir die alltäglich auftretenden Störungen nicht mehr außer acht lassen, denn jetzt haben sie gravierende Folgen. Was ich auf den folgenden Seiten zu berichten habe, würde nicht einmal für eine Betriebszeitung eine Story abgeben, geschweige denn für eine Zeitung wie die *New York Times*, wenn es keine Vorfälle in Kernkraftwerken wären. Und selbst das gilt eigentlich erst für die Zeit nach dem Unglück von Harrisburg.

Die Stromversorgungsunternehmen reagieren äußerst empfindlich auf diesbezügliche unerwünschte und »ungerechtfertigte« Nachprüfungen, aber wir *müssen* einfach wachsam sein bei trivialen Zwischenfällen in nicht-trivialen Systemen. Am Beispiel eines ganz alltäglichen Vorfalls werde ich zeigen, welche Konsequenzen dieser in derartigen Systemen haben kann, um anschließend auf einige berühmte Unfälle einzugehen. Vergessen wir dabei nie, daß solche Pannen in allen Organisationen fortwährend vorkommen; es wäre unrealistisch anzunehmen, daß sie sich in Kernkraftwerken nicht ereignen.

Im Jahr 1980 wischte ein Arbeiter der Virginia Electric and Power Company (VEPCO) im Block 1 des Kernkraftwerks North Anna den Fußboden in einem Reaktornebengebäude. Dabei blieb er mit einem Hemdsärmel an einem vorstehenden Trennschalter an der Wand hängen, und bei dem Versuch loszukommen betätigte er den Unterbrecher, ohne es zu bemerken. Damit war der Steuermechanismus der Regelstäbe für den Atomkern ohne Strom, und der Reaktor schaltete sich automatisch ab. Dieser triviale Vorfall verursachte einen viertägigen Stillstand der Anlage, der die Betreiber etliche Hunderttausend Dollar kostete. Der geschäftsführende Vizepräsident der VEPCO nannte den Zwischenfall ungewöhnlich, aber zum Glück auch äußerst lehrreich für alle. Nach seinen Worten zeigte das Ereignis »in aller Deutlichkeit das hohe Reaktionsvermögen von Kernreaktorsystemen auf die geringfügigste Abweichung vom normalen Betriebsablauf sowie die Fähigkeit dieser Systeme, im Rahmen der vorgesehenen Sicherheitsmaßnahmen die Anlage unverzüglich abzuschalten« (*Washington Post*, 29.2.1980). Die Abschaltung der Stromzufuhr zu einem wichtigen Sicherheitssystem läßt sich wohl kaum als geringfügige Abweichung vom normalen Betriebsablauf bezeichnen, und daß sie so ohne weiteres möglich war, läßt eher auf ein übertrieben hohes Reaktionsvermögen der Anlage schließen.

Überall dort, wo in großindustriellen Anlagen Rohre verlegt sind, treten Probleme auf. Diese sind in einem Kernkraftwerk allerdings besonders gravierend. Im Verlauf des Unfalls von TMI leitete das Bedienungspersonal radioaktives Wasser in die falschen Behälter, weil das Rohrleitungssystem äußerst komplex ist und weil wegen der herrschenden Drücke die Fließrichtung umgekehrt werden kann. Bei einer Reaktorananlage führte ein geringfügiger Irrtum sogar dazu, daß radioaktives Abwasser in das mit den Brunnen verbundene Trinkwassersystem geleitet wurde!

Auch Muscheln stellen ein Problem dar. Die Filter der Einlaßsysteme an Flüssen und Seen für das Kühlwasser können die Muschellarven nicht abhalten, die sich in den Kühlsträngen der Anlagen niederlassen und sich dort fortpflanzen. Nach einiger Zeit sind die Leitungen von Tausenden von Muscheln verstopft. In Arkansas mußte eine Anlage eine Woche lang stillgelegt werden, um die Schalentiere zu entfernen. Auch konventionelle Kraftwerke haben gegen Muscheln anzukämpfen, doch ist bei ihnen das Anfahren und Abschalten weniger gefährlich als bei einem Atomreaktor.

Selbst das Auswechseln von Glühbirnen bringt bei diesen hochentwickelten, komplexen Systemen Gefahren mit sich. 1978 sollte ein Arbeiter an der Schalttafel von Block 1 in der Reaktoranlage Rancho Secco in Clay Station, Kalifornien, eine Glühbirne auswechseln. Als ihm die Birne versehentlich aus der Hand fiel, verursachte sie bei einigen Meßfühlern und Schaltungen einen Kurzschluß. Zum Glück waren die Steuerungen für den Reaktorschnellschluß nicht betroffen, und der Reaktor schaltete sich automatisch ab. Aber der Ausfall einiger Meßfühler bedeutete, daß die Bedienungsmannschaft den Zustand der Anlage nicht feststellen konnte, und es gab eine rapide Abkühlung des Reaktorkerns. Wie bereits bemerkt, beträgt die Normaltemperatur im Inneren des Reaktordruckbehälters etwa 290° C. Innerhalb einer Stunde war sie auf 140° C gefallen. Die kälteren Innenwände wurden damit starken Schrumpfspannungen ausgesetzt. Um ein Verschmelzen der Brennstäbe zu verhindern, mußte der Innendruck hoch gehalten (150 kg/cm^2) und gleichzeitig die Temperatur gesenkt werden. Bei der niedrigeren Temperatur von 140° C vermindert sich die Festigkeit des Behälters, während der Druck anhaltend hoch bleibt. Eine solche Schnellkühlung, zu der es bei einer Hochdruckeinspeisung von Wasser (HPI) oder einem Ausfall von Meßinstrumenten und Kontrollschaltungen kommen kann, führte in diesem Fall nicht zu Schäden am Reaktorkern. Das liegt jedoch wahrscheinlich nur daran, daß die Anlage noch keine drei Jahre unter Vollast arbeitete. Ein Sprecher der NRC sagte hierzu: »Wäre die Anlage nicht erst zwei oder drei, sondern 10 bis 15 Jahre unter Vollast in Betrieb gewesen, hätte der Reaktordruckbehälter platzen können.« (*New York Times*, 26.9.1981) Die Folgen wären ein Verlust des Kühlmittels und eine Kernschmelze gewesen, da es kaum ein wirksames Notkühlsystem für den Reaktorkern mehr gegeben hätte.

Die bisherigen Erfahrungen hätten die Verantwortlichen eigentlich klüger machen müssen. Die Wirklichkeit sieht jedoch nicht sehr ermutigend aus. Im Reaktorblock 2 der Anlage Indian Point, 60 km in der Hauptwindrichtung von New York entfernt, die von Consolidated Edison (Con Ed) betrieben wird, traten eine Zeitlang immer wieder Leckagen beim Betrieb der Kühlgebläse innerhalb des Sicherheitsbehälters auf. Anfang Oktober 1980 leuchtete eine Warnlampe auf, die tagelang Hochwasser in den Reaktorsumpfbecken anzeigte. Offenbar wurde das Brennen der Lampe einer Fehlfunktion zugeschrieben; dennoch floß tatsächlich Wasser durch das Leck in das Reaktorgebäude, und schließlich sammelten sich dort rund 450 t kaltes Hudsonwasser in einer Höhe von knapp drei Metern. Eine Sicherheitsvorkehrung, zu der unter anderem auch zwei Anzeigeinstrumente für die Höhe des Wasserstandes im Sicherheitsbehälter gehörten, versagte, weil die Instrumente lediglich warmes, aber kein kaltes Wasser anzeigen konnten.

Das Leck wäre vielleicht noch stunden- oder tagelang unentdeckt geblieben, hätte es keinen Bedienungsfehler gegeben. Ein Alarmsignal ertönte und signalisierte Unregelmäßigkeiten der Reaktorlast. Diese hatten vermutlich mit dem Leck nichts zu tun. Die Operateure fuhren die Anlage zurück, um der Sache nachzugehen, ohne etwas zu finden. Sie nahmen deshalb an, daß es falscher Alarm gewesen war (was vermutlich stimmte; das kommt immer wieder vor). Um den Reaktor jedoch wieder auf Vollast zu fahren, mußte ein Regler neu justiert werden. Dieser Vorgang erfolgte zu schnell (der Bedienungsfehler), und der gesamte Reaktor schaltete sich automatisch ab. Bevor der Betrieb wiederaufgenommen werden konnte, mußten Techniker den Sicherheitsbehälter betreten, wo sie das Wasser entdeckten. Beide Sumpfpumpen, die das Wasser hätten abpumpen müssen, waren außer Betrieb. Bei einer waren die Sicherungen durchgebrannt, und in der anderen klemmte der Schwimmer.

Das alles muß für uns noch kein Grund zur Beunruhigung sein; es sind die üblichen Probleme industrieller Anlagen. Dieser Vorfall ereignete sich jedoch in einem schwer zugänglichen Gebäude, das nur zu Wartungszwecken und bei Störungen betreten wird. Danach fuhr der Schichtleiter den Reaktor zweimal an, ohne darüber nachzudenken, ob die stunden- oder möglicherweise tagelange Überschwemmung zu thermischen Rissen oder anderen Problemen geführt haben könnte. Zum Glück erkannte ein anderer Schichtleiter, der an seinem freien Tag kurz hereinschauen wollte, die Gefahr und schaltete den Reaktor ab.

Das alles ereignete sich am Freitag, dem 17. Oktober 1981 um 11:00 Uhr Ortszeit. Entgegen einer Vereinbarung mit Vertretern der bundes- und einzelstaatlichen Behörden, sie über alle Probleme der von Pannen heimgesuchten Anlage unverzüglich zu informieren, wurde bis 15:20 Uhr desselben Tages nichts unternommen. Ein Beauftragter der Reaktoranlage versuchte den für das Kraftwerk zuständigen NRC-Inspekteur telefonisch zu erreichen, der – es war Freitagnachmittag – nur seinen Anrufbeantworter eingeschaltet hatte. Der Anrufer hinterließ eine Nachricht, in der er lediglich um einen Rückruf bat, aber kein Wort darüber verlauten ließ, daß der Reaktorsicherheitsbehälter mit 450 t Wasser vollgelaufen war. Der Vertreter von Con Ed rief auch nicht die Notrufnummer an, die über den Anrufbeantworter mitgeteilt wurde. Der Inspekteur kam am Montag zu seiner Arbeit zurück und fand die abgeschaltete Reaktoranlage vor. Er ließ sich Zeit bis 16:20 Uhr, ehe er das Regionalbüro der NRC von dem Problem unterrichtete. Con Ed wartete einen weiteren Tag – alles in allem vier Tage –, ehe die lokalen Behörden und die Öffentlichkeit von dem Leck informiert wurden.

So geht es mit organisatorischen Sicherheitsmaßnahmen, die uns vor den Folgen technischer Pannen schützen sollen. Die NRC setzte eine Geldbuße von 210 000 Dollar für Con Ed fest, wogegen das Unternehmen natürlich Protest einlegte. Um den Strom, der während der langen Stillegung der Anlage ausgefallen war, zu ersetzen, mußten teure Kraftwerke mit Ölfeuerung in Anspruch genommen werden, was die Kunden von Con Ed täglich 800 000 Dollar kostete (s. *New York Times*, 28., 29., 30.10. und 12.12.1981). Immerhin kamen die Verantwortlichen zu dem Schluß, daß der Reaktorsicherheitsbehälter keine nachhaltigen Schäden davongetragen hatte. Verklemmte Schwimmer, fallengelassene Glühbirnen und Hemdsärmel, die sich in Schaltern verfangen – das sind nur einige von den trivialen Störungen, für die solche Systeme anfällig sind.

Aus Fehlern lernen

Das waren einfache Pannen oder Reaktorabschaltungen. Es ist nun an der Zeit, uns eingehender mit alltäglichen Störfällen zu beschäftigen. Die NRC gibt eine Zeitschrift unter dem Titel *Reactor Safety* heraus. Eine ihrer regelmäßigen Kolumnen besteht aus einer Zusammenstellung sicherheitstechnischer Vorkommnisse, die vom Herausgeber ausgewählt und kurz erläutert werden. Obwohl es sich um technische Ereignisse handelt, geht von ihnen eine immer neue Faszination aus, da sie deutlich machen, was alles in diesen fürchterlichen Kernkraftwerken passieren kann. Hier ist ein kurzer Bericht – keiner, der besonders aus dem Rahmen fiele, der aber einen ersten Eindruck vermittelt. Versuchen Sie nicht, ihn in allen Einzelheiten nachzuvollziehen; achten Sie lediglich auf die Mängel der Ausrüstung und des Systems sowie auf die Bedienungsfehler. Anschließend kehren wir zum Kommentar des Herausgebers der Zeitschrift zurück, dem zufolge der Zwischenfall illustriert, daß und warum die Atomindustrie sich einen hervorragenden Ruf in puncto Sicherheit ihrer Anlagen erworben hat.

Bei einem kleinen, älteren Siedewasserreaktor der Pacific Gas and Electric in Humboldt Bay, Kalifornien, wurde am 17. Juli 1970 die Stromzufuhr unterbrochen, und die Anlage schaltete wie für solche Fälle vorgesehen automatisch ab. Das Notstromaggregat sprang an, war jedoch nicht dafür ausgelegt, bestimmte Meßinstrumente zu versorgen, die gerade besonders dringend benötigt wurden. Der Reaktordruck stieg, doch der Notkondensator, der ihn verringern sollte, trat nicht in Funktion, da der Schieber über dem Schalter in der Führung steckenblieb, wahrscheinlich wegen einer mangelhaften Ventileinstellung. Die Operateure wußten, daß der Notkondensator nicht arbeitete, nahmen jedoch an, daß sich ein Sicherheitsventil geöffnet hatte, um den Druck zu entlasten. Statt dessen öffnete sich jedoch ein anderes Sicherheitsventil, durch das kaltes Wasser gefördert wurde, was zu einem Verlust an Kühlwasser und daraufhin zu einem Niedrigwasseralarm führte. Dieses Ereignis in Verbindung mit dem Verlust von Speisewasser und einem Druckanstieg in der Druckkammer verursachte ein Anspringen des Lüftungssystems. Inzwischen war eine Rohrverbindung im selben Strang gebrochen, durch den Dampf über das geöffnete Entlastungsventil gefördert wurde. Die Lüftungsventile standen vier Minuten lang offen, bis ihre veränderte Stellung von den Operateuren entdeckt wurde. Da es keine Anzeichen für einen Rohrleitungsbruch gab, schlossen sie die Ventile wieder. Daraufhin sprangen die Feuerlöschpumpen automatisch an, was auf einen übermäßig hohen Druck im Reaktor, einen niedrigen Wasserstand, Hochdruck in der Druckkammer und Stromausfall bei bestimmten Sicherheitssystemen schließen ließ. Der Unfall wurde erfolgreich eingedämmt, doch der Druck im Reaktor hatte die zulässigen Sicherheitsgrenzen überschritten; 10 000 Liter Wasser wurden aus dem Reaktorkern gedrückt, womit die Gefahr bestand, daß die Spitzen der

Brennstäbe im Kern trockenfallen könnten. Das alles war kein besonders bemerkenswerter Unfall, es gibt viele, die weit schlimmer sind. Wirklich interessant ist der Kommentar, der dem Unfallbericht vorangestellt wurde und den ich wörtlich zitieren möchte:

»Die Atomindustrie unterscheidet sich nicht wesentlich von anderen Industrien. Es gibt immer wieder Pannen, wie die sicherheitstechnischen Vorfälle zeigen, über die wir in jeder Ausgabe von *Nuclear Safety* berichten. Trotzdem genießt die Atomindustrie im Hinblick auf die Sicherheit einen hervorragenden Ruf. Die für diesen Artikel ausgewählten Beispiele verdeutlichen, wodurch dieser Ruf erworben wurde. So werden die Systeme z.B. mit Sicherheitsvorkehrungen ausgestattet, die die Möglichkeit von Pannen berücksichtigen; das Bedienungspersonal achtet ständig auf Anomalien und geht ihnen sofort nach, und regelmäßig durchgeführte Kontrollen stellen sicher, daß ein ungestörter Betriebsablauf gewährleistet ist.« (Castro 1971a, S. 145)

Es ist kaum zu glauben, daß der mit einem solch sonnigen Gemüt begabte Autor seine eigene Schilderung des Unfalls von Humboldt Bay oder irgendeinen anderen Bericht in *Nuclear Safety* gelesen haben soll. In der vorhergehenden Ausgabe der Zeitschrift wird anschaulich ein Unfall beschrieben, bei dem es zu einer Kernschmelze kam (allerdings nicht in den USA, sondern in Frankreich); in der folgenden Ausgabe findet sich ein Bericht über eine weitere Anlage, wo trotz einer sieben Monate dauernden Stillegung zur Reparatur der Pumpen des Primärkreislaufs kurz nach der erneuten Inbetriebnahme ein wichtiger Motor ausfiel und 63 Ventile nicht richtig funktionierten – 35 Prozent aller Ventile, die unmittelbar zuvor überprüft worden waren. Es ist für uns beruhigend zu erfahren, daß »die Häufigkeit der Ventilüberprüfungen erhöht wird und man nach besseren Verfahren zur Reinigung der Luft (sucht), die für den Betrieb bestimmter Ventile benötigt wird« (Castro 1971b, S. 249).

Noch eine Ausgabe später findet sich in *Nuclear Safety* nach der Erörterung einiger Brände und anderer Probleme folgende Schilderung: »Ein Einspritzventil des Kernsprühsystems schloß sich nicht wie vorgesehen, und es stellte sich heraus, daß auch die übrigen Einspritzventile des Systems nicht funktionierten. Auch die Ventile der Niederdruck-Einspritzsysteme für das Kühlwasser machten Schwierigkeiten. Während die Problemlage erörtert wurde, schloß sich völlig unerwartet eines der vier Steuerventile auf der Hauptturbine vollständig, während der Reaktor auf Vollast lief.« (Castro 1971 c, S. 145) Und so geht es eine Ausgabe nach der anderen weiter, und in jedem Leitartikel erfahren wir, wie der »hervorragende Ruf (der Atomindustrie in Sachen Sicherheit) erworben wurde« – ungeachtet der vielen Unfallberichte, die in derselben Zeitschrift wiedergegeben werden.

Ein Jahr darauf klingt der Ton schon besorgter. »Zwei Drittel der in dieser Ausgabe behandelten Probleme weisen eine verblüffende Ähnlichkeit mit Pannen auf, über die diese Zeitschrift bereits früher in der Hoffnung und zuversichtlichen Erwartung berichtet hat, daß wir aus den Erfahrungen anderer lernen können . . . Das Bedienungspersonal müßte sich derartige Vorfälle besonders zu Herzen nehmen, so daß ähnliche Vorkommnisse in der eigenen Anlage eher vermieden werden können. « (Castro 1972, S. 236)

Der folgende, ungewöhnlich ausführliche und ungeschminkte Bericht eines Unfalls weist viele Parallelen zu Unfällen von Großtankern oder in chemischen Produktionsanlagen auf. Da Gas unsichtbar ist und die subtilen Interaktionen zwischen Druck, Temperatur und den Maßnahmen der Operateure nicht vorhersehbar sind, lassen sich solche Vorfälle in hochkomplexen Systemen einfach nicht vermeiden. In diesem Fall wurden dem System nachträglich zwei weitere Ventile sowie zusätzliche Prozeduren hinzugefügt, um künftig solchen Vorkommnissen vorzubeugen, aber zuvor war niemand auf den Gedanken gekommen, daß sie sich überhaupt ereignen könnten; in leicht abgewandelter Form kann es auch an einer anderen Stelle der Anlage dazu kommen.

»Während einer Stillegung benötigte das Wartungspersonal voll entsalztes Wasser im Sicherheitsbehälter, um Reinigungsarbeiten vorzunehmen. Der Schichtleiter erklärte, zuvor müsse erst die Einstellung eines Ventils geändert werden. Als die Reinigungskolonne das Sicherheitsgebäude betrat, drehte jemand den Hahn auf, um zu sehen, ob noch Wasser in der Leitung war, und als keines kam, drehte er ihn wieder zu. Nach einer Weile wiederholte sich der Vorgang, aber diesmal blieb der Hahn halb offen, und über die Sprechanlage wurde in der Schaltwarte angefragt, wann das Wasser käme. Die Antwort lautete, jemand sei unterwegs in den Sicherheitsbehälter, um die Leitungen für das entsalzte Wasser einzustellen, worauf der halboffene Wasserhahn wieder ganz geschlossen wurde. Bald darauf schrillte der Alarm der Strahlungsmonitore im Sicherheitsgebäude, und von der Schaltwarte aus wurde eine Räumung des Sicherheitsbehälters angeordnet. Es stellte sich heraus, daß während der kurzen Zeit, in der der Wasserhahn halb offenstand, Gas aus einem Sammeltank entwichen war. Da mehrere Tanks durch ein einziges Versorgungssystem für entsalztes Wasser miteinander verbunden sind, müssen alle Ventile sorgfältig aufeinander abgestimmt werden, um unerwünschte Wechselwirkungen zu vermeiden. Die Betätigung des Wasserhahns, bevor die Ventile eingestellt wurden, führte zu einer Belüftung des Kühltanks und des Sammelbehälters. Die ausgetretene Strahlungsmenge war jedoch geringfügig, so daß niemand einer übermäßigen Strahlungsdosis ausgesetzt wurde. « (Castro 1975, S. 233)

Fermi

Unser letztes Beispiel betrifft genaugenommen keinen Systemunfall, sondern einen Komponentenunfall, obgleich bei der Behebung des Schadens einige typische komplexe Interaktionen wie bei einem Systemunfall auftraten. (Der Unterschied zwischen einem Systemunfall und einem Komponentenunfall wird in Kapitel 3 ausführlich erörtert.) Die folgenden Ausführungen, die sich weitgehend auf einen Beitrag von John Fuller über den Fermi-Reaktorunfall mit Kernschmelze stützen, sollen besonders anschaulich die Komplexität dieser Systeme, die starke Belastung der Bedienungsmannschaften und die enormen Schwierigkeiten der radioaktiven Entseuchung vor Augen führen. Sie zeigen außerdem, daß Versuche, das System sicherer zu machen, manchmal zuwenig durchdacht sind und das Gefahrenpotential nur noch erhöhen; daß es sich hierbei um Unfälle einer völlig neuen Qualität handelt, das Problem von Bedienungsfehlern sich als irrelevant erweist; und daß die Atomindustrie, statt sich skeptische Gedanken über das Katastrophenpotential ihrer Reaktoren zu machen, sich selbst frohgemut auf die Schulter klopft, weil es nicht schlimmer gekommen ist. Der Unfall ereignete sich in einer Demonstrationsanlage am Eriesee in Lagoona Beach, einer kleinen Gemeinde in der Nähe von Monroe, Michigan, gar nicht weit von Detroit. Ein Bericht der Atomenergiekommission (AEC), der vor dem Unfall erstellt (und prompt für geheim erklärt) wurde, prognostizierte, daß bei einem schweren Reaktorunglück in der Fermi-Anlage und unter ungünstigen Windverhältnissen rund 133 000 Menschen einer hohen Strahlungsdosis ausgesetzt und die Hälfte von ihnen den Tod erleiden würden. Weitere 181 000 Menschen wären einer Dosis von 150 Rem ausgesetzt (s. Gyorgy et al. 1979, S. 111f.). Wie der Beitrag von Fuller (1977) deutlich macht, hätte der Unfall um ein Haar zu einer unabsehbaren Katastrophe geführt.

Bei dem Reaktor handelte es sich um einen natriumgekühlten Schnellen Brüter, der nicht nur Strom erzeugte, sondern auch Plutonium, das als Brennstoff für konventionelle Reaktoren dienen kann. Es war der erste und einzige Brutreaktor in den USA und somit eine völlig unerprobte Konstruktion in der Nähe der Millionenstadt Detroit. Im Oktober 1966 versuchte das Bedienungspersonal, die erste Stufe eines vom

Betreiberunternehmen gesteckten Hochleistungsziels zu erreichen, und baute langsam und vorsichtig die Temperatur im Reaktor auf. Bereits in der Vergangenheit waren zahlreiche Verzögerungen und Probleme aufgetreten, so auch jetzt. Eines der Ventile des Dampferzeugers funktionierte nicht richtig, und es dauerte sechs Stunden, es in Ordnung zu bringen. Dann fiel eine Kesselspeisewasserpumpe aus, konnte jedoch sofort repariert werden. Abermals wurde der Spaltprozeß im Reaktorkern beschleunigt. Der diensthabende Ingenieur stellte jedoch gewisse unregelmäßige Veränderungen an der Neutronenaktivität fest, die möglicherweise einfach darauf zurückzuführen waren, daß das elektronische System ein »Rauschen« oder eine statische Ladung empfangen hatte. Nach einer Pause verschwand das Phänomen, und der Betrieb wurde fortgesetzt. Als nächstes stellte der Ingenieur fest, daß bei der momentan vom Reaktor erzeugten Leistung die Steuerstäbe um 23 cm aus dem Kern herausgezogen waren, während es eigentlich nur 15 cm sein sollten, und daß sich erneut Unregelmäßigkeiten in der Neutronenaktivität zeigten. Der Prozeß wurde angehalten, und der Ingenieur machte sich daran, die etwa zehn Meter vom Steuerpult entfernten Instrumente für die einzelnen Brennelemente zu überprüfen. Das Ergebnis war verwirrend. Die Austrittstemperatur eines der Brennelemente war eindeutig zu hoch, doch mit dem hatte es von Anfang an Probleme gegeben. Da der Meßfühler anscheinend falsch anzeigte, hatte man ihn kurzerhand an einer anderen Stelle des Brennelements angebracht. Doch jetzt traten auch bei einem weiteren Brennelement zu hohe Temperaturen auf, während keines der benachbarten Brennelemente eine anormale Temperatur aufwies. Zwar trug nur jedes vierte Brennelement einen Meßfühler, doch im Fall der Überhitzung eines nicht instrumentierten Brennelements hätte eines der mit einem Meßfühler versehenen benachbarten Elemente diese Abweichung anzeigen müssen.

Jetzt ertönte das Alarmhorn, und aus dem Lautsprecher kam eine Stimme: »Achtung, Achtung! Der Sicherheitsbehälter und das Gebäude zur Spaltproduktverfolgung wurden gesichert. Dort sind hohe Strahlungen gemessen worden, und sie wurden verriegelt. Versuchen Sie nicht, diese Gebäude zu betreten. Bleiben sie draußen. Beide Gebäude sind isoliert. Das ist Alarmstufe 1. Warten Sie auf weitere Anweisungen. Warten Sie auf weitere Anweisungen.« (Zit. n. Fuller 1977, S. 46) Als erstes wurde durchgezählt, ob sich niemand mehr im Sicherheitsbehälter befand und der dort herrschenden starken Strahlung ausgesetzt war. Alle waren in Sicherheit. Als nächstes mußte der Reaktor zurückgefahren werden; eine Schnellabschaltung hätte die Gefahr eines Wärmeschocks durch die abrupte Temperaturänderung des Kühlmittels mit sich gebracht. Die Vermutung, daß der Alarm falsch war, wurde schnell verworfen. Zwar glaubte ein Ingenieur, der am Spaltproduktmonitor gearbeitet hatte, den Alarm aus Versehen ausgelöst zu haben, doch die ungewöhnlich hohen Temperaturen der Brennelemente zeigten an, daß tatsächlich etwas im Gange war.

Elf Minuten nach der Entscheidung, den Reaktor langsam zurückzufahren, wurde dennoch beschlossen, ihn von Hand schnellabzuschalten. Es gab keine Möglichkeit festzustellen, ob es dafür bei diesem Reaktortyp zu spät oder zu früh war. Es ließ sich ja nicht einmal herausfinden, was im Inneren des Reaktorkerns vor sich ging. Das Sicherheitssystem sah für den Fall einer Kernschmelze eine automatische Schnellabschaltung des Reaktors vor. Nachdem diese ausgeblieben war, lag das Problem anscheinend woanders, aber ganz sicher konnte niemand sein. Es war wesentlich, sich darüber Klarheit zu verschaffen, ob eine Kernschmelze vermieden worden war oder nicht, da diese den Kühlmittelkreislauf unterbrechen würde und zu einem Hitzestau und einer weiteren Kernschmelze und damit zu einem Sekundärunfall führen konnte. Der stellvertretende Generalmanager übernahm das Kommando und erklärte: »Wir werden die Sache ganz, ganz langsam angehen.« (Zit. n. ebd., S. 49) Zum Glück hatten die Fermi-Ingenieure Zeit, da die Temperatur im Reaktorkern weiterhin allmählich abfiel. Da es keine Anweisungen für einen derartigen Notfall gab, wurde jede getroffene Maßnahme schriftlich festgehalten und sorgfältig geprüft. Die Operateure wollten auf jeden Fall weitere Störungen im Reaktorkern vermeiden. Nach kurzer Zeit stellte sich heraus, daß es sowohl zum Durchbrennen einiger Brennstäbe als auch zu einem Auslaufen des Brennstoffs gekommen war. Das letztere konnte zu einer Blockierung des Kühlkreislaufs und zu weiterer Kernspaltung führen.

Es gab noch einen zweiten Grund, warum sich die Ingenieure nur widerstrebend zu der Schlußfolgerung durchrangen, daß zumindest einige Brennstäbe durchgeschmolzen sein mußten – die gängige Expertenmeinung. Der Nobelpreisträger für Physik und Kernkraftbefürworter Hans Bethe z.B. hatte steif und fest behauptet, bei diesem Reaktor sei eine Kernschmelze unmöglich. Ein anderer Experte war zwar weniger überzeugt, äußerte jedoch die Meinung, es könne schlimmstenfalls ein einziges Brennelement durchbrennen. Jetzt sprachen die Anzeichen jedoch dafür, daß mindestens zwei Elemente durchgebrannt waren. Der zweite Experte hatte außerdem behauptet, die automatischen Sicherheitsvorkehrungen würden den Reaktor sofort abschalten, falls eine Kernschmelze aufträte; nichts davon war jedoch zu bemerken. Jetzt sprachen die Fermi-Ingenieure von »haarsträubenden Entscheidungen« und »erschreckenden Ansichten«; sie saßen auf einem Vulkan vor den Toren von Detroit. Sie konnten sich nicht davonmachen und die Anlage sich selbst überlassen, sie waren nicht sicher, ob kein Zweitunfall auftreten würde, und in jedem Fall würde sich das geschmolzene Uran durch den Kern und das Betonfundament des Reaktorkessels hindurchfressen.

Einen Monat lang brütete der Reaktor vor sich hin, während die Ingenieure ihn abkühlen ließen und den nächsten Schritt planten. Dann entfernten sie ganz vorsichtig den Drehdeckel und hofften, daß keine Brennelemente in einer Weise miteinander verbacken waren, daß der Reaktor »kritisch« wurde (der Zustand, in dem die Kernspaltung einsetzt). Wenn es ihnen gelang, die beschädigten Brennelemente zu entfernen, würde der Reaktor wieder sicher sein. Es dauerte drei Monate, bis feststand, daß vier Brennelemente beschädigt und zwei miteinander verschmolzen waren, und weitere fünf, um sie zu entfernen. Es mußten besondere Geräte gebaut werden; das tödliche Natrium mußte abgepumpt werden, was in der Reaktorkonstruktion nicht vorgesehen war. Erst ein knappes Jahr nach dem Unfall war es möglich, ein Periskop zwölf Meter tief auf den Boden des Reaktorkerns herabzulassen, wo sich eine kegelförmige Ablaufvorrichtung befand – eine Sicherheitsvorkehrung ähnlich einer riesigen, auf den Kopf gestellten Eistüte, dazu gedacht, unwahrscheinlicherweise herabfließendes geschmolzenes Uran möglichst großflächig zu verteilen. Dort unten erspähten sie ein Stück Metall, das für jedermann wie eine zerknautschte Bierdose aussah und das möglicherweise den Zufluß des Natrium-Kühlmittels behindert hatte.

Eine Bierdose war es zwar nicht, aber es ließ sich nicht deutlich genug erkennen, was es wirklich war. Das Periskop hatte 15 Zwischenlinsen, die leicht verschmierten; es mußte einen ganzen Tag lang gereinigt werden, war kompliziert in der Handhabung und mußte von eigens gebauten luftdichten Kammern aus bedient werden, um ein Austreten von Strahlung zu verhindern. Um das Metallstück zu Untersuchungszwecken umdrehen zu können, benötigte man ein weiteres kompliziertes Gerät, das aus einer Höhe von zehn Metern über dem Reaktorfundament bedient wurde. Es gelang den Operateuren, den Klumpen zu packen, und nach anderthalb Stunden hatten sie ihn aus dem Gebäude herausbugsiert.

Der Metallbrocken erwies sich als eines von fünf dreieckigen Zirkoniumblechen, die auf Drängen des Advisory Reactor Safety Committee, einer angesehenen Gruppe von Atomreaktorfachleuten, die die NRC beraten, als Sicherheitsmaßnahme installiert worden waren. Man hatte sie nicht einmal in die Bauzeichnungen eingetragen. Es war durch die Strömung des Kühlmittels aus der Halterung gerissen worden, hatte sich unterwegs verkantet und den Kühlmittelzufluß blockiert und auf diese Weise das Durchschmelzen der Brennelemente bewirkt.

Während der ganzen Zeit und noch viele Monate später mußte der Reaktor ununterbrochen von einer Gashülle aus Argon oder Stickstoff umgeben werden, um zu verhindern, daß das extrem leicht flüchtige Natrium des Kühlkreislaufs nicht mit Luft oder Wasser in Berührung kam; andernfalls würde es explodieren und eventuell den Reaktorkessel zerstören. Tag und Nacht wurde die Anlage von Strahlenschutzbeauftragten mit Geigerzählern überwacht. Selbst laute Geräusche mußten vermieden werden. Obgleich der Reaktor nicht »kritisch« war, bestand noch immer die Möglichkeit eines Reaktivitätsunfalls. Nach und nach wurden die Brennelemente herausgezogen und in drei Teile zerlegt, so daß sie in ein Endlager für Atommüll transportiert werden konnten. Zuvor mußten sie jedoch monatelang in Abklingbecken abkühlen – riesigen Wasserbassins, in denen die Uranbrennstäbe nicht zu dicht nebeneinander plaziert werden durften. Anschließend wurden sie in Rohre von 2,50 m Durchmesser und einem Gewicht von jeweils 18 t gesteckt. Diese waren so ausgelegt, daß sie einen Fall aus zehn Meter Höhe und ein 30minütiges Feuer überstanden – so gefährlich ist der abgebrannte Kernbrennstoff. Ein Leck in einem dieser Transportbehälter konnte noch in 800 m Entfernung Kindern den Tod bringen. Es dauerte Jahre, bis die giftigen Substanzen aus der Anlage entfernt waren und das radioaktive Natrium zur Lagerung in Stahlfässern verschlossen wurde; es wird noch für Generationen auf dem Gelände der Anlage verbleiben und überwacht werden müssen, da alle sechs Atommüllager des Landes seine Annahme verweigern. So unglaublich es klingt: die Anlage wurde einige Jahre später erneut in Betrieb genommen! Für kurze Zeit arbeitete sie auf einer niedrigen Laststufe, ehe sie nach etlichen weiteren Störungen schließlich endgültig stillgelegt wurde.

Dieser Unfall macht einige der in diesem Buch untersuchten Prinzipien ganz besonders deutlich:

1. Die Störung ging von einer der Sicherheitsvorkehrungen aus. In diesem Fall waren sie nachträglich auf Drängen einer angesehenen

Gruppe von Atomwissenschaftlern und -ingenieuren eingebaut worden, vielfach Absolventen einer Eliteuniversität und als Berater der NRC in Sicherheitsfragen tätig. Sie hatten Vorkehrungen gegen eine mögliche Kernschmelze vermißt und jene bereits erwähnte kegelförmige Auffangvorrichtung aus dreieckigen Zirkoniumblechen vorgeschlagen (s. Scott 1971).

2. Eine mangelhafte Konstruktion und schlampige Bauausführung waren für den Unfall verantwortlich. Er begann zwar nicht mit einem Mehrfachdefekt, aber es muß uns beunruhigen, daß die Bleche schlecht gesichert waren, die Stärke der Sogkraft des Kühlmittels unterschätzt und der nachträgliche Einbau der Bleche nicht in die Bauzeichnung eingetragen wurde.

3. Wie bei anderen Unfällen auch, wurde von mehreren Seiten ein Bedienungsfehler als Unfallursache unterstellt, während tatsächlich keinerlei Anweisungen für eine solche Störung vorgesehen waren, weil niemand mit einem Unfall dieser Art gerechnet hatte. In seinem Unfallbericht für *Nuclear Safety* deutete R. L. Scott (ebd.) an, es habe sich als fatal erwiesen, daß die Bedienungsmannschaft nicht sofort die Schnellabschaltung des Reaktors betätigte. Andererseits wird selbst in einigen der von ihm angeführten Aufsätzen aus technischen Fachzeitschriften darauf hingewiesen, daß die Operateure über keine ausreichenden Informationen verfügten, um die Gefahr richtig einzuschätzen und sich ein Bild vom tatsächlichen Geschehen zu machen.

4. Schließlich ist auch hier wieder einmal festzustellen, daß die Verantwortlichen dieser Hochrisikosysteme selbst angesichts solcher Systemunfälle eine ungebrochene Zuversicht an den Tag legen. In seinem Bericht für die NRC-Zeitschrift weist Scott erfreut auf den Umstand hin, daß der geschmolzene Kernbrennstoff in nur geringer Entfernung vom Spitzenlastpunkt der Anlage, dem sogenannten »heißen Fleck«, wieder fest wurde und nicht dazu führte, daß auch die benachbarten Brennelemente durchschmolzen. Vielleicht wollte er damit das Mißtrauen der Leser gegenüber Schnellen Brütern abbauen. Des weiteren schreibt Scott: »Ein beträchtlicher zusätzlicher Nutzen konnte aus den Erfahrungen während der Reparaturphase gewonnen werden . . . , was ganz besonders für das beteiligte Bedienungspersonal gilt.« Wir dürfen uns glücklich schätzen, daß die Operateure der Anlage ihre Erfahrungen machen konnten, wenn es auch das Glück ein wenig schmälert, daß zu diesem Zweck fast die gesamte Bevölkerung von Detroit und Umgebung gefährdet wurde. Und wiederum Scott: »Zahlreiche technische

Neuerungen sind erforderlich, um den neuen und ungewohnten Problemen zu begegnen, die hierbei aufgetreten sind.« (Ebd., S. 133) Als Beispiel für seine positive Sicht der Dinge mag seine Aufzählung aller Änderungen dienen, die nach und nach am System vorgenommen wurden, wie z. B. eine Vorrichtung zum Abpumpen des radioaktiven Natriums aus dem Reaktorkessel. Wir wollen hoffen, daß es nicht erst zu einem schweren Unfall kommen muß, um den Konstrukteuren die Notwendigkeit einer solchen Vorrichtung ins Bewußtsein zu rufen. Am Ende gelangt er frohgemut zu dem Schluß, daß »der Zwischenfall (!) im Fermi-Reaktor höchst lehrreich für uns (war), weil er die Notwendigkeit gezeigt hat, bei der Konstruktion solcher Anlagen Möglichkeiten zur Inspektion bei laufendem Betrieb vorzusehen, sowie die Unentbehrlichkeit einer einfachen, knappen Zusammenstellung wichtiger Betriebsinformationen für das Bedienungspersonal in Verbindung mit sachgemäßen Anweisungen und eindeutigen Kriterien für die zu ergreifenden Maßnahmen.«

Im atomaren Unfall liegt unser Heil.

Der Brennstoffkreislauf als System

Wir haben bislang die einzelne Anlage als Untersuchungseinheit behandelt und werden das auch bei der Erörterung anderer Hochrisiko-Systeme tun. Kernkraft impliziert jedoch den gesamten »Brennstoffkreislauf« – angefangen beim Abbau von Uranerz über dessen Verarbeitung zu Kernbrennstoff und die Verbrennung im Reaktor bis hin zur »Entsorgung« (Wiederaufbereitung, Endlagerung). Jede der einzelnen Phasen hat ihre eigenen schweren Risiken. Ich werde zwar in diesem Buch nicht auf das Problem der atomaren Abfallbeseitigung eingehen, aber wahrscheinlich ist damit langfristig ein größeres Katastrophenpotential verbunden (wenn wir noch die militärischen Abfälle hinzurechnen) als mit dem Betrieb von Kernkraftwerken. Der Uranbergbau führt vermutlich zu einer größeren Anzahl von Todesfällen durch radioaktive Strahlung als jede andere Phase des Zyklus (wenigstens bis heute, da sich die Auswirkungen des radioaktiven Abfalls erst noch zeigen werden), obwohl diese Toten nicht auf das Konto von Systemunfällen gehen. Zu Systemunfällen kommt es hingegen in der Phase der Weiterverarbeitung von Uranerz zu Kernbrennstoff. Bereits ein flüchtiger Blick zeigt, daß die Weiterverarbeitung von gefährlichen Substanzen in aller Regel mit Systemunfällen verbunden ist. Die beiden folgenden Unfallberichte zeigen aber noch etwas anderes: die schwerwiegenden Folgen, die sich aus geringfügigen Zwischenfällen ergeben, und das unzureichende Verständnis aller Vorgänge in einem Produktionsprozeß, der das Forschungsstadium schon längst hinter sich hat.

In einem Artikel von *Nuclear Safety* werden 13 Unfälle bei der Herstellung von Kernbrennstoff geschildert (s. Hunt 1971). Manche davon sind anscheinend auf mangelnde Sorgfalt oder mangelhafte Technik zurückzuführen. Hierzu gehört beispielsweise die Selbstentzündung von radioaktiv verseuchten Abfällen, die auf ebenso unerklärliche wie unverantwortliche Weise in Pappkartons in einem Lagerraum für atomare Abfälle untergebracht waren. Das durch das Feuer freigesetzte Plutonium wurde zum Teil mit Wasser aus Feuerwehrschläuchen vom Gebäude abgewaschen, so daß auch der umgebende Boden verseucht wurde. In einem anderen Fall wurden plutoniumhaltige Rückstände in einen Plastiksack gekippt und brannten diesen durch. Und in einem dritten Fall fing ein fünf Jahre lang nicht ausgewechselter Filter, »völlig zugesetzt von Plutoniumstaub«, bei Schweißarbeiten Feuer.

Die Entseuchung von radioaktiv verstrahltem Gebiet ist mit Schwierigkeiten verbunden. Bei einer Explosion im Oak Ridge National Laboratory am 19. November 1959 »wurden Gebäude und nahegelegene Straßen durch die aus offenen Rohrleitungen und anderen Öffnungen des Labors austretende Luft verseucht«. Die Straßenbeläge mußten abgekratzt werden. Trotzdem bleibt der Autor des Artikels in *Nuclear Safety* zuversichtlich. Er gelangt zu dem Schluß, daß »bei allen Plutoniumunfällen, die sich bis heute ereignet haben, nur ein geringer Bruchteil der strahlenden Substanz freigesetzt wurde« (ebd., S. 88). Mit derselben Logik könnte man darauf verweisen, daß nur ein äußerst geringer Bruchteil der in einem Krieg abgeschossenen Gewehrkugeln eine tödliche Wirkung hat.

Noch enthüllender ist eine Erörterung von sieben »Kritikalitätsunfällen«. Bei Plutonium, das extrem leicht flüchtig und schwer zu handhaben ist, kann beim Zusammentreffen bestimmter Umstände eine stabile Kettenreaktion einsetzen. Das Erreichen der Kritikalität hängt von der Menge an Plutonium, von Form, Größe und Material des Aufbewahrungsbehälters, der Art der beigegebenen Verdünnungs- oder Lösungsmittel und sogar von in der Nähe befindlichen Materialien ab, die Neutronen in das Plutonium zurückstrahlen können. Es ist offenbar sehr schwierig anzugeben, welche Konstellationen dieser Faktoren zu einer Kettenreaktion führen. Bei den sieben Kritikalitätsunfällen, die sich zwischen 1958 und 1970 ereignet haben, waren den Berichten zufolge 15 Arbeiter einer beträchtlichen Strahlungsdosis ausgesetzt (durchschnittlich 140 Rem im Vergleich zu den gesetzlich zugelassenen 5 Rem für Reaktorpersonal); zwei Opfer starben innerhalb von zwei Tagen nach dem Unfall (s. Seale 1974).

Die Unfälle lassen die stark interaktive Komplexität der Systeme erkennen. In einem Fall spielten außer einer möglicherweise verstopften Leitung zwei schadhafte Pumpen eine Rolle. Bei dem Versuch, die Leitung freizubekommen, wurde eine unter hohem Druck stehende Luftblase erzeugt, von der niemand etwas ahnte. Sie drückte etwa 40 Liter einer Lösung durch eine Speicherzuleitung in einen Behälter, der zufällig genau die richtigen Abmessungen hatte, um in Verbindung mit der betreffenden Lösung zur Kritikalität zu führen. In einem anderen Fall wurde in einer Leitung ein Klumpen aus Urannitratkristallen entdeckt. Die Bedienungsmannschaft löste ihn mit Wasserdampf auf, aber das so entstandene Gemisch wurde in leere Flaschen abgefüllt, die sich äußerlich nicht von Flaschen unterschieden, in denen normalerweise eine viel ungefährlichere Flüssigkeit aufbewahrt wurde. Eine der Flaschen, die jetzt U-235 enthielt, wurde in einen Ausgleichstank gekippt. Nach Einschalten des Rührwerks explodierte der Tank. Der Operateur gelangte zwar noch mit Mühe aus dem Gebäude, starb jedoch nach 49 qualvollen Stunden. Zwei Arbeiter sollten die im Tank befindliche Lösung in sichere Behälter abfüllen, aber durch das Abschalten des Rührwerks änderte sich anscheinend die Konstellation in der Weise, daß es zu einer erneuten »Exkursion« kam. Von dieser zweiten Exkursion ahnten die Arbeiter nichts, weil noch immer der Alarm von der ersten Exkursion ertönte und somit kein neuer Alarm ausgelöst werden konnte. Die beiden Männer waren einer Strahlungsdosis zwischen 50 und 100 Rem ausgesetzt. (Bei 50 Rem erhöht sich das Risiko genetischer Schäden um 100 %; es entspricht dem gesetzlich zugelassenen Höchstwert für Arbeiter und Angestellte in amerikanischen Kernkraftwerken über einen Zeitraum von 27 Jahren.)

Der Bericht WASH-1192 der US-Atomic Energy Commission von 1972 dokumentiert 111 Unfälle zwischen 1959 und 1970 mit ausgetretener Radioaktivität, bei denen 317 Personen Strahlungsdosen von bis zu 80 000 Rem ausgesetzt wurden. Die *durchschnittliche* Dosis von Arbeitern der Wiederaufbereitungsanlage West Valley der Getty Oil Company in der Nähe von Buffalo, New York (heute stillgelegt) betrug 1971 6,7 und 1972 7,1 Rem, bis zu 40 % über dem gesetzlich zulässigen Wert (s. Gyorgy 1979). Diese Körperverletzungen von Betriebspersonal, die zumeist erst nach ein bis zwei Jahrzehnten zum Vorschein kommen, werden in den Statistiken, die die » Sicherheit« der Kernkraft belegen sollen, nicht berücksichtigt.

Wie wir soeben gesehen haben, ist die Phase der Energieerzeugung nicht die einzige Phase des Brennstoffkreislaufs, in der es leicht zu Systemunfällen kommt; auch die Verarbeitung des Rohstoffs und die Wiederaufbereitung des abgebrannten Brennstoffs bergen Risiken. Besonders die Transformationsprozesse des Brennstoffzyklus erweisen sich bis zu einem bestimmten Grad als unberechenbar. Zwei Fragen sind jedoch noch nicht beantwortet. Wie häufig sind Systemunfälle, und lassen sich durch ein verbessertes Management nicht wenigstens die trivialen Störungen verhindern, die sich immer wieder zu Systemunfällen addieren? Zur ersten können wir nur Vermutungen äußern, aber zur Beantwortung der zweiten Frage liegen eindeutige Hinweise vor.

Verbessertes Management als Lösung?

Ich hoffe, Sie inzwischen mit den angeführten Beispielen davon überzeugt zu haben, daß es in Kernkraftwerken häufig zu schweren Unfällen bzw. zu Beinahe-Unfällen kommt und daß es sich dabei um Systemunfälle handelt. Die Zahl der aufgetretenen Systemunfälle läßt sich unmöglich angeben; die Unfallberichte in *Nuclear Safety* sind für eine entsprechende Beurteilung häufig nicht detailliert genug. Ein ernsthafter Versuch, Unfälle unter dem Aspekt mehrfacher Störungen und der vielfältigen Komponentenausfälle zu analysieren, stützt die These dieses Buches. Morris und Engelken untersuchten acht LOCAs (Kühlmittelverlustunfälle) in Siedewasserreaktoren während eines Zeitraums von zwei Jahren, als lediglich 29 Anlagen in Betrieb waren. Die Unfälle traten in sechs verschiedenen Reaktoren auf. Die Autoren schätzen, daß auf je zwei Reaktorjahre ein LOCA kommt.

Sie gelangen zu dem Schluß, daß »keine zwei Unfälle durch ein gemeinsames System oder durch eine Störung derselben Komponente ausgelöst (wurden) . . . Der Primärkreislauf des Reaktors wurde während dieser Transienten durch Sicherheits- und Entlastungsventile abgeschaltet, die entweder vorzeitig in Funktion traten oder sich zwar wie vorgesehen öffneten, ohne sich jedoch später wieder zu schließen.« (Morris/Engelken 1973) Demnach war jeder Unfall einmalig in seinem Ablauf, und an jedem war unter anderem eine Sicherheitsvorkehrung beteiligt, die versagte. Sie alle hätten ohne weiteres Systemunfälle sein können. In ihrer Zusammenfassung der acht Vorfälle haben die Autoren eine Klassifizierung von acht Fehlerkategorien vorgenommen (Ventile, die beim Öffnen nicht die Sollstellung einnehmen oder nicht mehr richtig schließen, Fluten von Dampfsträngen, Trennventile, die sich zu schnell schließen, Kondensatordefekte und die Verletzung von Bedienungsvorschriften). Bei jedem der untersuchten Unfälle spielten zwei bis vier dieser Kategorien eine Rolle. Bei jedem zweiten Unfall wurden die Betriebsanweisungen mißachtet, immer jedoch in Verbindung mit dem Auftreten von mindestens zwei (bis maximal fünf) der aufgeführten Fehlerkategorien. Die Fehler erstreckten sich nicht nur gleichmäßig über alle acht Kategorien, sie gingen auch ebenso auf das Konto der Hersteller wie das der Betreiber der Anlagen. Bei einer Stichprobenkontrolle an Ventilen stellte sich heraus, daß 15 Prozent einen geringeren Durchmesser hatten als in der Konstruktionszeichnung angegeben. In 20 Anlagen im Besitz von 15 verschiedenen Stromversorgungsunternehmen und betreut von zehn verschiedenen Zulieferfirmen wurden schadhafte Ventile entdeckt (ebd., S. 438). Es sind gerade diese geringfügigen Fehler oder Störungen, aus denen sich ein Systemunfall entwickeln kann; die Unverwechselbarkeit der Unfälle und die Vielfalt der aufgetretenen Fehler in dieser Untersuchung an Reaktoren eines einzigen Bautyps lassen vermuten, daß Systemunfälle gar nicht so selten auftreten.

Lassen sich solche Fehler nicht durch ein verbessertes Management verhindern? Nach ihrer Untersuchung der acht LOCAs zählten die Autoren eine lange Liste von Managementfehlern und -versäumnissen auf und führten eine weitere Studie durch. Vielfach »sind abnorme Situationen und Zwischenfälle . . . nicht eingehend untersucht worden . . . Geringfügige Abweichungen wurden häufig ignoriert oder in ihren Auswirkungen nicht verstanden, die gelegentlich die Situation noch problematischer machten.« Wir erinnern an dieser Stelle noch einmal daran, daß Systemunfälle gerade aus diesen geringfügigen Störungen hervorgehen. Die Autoren fahren fort: »Natürlich sind die Betreiber der Anlagen bestrebt, diese am Netz zu lassen, d. h. Strom zu erzeugen.« Nach all diesen Befunden führten sie in den Reaktoranlagen eine Managementstudie durch und stellten fest, selbst ohne explizite Suche nach Versäumnissen seien sie in sieben Anlagen auf insgesamt 75 Unterlassungen gestoßen. In 18 Fällen wurden wichtige Sicherheitsausrüstungen nicht überprüft. »Insgesamt gesehen ergab sich ein erstaunlicher Mangel an Sachkenntnis, Übersicht und Engagement bei einigen leitenden Angestellten der Stromversorgungsunternehmen, wie sie erforderlich wären, um den eigenen und darüber hinaus jenen Pflichten nachzukommen, wie sie sich aus der Betriebserlaubnis durch die Atomic Energy Commission ergeben.« (Ebd., S. 440 und 444)

Das sind harte Worte. Aber das war 1972, als die Industrie noch fast in den Kinderschuhen steckte. Seit damals ereigneten sich die schweren Unfälle von Browns Ferry, Harrisburg und vor allem Tschernobyl. In den USA gab es wiederholt kritische Berichte über den Betrieb einiger Anlagen. Nachdem 1980 die Kemeny-Kommission die NRC vernichtend kritisiert hatte, gab diese eine Untersuchung der in Betrieb befindlichen Kernkraftwerke in Auftrag, die jedoch ein kaum verändertes Bild der Lage erbrachte. In der wahrscheinlich gefährlichsten Industriebranche beschrieb die Studie 21 »unter dem Durchschnitt« liegende Reaktoranlagen in stets denselben, niederschmetternden Kategorien: ungenügend qualifiziertes technisches Personal, unzureichende Betriebsausbildung, mangelhafte Überwachung, Verletzung von Betriebsvorschriften, Schwachstellen beim Strahlenschutz, unvollständige Unfallberichte für die NRC, unterlassene Erörterung der möglichen Implikationen von aufgetretenen Störungen, unbeaufsichtigte und unkontrollierte Freisetzung von strahlender Materie in die Luft, Verletzung der Vorschriften von Qualitätssicherungsprogrammen, mangelhafte Aufsicht über flüssige und feste radioaktive Abfälle, wiederholt auftretende Probleme mit der technischen Ausrüstung, Probleme der Koordination und Durchsetzung von Anordnungen im Management, mangelhafter Feuerschutz, Nichteinhaltung von Verpflichtungen gegenüber der NRC, »wiederholte Fälle einer Fehlanpassung des Systems, Beeinträchtigung der Funktion der Notkühlsysteme und Mängel am Sicherheitsbehälter«, übermäßige Strahlenbelastung des Personals sowie lange Zeit bestehende und nicht behobene Konstruktionsprobleme. Die meisten der angeführten Unzulänglichkeiten traten mehrfach auf (s. U.S. Nuclear Regulatory Commission 1981).

Über den Betrieb in durchschnittlichen Anlagen erfahren wir nichts; die angeführte Mängelliste betrifft jene 29 Prozent der untersuchten Anlagen, die unter dem Durchschnitt lagen. Betrachten wir ein Kernkraftwerk, das von Mai 1979 bis Mai 1980 von der NRC untersucht und als durchschnittlich eingestuft wurde – San Onofre im Besitz von South California Edison. Es ist ein kleiner Reaktor mit einer Leistung von 436 MW, 1979 seit 13 Jahren in Betrieb. (Während dieser Zeit lief die Anlage tatsächlich nur 8,8 Jahre unter Vollast; das entspricht 68 Prozent der gesamten Betriebsdauer – eine Quote, die über dem Durchschnitt liegt.) 1982 jedoch nahm er auf einmal den ersten Platz in der von der NRC neugebildeten Kategorie »Anlage mit schweren Zwischenfällen« ein. Er gehört zu den acht Anlagen, die der NRC zufolge die gravierendsten Materialschwächungen des Sicherheitsbehälters aus Stahl aufweisen, die zu einem Reißen des Behälters führen können. Hier einige der im Untersuchungszeitraum aufgetretenen Probleme: Im November 1979 verursachte ein Nest von Feldmäusen (sic!) einen Kurzschluß und anschließend ein Feuer, das die Anlage eine Woche lahmlegte und den Betreiber zwei Millionen Dollar kostete. Von April 1980 bis Juni 1981 wurde der Reaktor wegen Reparaturarbeiten an den Dampferzeugern stillgelegt (ein Problem, unter dem alle Kernkraftwerke zu leiden haben), was 68 Mio. Dollar kostete; die Reparaturen halten bestenfalls fünf Jahre vor. Während der Überholungsarbeiten wurden 73 Arbeiter einer Überdosis an radioaktiver Strahlung ausgesetzt (hierfür wurde dem Betreiber von der NRC eine Buße von 100 000 Dollar auferlegt; weitere Verletzungen des Unternehmens wurden mit 50 000 Dollar geahndet). Im Mai 1981 mußten 50 Lkw-Ladungen radioaktiv verseuchter Sand an der Meeresküste unterhalb des Reaktors abgefahren werden. Ein Feuer, das in einem Hilfsgenerator ausbrach, legte die Anlage im Juli 1981 für vier Wochen lahm und verursachte Reparaturkosten in Höhe von 2,5 Mio. Dollar. Während dieser Zeit ereignete sich eine Explosion in einem Behälter mit radioaktivem Gas, bei der 8,8 Curie an radioaktivem Krypton in die Atmosphäre entwichen. Im September 1981 stellte sich bei der Überprüfung eines schadhaften Reglers heraus, daß mehrere Ventile des Notkühlsystems defekt waren – wohl schon seit 1977, wie die NRC vermutete. Insgesamt erkannte die Kommission auf »Mängel im Management und unzureichende Betriebskontrollen«. Die NRC äußerte die Vermutung, spätestens 1983 sei der Betrieb dieser Anlage wegen »Versprödungsproblem« beim Reaktorsicherheitsbehälter nicht mehr sicher.

Ein Großteil dieser Pannen trat kurz nach jenem Gutachten auf, bei dem die Anlage als »durchschnittlich« eingestuft worden war. Aber noch 1980, während des Begutachtungszeitraums, traten 37 Pannen im Sicherheitssystem auf, die der NRC (aufgrund eines Gesetzes) gemeldet werden mußten, sowie sieben »besonders gravierende Ausfälle« (*New Indicator* 1982, S. 1f.). Wenn es sich in diesem Fall um eine »durchschnittliche« Anlage handelt, dann haben die Anwohner in der Umgebung eines nach den Kriterien der NRC »unterdurchschnittlichen« Kernkraftwerks allen Grund zur Beunruhigung.

Angesichts der Tatsache, daß sich – nach der Einschätzung durch die NRC aus dem Jahr 1980 – seit 1972 kaum etwas geändert hat, können wir nur darauf hoffen, daß die in den letzten Jahren neuerrichteten Nuklearanlagen sicherer sind als ihre Vorgänger.

Zusammenfassung

Nach Three Mile Island ist es also deshalb noch nicht zu weiteren vergleichbar schweren Atomunfällen gekommen, weil die Kernkraftwerke noch zuwenig Zeit hatten, das mit ihnen verbundene Katastrophenpotential zu entfalten. Die für derartige Unfälle erforderlichen Bedingungen liegen jedoch schon heute vor, und wir können von großem Glück sagen, wenn es innerhalb des kommenden Jahrzehnts nicht mindestens einen Unfall gibt, bei dem der Reaktorsicherheitsbehälter beschädigt wird. Große Kernkraftanlagen mit einer Leistung von ca. 1 000 MW sind noch nicht sehr lange in Betrieb – 1983 betrug die Betriebserfahrung mit solchen Anlagen nur etwa 35 bis 40 Jahre, was für diese hochkomplizierten und in ihrem Betriebsablauf noch längst nicht völlig durchschauten Transformationssysteme bedeutet, daß sie mit ihrer Entwicklung noch in den Kinderschuhen stecken. Es gibt eine erdrückende Fülle an Belegen dafür, daß sich die Probleme in diesen großen Systemen häufen und von anderer Art sind als die Schwierigkeiten der kleineren Anlagen, bei denen wir über weit mehr Erfahrung verfügen. Alle Kernkraftwerke haben mit den bedrohlichen Problemen der Dampferzeuger und der Versprödung des Reaktorsicherheitsbehälters zu kämpfen. Geringfügige Pannen können miteinander in Interaktion treten und die Sicherheitssysteme außer Betrieb setzen, die verhindern sollen, daß ein Defekt im Dampferzeuger katastrophale Folgen nach sich zieht. Triviale Vorfälle können den spröde gewordenen Reaktorkern Belastungen aussetzen, die von keinem Konstrukteur vorhergesehen wurden. Zu zahlreich sind die Quellen weiterer Defekte und Fehler, wie sich allein schon aus den hier angeführten Beispielen ergibt.

Daß Unfälle in Kernkraftwerken katastrophale Folgen haben können, wird von allen Beteiligten eingeräumt, aber die Experten sind überzeugt, die Wahrscheinlichkeit für das Auftreten eines GAUs durch ein tiefgestaffeltes Sicherheitssystem auf nahezu null reduzieren zu können. Trotzdem scheinen weder ein Reaktorsicherheitsbehälter noch Notkühlsysteme oder ein Standort abseits dicht besiedelter Gebiete auszureichen; alle drei Maßnahmen sind in der Vergangenheit als problematisch enthüllt worden. Und ebensowenig können wir darauf vertrauen, daß Qualitätskontrollen bei der Bauüberwachung und während des Betriebs der Anlage das übermenschliche Niveau erreichen, das diese gefährlichen Systeme wirklich sicher machen könnte. Eine lange Liste von Mängeln in der Bauausführung, Vertuschungen, Einschüchterungen und Beispielen für schlichte Unfähigkeit begleitet die Geschichte dieser Industriebranche. Ich habe die Meinung vertreten, daß die beim Bau von Nuklearanlagen auftretenden Mängel und begangenen Fehler nicht schlimmer sind als in den meisten übrigen Industriezweigen; die Bauausführung muß hier jedoch weit strengeren Maßstäben genügen. Aber auch der Arbeitsbetrieb von Atomkraftwerken liegt nicht so hoch über dem durchschnittlichen Niveau anderer Produktionsanlagen, wie das bei einem derart gefährlichen System unabdingbar wäre. Im übrigen ist zu vermuten, daß das Niveau der Betriebssicherheit von Kernkraftanlagen eher unter dem allgemeinen Durchschnitt liegt. Diese Hypothese, die sich auf die Bauausführung, betriebliche Wartung und die verwaltungstechnische Führung von Kernkraftwerken bezieht, gründet sich auf Untersuchungen und Aussagen der NRC und ihres Vorsitzenden. Schließlich enthüllt eine nähere Überprüfung einiger bisher aufgetretenen schweren Unfälle die Komplexität der Anlagen, die Schwierigkeit zu verhindern, daß aus leichten Zwischenfällen schwere Unfälle werden, die Unwahrscheinlichkeit, daß die Industrie aus solchen Unfällen dazulernt, sowie die unerschütterlich optimistische und saloppe Reaktion der Atomindustrie und der NRC.

Während die Kemeny-Kommission ihren Abschlußbericht verfaßte, debattierten ihre Mitglieder ausgiebig über zwei Schlüsselfragen: Bestehen Unterschiede zwischen atomaren und anderen Industrieanlagen, und müssen sie deshalb nach anderen Maßstäben beurteilt werden, und wenn Unterschiede bestehen, welche organisatorischen Maßnahmen sind dann erforderlich, um die Anlagen sicher zu betreiben? Eine der Atomindustrie nahestehende Gruppe des Ausschusses argumentierte zunächst, es bestünden keine prinzipiellen Unterschiede, so daß keine –

von der Kommission ins Auge gefaßten – Restriktionen erforderlich seien; später vertraten sie die Meinung, falls hier besondere Gefahren auftreten könnten, sollten Anlagen nach paramilitärischen Grundsätzen betrieben werden. Diese Position verschreckte andere Kommissionsmitglieder, die sich die Frage stellten, ob eine Friedenswirtschaft wirklich einen autoritären, diktatorischen Sektor brauchte, der ein so katastrophenträchtiges System verwaltete. Das sind hehre Fragestellungen, die über schlampige Bauausführung, mangelhaftes Management oder unerprobte und vorschnelle Konstruktionen hinausgehen. Wir werden die Fragen eingehend erörtern, nachdem wir andere Hochrisiko-Systeme wie Kernwaffentechnik und Gentechnologie näher kennengelernt haben.

Dennoch steht trotz der eklatanten Pannen in Kernkraftwerken außer Frage, daß Mängel der Konstruktion und Bauausführung und Fehler beim Betrieb der Anlage für sich genommen nicht die Ursache von Systemunfällen darstellen. Sie sind vielmehr das Potential für unerwartete Interaktionen zwischen geringfügigen Defekten innerhalb des Systems, die dieses für einen Systemunfall anfällig machen. Einige Systeme, die mit einem Katastrophenpotential behaftet sind, weisen diese Anfälligkeit für komplexe Störungen nicht auf; ihre Unfälle haben andere, trivialere Ursachen. Einige stark interaktive Systeme sind dagegen nicht mit einem Katastrophenpotential verknüpft. Um uns in diesem Labyrinth zurechtzufinden, benötigen wir eine sorgfältige Analyse und genauere Begriffe und Konzepte, die ich im folgenden Kapitel behandeln werde.

Kapitel 3
Komplexität, Kopplung und Katastrophe

Wenn wir die Welt von Hochrisiko-Systemen systematisch erforschen und Probleme der Reorganisation von Systemen, Risikobetrachtung und der Einbeziehung der Öffentlichkeit verstehen wollen, müssen wir zunächst eine terminologische Klärung vornehmen. Nicht jeder mißliche Zwischenfall ist ein Unfall. Vor allem ist unser Schlüsselbegriff *normaler Unfall* oder *Systemunfall* so genau wie möglich zu definieren und gegenüber Unfällen im gewöhnlicheren Sinn abzugrenzen. Ich werde ihn unter Zuhilfenahme zweier bisher wenig streng benutzter Begriffe definieren, die nunmehr ebenfalls terminologisch präzisiert und an Beispielen veranschaulicht werden sollen: *Komplexität* und *Kopplung*. Darüber hinaus müssen wir darlegen, wie wir von nun an die Begriffe *Katastrophe* und *Opfer* gebrauchen werden. Danach sind wir zu einer Bestandsaufnahme der Welt organisierter Systeme sowie zu einer Aussage darüber in der Lage, welche von diesen für Systemunfälle anfällig sind und welche nicht. Dieses Kapitel wird auf der Grundlage zahlreicher Beispiele ein Schema entwickeln, das wir auf alle übrigen Systeme anwenden können, denen wir in diesem Buch noch begegnen werden. Es bietet eine Theorie der Störungsanfälligkeit von Systemen – was auch eine Theorie der Regenerationsfähigkeit nach eingetretenen Pannen einschließt. In dieser Hinsicht gibt es nach meiner Kenntnis in der gesamten Literatur über Unfälle und Organisationen bisher nichts Vergleichbares.

Der vielleicht originellste Aspekt meiner Untersuchung besteht darin, daß ich die Eigenschaften von Systemen selbst in den Mittelpunkt der Betrachtung rücke und nicht die Fehler, die von den Betreiberunternehmen, Konstrukteuren und dem Bedienungspersonal begangen werden. Die herkömmlichen Unfallerklärungen beziehen sich in der Regel auf Bedienungsfehler, Konstruktions- oder Ausrüstungsmängel, Mißachtung von Sicherheitsvorschriften, fehlende Betriebserfahrung, unzureichende Schulung des Personals, einen überholten technischen Stand, die Übergröße des Systems, Unterkapitalisierung oder schlechtes Management. Wir haben bereits zahlreiche Beispiele dafür kennengelernt, daß derartige Probleme fraglos zu Unfällen führen können. Es gibt jedoch etwas noch Grundsätzlicheres und Wichtigeres, das zum Versagen eines Systems beiträgt. Die herkömmlichen Erklärungen sprechen lediglich von Problemen, die mehr oder weniger unvermeidlich, verbreitet, quasi allen Systemen gemeinsam sind, und können auf diese Weise nicht plausibel machen, warum in verschiedenen Systemen eine unterschiedliche Häufung von Pannen zu beobachten ist.

Kurz: Was wir brauchen, ist eine Erklärung auf der Grundlage von Systemeigenschaften. In Kapitel 6 über Unfälle in der Frachtschiffahrt werden wir sehen, daß technische Verbesserungen im besten Fall keinen Unterschied bewirken und häufig die Lage nur noch verschlimmern. Das Kapitel 8 über die Raumfahrttechnik zeigt, daß selbst hochqualifizierte Mitarbeiter und eine hervorragende Organisation die Anfälligkeit eines Systems für Unfälle nicht überwinden können. In mehreren Kapiteln lege ich dar, wie systembezogene Produktionszwänge Verbesserungen der Betriebssicherheit wieder zunichte machen. Die Unfallbeispiele, die das gesamte Buch durchziehen, stellen das bequeme Erklärungsmuster der »Bedienungsfehler« in Frage. Das soll nicht heißen, daß die hier vorgestellten Begriffe und Definitionen von Systemeigenschaften alle Untersuchungsprobleme lösen können. Es handelt sich nur um vorläufige Konzepte, und wir werden uns am Ende noch immer Definitionsproblemen gegenübersehen. Meine Studie ist ein erster Versuch einer »Strukturanalyse« von risikoanfälligen Systemen, geht jedoch wesentlich über die herkömmlichen »Punkt-für-Punkt-Analysen« hinaus und führt, wie wir im letzten Kapitel sehen werden, zu langfristigen Strategien des Risikomanagements – statt zu kurzfristigen Taktiken wie z. B. immer neuen Sicherheitsvorschriften oder milden Geldbußen.

Was sind Unfälle?

Was meinen wir, wenn wir von einem *Unfall* sprechen? Ein Unfall ist zumindest ein unbeabsichtigtes und unwillkommenes Ereignis. Wenn Sie sich mit Ihrem Wagen auf der Autobahn auf dem Heimweg befinden und aus Versehen die falsche Abfahrt erwischen und sich verspäten, dann ist das ebenso unbeabsichtigt wie unwillkommen. Dennoch meinen wir im allgemeinen mit dem Begriff *Unfall* etwas Ernsthafteres. Zu Hause angekommen, würden Sie jedenfalls nicht sagen: »Ich hatte unterwegs einen Unfall«, weil Sie mit der Gegenfrage rechnen würden: »Ist jemand verletzt?« oder »Ist das Auto beschädigt?«

Zu einem Unfall gehören demnach Personen- oder Sachschäden oder beides. Doch damit ist der Begriff noch immer nicht präzise genug definiert. Nehmen wir an, Sie hätten beim Herausfahren aus einer markierten Parklücke den Absperrpfosten geschrammt und einen Kratzer auf dem Lack Ihres Fahrzeugs abbekommen. Wahrscheinlich würden Sie auch dann nicht von einem Unfall sprechen: Ihr Wagen ist noch fahrtüchtig und der Pfosten nicht aus seiner Verankerung gerissen. Wir können also sagen, daß die aufgetretenen Personen- oder Sachschäden gravierend genug sein müssen, um die augenblickliche »Funktion« oder die zukünftigen Funktionen, die von den betroffenen Sachen oder Personen erwartet werden, zu stören.

Das führt zu einer weiteren Komplikation, dem der Funktionsanalyse. Welche Funktion ist betroffen? Das hängt davon ab, was wir als das System bezeichnen. Hätten Sie vor, am nächsten Tag mit Ihrem Wagen zu einem Treffen von Autofreaks zu fahren und ihn dort zur Schau zu stellen, dann könnten wir bei dem Kratzer im Lack durchaus von einem Unfall sprechen. Von Ihrem Standpunkt aus betrachtet wäre dann dieses Treffen der Autoliebhaber, wo Sie Ihr Gefährt zur Schau stellen wollen, ein System – und zwar nur ein unterbrochenes System. Auch wenn Sie den Pfosten nicht nur leicht gestreift, sondern so heftig gerammt hätten, daß er schief stünde und andere Wagen beim Einparken gefährdete, wäre aus dem Zwischenfall ein Unfall geworden. Es gehört zum Straßenverkehrssystem, daß Absperrpfosten Parkplätze begrenzen, und es gehört zu Ihrem Freizeitsystem, einen makellosen, auf Hochglanz polierten Wagen vorzuführen. Der Vorfall bedeutet für beide Systeme eine Störung.

Es gibt jedoch auch Abstufungen von Systemstörungen. Das Treffen der Autofreaks wird in keiner wahrnehmbaren Weise gestört, wenn Sie dort entweder mit einem Kratzer auf Ihrem De Soto Baujahr 57 aufkreuzen oder sich aus Scham über diesen Makel gar nicht erst dort sehen lassen. Aber *Ihr* System kann durchaus gestört sein, wenn Sie daheimbleiben müssen und daran gehindert werden, andere zu treffen oder zu beeindrucken. Der Grad der Störung hängt also davon ab, was wir als das System definieren. Ist es jener Aspekt Ihres Lebens, in dem es um Ihre Liebe zu Oldtimern geht, dann *ist* die Lackschramme ein Unfall. Der Ausfall einer Leitung zum Dampferzeuger in einem Kernkraftwerk kann weder für die Anlage selbst noch für deren Betreiber etwas anderes sein als ein Unfall. Es ist jedoch eine ganz andere Frage, ob damit auch das Kernkraft-»System« der gesamten USA wahrnehmbar gestört wird oder nicht.

Bislang haben wir einen Unfall definiert als unbeabsichtigte Personen- oder Sachschäden, die das Funktionieren des fraglichen Systems beeinträchtigen. Wir können die Funktionen eines Systems jedoch auch dadurch beeinträchtigen, daß wir Symbole, Kommunikationsmuster, Legitimität oder eine Vielzahl weiterer Faktoren »beschädigen«, die weder Personen noch Sachen sind. Diese Feststellung wird relevant, wenn wir uns mit Organisation wie z. B. einer Universität beschäftigen müssen.

Wir sprechen also von einem Unfall, wenn ein definiertes System einen Schaden erleidet, durch den die gegenwärtige oder zukünftige Funktion dieses Systems unterbrochen wird. Allerdings dürfen nicht alle derartigen Unterbrechungen als Unfälle kategorisiert werden; der Schaden muß mehr oder weniger beträchtlich sein. In einem Kernkraftwerk hat der vorübergehende Ausfall der Stromzufuhr von außen (die für den Antrieb der eigenen Maschinen erforderlich ist) im allgemeinen die Schnellabschaltung des Reaktors zur Folge; dasselbe gilt, wenn bestimmte Ventile schadhaft werden. Dennoch bezeichnen wir solche Ereignisse nicht als *Unfälle*, obwohl sie unerwünscht sind und unglückliche oder nachteilige Folgen haben – allein der Bezug von Ersatzstrom bis zum erneuten Anfahren des Reaktors kostet etliche hunderttausend Dollar. Wir nennen sie *Störfälle*. Der Reaktor wird zwar abgeschaltet, aber er erleidet dadurch keinen Schaden. Wir benötigen also bestimmte – zwangsläufig etwas willkürliche und grobe – Kriterien, um zwischen »geringfügigen« Ereignissen wie den geschilderten und Unfällen unterscheiden zu können. Außerdem brauchen wir ein Schema, das sich ebenso auf das System Dampferzeuger wie auch auf das System Kernkraftwerk oder das System Atomindustrie anwenden läßt.

Ich schlage vor, jedes fragliche System in vier Ebenen aufzuteilen. Störungen auf der dritten und vierten Ebene bezeichnen wir als *Unfälle*, solche auf der ersten und zweiten Ebene als *Störfälle*. Es ist ein Schema, das in diesem Buch nicht durchgehend angewandt wird; hin und wieder spreche ich einfach von Unfällen, wenn die Bedeutung offensichtlich ist.

Es hilft uns jedoch bei der Auswahl von Störfällen zu Untersuchungszwecken, es vertieft unser Verständnis von Sicherheitsvorkehrungen und erleichtert unsere Risikoanalyse; manchmal ist es sogar von entscheidender Bedeutung.

Betrachten wir z.B. ein Kernkraftwerk als System. Eines seiner *Teile* – etwa ein Ventil – gehört zur ersten Ebene. Es ist die kleinste Komponente des Systems, die möglicherweise bei einer Unfalluntersuchung als Ursache entdeckt wird. Ein funktional aufeinander bezogenes Ensemble von Bauteilen, z.B. ein Dampferzeuger, wird als *Einheit* bezeichnet und rechnet zur zweiten Ebene. Ein Aggregat aus Einheiten, z.B. der Dampferzeuger und die Kondensatförderung, zu der die Kondensatvollreinigung samt Motoren, Pumpen und Zuleitungen gehören, bildet ein *Subsystem*, in diesem Fall den Sekundärkreislauf. Diese Subsysteme stellen unsere dritte Untersuchungsebene dar; bei einem Atomkraftwerk sind es etwa zwei Dutzend. Alle zusammen verbinden sich auf der vierten Ebene zum Gesamtsystem, der Reaktoranlage. Was darüber hinausgeht, gehört zur Systemumwelt.

Bei diesem Schema behalten wir den Begriff *Unfall* schwerwiegenden Ereignissen vor, d.h. solchen, die Schäden auf der dritten oder vierten Ebene hervorrufen, während wir bei Störungen auf der ersten und zweiten Ebene von *Störfällen* sprechen. Der Übergang von Stör- zu Unfällen bildet jenen Bereich, in dem die Mehrzahl der konstruktiven Sicherheitseinrichtungen ins Spiel kommt – jene redundanten Komponenten wie etwa die Notabschaltsysteme, die Notschutzsysteme (z.B. das Kernsprühsystem) oder die Notversorgungssysteme (z.B. die Notspeisewasserpumpen). Das Schema weist bestimmte Mehrdeutigkeiten auf, da sich nie Einstimmigkeit über die Trennlinien zwischen Teil, Einheit und Subsystem erzielen lassen wird, aber es ist flexibel und unseren Zwecken angemessen. Es muß flexibel sein, weil es sich für uns gelegentlich als notwendig erweisen kann, die Apollorakete samt Modulen als ein System aufzufassen, während wir hin und wieder gezwungen sein können, sämtliche Mondflüge zu einem einzigen System zusammenzufassen. Was im ersten Fall ein Unfall ist, kann im zweiten lediglich ein Störfall sein.

Jetzt haben wir alles, was wir für eine formale Definition brauchen. Ein *Unfall* ist ein Defekt in einem System oder in einem seiner Subsysteme, der mehr als eine Einheit beschädigt und dadurch die gegenwärtige oder zukünftige Funktion des Systems stört. Mit einem *Störfall* meinen wir einen Schaden, der sich auf Teile oder eine Einheit beschränkt, unabhängig davon, ob er eine Störung des Systemablaufs zur Folge hat oder nicht. Eine Störung liegt vor, wenn die Funktion völlig unterbrochen oder so stark beeinträchtigt wird, daß sofortige Reparaturmaßnahmen erforderlich sind. Da wir zwischen Einheit und Subsystem unterschieden haben und da zahlreiche Sicherheitssysteme im Grenzgebiet zwischen beidem angesiedelt sind, werden wir häufig erleben, daß es ein Sicherheitssystem war, in dem Störungen aufgetreten sind.

Opfer

Es ist zu beachten, daß wir entgegen dem allgemeinen Sprachgebrauch Personenschäden nicht in unsere Definition einbezogen haben. Das liegt daran, daß wir primär an Systemen und deren Wirkungsweise interessiert sind. Menschen sind Bestandteile aller in diesem Buch behandelten Systeme, und eine Gruppe (die Bordmannschaft eines Flugzeugs) oder ein einzelner (der Astronaut in der Raumkapsel) kann ein Subsystem bilden. Wenn sie einen Schaden erleiden, handelt es sich um einen Unfall.

Aus analytischen Zwecken ist es jedoch wichtig, Menschen in den meisten Systemen lediglich als Teile zu betrachten. In den USA kommen jährlich in der Industrie rund 5 000 Menschen zu Tode. Die meisten dieser Unfälle sind nach unserem Schema jedoch lediglich Störfälle, da sie keine Schädigungen des Systems oder seiner Subsysteme zur Folge haben – es wurde »nur« ein »Teil« zerstört.

Ich bin mir darüber im klaren, daß unser Schema äußerst herzlos wirkt. Es ist zwar die eigentliche Absicht dieses Buches, die Möglichkeit von Schäden an Menschenleben zu verringern, aber nach meiner Überzeugung liegt es in der Eigenart von Systemen selbst begründet, daß sie zu Unfällen neigen, und deshalb benötigen wir eine Unfalldefinition, die sich auf Systemeigenschaften konzentriert. Der Ausfall von Teilen und Einheiten in unserem Schema spielt zwar eine wesentliche Rolle für System- und Subsystemstörungen, aber wenn wir uns bei der Untersuchung auf sie beschränken, dann verlieren wir jene Gesamtsysteme aus dem Auge, die nach Meinung von politischen und wirtschaftlichen Führungspersonen für unsere Gesellschaft unverzichtbar sind. Gegenstand der Untersuchung sind demnach Systeme, so daß ein Sturz von der Leiter zu einem bloßen Störfall wird.

Es geht uns jedoch nicht um Systeme schlechthin, sondern um solche, die mit einem Katastrophenpotential verbunden sind, d.h., die einer großen Zahl von Menschen Schäden zufügen können. Uns interessiert in diesem Zusammenhang nicht der Hilfsarbeiter, der rückwärts in eine Schleifmaschine fällt, oder der Wissenschaftler, der zufällig die Kritikalitätsbedingungen für das Plutonium herstellt, mit dem er experimentiert, und von einer tödlichen Strahlendosis getroffen wird. Die Häufigkeit solcher Unfälle läßt sich durch mehr oder weniger triviale Vorsichtsmaßregeln und bessere Mitarbeiterschulung reduzieren; vergleichsweise geringfügige Maßnahmen zur erhöhten Einhaltung von Sicherheitsbestimmungen haben innerhalb weniger Jahre die Zahl der Todesfälle in Kohlebergwerken stark zurückgehen lassen. Unser Interesse ist umfassender, und um es noch deutlicher zu machen, möchte ich als nächstes unterschiedliche Kategorien von Opfern einführen, die für alle weiteren Kapitel dieses Buches eine Rolle spielen.

In der Literatur über Sicherheit am Arbeitsplatz und Betriebsunfälle geht es ganz zu Recht überwiegend um – wie ich sie nennen werde – Opfer ersten und zu einem kleineren Teil um Opfer zweiten Grades. In diesem Buch stehen jedoch die Opfer dritten und vierten Grades im Vordergrund. Kurz gesagt, die Opfer ersten Grades sind die Bedienungsmannschaften; Opfer zweiten Grades sind die übrigen Betriebsangestellten oder Systembenutzer, z.B. die Passagiere auf einem Schiff; Opfer dritten Grades sind unbeteiligte Umstehende, und Opfer vierten Grades schließlich sind ungeborene Kinder und künftige Generationen. Mit jedem weiteren Grad nimmt die Zahl der Betroffenen in geometrischer Progression zu. Wir werden jede dieser vier Gruppen eingehender behandeln.

Opfer ersten Grades sind die Operateure des Systems. In diesem Buch gehören hierzu nicht nur diejenigen, die das System tatsächlich bedienen (Betriebspersonal, Piloten, Schiffsoffiziere usw.), sondern auch andere, die regelmäßig Schichtdienst verrichten, z.B. niederes Aufsichtspersonal, Wartungsmannschaften, niederes technisches Personal sowie Hilfskräfte. Bei Industrieunfällen sind fast immer Operateure betroffen, zumeist nur ein einziger. Solche Unfälle werden von Verantwortlichen des Systems häufig auf »Bedienungsfehler« oder »menschliches Versagen« zurückgeführt. Es wächst jedoch mittlerweile die Einsicht, daß dies eine grobe Übervereinfachung darstellt; was jedoch schlimmer ist: das Opfer wird selbst verantwortlich gemacht. In dieser Haltung äußert sich zudem ein unbewußtes – oder sogar bewußtes – Klassenvorurteil. Viele

Arbeitsplätze sind z. B. so ausgelegt, daß die Bedienerin einer Maschine gezwungen ist, die Sicherheitsvorschriften zu verletzen, wenn sie die erwartete Arbeitsleistung erbringen will, um nicht gekündigt zu werden; verliert sie jedoch ihr Leben oder wird verstümmelt, dann gibt man ihr selbst die Schuld daran.

Opfer zweiten Grades sind Personen, die als Zulieferer oder Benutzer mit dem System verbunden sind, ohne einen Einfluß darauf zu haben. Sie sind keine unbeteiligten Umstehenden (wie die Opfer dritten Grades), weil sie sich ihrer Gefährdung bewußt sind (oder darüber informiert werden können), auch wenn sie sich der Gefahr nicht gänzlich freiwillig aussetzen. Die größte Gruppe von Opfern zweiten Grades sind die Passagiere und Fahrgäste von Schiffen, Zügen, Flugzeugen, Autos und Bussen. In gewisser Hinsicht haben sie sich »entschieden«, an dem System teilzunehmen und zumindest ein gewisses Risiko auf sich zu nehmen. Wenn ich mich nach einer Party von einem angetrunkenen Fahrer nach Hause bringen lasse, akzeptiere ich das damit verbundene Risiko. Der Unterschied zwischen Opfern ersten und zweiten Grades im Hinblick auf die freiwillige Selbstgefährdung mag geringfügig sein, wenn wir einen Arbeitslosen, der wegen fehlender Alternativen eine risikoreiche Stelle annehmen muß, mit einem Angestellten vergleichen, der extrem lange Fahrzeiten am Steuer seines Fahrzeugs in Kauf nehmen muß, um seinen Arbeitsplatz nicht zu verlieren. Keiner von beiden kann sich wirklich frei dafür entscheiden, am System teilzunehmen. Es gibt jedoch Beispiele, die weniger vieldeutig sind. Wenn wir die Opfer zweiten Grades mit den unbeteiligten Umstehenden vergleichen, wird das Moment der Freiwilligkeit bei den ersteren deutlicher sichtbar: Es macht für uns einen Unterschied, ob bei einem Flugzeugabsturz Passagiere ums Leben gekommen sind oder Unbeteiligte, die sich zufällig gerade an der Absturzstelle befanden. Die ersteren haben das mit einem Flug verbundene Risiko in Kauf genommen, die letzteren jedoch nicht.

Es gibt noch weitere Typen von Opfern zweiten Grades. Denken wir etwa an das von einer Explosion in einer Raffinerie betroffene Büropersonal oder an den Lastwagenfahrer, der gerade in dem Augenblick auf dem Firmengelände Waren anliefert, als sich die Explosion ereignet. Es sind die freiwilligen Handlungen von Menschen, die sich für die Teilnahme an einem System entscheiden, ohne dessen Betrieb beeinflussen zu können. Dennoch würde es ohne diese Teilhaber am System kein solches geben: Die Raffinerie könnte nicht arbeiten. Wie im Fall der Passagiere und Fahrgäste sind sie Teilnehmer des Systems und nehmen gewisse Risiken bewußt in Kauf.

Die Opfer dritten Grades sind nicht auf diese Weise mit dem System verbunden. Auf einer Konferenz über die Aufstellung von Sicherheitsrichtlinien für Kernkraftwerke habe ich zwar erlebt, daß einige Kernkraftbefürworter allen Ernstes behauptet haben, jeder könne frei entscheiden, nicht in der Nähe eines Atomkraftwerks zu wohnen (oder kein Fußballspiel in einem Stadion zu besuchen, das in der Anflugschneise des O' Hare Airport liegt), aber diese Argumente können wir getrost beiseiteschieben. In der Nähe aller dicht besiedelten Regionen in den USA liegen auch Atomkraftwerke; es besteht einfach keine reale Möglichkeit, seinen Wohnsitz außerhalb eines Radius von 85 km um jedes existierende Kernkraftwerk zu nehmen. Doch selbst wenn dies möglich wäre, könnte noch immer ein schwerer Atomunfall mit Kernschmelze unter den entsprechenden Wetterverhältnissen Gebiete von der Größe des gesamten amerikanischen Nordostens verseuchen. Das Plutonium, das während des notfallbedingten Wiedereintritts von *Apollo 13* in die Atmosphäre fast auf Madagaskar gestürzt wäre, hätte unbeteiligte Bewohner einer weit von den USA entfernten Region radioaktiv verseucht, die man vor derartigen Hightech-Katastrophen für sicher hätte halten können. Viele Menschen sind sich wahrscheinlich der Risiken einer Flugreise bewußt, aber ich habe meine Zweifel, ob die meisten Anwohner von Talregionen unterhalb von Staudämmen sich darüber im klaren sind, daß sie nicht genügend weit entfernt wohnen, um im Fall eines Dammbruchs ihr Leben zu retten.

Die Opfer vierten Grades sind in der Regel Opfer radioaktiver Strahlung und toxischer Chemikalien. Es sind Föten, deren Mütter radioaktiver Strahlung ausgesetzt wurden; es sind die Wunschkinder, die von ihren strahlengeschädigten Eltern nicht gezeugt und empfangen werden können; totgeborene oder mißgebildete Kinder, die nach einer radioaktiven Schädigung empfangen wurden, sowie all jene Personen, die in der Zukunft durch sich in Nahrungsketten anreichernde Rückstände verseucht werden. Es ist zu beachten, daß wir hier ebensowenig von der »normalen« und regelmäßigen radioaktiven Strahlung eines Kernkraftwerkes reden wie von den Schadstoffen anderer Industrieanlagen. Diese alltägliche und zumeist bewußte Verschmutzung unseres Planeten hat weit gravierendere Langzeitfolgen als jeder einzelne in diesem Buch erörterte Unfall – von militärischen Unfällen und den Auswirkungen der hier nur beiläufig angesprochenen Katastrophe von Tschernobyl einmal abgesehen –, aber sie gehört nicht in unser Thema.

Die Bedeutung der Opfer vierten Grades für Risikoanalysen nimmt im selben Maße zu wie die Besorgnis und die Erkenntnisse über die langfristigen Auswirkungen mancher Systeme. Dennoch wird das nur zögernd anerkannt. In einem Entwurf der NRC über »Sicherheitsziele für Kernkraftwerke« heißt es, die NRC sei sich zwar der »generationenübergreifenden« Risiken von Reaktorunfällen durch genetische Schäden oder langfristige Verseuchung bewußt, aber »wir haben noch keine brauchbare Möglichkeit gefunden, das Problem durch geeignete Sicherheitsmaßnahmen in den Griff zu bekommen.« Deshalb wird es von der NRC einfach ignoriert (U.S. Nuclear Regulatory Commission 1982, S. 15). Sofern es gelinge, die Risiken eines atomaren Unfalls niedrig genug zu halten, so die NRC, sei es auch gerechtfertigt, generationenübergreifende Auswirkungen zu ignorieren. Die Folgen von Unfällen werden also deshalb als unbedeutend erklärt, weil es kaum Unfälle geben werde!

Die Opfer vierten Grades machen wahrscheinlich die zahlenmäßig am meisten ins Gewicht fallende Opferkategorie aus. Eine chemische oder radioaktive Kontaminierung großer Landflächen könnte weitreichende Auswirkungen auf die Gesundheit künftiger Generationen haben. Genetische Schäden belasten die nachfolgenden Generationen auch noch in anderer Weise, da die Opfer einer lebenslangen Betreuung und ärztlichen Fürsorge bedürfen. Unsere Kinder und Kindeskinder tragen die Last, während die heutigen Eltern den wie auch immer beschaffenen Nutzen der gefährlichen Anlagen einheimsen.

Diese Probleme sind relativ neu – noch nicht einmal eine Generation alt. Auf dem Seminar, bei dem die bereits erwähnten Sicherheitsziele für die NRC erarbeitet werden sollten, vertraten einige einflußreiche Naturwissenschaftler und Akademiker die Meinung, die gegenwärtige Generation sei wichtiger als die nachfolgenden – wir seien auf die Kernkraft angewiesen, um wirtschaftliche und politische Krisen zu verhindern –, und niemand wisse, ob die Belastung künftiger Generationen durch einen Reaktorunfall in der Gegenwart nicht durch neue technische Erfindungen gemildert werden könnte. Es gibt also zumindest einige »Experten«, die das Problem nicht unter dem Blickwinkel unserer Verantwortung für die Nachgeborenen sehen. Es gibt jedoch auch andere Fachleute, die sehr wohl der Meinung sind, daß wir die Pflicht haben, unseren Kindern und Enkeln eine Welt zu hinterlassen, die zum wenigsten nicht vergifteter und ausgeplünderter ist als die, die wir von unseren Vätern empfangen haben.

Definitionen

Wir verfügen nunmehr über eine Definition, die es erlaubt, auf der Grundlage unterschiedlicher Systemebenen zwischen Unfällen und Störfällen zu unterscheiden. Im folgenden werden diese Definitionen nochmals zusammengefaßt und um die Definitionen zweier Unfalltypen erweitert: Komponenten- und Systemunfälle.

Systeme werden in vier Ebenen unterschiedlicher Komplexität eingeteilt: Teile, Einheiten, Subsysteme und System.

Störfälle betreffen Schäden oder Ausfälle an Teilen oder Einheiten, selbst wenn dadurch die Funktion des Gesamtsystems völlig unterbrochen oder so sehr beeinträchtigt wird, daß es abgeschaltet werden muß.

Unfälle betreffen Schäden oder Ausfälle an Subsystemen oder am System insgesamt, die zur völligen Unterbrechung des Funktionsablaufs des Systems führen oder diesen so sehr beeinträchtigen, daß das System sofort abgeschaltet werden muß.

Komponentenunfälle bedeuten den Ausfall mindestens einer Komponente (Teil, Einheit oder Subsystem), dessen unmittelbare Folgeschäden aufgrund des Betriebsablaufs vorhersehbar sind.

Systemunfälle bedeuten den Ausfall mehrerer Komponenten, wobei zwischen den einzelnen Defekten Wechselwirkungen auftreten, die nicht vorhersehbar sind.

Komponentenunfälle und Systemunfälle lassen sich also danach unterscheiden, ob eine Interaktion zwischen mindestens zwei Störungen (Ausfällen, Defekten) für die Konstrukteure und die Bedienungsmannschaften des Systems vorhersehbar oder durchschaubar ist oder nicht. Zu einem Systemunfall, wie wir ihn definiert haben, gehören mindestens zwei Störungen (Defekte, Ausfälle), die weitgehend unabhängig voneinander in verschiedenen Einheiten oder Subsystemen auftreten. Trotzdem nehmen auch Systemunfälle ihren Ausgang von einer Komponentenstörung, zumeist dem Ausfall eines Bauteils, z. B. einem klemmenden Ventil, oder einem Fehler in der Bedienung. Es ist nicht der *Auslöser* des Unfalls, was den Unterschied zwischen beiden Unfalltypen ausmacht, sondern ob die zwischen mehreren Störungen auftretenden Interaktionen vorhersehbar sind oder nicht.

Bei den allermeisten Komponentenunfällen kommt es zu einer ganzen Reihe von Störungen. Wenn ein Ventil ausfällt, hat dies wahrscheinlich zur Folge, daß sich eine Pumpe überhitzt und ebenfalls ausfällt und daß nunmehr wegen der unzureichenden Kühlung auch ein Kessel durch Überhitzung in Mitleidenschaft gezogen wird. Diese Sequenz ist den Konstrukteuren ebenso bekannt wie dem Bedienungspersonal – auch wenn dieses nicht in der Lage ist, sie zu verhindern oder in ihren Ablauf einzugreifen. Natürlich gibt es auch einige Unfälle, bei denen bereits die allererste »Störung« so gravierend ist, daß es sinnlos wird, den weiteren Ablauf des Unfalls zu verfolgen. Wenn bei einem Flug eine Tragfläche abreißt oder ein Staudamm durch ein Erdbeben beschädigt wird und bricht, brauchen wir die weiteren Folgen nicht eigens zu untersuchen. Wir könnten diese als »Totalunfälle« bezeichnen; es gibt keine Eingriffsmöglichkeiten durch die Operateure, und es ist sinnlos, sich über die Einzelheiten des Unfallhergangs Gedanken zu machen. Wir werden in diesem Buch keine Beispiele für solche Unfälle behandeln, denn einerseits sind sie ziemlich selten, und andererseits – was viel wichtiger ist – trägt die Analyse des Systems selbst dazu bei, solche Unfälle zu verstehen.

Störfälle sind die bei weitem häufigste Form von Systemstörungen. Unfälle sind wesentlich seltener. Bei Unfällen stellen wiederum die Komponentenunfälle den Löwenanteil. Eine zuverlässige Möglichkeit zur Schätzung der Anteile hatte ich nicht. Für die in diesem Buch analysierten Systeme stammten die meisten Daten aus den Berichten über sicherheitsrelevante Unfälle, zu deren Abfassung die Betreiber von Atomkraftwerken in den USA verpflichtet sind. Jahr für Jahr werden von den rund 70 Reaktoranlagen insgesamt etwa 3 000 solcher Zwischenfälle gemeldet. Auf der Grundlage der Literatur, in der diese Berichte erörtert werden, schätze ich den Anteil der Unfälle an den berichteten Störfällen auf zehn Prozent und den der Systemunfälle auf 0,5 bis 1 Prozent. Bislang – und soweit wir überhaupt wissen – gab es bei allen Komponenten- und Systemunfällen in den Atomkraftwerken in den USA nur wenige Opfer und nur solche ersten Grades. Ganz anders in Tschernobyl: Zwar liegen keine genauen Angaben vor und können auch gar nicht vorliegen, weil die Langzeitfolgen noch auf Jahrzehnte hinaus virulent sein werden, aber ohne jede Frage sind hier auch Opfer zweiten, dritten und sogar vierten Grades zu beklagen.

Komplexe und lineare Interaktionen

Welcher Art sind die für Systemunfälle besonders anfälligen Systeme? Im vorangegangenen Kapitel haben wir immer wieder zwei Begriffe gebraucht: komplexe Interaktionen, die für das Bedienungspersonal undurchschaubar sind und zu Verwirrung führen können, und eine enge Kopplung, die gemeinhin eine prompte Regenerierung des Systems von einem Störfall erschwert. Wenn wir diese beiden Begriffe präziser definiert haben, können wir eine Klassifikation von Systemen vornehmen und besser abschätzen, welche von ihnen für Systemunfälle am anfälligsten sind. Zunächst möchte ich das Konzept der komplexen Interaktionen näher erläutern.

Die Vorstellung von unerwarteten Interaktionen wird uns allen immer vertrauter. Diese Vorstellung kennzeichnet unsere gesellschaftliche und politische Welt ebenso wie die der Technik und der Industrie. Je mehr die Größe von Systemen und die Anzahl der Funktionen wächst, die sie erfüllen sollen, je feindlicher die Systemumwelten werden und je mehr sich die Systeme miteinander verzahnen, desto undurchschaubarer und unerwarteter sind die Interaktionen, die zwischen ihnen auftreten, und desto verletzlicher werden die Systeme gegenüber Systemunfällen.

Trotzdem ist Interaktivität für sich allein betrachtet kein zweckmäßiger Begriff. Bei näherem Hinsehen können wir bei fast allen Organisationen, großen und kleinen, öffentlichen und privaten zahlreiche Teile feststellen, die miteinander in Interaktion treten. Das Vorhandensein einer großen Zahl von Systemteilen stellt weder für den Konstrukteur noch für das Bedienungspersonal ein besonderes Problem dar, solange die zwischen ihnen auftretenden Interaktionen vorherzusehen und offensichtlich sind. Wenn bei einem Montageband ein Teil oder eine Einheit ausfällt, dann liegen die Auswirkungen auf die »bandabwärts« befindlichen Teile und Einheiten auf der Hand, und wir wissen, daß die vor der gestörten Komponente ankommenden Fertigungsteile sich innerhalb kurzer Zeit stauen werden. Wir können das Band abschalten und reparieren oder diesen Betriebsteil umgehen und die fehlenden Teile später montieren oder auch die nicht weiterbearbeiteten Teile vorübergehend in einem Lager unterbringen. Hier haben wir es mit »linearen« Interaktionen zu tun: Die Produktion erfolgt in einer linearen Abfolge einzelner Schritte. Es spielt keine große Rolle, ob die Folge aus 1 000 oder aus 1 000 000 Teilen besteht. Es ist leicht, den Fehler zu lokalisieren, und wir wissen, welche Auswirkungen er auf die benachbarten Produktionsstätten hat. Vor der Bandstörung stauen sich die ankommenden Teile, und hinter ihr werden unvollständig montierte Teile weiterbefördert. Ein großer Teil der planmäßigen Vorgänge in unserem Leben folgt diesem Muster.

Was geschieht jedoch, wenn Einheiten oder Subsysteme (d.h. Komponenten) mehreren Funktionen dienen? So kann z.B. eine Heizvorrichtung sowohl das in Tank A befindliche Gas aufheizen als auch gleichzeitig als Wärmetauscher genutzt werden, um die überschüssige Wärme von einem chemischen Reaktor zu absorbieren. Bei einem Ausfall der Heizvorrichtung kühlt der Tank A zu sehr ab, um weiterhin eine Rekombination von Gasmolekülen zu ermöglichen (d.h. die von ihm erwartete Betriebsfunktion zu erfüllen), und gleichzeitig überhitzt sich der chemische Reaktor, da die überschüssige Wärme nicht mehr abgeführt wird. Es ist zwar eine gute Konstruktion für eine Heizapparatur, weil sie Energie spart, aber die auftretenden Interaktionen sind jetzt nicht mehr linear. Die Heizvorrichtung erfüllt nunmehr eine, wie es in der Fachsprache heißt, »Common-Mode-Funktion« – sie bedient zwei weitere Komponenten, und wenn sie ausfällt, fallen auch die beiden »Modi« (Heizen des Tanks und Kühlen des Reaktors) aus, und damit beginnt bereits die Komplexität der Interaktionen.

Komplexität als Unfallursache wurde innerhalb der Kernkraftindustrie nur allmählich erkannt. Das erste analytische Modell, das auch Common-Mode-Fehler (oder »abhängige« Fehler) in Betracht zog, wurde erst 1967 entwickelt (s. Hagen 1980).

Die 1975 erschienene imposante Untersuchung über die Sicherheit von Atomkraftwerken, der sogenannte Rasmussen-Report (WASH-1400), wurde in einer späteren NRC-Studie kritisiert, weil er diesem Problem zuwenig Aufmerksamkeit geschenkt und es übermäßig vereinfacht habe. Der Mitherausgeber von *Nuclear Safety*, E. W. Hagen, gelangt in dieser Studie zu dem Schluß, potentielle abhängige Fehler seien »das Ergebnis einer erhöhten Komplexität des Systems«. Paradoxerweise wird in vielen Fällen die Komplexität eines Systems gerade aus dem Grund erhöht, um die Wahrscheinlichkeit von abhängigen Fehlern zu verringern. Die Erweiterung des Systems um redundante Komponenten war die hauptsächliche Sicherheitsstrategie, zugleich aber auch, wie Hagen an Beispielen zeigt, die Hauptursache von Störungen. »Bislang laufen alle ›Verbesserungsvorschläge‹ nur auf eines hinaus – zusätzliche Komponenten und zusätzliche Komplexität in der

Systemkonstruktion«, stellt auch Weaver (1981, S. 328f.) anhand des Ranger-Programms der NASA fest. Der Rasmussen-Report stützte sich auf eine probabilistische (d. h. eine mit Axiomen der Wahrscheinlichkeitstheorie operierende) Risikoanalyse und gelangte zu dem Ergebnis, daß Reaktorunfälle mit Kernschmelze praktisch unmöglich seien. Wie Hagen bemerkt, sind diese Risikoanalysen, die »mit den bewährten Verfahren der Zuverlässigkeitsprüfung und der statistischen Analyse arbeiten«, das wichtigste Mittel zur Beruhigung der Öffentlichkeit über das atomare Gefahrenpotential. Dies impliziert jedoch eine »enge Definition« von abhängigen Fehlern, und die Analytiker »konzentrieren sich besonders eifrig auf ein Gebiet, von dem gar nicht bewiesen ist, daß es das Hauptproblem darstellt« (Hagen 1980, S. 191). Das eigentliche Problem ist für Hagen die Komplexität. Dem können wir nur zustimmen.

Common-Mode- oder abhängige Fehler sind nur ein Anzeichen für komplexe Interaktionen in Systemen. Enge Nachbarschaft von Aggregaten und indirekte Informationsquellen sind zwei weitere Symptome dafür. Ein besonders anschauliches Beispiel für Komplexität, die sich in unvorhergesehenen Interaktionen aufgrund dieser beiden Quellen äußert, findet sich in einem anderen System, dem der Frachtschiffahrt. Ein Tanker, die *Dauntless Colocotronis*, befuhr den Mississippi flußaufwärts in der Nähe von New Orleans und schrammte über die Aufbauten eines unter Wasser liegenden Schiffswracks, das auf der Karte nicht genau genug eingezeichnet war. Außerdem befanden sich seine Aufbauten näher unter der Wasseroberfläche als angegeben, da sie bei normalem Wasserstand ausgelotet worden waren, jetzt aber Niedrigwasser herrschte. Das Wrack, das höchstens 30 cm zu hoch für den Tanker im Wasser lag, schlitzte den Schiffsbauch auf, und das Öl begann auszufließen. Zu allem Unglück wurde das Schiff gerade dort aufgeschlitzt, wo der Laderaum an den Pumpenraum grenzte, so daß ein Teil des Öls in den Pumpenraum sickerte. Zunächst floß es vermutlich nur langsam, wurde jedoch durch die dort herrschende Wärme dünnflüssiger, so daß es schneller und in größerer Menge zu fließen begann. Mit der Zeit erreichte der steigende Ölspiegel eine Stopfbüchse zum Abdichten einer Welle, die in den benachbarten Maschinenraum führte. Jetzt sickerte das Öl auch in den Maschinenraum, wo es sich wegen der dort herrschenden hohen Temperaturen schnell verflüchtigte und ein explosives Gas bildete. In einem Maschinenraum kommt es immer wieder zu Funkenbildung in den laufenden Motoren. (Selbst Nylontaue können beim Aneinanderreiben genügend starke Funken erzeugen, um in einem Tankerladeraum eine Explosion auszulösen.) Das sich ansammelnde Gas entzündete sich schließlich in einer Explosion, und es brach Feuer aus.

In diesem Beispiel verursachte eine unerwartete Verknüpfung zwischen zwei unabhängigen, unverbundenen Substanzen, die zufällig eng benachbart waren – eine Interaktion, die zweifellos nicht linear und deshalb auch nicht vorhersehbar war. Die Operateure des Systems, also die Mannschaft des Tankers, konnten unmöglich erkennen, was da passiert war und welche Ereignisketten sich abspielten, weshalb sie mehrere Fehler begingen. Zunächst bekämpften sie das Feuer mit Wasser aus Schläuchen, womit sie indessen nichts anderes erreichten, als das Öl stärker zu verteilen und noch entflammbarer zu machen. Außerdem war ein wichtiges Feuerschott von einem flüchtenden Besatzungsmitglied nicht wieder geschlossen worden, was eine weitere Ausbreitung des Feuers ermöglichte. Der Unfall hatte bereits einige Stunden gedauert, als schließlich ein Feuerlöschtrupp an Bord kam, der über Schutzgeräte und geeignete Löschwerkzeuge verfügte. Als dieser ein Schott öffnete, ereignete sich jedoch eine Serie von Explosionen. Die Männer schlossen das Schott sofort wieder und machten keinen weiteren Versuch, das Feuer in diesem Teil des Schiffs zu löschen, da sie glaubten, das Öl erzeuge explosive Gase. Später stellte sich jedoch heraus, daß es drei kleine Gastanks waren, die in dem Raum hinter der Tür standen und deren restlicher Inhalt an Freon 12, Sauerstoff und Acetylen sich so weit erhitzt hatte, daß es zu den Explosionen gekommen war (s. NTSB, MAR-75-5, 1978).

Somit trat noch in der Phase, in der der Unfall bereits bekämpft wurde, eine nichtlineare Interaktion ein, die die neuen Operateure (die Feuerwehrleute) in die Irre führte. Der Standort der Gasflaschen war durchaus nicht unvernünftig gewählt: Wer hätte sich vorher denken können, daß möglicherweise ein Feuer ausbrach, daß die Gasflaschen ausgerechnet in dem Augenblick hochgehen würden, in dem die Feuerwehrleute den Raum betraten, und daß diese Explosionen falsch gedeutet werden konnten? Auch eine eventuelle Vorschrift, nach der die leeren Gasflaschen in einem anderen Raum hätten untergebracht werden müssen, hätte das Schiff kaum sicherer gemacht, da niemand vorhersagen konnte, an welcher Stelle das Feuer ausbrechen würde.

Kehren wir noch einmal zu dem trivialen Beispiel am Anfang dieses Buches zurück, in dem drei »Subsysteme« miteinander verknüpft waren: das Frühstück, die Fahrt zum Personalbüro und das Vorstellungsgespräch. In der Welt, die wir planen und durchdenken, erscheint dies als ein lineares, ganz unkompliziertes Problem – man macht sich ein Frühstück, steigt in den Wagen und fährt zum Vorstellungsgespräch. Man erwartet zwar, daß zwischen den Autoschlüsseln und der Benutzung des Wagens ein Zusammenhang besteht, nicht jedoch zwischen letzterem und dem Ausfall der Kaffeemaschine. Ebensowenig antizipiert man die Zusammenhänge zwischen dem Ausfall des Wagens, dem nunmehr benötigten Taxi und einer Tarifauseinandersetzung oder der Tatsache, daß ausgerechnet in dieser Situation auch das Auto des Nachbarn nicht zur Verfügung steht. Das alles sind Interaktionen, die im ursprünglichen Plan unserer Welt nicht vorgesehen waren, und wir als die »Operateure« können weder mit ihnen rechnen, noch können wir irgendwelche sinnvollen Maßnahmen ergreifen, um uns vor ihnen zu schützen. Das Besondere an diesen Interaktionen ist, daß niemand sie in das System eingebaut hat, daß niemand eine Verknüpfung zwischen ihnen beabsichtigt hat. Sie verwirren uns, weil wir im Rahmen unserer eigenen Vorstellungen von einer Welt gehandelt haben, wie wir sie vorzufinden hoffen – aber die Welt ist nicht so.

Interaktionen dieser Art bezeichne ich als *komplexe Interaktionen*, um damit zum Ausdruck zu bringen, daß es Verzweigungen, Rückkopplungsschleifen und Sprünge von einer linearen Abfolge zu einer anderen geben kann, die durch die enge Nachbarschaft unabhängiger Subsysteme und bestimmte andere Eigenschaften hervorgerufen werden, auf die ich gleich kurz eingehe. Die Verknüpfungen sind nicht nur linear, sondern können sich vervielfachen, sobald andere Teile, Einheiten oder Subsysteme erreicht werden.

Die weit häufigeren Interaktionen, die wir wegen ihrer Einfachheit und Durchschaubarkeit intuitiv voraussetzen, werde ich als *lineare Interaktionen* bezeichnen. Dieser Interaktionstyp ist in allen Systemen mit Abstand der vorherrschende. Aber auch noch das linearste aller Systeme kennt mindestens eine Ursache für komplexe Interaktionen: seine Umwelt, die auf viele Teile oder Einheiten des Systems einwirkt. Bereits die Umwelt allein kann Störungen verursachen, die zahlreichen Komponenten gemeinsam sind – Common-Mode- oder abhängige Fehler. Andererseits setzt sich auch das komplizierteste und umfangreichste System primär aus linearen, beabsichtigten und durchschaubaren Interaktionen zusammen.

Auf der Grundlage einer allgemeinen Kenntnis verschiedener Systeme, einer eingehenden Beschäftigung mit Unfallberichten und der persönlichen Besichtigung einiger Produktionsanlagen vermute ich, daß höchstens ein Prozent aller möglichen Teile oder Einheiten in einem linearen System »komplexe« Interaktionen hervorrufen können, während der entsprechende Anteil in komplexen Systemen bei zehn Prozent liegt. Diese zehn Prozent stellen jedoch mehr dar als eine um das Zehnfache erhöhte Wahrscheinlichkeit von Systemunfällen. Die Anzahl der möglichen Interaktionen zwischen vier Teilen oder Einheiten, zwischen denen keine lineare, sondern eine komplexe Verknüpfung besteht, ist zwölf. (Von jeder der vier Einheiten können drei Interaktionen ausgehen.) Nehmen wir einmal an, wir haben es mit einem System aus 400 Teilen oder Einheiten zu tun. Wenn statt einem Prozent zehn Prozent von ihnen in komplexe Interaktionen eintreten könnten, wären das 40 Teile oder Einheiten. Die Summe der komplexen Interaktionen, die zwischen jedem dieser 40 Teile und den übrigen 399 Teilen oder Einheiten möglich sind, geht in die Millionen, da die möglichen Verknüpfungen exponentiell ansteigen. Natürlich sind in einem großen System viele Teile so weit voneinander entfernt, daß man die Möglichkeit einer unerwarteten Interaktion zwischen ihnen getrost außer acht lassen kann; viele von ihnen liegen jedoch näher beieinander. Wenn sich also der Anteil der Teile oder Einheiten eines Systems, die in komplexe Interaktionen eintreten können, von einem auf zehn Prozent erhöht, so hat dies einen enormen Einfluß auf die Ereigniswahrscheinlichkeit von Systemunfällen – jedenfalls angesichts der Unvermeidbarkeit von Komponentenstörungen.

Die Möglichkeit des Auftretens zahlreicher unbeabsichtigter Interaktionen wird von den Konstrukteuren durchaus erkannt, die daraufhin Puffer und andere Sicherheitsvorkehrungen vorgesehen haben, um bestimmten Interaktionen vorzubeugen. Stellen wir uns etwa eine chemische Anlage vor, in der Gas aus einem Tank A in Tank B strömen soll und wo man zu diesem Zweck den Druck im ersten Tank höher hält als im zweiten. Außer dem Gas gelangen noch verschiedene andere Substanzen in Tank A – Reagenzien, Reinigungsmittel, reaktionsträge Gase usw. Anschließend gelangt das Gas in Tank B, wo durch das Zuführen weiterer Substanzen das Gemisch erneut verändert wird. Das ist ein ganz unkomplizierter, linearer Vorgang. Es besteht jedoch die Gefahr, daß daraus ein komplexer Ablauf wird. Wenn nach einer irgendwo im System auftretenden Störung der Druck in Tank A abfällt und das Gasgemisch aus Tank B nach A zurückströmt, kann es zu einer Rückkopplungsschleife und zu möglicherweise gefährlichen Problemen kommen.

Da die Konstrukteure mit einer derartigen Möglichkeit rechnen, sorgen sie dafür, daß in die Leitung zwischen den beiden Tanks eine Ventilklappe eingebaut wird, die sich bei einer Umkehrung der Strömungsrichtung selbsttätig schließt. Um das System so linear wie möglich zu halten (in diesem Fall: das Gas nur in eine Richtung strömen zu lassen), wird eine konstruktive Sicherheitsvorkehrung (ESD – *Engineered Safety Device*) eingebaut. Ventile können jedoch versagen, vor allem dann, wenn sie nur selten in Funktion treten. Bei einem Druckabfall in Tank A und einem Versagen der Ventilklappe würde sich erneut eine Rückkopplungsschleife schließen, ohne daß die Bedienungsmannschaft auf diese Interaktion gefaßt wäre. In Wirklichkeit ist dieses Beispiel natürlich so einfach, daß die meisten Operateure dennoch mit dieser Interaktion rechnen würden.

Ein komplizierteres Beispiel, bei dem auseinanderliegende und unabhängige Einheiten in eine Interaktion eintraten, habe ich im letzten Kapitel angeführt, wo eine Reinigungskolonne im Reaktorsicherheitsbehälter am Wasserhahn stand und darauf wartete, daß entsalztes Wasser durch die Leitung kam. Der Hahn (ein Ventil) wurde aufgedreht und nicht wieder ganz geschlossen, und es kam zu einer komplexen Serie von Rückströmungen und Druckanpassungen, in deren Verlauf radioaktive Substanzen in den Sicherheitsbehälter eindrangen. Diese Interaktionen waren kaum noch linear und weder für die Reinigungsmannschaft noch für das Personal in der Schaltwarte oder für die Konstrukteure des Systems vorhersehbar. Es lag auch kein Fehler der Konstruktion vor. Nach und nach konnten der Unfallverlauf rekonstruiert und Maßnahmen ergriffen werden, um einen weiteren Unfall dieser Art zu verhindern, was jedoch bedeutete, eine unerwartete und unbeabsichtigte Interaktion zwischen zwei normalerweise unabhängigen Subsystemen – Reinigung des Sicherheitsbehälters und Dampferzeugung – zu ändern. Wie schon gesagt, ist zu vermuten, daß sich nach einer zufälligen Störung in diesem äußerst komplizierten Rohrleitungssystem noch einige weitere komplexe Interaktionen zeigen.

Lineare Interaktionen sind zumeist jene Interaktionen, die sich aus einem »linearen Produktionsablauf« ergeben, d.h. aus der Art und Weise, wie das System den Absichten der Konstrukteure entsprechend funktionieren soll, und wie das jeder seiner Operateure weiß. Komplexe Interaktionen sind im allgemeinen von der Konstruktion her nicht vorgesehen. Keiner der Konstrukteure der *Dauntless Colocotronis* sagte z.B.: »Wir legen Laderaum 5 und den Pumpenraum zusammen, so daß sie miteinander in Interaktion treten können.« Es gibt einfach keine Möglichkeit, sämtliche Laderäume eines Öltankers von einem Raum zu isolieren, in dem es zu Funkenbildung kommt. Es kann aber auch sein, daß nichtlineare Interaktionen beabsichtigt sind, aber nur selten in Funktion genommen werden müssen, so daß sie von den Operateuren oder Konstrukteuren vergessen werden. Eine Konstrukteurin hätte daran denken können, daß im Sicherheitsbehälter hin und wieder entsalztes Wasser gebraucht würde, und sie hätte deshalb eine Möglichkeit vorsehen können, die Ventile so abzustimmen, daß das benötigte Wasser umstandslos aus dem Hahn fließt. Wenn dieser jedoch selten benutzt wird oder die Zuleitungsventile regelmäßig eingestellt werden, wenn die Reinigungskolonne den Sicherheitsbehälter betritt, wirft der Wasserhahn keine Probleme auf; es handelt sich zwar nicht um einen erwarteten Produktionsablauf, aber um eine selten beanspruchte Systemmöglichkeit (die in diesem Fall statt der Produktion der Wartung dient). Demnach können komplexe Interaktionen entweder unbeabsichtigt sein oder beabsichtigt, aber nicht vertraut.

Während lineare Interaktionen in der überwiegenden Mehrheit in einer erwarteten Produktionssequenz auftreten, gibt es eine weitere Form von Interaktionen, die nicht im normalen Produktionsablauf auftritt und dennoch offenkundig ist, so daß man sich dagegen schützen kann. Wenn ein Kranführer bemerkt, daß eines der Teile, an denen die Last hängt, versagt (z.B. das Drahtseil) und daß diese auf den darunter befindlichen Kessel stürzen wird, dann sind ihm die Folgen dieser Interaktion vollkommen klar. Der Zusammenhang zwischen diesen Ereignissen hat nichts Geheimnisvolles an sich, obgleich sie mit Sicherheit keinem geplanten Betriebsablauf zugehören. Da der Kranführer weiß, daß immer eine wenn auch höchst geringe Möglichkeit besteht, daß eine schwere Kranlast abstürzen kann, versucht er in der Regel, diese nicht über den Kessel zu führen, was ihm jedoch nicht immer möglich ist. Auch die Konstrukteurin mag daran gedacht haben, den Kessel durch einen Schild zu schützen oder einen anderen Standort für ihn zu wählen, verzichtete jedoch darauf, daß die hierbei auftretenden Probleme in keinem Verhältnis zu der extrem geringen Wahrscheinlichkeit dafür stehen, daß eine schwere Last ausgerechnet an dieser Stelle vom Kran stürzen würde.

Fassen wir die bisherigen Ausführungen noch einmal zusammen: *Lineare Interaktionen* sind Interaktionen, die zwischen einer Komponente des DEPOSE-Systems (*design, equipment, procedures, operators, supplies and materials, environment* = Konstruktion, Ausrüstung, Verfahren, Operateure, Material und Zubehör sowie Umwelt) und mindestens einer ihr unmittelbar im Betriebsablauf vorhergehenden oder nachfolgenden Komponente auftreten können. *Komplexe Interaktionen* sind Interaktionen, die zwischen einer Komponente des DEPOSE-Systems und mindestens einer Komponente außerhalb des normalen Betriebsablaufs auftreten, unabhängig davon, ob sie in der Konstruktion vorgesehen sind oder nicht.

Von besonderer Bedeutung für das Bedienungspersonal sind folgende Eigenschaften der beiden Interaktionstypen:

Lineare Interaktionen treten im erwarteten und bekannten Betriebsablauf auf oder sind für den Operateur gut sichtbar, auch wenn sie außerplanmäßig vorkommen.

Komplexe Interaktionen sind entweder geplant, aber den Operateuren nicht vertraut, oder ungeplant und unerwartet, und sie sind für das Bedienungspersonal entweder nicht sichtbar oder nicht unmittelbar durchschaubar.

Noch einige Anmerkungen zu den Begriffen »komplex« und »linear«. Es stößt auf Schwierigkeiten, präzise und zugleich knappe Termini zu finden – ich habe mich für die Kürze auf Kosten der Genauigkeit entschieden. »Komplex« ist zu übersetzen mit »Interaktionen mit unerwartetem Ablauf«, »linear« soll heißen »Interaktionen mit erwartetem Ablauf«. Ein Problem bei diesem Begriffspaar liegt darin, daß das Gegenteil von »komplex« »einfach« und das Gegenteil von »linear« »nichtlinear« ist. Lineare Interaktionen sind insofern »einfach«, als sie leicht durchschaubar sind, aber andererseits impliziert »einfach« triviale Verfahren und Techniken oder Systeme mit einer geringen Anzahl von Teilen oder Einheiten und einem unkomplizierten Bedienungs- und Wartungsaufwand. Aber die Herstellung von Arzneimitteln oder Starfightern z.B. ist alles andere als einfach und trotzdem linear organisiert. Auf der anderen Seite vermittelt der Begriff »nichtlinear« nicht ohne weiteres die Vorstellung von Undurchschaubarkeit, wohl aber der Begriff »komplex«. Ich werde gelegentlich Wendungen gebrauchen wie »komplex interaktiv« und »lineare Abfolge«, um den Leser daran zu erinnern, daß keiner der gewählten Termini wirklich befriedigend ist.

Eine weitere Warnung ist vermutlich angebracht. Da lineare Interaktionen in allen Systemen die überwiegende Mehrheit darstellen und da es selbst in den am wenigsten komplexen Systemen gelegentlich dennoch zu komplexen Interaktionen kommen kann, müssen Systeme im Hinblick auf beide Aspekte gekennzeichnet werden; hier liegt keine einfache Dichotomie vor. Außerdem sind streng genommen nicht die Systeme selbst, sondern ihre Interaktionen linear oder komplex. Selbst hier ist daran zu erinnern, daß in linearen Systemen nur sehr selten komplexe Interaktionen auftreten im Gegensatz zu sehr komplexen Systemen, aber selbst dort sind sie bei weitem in der Minderzahl, so daß in beiden Systemtypen lineare Interaktionen die Regel sind.

Schließlich darf der Begriff »lineares System« nicht mit den materiellen Produktionsanlagen verwechselt werden. Er impliziert nicht notwendig eine Fertigungsstraße, obgleich derartige Produktionssysteme für gewöhnlich linear sind.

Ebensowenig impliziert der Begriff »komplexes System« zwangsläufig eine hochentwickelte Technik, zahlreiche Komponenten oder Produktionsphasen. Wir werden z.B. auch Universitäten als komplexe Systeme charakterisieren, aber wie dies bei den meisten Großorganisationen der Fall ist, weisen sie kaum eine der oben angeführten Eigenschaften auf.

Um Systeme wirklich zu verstehen, müssen wir über die Unterscheidung zwischen zwei Formen der Interaktion hinausgehen. Im folgenden Abschnitt gehen wir der Frage nach, in welcher Weise Systeme auf verdeckte Interaktionen reagieren, und gewinnen dadurch einen tieferen Einblick in die grundlegenden Merkmale komplexer Systeme, die wir anschließend systematischer als bisher zusammenfassen können.

Probleme der Erkennung und Bewältigung verborgener Interaktionen

Natürlich können auch in linearen Systemen Interaktionen auftreten, die nicht sichtbar sind, aber das geschieht innerhalb genau definierter und abgegrenzter Bereiche und Stadien des Betriebsablaufs. Kontroll- und Warninstrumente wie Zeiger, Warnlämpchen, Alarmglocken und Schalter zeigen das Vorhandensein solcher Interaktionen an, informieren das Bedienungspersonal und ermöglichen ein sinnvolles Eingreifen. In Systemen mit einem gewissen Grad an komplexen Interaktionen gibt es jedoch nicht immer exakt definierte und umgrenzte Bereiche. Es kann durchaus vorkommen, daß eine Störung der Einheit D nicht nur die nachfolgende Einheit E, sondern auch A und H beeinträchtigt. Das zwingt zu einer Erhöhung der Zahl der Kontrollmeßgeräte, die installiert und überwacht werden müssen. Auf dem Kontrollpult eines Atomkraftwerks befinden sich weit mehr Lämpchen und Instrumentenanzeiger als auf dem eines konventionellen Wärmekraftwerks, was mindestens zu einem Teil daran liegt, daß so viele Komponenten durch Verzweigungen und Rückkopplungsschleifen miteinander verknüpft sind.

Es wird immer wieder versucht, die Anzahl der Kontrollanzeigen zu verringern, indem man die Hilfsinteraktionen automatisiert und nur noch die wichtigsten Kontrollstellen dem Bedienungspersonal zu Kontrollen und Eingriffsmöglichkeiten überläßt. Das mindert allerdings die Flexibilität des Systems; der Operateur wird der Möglichkeit beraubt, eine geringfügige Störung in einem Systemteil zu beheben, statt eine ganze Einheit oder ein Subsystem abschalten zu müssen. Er kann die Ebene der Kontrollen ganzer Systemaggregate nicht mehr verlassen, um sich auf die der Kontrollen einzelner Systemteile zu begeben. In einem gedankenreichen Aufsatz über die Grenzen von »kybernetischen« (selbstregulierenden) Systemen führt Larry Hirschhorn (1982, S. 45) ein lehrreiches Beispiel an, auf das ich etwas ausführlicher eingehen möchte.

Betrachten wir einen Ottomotor und eine Benzinpumpe. Wenn irgendwelche Kleinteile während einer Überholung des Motors oder durch Abnutzung eines anderen Teils in einen der Zylinder gelangen, wird der Kolben möglicherweise schwergängig. Infolgedessen erbringt dieser Teil der Maschine eine geringere Leistung als früher. Eine Kontrollvorrichtung überwacht die Leistung (nicht jedoch deren zahlreiche mögliche Ursachen wie Fremdkörper, defekte Kolbenringe, zu niedrige Oktanzahl des Benzins, falsche Betriebstemperatur usw.). Nachdem der Leistungsabfall von der automatischen Kontrolle festgestellt wurde, fordert diese mehr Benzin von der Benzinpumpe an. Damit werden zwar die neu hinzugetretenen Reibungsverluste ausgeglichen, und der Motor arbeitet wieder – wenn auch weniger effizient – wie vorgesehen. Aber nehmen wir weiterhin an, vom Motor werde eine noch höhere Leistung verlangt, so daß auch die Benzinpumpe stärker strapaziert wird. Innerhalb kurzer Zeit sind ihre Grenzen erreicht. Ein kybernetischer Regler wird an dieser Stelle »konstatieren«, daß die Benzinpumpe ausgefallen ist; er »weiß« nicht, daß die an einen (nunmehr schadhaften) Kolben/Zylinder gestellten Anforderungen nicht erfüllt werden können. Auf diese Weise wird eine konstruktive Sicherheitsvorkehrung angesprochen, die den Motor mit Treibstoff aus einer anderen Quelle versorgt.

Jetzt können verschiedene Dinge passieren. Bleibt die erste Benzinpumpe in Betrieb (in Wirklichkeit ist sie ja gar nicht ausgefallen), dann erhält der Motor entweder zuviel Sprit, so daß er möglicherweise absäuft, oder in der Benzinleitung kann es wegen des Überdrucks zu einem Rückfluß kommen (ein von den Konstrukteuren nicht vorhergesehener Fall, für den keine Schutzvorkehrungen getroffen wurden), oder der Motor kann überdrehen und sich dabei schnell überhitzen und explodieren.

Wenn statt dessen die Benzinpumpe automatisch keinen Strom mehr erhält, weil irrigerweise ihr Ausfall festgestellt wurde, dann befinden sich ihre Ventile vielleicht noch in Offenstellung statt in Schließstellung, wie dies der Fall wäre, wenn die Pumpe tatsächlich defekt wäre. Das kann zu Rückströmungen oder anderen Problemen führen, da die übrigen Systeme nicht ebenfalls abgeschaltet wurden. Die Konstrukteure haben sich möglicherweise gedacht, daß das Abschalten einer intakten Pumpe nur durch einen allgemeinen Stromausfall verursacht würde, von dem auch die übrigen Einheiten betroffen wären, so daß dann keine Rückströmungen auftreten könnten. Im vorliegenden Fall wird jedoch eine funktionsfähige Pumpe abgeschaltet, ohne zugleich ihre Ventile zu schließen, während andere, mit ihr verbundene Teile oder Einheiten weiterhin in Funktion bleiben. Nach einer solchen Störung wird wahrscheinlich die Pumpe ausgetauscht, da das Kontrollsystem fälschlicherweise sie als deren Quelle anzeigt. Das Problem selbst – der schadhafte Zylinder mit Kolben – wird jedoch nicht beseitigt.

Dieses ausführliche Beispiel ist konstruiert, aber es verdeutlicht die Schwierigkeiten, die Form und Ursache von Störungen durch automatische Kontrollinstrumente feststellen zu lassen. In einem System ohne diese zusätzliche Komplexität würde sich ein Operateur vor diesem Problem wahrscheinlich auf den Benzinverbrauch konzentrieren und sich überlegen, daß entweder mit der Benzinzufuhr oder mit dem Motor selbst etwas nicht in Ordnung ist; er würde die Pumpe überprüfen und zu dem richtigen Schluß gelangen, daß einer der Kolben klemmt.

Eine Beschränkung dieses Beispiels liegt darin, daß es keinen zwingenden Grund dafür gibt, in ein so einfaches System automatische Steuerungen einzubauen (obwohl dies durchaus zweckmäßig sein kann, wenn der Motor mit zahlreichen anderen Einheiten oder Subsystemen verkoppelt ist). In bestimmten Systemen sind automatische Regulierungen jedoch erforderlich, weil die Zeitspanne für Reaktionen des Bedienungspersonals zu kurz ist. Das gilt etwa für die von Babcock und Wilcox gebauten Kernreaktoren, deren hohe Reaktionsschnelligkeit wichtige ökonomische Vorteile mit sich bringt. Andererseits sind einige ihrer Subsysteme möglicherweise zu reaktionsschnell. Bei einem Kühlmittel-verlust-Unfall (LOCA) hat die Bedienungsmannschaft etwa 30 bis 60 Sekunden Zeit, bevor der Dampferzeuger ausdampft. Betrachten wir hierzu das Beispiel eines Unfalls an der Crystal River-Anlage in Florida, der sich im Februar 1980 ereignete.

Aus irgendeinem nicht näher bekannten Grund kam es bei einigen der Kontrollanzeigen im Kontrollraum zu einem Kurzschluß. Nach Angaben des Betreibers konnten ein verbogener Verbindungsstift oder Wartungsarbeiten an einem benachbarten Steuerpult die Ursache sein (diese Geräte sind sehr empfindlich). Der Kurzschluß verfälschte einige der Meßanzeigen im Kontrollsystem, vor allem die wichtige und besonders empfindliche Anzeige für die Temperatur des Kühlmittels. Der Computer »glaubte«, das Kühlmittel würde zu kalt, und beschleunigte die Kernreaktion im Reaktorinnern. (Der Reaktor von Babcock und Wilcox arbeitet innerhalb eines sehr effizienten, aber auch sehr schmalen Temperaturbandes.) Es kam zu einer Überhitzung des Reaktorkerns, dessen Druck überstieg den Gefahrenpunkt, und der Reaktor ging in den Schnellschluß. Der Computer war jetzt vermutlich »verwirrt« und gab die – richtige – Anordnung, das Entlastungsventil (PORV) zu öffnen, und die falsche, es offenzulassen, bis sich die Lage wieder beruhigt hatte. Das war ein »Fehler« des Computers, denn der Druck fiel so schnell ab, daß er die Hochdruckeinspeisung auslöste, die den Primärkreislauf unter Wasser setzte – samt Kern, Dampfleitungen und Druckhalter. Ein Ventil klemmte, und fast 200 000 Liter radioaktives Wasser entleerten sich über dem Boden des Reaktorgebäudes. Zum Glück war es nicht schlimmer; nach einigen Minuten bemerkte ein Operateur den Fehler und schloß das Ventil von Hand. Hätte er sich an die häufig anzutreffende Vorschrift gehalten, die Finger vom System zu lassen (weil es der Computer immer besser weiß), bis die Routinebefehle ausgeführt sind, wäre der Reaktorsumpf völlig überschwemmt worden (s. Marshall 1980).

Viele Operateure wehren sich gegen die Einführung generalisierterer Steuerungen auf einer hohen Systemebene wie z. B. von Kathodenstrahlröhren, die auf ihrem Bildschirm den Zustand einer Reihe von Einheiten oder Subsystemen anzeigen, da dies selektive Eingriffe auf unteren Systemebenen erschwert. Die Kontrollen auf unterer Ebene sind weniger gut erreichbar, da angenommen wird, daß sie nicht benötigt werden. Entweder liegen sie abseits, oder sie sind nur durch eine komplizierte

Abfolge von Schritten ansteuerbar, bei denen die allgemeinen Kontrollen außer Funktion gesetzt werden. Es kommt aber auch vor, daß sich die Operateure über ihr weniger automatisiertes System trotz der größeren eigenen Eingriffsmöglichkeiten beklagen, da sie in der Steuerwarte vor vier bis fünf Meter langen Schalttafeln mit Dutzenden von gleich aussehenden Schaltern stehen, die mit kaum lesbaren Ziffern gekennzeichnet sind. Deren Anordnung entspricht nicht einmal dem Betriebsablauf, sondern vielmehr den Erfordernissen einer möglichst einfachen Installation. So kann es kaum wundernehmen, daß einer der häufigsten »Bedienungsfehler« in Kernkraftwerken in der Bedienung eines falschen Schalters besteht. Zweifellos sind derartige unübersichtliche Schalttafeln nicht die von den Operateuren gewünschte Alternative zu weitgehend automatisierten Systemen mit geringen Eingriffsmöglichkeiten auf den unteren Systemebenen (s. Perrow 1983).

Das Dilemma der Wahl zwischen zuvielen und zuwenigen Eingriffsmöglichkeiten wird noch dadurch verschärft, daß die Kennzeichnung des »Standardzustands« eines Steuer- oder Kontrollmechanismus nicht immer einheitlich erfolgen kann. Der Standardzustand ist der Normalzustand. Wenn wir z.B. Radiomusik hören wollen, müssen wir den Ein-/Ausschalter des Geräts auf »ein« stellen – normalerweise steht er auf »aus«. Ein Entlastungs- oder Überdruckventil befindet sich normalerweise in Schließstellung. Die Temperaturanzeige für ein Abflußrohr ist normalerweise niedrig, die Normalstellung für die meisten Trennventile ist offen. Man kann sich dafür entscheiden, den Standardzustand durch ein grünes Lämpchen auf dem Kontrollpult darzustellen – freie Fahrt, es besteht keine Gefahr. Manchmal erscheint es aber auch zweckmäßig, offene Ventile oder Stromkreise durch grünes Licht zu kennzeichnen – sie sind »an«, und »an« ist der Standardzustand. Das Problem dabei liegt auf der Hand: Wenn ein Ventil etc. normalerweise geschlossen ist, kann dieser Zustand nicht durch die Farbe Grün repräsentiert werden, da Grün bedeutet, daß es »an« oder offen ist. Ebensowenig kann Rot ausschließlich für »Achtung, Gefahr!« verwendet werden; während des Normalbetriebs eines Reaktors ist es vielleicht wünschenswert, ein rotes Lämpchen aufleuchten zu lassen, das anzeigt, *daß* der Reaktor in Betrieb ist, auch wenn keine besondere Gefahr besteht. Aber was soll in diesem Fall Grün bedeuten? (Ich selbst habe erst mühselig lernen müssen, daß an meinem PC das Schließen eines Dip-Schalters bedeutet, diesen zu öffnen).

Manche Schalter und Ventile müssen zu bestimmten Zeiten offen und zu anderen geschlossen sein, so daß es für sie gar keine Standardstellung gibt. Einige Systeme lösen dieses Problem durch die Verwendung bunter Lämpchen. Im Betriebsmodus A muß Schalter 1 eingeschaltet sein, was durch das Aufleuchten eines gelben Lämpchens neben dem Schalter angezeigt wird. Im Betriebsmodus B muß der Schalter ausgeschaltet sein. Entspricht die Schalterstellung nicht dem vorgesehenen Betriebsmodus, leuchtet ein rotes Lämpchen oder ein Blinksignal auf. Befindet sich jener Teil des Systems außer Betrieb, kann ein grünes Licht leuchten, unabhängig von der Stellung des Schalters, oder es können sämtliche Lämpchen aus sein. Aber nicht immer besteht eine eindeutige Verknüpfung zwischen Betriebs- und Schalterstellung; vielleicht gibt es einen Modus A und einen Modus A 1 mit unterschiedlicher Schalterstellung. Es kann vorkommen, daß die Bedienungsmannschaft diese komplizierten Anzeigeinstrumente unterbricht (oder einfach unbeachtet läßt), weil sie Verwirrung stiften können.

Diese Probleme treten in allen Produktions- und Transportsystemen auf, aber in Systemen mit zahlreichen komplexen Interaktionen werden sie beträchtlich verstärkt. Das liegt daran, daß die durch unterschiedliche Faktoren – enge Nachbarschaft unabhängiger Teile, Mehrfachfunktionen oder unbeabsichtigte Rückkopplungsschleifen – hervorgerufenen Interaktionen eine Vielzahl zusätzlicher Meß- und Steuerstellen für die einzelnen Systemzustände nötig machen. Es gibt weit mehr Vorgänge, die den Augen der Operateure verborgen sind: in Dampfkesseln, in den Tragflächen von Flugzeugen, in der Betriebskapsel eines Raumfahrzeugs oder im Innern von Computern. Komplexe Systeme haben häufig ausgedehnte Schaltwarten, aber nicht um dem Bedienungspersonal das Leben zu erleichtern, um Arbeitsschritte oder Zeit zu sparen oder weil zwangsläufig mehr Apparate zu überwachen und zu steuern wären, sondern weil zwischen den einzelnen Komponenten mehr als nur lineare Interaktionen ablaufen, so daß es möglicherweise auch zu unerwarteten Interaktionen kommt.

Abgesehen von den zahlreichen Interaktionen, die überwacht und gesteuert werden müssen, sind in komplexen Systemen auch die Informationen über den Zustand von Komponenten oder Prozessen indirekter und werden eher auf Umwegen ermittelt. So ließ sich z.B. im Reaktor von Three Mile Island der Stand des Kühlwassers im Reaktorkern nicht direkt feststellen. Angesichts der dort herrschenden hohen Drücke und der Strömung des Kühlwassers wäre ein solcher Meßwert äußerst schwierig zu erheben und würde weitere Durchlässe durch den Reaktorsicherheitsbehälter erfordern, deren Zahl möglichst niedrig gehalten werden soll. Deshalb waren die Operateure im TMI gezwungen, den Stand des Kühlwassers aus indirekten Indikatoren zu erschließen, aber die Bildung von Gasblasen machte selbst deren Messung unzuverlässig.

Um weitere Beispiele anzuführen, so können Lotsen oder Flugzeugpiloten bei der Standortbestimmung den falschen Stern anpeilen. Es kann vorkommen, daß Leuchtfeuer für Schiffe durch Küstenlichter überstrahlt, durch Brechung verzerrt oder überhaupt nicht sichtbar sind, weil man sie nicht eingeschaltet hat. Alltäglich auftretende Druck- und Temperaturschwankungen in großchemischen Anlagen können die Operateure zu falschen Schlüssen verleiten, wenn sie z.B. einen anormalen Meßwert, der ausnahmsweise eine Störung anzeigt, für einen gewohnten »Ausrutscher« halten und nicht weiter beachten. Bei dem Reaktor in Harrisburg wußten die Operateure, daß die Temperatur des »heißen Strangs« wegen einer undichten Stelle über dem normalen Wert lag. Als im weiteren Verlauf des Unfalls selbst dieser Wert noch überschritten wurde, interpretierten sie das als besonders extreme Abweichung, obwohl der Meßwert in Wirklichkeit ein offenstehendes Entlastungsventil anzeigte.

In einer typischen (linearen) Fertigungsanlage treten sowohl Fehler als auch Interaktionen deutlicher zutage. Wenn ein Operateur eine Anweisung falsch versteht, wird seine aufsichtführende Vorgesetzte das wahrscheinlich sehr schnell merken, weil sie beobachtet, daß er die falschen Handgriffe ausführt. Man hat mir gesagt, einer der Vorteile der altmodischen Dampfventile, aus denen bei Offenstellung Dampf entweicht, bestehe darin, daß sich mit einem einzigen kurzen Blick über eine große Halle feststellen läßt, welche Ventile offen und welche geschlossen sind. Wenn ein Operateur sich nach einer Anweisung am falschen Ventil zu schaffen macht, bleibt dieser Fehler ebensowenig verborgen. In komplexen Systemen, in denen noch nicht einmal die Spitze des Eisbergs zu sehen ist, müssen die Kommunikation exakt, die Meßanzeigen korrekt, die Schalterstellungen gut sichtbar und die Meßwerte direkt ermittelt sein.

Das Problem indirekter oder abgeleiteter Informationen wird noch verstärkt durch den Umstand, daß in komplexen Systemen kaum Redundanz zur Verfügung steht. Wenn wir einmal darauf achten, dann können wir feststellen, daß unser Alltagsleben eine Fülle von nicht erkannten oder mißverstandenen Signalen und fehlerhaften Informationen aufweist. Ein beträchtlicher Teil unserer verbalen Äußerungen ist redundant – wenn wir etwas mit immer denselben Worten oder leicht abgewandelt wiederholen. Wir wissen aus Erfahrung, daß unser Gesprächspartner das von uns Gesagte möglicherweise in einer inneren Haltung aufnimmt, die ihn das »hören« läßt, was er erwartet, und nicht das, was wir ihm tatsächlich sagen. Schon in ganz normalen Unterhaltungen kommt es zu Mißverständnissen der verschiedensten Art, die teilweise ganz schwerwiegende Folgen haben, so daß es uns nicht mehr überraschen dürfte, wenn in komplexen Systemen mehrdeutige oder indirekte Informationen Fehldeutungen unterliegen.

Transformationsprozesse

Je mehr Erfahrungen wir mit Systemen sammeln und je effizienter wir sie konstruieren, desto mehr läßt sich die große Zahl von Interaktionen verringern. In Kapitel 5 werden wir als Beispiel die Flugsicherung untersuchen, wo offenbar genau dies eingetreten ist. Es ist ebenfalls zutreffend, daß ein schlecht geschulter oder unerfahrener Operateur in einem System nur die unerwarteten Interaktionen und »Fallen« sieht und erst nach einer gewissen Erfahrung auch dessen lineare Verknüpfungen erkennt. Und es besteht schließlich auch die Möglichkeit, daß technische Innovationen die komplexen Interaktionen eines Systems zu einem großen Teil durch lineare Abläufe ersetzen können, so wie das Düsentriebwerk den Kolbenmotor beim Flugzeug oder der Transistor die Vakuumröhre verdrängt hat. Obgleich die Neigung besteht, nach solchen Verbesserungen dem neuen System noch mehr abzuverlangen und dadurch neue Interaktionen zu schaffen (wofür es dramatische Beispiele gibt; vgl. dazu Fallows 1981), müssen wir betonen, daß neuartige oder verbesserte Konstruktionen und eine längere Erfahrung des Bedienungspersonals die Wahrscheinlichkeit für das Auftreten unerwarteter Interaktionen verringern können. Einige dieser Aspekte, auf die wir in diesem Buch eingehen werden, betreffen die Frachtschiffahrt, die Flugsicherung, Staudämme und Bergwerke. Unser hauptsächliches Interesse gilt jedoch Systemen, die uns heillos komplex erscheinen oder dies mindestens noch einige Jahrzehnte lang bleiben werden. Im allgemeinen sind dies Systeme, die Rohmaterial umwandeln – im Gegensatz zu Systemen, die der Weiterverarbeitung oder der Herstellung dienen.

Transformations- oder Umwandlungsprozesse gibt es in der Gentechnologie, in großchemischen Anlagen, in der Produktion von Kernenergie und Atomwaffen und in einigen Bereichen der Raumfahrtindustrie. Die meisten davon existieren noch nicht lange, aber bezeichnenderweise gilt das nicht für die chemischen Verfahrenstechniken. Zwar hat die Erfahrung zur Senkung der Unfallziffern beigetragen, aber bei Umwandlungsprozessen treten selbst dann noch Unfälle auf, wenn seit über 50 Jahren Erfahrungen mit ihnen gesammelt werden konnten. Hierbei handelt es sich um Abläufe, die sich zwar beschreiben lassen, aber nicht wirklich verstanden werden. In vielen Fällen wurden sie durch bloßes Herumprobieren entdeckt, und was sich als Erkenntnis ausgibt, ist in Wirklichkeit nichts anderes als eine Beschreibung von etwas, das funktioniert. Hierzu gehört noch heute ein Teil der industriellen Chemieproduktion, und es gehörte in der Vergangenheit ein Gutteil der Eisen- und Stahlerzeugung dazu, obgleich auf diesen Gebieten durch wissenschaftliche Forschungsarbeiten bedeutsame Änderungen erreicht wurden.

Transformationsprozesse, deren Abläufe nicht im einzelnen verstanden werden, gehören zweifellos auch zum Wesen der Atomindustrie. Wir erinnern nur an jenen Atomwissenschaftler, der den Gouverneur Thornburg von Pennsylvania während des Unfalls von Harrisburg beraten und drei Jahre zuvor in einer Fachzeitschrift behauptet hatte, es gebe kein Problem mit einer möglichen Zirkonium-Wasser-Reaktion – der Prozeß sei bekannt und beherrschbar. Dennoch kam es genau aufgrund einer solchen Reaktion zur Bildung der Wasserstoffblase. Mit jedem neuen Raumfahrtunternehmen werden neue Systeme eingeführt, die möglicherweise unzuverlässig sind, weil unsere Kenntnisse noch nicht ausreichen. Manche dieser Probleme werden mit zunehmender Erfahrung besser verstanden, aber noch immer läßt die Sicherheit unserer Raumfahrzeuge viel zu wünschen übrig. Auch die Forschungen in der Gentechnologie leiden unter Erkenntnislücken. Begrenzte Kenntnisse ermöglichen somit unerwartete Interaktionen und machen zahlreiche Überwachungs- und Steuerungsgeräte und indirekte Informationsquellen erforderlich.

Damit ist unsere Erörterung der Merkmale von Systemen mit komplexen Interaktionen abgeschlossen. Diese Merkmale werden im folgenden noch einmal kurz aufgezählt:

- enge Nachbarschaft von Teilen oder Einheiten, die nicht linear durch den Produktionsprozeß miteinander verknüpft sind;
- zahlreiche Mehrfachfunktions-Verknüpfungen zwischen Komponenten (Teilen, Einheiten oder Subsystemen), die nicht linear durch den Produktionsprozeß miteinander verbunden sind;

- neuartige oder unbeabsichtigte Rückkopplungsschleifen;
- zahlreiche Kontroll- und Steuerungsinstrumente mit potentiellen Interaktionen;
- indirekte oder abgeleitete Informationen und
- unvollkommenes Verständnis bestimmter Prozesse.

Komplexe Systeme sind nicht zwangsläufig Hochrisiko-Systeme mit Katastrophenpotential; Universitäten, Unternehmen für Forschung und Entwicklung und bestimmte Regierungsbehörden sind ebenfalls komplexe Systeme, wie ich noch zeigen werde. Werfen wir jetzt einen kurzen Blick auf die Unterschiede zwischen linearen und komplexen Systemen.

Lineare Systeme

Jene Teile oder Einheiten von linearen Systemen, die nicht vom Betriebsablauf her aufeinanderfolgen, liegen in der Regel räumlich auseinander. Bei Fertigungs- oder Montageprozessen ist das möglich, während Transformationsprozesse häufig kompakte Anlagen benötigen. Linearen Systemen fehlen die Mehrfachfunktionen von Einheiten oder Subsystemen, die eine enge Nachbarschaft erforderlich machen. Ihre Konstrukteure bemühen sich außerdem, verschiedene Produktionsstationen voneinander zu trennen, um die Wartung oder Erneuerung der Ausrüstung zu erleichtern. Damit noch nicht genug, zeichnen sich lineare Systeme auch innerhalb der einzelnen Produktionsabläufe durch wenige und ihrerseits lineare Verbindungen aus, so daß schadhafte Komponenten entfernt werden können, ohne das übrige System nachhaltig zu stören. In komplexen Systemen bedeutet die Entfernung oder Abschaltung einer Komponente, daß für eine gewisse Zeit zahlreiche Verknüpfungen getrennt werden, was Nachregulierungen, das Verschließen offener Leitungen, Lagerung des Produkts, Schaffung von Zugängen und Umstellungen zur Folge hat, da Teile und Einheiten oft durch Mehrfachfunktionen miteinander verbunden sind. Lineare Systeme sind außerdem vorteilhaft für Serienfertigung – eine Abfolge verbundener, aber partiell unabhängiger Produktionsschritte –, nicht jedoch für das, was der Organisationstheoretiker James Thompson (1967) eine »koordinierte Interdependenz« nennt, wo sämtliche Komponenten (einschließlich der Operateure) ihre Funktionen aufeinander abstimmen müssen, damit das Gesamtsystem überhaupt funktioniert.

Im Gegensatz zu komplexen Systemen trifft man in linearen Systemen auf eine gering entwickelte Spezialisierung der Arbeitskräfte, Materialien und der zugelieferten Artikel. Die verwendeten Maschinen mögen spezialisiert sein, doch die Kräfte, von denen sie bedient werden, sind Generalisten. Sie werden betrieblich für verschiedene Aufgaben ausgebildet, da sie häufig rotieren, sich für unterschiedliche Jobs bewerben oder für andere einspringen müssen. In Notfällen können die Maschinen vom Wartungspersonal bedient oder vom Bedienungspersonal gewartet werden. Solche Substitutionen haben natürlich ihre Grenzen, unter anderem die von den Gewerkschaften durchgesetzten Bestimmungen. Wir werden später noch sehen, daß die Möglichkeit solcher Substitutionen für die Systemregenerierung nach einem Unfall von Bedeutung ist – wenn Kollegen einspringen können, die sich mit der Tätigkeit ihrer Arbeitskollegen auskennen. Hier, in unserer Erörterung der Unterschiede zwischen Linearität und Komplexität, liegt die Betonung auf dem Bewußtsein von Interdependenzen. In komplexen Systemen treten beim Ausfall eines Teils oder einer Einheit nicht nur leicht unerwartete Interdependenzen auf, sondern diejenigen, die das System bedienen (oder verwalten), sind wegen ihrer spezialisierten Rollen und Kenntnisse auch weniger darauf vorbereitet, die Interdependenz zu prognostizieren, zu bemerken oder zu diagnostizieren, bevor aus dem Störfall ein Unfall wird.

Betrachten wir einige wichtige Arbeitsplätze in komplexen Systemen, um festzustellen, wie gering die Möglichkeiten einer Substituierung zwischen ihnen sind: Piloten und Wartungspersonal von Kampfflugzeugen; Ingenieure und Bedienungsmannschaften in Kernkraftwerken; Operateure, Schweißer und anderes Wartungspersonal für spezialisierte Tätigkeiten; Labortechniker und Biochemiker in einem Unternehmen der Gentechnologie; Diplom-Chemiker und Labortechniker in einem Chemiewerk oder Chemieingenieure und Bedienungspersonal im Kontrollraum; Astronauten und Manager der Bodenkontrolle; Navigationsoffiziere, Funker, Kapitän und Steuerleute auf einem Schiff.

Ich möchte zwar nicht so weit gehen zu behaupten, daß zwischen den Angestellten von komplexen und von linearen Systemen große Unterschiede bestehen, aber die letzteren verfügen anscheinend über weniger spezialisierte und esoterische Qualifikationen, was ihnen ermöglicht, das Auftreten von Interdependenzen leichter zu erkennen. Der Schweißer in einem Kernkraftwerk ist spezialisierter (und wird spezieller eingestuft) und wahrscheinlich gegenüber dem übrigen Personal isolierter als ein Schweißer in einem Industriebetrieb. Speziell ausgebildete Fachkräfte überblicken nur selten das gesamte Spektrum an möglichen Interaktionen, während Generalisten eher in der Lage sind, unerwartete Verknüpfungen zu erkennen und zu meistern.

Was für die Arbeitskräfte gilt, gilt auch für Materialien und Zubehör. Sind diese substituierbar, dann ist auch der Handlungsspielraum bei Störungen größer, so daß Störungen sich nicht zu Unfällen auswachsen oder überhaupt vermieden werden können. Komplexe Systeme stellen jedoch häufig höhere Anforderungen an die verarbeiteten Materialien; der Brennstoff darf keine Normabweichungen aufweisen oder durch einen anderen Brennstoff ersetzt werden, jedenfalls nicht in Kernkraftwerken, in der Luft- und Raumfahrt und auch nicht in Anlagen der Großchemie. Substitutionen treten eher in linearen Systemen auf.

Schließlich gibt es in linearen Systemen kaum Rückkopplungsschleifen und deshalb weniger Möglichkeiten, die Konstrukteure oder Bedienungsleute in Verwirrung zu stürzen. Es kommt seltener zu Interaktionen zwischen den Kontroll- und Meßinstrumenten, da diese dezentralisierter installiert und für speziellere Zwecke eingesetzt werden. Und die für den Betrieb des Systems erforderlichen Informationen werden weniger auf Umwegen empfangen und zeigen die jeweiligen Betriebsabläufe direkt an.

In Tabelle 3.1 sind beide Systeme noch einmal übersichtlich aufgeführt; einige Merkmale wurden zu kürzeren Begriffen zusammengefaßt, die in diesem Buch immer wieder vorkommen.

Tabelle 3.1
Komplexe und lineare Systeme

Komplexe Systeme	Lineare Systeme
dichte Anordnung der Komponenten	verstreute Anordnung der Komponenten
kontinuierlicher Betriebsablauf	Einteilung des Betriebsablaufs in einzelne, getrennte Schritte
viele Mehrfachfunktions-Verknüpfungen zwischen Komponenten, die im Betriebsablauf nicht aufeinanderfolgen	Mehrfachfunktions-Verknüpfungen, beschränkt auf Stromversorgung und Systemumwelt
schwieriger Austausch schadhafter Komponenten	einfacher Austausch schadhafter Komponenten
Spezialisierung der Mitarbeiter erschwert das Erkennen von auftretenden Interdependenzen	allgemeinere Qualifikation erleichtert das Erkennen von auftretenden Interdependenzen
begrenzte Substituierbarkeit von Material und Zubehör	weitgehende Substituierbarkeit von Material und Zubehör
neuartige oder unbeabsichtigte Rückkopplungsschleifen	kaum neuartige oder unbeabsichtigte Rückkopplungsschleifen
viele Kontrollinstrumente mit potentiellen Interaktionen	wenige, unverbundene und direkte Kontrollinstrumente
indirekte oder abgeleitete Informationen	direkte Informationen
eingeschränkte Kenntnisse über bestimmte Prozesse (bei Transformationsprozessen)	weitgehende·Bekanntheit aller Prozesse (in der Regel Fertigungs- und Montageprozesse)

Zusammenfassende Begriffe

Komplexe Systeme	Lineare Systeme
enge Nachbarschaft	räumliche Trennung
Common-Mode-Verknüpfungen	festgelegte Verknüpfungen
verknüpfte Subsysteme	getrennte Subsysteme
eingeschränkte Substitutions-möglichkeiten	kaum eingeschränkte Substitutionsmöglichkeiten
Rückkopplungsschleifen	wenig Rückkopplungsschleifen
interagierende Kontroll-instrumente mit Mehrfach-funktion	unabhängige Kontroll-instrumente mit nur einer Funktion
indirekte Informationen	direkte Informationen
beschränkte Kenntnis	umfassende Kenntnis

Welches System ist das bessere?

Diese lange Aufzählung der Probleme bei komplexen Systemen und der Vorteile von linearen Systemen legt möglicherweise die Vermutung nahe, daß die letzteren viel wünschenswerter sind und daß wir aus komplexen Systemen lineare machen sollten. Leider trifft das nicht zu. Komplexe Systeme sind (im engeren Sinn der Produktionseffizienz, die Unfallgefahren nicht berücksichtigt) effizienter als lineare Systeme. Sie kennen weniger Leerlauf, weniger ungenutzten Raum, höhere Qualitätsanforderungen und mehr Komponenten mit Mehrfachfunktionen. Unter diesem Aspekt ist Komplexität durchaus wünschenswert.

Hinzu kommt, daß wir bei der Konstruktion einiger unserer Systeme nur einen relativ geringen Spielraum zur Verfügung haben. Manche komplexen Systeme können durch konstruktive Veränderungen linearer gemacht werden, z. B. in der Flugsicherung oder bei Flugzeugen, deren

Kolbenmotoren durch Düsentriebwerke ersetzt wurden. Kernkraftwerke könnten geringfügig in ihrer Komplexität reduziert werden,
wenn die Abklingbecken sich nicht auf dem Betriebsgelände befänden.
(Wenn ein Atomkraftwerk mit frisch abgebrannten Brennstäben im
Abklingbecken geräumt werden müßte und das Becken unbeaufsichtigt
oder ohne Stromzufuhr bliebe, dann würde das Wasser des Beckens
innerhalb weniger Tage verdampfen, und es käme zu einer erneuten Kettenreaktion mit einem prächtigen Feuerwerk.) Damit wären einige Probleme der engen Nachbarschaft von Systemteilen sowie der Komponenten mit Mehrfachfunktionen beseitigt. Auch die Benutzung eines einzigen Kontrollraums zur Überwachung und Steuerung von zwei verschiedenen Anlagen schafft unnötige Common-Mode-Probleme. Es wäre
möglich, die Dampferzeugungs- und Turbinensysteme vom Reaktorkern zu trennen, um das Auftreten möglicher Rückkopplungsschleifen
zu reduzieren, wenn auch unter erheblichen Kosten. Und wie wir bereits
im letzten Kapitel festgestellt haben, gibt es vielleicht Konstruktionen,
die »fehlerverzeihender« sind. Doch im großen und ganzen sieht es nicht
danach aus, als wären in der Atomindustrie weitreichende Reduktionen
der Komplexität möglich. Das Transformationssystem macht eben zahlreiche nichtlineare Interaktionen erforderlich. Dasselbe gilt von großchemischen Anlagen wie z. B. Raffinerien; wahrscheinlich gibt es keine
andere effiziente Möglichkeit für das Cracken von Rohöl als in einem
höchst interaktiven System.

Alles in allem haben wir komplexe Systeme, weil wir nicht wissen,
wie wir dasselbe Ergebnis mit Hilfe von linearen Systemen erreichen
können. Wenn diese komplexen Systeme jedoch außerdem mit Kata-
strophengefahren verbunden sind, dann täten wir besser daran, nach
alternativen Möglichkeiten zur Gewinnung des betreffenden Produkts
zu suchen oder aber das Produkt selbst völlig aufzugeben. Davon abgesehen hat es den Anschein, als ob wir bei Systemen mit hohen Risiken
keine Wahl zwischen Linearität und Komplexität hätten. Manche Pro-
duktionsformen sind immanent komplex. Komplexität an sich ist nichts
Schlechtes; wir begrüßen sie in manchen Bürokratien und wehren uns
gegen die »Rationalisierung« unseres ungeordneten Lebens, da die unerwarteten Interaktionen zu Neuerungen führen, uns amüsieren oder
interessieren oder für Abwechslung sorgen. Ist das System jedoch mit
einem Katastrophenrisiko verbunden und können wir in die Kettenreak-
tionen von Störfällen nicht eingreifen, solange sie sich noch nicht zu
Unfällen ausgeweitet haben, dann ist das Problem weit gravierender.

Wir wollen sehen, wie enge und lose Kopplung mit diesem Sachverhalt zusammenhängen; es ist die zweite wichtige Dimension für unsere Analyse von Systemen.

Enge und lose Kopplung

Wenn Ingenieure in ihrem beruflichen Alltag von enger und loser Kopplung sprechen, dann ist nie zweifelhaft, was sie damit meinen. Es ist zwar nicht so einfach, als wenn wir einen Gartenschlauch mit einer Kupplung fest an einen Wasserhahn anschließen, um nicht naß zu werden, aber diese Analogie kommt der Sache recht nahe: *Enge Kopplung* ist ein technischer Begriff und bedeutet, daß es zwischen zwei miteinander verbundenen Teilen kein Spiel, keine Pufferzone oder Elastizität gibt. Sämtliche Vorgänge des einen Teils wirken sich unmittelbar auf die Vorgänge des anderen Teils aus.

Eine lose Kopplung ermöglicht es also bestimmten Teilen des Systems, gemäß ihrer eigenen Logik oder ihrer eigenen Interessen zu funktionieren. Eine enge Kopplung beschränkt diese Möglichkeit. Lose gekoppelte Systeme können – was nicht immer ein Vorteil sein muß – Erschütterungen, Störungen oder erzwungene Änderungen verarbeiten, ohne sich zu destabilisieren. Eng gekoppelte Systeme reagieren auf solche Störungen viel direkter, aber ihre Reaktionen können auch verhängnisvolle Folgen haben. Beides hat seine Vor- und seine Nachteile.

Eine Anlage mit Dauerbetrieb z. B. muß einfach eng gekoppelt sein. In manchen derartigen Produktionsstätten, deren technische Abläufe im einzelnen bekannt sind und wo nur lineare Interaktionen auftreten, also z. B. in pharmazeutischen Betrieben, Großbäckereien, bei der Herstellung von Süßwaren oder Kugellagern werden die Produktmerkmale je nach den Anforderungen des Marktes häufig geändert. Auch die Verfahren selbst ändern sich häufig, je nach den zugeführten Rohstoffen oder den Betriebsbedingungen. Entscheidungen, das Verfahren zu ändern oder das Produkt geringfügig zu modifizieren, müssen die gesamte Organisation schnell durchlaufen und zu beinahe mechanischen Änderungen im Verhalten der Operateure führen. Die Ressourcen werden präzise aufgeteilt, die Terminpläne müssen strikt eingehalten werden, das Berichtswesen muß exakt sein. Die Kontrolle sowohl der Verfahren als auch des Personals erfolgt fortwährend, wenngleich im letzteren Fall diskret und indirekt, vor allem bei den höheren Angestellten. Abweichungen von den Vorgaben werden sofort festgestellt oder gemeldet, da sie den gesamten Produktstrom betreffen. Die Reaktionen auf Abweichungen müssen normiert sein und unmittelbar erfolgen. Das Ergebnis ist eine hohe Betriebseffizienz. Wollte man einen derartigen Produktionsprozeß lose koppeln, hätte dies zwangsläufig verheerende Betriebsunterbrechungen und Ineffizienz zur Folge. Bei allen linearen Systemen ist eine enge Kopplung die optimale Organisationsweise.

Betrachten wir im Gegensatz dazu eine lose gekoppelte, lineare Anlage zur Herstellung und Montage von Flugzeugen. Der Zusammenbau des Hecks erfolgt getrennt von dem des Rumpfs, mit dem es verbunden werden soll. Es finden unterschiedliche Metalle Verwendung, die Toleranzbreiten sind verschieden, ebenso die angewandten Härteverfahren. Beide Teile unterliegen verschiedenartigen Beschränkungen, und ihre Interdependenz ist minimal – sie tritt hauptsächlich in der Konstruktionsphase auf. Auch die auszuführenden Arbeiten können unterschiedlich sein, da für die Montage des Hecks besonders geschulte Arbeiter benötigt werden, während für den Rumpf mehr Routinetätigkeiten erforderlich sind. Im Gegensatz zu einem kontinuierlich arbeitenden System mit »eingebauter« Qualitätskontrolle ist diese beim Flugzeugbau eher eine selbständige Funktion, bei der eigene Tests und Inspektionen innerhalb eines eigenständigen Bereichs auf dem Werksgelände durchgeführt werden und die bewußt nicht in die übrigen Funktionen integriert worden ist, weil sie ihre Unabhängigkeit bewahren muß. Dieses Abkoppeln der Qualitätskontrolle kann jedoch zur Folge haben, daß sich Sonderinteressen entwickeln oder unerlaubte Geschäfte zwischen einzelnen Systemeinheiten getätigt werden (s. Dalton 1959).

Merkmale von Kopplungen in Systemen

Wir können jetzt etwas systematischer ausdrücken, was mit loser und enger Kopplung in Systemen gemeint ist. Diese Merkmale sind weitgehend unabhängig von unseren beiden anderen wichtigen Dimensionen Linearität und Komplexität.

1. In eng gekoppelten Systemen gibt es mehr Prozesse, die zeitgebunden sind: Sie können nicht in Bereitschaft stehen und warten, bis sie angesprochen werden. Gelegentlich erfolgt dies hauptsächlich aus Grün-

den der Effizienz, doch in der Regel liegt es daran, daß der Produktionsprozeß selbst keine Unterbrechungen zuläßt. Wenn kein Lagerraum zur
Verfügung steht, müssen die Produkte schnell durchgeschleust werden.
Reaktionen, etwa in chemischen Anlagen, erfolgen zumeist von einem
Augenblick auf den anderen und lassen sich weder aufschieben noch in
die Länge ziehen. In lose gekoppelten Systemen sind Aufschübe möglich; die Prozesse können in Bereitschaftsstellung gehalten werden.

2. Die Betriebsabläufe in eng gekoppelten Systemen sind festgelegter.
Nach A kommt B, weil das Produkt nur so hergestellt werden kann.
Teilprodukte lassen sich nicht in der Weise umleiten, daß zunächst Y passiert und dann erst X, weil Y erst erfolgen kann, wenn X beendet ist. Es
mag zwar kostenaufwendig sein, aber bei der Montage eines Flugzeugs
ist es prinzipiell möglich, im Fall einer Betriebsstörung eine Tür, einen
Sitz oder die Armaturen für den Funkbetrieb nachträglich einzubauen.
Bei einem Atomkraftwerk oder einer großchemischen Anlage wäre das
unmöglich.

3. In eng gekoppelten Systemen sind nicht nur die einzelnen Betriebsabläufe unveränderlich, auch die gesamte Auslegung des Verfahrens läßt
nur einen einzigen Weg zur Verwirklichung des Produktionsziels zu.
Eine Reaktoranlage kann nicht plötzlich dazu übergehen, Strom aus
Kohle oder Öl statt aus Kernkraft zu erzeugen; herkömmliche Wärmekraftwerke können jedoch ohne großen Aufwand ihren Betrieb von Öl
auf Kohle umstellen und umgekehrt. Während Anlagen mit Dauerbetrieb (und enger Kopplung) zwar innerhalb bestimmter Grenzen ihr Pro-
duktionsvolumen und ihre Produktpalette variieren können, sind
wesentliche Änderungen des Herstellungsprozesses selbst jedoch nicht
möglich. Dem gegenüber können (in der Regel lose gekoppelte) Ferti-
gungsbetriebe selbst kurz- oder mittelfristig das Härteverfahren aufgeben, indem sie ein anderes Metall verwenden; sie können zwischen
stück- und schubweiser Produktion wechseln, Teilmontagen als Auftrag
vergeben, Robotermaschinen installieren oder entfernen, Metall durch
Kunststoff substituieren usw. In dieser Hinsicht gibt es viele Möglichkeiten zur Herstellung des Produkts, während eng gekoppelte Systeme
wie Staudämme, großchemische Anlagen, Kraftwerke, Bäckereien und
Labors für Gentechnologie wenig Flexibilität aufweisen. Lose gekoppelte Systeme sind »äquifinal« (vielseitig in den Mitteln), eng gekoppelte
sind »unifinal« (nur eine Möglichkeit des Betriebsablaufs).

4. Eng gekoppelte Systeme verfügen kaum über Spielraum. Die zu
verarbeitenden Mengen müssen präzise abgemessen sein, die Ressourcen

sind nicht untereinander austauschbar; vergeudete Betriebsstoffe können das Verfahren überbelasten, ein schadhaftes Aggregat führt zur Abschaltung der gesamten Anlage, da eine kurzfristige Substituierung durch ein anderes Teil nicht möglich ist. Keine Organisation ist besonders glücklich über die Vergeudung von Material oder Ausrüstung, aber in lose gekoppelten Systemen ist dies ohne Beschädigung oder Stillegung und ohne hohe Kosten möglich. Manches kann ein zweites Mal gemacht werden, wenn es nicht sofort richtig gemacht wurde; eine Zeitlang spielt es auch keine Rolle, wenn in den verarbeiteten Rohstoffen oder den Produkten eine Qualitätsminderung eintritt. Die minderwertigen Güter werden zwar am Ende ausgesondert, aber das technische System selbst erleidet dadurch keinen Schaden.

Systemregenerierung nach einem Störfall

Die Art der Kopplung eines Systems ist von besonderer Bedeutung, wenn es um die Regenerierung von den zwangsläufig auftretenden Ausfällen oder Störungen von Komponenten geht. Ein wesentlicher Unterschied zwischen eng und lose gekoppelten Systemen verdient in diesem Zusammenhang eine ausführliche Erläuterung. Bei eng gekoppelten Systemen müssen Puffer, Redundanzen und Substitutionsmöglichkeiten von den Konstrukteuren fest eingeplant werden. In lose gekoppelten Systemen besteht dagegen eine größere Chance, improvisierte und dennoch zweckdienliche Puffer, Redundanzen und Substitutionsmöglichkeiten zu finden, wenn es zu einer Störung kommt, selbst wenn solche Notmaßnahmen nicht von vornherein geplant waren.

Da in allen Systemen Schäden und Störungen auftreten, sind die Mittel zu deren Behebung von entscheidender Bedeutung. Es muß grundsätzlich die Möglichkeit bestehen zu verhindern, daß sich ein Störfall (der Ausfall eines Teils oder einer Einheit) zu einem Unfall ausweitet. Alle Systeme sehen zu diesem Zweck Sicherheitsmaßnahmen vor. Allerdings sind diese in eng gekoppelten Systemen weitgehend auf vorgeplante und fest installierte Hilfsmittel beschränkt, z. B. konstruktive Sicherheitsvorrichtungen (in Atomkraftwerken etwa die Notspeisewasserpumpen und eine Notspeisewasserversorgung) oder konstruktive Sicherheitsbauten (eine allgemeinere Kategorie, z. B. eine Schutzmauer zwischen dem Reaktorkern und dem Kühlmitteltank). Es gibt zwar bestimmte

Manipulationsmöglichkeiten für Notfälle, doch ist deren Zahl wegen des zeitgebundenen, unveränderbaren und unifinalen Betriebsablaufs und wegen fehlender Spielräume begrenzt. In lose gekoppelten Systemen sind neben den automatischen häufig auch unvorhergesehene Notmaßnahmen möglich. Schäden können leichter geflickt, ein Notgerüst kann aufgeschlagen, ein Kran bereitgestellt werden. Der Zufall kann es so wollen, daß ein in Brand geratenes Subsystem von den übrigen Systemen genügend weit entfernt liegt; es kann sich als möglich und als relativ unschädlich erweisen, ein Gelände unter Wasser zu setzen, um eine Feuersbrunst zu löschen, obgleich kein Konstrukteur einen solchen Fall vorhergesehen hat. Eng gekoppelte Systeme bieten kaum derartige Möglichkeiten. Gleichgültig, ob ihre Interaktionen komplex oder linear sind, sie lassen sich nicht vorübergehend ändern.

Das bedeutet allerdings nicht, daß lose gekoppelte Systeme zwangsläufig über eine ausreichende Zahl konstruktiver Sicherheitsvorkehrungen verfügen; Konstrukteure verlassen sich häufig darauf, daß die zufällig verfügbaren Möglichkeiten in Notfällen einen Sicherheitsspielraum verschaffen, und vernachlässigen darüber die Installation offensichtlich wichtiger Notmaßnahmen. Die meisten von der OSHA (US-Behörde für Sicherheit und Gesundheit am Arbeitsplatz) beanstandeten Mängel in Betrieben bezogen sich auf ziemlich offensichtliche Unterlassungen: Manchmal fehlten Geländer, rutschfeste Laufflächen auf Treppen und Gängen oder Notschalter zum Abschalten einer Betriebsanlage, oder die Kupplungen von Schläuchen mußten so beschaffen sein, daß ein hochexplosives Gas wie Sauerstoff nicht aus Versehen zu einer Stelle geleitet werden konnte, wo ein reaktionsträges Edelgas benötigt wurde. Auch bei lose gekoppelten Systemen besteht noch ein enormer Bedarf an Verbesserungen der Sicherheitsvorkehrungen.

Aber auch eng gekoppelte Systeme müssen nicht immer völlig auf außerplanmäßige Hilfsmittel in Notfällen verzichten. Bei zwei der bekanntesten Reaktorunfällen in Browns Ferry und TMI waren phantasievolle Notmaßnahmen möglich, und die Operateure konnten die Systeme mit zufällig verfügbaren Mitteln retten. Was für Puffer und Redundanzen gilt, das gilt auch für die Substitution von Betriebsstoffen, Verfahren, Ausrüstung und Personal. Eng gekoppelte Systeme bieten wenig Möglichkeiten für derartige zufällige Substitutionen – im Gegensatz zu den lose gekoppelten Systemen.

Tabelle 3.2
Merkmale von Systemen mit enger und loser Kopplung

Enge Kopplung	Lose Kopplung
keine Verzögerungen des Betriebsablaufs möglich	Verzögerungen des Betriebsablaufs möglich
Unveränderbarkeit des Ablaufs	Ablauf veränderbar
Produktionsziel nur mit einer Methode realisierbar	alternative Methoden möglich
geringer Spielraum bei Betriebsstoffen, Ausrüstung und Personal	mehr oder weniger großer Spielraum verfügbar
Puffer und Redundanzen konstruktiv vorgeplant	Puffer und Redundanzen durch zufällige Umstände verfügbar
Substitution von Betriebsstoffen, Ausrüstung und Personal begrenzt und vorgeplant	Substitution je nach Bedarf möglich

Die Merkmale der beiden Systeme sind in Tab. 3.2 summarisch aufgeführt. Es handelt sich dabei eher um Tendenzen als um eindeutige Eigenschaften. So hat z. B. kein System absolut unveränderliche Betriebsabläufe, und es ist auch nicht wahrscheinlich, daß ein System alle entsprechenden Merkmale aufweist.

Die Welt der Organisationen im Hinblick auf Komplexität und Kopplung

In Abb. 3.1 (S. 138) werden die beiden Dimensionen Komplexität und Kopplung in einem zweidimensionalen Koordinatensystem zusammengefaßt. Die Einordnung von Systemen in dieses Diagramm ist ausschließlich auf der Grundlage meiner eigenen subjektiven Einschätzung erfolgt; es gibt zur Zeit noch keine zuverlässige Möglichkeit, die beiden

Variablen (Dimensionen) zu messen. Gegen die einzelnen Zuordnungen lassen sich durchaus Einwände erheben. Ein guter Grund für einen solchen Einwand ist der, daß nicht präzise festgelegt wurde, worin im Einzelfall das System genau besteht. Nehmen wir das Beispiel der Frachtschiffahrt. Draußen auf hoher See gehören zum System das Schiff, der Funkverkehr, das Wetter und vielleicht noch ein zweites Schiff. Sobald das Schiff jedoch in einen stark befahrenen Kanal einfährt, haben wir es außerdem noch mit Böschungseffekten zu tun (dem Sog, der erzeugt wird, wenn das Schiff dicht an der unter Wasser befindlichen Böschung des Kanals entlangfährt), mit Gezeitenströmungen, Schiffswracks und großen Steinen unter Wasser, Brücken, Schleppern und anderen Schiffen, einer dicht belegten Funkfrequenz und Navigationslichtern im Gewirr der Lichter von Autostraßen, Industrieanlagen und entfernten Türmen. Die Systeme des hohen Meers und des Kanals unterscheiden sich beträchtlich voneinander. Beim System Luftfahrt differenzieren wir nicht zwischen Linien- oder Charterflügen und der Sportfliegerei. Zum Bergbau gehören sowohl der Tagebau, der in unserem Diagramm eigentlich in die Nähe von Fertigungsbetrieben gehört, als auch der Untertagebau. Diese Unklarheiten sind ein Problem, aber im Interesse des allgemeinen Gedankengangs halte ich eine grobe Zuordnung selbst von ungenau definierten Systemen noch für sinnvoll.*

Nachdem wir unsere beiden Variablen auf diese Weise verknüpft haben, können wir eine Reihe von Schlußfolgerungen ziehen. Erstens liegt auf der Hand, daß die beiden Variablen voneinander unabhängig sind. Dazu betrachten wir das Diagramm oben von links nach rechts. Staudämme, Kraftwerke und Kernkraftwerke liegen alle ungefähr auf

---

*Ein gravierendes Problem läßt sich nicht vermeiden, sollte jedoch wenigstens erwähnt werden. In einem gewissen Maß ist es durchaus denkbar, daß die Intensität der Kopplung und die Form der Interaktionen sich aus einer verschwommenen Vorstellung von der Häufigkeit der Systemunfälle in den einzelnen Systemen ableiten statt aus einer Analyse der Eigenschaften des betreffenden Systems, unabhängig von der Art der auftretenden Störungen. D.h., wenn durch die Flugsicherung nur wenige Unfälle verursacht wurden, dann »muß« dies bedeuten, daß dieses System weder hoch komplex noch eng gekoppelt ist, und erst nach dieser Schlußfolgerung wird nach Belegen gesucht, die sie stützen würden. Da sich das analytische Schema aus der Untersuchung zahlreicher Systeme entwickelt hat, besteht keine Möglichkeit, diese mögliche Zirkularität zu umgehen. Das Schema müßte in der Weise überprüft werden, daß Systeme untersucht werden, die hier nicht auftauchen, sowie durch die Erhebung von Daten auf der Grundlage einer strengen Begriffsdefinition und eine Bestätigung der hier vorgenommenen Zuordnung der einzelnen Systeme.

Abbildung 3.1
Grad der Interaktion und Kopplung bei verschiedenen Industrien/Institutionen

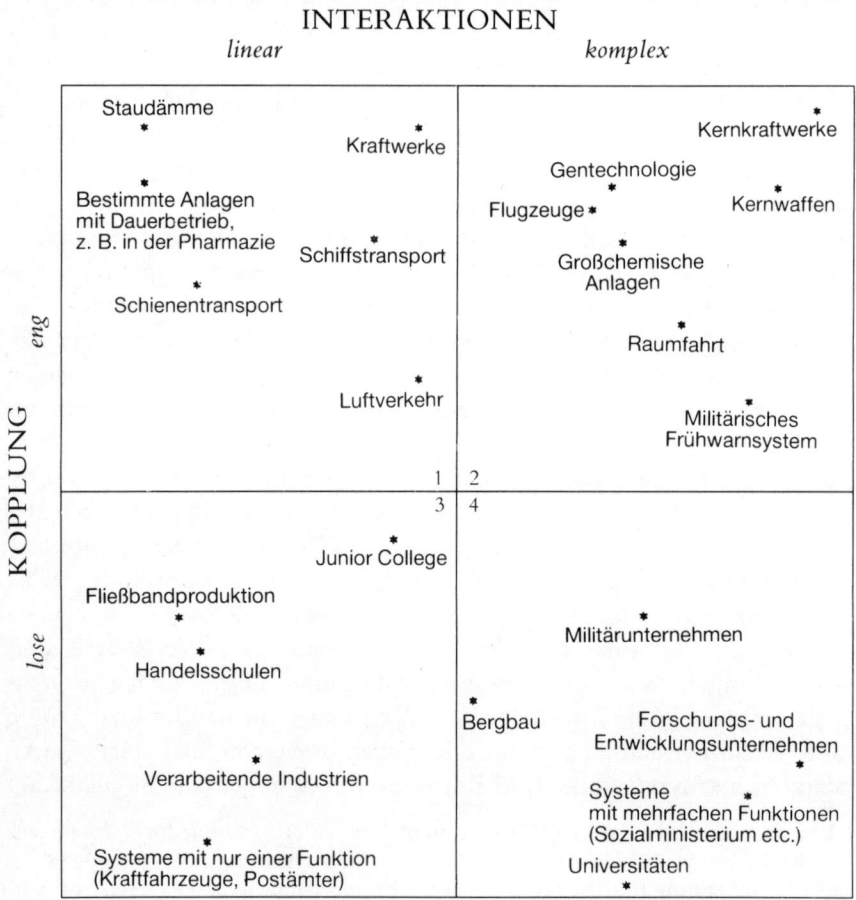

INTERAKTIONEN

linear   *komplex*

derselben Höhe, weisen also eine gleich enge Kopplung auf. Dennoch unterscheiden sie sich beträchtlich im Hinblick auf die Komplexität/ Linearität ihrer Interaktionen. Die wenigsten unerwarteten Interaktionen treten bei Staudämmen auf, die meisten bei Atomkraftwerken.

Betrachten wir andererseits die untere Hälfte des Diagramms, so sehen wir, daß Universitäten und Postämter ziemlich lose gekoppelte Systeme sind. Wenn es hier zu einem Zwischenfall kommt, steht viel Zeit für die Behebung des Schadens zur Verfügung, und die Arbeitsabläufe sind

nicht unveränderlich festgelegt. In einem Postamt können sich eine Zeitlang die Briefe stapeln, ohne daß deshalb Alarm ausgelöst würde. Die
Briefeschreiber akzeptieren die Verzögerung durch den Weihnachtsbe-
trieb ebenso, wie die Studenten die langen Schlangen vor dem Universi-
tätssekretariat bei Semesterbeginn hinnehmen. Aber im Gegensatz zu
einer Universität kommt es in einem Postamt nur selten zu unvorhergesehenen Interaktionen – hier ist der Betriebsablauf weitgehend linear,
ohne zahlreiche Verzweigungen und Rückkopplungsschleifen. Das trifft
für Universitäten nicht zu. Hier gibt es Mehrfachfunktionen – z.B.
Lehre, Forschung und öffentliche Dienstleistung –, und zwischen ihnen
können zahlreiche unerwartete Interaktionen auftreten. Es wird sogar
erwartet, *daß* sie auftreten; synergistische Interaktionen sind erwünscht,
wenn es auch zu »negativer Synergie« kommen kann. Im Unterschied
zum linearen Postamt rangiert also die Universität hoch im Hinblick auf
die Komplexität der Interaktionen. Dennoch ist es hier nicht wahrscheinlich, daß Systemunfälle auftreten. Wegen der für Universitäten
typischen losen Kopplung lassen sich Störungen schnell beheben.

Postämter und Universitäten sind sich demnach ähnlich hinsichtlich
des Kopplungsgrades; beide können Störungen rasch überwinden, da
der Betriebsablauf weniger starr festgelegt ist, die Ressourcen flexibel
und Substitutionen möglich sind. Aber das Postamt bleibt weitgehend
auf lineare Interaktionen beschränkt, während es in einer Universität
ständig zu komplexen Interaktionen kommen kann, die auf unerwartete
Weise auf andere Teile des Systems einwirken können.

Bildungssysteme sind an drei verschiedenen Stellen in dem Diagramm
dargestellt: Universitäten sind lose gekoppelt und komplex, wie wir
gesehen haben; Handelsschulen sind weniger eng gekoppelt, dafür ziemlich linear, und die Junior Colleges in den USA liegen bei beiden Dimensionen etwa in der Mitte. In den Handelsschulen steht der Lehrplan weitgehend fest, so daß lineare Interaktionen vorherrschen. Andererseits
ermöglicht das Kurssystem den Schülern, Kurse zweimal zu belegen, so
daß dieses System etwas weniger eng gekoppelt ist als ein Junior College,
und außerdem unterrichten an amerikanischen Handelsschulen häufig
Lehrer ohne festen Anstellungsvertrag, die je nach dem Schülerandrang
eingestellt und gekündigt werden. Junior Colleges sind um einiges enger
gekoppelt, da die Kurse zu Blöcken zusammengefaßt sind und das Lehr-
personal weniger häufig wechselt. Andererseits sind sie weniger linear
als Handelsschulen, da sie mehr Funktionen übernehmen, insbesondere
solche der Sozialisation und der Wertevermittlung (wenn auch weit

weniger ausgeprägt als dies bei Universitäten der Fall ist). Von keiner der genannten Institutionen steht zu erwarten, daß sich Systemunfälle ereignen, die eine Unterbrechung der Funktion der Subsysteme zur Folge hätten; wenn Subsysteme wie Kurse oder Gemeindeveranstaltungen ausfallen, dann wegen Komponentenstörungen – Mangel an Studenten, Lehrern oder Unterstützung durch die Gemeinde.

Zusammenfassung

Damit ist der wichtige analytische Teil dieses Buches vollständig. Wir haben eine Menge erreicht: Unfälle definiert und gegenüber Zwischenfällen abgegrenzt; verschiedene Gruppen von Opfern in einer Weise definiert, die uns eine bessere Einschätzung des Katastrophenpotentials von Systemen ermöglicht; wir haben System- und Komponentenunfälle definiert sowie unsere beiden Schlüsselbegriffe, Typen der Interaktion (linear – komplex) und der Kopplung (lose – eng). Diese Variablen wurden in ein zweidimensionales Koordinatensystem eingetragen, so daß wir relevante Organisationen oder Aktivitäten in das Schema einordnen und zeigen können, wie die beiden Variablen unabhängig voneinander variieren.

Wir verfügen nunmehr über die Grundwerkzeuge, um uns näher mit Systemen der verschiedensten Art zu beschäftigen und sie im Hinblick auf die bei ihnen auftretenden Unfälle und ihr Katastrophenpotential zu untersuchen. Wir beginnen mit petrochemischen Anlagen, deren Systemunfälle manche Ähnlichkeit mit denen von Kernkraftwerken aufweisen, wenn auch nicht in den Folgen, obwohl es sich hier im Gegensatz zur Atomkraft um eine vergleichsweise ausgereifte und seit langem bekannte Technologie handelt.

Kapitel 4
Petrochemische Anlagen

Anlagen der Petro- oder Erdölchemie gelangen viel seltener in die Schlagzeilen und lösen weit weniger erbitterte Kontroversen aus als Atomkraftwerke. Sie existieren seit einem runden Jahrhundert, so daß eine Fülle an technischen Erfahrungen gesammelt werden konnte und die Bevölkerung sich an den Anblick der hochragenden Cracktürme und der gedrungenen Tanks gewöhnt hat. Gelegentlich wüten dort Feuersbrünste, bei denen auch Todesopfer zu beklagen sind, aber deswegen gibt es weder Protestdemonstrationen noch eine Chemieaufsichtsbehörde, wissenschaftliche Kommissionen und Tagungen, über die von den Medien berichtet wird, oder eine Suche nach Alternativen für unsere Kunststoffe und das Benzin. Es ist eine unauffällige Industrie – mit voller Absicht, wie wir sehen werden. Und sie ist ziemlich sicher; bei den seltenen Explosionen und Bränden kommen stets nur wenige Werksangehörige oder Unbeteiligte zu Tode.

Dennoch ist die petrochemische Industrie alles andere als unergiebig für die Analyse von Unfällen; im Gegenteil, sie liefert einige der besten Beispiele für Systemunfälle, denen wir in diesem Buch begegnen werden. Sie ist ziemlich eng gekoppelt und besteht aus zahlreichen Komponenten mit komplexen Interaktionsmöglichkeiten. Wir beschäftigen uns mit ihr hauptsächlich deshalb, weil sich hier besonders gut das Auftreten von Systemunfällen selbst in einer weit entwickelten und gut geführten Industrie zeigen läßt, die eigentlich über genügend starke wirtschaftliche Anreize verfügt, um Unfällen vorzubeugen. Die Tatsache, daß es in der petrochemischen Industrie zu Systemunfällen kommt, muß zu denken geben. Möglicherweise liegen in den angewandten Verfahren selbst bestimmte Eigenschaften begründet, die solche Unfälle auslösen und unsere Theorie bestätigen. Wir werden also den Nachweis versuchen, daß das System einer petrochemischen Anlage genügend komplex und eng gekoppelt ist, um die hier auftretenden Unfälle eher als in anderen Systemen zu Systemunfällen werden zu lassen. Des weiteren werden wir uns mit dem Katastrophenpotential der chemischen Industrie befassen (wenn auch weniger ausführlich als im Kapitel über die Reaktorindustrie). Es trifft zu, daß die Zahl der möglichen Opfer eines Unfalls in einem dieser gigantischen Komplexe wegen des hohen Mechanisierungsgrades vorläufig noch niedrig ist. Bisher haben selbst Großfeuer und Explosionen in dieser Industrie kaum Opfer dritten Grades in den umliegenden Ansiedlungen gefordert. Wie wir jedoch von Experten hören, werden die Anlagen immer größer, die Wohndichte nimmt zu, und die verarbeiteten Substanzen werden gefährlicher (s. Atwood 1976; Davenport 1977; Kletz 1975; 1979; Vervalin 1977).

Es gibt zwei äußerst wichtige Aspekte der petrochemischen Industrie, auf die ich hier nicht eingehen werde, weil sie nicht zum Thema »Systemunfälle« gehören: die möglichen schädlichen Auswirkungen auf die Gesundheit der Werksangehörigen und die Probleme toxischer Abfälle und Abgaben an die Umwelt, von denen die Bevölkerung betroffen wird. Wäre dies ein Buch über die gesundheitlichen Gefahren, die uns von der Industrie drohen, dann müßte dieser Aspekt eingehend erörtert werden. Nach einigen Darstellungen zu urteilen, sind die Industriearbeiter in manchen Branchen schweren Gefahren für ihre Gesundheit ausgesetzt (s. Ashford 1976, S.59 f.; McCaffrey 1982, S.22). Aber ähnlich wie bei den meisten alltäglichen Industrieunfällen lassen sich diese Gefährdungen durch ganz banale Sicherheitsmaßnahmen vermeiden. Das Entweichen giftiger Substanzen im Gefolge von Unfällen wie bei der Explosion eines chemischen Reaktors in Seveso mag ein immer gravierenderes Problem sein, aber solange es sich dabei nicht um einen Systemunfall handelt, kann es ohne weiteres in einem anderen Zusammenhang untersucht werden (s. Whiteside 1979). Die Kontaminierung eines gesamten 18-stöckigen Bürogebäudes im Staat New York wirft mit Sicherheit einen unheilvollen Schatten künftiger Ereignisse, gehört jedoch ebenfalls nicht hierher (s. Clarke 1983). Wichtiges Material über Vergiftungen durch die chemische Industrie findet sich bereits in dem Buch *Laying Waste* von Michael Brown (1979), und Joyce Egginton (1980) hat die unglaubliche Geschichte des mit PCB vergifteten Viehfutters in Michigan beschrieben.

Wir halten uns eng an Unfälle durch chemische Reaktionen, in Raffinerien und Lagertanks. Sie sind zahlreich und im Hinblick auf ihr Katastrophenpotential sehr ernst zu nehmen. Trotzdem gibt es hier einige Probleme. Zum einen existieren nicht allzuviele detaillierte Unfallberichte. Das liegt zumTeil daran, daß Feuersbrünste und Explosionen – die bei Unfällen in dem untersuchten Bereich die Regel bilden – häufig die Indizien vernichten, die wir benötigten, um den Hergang des Unglücks nachzuvollziehen. Schwerer noch fällt ins Gewicht, daß die chemische Industrie in den USA keine Bereitschaft zeigt, ihre Unfallberichte und -analysen öffentlich zugänglich zu machen. Wir wissen nur deshalb so viel über Kernkraftwerke, weil es eine staatliche Aufsichtsbehörde gibt, die das Recht zu einer Inspektion der Anlagen hat. Dasselbe gilt für Flugzeugunglücke, die vom National Transportation Safety Board untersucht werden, sowie für Unfälle von Wasser-, Schienen- und Straßenfahrzeugen. Das U.S. Bureau of Mines ist für die Untersuchung von Bergwerksunfällen zuständig. In den USA gibt es auf Bundesebene nichts Vergleichbares für die chemische Industrie. Raumflüge, Staudämme und noch einige andere Systeme unterliegen aus den unterschiedlichsten Gründen der Bundesaufsicht, nur die chemische Industrie befindet sich in Privathand und entgeht deshalb dieser Überwachung, sofern nicht außergewöhnliche Umstände vorliegen. Die OSHA (Behörde für Sicherheit und Gesundheit am Arbeitsplatz) erhebt Daten über Verletzungen und Todesfälle und nimmt auch gelegentliche Inspektionen vor, führt jedoch keine Analysen der Ursachen von Explosionen und Großfeuern in chemischen Anlagen durch.

Die Versicherungsgesellschaften haben ein ureigenes Interesse an Unfallanalysen und fördern Forschungsprojekte und Veröffentlichungen, die der Vorbeugung von Unfällen dienen sollen. Ihre Maßnahmen haben allerdings weitgehend appellativen Charakter und tragen zu einer Analyse der Unfälle kaum etwas bei. Das wichtigste Material stammt von der Industrie selbst, wird jedoch leider nur innerhalb der eigenen Branche weitergegeben und steht fachfremden Forschern nicht zur Verfügung. Ein Teil davon gelangt in Zeitschriften über Sicherheitstechnik, und darauf werde ich mich bei einigen Darstellungen stützen, aber es gibt keine ausführliche und einigermaßen repräsentative Erörterung von Einzelunfällen wie bei anderen Systemen. Viele der hier behandelten Unfälle betreffen europäische Firmen, einfach weil sie ihre Probleme offener diskutieren. Auf einer deutsch-amerikanischen Konferenz über die Sicherheit von großchemischen Anlagen, an der ich teilgenommen habe, erschien nur ein einziger der aus den USA eingeladenen Vertreter, und auch er war nicht von seinem Arbeitgeber geschickt worden, sondern kam aus eigenem Interesse während seiner Urlaubszeit! Es stellte sich für mich sogar als extrem schwierig heraus, an der Besichtigung einer Raffinerieanlage teilzunehmen; nachdem meine diesbezüglichen Anfragen abschlägig beschieden worden waren, schloß ich mich schließlich einer Gruppe von Studenten der Stanford University an. Meine Versuche, mit Unternehmen, Handels- und technischen Verbänden ins Gespräch zu kommen, wurden in der Regel mit dem Argument abgeschmettert: »Wir wollen unsere schmutzige Wäsche nicht in aller Öffentlichkeit waschen.« Das ist um so unverständlicher, als die Wäsche der chemischen und petrochemischen Industrie im Vergleich zu der der übrigen Industriebranchen ziemlich sauber ist.

Im Hinblick auf die Zahl der Verletzungen, Todesfälle und ausgefallenen Arbeitsstunden hat sich die Branche nichts vorzuwerfen. Die Arbeitsbedingungen sind im allgemeinen hervorragend, der Chemiearbeiter ist im Durchschnitt besser qualifiziert und bezahlt als ein Arbeiter in einem Kernkraftwerk. Chemische Anlagen, Raffinerien und Tanklager werden nur von wenigen Arbeitern bedient, so daß es trotz häufiger Explosionen und Brände nur wenige Verletzte und noch weniger Tote zu beklagen gibt. Die meisten Arbeiter befinden sich in Schutzräumen wie der Kontrollwarte. Verglichen mit der Mehrzahl der übrigen Industrieanlagen ist das Risiko sehr niedrig, daß es bei Komponenten- oder Systemunfällen viele Opfer ersten und zweiten Grades geben könnte.

Die Gefahr liegt in dem Risiko für potentielle Opfer dritten Grades – unbeteiligte Zuschauer oder in diesem Fall die Menschen, die in einem Umkreis von wenigen Kilometern Entfernung von der Anlage leben oder vielleicht mit dem Wagen daran vorbeifahren. Trotzdem hat es bisher nur ganz wenige Großkatastrophen gegeben. Mit dem Größenwachstum der Industrie nimmt auch die Anzahl und die Betriebsgröße der Anlagen zu, vielleicht auch noch die Giftigkeit der verarbeiteten Substanzen und die Anzahl der Anwohner in der Umgebung. Demnach steht zu erwarten, daß sich auch das Risiko für potentielle Opfer dritten und vierten Grades erhöht, wenn – wie ich behaupte – selbst in einer so sehr auf Sicherheit bedachten Branche wie der Chemieindustrie eine anhaltend große Zahl von Systemunfällen zu verzeichnen ist.

Das bestehende Katastrophenrisiko wird im Verlauf dieses Kapitels deutlich werden. Zunächst sollen jedoch einige knappe Daten über die Häufigkeit von Komponenten- und Systemunfällen erörtert werden. Zu der Industriebranche, von der hier die Rede ist, gehören Exploration, Erdgasverarbeitung, Bohrförderung, chemische Produktion, Raffinerien, Pipelines sowie eine Vielzahl von Marketing- und anderen Dienstleistungen. Ihre Leistungen im Hinblick auf die Betriebssicherheit waren bisher ausgezeichnet. So gab es etwa 1980 in den USA nur auf 7 000 Beschäftigte einen Todesfall und auf jeweils 69 Arbeiter einen Unfall mit vorübergehender Arbeitsunfähigkeit, womit diese Branche hinsichtlich ihrer Sicherheit eine Spitzenstellung einnimmt. Der Nationale Sicherheitsrat hat die einzelnen Industrien nach der Anzahl der Todesfälle und der verlorenen Arbeitstage je Million geleistete Arbeitsstunden eingestuft. Die Durchschnittsziffer für sämtliche Industriezweige der USA betrug 2,5, während sie für die Chemieindustrie bei 1,45 lag. Innerhalb der petrochemischen Industrie gab es ebenfalls Unterschiede zwischen den Bereichen Bohrförderung (10,75), chemotechnische Verfahren (1,62) und Raffinerien (1,41) (American Petroleum Institute 1981b und c).

Es ist offenbar keine Branche, die für ihre Beschäftigten ein hohes Arbeitsplatzrisiko bedeutet. Die relativ niedrigen Ziffern von Toten und Verletzten dürfen jedoch nicht zu dem Schluß verleiten, daß es hier kaum zu Betriebsunfällen kommt. Erstens ist die Zahl der Arbeiter in der Petrochemie ziemlich niedrig, und zweitens werden sie besonders geschützt. Die schwersten Betriebsunfälle ereignen sich bei Explosionen und Großbränden, oder sie lösen diese aus. Statistisches Material hierüber ist nur lückenhaft. So gibt z. B. das American Petroleum Institute, eine Organisation im Dienst der petrochemischen Industrie, nicht für sämtliche angeschlossenen Unternehmen statistisches Material heraus. Dennoch scheinen Feuersbrünste in dieser Branche recht verbreitet zu sein. In Großanlagen und Tanklagern gab es 1974 und 1975 jeweils über 1 400 Feuersbrünste, was beträchtlich ist (Vervalin 1977). 1979 verzeichneten die 166 Raffinerieanlagen, die auf eine Umfrage geantwortet hatten, 205 ausgebrochene Brände – 1,23 pro Jahr und Anlage (American Petroleum Institute 1981a). Da bei dieser Befragung die Großunternehmen überrepräsentiert waren und zudem über die besseren Sicherheitseinrichtungen verfügen, muß die Ziffer für sämtliche chemischen Betriebe noch beträchtlich höher liegen.

Zum Glück gibt es einige nützliche zusammenfassende Daten aus einem Sektor der Chemie, der Ammoniakherstellung, die 1978 erschienen, und der Befund ist erstaunlich. Ammoniakfabriken sind ein altehrwürdiger Bestandteil der chemischen Industrie. Dennoch ergab sich aus der Untersuchung, daß jede dieser Fabriken im Jahresdurchschnitt einen Betriebsausfall von 50 Tagen hatte und zehn- bis elfmal abgeschaltet wurde. Die Anlagen waren also lediglich während 86 Prozent der Zeit in Betrieb – ein zwar weit besseres Ergebnis als bei Kernkraftwerken (ca. 60%), aber kaum beruhigend. Die Zielvorgabe der Branche liegt bei einer Stillegung zu Wartungszwecken nach jeweils 17 Monaten, doch im Durchschnitt lag diese Zeitspanne bei 12 Monaten, da ein Drittel der Überholarbeiten durch gravierende Pannen der Ausrüstung bedingt waren. Während eines Berichtszeitraums von vier Jahren kam es alle elf Monate zu einer Feuersbrunst je Anlage – was ungefähr den Verhältnissen in Erdölraffinerien entspricht. Zwar werden keine Angaben über die Auswirkungen der Brände gemacht, aber eine Feuersbrunst in einer Ammoniakfabrik (oder einer Raffinerie) bleibt nie ohne schwere Folgen (s. Williams 1978).

Diese Ergebnisse geben uns noch mehr Anlaß zur Sorge. Ein weit entwickeltes chemotechnisches Verfahren muß zu Reparaturzwecken 1,3mal häufiger abgeschaltet werden als erwartet, in der Regel wegen gravierender Störungen oder Defekte der Ausrüstung, und alle elf Monate bricht in einer der Anlagen ein Feuer aus! Wenn es bis heute nicht gelungen ist, die Probleme der Ammoniakindustrie aus dem System herauszubekommen, dann handelt es sich möglicherweise um endemische Schwierigkeiten und um »normale« Unfälle. Ein Blick auf einige Unfälle in der petrochemischen Industrie wird genau diesen Schluß nahelegen. Zunächst schauen wir uns jedoch einen berühmten Unfall an, der noch nicht einmal von einem chemischen Werk ausging, sondern von einem Schiff. Immerhin führt er uns vor Augen, was passieren kann, wenn es in der Nähe von chemischen Anlagen zu Explosionen oder Feuersbrünsten kommt. 22 Jahre später ereignete sich an derselben Stelle ein zweites schweres Unglück, und diesmal war es ein Systemunfall.

Texas City, Texas: 1947 und 1969

1947 kam es in Texas City, Texas, zu einer der schlimmsten Serien von Explosionen und Feuersbrünsten in der Geschichte der USA. Das Feuer brach nicht in einer petrochemischen Anlage aus, sondern auf einem Schiff, das Düngemittel geladen hatte. Dieses enthielt Ammoniumnitrat, eine hochexplosive Substanz, die zur Herstellung von TNT verwendet wird. Versuche der Schiffsbesatzung, das Feuer zu bekämpfen, schlugen fehl, so daß die städtische Feuerwehr gerufen werden mußte.

Während eine große Zuschauermenge das Schauspiel beobachtete, ging das Schiff in einer gewaltigen Explosion hoch. Einige Explosionstrümmer flogen 5 000 Meter weit durch die Luft und setzten zwei Flugzeuge in Brand, die gerade die Unglücksstelle überflogen. Der Knall der Explosion war noch 250 km weit zu hören. Öllagertanks, die in der Nähe lagen, gingen in Flammen auf, ebenso eine große chemische Fabrik. Ein zweites, ebenfalls mit hochexplosivem Düngemittel beladenes Schiff, das noch relativ unbeschädigt war, versuchte aus der Gefahrenzone zu entkommen und rammte dabei ein drittes Schiff; beide verkeilten sich ineinander und konnten aus eigener Kraft nicht wieder freikommen. Auch die Schlepper im Hafen schafften es nicht oder versuchten es gar nicht erst. Am darauffolgenden Abend fingen auch diese beiden Schiffe Feuer, eine neue Explosion erschütterte die Stadt, und das Feuer sprang auf einen Hafenspeicher über, in dem Schwefel gelagert war. Mittlerweile stand ein Drittel der Stadt in Flammen oder war bereits bis auf die Grundmauern niedergebrannt. Die Zahl der Toten belief sich auf 561, die der Verletzten auf über 3 000; der Sachschaden wurde auf über 100 Millionen Dollar beziffert (*Catastrophe* . . . 1979).

Ein solches Unglück vergißt man nicht so leicht, und als 1969 in einem anderen chemischen Werk in Texas City eine Explosion ausbrach, kam es zu einer größeren Panik. Im Vergleich zu 1947 war die Explosion allerdings harmlos, und wunderbarerweise gab es keinen einzigen Verletzten. Immerhin gingen noch in 2 000 m Entfernung Fensterscheiben zu Bruch, und Wohnhäuser im Umkreis von 200 m wurden beschädigt. Ein 400 kg schweres Trümmerstück der explodierten Kolonne ging in einer Entfernung von 900 m zu Boden – zum Glück nicht in einem Wohngebiet.

Diese Explosion aus dem Jahr 1969 weist zwei auffallende Besonderheiten auf. Aus ihr ergibt sich erstens, daß große Explosionen nicht unbedingt zum Verlust von Menschenleben führen müssen. Chemische Anlagen benötigen wegen des hohen Mechanisierungsgrades sowieso schon wenig Arbeitskräfte, und in diesem Fall befanden sich zum Zeitpunkt der Explosion nur 13 Personen auf dem Werksgelände. Sechs waren in der Kontrollwarte, doch die Seitenwände aus Metall absorbierten einen Großteil der Druckwelle, und die Hauptgefahr ging von den Lichtleitungen aus, die zusammen mit der abgehängten Decke herabfielen. Drei Bedienungsleute, die sich im Freien befanden, wurden durch kleinere Maschinenaggregate geschützt . Ein Wartungstechniker wurde 60 m von der Explosion entfernt (bei der, wohlgemerkt, ein 400 kg

schwerer Trümmerbrocken 900m weit durch die Luft geflogen war)
lediglich zu Boden geschleudert. Er kroch auf allen Vieren aus der Gefahrenzone und »ergriff sogleich Maßnahmen, mit denen die Menge an ent-
flammbarem Material, das in die Brandzone gelangte, möglichst
begrenzt wurde. Außerdem betätigte er die Notentlastungsventile der
Destillationsanlage.« (Jarvis 1971, S. 58) Dadurch wurde das Ausmaß
des auf die Explosion folgenden Feuers wesentlich verringert. Trotz aller
automatischen Sicherheitsvorkehrungen sind Operateure, die das
System wenigstens teilweise entkoppeln können, offenbar immer noch
unentbehrlich.

Das zweite auffällige Merkmal besteht darin, daß gerade mit diesem
Verfahren eine Fülle von Erfahrungen gesammelt worden waren. Während 80 Betriebsjahren hatte es bei diesem Verfahren unter identischen
Bedingungen in der Destillationskolonne noch keinen einzigen Unfall
gegeben. Trotzdem wurde das System nach diesem Unfall wesentlich
modifiziert, um einem weiteren Unfall selbst in ferner Zukunft vorzubeugen. Drei Defekte, deren Interaktion niemand vorhergesehen hatte,
waren zusammengekommen. Hier der Ablauf im einzelnen.

Die Butadien-Kolonne arbeitete normal, als sie wegen Reparaturarbeiten an einem »Stripper-Hilfskompressor« abgeschaltet wurde. Die
Reparatur nimmt einen ganzen Tag in Anspruch, und die gesamte Mate-
rialzuführung zur Anlage wurde nach zwei Stunden unterbrochen. Die
zur Anlage gehörende Destillierkolonne hat das Aussehen eines hohen
Schornsteins, wie man sie in Erdölraffinerien zu sehen bekommt, und in
ihrem Inneren befinden sich aufeinandergeschichtete »Steigen«, in denen
sich Gase sammeln und von dort aus abgeführt werden können. Das
Verfahren erfolgt natürlich automatisch, wobei Temperatur und Druck
für die einzelnen Phasen der Raffinierung genau reguliert werden. Wird
die Zufuhr des Destillats unterbrochen, dann befindet sich die Kolonne
in einem Zustand, der als totaler Rückfluß bezeichnet wird; sie ist ein
geschlossenes System, dessen Inhalt zirkuliert, wobei sich unten die flüssigen und oben die gasförmigen Substanzen befinden, je nach dem spezifischen Gewicht in unterschiedlicher Höhe.

Der Betriebsverlauf erschien dem Operateur trotz bestimmter Unregelmäßigkeiten normal. Diese waren bei totalen Rückflußbedingungen
zu erwarten, so daß es keinen Grund zur Beunruhigung gab. (Die meisten automatischen chemischen Verfahren weisen mehr oder weniger
starke Unregelmäßigkeiten auf, die weder restlos geklärt sind noch bei
Normalbetrieb geklärt werden müssen.) Die ganze Aufmerksamkeit des

Operateurs war darauf gerichtet, ein Gleichgewicht zu halten zwischen der Flüssigkeit im Kolonnenfuß, die den Dampf erzeugte, und der Flüssigkeit im Sammelbehälter, der jene ersetzte. Der Operateur konnte nicht wissen, daß infolge eines undichten Ventils in einer Freileitung die Kolonne allmählich an Destillat verlor (Fehler 1). Es handelte sich um ein motorgetriebenes Ventil, von dem noch die Rede sein wird. Aber der Druck in der Kolonne und der Druckabfall nach der Abschaltung des Destillatzuflusses waren beide normal; sie hätten eigentlich nicht normal sein dürfen, sondern das undichte Ventil anzeigen müssen, was sie – vermutlich wegen der totalen Rückflußbedingungen – jedoch nicht taten (Fehler 2). »Die Fließanzeige für das Destillat zeigte eine kontinuierliche Durchflußmenge an, aber der Operateur nahm an, das Gerät sei falsch kalibriert, da das motorgetriebene Destillatventil geschlossen war und die Aufzeichnung auf dem Registrierstreifen eine ununterbrochene, gerade Linie am unteren Ende des Streifens ergab (Fehler Nr. 3: Fehlinterpretation einer Information; ein erzwungener Fehler). Das Meßgerät für den Flüssigkeitsstand im Kolonnenboden zeigte ein niedriges Niveau an, obwohl große Mengen Kesseldampf erzeugt wurden.« (Ebd.) Aber einer der schweren Bestandteile des Destillats, Vinylazetylen, das sich im unteren Teil der Kolonne als Kesselprodukt sammelte, nahm offenbar um das Doppelte zu. Seine Konzentration liegt normalerweise bei 35 Prozent, und bis zu einer Größe von 50 Prozent ist es ungefährlich. Außerdem verringerte sich vermutlich ebenfalls wegen der geringfügigen Undichtigkeit die Flüssigkeit im Kolonnenboden und entblößte offenbar die Heizrohre, in denen das Destillat floß, so daß diese sich überhitzten. (Das war kein unabhängiger Fehler, sondern ergab sich unmittelbar aus Fehler 1.)

Das Zusammenwirken von hohen Temperaturen in der Rohrwandung und einer erhöhten Konzentration des Vinylazetylens schuf die Bedingungen für eine Explosion. Sie ereignete sich elf Stunden nach der einsetzenden Verringerung der zugeführten Destillatmenge und neun Stunden, nachdem der totale Rückflußzustand erreicht war. Es gab zwei Explosionen, ohne jede Vorwarnung. Die erste zerstörte den unteren, zwölf Meter hohen Teil der Kolonne; zur zweiten kam es durch die großen Mengen an Gas, die durch die Zerstörung freigesetzt wurden (s. Keister u. a. 1971).

Wir haben es hier mit einem Komponentenunfall zu tun: einem undichten Ventil in Verbindung mit fehlender Information über eine Störung des Systems sowie einer unvorhergesehenen Interaktion zwischen den in der Kolonne herrschenden Temperaturen, Drücken und dem Wasserdampf. Die Betreiberfirma ließ daraufhin an sämtlichen ähnlichen Anlagen zahlreiche Änderungen vornehmen, die vermuten lassen, daß das Verfahren trotz jahrelanger Erfahrungen, die man mit ihm gemacht hatte, immer noch nicht restlos beherrscht wurde. Zu den Änderungen gehörten niedrigere Temperaturen für die Heizsysteme, ein Ersatz für Natriumnitrit (das in Natriumnitrat umgewandelt wird und das Gemisch aus Butadien und Vinylazetylen instabiler macht), die Vermeidung eines totalen Rückflußzustandes, eine Beschränkung der Vinylazetylenkonzentration auf maximal 40 Prozent in der Dampfphase in der gesamten Kolonne sowie die Gewährleistung, daß diese Konzentration am Boden der Kolonne stets größer war als in den darüberbefindlichen Partien (s. ebd.). Aber diese Veränderungen haben anscheinend mit den wirklichen Problemen des Verfahrens wenig zu tun. Die Vermeidung des totalen Rückflußzustandes wird vermutlich neue Schwierigkeiten schaffen, und eine Kontrolle der Temperaturen hatte sich ja als unmöglich erwiesen. Irgendwann wird es wieder einen Unfall geben mit Sachschäden von sechs Millionen Dollar oder mehr und mit einer Gefährdung zahlreicher Menschenleben – nicht nur der Werksangehörigen, sondern auch der Anwohner in der näheren Umgebung.

Auch im Hinblick auf die Systeme der Brandbekämpfung und der Schadensbegrenzung wurden Veränderungen vorgenommen, nachdem man beispielsweise entdeckt hatte, daß die Tanklager keine Absperrventile hatten. Trotzdem ist insgesamt gesehen sowohl das zum Unfallzeitpunkt bestehende Feuerlöschsystem als auch die Anzahl der Faktoren beeindruckend, die alle zusammengewirkt haben, um eine Katastrophe noch größeren Ausmaßes zu verhindern. Wie so häufig, bestand ein Großteil der Probleme darin, größere Menschenmengen unter Kontrolle zu bekommen. Einige erinnerten sich an das Unglück von 1947 und versuchten zu fliehen, während andere durch das Schauspiel der Flammen angelockt wurden und die Bemühungen des Unternehmens, das Feuer zu bekämpfen und nach Überlebenden zu suchen, wesentlich behinderten. Auf die Lehre, die sich aus diesem Unfall ziehen läßt, gingen die Autoren des Untersuchungsberichts nicht ein: derartige Anlagen nicht in der Nähe von Wohnansiedlungen zu errichten.

Flixborough

Großchemische Anlagen sind enorme Kapitalinvestitionen. Da sie sowohl im Interesse der Kapitalanleger als auch aufgrund des Verfahrens selbst rund um die Uhr betrieben werden müssen, ist das Betriebspersonal einem starken Druck ausgesetzt. Einige Anzeichen für diesen Sachverhalt sowie für die Schwierigkeiten, diese kolossalen Anlagen anzufahren und abzuschalten, finden sich in dem offiziellen Untersuchungsbericht über die Katastrophe, die sich am 1. Juni 1974 in Flixborough in England ereignet hat. Ihre eingehende Untersuchung verschafft uns einen seltenen Einblick in die Welt der automatisierten Prozesse und der Spitzentechnologie. Was wir zu sehen bekommen werden, ist wenig ermutigend.

Die Anlage produzierte Caprolactam, das für die Herstellung von Nylon gebraucht wird. Zu diesem Zweck wird Hexamethylen oxidiert, eine dem Benzin vergleichbare Substanz. Dieser Stoff durchläuft die Anlage unter Druck und bei einer Temperatur von 155° C (Department of Employment 1975, S. 3). Die Oxidation erfolgt, indem das Hexamethylen nacheinander sechs Reaktoren durchläuft; unter Mitwirkung von Luft und Katalysatoren werden auf bestimmten Stufen die verschiedenen Einzelprodukte extrahiert.

Am 27. März stellte sich heraus, daß Hexamethylen aus einem Leck im Reaktor 5 entwich. Die Anlage wurde abgeschaltet, auf Normaldruck gebracht (entspannt) und abgekühlt. Bei der Inspektion wurde ein bedeutender Riß von fast zwei Meter Länge festgestellt, und die Verantwortlichen beschlossen, diesen Reaktor zu umführen. Im Bericht der Untersuchungskommission heißt es, daß von den Personen, die an der Krisensitzung teilnahmen und die Entscheidung trafen, nur ein einziger ernsthafte Bedenken geäußert hatte, die Anlage wieder in Betrieb zu nehmen, ohne zuvor die fünf anderen Reaktoren ebenfalls näher zu untersuchen. Außerdem »war sich anscheinend niemand darüber im klaren, daß ein Anschluß des Reaktors 4 an den Reaktor 6 größere technische Probleme aufwerfen oder mehr erforderlich machen würde als simple Klempnerarbeiten«. Das »Schwergewicht wurde während dieser Sitzung darauf gelegt, die Anlage so schnell wie möglich wieder anzufahren.« (Ebd., S. 81) Entwurf und Bau der Umführung erfolgten im Schnellverfahren. Es wurde nicht einmal eine Konstruktionszeichnung angefertigt, lediglich eine Kreideskizze auf dem Fußboden der Werkstatt; es wurden keine Berechnungen der auftretenden Belastungen angestellt; die Maßgaben des Herstellers des großen Gebläses, an das die Umführung angeschlossen werden sollte, wurden gar nicht erst zu Rate gezogen usw. Nach zwei Tagen, am Abend des 29. März, war die Umführung fertiggestellt. Das Gerüst, das die 20-Zoll-Leitung tragen sollte, war roh zusammengebastelt, um möglichst viel Zeit zu sparen. Wie es im Bericht heißt, waren die Stützen völlig unzureichend, und einige waren wohl in der Eile ganz vergessen worden.

Nach der Montage wurde die Umführung auf Leckagen untersucht. Nachdem man tatsächlich auf eine Undichtigkeit gestoßen war, wurde der Druck aus dem Leitungssystem abgelassen, aber es war vergessen worden, das Leck zu markieren, so daß die Anlage erneut unter Druck gesetzt, das Leck gesucht und markiert und der Druck wieder abgelassen wurde, um die Stelle abzudichten. Das Rohrleitungssystem einer großen Anlage unter Druck zu setzen ist keine Kleinigkeit; der Vorgang dauert mehrere Stunden und kann Tausende von Einzelschritten erfordern. Nachdem dies abermals geschehen war, wurde das System erneut auf Lecks untersucht und, als keine mehr auftraten, endgültig wieder angefahren. Man erkennt bereits aus dieser knappen Darstellung, welcher Belastung das technische Personal ausgesetzt gewesen sein muß. Der Bericht faßt den Zustand der Anlage zu diesem Zeitpunkt wie folgt zusammen:

»Man hatte ein Gerüst aufgebaut, ohne dessen Statik zu überprüfen, das weder den britischen Industrienormen noch den Empfehlungen des Gebläseherstellers entsprach, das einem Drehmoment unter Druck unterworfen, nach oben frei beweglich und völlig unzureichend gegen Abwärtsbewegungen gesichert war. Infolgedessen stand das Gebläse unter starken Scherbelastungen, für die es nicht ausgelegt war, und die 20-Zoll-Leitung (nebenbei die größte, die sich auf dem Werksgelände auftreiben ließ; eigentlich hätte man eine Leitung von 28 Zoll gebraucht) war durch die Endlast von 38 Tonnen hohen und in ihrer rechnerischen Größe unbekannten Belastungen unterworfen.« (Ebd., S. 10)

Trotz alledem schien diese Lösung zu funktionieren. Die Anlage nahm ihren Betrieb am 1. April wieder auf, zwar wurde sie im Mai zweimal für kurze Zeit abgeschaltet, doch erst am 29. Mai entdeckte man an einem der Kessel ein neues Leck, und im Lauf des Tages wurde der Betrieb erneut eingestellt, um zwei Tage später wiederaufgenommen zu werden. Abermals zeigten sich Undichtigkeiten, die Destillatzufuhr wurde unterbrochen und Wärme abgeführt; die Störungen behoben sich allerdings von selbst, und es wurden wieder Destillat und Wärme zugeführt. Der Druck stieg jedoch ungewöhnlich stark an, was eine beträchtliche Entlüftung notwendig machte. Ein neues Leck trat auf, der Druck wurde abgelassen und Wärme abgeführt. Das Leck ließ sich nicht reparieren, da sich die hierfür erforderlichen funkensicheren Geräte in einem verschlossenen Schuppen befanden – es war Samstag! Nach den Worten des Berichts war dies »offensichtlich keine zufriedenstellende Lage«. Wir schreiben jetzt den 1. Juni, vier Tage nach dem erstmaligen Auftreten eines Lecks, das in dieser hochautomatisierten und komplizierten Anlage zu einer Serie von Betriebsunterbrechungen geführt hatte. Eine Wiederaufnahme des Betriebs unter Vollast war außerdem nicht möglich, da die Anlage Wasserstoff benötigte, der erst um Mitternacht angeliefert wurde. Dennoch stand der Betrieb nicht gänzlich still, und wegen des ungewöhnlich hohen Drucks hielten die Entlüftungen ebenso an wie ein Rumpeln in den Leitungen. Die Beschreibung im Bericht ist äußerst komplex, und es ist die Rede von zahlreichen Interaktionen zwischen Druck, Heizdampf, Wasserstoffmengen und den verschiedenen Zuständen in den fünf Reaktoren. In dem Bericht wird eigens darauf hingewiesen, daß trotz der Kompliziertheit der Maßnahmen keine Bedienungsfehler begangen wurden.

Zu diesem Zeitpunkt waren etliche Anomalien nach wie vor unerklärlich, vor allem der schnelle Druckanstieg und ein übermäßiger Wasserstoffverbrauch, ebenso die Notwendigkeit der ständigen Entlüftungen (die offenbar mit dem Zustand der Umführung nichts zu tun hatten). Hinzu kam, daß die Anlage wegen des unzureichenden Wasserstoffs einige Stunden im Umwälzbetrieb arbeiten mußte, bevor mit der Oxidation des Hexamethylens begonnen werden konnte. Der Bericht vermerkt, daß der unvermittelte Druckanstieg während der letzten Schicht möglicherweise durch eine Ansammlung von Peroxiden oder durch ausgeblasenen Wasserstoff ausgelöst wurde, aber niemand hätte etwas Genaueres darüber sagen können.

Die Explosion ereignete sich am 1. Juni um 4:53 Uhr, kurz nach dem Arbeitsbeginn der Frühschicht. Sie vernichtete sämtliche Unterlagen, so daß der auslösende Faktor unbekannt ist. Die Kraft der Explosion wird auf eine Stärke von 15 bis 45 TNT geschätzt. Man nimmt an, daß etwa 30 t Hexamethylen bei 150° C eine Gaswolke bildeten, die sich entzündete. Unter den Werksangehörigen gab es 28 Tote und 36 Verletzte; außerhalb der Anlage wurden nach Polizeimeldungen 53 Personen verletzt, und darüber hinaus gab es sicherlich noch zahlreiche Verletzungen, die nicht bei der Polizei angezeigt wurden (Sadee u.a. 1976/77). Die gesamte Anlage wurde zerstört, Gebäude in 300 m Entfernung von der Explosion wurden beschädigt, Fensterscheiben gingen noch in 3 000 m

Entfernung zu Bruch. Wenigstens drei Häuser wurden dem Erdboden gleichgemacht, 1 821 Häuser und 167 Läden und Fabriken in dieser weitgehend ländlichen Region wurden mehr oder weniger stark beschädigt. Die Experten stimmen darin überein, daß die 20-zöllige Umführungsleitung einen Riß erhalten hatte, aus dem so lange Gas ausgeströmt war, bis es sich an einem in der Nähe befindlichen Wasserstoffbrenner entzündete. Aber kam es vor allem deshalb zu dem Riß, weil die Leitung einen zu geringen Querschnitt hatte, oder lag es an den zahlreichen sonstigen Unregelmäßigkeiten, die aufgetreten waren? Offenbar hatte sich die Anlage vor dem Unglück insgesamt in einem bedrohlichen Zustand befunden.

Das sprichwörtliche Gesetz von Murphy hatte sich hier nicht bewahrheitet. Seine Aussage, daß alles, was theoretisch schiefgehen kann, auch tatsächlich schiefgeht, wird von fast allen nachträglich angestellten Untersuchungen von schweren Katastrophen widerlegt. In ihnen findet sich in dieser oder jener Form immer wieder die Feststellung: »Es hätte alles viel schlimmer kommen können.« In diesem Fall hätte sich das Unglück an einem normalen Werktag ereignen können, an dem nicht nur eine Notschicht Dienst tat; ein heftiger Wind und eine größere Gasblase hätten den Schaden beträchtlich erhöht; zum Glück geschah alles am hellichten Tag und bei klarem Wetter, so daß die Feuerwehr den Brand effektiver bekämpfen konnte; und die Anlage befand sich in einem ländlichen, dünn besiedelten Gebiet usw. Alle Optimisten weisen stets darauf hin, daß sich solchen Unfällen mindestens zwei gute Seiten abgewinnen lassen: Es hätte immer noch schlimmer kommen können, und wir können ja so viel aus ihnen lernen!

Es sieht so aus, als wäre dieser Unfall durch grobe Fahrlässigkeit und Inkompetenz herbeigeführt worden, aber dem möchte ich widersprechen. Ein gewisses Maß an Fahrlässigkeit und mangelndem Sachverstand ist bei allen Menschen anzutreffen, und unter den ökonomischen Zwängen in einer riesigen Anlage, deren Betrieb aufgehalten wird, weil es an den nötigen Werkzeugen, Rohrleitungen oder an Wasserstoff fehlt, sind erzwungene Fehler nachgerade zu erwarten. Zwar stellte die vorübergehend installierte Umführung eine kaum erkannte Gefahrenquelle dar, aber immerhin hatte sie einen Monat lang ihren Dienst getan. Bereits vor dem Unfall waren anormale Bedingungen aufgetreten, die unabhängig von der Leitung und dem Traggerüst zu Überhitzung oder übermäßigem Überdruck geführt haben konnten; diese Abweichungen ließen sich nicht diagnostizieren. Vermutlich wäre es nicht schwer, eine

Kommission zur Untersuchung eines angeblichen Unfalls in jedem beliebigen System einzuberufen, die im Verlauf ihrer sorgfältigen Recherchen ein rundes Dutzend Defekte in den DEPOSE-Komponenten entdecken würde, die schon seit längerem zu einem Unfall hätten führen müssen. Komplexe Systeme müssen mit derartigen Mängeln in Konstruktion, Ausrüstung, Verfahren und dergleichen leben. Da die Daten zur Rekonstruktion der letzten Ursache des Unglücks vernichtet wurden, können wir nicht mit Sicherheit wissen, ob eine unvorhersehbare Interaktion mehrerer Störungen oder nur ein simpler Rohrleitungsbruch zu dem Unglück geführt hat, aber dem Unfallbericht läßt sich doch entnehmen, daß es eine ganze Reihe von unabhängigen Störungen gab, die nur noch auf den sprichwörtlichen Funken im Pulverfaß warteten.

Nach unserer Erörterung der Systeme von Kernkraftwerken sind die folgenden Bemerkungen dem Leser bereits vertraut. Die Organisation wies bestimmte Mängel auf: Dem Personal fehlte es erkennbar an technischem Wissen, und der Oberingenieur hatte gekündigt; die Umführung war übereilt beschlossen worden, man hatte versäumt, den Rat eines Fachmanns einzuholen und stand vermutlich unter starkem Zeitdruck durch den Betreiber der Anlage. Wie jedoch bereits zu dem Unglück von Harrisburg und anderer Atomkraftwerke bemerkt wurde und wie sich in den folgenden Kapiteln zeigen wird, ist dies die normale Lage der meisten Organisationen; eigentlich ist es ein Glücksfall, wenn solche Großanlagen erwartungsgemäß funktionieren. Hätte die 20-Zoll-Leitung gerade noch so lange gehalten, bis die Reaktorreparatur beendet war, und hätte das Unternehmen einen neuen Oberingenieur eingestellt, dann hätte eine Untersuchungskommission möglicherweise den Eindruck gewinnen können, daß dies eine gut geführte, sichere Anlage war. Erst wenn es zu einem Unglück kommt, sucht man nach großen Ursachen für die große Wirkung und findet diese auch mühelos. Es hatte unübersehbare Warnhinweise gegeben – man hatte bemerkt, daß sich die Umführung während des Betriebs leicht auf und ab bewegte, was auf jeden Fall eine Anomalie darstellte, und es waren unerklärliche Abweichungen im Hinblick auf Druck, Temperatur und Wasserstoffverbrauch aufgetreten. Das waren jedoch erst in der Rückschau Warnsignale. In komplexen Systemen gibt es vermutlich immer wieder solche Signale, an die man sich gegebenenfalls erinnert, aber wenn man die Anlage wegen jeder Kleinigkeit abschalten wollte . . .

Schließlich gibt es noch die großartigen Lehren, die wir aus diesen Unfällen ziehen können. In einem der Unfallberichte werden kleinere

Anlagen, größere Abstände zwischen den Baulichkeiten, eine geänderte Reaktorkonstruktion und qualifizierte Sicherheitsberater empfohlen. »In hochtechnisierten Industrien wie der Verfahrenstechnik genügt es nicht, als Sicherheitsberater lediglich einen altgedienten Vorarbeiter anzustellen, der seine Aufgabe darin sieht, Anweisungen von Leuten entgegenzunehmen, die von der Praxis keinen Schimmer haben.« (Kletz 1975, S. 109) Die Versicherungsgesellschaften in Großbritannien, so klagt der Autor, berücksichtigen weder das Niveau des Managements noch das der eingesetzten Verfahren; statt dessen beschränken sie sich darauf, die Unternehmen im Hinblick auf Maschinen und Ausrüstung einzuordnen. Es ist unwahrscheinlich, daß diese Empfehlungen in die betriebliche Praxis Eingang finden.

Gaswolken

Bei der Katastrophe von Flixborough war eine Gaswolke explodiert. Das sind die bedrohlichsten Unfälle in petrochemischen Anlagen. In einer 1977 veröffentlichten Studie über Zwischenfälle in Verbindung mit der Bildung von Gaswolken bemerkt der Autor:

»Gaswolkenexplosionen waren in den vergangenen Jahren die überwiegende Ursache der größten Verluste in der chemischen und petrochemischen Industrie. Da der Trend zu Anlagen mit erhöhter Leistungsfähigkeit, größeren Drücken und Temperaturen sowie einer größeren Füllmenge geht, haben diese Verluste sowohl an Häufigkeit als auch an Schwere zugenommen.« (Davenport 1977, S. 54)[*]

Mit dem Begriff »Gaswolkenexplosion« sind im allgemeinen die Explosionen gemeint, die sich unter freiem Himmel ereignen. Ein explosives Gas bildet eine Blase, die minutenlang durch die Luft schweben oder treiben kann, bevor sie entzündet wird. Einige der in der Studie erwähnten Gasblasen waren tatsächlich sehr ausgedehnt. Obgleich nicht alle Explo-

---

[*]Der Autor dieses Aufsatzes steht der Versicherungsindustrie nahe und hat deshalb Zugang zu allen veröffentlichten Daten über dieses Thema. Trotzdem werden 42 Prozent der von ihm behandelten Unfälle, zu denen sogar einige mit katastrophalen Folgen zählen, einer »persönlichen Mitteilung« zugeschrieben. Diese wurden zu ihrer Zeit fraglos auch von lokalen Zeitungen aufgegriffen und mehr oder weniger ausführlich geschildert, doch ist zu beklagen, daß eingehende technische Erörterungen der Unfallursachen und -abläufe nur durch private Kontakte erhältlich sind.

sionen auf Unfälle in großchemischen Anlagen zurückgingen, machen die folgenden Einzelheiten die Gefahren deutlich. Bei einem Unfall in Illinois im Jahr 1972 ließ man beim Rangieren einen Eisenbahn-Tankwaggon mit überhöhter Geschwindigkeit von einem Ablaufberg rollen und auf einen stehenden Waggon aufprallen, wodurch 53 000 kg flüssiges Propangas ausliefen. (Warum die Waggons mit ihrer gefährlichen Ladung nicht anders zusammengekoppelt wurden, bleibt unerfindlich.) Da die Waggons sich fortbewegten, breitete sich das Gas, das sich verflüchtigte, noch stärker aus. Als die Gaswolke eine Fläche von etwa 200 Ar (20 000 qm) bedeckte, explodierte sie. Es gab zwar keine Toten, aber 230 Verletzte und einen Sachschaden von 10,8 Mio. Dollar (Dollarwert von 1972). Es kommt auch vor, daß eine Gaswolke sich nicht entzündet. Bei einem Zwischenfall in einer Anlage zur Herstellung von Hexamethylen in Florida im Jahr 1971 bildete sich eine Gaswolke von 600 m Länge, 350 m Breite und gut 30 m Höhe, die sich nach allen Richtungen hin auflöste, bevor sie sich entzünden konnte. Die Freisetzung von Gaswolken aus chemischen Anlagen rührt nicht zwangsläufig aus Systemunfällen, verweist jedoch auf das Katastrophenpotential, das immer mehr zunimmt, je geringer die Entfernungen zwischen solchen Anlagen und dicht besiedelten Regionen werden.

Triviale Synergien

Im folgenden Beispiel geht es um einen mittelschweren Brand in einer Anlage zur Ammoniakherstellung, die Analyse einer Untersuchungsgruppe und die aufschlußreichen Kommentare von Fachleuten aus der Industrie während einer Tagung, auf der dieser Unfall erörtert wurde. Auch hier erleben wir undurchschaubare Interaktionen, die Neigung, den Opfern die Schuld zu geben, und den bestehenden Druck, die Anlage um jeden Preis so schnell wie möglich wieder in Gang zu setzen.

Die Ammoniakfabrik, von der hier die Rede ist, befindet sich in Louisiana und mußte nach einem Stromausfall samt Betriebsunterbrechung wieder neu angefahren werden. Ein großer Heizkessel bringt das Einsatzprodukt (»Synthesegas«) auf ein Temperaturniveau, auf dem sich die Reaktion selbst stabilisiert. Der Kessel ist 18 m hoch, hat einen Durchmesser von 3 bis 4 m und steht im Freien, in der Nähe zahlreicher Rohrleitungen und einiger Gebäude. Über einen Kompressor wird Gas in den

Kessel geleitet, wo es verbrennt und Heizschlangen erwärmt, durch die das Synthesegas geleitet wird. Normalerweise wird hierzu Erdgas verwendet, aber wegen einer defekten Dichtung befand sich der Kompressor für dieses System außer Betrieb, so daß statt dessen »Prozeßgas« verwendet wurde, was man bereits früher verschiedentlich getan hatte. (Das ist eigentlich keine »Störung«, aber etwas Vergleichbares: eine Normabweichung, die in der Regel toleriert werden kann.)

Die Feuerung ging um 16:30 Uhr in Betrieb. Drei Stunden später wollten die Operateure die Kesselleistung erhöhen und drehten die Gaszufuhr weiter auf, aber sie hörten nur ein lautes Rumpeln, und die Temperatur stieg nicht auf den vorgesehenen Wert. Nach einer Überprüfung der Ventileinstellung beschloß der Mann am Steuerpult, die Durchflußmenge des Synthesegases zu erhöhen, in der Hoffnung, auf diese Weise die Heizleistung noch zu steigern. Tatsächlich begann die Temperatur des Einsatzprodukts zu steigen, und »sämtliche Betriebsbedingungen schienen normal.«(Kokemor 1980, S. 160) Glücklicherweise verließen die Techniker, die im Freien in der Nähe des Kessels gearbeitet hatten, das Gelände. Kurz darauf brach die Heizschlange im Kessel, und der 18 m hohe Turm stand von unten bis oben in Flammen. Nachdem zwei von Hand bediente Ventile geschlossen worden waren, konnte das Feuer ausbrennen.

Die anschließende Untersuchung ergab, daß Substitutionen in Systemen mit komplexen Interaktionen nicht so leicht vorgenommen werden können wie in linearen Systemen. Normalerweise dürfte die Substitution eines Erdgaskompressors durch einen Prozeßgaskompressor keine Probleme aufwerfen. Aber niemand hatte daran gedacht, daß nach dem Ausfall des Erdgaskompressors der Saugdruck des Kompressors für das zu verarbeitende Synthesegas etwas niedriger lag als normal. Zwischen den drei separaten Kompressoren für Erd-, Prozeß- und Synthesegas bestand ein unbekannter Zusammenhang von der Art, daß der Ruhezustand des ersten die Temperatur des dritten Kompressors beeinflußte, obwohl beide völlig unabhängig voneinander funktionierten. Es mußte aber noch einen weiteren Einflußfaktor geben, da bislang keine Probleme aufgetreten waren, wenn der erste gelegentlich durch den zweiten Kompressor ersetzt wurde. Der Bericht macht keine Angaben darüber, wie die Wechselwirkungen zustandekamen, wirft jedoch den Operateuren vor, sie nicht erkannt zu haben: »Die Auswirkungen dieses von der Norm abweichenden Betriebszustandes (die Substitution des Erdgaskompressors durch den Prozeßgaskompressor) wurden vom Bedienungspersonal nicht voll erkannt.« (Ebd., S. 159)

In dem Bericht wird dem Bedienungspersonal außerdem vorgeworfen, die Überwachungsinstrumente für den Durchgang des Synthesegases durch den Heizkessel nicht beachtet zu haben, an denen
abzulesen war, daß irgend etwas nicht stimmte. Andererseits wird in
dem Bericht eingeräumt, daß »die Meßgeräte für den Gasdurchfluß
als unzuverlässig (galten), weil die Zeiger weder beim Anfahren des
Systems noch bei Normalbetrieb einen sichtbaren Ausschlag zeigten,
vor allem, wenn beide Kontaktöfen gleichzeitig angefahren werden.«
(Man beachte diese triviale wechselseitige Abhängigkeit der beiden
Öfen und die Auswirkung auf die Fließanzeige!) Mit anderen Worten,
den Bedienungsleuten wurde der Vorwurf gemacht, sie hätten eine
Gasströmung nicht beachtet, die so schwach war, daß sie gar nicht
zuverlässig gemessen werden konnte. Im übrigen spielte dieser
Aspekt sowieso keine Rolle, da beide Meßgeräte falsch eingestellt
waren und die mit ihnen verbundenen Alarmvorrichtungen, die eine
zu niedrige Gasströmung anzeigen sollten, »außer Funktion gesetzt
worden waren, da sie bei Normalbetrieb Störungen verursachten«
(ebd., S. 160). Nach alledem kann es kaum noch wundernehmen, daß
die Meßinstrumente zur Überwachung der Gasströmung nicht beachtet wurden.

Die Untersuchung des Unfalls ergab des weiteren, daß der Hersteller
der Heizschlangen bereits elf Jahre vor dem Unfall die Vorschriften für
sein Produkt geändert hatte, ohne daß diese Änderungen von der
Ammoniakfabrik übernommen worden wären. Hätte man die Vorschriften beachtet, dann wären in den Kessel Heizschlangen aus rostfreiem Stahl installiert worden, und der Unfall wäre vermieden worden.
Bei der nächsten fälligen Überholung der Anlage wurden nicht nur die
Heizschlangen ausgetauscht, sondern auch noch einige andere Änderungen vorgenommen. Die während der Feuerung des Kessels benötigten
Instrumente wurden an sichereren Stellen untergebracht, und es wurden
bessere Meßinstrumente sowie Sperren installiert, mit denen der
Zustrom von Heizgas unterbrochen werden konnte, wenn das Synthesegas eine zu niedrige Strömungsgeschwindigkeit hatte. Ein Vorarbeiter
wurde eigens dafür abgestellt, das System während der Anlaufphasen zu
überwachen, und »es wurde ein formalisiertes Ausbildungshandbuch
erarbeitet«. In der Zeit unmittelbar nach dem Brand war allerdings keine
Zeit für derartige Sicherheitsmaßnahmen. Der Bericht erwähnt auch den
in solchen Anlagen herrschenden Zeitdruck: »Wie üblich nach einer
außerplanmäßigen Stillegung muß die Betriebsausfallzeit auf ein Min-

destmaß beschränkt werden. « Die Heizschlange wurde geflickt, und vier Tage später ging die Anlage wieder in Betrieb.

Wenn man bedenkt, wie schnell dieses System wieder in Betrieb genommen wurde, ohne bestehende Mängel zu beheben, und wenn man weiterhin an die undurchschaubaren Interaktionen, die irrelevanten Meßgeräte zur Überwachung der Gasströmung und an den unterlassenen Austausch der Heizschlangen denkt, dann muß es mehr als überraschen, daß in dem offiziellen Unfallbericht als zwei von insgesamt drei »Ursachen« des Unfalls Bedienungsfehler angeführt werden. Die Bedienungsmannschaft hatte angeblich »die kritischen Parameter dieser Arbeitsphase« nicht richtig eingeschätzt und nicht erkannt, daß ein abnormer Systemzustand in der Anlaufphase bestand. Als dritte Ursache wurde angeführt, es sei versäumt worden, einen Vorarbeiter ausschließlich zur Überwachung der Anlage während der Anlaufphase abzustellen – eine reichlich merkwürdige und vermutlich wenig schlüssige Erklärung.

In einer Diskussion des Unfallberichts stellte sich heraus, daß nicht alle Anwesenden mit der Meinung der Untersuchungskommission übereinstimmten. So sagte z. B. ein Ingenieur, der für ein anderes Unternehmen tätig war: »Wir neigen immer wieder dazu, Änderungen vorzunehmen, ohne dem Bedienungspersonal davon Mitteilung zu machen oder die Gründe für die Änderung zu erläutern.« Ein anderer hielt es für am besten, derartige Probleme konstruktiv zu lösen: »Wenn man rostfreien Stahl verwendet, bewegt man sich immer auf der sicheren Seite, auch bei überhöhten Temperaturen. Wenn man sich nur auf gut geschultes Bedienungspersonal verläßt, kann das gelegentlich schiefgehen.« Andere äußerten, daß es bei ihnen ähnliche Defekte gegeben hatte.

Der letzte Unfall, den ich in diesem Kapitel erörtern möchte, ist nicht wegen seines Ausmaßes bemerkenswert, sondern wegen der freimütigen Beurteilung durch den Autor des Unfallberichts (der zum Unfallzeitpunkt als Ingenieur in der Anlage beschäftigt war) und andere Personen im Hinblick auf die Komplexität der Systemmerkmale.

In einer Hinsicht war es ein ziemlich trivialer Unfall: Drei Stromausfälle nacheinander senkten anscheinend die erforderliche Betriebsgeschwindigkeit eines Ventilators, und außerdem klemmten drei Luftklappen in Rohrleitungen in Schließstellung. Daraufhin überhitzte sich ein Dampfverteiler im Hochdruckdampfsystem und barst auseinander. Zum Glück befand sich zur Unfallzeit niemand in unmittelbarer Nähe, so daß lediglich ein – allerdings beträchtlicher – Sachschaden auftrat. Die

Anlage war nur mit Teillast gefahren worden. »Nichts im System schien überlastet oder überdreht zu sein.« (Atwood 1976, S. 109) Es hatte jedoch Schwierigkeiten gegeben, die Temperatur von 500° C im Dampfüberhitzer relativ konstant zu halten. Immer wenn das System abgeschaltet und später wieder angefahren wurde, schwankten die Temperaturen, ohne daß irgendwelche Schäden auftraten. Es gab zwar immer wieder Alarmsignale wegen zu hoher Temperaturen, doch das Bedienungspersonal hatte gelernt, sie zu ignorieren.

Während der Anlaufphase mußte unter anderem der Heizgasdruck reduziert werden. Man beachte in der folgenden Schilderung die Kenntnislücken und die Konsequenzen, die sich daraus für das Bedienungspersonal ergaben:

»Das Verfahren ging von der Annahme aus, daß eine Reduktion des Heizgasdrucks sich unmittelbar auf die Prozeßtemperatur beim Austritt aus dem Reformer auswirken würde. Seit dem Unfall wissen wir, daß dies nicht für den gesamten Bereich des Heizgasdrucks zutrifft. Tatsächlich passiert folgendes: Unter bestimmten Zugverhältnissen geht zum Zeitpunkt der Extraktion des Spaltgases ein bestimmter, die Luftzufuhr überschreitender Anteil des Heizgases unverbrannt in die Konvektionszone und leistet deshalb keinen Beitrag zur Austrittstemperatur. Wenn also der Operateur lediglich die Prozeßtemperaturen beobachtet, kann ihn dies leicht zu Fehlschlüssen über die erforderliche Verringerung des Heizgasdrucks veranlassen.« (Ebd.)

Wenn außerdem die Abdeckungen über der Konvektionszone zur Kühlung derselben geöffnet wurden, um den durch einen Austauscher bedingten Dampfverlust wieder auszugleichen, kam es aufgrund der nachträglichen Entzündung des unverbrannten Heizgases zu einem Anstieg statt einem Abfall der Temperatur. Dieser Zusammenhang wurde vor dem Unfall nicht erkannt.

Aber es gab noch weitere Probleme. »Während der Anlaufphase ist eine Kontrolle der Überhitzung sehr schwierig.« Das liegt an dem verwendeten Entschwefelungsverfahren über Zinkoxid, und selbst bei weit geöffneten Sicherheitsdeckeln kommt es zu überhöhten Temperaturen. Die Heizschlangen des Überhitzers, so heißt es in dem Unfallbericht weiter, sind schwierig innerhalb des sicheren Temperaturbereichs zu halten, sobald mindestens die Hälfte der Dampfzufuhr aus einem Hilfskessel kommt. Des weiteren war der Zugventilator unterdimensioniert, und die Feuerung drohte ständig nachzubrennen. Zu allem Überfluß öffneten sich auch die Luftklappen in den Rohrleitungen nicht. »Angesichts der zusätzlichen Mängel der Ventilation und der Luftklappen beim Hilfskessel mußte man von Glück sagen, daß die Anlage nicht in alle Richtungen auseinanderflog.«

Man beachte die Anzahl der komplexen Interaktionen in diesem Teil des Systems, einige davon unvorhersehbar wie die Auswirkungen des Einsatzes eines Hilfskessels. Man beachte ferner die Konstruktionsprobleme: ungenügende Ventilatordrehzahl sowie das Ansteigen der Temperaturen durch die Verwendung von Zinkoxid zur Entschwefelung. Sodann haben wir eine Komponentenstörung, die festsitzenden Luftklappen. Man kann sich vorstellen, welche Vielzahl von Meßinstrumenten erforderlich wäre, um alle diese Komponenten und Interaktionen zu überprüfen. (Während des Wiederaufbaus wurden einige zusätzliche Meßgeräte installiert, aber gegen klemmende Luftklappen kann man nicht allzuviel unternehmen.) Beachtung verdient schließlich auch die mangelhafte Kenntnis von der Eigendynamik kleiner Teile des Systems, z. B. das Problem des unverbrannten Heizgases, das den Operateur leicht zu Fehldeutungen verleiten kann. Der Autor, der – wie wir uns erinnern – zum Unfallzeitpunkt selbst als Ingenieur an der Anlage tätig war, scheint unsere Bedenken zu teilen:

»Solange dieser katastrophale Unfall jedermann noch frisch in Erinnerung ist, wird er sich auf absehbare Zeit nicht so schnell wiederholen. Da (jedoch) die Bedingungen beim Wärmeaustausch wegen der zahlreichen Variationen dem Bedienungspersonal nicht immer eindeutig klar sind, steht zu befürchten, daß irgendwann in der Zukunft dieses Wissen wieder verschüttet ist, wenn man neues Bedienungspersonal eingestellt und die Zeit der Erinnerung an diese Katastrophe getilgt hat.

Eine Gesamtwürdigung des Unfalls führt zu dem Schluß, daß Temperaturen über 500° C bei diesem Verfahren zu hoch sind. Es ist möglich, mit dieser Obergrenze zu arbeiten, obwohl keiner der Änderungsvorschläge in die Praxis umgesetzt wurde. [Der Autor hatte nachdrücklich die Installation eines Enthitzers empfohlen.] Wäre man bereits vor dem 11. Dezember zu den heute vorliegenden Erkenntnissen gelangt, wäre die Störung nicht aufgetreten; sie läßt sich auf mangelhafte Betriebserfahrung und eine unvollständige mechanische Diagnose zurückführen.

Wenn auf der anderen Seite *ein System so komplex und durchgehend so sehr vermascht ist, daß es übermenschlicher Operateure bedarf,* um den Prozeß innerhalb eines sicheren Spielraums zu halten, dann müssen bestimmte Änderungen vorgenommen werden. Da zur Zeit eine neue Generation von Reformern mit Luftvorwärmern gebaut wird, stellt die Steuerung der Dampftemperaturen noch eine ganze Zeitlang ein heikles Problem dar, sofern den Bedienungsmannschaften keine Unterstützung in dieser oder jener Form gewährt wird.« (Atwood 1979, S. 110 f.; Hervorhebung von mir, C. P.)

Nach dem Vortrag des Referats bemerkte ein Diskussionsteilnehmer, nicht die Neuartigkeit einer Anlage sei das Problem. Auch in altbekannten Anlagen »haben wir Mühe, den Prozeß unter Kontrolle zu halten . . . Das System geht immer mal wieder durch, und eine Steuerung durch diese Abdeckkappen ist keine Lösung . . . Nach dem gegenwärtigen Stand der Dinge haben wir immer noch Schwierigkeiten, und ich glaube, keiner ist erfahren genug, um die Anlage wirklich sicher zu bedienen. « (Ebd., S. 111)

Die Probleme bei dieser weit entwickelten, aber immer komplizierteren und immer größere Einsatzmengen verarbeitenden Industrie liegen offenbar in der Natur des hochkomplexen und sehr eng gekoppelten Systems selbst und nicht in Mängeln der Konstruktion oder der technischen Ausrüstung, die von Menschen durchaus behoben werden können.

Zusammenfassung

Petrochemische Anlagen sind uns allen vertraut, weit mehr noch als Atomkraftwerke. Wir leben mit ihnen seit rund einhundert Jahren, und sie haben bislang sehr wenig unmittelbaren Schaden angerichtet. Bei der schlimmsten Katastrophe, einer Explosion im Ludwigshafener Stammwerk der BASF 1921, gab es 550 Tote; bei der größten Explosionsserie in Texas City 1947 waren 561 Tote und über 3 000 Verletzte zu beklagen. Im Vergleich zur Gesamtzahl aller katastrophalen Unfälle haben Unfälle in der Petrochemie nur zu äußerst geringen Personenschäden geführt, wenn wir hier einmal von der Luftverschmutzung und anderen Formen der Umweltvergiftung absehen. Trotzdem gibt es selbst Mitarbeitern dieser Industrie zu denken, daß der Umfang, die Komplexität und die räumliche Nähe dieses Industriezweigs zu menschlichen Ansiedlungen ständig zunehmen. Die Pulverfabriken von DuPont am Brandywine River in Delaware im 19. Jahrhundert hatten dem Fluß zugewandte Leichtbauwände, die bei den häufigen Explosionen in den Fluß geschleudert wurden und auf diese Weise die angrenzenden Pulverlager nicht gefährdeten. Derartige Vorsichtsmaßregeln sind heute nicht mehr möglich; jedes bedeutende großstädtische Gebiet grenzt heutzutage an weit tödlichere Industrieansiedlungen.

Mit dem Wachstum der großchemischen Anlagen hat auch die Sicherheit zugenommen. Zumindest hat es den Anschein, daß trotz einer beträchtlichen Ausweitung der Produktion die jährlich auftretenden Verluste durch Unfälle zurückgegangen sind. Trotz der zahlreichen Beispiele für Fahrlässigkeit, Übereilung und Unvorsichtigkeit in den geschilderten Beispielen steht die chemische Industrie weit besser da als etwa die Atomindustrie, obgleich es andererseits verdächtig schwierig ist, sich überhaupt ein Bild zu machen. Es ist eine Industrie, die bei den meisten ihrer Anlagetypen über eine Betriebserfahrung von mehreren Tausend Jahren verfügt, und selbst die neuesten Anlagen können sich bei vielen wichtigen Teilen ihrer technischen Ausrüstung auf mehrere Hundert Jahre Betriebserfahrung stützen.

Es kann jedoch sein, daß wir allmählich jenen Punkt der Lern- und Erfahrungskurve erreicht haben, von dem ab das Potential für nichtlineare Interaktionen in geometrischer Progression zunimmt. Die neuen Prozesse sind offenbar komplexer als die bisherigen (auch wenn das für uns schon immer so aussah), die Durchsätze sind beträchtlich höher, und die meisten Einsatzprodukte sind komplexer und in ihren Reaktionen unberechenbarer geworden. Anlagen zur Herstellung von Ammoniak oder Benzin werden wohl keine grundlegenden Änderungen mehr erfahren, wenn auch das Verfahren selbst noch hier und da modifiziert werden wird, aber neue Produkte mit unaussprechlichen Bezeichnungen (und phantastischen Eigenschaften) sprudeln aus dieser Industrie. Angesichts der Tatsache, daß aufgrund der Eigenart des Transformationssystems nichtlineare Interaktionen und enge Kopplung unabdingbar sind, wird die Wahrscheinlichkeit für das Auftreten von Systemunfällen zweifellos zunehmen. Dasselbe gilt für die Gefahren, die den nahegelegenen städtischen Zonen drohen. Es kann durchaus zu einer Gasexplosion kommen, bei der ein dicht besiedeltes Gebiet mit einer Fläche von 3 km² zerstört wird und nicht nur eine ländliche Region mit einigen verstreuten Bauernhöfen.

Obwohl wir uns einem Punkt zu nähern scheinen, an dem kein zureichendes Verständnis der möglichen Interaktionen mehr möglich ist, spricht wenig dafür, daß die Konstrukteure und die Manager der großen Unternehmen eines Tages kapitulieren werden. Dem steht die ganze bisherige Haltung der Industrie entgegen. Texas City hat seine Anlagen und Tanklager ziemlich rasch wiederaufgebaut – in der sicheren Hoffnung, daß sich eine solche Katastrophe nicht wieder ereignen wird. Die »Cancer Alley« in New Jersey frißt sich immer tiefer in die Landschaft. Grund und Boden ist teuer in der San Francisco Bay; es ist deshalb unwahrscheinlich, daß die dort niedergelassenen Betriebe ihre Tanklager weiter auseinander bauen oder zwischen sich und den wachsenden Kommunen einen breiteren Streifen Platz lassen. Teile von Texas und Louisiana machen aus 4 000 m Höhe den Eindruck eines riesigen Go-Bretts. Eine Fülle neuer Verfahren wurde entwickelt. Die aus allen Nähten platzenden Kontrollwarten der Großanlagen sind zu unübersichtlich geworden und werden dezentralisiert, mit »Fernsteuerungen« oder »Verbundsteuerungen«, wie die neuen Schlagwörter heißen. Es sind Computer (Mikroprozessoren), die den größten Teil der Überwachungs- und Steuerungsprobleme unmittelbar an der Produktionsstelle übernehmen, wobei an den zentralen Kontrollraum nur Informationen über die Funktionen auf den höheren Betriebsebenen weitergegeben werden. Diese Computerisierung beschränkt jedoch die Eingriffsmöglichkeiten des Bedienungspersonals und fördert kein umfassenderes Verständnis des Gesamtsystems – eine wesentliche Voraussetzung für Eingriffe in unvorhergesehene Interaktionen (s. Perrow 1982).

Es war jedoch nicht meine Absicht, in diesem Kapitel die Expansion der chemischen Industrie anzuprangern. Ich wollte damit noch nicht einmal auf das beträchtliche Katastrophenpotential dieser Branche hinweisen, das selbst von jenen weitgehend unbeachtet bleibt, die sich um diese Probleme Gedanken machen (nach ihrem eigenen Eingeständnis deshalb, weil Unfälle in Kernkraftwerken und bei atomaren Waffen wesentlich schlimmere Folgen haben können), obwohl das sehr wichtig ist. Der Zweck dieses Kapitels ist trivialer: Mit den hier vorgeführten Beispielen sollte gezeigt werden, daß es auch in anderen Industrieanlagen als in Atomkraftwerken Systemunfälle gibt und zwar in solchen Systemen, die zahlreiche nichtlineare Interaktionen sowie eine enge Kopplung aufweisen. Die Analyse von Unfällen in der petrochemischen Industrie bestätigt die Brauchbarkeit der im Kapitel 3 entwickelten Kategorien im Rahmen einer Theorie der Systemunfälle. Daß die Beispiele im vorliegenden Kapitel eine starke Ähnlichkeit mit denen aus der Atomindustrie aufweisen, trifft genau den Kern der Sache.

Eine petrochemische Anlage bleibt jedoch ganz wie ein Kernkraftwerk ein weitgehend in sich abgeschlossenes System, obwohl ein Durchgehen des Systems (»Exkursion«) auch Konsequenzen für die Umwelt hat. Die Umwelt mag sich ihrerseits auswirken – ein Flugzeug kann auf das Werksgelände stürzen, extreme Wetterverhältnisse können Schwierigkeiten bereiten –, aber im großen und ganzen ist das nicht das Problem. Im folgenden Kapitel wird die Umwelt eine größere Rolle spielen, da Flugzeuge in weit höherem Maße von ihr abhängig sind. Hinzu kommt, daß zwar die Lage von Öltanks bedeutsam ist, wenn in ihrer Nähe ein Kontaktofen explodiert, beide jedoch unveränderlich auf ihrem Platz bleiben. Demgegenüber zählen zur Umwelt eines Flugzeugs andere Flugzeuge sowie Fallböen, Windscherungen, Gewitterwolken sowie der Orientierungsverlust bei Flügen mit extremer Fluggeschwindigkeit. Damit wird das System wesentlich komplizierter. In den anschließenden Kapiteln werden diese Unterscheidungen sowohl wichtiger als auch mühsamer. Indem wir uns nunmehr mit Flugzeugen beschäftigen, werden wir tiefer in die Umwelt und in die Probleme eindringen, die sich bei der Definition dessen stellen, was ein System ist.

Kapitel 5
Flugzeuge und Luftverkehr

In diesem Kapitel geht es um einen Bereich, der unseren eigenen Erfahrungen besonders nahesteht, denn fast jeder von uns ist in seinem Leben schon einmal mit einem Flugzeug gereist. Nachdem wir diese Flüge überlebt haben, wissen wir, daß Flugreisen mindestens einigermaßen sicher sind. Trotzdem gibt es auch bei Flugzeugen und im Luftverkehr Systemunfälle, wie wir noch sehen werden, sowie zahlreiche Beispiele für Zeitdruck, Gesetzesverstöße, unsachgemäße Konstruktionen und Untätigkeit der Behörden. Warum fliegen wir dann immer noch, ohne uns besonders von diesen Gefahren beunruhigen zu lassen? In dieser »Industrie« herrschen bestimmte einmalige strukturelle Bedingungen, die der Sicherheit förderlich sind, und trotz Komplexität und enger Kopplung haben sich technische Verbesserungen an manchen Stellen als sehr zweckmäßig erwiesen. Wenn es weiterhin zu Unfällen in den beiden Systemen »Flugzeug« und »Luftverkehr« kommt, so liegt das daran, daß sie nach wie vor bis zu einem gewissen Grad komplex und eng gekoppelt sind, daß aber auch die Manager in beiden Systemen diese immer wieder bis an die Grenze ihrer Leistungsfähigkeit beanspruchen. Zum Glück sind die Technik und die erfahrenen Piloten und Fluglotsen den Managern, die Druck machen, stets um eine Nasenlänge voraus, so daß die Sicherheit ständig zugenommen hat, wenn auch zuletzt nicht mehr so dramatisch wie in den früheren Jahrzehnten. Aber während die Zahl der Flugzeugabstürze zurückging und Zusammenstöße in der Luft kaum noch vorkommen, hat man bisher wenig dagegen unternommen, daß nach einem Absturz oder einer Bruchlandung die Flugkabine in Brand geraten kann oder daß Trümmer umherfliegen können, die in Hunderten von Fällen zu vermeidbaren Todesopfern geführt haben. Unter Inkaufnahme einiger Unannehmlichkeiten könnten die Systeme sogar bei

Abstürzen sicherer und im Hinblick auf die Systemregenerierung nach dem Unfall wesentlich verbessert werden.

In dieser Einleitung werden einige der Risiken in der Geschichte der Luftfahrt vorgestellt, einige Besonderheiten der Systeme und der Industrie angeführt, die der Sicherheit förderlich sind, einige Formen des wirtschaftlichen Drucks kurz erörtert und schließlich die Rolle der Umwelt angesprochen. Im Anschluß beschäftigen wir uns etwas näher mit bestimmten technischen Fachausdrücken, die wir verwenden müssen, und mit der Frage der Automatisierung von Flügen. Erst dann gehen wir auf Unfälle in den beiden Systemen »Flugzeug« und »Luftverkehr« ein. Diese beiden Systeme müssen voneinander getrennt behandelt werden, da das System »Flugzeug« (Maschine und Bordmannschaft) gefährlicher ist als das System »Luftverkehr« (Flugzeug, Bordmannschaft, andere Flugzeuge und Bodenkontrolle). Die Grenze zwischen beiden ist verschwommen, aber die Unfälle ereignen sich nur selten in der Nähe der Grenzlinie.

Im weiteren Verlauf unserer Erörterungen werden wir häufig darauf stoßen, daß nicht zuletzt wirtschaftlicher Druck zu Unfällen betragen kann. Mit steigenden Treibstoffpreisen, vielseitigeren Einsatzmöglichkeiten der Flugzeuge und mit einer zunehmenden Liberalisierung des Linienverkehrs in den USA, die zur Einrichtung neuer Commuter-Linien* führt, wird dieser Druck vermutlich zunehmen. Es sind bereits Fälle bekannt, in denen es beinahe zu einem Unfall gekommen wäre, weil aus Gründen der Treibstoffersparnis von den Piloten verlangt wurde, ihren dritten oder vierten Motor erst in allerletzter Minute zu starten, bevor sie auf die Startbahn einbiegen. Piloten führen Klage darüber, daß sie gezwungen werden, mit geringeren Treibstoffreserven zu fliegen als sie ihrer Einschätzung nach benötigen, weil jede zusätzliche Last den Treibstoffverbrauch erhöht. Es gibt sogar Fälle, wo Piloten genötigt wurden, eine Meldung zu unterlassen, daß wegen Vereisung der Landebahn keine Bremswirkung bestehe, weil man sonst den Flugplatz hätte schließen müssen. Und es kommt vor, daß Piloten 14 Stunden am Tag arbeiten müssen, manchmal tagelang ohne Unterbrechung, was zu extremer Übermüdung führt, oder daß sie mit defekter Ausrüstung fliegen müssen, wenn sie nicht ihren Job riskieren wollen (alle Fälle aus NASA 1982).

*Pendlerflüge innerhalb der USA ohne feste Abflugtermine, da die Maschinen erst starten, wenn ein bestimmter Prozentsatz der Plätze gebucht ist (A. d. Ü.).

So sicher wie Autofahren

Die Fortbewegung in der Luft war von Anfang an mit Sicherheitserwägungen verbunden (zum folgenden vgl. Lederer 1982). Im letzten Jahrzehnt des vorigen Jahrhunderts war Drachenfliegen ein beliebter Zeitvertreib, und einer der ersten Hersteller von Flugdrachen versah sein Produkt an der Unterseite mit einem federnden Bügel aus Holz, um den harten Aufprall auf den Boden abzudämpfen. Leider kam der Konstrukteur selbst in einem solchen Gerät ums Leben, dem diese einfallsreiche Vorrichtung fehlte. Die Brüder Wright unternahmen an die tausend Gleitflüge, um verschiedene Konstruktionen und Sicherheitsvorkehrungen zu erproben, bevor sie sich 1903 als erste mit einem motorgetriebenen Flugzeug in die Luft erhoben. Sie entwickelten sogar einen Simulator, um Piloten in den Rudermanövern zu unterweisen. Bei ihrem ersten Flug führten sie eine Art Flugschreiber mit sich, der die Motordrehzahlen sowie die Flugdauer und die zurückgelegte Strecke festhielt. Bei einer verbesserten Version kam noch der Kurs hinzu, und gut 50 Jahre später wurde auch der Einbau von Höhen- und Beschleunigungsmessern in allen Flugzeugen zur Pflicht gemacht.

Nur fünf Jahre nach der Pioniertat der Wrights und nach nur wenigen Tausend Flugstunden mit Motorflugzeugen in niedriger Höhe ereignete sich der erste tödliche Absturz. Zwei Jahre später war Fliegen überall zur Liebhaberei geworden; es gab insgesamt an die 2 000 Piloten, die meisten davon in Europa. Bereits 1910 waren 32 Todesfälle durch die Fliegerei zu beklagen. Die Wahrscheinlichkeit für einen tödlichen Ausgang dieses Vergnügens betrug 1:80, aber diese Quote konnte die Ausbreitung der Luftfahrt nicht verhindern. Ihre militärische Bedeutung wurde bald erkannt, als Europa für den Krieg rüstete. 1913, genau zehn Jahre nach dem ersten Motorflug, hatte Frankreich 1 400 Militärflugzeuge, Deutschland 1 000, England 400, und selbst Rußland verfügte über 800 Militärmaschinen. Die USA, die sich auf keinen Krieg vorbereiten mußten, lagen mit lediglich 23 Exemplaren weit zurück.

Unfälle, wie wir sie heute alle kennen, gab es in dieser Sparte von Anfang an. Der erste Unfall durch eine Fallbö (»Windscherung«) ereignete sich 1904, der erste Zusammenstoß in der Luft 1910 – gerade erst sieben Jahre nach dem ersten Flug mit Motorkraft. 1912 wurde zum ersten Mal ein Pilot durch den Aufprall eines Vogels auf seine Maschine getötet. Die meisten Opfer gab es durch Treibstoffexplosionen. Nach dem Ersten Weltkrieg, der natürlich der Luftfahrtindustrie großen Auftrieb verlieh, wurde der U.S. Air Mail Service gegründet. Er hielt sich neun Jahre, bevor er in Privathände übergeben wurde. Was immer die Gründe dafür waren, daß die Post nun so schnell befördert werden mußte, die beschleunigte Zustellung forderte einen hohen Preis. Die restliche Lebenserwartung eines Piloten im Dienst des Air Mail Service betrug im Durchschnitt vier Jahre. Von den ersten 40 Piloten starben 31 im Einsatz, weil sie versucht hatten, die Termine für geschäftliche und regierungsamtliche Postsachen unter allen Umständen einzuhalten. Es war vermutlich das erste außermilitärische Beispiel für ein Phänomen, das uns in diesem Kapitel besonders beschäftigen wird: ökonomisch begründeter Druck in einem Hochrisiko-System. Obgleich die heutige kommerzielle Luftfahrt nichts Vergleichbares kennt, spielt dieser Druck noch immer eine Rolle, die wir nicht unterschätzen sollten.

Schon ein Jahr nach seiner Gründung kam es beim Air Mail Service 1919 zum ersten Streik wegen der Sicherheitsprobleme, in dessen Gefolge gewisse Bestimmungen erlassen wurden: »Wenn der Flugplatzverwalter der örtlichen Postdienststelle dem Piloten (bei schlechtem Wetter) zu starten befahl, mußte er zunächst auf dem Notsitz hinter dem Piloten Platz nehmen und mit diesem zusammen eine Platzrunde fahren.« (Lederer 1982, S. 14) 1922 gab es keine Unfälle mit tödlichem Ausgang, dafür auf 20 Flugstunden eine Notlandung. Die Nachfrage nach einer Expreßbeförderung der Post führte bald darauf zur Einrichtung des Night Transcontinental Air Mail Service, dem Nachtpostflugdienst innerhalb der USA, wobei große, offene Holzfeuer auf dem ganzen Kontinent und Signalfeuer auf den zahlreichen Flugplätzen die Orientierung erleichtern sollten. Während des neunjährigen Bestehens des Air Mail Service mußte jeder sechste Pilot sein Leben lassen, die meisten bei Schlechtwetterflügen – so stark war der Druck, dem sie damals ausgesetzt wurden. Es ist schwer vorstellbar, daß die Post tatsächlich um diesen Preis befördert werden mußte, aber die Luftpostflieger waren die Helden des Tages. Heute hingegen nimmt der Pilot einer normalen Verkehrsmaschine kein größeres Risiko auf sich als ein Durchschnittsbürger am Steuer seines Wagens, und auch die Prämien der Lebensversicherung von US-Piloten liegen nicht über dem Durchschnitt.

Seit den stürmischen Tagen der Frühzeit der Luftfahrt ist die Zahl der Flüge in astronomische Höhen gestiegen, und die Anzahl der Todesfälle pro Flug, pro Passagier oder auch pro Passagiermeile ist ebenso drastisch zurückgegangen. Vergleiche mit anderen Systemen im Hinblick auf die Sicherheit sind schwierig anzustellen. In vieler Hinsicht ist der kommerzielle Luftverkehr weit sicherer als der Verkehr auf Straßen und Schienen, vor allem, weil es hier viel weniger Tote gibt. Aber nicht weniger nützlich wäre auch ein Vergleich der Todesfälle je Flug- bzw. Fahrstunde pro Reisenden oder je 100 000 km zurückgelegte Strecke. Leider liegen diese Zahlen für Autounfälle nicht vor. Jerome Lederer, der häufig als Nestor der modernen Flugsicherheit bezeichnet wird, ist der Meinung, daß bei einem Vergleich der Reisezeiten der Überlandverkehr am besten abschneiden würde (ebd., S. 25). Zumindest hat es den Anschein, als hätte der Pilot einer Linienmaschine im Verlauf eines Jahres dieselbe Chance, ums Leben zu kommen, wie ein durchschnittlicher Autofahrer. Trotz der jährlich 50 000 Verkehrstoten in den USA ist diese Wahrscheinlichkeit nicht einmal hoch – sie beträgt über einen Zeitraum von 50 Jahren etwa 1 : 100 (Slovic u.a. 1978). Da wir einfach mehr Zeit im Auto als im Flugzeug zubringen, erscheinen uns die mit dem Fliegen verbundenen Risiken als viel geringer. Die Quote der Todesfälle pro Fahrgast und Reisestunde liegt in beiden Fällen vermutlich gleich hoch und ist seit der Erfindung der beiden Verkehrsmittel drastisch zurückgegangen.

Wenn wir verschiedene Formen des Flugverkehrs vergleichen, erhalten wir einen Anhaltspunkt dafür, warum das Fliegen immer sicherer geworden ist: Mit zunehmendem Kommerzialisierungsgrad steigt auch die Sicherheit. Am sichersten fliegt man in düsengetriebenen Linienflugzeugen, gefolgt von firmeneigenen Jets, Commuter-Flügen, übrigem nichtmilitärischem Luftverkehr und schließlich – mit einigem Abstand – von den Militärflügen. Auch hier müssen die Zahlen sorgfältig analysiert werden. Wenn man die Quote der tödlichen Unfälle pro eine Million Flugmeilen zugrundelegt, dann sind kommerzielle Flüge (Linien- und Commuter-Flüge in den USA) 56mal sicherer als der übrige nichtmilitärische Flugverkehr. Geht man jedoch aus von der Zahl der Todesfälle je 100 000 Passagiermeilen – einer »bereinigten« Ziffer, die der Tatsache Rechnung trägt, daß in einem Großraumflugzeug 350 Personen und in einer kleinen Sportmaschine lediglich ein Pilot dem Unfallrisiko ausgesetzt sind –, dann besteht kaum ein Unterschied zwischen kommerziellem und übrigem (nichtmilitärischem) Luftverkehr. Der Vergleich der beiden mit Militärflügen muß mit großer Zurückhaltung angestellt werden; es ist nicht unbedingt gesagt, daß das Militär in Sicherheitsfragen sorgloser verfährt als die zivile Luftfahrt. Militärflugzeuge durchqueren Wetterzonen, die von jeder Zivilmaschine gemieden würden, und sie fliegen unter simulierten Kampfbedingungen; ein Großteil der Flugstunden dient der Ausbildung (die letztlich der kommerziellen Luftfahrt zugute kommt); die Militärmaschinen sind moderne Hochleistungsflugzeuge, die zum Teil unter schwierigen Bedingungen landen müssen, z. B. auf einem Flugzeugträger. Hier bestehen immer Risiken, auch wenn noch so sehr auf Sicherheit geachtet wird. Aus Zahlen der US-Marine geht hervor, daß ein Kampfflieger, der 20 Jahre lang hochgezüchtete Düsenjäger fliegt, mit einer Wahrscheinlichkeit von eins zu drei bei einem Flugzeugunfall sterben wird (s. Wolfe 1979, S. 17). In dieser Ziffer sind mögliche Kampfhandlungen noch nicht einmal enthalten. Obgleich dieses Risiko etwa 70mal so groß ist wie das eines Autofahrers, sitzen Militärpiloten viel länger hinter dem Steuer ihres Wagens als im Cockpit ihrer Maschine, und es sterben mehr von ihnen durch Auto- als durch Flugunfälle.

Natürlich besteht ein enormer ökonomischer Anreiz, den kommerziellen Luftverkehr so sicher wie möglich zu machen. Nach Flugunfällen mit katastrophalen Folgen geht die Zahl der Flugbuchungen deutlich zurück; die Hersteller von Flugzeugzellen bekommen es zu spüren, wenn eines ihrer Modelle überdurchschnittlich häufig an Unfällen beteiligt ist. Die Reaktion der Öffentlichkeit ist immer dann stärker, wenn es sich nicht um einzelne, zufällig betroffene, sondern um eine genau angebbare Gruppe von Unfallopfern handelt. Bei Flugunfällen liegt eine Passagierliste vor, während von einem Unfall in einem chemischen Werk nur ein kleiner, zufälliger Anteil der Anwohner aus der näheren Umgebung betroffen ist. Sobald die Untersuchungsergebnisse der NTSB (Nationale Behörde für Transportsicherheit) Anhaltspunkte für eine Schuld des Flugzeugherstellers oder der Fluglinie enthalten, werden Schadenersatzklagen erhoben. Außerdem verfügt die Branche über eine starke Gewerkschaft, die Airline Pilots Association ALPA, die sich lautstark zu Wort meldet, wenn die Sicherheit nicht gewährleistet ist. Sie führt selbst Untersuchungen durch und gibt eigene Sicherheitsempfehlungen heraus. Das US-Luftfahrtministerium ist zuständig für die Sicherheit und Erleichterung der Flugreisen und des Luftfrachtverkehrs und gibt große Summen für Sicherheitsstudien aus, deren Resultate sich in ständig aktualisierten Vorschriften niederschlagen. Auch die Untersuchungen der erwähnten NTSB, einer unabhängigen Institution, werden vom Luftfahrtministerium herangezogen. Kein zweites Hochrisiko-System befindet sich in einer ähnlich günstigen Position, um das Ziel »Sicherheit« derart effizient verwirklichen zu können. In der Atomindustrie fehlt es z. B. an einer starken Gewerkschaft; ihre Opfer, deren Schäden sich häufig erst mit großer Verzögerung zeigen, sind verstreute ein-

zelne; es gibt keine Sicherheitsbehörde, die nicht zugleich auch Betriebs-
genehmigungen erteilt und Vorschriften erläßt; und auftretende Störfälle
beeinflussen die Ertragslage kaum. Allerdings gibt es hier einen weit
nachhaltigeren Anreiz dafür, Unfälle mit katastrophalen Folgen zu verhindern: Über der gesamten Industrie schwebt das Damoklesschwert
der Stillegung.

Neben den genannten Gründen bestehen auch »strukturelle« Bedingungen, die der Sicherheit förderlich sind. So fliegen z. B. die Führungskräfte der Luftfahrtindustrie und der zuständigen Behörden sowie die
Politiker selbst und haben von daher ein ganz persönliches Interesse an
Sicherheit. Stärker ins Gewicht fällt der Umstand, daß sich hier die
Betriebserfahrungen in kurzer Zeit ansammeln. Es gibt täglich Tausende
von Flügen mit all den Risiken beim Start und der Landung oder gar
eines Zusammenstoßes in der Luft; im Abstand von nur wenigen Jahren
werden immer neue Flugzeugtypen entwickelt, was eine ständige Verbesserung der Konstruktionssicherheit ermöglicht. Die Arbeit des
Bedienungspersonals wird streng überwacht und sogar aufgezeichnet,
und auch die jeweiligen Umweltverhältnisse werden festgehalten (im
Gegensatz etwa zur Frachtschiffahrt, wie wir noch sehen werden). Es
gibt eine differenzierte Schulung der Piloten, entsprechend der Größe
und dem Einsatzgebiet der Flugzeuge. Die Gehälter liegen bei großen
Gesellschaften ziemlich hoch (70 000 Dollar im Jahr bei einer kurzen
Arbeitswoche), was ein besonders qualifiziertes Personal anlockt, während bei den Commuter-Gesellschaften ausgedehnte Arbeitszeiten und
Jahresgehälter von 20 000 Dollar nicht selten sind. Schließlich spielt noch
eine Rolle, daß das Militär und bis zu einem gewissen Grad auch das US-
Raumfahrtprogramm einen Großteil der Investitionen für die Entwicklung, Erprobung und Produktion von Flugzeugen tragen.

Trotz all dieser Vorteile gegenüber den meisten anderen Hochrisiko-
Systemen hat auch dieses System, wie wir noch sehen werden, mit
Systemunfällen zu kämpfen. Aber auch hier müssen wir differenzieren.
Aus dem Diagramm von Abb. 3.1. läßt sich ablesen, daß ich das System
Luftfahrt als ziemlich komplex und sehr eng gekoppelt eingestuft habe,
und nach meiner Meinung wird sich daran in Zukunft nichts ändern.
Aber es ist weniger komplex und loser gekoppelt als etwa ein Kernkraftwerk, weil es mit einer Ausnahme im wesentlichen kein Transformationssystem ist. Die Ausnahme sind Flüge mit hoher Geschwindigkeit in
großen Höhen, bei denen das Flugzeug die Lufthülle, von der es umgeben ist, »transformiert«, was mit gravierenden Folgen verbunden ist

(Durchbrechen der Schallmauer). Dieser Teil des Systems weist die meisten Merkmale von Transformationssystemen auf: mangelhaftes Verständnis der Vorgänge, der Beobachtung nicht zugänglicher Abläufe, unzureichend überwachte und mit Meßgeräten erfaßte Prozesse sowie gefährlich enge Sicherheitsspielräume. Doch davon abgesehen beruhen Komplexität und enge Kopplung auf trivialeren Quellen, z. B. der dichten Anordnung unabhängiger Komponenten und Mehrfachfunktionen (*Common Mode*-Verknüpfungen; in dieser Hinsicht ist eine stärkere Linearisierung des Systems unmöglich), der äußerst geringen verfügbaren Zeitspanne für die Regenerierung eines Systems nach Störungen, dem fast völligen Fehlen von Puffern oder Redundanzen außer denen, die konstruktiv vorgegeben sind und ausfallen können, den geringen Spielräumen und der »Unifinalität« (es gibt nur eine Möglichkeit zur Verwirklichung des Systemziels).

Mit einer Erfahrung an Betriebsjahren, deren Zahl in die Millionen geht, mit wiederholten Probeflügen und Tests ohne katastrophale Folgen und einer beträchtlichen Unterstützung durch die Regierung ist es der Luftfahrtindustrie gelungen, das Potential an technisch möglichen Verbesserungen einschließlich Puffern und Redundanzen voll auszuschöpfen. Zwei Motoren sind besser als einer, vier sind besser als zwei; Strahltriebwerke sind weniger komplex als Kolbenmotoren, und natürlich setzt die Industrie auch exotisch neue Werkstoffe und Meßgeräte ein. Systemunfälle beim Fliegen wird es immer wieder geben, aber ihre Zahl hat beträchtlich abgenommen. Leider haben die technischen Verbesserungen häufig nichts anderes bewirkt, als daß die Betreiber der großen Fluglinien, die übrigen Besitzer von Firmen- und Privatflugzeugen sowie das Militär ihre Anforderungen immer höher schrauben und den gewonnenen Sicherheitsspielraum wieder zunichte machen. Die großen Luftfahrtunternehmen fordern von ihren Piloten noch immer größtmögliche Fluggeschwindigkeiten, obwohl bereits deren Unterschreiten um lediglich zehn Prozent den Sicherheitsspielraum beträchtlich erweitern würde. Ihnen wären wohl auch noch Landungen mit einer Sichtweite von gut 30 m genehm – bei der der Pilot nicht einmal mehr das Heck der eigenen Maschine erkennen kann. Nach dieser Philosophie wäre es nur konsequent, die Fahrgestelle ihrer Flugzeuge mit Spikesreifen auszustatten, so daß die Flughäfen bei Eisglätte nicht mehr geschlossen werden müßten!

Das System »Luftverkehr« ist linearer und weniger eng gekoppelt. Seine Aufgabe ist viel einfacher als das Fliegen selbst: Sie besteht lediglich darin, zu verhindern, daß Flugzeuge auf den Luftstraßen zusammenstoßen, gegen Berge prallen oder eine Bruchlandung machen. Hier treten keine Transformationsprozesse auf, und es ist möglich, Komplexität und Kopplung durch technische Neuerungen zu reduzieren. So waren z. B. Flüge mit Bodenberührung – sogenannte CFIT (*Controlled Flights Into Terrain*) – bis 1975/76 der am häufigsten auftretende Unfalltyp. Dann wurden zwei wichtige Neuerungen eingeführt: das MSAW-System (*Minimum Safe Altitude Warning*), das einen Alarm auslöst, wenn eine Mindestsicherheitshöhe unterschritten wird, und das GPWS-System (*GroundProximity Warning System*), bei dem außer einer Warnhupe noch eine Tonbandstimme ertönt (*»Pull up, pull up«*), wenn sich das Flugzeug zu nah am Boden befindet. Etwas salopp ausgedrückt, fielen die CFIT-Unfälle diesen neuen Systemen zum Opfer. Selbstverständlich bestehen zwischen den Systemen »Flugzeug« und »Luftverkehr« Interaktionen. Es kommt vor, daß Piloten durch das Ausfüllen von Formularen, Fragen von Passagieren oder geringfügige Störungen der Ausrüstung abgelenkt werden und Anweisungen des Fluglotsen falsch verstehen und die Landebahn verpassen oder auf ein zweites Flugzeug aufprallen. Die Dichte des Luftverkehrs führt zu zahlreichen Flugnummern, die ähnlich klingen, und wenn ein Pilot mit einem defekten Alarmsignal für das Fahrgestell beschäftigt ist, kann das Zusammentreffen von zwei an sich geringfügigen Störungen katastrophale Folgen nach sich ziehen. Nach meinen Erkenntnissen sind solche Interaktionen allerdings sehr selten. Im allgemeinen lassen sich die hier auftretenden Systemunfälle eindeutig einem der beiden Systeme zuordnen. Wir werden im zweiten Teil dieses Kapitels auf beide ausführlich eingehen.

Zusammenfassend können wir also sagen, daß kommerzielle Flüge sehr sicher sind, und zwar noch sicherer als andere Flüge, da bei ihnen längere Strecken mit höheren Geschwindigkeiten und mehr Fluggästen zurückgelegt werden, so daß die Risiken je Flugstunde und Passagier in etwa denen des Autofahrens auf Überlandstraßen entsprechen. Die Sicherheit im Auto- wie im Flugverkehr allgemein hat sich seit der Erfindung des Motorflugzeugs dramatisch erhöht, nimmt jedoch seit den 60er und 70er Jahren kaum noch zu. Offenbar haben wir einen Punkt erreicht, von dem aus sich weitere Verbesserungen nur noch unter hohen Kosten erreichen lassen.

Das System »Flugzeug«

Die wunderbaren fliegenden Kisten

Jeder von uns kennt das Bild eines Cockpits in einem modernen Düsen-flugzeug, mit Dutzenden von Knöpfen zum Drücken und Drehen und Schaltern und ebensovielen Zeigern und Schautafeln. Die neueren Pilotenkanzeln sind außerdem mit Bildschirmdisplays und akustischen Signalanzeigen ausgerüstet. Daneben sind mehrere Hebel zu bedienen, und es gibt eine Art Steuerrad, das ebenfalls mit Knöpfen gespickt ist und in Gefahrensituationen zu vibrieren oder zu schlagen beginnt und den Piloten auf diese Weise zusätzlich warnt. In diesem Fall werden außerdem gleichzeitig einige Lämpchen zu blinken anfangen, es kann eine quäkende Hupe ertönen oder eine Tonbandstimme aus dem Lautsprecher *»pull up, pull up«* oder *»slow down, slow down«* rufen.

In Reichweite der Bordmannschaft * befinden sich zahlreiche Geräte, mit denen das Verhalten des Flugzeugs beeinflußt werden kann. Vom Cockpit aus lassen sich an die tausend Teile, zahlreiche Einheiten sowie rund ein Dutzend Subsysteme des Flugzeugs überprüfen, ein- oder aus-schalten, einstellen oder regulieren. Trotzdem berührt das Flugpersonal nur in seltenen Fällen mehr als einige wenige dieser Zugriffsstellen – moderne Flugzeuge sind Musterbeispiele an Automation und Komple-xität. Die Eingriffe durch die Bordmannschaft erfolgen zum größten Teil vor dem Start – Einschalten und Überprüfen – und nach der Lan-dung. Sobald das Flugzeug auf der Startbahn seine Startposition einge-nommen hat, kommt die Cockpitbesatzung mit nur noch einigen weni-gen Geräten aus. In den hochentwickelten Flugzeugen für kommerzielle und militärische Zwecke übernehmen Computer die Arbeit, die ihrer-seits wieder von Computern gesteuert werden. Aber trotz dieser Auto-matisierung hält die Komplexität des Systems die Mannschaft in Stoß-zeiten gewaltig auf Trab.

Wenn wir von Piloten sprechen, meinen wir damit in der Hauptsache männliche Personen. Unter den 30 000 Piloten von Luftfahrtgesellschaf-ten in den USA befinden sich lediglich rund 100 Frauen; diese niedrige Zahl hängt damit zusammen, daß es bei der US-Luftwaffe, aus der sich

*Zur Bordmannschaft gehören der Flugkapitän, der Kopilot oder Erste Offizier und in Großraumflugzeugen ein Ingenieur. Sie alle sitzen im Cockpit und bedie-nen von dort aus die Fluginstrumente und -geräte.

die Zivilpiloten in der Hauptsache rekrutieren, vermutlich keine einzige Pilotin gibt. Wenn der Kapitän eines Düsenflugzeugs startbereit ist, kann er den Autopiloten, ein automatisches Flugsteuerungssystem (AFCS – *Automatic Flight Control System)* einschalten und sich weitgehend auf die Funktion der Systemüberwachung beschränken, bis das Flugzeug an seinem Bestimmungsort gelandet ist. Der Autopilot übernimmt Aufgaben wie die Einhaltung der Steig- oder Sinkgeschwindigkeit, des Kurses, der Fluglage oder der Flughöhe. Er ist in der Lage, vorprogrammierte Manöver auszuführen, z. B. einen Kurswechsel um 30 Grad nach links, sobald ein Leuchtfeuer bei Denver passiert wird, oder das Steigen von 30 000 auf 35 000 Fuß Höhe. Theoretisch könnte der gesamte Flug in Computer einprogrammiert und automatisch ausgeführt werden, ohne daß die Mannschaft eingreifen müßte.

In der Praxis sieht das freilich etwas anders aus. Es kann z. B. sein, daß die Mannschaft erst nach Verlassen des Kontrollbereichs der Flugsicherung erfährt, welche Höhe dem Flugzeug zugewiesen wurde, oder daß sie unterwegs die Flughöhe mehrfach ändern muß. Die Anflugschneise zum Landeflughafen wird erst in der letzten Minute durch den Fluglotsen im Kontrollturm festgelegt. Es kann Kursänderungen geben, was sich auf die verwendeten Funknavigationshilfen auswirkt, und auch die Verfahren zur jeweiligen Standortbestimmung ändern sich dadurch. Deshalb überläßt der Pilot in der Regel nicht alle Funktionen dem Autopiloten, sondern stellt sie neu ein oder wechselt zur manuellen Steuerung.

Die Computer regeln jedoch so schwierige Aufgaben wie die Einhaltung der geeigneten Flughöhe unter verschiedenen atmosphärischen Bedingungen wie Temperatur und Luftdichte, die Ausrichtung des Flugzeugs in Horizontallage, nachdem es die vorgeschriebene Flughöhe erreicht hat, die Regulierung der Schubkraft durch das automatische Drosselsystem und das Bedienen des Trägheitsnavigationssystems INS *(Inertial Navigation System).* Das INS, mit dem nur die neuesten Flugzeuge ausgerüstet sind, beruht auf einem System von Kreiseln und Beschleunigungsmessern, die auf jede Bewegungsänderung von einem vorgegebenen Startpunkt aus ansprechen. In dieses System kann der Pilot eingreifen, muß es aber nicht.

Bei den vorangegangenen Ausführungen habe ich mich auf einen kurzen Aufsatz des Ergonomen Edwyn Edwards (1977) gestützt. Der Autor bemerkt dort, daß trotz der weitgehenden Automatisierung die Arbeitsbelastung des Piloten nicht wesentlich geringer, dafür jedoch die Leistungsfähigkeit des Systems beträchtlich höher geworden ist. Es sind höhere Geschwindigkeiten möglich (innerhalb von 20 Jahren verdoppelte sich die Reisegeschwindigkeit), wodurch weniger Zeit für die Navigation, die Verbindung mit der Bodenkontrolle und die Handhabung des Systems übrigblieb. Der Luftverkehr wurde wesentlich dichter, die Flugzeuge können auch bei schlechtem Wetter und bei extrem niedriger Wolkendecke fliegen. Die Abstände zwischen den einzelnen Flugzeugen haben sich drastisch verringert. Eine besondere Aufgabe des Piloten ist der sparsame Umgang mit Treibstoff, was ein präzises Navigieren und eine exakte Wahl des Zeitpunkts erfordert, zu dem bei der Landung die Landeklappen ausgefahren und der Gegenschub eingeschaltet wird. Auch dem Komfort der Fahrgäste wurde eine höhere Priorität eingeräumt, so daß die Steiggeschwindigkeiten reduziert und zur Vermeidung allzu schräger Fluglagen die Wenderadien erhöht und Turbulenzzonen umflogen werden müssen.

Während eines Inlandsflugs war ich Zeuge, wie der Kapitän eines Großraumflugzeugs auf dem Bildschirm beobachtete, daß sich 150 km voraus ein Unwetter zusammenbraute. Er wies den Kopiloten an, die Bodenleitstelle per Funk um die Erlaubnis zu bitten, dem Gewitter ausweichen zu dürfen, erhielt die Erlaubnis, tippte die entsprechenden Werte in den Autopiloten und stellte ihn neu ein – das alles in nur wenigen Sekunden. Während dessen war der Bordingenieur damit beschäftigt, im Cockpit Funkgeräte hin und her zu schieben, weil bei diesem »völlig routinemäßigen« Flug, wie sie es nannten, zwei der drei Funkgeräte, mit denen sie den Kontakt zur Bodenkontrolle herstellten, eine Störung hatten. Insgesamt befanden sich etwa sechs defekte oder nur beschränkt funktionsfähige Geräte im Cockpit. Der Kapitän listete sie alle pflichtgemäß auf, zeigte sich aber ansonsten in keiner Weise überrascht und verlor auch kein Wort darüber.

Alle diese automatischen Systeme machen das Flugzeug unter kommerziellen oder militärischen Gesichtspunkten »effizienter«. In den neuesten Verkehrsflugzeugtypen wie der Boeing 767 besteht die Bordmannschaft sogar nur noch aus dem Piloten und dem Kopiloten, und zahlreiche Knöpfe, Schalter und Zeiger wurden durch Bildschirmdisplays und Bedienungsknöpfe von Computern ersetzt, die wiederum Computer steuern. Aber nach jeder weiteren Automatisierung werden an das Flugzeug härtere Anforderungen gestellt – es muß auch bei noch schlechterem Wetter oder in noch dichterem Flugverkehr fliegen. Das ist nach Edwards der Grund, warum sich die Arbeitsbelastung für die Piloten nicht verringert. Es hat vielmehr den Anschein, als hätte sich die Arbeitsbelastung »geballt«, so daß lange Perioden der Untätigkeit und kurze Zeitspannen einer äußerst intensiven Aktivität einander ablösen – beides fehlerinduzierende Betriebsformen.

Mit jeder automatischen Vorrichtung (Regelung des Kabinendrucks, Temperaturkontrolle, Transponder, die Signale an die Bodenkontrolle aussenden, Alarmeinrichtungen wie Huptöne oder das Schlagen des Steuerknüppels und der gesamte umfangreiche Komplex von Einheiten im Subsystem Autopilot) wird zwangsläufig auch ein Restrisiko hinzugefügt. Zwar verringert jede Innovation bestimmte Fehlermöglichkeiten, ist jedoch selbst wieder mit solchen befrachtet, und man kann nur hoffen, daß die Zahl der eliminierten Fehlerquellen größer ist als die der neu hinzugekommenen. Es hat Unfälle gegeben, weil der Pilot vergessen hatte, daß der Autopilot eingeschaltet war, weil keine Klarheit darüber bestand, welcher Landekurssender oder welches Funkfeuer das richtige war, weil niemand mehr wußte, welcher der vier unterschiedlichen Höhenmesser in Betrieb war, oder weil der Computer im Trägheitsnavigations- und anderen Systemen ausgefallen war. Bei einem furchtbaren Unfall wurden die Steuerkursdaten für den Autopiloten im letzten Augenblick vor dem Start geändert, ohne den Kapitän davon in Kenntnis zu setzen, und das Flugzeug zerschellte an einem Berg in der Antarktis (s. Mahon 1981). Man hat auch den Einwand erhoben, der hohe Automatisierungsgrad habe zur Folge, daß die von den Piloten benötigten Fähigkeiten beim Eingreifen in das automatische System durch den Mangel an Einsatzmöglichkeiten verkümmern. Selbst das Erfordernis, während eines langen Fluges wach zu bleiben, wird vor allem bei Flügen über den Atlantik zu einem ernsten Problem. Ingenieure sprechen von »Regelkreisen«, bei denen der »Mensch im Kreis« das problematische Element darstellt. Lange Phasen der passiven Überwachung führen dazu, daß der Pilot nicht darauf vorbereitet ist, im Notfall selbst zu handeln. Das plötzliche Auftreten verschiedener Alarmzeichen, die alle der Sicherheit dienen sollen, führt zur Desorientierung. In einem hellsichtigen Aufsatz über CFIT-Unfälle hat Earl Wiener (1977, S. 176) das Problem so formuliert: »Die brennende Frage der nahen Zukunft lautet nicht mehr, wie*viel* Arbeit ein Mensch ohne Gefährdung verrichten kann, sondern wie *wenig*.«

In einigen Studien wird behauptet, man habe die Automation zu weit getrieben, oder sie sei an den Grenzen ihrer Möglichkeiten angelangt. (Allerdings wird diese Schlußfolgerung vermutlich für jedes System

nach einem Jahrzehnt erneut gezogen!) Eine von der Regierung in Auftrag gegebene Untersuchung sprach sogar die Empfehlung aus, eine
bestimmte Vorrichtung mit Schlüsselfunktion (das Höhenwarnsystem)
nur noch bei einigen wenigen Langstreckenflügen einzuschalten. Sie
beruhte auf der Analyse von mehreren Tausend gefährlichen Begegnungen (»Beinahe-Unfälle«), die freiwillig von Flugzeugbesatzungen und
Mitarbeitern der Flugsicherung gemeldet worden waren. Die Autoren
der Studie kommen zu dem Schluß, daß das besagte System (ein akusti-
sches Signal) zu einer Verminderung der Aufmerksamkeit der Piloten
gegenüber der Flughöhe geführt hat, so daß es häufiger zu »Höhenkollisionen« kommt – statt nach Erreichen der vorgeschriebenen Flughöhe in
Horizontallage zu gehen, steigt (oder sinkt) das Flugzeug weiter. Eine
Untersuchung solcher Höhenkollisionen kam zu dem Ergebnis, daß sie
sich nur selten bei schlechtem Wetter ereignen, weil dann die Aufmerksamkeit der Mannschaft stärker beansprucht ist (NASA 1978).

Dessen ungeachtet müssen diese Systeme automatisiert sein, sofern sie
unter den heutigen Anforderungen im Hinblick auf Luftverkehrsdichte,
Geschwindigkeit, schlechte Wetterverhältnisse, Größe der Bordbesat-
zung, Treibstoffeinsparung und Fluggastkomfort einigermaßen sicher
sein sollen. Und diese automatisierten Systeme sind ohne Zweifel
äußerst leistungsfähig, sowohl hinsichtlich der Effizienz als auch der
Sicherheit. In deutlichem Gegensatz zur Frachtschiffahrt ist dies ein
Ergebnis des technischen Fortschritts. Im Vergleich zu Atomkraftwerken oder Erdölraffinerien treten hier nur wenige Defekte an der Ausrüstung auf, und nur sehr selten führen sie zu Unfällen, zumindest bei den
großräumigen Verkehrsflugzeugen. Trotzdem kommt es auch hier zu
Unfällen, und eine Änderung ist nicht abzusehen.

Welche Unfallursachen bleiben also noch übrig? Vermutlich in erster
Linie menschliches Versagen. Hierfür bietet das Fliegen weit mehr Möglichkeiten als der Betrieb von Kernkraftwerken oder chemischer Fabriken oder das Steuern von Schiffen. Zum Glück gibt es eine sehr detaillierte Untersuchung über Fehler, die sich im Cockpit ereignet haben
(während es für andere Systeme leider nichts Vergleichbares gibt). In ihr
werden Fehler über Fehler aufgezählt, die allesamt keine katastrophalen
Folgen nach sich zogen; d. h., die Fehler betrafen in erster Linie geringfügige Anpassungen sowie empfohlene, aber nicht vorgeschriebene Verfahren und Betriebsabläufe. Diese Studie wurde von einer europäischen
Luftfahrtgesellschaft in Auftrag gegeben, die vorwiegend Kurzstrecken
fliegt (z. B. London-Glasgow oder Frankfurt-Paris), aus leicht nachvoll-

ziehbaren Gründen nie veröffentlicht, denn sie kam zu dem Ergebnis, daß mindestens alle vier Minuten ein Fehler gemacht wurde – ein fast unglaubliches Ergebnis! Die Fehler wurden in der überwiegenden Mehrheit schnell bemerkt oder waren unbedeutend (s. auch Smith 1979, der zu ähnlichen Ergebnissen kommt). Dennoch bezweifle ich, daß selbst eine strenge Beobachtung des Bedienungspersonals von Industrieanlagen beim Anfahren, Abschalten oder bei Veränderungen des Produktionssystems eine derart hohe Fehlerquote pro drei Mitarbeiter ergeben würde.

Fehler in Flugzeugen sind demnach an der Tagesordnung. Beide Untersuchungen führen zwischen 50 und 70 Prozent der wirklich eingetretenen Unfälle auf menschliches Versagen zurück (beim Personal der Bodenkontrolle lag die Quote bei über 90 Prozent). Eine von Major Santilli in der US-Luftwaffe durchgeführte Untersuchung erbrachte ähnliche Zahlen, hob jedoch zwei Umstände besonders hervor. Zum einen blieb die »Pannenquote« der Air Force nach einem stetigen Rückgang zwischen 1950 und 1968 seitdem bis 1977 hartnäckig konstant, was Santilli desillusionierend findet, da menschliches Versagen prinzipiell reduzierbar sein müßte. Zum anderen ist er jedoch selbst skeptisch gegenüber diesem Begriff des »menschlichen Versagens« oder hier des Pilotenfehlers, denn das sei ein bequemes Etikett für alle »Pannen, deren eigentliche Ursache ungewiß oder komplex ist oder auf einer Systemverwirrung beruht« (Santilli 1980, S. 7). Seiner Analyse können wir zustimmen: Ungewißheit (Undurchschaubarkeit) und Komplexität haben wir bereits als Unfallursachen identifiziert, und Systemverwirrung ist eine Umschreibung des Prinzips, das Opfer und nicht die Konstrukteure des Systems verantwortlich zu machen.

Für diese Haltung der Industrie, letztlich dem Opfer ihrer eigenen Unfähigkeit die Schuld an einem Unfall zu geben, hier ein weiteres Beispiel. Nach dem offiziellen Bericht einer neuseeländischen Untersuchungskommission versuchte die New Zealand Airways Limited ihr eigenes Versagen zu kaschieren, indem sie Beweismaterial zur Klärung eines Flugzeugunfalls bewußt fälschte oder vernichtete. Bei dem von mir bereits erwähnten Unglück, das sich 1979 ereignete, war eine DC-10 bei einem Sightseeing-Rundflug auf einen Berg in der Antarktis geprallt. Alle Insassen kamen ums Leben, einem davon gab die Luftfahrtgesellschaft die Schuld: dem Flugkapitän. Die erste Untersuchung, die ein Versagen des Piloten als Unfallursache ergab, wurde von der Witwe und ganz besonders von der Gewerkschaft des Flugzeugführers in Frage gestellt, so daß eine weitere und sorgfältigere Untersuchung durchgeführt wurde (Mahon 1981). Die Auseinandersetzung über den Unfall hält noch immer an. Ein neuer Mitarbeiter der Fluglinie machte sich vor kurzem in einem Mitteilungsblatt für Flugsicherheit erneut die These von einem Pilotenfehler zu eigen und berief sich dabei auf den Umstand, daß das Flugzeug zu niedrig geflogen war. Aber im zweiten Untersuchungsbericht heißt es, die Fluglinie habe gerade mit Flügen in niedriger Höhe geworben, damit die Touristen besser sehen und photographieren könnten; vom Flugkapitän war nachgerade erwartet worden, daß er niedrig flog (s. Mackley 1982).

Wir können also dem US-Major darin zustimmen, daß die Kategorie »Pilotenfehler« als Ursache von Flugunfällen nur ein bequemes Etikett ist. Selbstverständlich machen Piloten oder Bordmannschaften Fehler, das liegt in der Natur der Sache, sie sind keineswegs unfehlbarer als die Konstrukteure oder ihre Auftraggeber. Aber eine beträchtliche Anzahl der Unfälle geht auf die Komplexität und enge Kopplung des Systems zurück. Schauen wir uns einige Unfallberichte etwas näher an.

Noch einmal: Alltäglichkeiten in der Küche

Dieses Buch begann mit einem konstruierten Beispiel einer alltäglichen Störung in der Küche, mit der eine Kette von Ereignissen verknüpft war, an denen sich unerwartete Interaktionen und eine enge Kopplung ablesen ließen. Auch das System »Flugzeug« bietet uns ein Küchenbeispiel für Komplexität und Kopplung, die Widrigkeiten der Umwelt sowie dafür, daß das Alltägliche nicht immer trivial ist.

Ein Verkehrsflugzeug (ein Modell 1124 der Israel Aircraft Industries) flog nachts in einer Höhe von 12 000 m über Iowa, als in der Fahrgastkabine ein Feuer ausbrach. Ursache war die blankgescheuerte Isolierung zweier Kabel in einem Kabelbaum. Das hat normalerweise nur einen Kurzschluß zur Folge, bei dem ein oder zwei Sicherungen durchbrennen. Aber wie es der Zufall so wollte, scheuerten sich die Isolierungen gerade an der Stelle durch, wo der Kabelstrang hinter einer Kaffeemaschine in der Bordküche verlief. Eines der Kabel schloß sich mit der Kaffeemaschine kurz, so daß jetzt im Kabelstrang ein viel stärkerer Strom floß, der ausreichte, nicht nur die Isolierung einiger weiterer Kabel, sondern auch die Ummantelung des Kabelbaums durchschmoren zu lassen. Darauf kam es zu mehreren weiteren Kurzschlüssen. Jetzt hätte eigentlich ein Sicherungsautomat im hinteren Gepäckraum in Funktion treten müssen, wo einige der Kabel endeten. Unerklärlicherweise versagte der Automat jedoch, obwohl er bei späteren Tests wieder einwandfrei funktionierte. Der Unfallbericht geht zwar auf diesen Punkt nicht näher ein, aber es ist möglich, daß die mehrfachen Kurzschlüsse Stromkreise bildeten, die den Automaten lahmlegten. In dem Kabelstrang lagen Kommunikationskabel und Verteilerkabel, die zum Cockpit führten, nebeneinander. Die Konsequenzen dieser komplexen Panneninteraktionen, nämlich das enge Nebeneinander des Kabelstrangs und des Kaffeemaschinenkabels und der gleichzeitige Ausfall des Sicherungsautomaten (einer Sicherheitsvorkehrung), werden ebenso anschaulich wie bündig im Bericht der NTSB vor Augen geführt:

»Es blinkten keine Warnlämpchen auf, und kein Sicherungsautomat schaltete den Strom ab. Das Feuer wurde erstickt, brach jedoch während des Sink- und Landeanflugs zweimal erneut aus. Da kein Treibstoff abgelassen werden konnte, mußte die Notlandung mit Übergewicht (10 000 kg) und bei Nacht erfolgen. Das Flugzeug besaß weder Landeklappen noch eine Gegenschubvorrichtung, das Antiblockiersystem war außer Betrieb, und wegen der erforderlichen Vollbremsung fingen die Bremsen Feuer und versagten. Infolgedessen überfuhr das Flugzeug die Landebahn und kam erst dahinter zum Stehen, wo die Passagiere und die Crew von Bord gingen . . . Es gab keine Verletzten.« (NTSB, A-81-9, 1981)

Eine in der Bordküche eines großen Passagierflugzeugs installierte Kaffeemaschine ist in keiner Hinsicht etwas Komplexes, aber ein einfacher Teil in einem System mit komplexen Interaktionen kann derart weitreichende Folgen haben, daß Murphy fast schon wieder bestätigt wird. Vielleicht sollte man noch eines hinzufügen: Hätte es eine Bruchlandung gegeben und wäre das Flugzeug verbrannt, so daß es keine Spuren für den Kurzschluß mehr gegeben hätte, dann ist durchaus denkbar, daß die NTSB in ihrer Untersuchung des Unfalls als »wahrscheinlichste Ursache« einen »Pilotenfehler« oder ein Versagen der Bordmannschaft angenommen hätte (s. Wood 1981).

Flattergrenzen und kleine Jets

Piloten müssen sich nicht nur mit Fehlern im Management und mit Störungen der Ausrüstung herumschlagen, sondern auch mit den unberechenbaren Naturkräften. Den besten Beleg für die Komplexität der Interaktionen zwischen Flugzeug und Umwelt liefern noch nicht einmal die offensichtlichen Auswirkungen von Unwettern, Landungsböen oder vereisten Landebahnen, sondern Flüge in großer Höhe bei klarem Wet-

ter. Für die dabei auftretenden Probleme sind kleine Düsenflugzeuge
anfälliger als große Maschinen. Eingehend von der NTSB untersucht
wurden diese Probleme bei einem kommerziellen Hochleistungsflug-
zeug, der zweimotorigen Gates Learjet Series 20 in ihren verschiedenen
Versionen, vor allem der Learjet 25, die als Lufttaxi und als Firmenjet
eingesetzt wird (NTSB, AAR-81-15, 1981). In einer von der FAA (US-
Luftfahrtbehörde) in Auftrag gegebenen Studie wurden 15 Unfälle
untersucht, bei denen es zu einem Durchsacken des Flugzeugs kam,
einem versehentlichen Überdrehen der Triebwerke in großen Höhen
oder zu eingeschränkter Manövrierbarkeit, wenn das Flugzeug seine
»kritische Flattergeschwindigkeit« über- oder unterschritten hatte (ebd.,
S. 69). Obwohl diese Unfälle keinen Flugzeugtyp betreffen, der von den
großen Fluggesellschaften eingesetzt wird, werden wir darauf ausführlich eingehen, weil sie sorgfältig untersucht wurden und viele Ähnlichkeiten mit den Problemen in Großraumflugzeugen aufweisen.

Ein Flugzeug erzeugt während des Fluges an seiner Außenfläche
Luftwirbel. Typisch für die untersuchten Unfälle ist es, daß das Flugzeug sich in einer Höhe zwischen 5 000 und 14 000 m fortbewegt und
für einen Augenblick jene Hülle aus Luftwirbeln hinter sich läßt, die
ihm Auftrieb und Stabilität verleiht. Dadurch kann sich die Fluggeschwindigkeit bis auf 80 Prozent der Schallgeschwindigkeit erhöhen,
und der Pilot verliert die Kontrolle. Über die möglichen und verschiedenartigen Ursachen dieses Phänomens kann man nur Vermutungen
anstellen: ein mysteriöser Defekt im Getriebegehäuse, der den Steuerknüppel blockiert; Luftturbulenzen in großer Höhe und bei hoher Fluggeschwindigkeit, die die Lufthülle des Flugzeugs beeinträchtigen; unzu-
lässige Einbauten (z. B. ein Schalter zum Abschalten eines Alarms bei
überhöhter Drehzahl, der sich in acht von der FAA untersuchten Flugzeugen befand) und sonstige Möglichkeiten. Das Grundproblem
besteht darin, daß das Flugzeug instabil ist, wenn es in großer Höhe
und mit einer Geschwindigkeit nahe der Schallgrenze fliegt (obgleich es
genau für solche Flüge konstruiert und angeboten wird). Zwar wurden
verschiedene notwendige Sicherheitsvorkehrungen getroffen, die im
Gefahrenfall den Steuerknüppel in Bewegung setzen oder schütteln,
Alarmsignale ertönen lassen oder automatische Systeme außer Funktion setzen, aber diese Vorrichtungen schaffen ihrerseits neue Probleme, weil sie irreführen und ausfallen können oder Reaktionen erfordern, die mit großer physischer Kraft und Schnelligkeit verbunden
sind. Auch hierfür einige Beispiele.

Unter bestimmten Bedingungen kann es passieren, daß das Alarmsignal für das Überschreiten der Auslegungsgeschwindigkeit erst ertönt, wenn das Flugzeug diese Grenze bereits überschritten hat, anstatt vorher, so daß der Pilot durch das Signal falsch informiert wird. Ebenso ist es unter bestimmten Umständen möglich, daß das erforderliche Machmeter 0,80 anzeigt (d. h. 80 % Mach, die Auslegungsgeschwindigkeit), während die wahre Geschwindigkeit 0,86 Mach beträgt. Bei hohen Geschwindigkeiten eilt das Machmeter um über fünf Prozent nach, da es mit einem Flugzeug ohne Schutzanstrich kalibriert wurde, und der Anstrich reduziert den Luftwiderstandsbeiwert. Ein Fehler von fünf Prozent macht sich in der Nähe der Schallgeschwindigkeit, wo der zulässige Fehlerspielraum sehr gering ist, sehr stark bemerkbar. Weil das Flugzeug bei hohen Geschwindigkeiten zum Vornüberkippen neigt, muß der Pilot den rüttelnden Steuerknüppel nach hinten ziehen, aber die Gesamtkraft, die bei derart hohen Beschleunigungen erforderlich ist, kann 70 bis 90 kg betragen, und da die Reaktionen von Piloten aufgrund einer Studie mit einer durchschnittlichen Verzögerung von drei Sekunden erfolgen, kann der Pilot den Knüppel nicht schnell genug nach hinten ziehen, sobald dieser zu rütteln beginnt. Der Alarm für das Überschreiten der Auslegungsgeschwindigkeit läßt sich nicht testen, da es passive Störungen gibt, die bei Tests im Windkanal nicht auftreten. Zudem sagt dieses unerprobbare Warnsignal dem Piloten nichts über die Ursache des Problems, die unterschiedlicher Art sein kann: Böen, »*unannunciated autopilot softover*«, Fehler der Fluggeschwindigkeitsmessung, Unachtsamkeit, Treibstoffmangel und kältere Luftmassen, die das Flugzeug umgeben. Allein für eine falsche Fluglage, durch die die tragende Lufthülle ebenfalls beschädigt werden kann, gibt es fünf verschiedene Fehlermöglichkeiten in der Ausrüstung, und um die richtige zu finden, müssen nacheinander fünf verschiedene Manipulationen vorgenommen werden, die nicht länger als ein bis zwei Sekunden dauern dürfen. Bei so extremen Geschwindigkeiten in dünner Höhenluft gleichen die beim Flug auftretenden Probleme den Transformationsproblemen in chemischen und Atomreaktoren insofern, als nur geringe Informationen zur Verfügung stehen und der Prozeß nicht vollkommen durchschaut und beherrscht wird; hinzu kommt noch, daß dem Piloten für Gegenmaßnahmen weit weniger Zeit bleibt als in den anderen Systemen, sowie das Problem einer möglicherweise auftretenden Desorientierung, auf das ich im folgenden eingehen möchte.

Desorientierung

Das Fliegen in einer Schlechtwetterzone, wo man unten und oben so wenig unterscheiden kann wie links und rechts, beraubt den Piloten so sehr jeder Orientierung, daß mancher darum bittet, eine andere Flugroute zugewiesen zu bekommen, auf der er ein dichtes Wolkengebiet oder ein Unwetter umfliegen kann. Natürlich gibt es häufig keine Wahl. Der Pilot einer kleinen zweimotorigen Beechcraft flog im Juli 1981 in eine angekündigte Schlechtwetterzone und orientierte sich an seinen Instrumenten. Der Untersuchungsbericht über den folgenden Unfall rekonstruierte dessen wahrscheinlichsten Hergang so: Im Haupttank war der Treibstoff zu Ende gegangen, und der Pilot hatte versäumt, rechtzeitig auf Reserve umzuschalten. Daraufhin fingen die Motoren an zu stottern, und so tat er vermutlich das, was in anderen Fällen das Richtige gewesen wäre, er gab Gas. Als das nichts nützte, beugte er sich zur Seite, um die Treibstoffzufuhr auf Reserve umzuschalten. Weil das Flugzeug vermutlich wegen des Geschwindigkeitsabfalls und der starken Luftturbulenzen schlingerte oder sich gar um die Längsachse drehte und der Pilot sich mit einer plötzlichen Bewegung wieder aufrichtete, »kam es höchstwahrscheinlich zu einer Desorientierung«. Der Bericht fährt fort: »In diesem Fall wurde der irrige Eindruck erzeugt, das Flugzeug sei nach vorn oder zur Seite geneigt, was eine instinktive Reaktion auslöste, das Flugzeug in die entgegengesetzte Richtung zu legen oder zu ziehen.« Da der Pilot bislang nur einmotorige Maschinen geflogen hatte, »kann man sich leicht vorstellen, daß die Reflexhandlung des Piloten abrupt und übertrieben war«. Flügel und Heck des Flugzeugs rissen ab, vermutlich wegen eines zu plötzlichen Manövers, und das Flugzeug stürzte ab, wobei alle drei Insassen den Tod fanden (NTSB, AAR-81-15, 1981).

In einer Sicherheitsempfehlung im Hinblick auf die Druck-/Vakuumpumpen, die Richtkreisel und Fluglagekreisel antreiben, untersuchte die NTSB fünf Unfälle, vier davon mit einer Cessna 210 N. In allen fünf Fällen waren die Instrumente zur Lage- und Richtungsbestimmung ausgefallen, die Piloten mußten ein Wolkengebiet durchfliegen, verloren zunächst die Orientierung und schließlich auch ihre Maschinen, nachdem sie abrupte Manöver unternommen hatten oder in einen Sturzflug übergegangen waren, den sie nicht mehr abfangen konnten. Die einzigen Instrumente, die ihnen noch zur Verfügung standen, waren Wendeanzeiger, Neigungs- und Fahrtmesser, Variometer (zur Messung der Steig-/Sinkgeschwindigkeit) und Höhenmesser. Es bereitet große Schwierigkeiten, mit Hilfe dieser groben Anzeigegeräte, die sehr langsam ansprechen, einen »Blindflug« zu machen. Die Druck-/Vakuumpumpen sind seit langem für ihre Fehleranfälligkeit bekannt. Wenigstens 325 dieser Pumpen, die lediglich von zwei Herstellern produziert werden, fielen im Lauf von vier Jahren aus, und die tatsächliche Anzahl der Defekte ist vermutlich viel höher, da nur ein kleiner Prozentsatz von ihnen gemeldet wird (ebd.).

Auch bei dem bereits erwähnten Absturz einer Maschine der New Zealand Airways in der Antarktis spielte ein Verlust der Orientierung eine verhängnisvolle Rolle. Wir erinnern uns, daß der erste Untersuchungsbericht dem Flugkapitän die Schuld an dem Unfall gegeben hatte. An einem klaren Tag mit einer Sichtweite von maximal 70 km prallte er mit dem Flugzeug auf die Flanke eines hohen Berges. Die anschließende Untersuchung des Unfalls enthüllte etwas Ungewöhnliches. Bis zum Augenblick des Unglücks waren die Fluggäste damit beschäftigt, die antarktische Landschaft zu photographieren. Auch sie hätten eigentlich den Berg sehen müssen, auf den das Flugzeug zuflog. Der mit der Durchführung der zweiten Untersuchung beauftragte Richter ließ sich von einem eigenartigen Phänomen berichten, das als *white out* (Weißsehen) bezeichnet wird und allen Piloten bekannt ist, die schon einmal eine der beiden Polarregionen der Erde überflogen haben. Es ist nicht derselbe Effekt, den Skiläufer und Bergsteiger in einem Schneesturm erleben, sondern viel heimtückischer, da er an völlig klaren Tagen auftritt. Da die Luft in den Polarregionen so extrem trocken ist, wird das von den Schneekristallen reflektierte Licht in seiner Eigenart verändert und so gestreut, daß die Umrisse von Bergen und selbst schwarze Objekte wie z. B. unbeschneite Felsflächen wie weggewischt erscheinen. Die Flugpassagiere (und die Besatzung) erblickten und photographierten aus den Seitenfenstern große Wasserflächen, aber in Flugrichtung sahen sie nichts als eine flache Horizontlinie – genau das, was die Besatzung erwartete, da niemand etwas davon wußte, daß die in den Autopiloten eingegebenen Kursdaten zwei Tage vor dem Flug von der Fluggesellschaft geändert worden waren. Erst das Zusammenwirken dieser beiden unabhängigen »Störungen« führte zu dem tragischen Unglücksfall, daß ein Flugzeug trotz klarer Sichtverhältnisse auf einen Berg prallte.

Zusammenfassung

Aus den zahlreichen hier vorgelegten Unfallbeispielen ergeben sich genügend Hinweise auf die Komplexität und die enge Kopplung im System »Flugzeug« (Maschine, Besatzung und unmittelbare Umwelt). Einige davon haben triviale Ursachen wie das Durchschmoren einer Kabelisolierung, andere wiederum sind so ausgefallen, daß ihre Ursachen Anlaß zu Spekulationen geben, wenn etwa ein Flugzeug seine Flattergrenzen überschreitet. Bei den zwischen diesen Extremen angesiedelten Unfallursachen geht es zu einem großen Teil um unvorhergesehene Interaktionen der Elektronik oder um Probleme, die sich aus der engen Nachbarschaft unabhängiger Teile ergeben. Daß das System »Flugzeug« nicht mehr Risiken birgt, als dies gegenwärtig der Fall ist, liegt vermutlich daran, daß sich in den Jahrzehnten seit Erfindung des Motorflugs eine enorme Erfahrung angesammelt hat. Im Gegensatz zu Kernkraftwerken und selbst zu großchemischen Anlagen wird die Ausrüstung unter den maximalen Beanspruchungen bei Start und Landung immer neuen »Belastungsproben« ausgesetzt – bei Inlandsflügen mehrmals am Tag – und dies unter realistischen und häufig extremen Bedingungen. Bei einer Erfahrung von über 70 Jahren macht sich jedes neue Modell die Lehren seiner Vorgänger zunutze. In unseren Beispielen haben wir zwar gesehen, daß Warnungen mißachtet wurden, aber das ist die Ausnahme und keinesfalls die Regel in dieser Branche.

Mehr als in jedem anderen von uns behandelten kommerziellen Bereich hat es hier genügend Zeit, Anreize, Hilfsquellen und Erfindungskraft gegeben, um konstruktive Puffer und Sicherheitsmaßnahmen vorzusehen und einem überdurchschnittlich qualifizierten Betriebspersonal eine fast vorbildliche Schulung zukommen zu lassen. Des weiteren liegt es auf der Hand, daß im Interesse eines kommerziellen Erfolgs der Luftfahrtindustrie und der Fluggesellschaften die Zahl der Unfälle so niedrig wie möglich gehalten werden muß. Trotzdem kommt es immer wieder zu Systemunfällen, deren wenn auch geringe Zahl sich vermutlich nicht weiter reduzieren läßt. Das liegt daran, daß mit jedem neuen Fortschritt im Hinblick auf Schulung oder technische Ausrüstung nach wie vor der Druck anhält, das System bis an seine Grenzen zu belasten. Die neue Boeing 767 ist dafür konstruiert, auch noch bei einer Sichtweite von unter 40 m zu landen – die Besatzung kann die Maschine auf den Boden aufsetzen, selbst wenn das Heck des eigenen Flugzeugs für sie im

Nebel verschwindet! Im schlimmsten Fall verirrt sich die Crew mit der Maschine auf dem Rollfeld.

Wenn wir uns jetzt dem größeren System »Luftverkehr« zuwenden, dann addieren sich die Komplexität und enge Kopplung des Systems »Luftverkehr« (übrige Flugzeuge und Flugsicherung). Auch hier hat es bemerkenswerte technische Verbesserungen gegeben. Dieses umfassendere System ist kein Transformationssystem, sondern ein additives, sozusagen ein »weiterverarbeitendes« System. Es müßte vergleichsweise einfach sein, zu verhindern, daß Flugzeuge miteinander kollidieren, oder sie in die richtige Landeposition einzuweisen – es ist eigentlich eine ganz mechanische Aufgabe. Wie wir jedoch sehen werden, besteht selbst bei kleinen Objekten innerhalb eines riesigen dreidimensionalen Raumes die Gefahr von systembedingten Zusammenstößen.

Das System »Luftverkehr«

Die »Orange Berets«

Das Gebiet von Los Angeles ist durchzogen von Autobahnen und übersät mit Flughäfen unterschiedlichster Größe, die von verschiedenen öffentlichen und privaten Institutionen betrieben werden. Wer hier durch die Gegend fährt, gewinnt den Eindruck, daß jedermann unterwegs ist, auf den Straßen oder in der Luft. Die Autobahnen führen dicht an den Flughäfen vorbei, und manche Flughäfen werden so niedrig angeflogen, daß das Wasser in den Schwimmbecken der Anwohner durch die Erschütterungen leichte Wellen schlägt. Nicht anders als die Automobile, die sich während des morgendlichen und abendlichen Berufsverkehrs zusammendrängen, folgen die zahlreichen Passagier- und Privatflugzeuge dicht hintereinander auf der Landepiste, um dann in die zugewiesene Spur einzubiegen, und sie warten geduldig in einer langen Schlange auf der Rollbahn, bis sie ihre Starterlaubnis erhalten. Einer der neueren Flughäfen ist der Orange County Airport, der zu Ehren des prominentesten Bürgers des Bezirks alsbald in John Wayne Orange County Airport umbenannt wurde. Im Vergleich zu anderen Flughäfen ist er eher von bescheidener Größe, aber dennoch war er zumindest 1980 gemessen an der Zahl der Starts und Landungen der *viert*größte Flughafen der USA: Es waren mehr als eine halbe Million, das sind täglich etwa 1 500 Start- und Landungsabfertigungen (NTSB, AAR-81-15, 1981, S.7).

Während der Jet-rush-hour an einem klaren Februarnachmittag 1981 hatte der Fluglotse vorübergehend nur sechs Maschinen einzuweisen, drei Boeing 737, eine Beech Baron, eine Bonanza und eine Cessna. Es war allerdings keine leichte Aufgabe, die kleinen Privatmaschinen und die großen Verkehrsflugzeuge auseinanderzuhalten. Eine der Boeings 737 von der Air California wollte zur Landung ansetzen, während eine zweite Boeing, die ebenfalls der Air California gehörte, auf die Starterlaubnis wartete. Wir wollen die erste Maschine mit X und die zweite mit Y bezeichnen. X erhielt die Lande-, Y die Starterlaubnis. Danach bemerkte der Fluglotse, daß der Abstand zwischen beiden Maschinen nicht ausreichend war. Deshalb wies er X an, die Landung abzubrechen und nochmals eine Runde zu drehen, d. h. das Flugzeug hochzuziehen und einen Vollkreis zu fliegen; Y erhielt die Anweisung, den Start abzubrechen und aus der Rollbahn auszuscheren. Y verzögerte die Freigabe der Rollbahn, und X brach seine Landung zu spät ab (zu diesem Ergebnis gelangte jedenfalls die Mehrheit der NTSB-Kommission). X hatte das Fahrgestell ausgefahren, anschließend – bei dem Versuch, die Maschine hochzuziehen – wieder eingefahren und nach dem Mißlingen seines Manövers beschlossen, daß ihm nichts anderes übrigblieb als zu landen, jedoch war anscheinend vergessen worden, nach dem abermaligen Ausfahren das Fahrwerk zu verriegeln. Das Fahrwerk riß ab, die beiden Triebwerke lösten sich von den Flügeln, das Flugzeug geriet ins Schleudern und kam passenderweise genau 200 m vor der Feuerwehrstation zum Stehen, wo es in Flammen aufging. Die Räumung der Maschine erfolgte schnell und ohne größere Schwierigkeiten, wenn man einmal davon absieht, daß Sitze aus ihren Verankerungen gerissen wurden und Gepäckstücke über die Köpfe der Passagiere hinwegflogen. Es gab vier Schwerverletzte und keinen Toten. Kaum geräumt, wurde das Flugzeug von zwei Explosionen erschüttert.

Ein kurzer Blick hinter die Kulissen der nackten Tatsachen zeigt uns etwas mehr von den Alltagsproblemen der Fluglotsen mit den Piloten, die von ihnen eingewiesen werden. Es sind durch ökonomischen Druck bedingte Probleme mit Piloten, die sich verflogen haben oder unter Entscheidungsdruck in kniffligen Situationen stehen, oder auch Probleme von Flughäfen mit unzureichender Sicherheit. Vielleicht werden wir nach diesem Einblick jede neue sichere Landung in einem Flugzeug mit einem dankbaren inneren Stoßseufzer begrüßen. Jedenfalls waren an diesem Unfall mehr oder weniger alle Beteiligten schuld, was uns die Vermutung aufnötigt, daß das gesamte System fehlerhaft war. (1) Einer der Fluglotsen verletzte die Bestimmungen über den Mindestabstand zwischen zwei Flugzeugen, deren buchstabengetreue Einhaltung den Flughafen vom vierten auf den 50. Platz (im Hinblick auf die Zahl der abgefertigten Flüge) zurückgeworfen hätte. (2) Zwei Flugzeuge, die denselben Flughafen benutzten, befolgten die ihnen erteilten Anweisungen nicht, was zur Folge hatte, daß das eine im letzten Augenblick die Landereihenfolge änderte und das andere den Fluglotsen ablenkte, der gerade damit beschäftigt war, während des Hochbetriebs eine zusätzliche Maschine »dazwischenzuschieben«. (3) Der Flugkapitän von X merkte, daß es knapp werden würde, sah sich in dieser Einschätzung jedoch nicht vom Fluglotsen bestätigt, weil dieser abgelenkt war, und hoffte, Y würde seinen Start beschleunigen. (4) Y verzögerte jedoch seinen Start aus unbekannten Gründen und verschlimmerte dadurch die Lage. (5) Der Pilot von X war eigentlich darauf vorbereitet, zu landen, nachdem er seine Geschwindigkeit noch zusätzlich gedrosselt hatte, um Y den Start zu erleichtern. (Wäre er statt dessen schneller geflogen, dann hätte das Abbrechen des Landemanövers, das durchaus möglich gewesen wäre, die Gefahr eines Zusammenstoßes mit Y nach sich gezogen, dessen Start zu diesem Zeitpunkt noch als sicher galt.) (6) Das in letzter Minute von X versuchte Manöver, die Landung abzubrechen, mißlang vermutlich deshalb, weil das Verstellen der Landeklappen von 40 auf 15 Grad nicht durch eine entsprechende Änderung des Anstellwinkels ausgeglichen wurde. Ich vermute, daß der Pilot letztlich gleichzeitig sowohl landen als auch durchstarten wollte und keines der beiden Manöver konsequent ausführen konnte. Solche Fehler dürften einem Flugpiloten nicht unterlaufen – so wenig wie Schiffskapitänen oder der Bedienungsmannschaft eines Atomkraftwerks –, und sie sind auch äußerst selten, aber sie können immer wieder vorkommen.

(Daß Piloten vergessen, vor der Landung das Fahrwerk auszufahren oder nach dem Ausfahren zu verriegeln, ist dagegen weniger selten. Von der US-Marine wird berichtet, daß dort innerhalb einiger Jahre 14mal Piloten versuchten, von einem Flugzeugträger aus zu starten, während die beiden Flügelenden noch nach obengeklappt waren (um während des Parkens an Deck Platz zu sparen). Drei der Piloten hatten genügend Geschick oder Glück, auch nach dem Start die Maschine unter Kontrolle zu halten und sowohl den Flug als auch die anschließende Landung mit hochgestellten Flügelspitzen zu bewerkstelligen. Einer von ihnen vergaß allerdings, das Fahrgestell auszufahren und machte eine Bruchlandung!)

Dennoch ist es vollkommen verfehlt, nur den Piloten von X zum Sündenbock zu erklären, so wie es die NTSB (in AAR-81-13, 1981) getan hat. Wir müssen vielmehr ein komplexes und eng gekoppeltes System anklagen, das versucht, an seine äußersten Sicherheitsgrenzen zu gehen. Der NTSB bleibt nichts anderes übrig, als sich im Rahmen dieser Grenzen zu bewegen, und ihre Zuschreibung der wahrscheinlichen Unfallursache ergibt nur innerhalb dieser Parameter einen Sinn. Sobald wir jedoch etwas zurücktreten und auf das umfassendere System »Luftverkehr« blicken, wird ihre Schuldzuweisung irrelevant und zweifelhaft.

Gewöhnung

Eines der Probleme beim Umgang mit komplexen Systemen ist die Unbekümmertheit, die sich mit wachsender Gewöhnung einstellt. Es ist diese Vertrautheit, die ein reibungsloses Funktionieren ermöglicht; was uns vertraut ist, das erledigen wir ordentlich. Wohlbekannte Dinge gut zu erledigen, bedeutet jedoch, daß wir nicht ständig auf der Hut und auf das Eintreten eines außergewöhnlichen Ereignisses gefaßt sind. Unsere Systeme würden sehr schnell zusammenbrechen, wenn vom Bedienungspersonal gefordert würde, unausgesetzt wachsam zu sein – einfach deshalb, weil die Aufmerksamkeit nicht ungeteilt sein darf. Der Pilot eines Flugzeugs muß sein Augenmerk auf eine Fülle von Anzeigen auf der Instrumententafel, sein Funkgerät und jenen Teil des Himmels richten, den er durch die kleinen Cockpitfenster sehen kann.

Als im April 1981 bei Loveland, Colorado, zwei Flugzeuge in der Luft zusammenstießen und 15 Menschen den Tod fanden, hatte jedes der beiden Flugzeuge gerade 45 Sekunden Zeit, um die andere Maschine zu sehen. Der überlebende Pilot sagte aus, seine Aufmerksamkeit sei auf einen Punkt am Boden gerichtet gewesen, wo die von ihm beförderten Fallschirmspringer landen sollten. Die NTSB vermutete, Pilot und Kopilot der anderen Maschine hätten möglicherweise gerade ihren Kurs ermittelt, die Instrumente beobachtet oder andere Aufgaben im Cockpit wahrgenommen. Zwar sagt der Unfalluntersuchungsbericht darüber nichts aus, aber es wäre auch denkbar, daß der Fluglotse gerade auf die anderen Flugzeuge in seinem Luftraum achtete, so daß ihm die Blips auf dem Radarschirm entgingen, welche die Positionen des einen der beiden Flugzeuge anzeigten.

Zahlreiche Vorschriften und Bestimmungen waren bei diesem Unfall verletzt worden: Die Cessna, welche die Fallschirmspringer beförderte, hatte keine Erlaubnis, höher als 4 000 m zu fliegen; die Aufstellung über die an diesem Tag angemeldeten Flüge war von der Flugsicherung nicht richtig weitergeleitet worden; der Pilot der Cessna hatte den erforderlichen Funkverkehr nicht aufgenommen und verfügte nicht über einen Transponder (ein Gerät zur ständigen Funkortung), wie er für Flüge in Höhen über 4 000 m vorgeschrieben ist; das Büro der FAA (US-Luftfahrtbehörde) im Denver Center wußte seit langem, daß gegen Bestimmungen der höchstzulässigen Flughöhe verstoßen wurde, unternahm jedoch nichts dagegen usw. Eine Korrektur jedes einzelnen dieser Verstöße hätte den Unfall mit mehr oder weniger Sicherheit verhindert. Dennoch waren diese Verstöße weniger entscheidend als der abstumpfende Effekt der Gewöhnung.

Unser letztes Beispiel betrifft eine extrem detaillierte Untersuchung einer Reihe von Vorfällen im Oktober 1980 über dem Georgia Airport in Atlanta, bei denen ein Zusammenstoß in der Luft jedesmal nur knapp vermieden worden war. Der Untersuchungsbericht der NTSB (SIR-81-b, 1981) ist 72 Seiten lang und schildert ebenso dramatisch wie anschaulich eine zwölfminütige Ereignisabfolge unter Heranziehung von Flug-Charts und des Dialogs zwischen Pilot und Tower. Die Ereignisse waren sehr kompliziert, aber im wesentlichen ging es darum, daß ein Fluglotse nicht die Kontrolle über ein Flugzeug übernommen hatte, als dieses in den von ihm überwachten Flugraum über dem Flughafen einflog, und daß aufgrund von Änderungen der Start- und Landereihenfolge (ein Routineereignis) insgesamt viermal ein Kollisionsverhütungs-Alarm ausgelöst worden war. In einem Fall befanden sich vier Flugzeuge gleichzeitig in einem Quadrat von 3 500 m Seitenlänge. In zwei Fällen waren die Piloten zu extremen Notmanövern gezwungen; einer der Piloten überdrehte dabei alle drei Motoren seiner Maschine. Gelegentlich betrug der horizontale Abstand zwischen zwei Flugzeugen weniger als 100 m. Die Arbeitsbelastung des Fluglotsen war nicht übermäßig hoch (und das Wetter war hell und klar), aber innerhalb der zwölf Minuten befanden sich 15 Flugzeuge in dem von ihm kontrollierten Luftraum. Fünf davon waren an der Auslösung des Kollisionsverhütungs-Alarms beteiligt, zwei oder drei von ihnen sogar zweimal. Im Tower ertönte während dieser Zeit außerdem dreimal der Alarm für zu niedrige Flughöhe, wobei der Alarmton jeweils derselbe ist. Dieser wird von den Fluglotsen häufig ignoriert, weil sie alle Hände voll mit anderen Dingen zu tun haben. Es gab zwar keinen Unfall, aber dieses Beispiel liefert uns einige handfeste Anhaltspunkte für die komplexe Interaktivität des Flugsicherungssystems.

Mangelnde Kooperation

Der weite Himmel ist überraschend dicht bevölkert von kleinen, unerwarteten und manchmal auch unkooperativen Objekten, die dem Fluglotsen das Leben schwer machen. Wir haben bisher hauptsächlich von Verkehrsflugzeugen und Privatmaschinen gesprochen, aber zum Luftverkehr zählen auch Militärmaschinen, Drachen- und Segelflieger, Fallschirmspringer und Ballonfahrer. 1982 wurde von einem Verkehrsflugzeug über Kalifornien sogar ein Mann in einem Lehnstuhl gesichtet, der an mehreren Wetterballons hing und in fast 200 m Höhe dahintrieb. Bei dem ersten der folgenden Zwischenfälle geht es nur um einen Teil des Verkehrs in der Luft, den ein Fluglotse abwickelt: zwei Firmenjets, die fast zusammengestoßen wären, ein weiteres Düsenflugzeug, ein Tankflugzeug der US-Luftwaffe sowie zwei Kampfflugzeuge, die Treibstoff aufnahmen (NASA, TM – 3546, 1977, S. 63ff.). Beim zweiten Zwischenfall geht es um Privatflugzeuge, die in den Luftraum der Verkehrsflugzeuge eingedrungen waren. Wenn es noch weiterer Beweise für die Komplexität des Systems »Luftverkehr« bedürfte, so würden sie mit diesen Vorfällen geliefert; außerdem sind es Beispiele für die »Cowboyallüren« mancher Piloten in den USA.

Der Fluglotse kam von einer Erholungspause zurück. Während seiner Abwesenheit hatte sein Kollege auf seiner Station sowohl die Radarüberwachung als auch den Funksprechverkehr übernommen. Er war überlastet und vollauf mit der Kontrolle eines Düsenjägers beschäftigt, der in der Luft aufgetankt wurde, so daß nicht alle Zettel und sonstigen Informationen auf dem laufenden waren, und der für den anschließenden Luftraum zuständige Kollege war ebenfalls in Verzug. Die Arbeitsbelastung der Fluglotsen wurde noch dadurch erhöht, daß eine Radarstation wegen fälliger Wartungsarbeiten nicht in Betrieb war. Innerhalb weniger Minuten passierte folgendes: Zwei weitere Düsenjäger baten um Landeerlaubnis zwischen den Verkehrsmaschinen, da ihr Treibstoff zur Neige ging; diese wurde ihnen verweigert, aber sie drängten weiterhin auf eine Landegenehmigung. Das Tankflugzeug bat um eine geänderte Flugroute und erhielt eine neue Strecke zugewiesen. Auch eines der Firmenflugzeuge ersuchte um eine Flugstreckenänderung. Es bestand Unklarheit darüber, welches der beiden Firmenflugzeuge eine neue Flughöhe einnahm, da die Datenmarkierungen (kleine Lichtblöcke mit Zahlen, die auf der Bildschirmanzeige die einzelnen symbolisierten Flugzeuge kennzeichnen) nicht vollständig waren.

Um das Problem zu klären, fragte der Fluglotse bei einem der beiden Firmenflugzeuge an, aber die Antwort wurde durch den Funksprechverkehr der in der Luft aufgetankten Jäger überlagert. Diese wurden vom Fluglotsen aufgefordert, »aus der Leitung zu gehen«, dann verschwanden die Zielsignale der beiden Firmenjets auf dem Radarschirm. Eines der beiden versuchte, zum Tower durchzukommen, wurde jedoch von den beiden Düsenjägern blockiert, die nicht »aus der Leitung gingen«. Der Fluglotse forderte sie erneut höflich auf, den Sprechverkehr einzustellen, und rief eines der Firmenflugzeuge. Der Pilot berichtete, vor ihm sei soeben ein Firmenjet vorbeigeflogen; er machte keine Angaben darüber, ob er zu einem Ausweichmanöver gezwungen wurde oder nicht, aber es stand außer Frage, daß die beiden Flugzeuge einander sehr nahe gewesen waren. Der Kollisionsalarm des Radargeräts war nicht ausgelöst worden, weil eines der beiden Flugzeuge anscheinend von dem Alarm nicht erfaßt wurde (der Bericht äußert sich zu dieser Frage nicht eindeutig).

Wir haben es hier mit einem weiteren Problem im Alltag eines Fluglotsen zu tun – mit jenen fliegenden Objekten, die von den Fluglotsen der Region um New York City als FLIBs bezeichnet werden, als *Fucking Little Itinerant Bastards* (mistige kleine herumschwirrende Biester), zumeist kleine Privat- und Sportflugzeuge. Die Geschichten, die man sich über diese FLIBs erzählt, sind endlos und vermutlich übertrieben. Die Piloten dieser Flugzeuge landen auf den falschen Flughäfen und wundern sich erst, wenn sie ihr Auto nicht auf dem Parkplatz finden können. Sie starten oder landen auf der falschen Rollbahn (was gelegentlich auch bei Verkehrsmaschinen vorkommt). Sie lassen ihr Funksprechgerät eingeschaltet, nachdem sie mit dem Tower gesprochen haben, was zur Folge hat, daß sie nicht mehr gerufen werden können und die von ihnen benutzte Frequenz für andere Flugzeuge gesperrt ist. Angeblich muß hin und wieder extra ein Flugzeug hinaufgeschickt werden, das ihnen Winksignale gibt oder einen solchen Schrecken einjagt, daß sie sich beim Tower beschweren wollen und dabei feststellen, daß sie den

Sprechverkehr lahmgelegt haben (s. Grayson/Billings 1981, S. 52). Sie »stehen unter Strom«, müssen häufig wegen Treibstoffmangel notlanden und was nicht alles sonst noch. Hier ist eine kurze Schilderung eines entsprechenden Zwischenfalls.

Ein einmotoriges Leichttransportflugzeug rief die Flugsicherung des Kennedy Airport und ersuchte um Streckenfreigabe durch das Gebiet vom Islip Airport (auf Long Island) bis zu einer der Wendemarken mit Funkfeuer in der Nähe des Kennedy Airport. Normalerweise ist für Flüge innerhalb dieses Nahverkehrsbereichs (TCA – *Terminal Control Area*) ein Transponder mit ständiger Flughöhenangabe erforderlich, über den die kleine Maschine nicht verfügte, aber die Fluglotsen standen nicht besonders unter Druck, so daß sie die erbetene Durchflugerlaubnis erteilten und dem Piloten einen Korridor in 750 m Höhe zuwiesen. Dieser bestätigte die zugewiesene Route, aber der Fluglotse bemerkte auf dem Radarschirm, daß er in die falsche Richtung flog, und fragte den Piloten nach dem Grund. Dieser gab zur Antwort, er habe beide Funkfeuer verloren, nach denen er seinen Kurs festsetzte.

Im Bericht des Fluglotsen heißt es weiter:

»Darauf wurde Streckenfreigabe gestoppt, eine Kehre um 180° angewiesen und der Grund dafür angegeben. Pilot verläßt den TCA, schaltet die VOR-Anlage ein (mit der die Funkfeuersignale empfangen werden), ruft wieder die Bodenkontrolle und bittet noch einmal um Streckenfreigabe.«(NASA, TM X-3546, 1977, S. 67)

Es wurde eine Durchflugerlaubnis bis zu dem angegebenen Funkfeuer erteilt, was einen Kurs von etwa 250 Grad bedeutet hätte. Der Pilot bedankte sich, nahm jedoch abermals den falschen Kurs. Der Bericht des Fluglotsen schloß mit den Worten: »Flugzeug drehte mit Kurs 330 ab und terrorisierte vier IFR-Starts (Blindflüge) vom Flughafen La Guardia«, der fast genau im Nordwesten des Kennedy Airport liegt.

Diese Beispiele müßten dem Leser einen ausreichenden Eindruck vom System »Luftverkehr« vermittelt haben. Es ist jetzt an der Zeit, uns etwas eingehender mit dem System der Flugüberwachung und -sicherung sowie mit den Gründen für seine hervorragenden Leistungen auf dem Gebiet der Flugsicherheit zu beschäftigen – es gibt praktisch keine Kollisionen von zwei Flugzeugen in der Luft, die beide von der Flugsicherung erfaßt wurden.

Flugsicherung

Die Flugsicherung hat zwei wichtige Aufgaben zu erfüllen: die Sicherung und die beschleunigte Abfertigung des zivilen Luftverkehrs. Obwohl beide Funktionen aufeinander angewiesen sind, stehen sie in einem gewissen Gegensatz zueinander. Ein Zugewinn an Sicherheit bedeutet ein Anwachsen der Zahl der Flugzeuge innerhalb des Systems »Luftverkehr«, so daß die Flugdichte und damit das Gefahrenpotential erhöht werden. (Flugdichte läßt sich unterschiedlich ausdrücken: als Anzahl der Flugzeuge überhaupt, als Anzahl der Flugzeuge in einem Luftkorridor, Anzahl der Korridore und ihrer Überschneidungen, zulässiger Abstand zwischen startenden, in der Luft befindlichen und landenden Verkehrsmaschinen, als Dichte des Funksprechverkehrs zwischen Flugzeugen, zwischen den Bodenkontrollstellen und zwischen Piloten und Fluglotsen. Mit jedem neu hinzukommenden Flugzeug erhöhen sich sämtliche Dichte-Indikatoren.) Eine Zunahme des Bestands an Verkehrsmaschinen und damit der Dichte beeinträchtigt die Wirtschaftlichkeit der Passagier- und Transportflüge, da sie zu einer Verlängerung der Flüge und einer Verzögerung der Abflugtermine führt. Wenn sich die Treibstoffpreise immer wieder erhöhen, wie dies in den 70er Jahren der Fall war, müssen im Interesse der Wirtschaftlichkeit die Routen möglichst direkt, die Flughöhen möglichst hoch und die Verzögerungen beim Starten und Landen möglichst gering sein. Nach einer jüngeren Untersuchung einer großen amerikanischen Fluggesellschaft kann z. B. eine Treibstoffeinsparung von drei Prozent eine Steigerung des Gewinns um 23 Prozent zur Folge haben (s. Wiener/Curry 1980, S. 997; Feazel 1980).

Die Flugsicherung ermöglicht dem kommerziellen Flugverkehr die Verwirklichung dieser ökonomischen Ziele und hat in dieser Hinsicht bislang Beachtliches geleistet. Tag für Tag beobachtet eine Zentralstelle der ATC *(Air Traffic Control)* das Wetter in den USA (und in anderen Ländern) und weist die Fluggesellschaften auf mögliche Verspätungen bei Start und Landung hin, die sich aus schlechtem Wetter und erhöhter Flugdichte ergeben können. Zwar werden den Fluggesellschaften keine genauen Starttermine empfohlen, doch reichen die Informationen aus, um die Abflugtermine und die Zahl der Flüge auf einer Strecke so abzustimmen, daß Verzögerungen auf ein Mindestmaß beschränkt werden. Auf diese Weise konnten auch die Wartezeiten von Flugzeugen, das Kreisen in Wartehöhe über einem Flughafen bis zur Landeerlaubnis, weitgehend reduziert werden. Jetzt wird das Warten auf die Zeit vor dem Start verlegt – es ist billiger, weniger unbequem für die Fluggäste und zweifellos sicherer. Auch kommt es heute seltener zu Flügen mit nur wenigen Passagieren, da die Fluggesellschaften aufgrund der Informationen durch die ATC bestimmte Flüge rechtzeitiger stornieren können.

In den letzten Jahren hat die ATC die Zahl der Luftrouten erhöht, mehr Funkfeuer aufgestellt und den Luftraum sozusagen in einzelne Pakete aufgeteilt, für die jeweils eine Bodenkontrollstelle zuständig ist, so daß das Flugzeug unterwegs von einer Kontrollstelle zur nächsten weitergegeben wird, bis es sicher gelandet ist. Auf diese Weise konnte die Flugdichte beträchtlich erhöht werden, die Reisegeschwindigkeit stieg an, und der Flugabstand verringerte sich von 20 auf fünf Meilen – bis dieser Abstand sich wieder erhöhte, weil nach dem großen Fluglotsenstreik 1981 weniger Fluglotsen als vorher zur Verfügung standen (hier und im Folgenden stütze ich mich weitgehend auf LaPorte 1980).

Auch für die ATC ist Sicherheit das oberste Gebot. Diese wird zu einem Teil durch Landehilfen (Unterstützung bei der korrekten Positionsbestimmung, Schlechtwetterwarnung oder Berichtigung bei falschen Höhen- oder Positionsangaben) und durch die Abfertigung für den Start erreicht. Weit wichtiger ist jedoch die Aufgabe zu verhindern, daß Flugzeuge in der Luft zusammenstoßen. Auf der Start- oder Landebahn ist das relativ unkompliziert, obgleich uns das Beispiel des Unfalls auf dem Orange County Airport gezeigt hat, daß dies nicht immer der Fall ist. Die Fluglotsen können vom Tower aus das Flugzeug am Boden sehen, und sie wissen, wer ankommt und abfliegt. In der Luft liegt die Sache weniger einfach. Flugzeugkollisionen in der Luft sind ziemlich selten, sogenannte gefährliche Begegnungen jedoch nicht.*

Da Zusammenstöße in der Luft (einschließlich solcher während des Landeanflugs und kurz nach dem Start) vermutlich die kompliziertesten Interaktionen darstellen, mit denen die ATC fertigwerden muß, werde ich mich auf diese besonders konzentrieren. Das Ziel, Zusammenstöße

---

*Das hierzu verfügbare Zahlenmaterial ist ziemlich unbefriedigend. So konnte ich z. B. nicht einmal sicher in Erfahrung bringen, wieviele Zusammenstöße es in den 50er und 60er Jahren zwischen zwei Flugzeugen gegeben hat, die beide von der Bodenkontrolle erfaßt waren. Die Zahl der gefährlichen Begegnungen wurde auf der Grundlage verschiedener Quellen geschätzt und ist mit unterschiedlichen Fehlern behaftet, einschließlich der offiziellen, von Computern errechneten Zahl von »Systemfehlern«, bei denen der zulässige Mindestabstand zwischen zwei Flugzeugen unterschritten wurde. Mitte der 70er Jahre lag diese Zahl im Jahresdurchschnitt bei 400 (vgl. Spahn 1977).

zweier Flugzeuge in der Luft zu verhindern, läßt sich nicht mit den ökonomischen Anforderungen vereinbaren, denen der Luftverkehr unterworfen ist. Eine Verminderung der Zahl der startenden Maschinen, größere Flugabstände, eine Erhöhung der Zahl der Luftrouten, die gleich-
mäßiger über den ganzen Tag verteilt sind, und eine Reduzierung der
Fluggeschwindigkeit, das alles würde die Gefahr einer Kollision in der
Luft wesentlich verringern, dafür jedoch die Transportkosten beträchtlich erhöhen. Die ATC stand somit vor dem Problem, das Risiko von
Zusammenstößen möglichst gering zu halten, während gleichzeitig die
Möglichkeiten für einen Zusammenstoß zunahmen. Dieses Problem hat
sie bemerkenswert erfolgreich gelöst. Die Flugdichte nimmt fortwährend zu, während die Zahl der Kollisionen von Flugzeugen in der Luft
praktisch auf Null zurückging (vor allem in den Fällen, in denen beide
Maschinen von der ATC erfaßt waren). Der auf die ATC ausgeübte
Druck, bei zunehmender Flugdichte die Zahl der Zusammenstöße zu
verringern, ist erheblich. Die FAA wird sogar gesetzlich für alle Schäden
haftbar gemacht, wenn zwei Flugzeuge in der Luft kollidieren, die beide
der Kontrolle der ATC unterstanden. Ein derartiger »Anreiz« ist vermutlich sehr effizient, auch wenn es der einzig verfügbare ist.

Die Reduktion von Komplexität und enger Kopplung

In unserem zweidimensionalen Diagramm 3.1 (S. 138) habe ich das
System »Luftverkehr« in der Nähe der Mitte eingeordnet – es ist weder
eng gekoppelt, noch sind seine Interaktionen besonders komplex. Ich
vermute, daß es hier früher weit mehr Interaktionen und eine engere
Kopplung gegeben hat und daß die Veränderung auf technische Verbesserungen und organisatorische Umstellungen seit Anfang der 60er Jahre
zurückgeht – ein schlagendes Beispiel für die Möglichkeit, Komplexität
und enge Kopplung in Systemen zu reduzieren, die keine Transformationssysteme sind. Ich werde auf diese Änderungen unter dem Aspekt
der in Kapitel 3 dargelegten Kriterien für Komplexität und enge Kopplung eingehen. Das System »Luftverkehr« ist unter folgenden Gesichtspunkten möglicherweise sehr komplex: Unvorhergesehene Interaktionen können auftreten, wenn Flugzeuge in den Luftraum eindringen, die
von der ATC nicht erfaßt oder überhaupt nicht gesehen werden. Das ist
ein Problem der engen Nachbarschaft von Systemteilen, ähnlich dem,
wenn ein Kurzschluß in einem Kabel ein in der Nähe verlaufendes zwei-

tes Kabel außer Funktion setzt, das zu einer Sicherheitsvorrichtung läuft, die sich für den Fall eines Defekts im ersten Kabel einschalten soll. Da sich das ATC-System immer stärker ausdehnte und somit die Zahl der unvorhergesehenen Interaktionen im Luftraum zunahm, löste es das Problem dadurch, daß es den Zugang zu verschiedenen Luftkorridoren einschränkte. Sämtlichen Flugzeughaltern wurde mitgeteilt, daß bestimmte Lufträume nur beflogen werden dürfen, wenn das Flugzeug über bestimmte Instrumente und der Pilot über eine entsprechende Ausbildung verfügt. Damit wurde die Zahl der Flugzeuge in einigen Luftkorridoren verringert. Darüber hinaus erhielten die Fluglotsen mehr Informationen über jene Maschinen, die sich in diesen Lufträumen bewegen – z. B. über deren Flughöhe, die von dem vorschriftsmäßig mitgeführten Transponder gesendet wird.

Bevor sich der Einsatz von Radargeräten allgemein durchgesetzt hatte, erfolgten sämtliche Informationen über Flugposition, -geschwindigkeit, -höhe und -ziel über Funkkontakt. Von einer Störung im Funkverkehr waren zahlreiche Informationsquellen betroffen. Das hiermit verbundene Gefahrenrisiko wurde durch die Einführung des Radars, das unabhängig von einer Sprechfunkverbindung funktioniert, beträchtlich verringert, ganz besonders jedoch, als Sprechfunk und Radar durch Transponder ergänzt wurden. Darüber hinaus schrieb die FAA für die Flugzeuge Notfunkgeräte (sowie Nothilfssysteme für die Flugsicherung) vor. Nichts ist vollkommen, und wie unsere Beispiele gezeigt haben, treten immer wieder Probleme mit den Datenanzeigen und den Funkfrequenzen auf. Aber die Möglichkeiten für das Auftreten von *Common Mode*-Fehlern (abhängigen Fehlern) wurden auf ein Minimum reduziert.

Die Abhängigkeit von Einheiten oder Subsystemen mit Mehrfachfunktion wurde durch die Aufteilung des Flugverkehrs (sowie durch die vorgeschriebene Installation von Transpondern) verringert. Es wurden mehr Flugrouten eingerichtet, die bestimmten Flügen vorbehalten blieben. Kleine Maschinen mit niedriger Fluggeschwindigkeit (und ohne Ausrüstung für Instrumentenflüge) mußten unterhalb der Höhenbereiche für schnelle Düsenflugzeuge bleiben (obwohl die Fluglotsen in diesem Punkt manchmal großzügig sein können, wie wir gesehen haben). Militärflüge wurden auf bestimmte Gebiete beschränkt, Fallschirmspringer einer Kontrolle unterworfen. Auf diese Weise gewann das System an Linearität. Natürlich hat sich seither die Flugdichte in den einzelnen Luftkorridoren vermutlich ebenfalls erhöht, so daß der gewonnene Sicherheitsspielraum teilweise oder gänzlich wieder verlorenging. Aber bei unveränderter Dichte wäre die Zahl der unvorhergesehenen Interaktionen wahrscheinlich zurückgegangen.

Die technischen Verbesserungen, die durch die Einführung von Transpondern mit verschlüsselter Sendung der Flughöhe und die Ersetzung der direkten Radarinformation für den Fluglotsen durch computergenerierte Bildschirmanzeigen vorgenommen wurden, führten zu einer erheblichen Erweiterung der unmittelbaren Informationsquellen. Der Radarschreibstrahl liefert nur intermittierende Informationen über die Position eines Flugzeugs. Obwohl die in den 70er Jahren eingeführten Bildschirme in einer Hinsicht »indirekter« sind, da sie Informationen wiedergeben, die vom Radargerät oder einem Transponder stammen, liefern sie kontinuierliche Daten über Position, Flughöhe und Kurs eines Flugzeugs. Am meisten fällt jedoch ins Gewicht, daß nunmehr zur Bestimmung dieser Daten kein unmittelbarer Kontakt mit dem Piloten mehr erforderlich ist.

Trotzdem bleiben zahlreiche Merkmale nichtlinearer Interaktionen fortbestehen; wahrscheinlich ist eine vollkommene Linearität des Systems überhaupt nicht möglich. Es gibt zahlreiche Kontrollgrößen mit potentiellen Interaktionen; nur beschränkte Möglichkeiten der Substitution von Rollen oder der Isolierung ausgefallener Komponenten (obwohl zu beachten ist, daß bei einem Flugzeugzusammenstoß in der Luft beide »Teile« sofort aus dem System verschwinden!); neuartige und unbeabsichtigte Rückkopplungsschleifen (falsche Identifizierung eines Flugzeugs, Einfädeln eines Flugzeugs in die falsche Warteschlange usw.), enge Nachbarschaft der Einheiten auf Flughäfen (was ebenfalls zu unvorhergesehenen Interaktionen führen kann) und schließlich nur eine beschränkte Möglichkeit zur – im Notfall – improvisierten Substitution von Geräten und Material.

Berichte über gefährliche Begegnungen von Flugzeugen in der Luft lassen scheinbar kaum einen anderen Schluß zu, als daß das System »Luftverkehr« eng gekoppelt ist; dennoch bin ich der Meinung, daß dies nur in eingeschränktem Umfang zutrifft. Eine enge Kopplung verringert die Möglichkeit des Systems, sich von geringfügigen Störungen zu erholen, bevor diese sich zu massiven Schäden ausweiten können, während eine lose Kopplung eine Regenerierung des Systems eher ermöglicht. Die Fluglotsen der ATC haben die Möglichkeit, den Abflug einer Maschine zu verzögern; Flugzeuge sind in hohem Maße steuerbar und bewegen sich im dreidimensionalen Raum, so daß man den Piloten anweisen kann, in Warteposition zu gehen, den Kurs zu ändern, die Fluggeschwindigkeit zu drosseln oder zu erhöhen usw. Die Reihenfolge der einzelnen Maschinen beim Start oder bei der Landung ist nicht unveränderlich, auch wenn die Flexibilität hier zweifellos ebenfalls ihre Grenzen hat. Die Schaffung neuer Luftkorridore hat sowohl die enge Kopplung als auch die Komplexität des Systems verringert. Nach wie vor herrscht ein starker Zeitdruck; das System ist nicht lose, sondern lediglich mäßig eng gekoppelt. Aber Flugzeuge sind beweglich und relativ klein. Der Abstand zwischen ihnen liegt bei den erfaßten gefährlichen Begegnungen zwischen 60 und 1 700 m. Sofern in diesen Fällen ein Abstand von 30 m unterschritten wird, handelt es sich um extrem seltene Ereignisse, die wahrscheinlich übertrieben wurden. Dennoch liegen auch bei einem Abstand von 30 m immer noch 29 m als Sicherheitsspielraum dazwischen. Selbst bei einem gezielten Versuch wäre es für einen Piloten schwierig, mit einem anderen Fugzeug zusammenzustoßen. Bei anderen Hochrisiko-Systemen ist es vergleichsweise einfach, eine Explosion herbeizuführen, wesentliche Sicherheitssysteme außer Kraft zu setzen oder eine Kernschmelze zu verursachen.

Außerdem gibt es noch weitere wichtige Methoden zur Verhinderung von Zusammenstößen in der Luft und zum Dirigieren von Flugzeugen in die gewünschte Richtung. So werden Flugzeuge bei zu dichtem Flugverkehr seit langem umgeleitet. Wir haben gesehen, daß exakte Wetter- und Verkehrsinformationen zu Startverzögerungen (oder zur Stornierung von Flügen) und nicht mehr zum Kreisen der anfliegenden Maschinen in Warteposition führen. Bei übermäßig starkem Andrang (möglicherweise aufgrund eines Schlechtwettereinbruchs) kann das System »erweitert« werden – Nutzung eines größeren Luftraums, Verringerung der Fluggeschwindigkeiten, Verzögerung von Starts oder Umleitungen durch bessere Wetterzonen. Die ATC ist zu all diesen Maßnahmen in der Lage, weil sie über umfangreiche Informationen und die entsprechende Befugnisse verfügt.

Es gibt bestimmte Aspekte der engen Kopplung, die sich vermutlich weder durch technische Verbesserungen noch durch Änderungen der Organisation reduzieren lassen. Es bestehen nur geringe Möglichkeiten für außerplanmäßige, zufällig verfügbare Puffer, die eine Systemregenerierung nach einer gefährlichen Situation begünstigen, und kaum nennenswerte Möglichkeiten zur Substitution von Ausrüstungsgegenständen und Bedienungspersonal. Gerade die letztgenannte Möglichkeit wird in Zukunft wohl noch stärker beschnitten. Die Fluggesellschaften drängen aus finanziellen Gründen darauf, die Flugzeugbesatzung von drei (Pilot, Kopilot und Bordingenieur) auf zwei Mann zu verringern und begründen dies damit, daß ein Großteil ihrer Tätigkeit von Computern und anderen Hilfsgeräten übernommen wird, so daß sich die Arbeitsbelastung im Cockpit verringert. (Andererseits zeigen Untersuchungen von Unfällen und gefährlichen Begegnungen, daß gerade beim Start und bei der Landung die Bordmannschaft einer übergroßen Arbeitsbelastung ausgesetzt ist.) Die FAA dringt auf eine umfassendere Automatisierung in ihrem System, um auf diese Weise die Zahl der Fluglotsen beträchtlich zu senken. Beide Maßnahmen bewirken nach meiner Meinung eine wesentlich engere Kopplung des Systems mit der Folge, daß bei Stör- oder Unfällen weniger Möglichkeiten zur Regenerierung des Systems zur Verfügung stehen.

Eine weitere Maßnahme auf Seiten der Fluggesellschaften und der FAA wird zweifellos ebenfalls die Wahrscheinlichkeit unvorhergesehener Interaktionen erhöhen und die Regenerierungsmöglichkeiten bei Unfällen verringern. Zur Zeit müssen sich die zur Landung anfliegenden Flugzeuge nacheinander in einen Landungskorridor einfädeln, der etliche Kilometer lang ist. Die Flugzeuge müssen beträchtliche Flugabstände einhalten, um zu verhindern, daß langsame Maschinen von schneller fliegenden überholt werden. Beim Einsatz eines geplanten MLS-Systems (*Microwave Landing System* – Mikrowellen-Landesystem) können die Flugzeuge an jedem Punkt in den Gleitweg einschwenken, wobei die langsamste Maschine den kürzesten Gleitweg nimmt. Damit ließe sich die Kapazität einer Landebahn beträchtlich erhöhen, und manche Flugzeuge könnten ihre Flugstrecke auf diese Weise verkürzen. Die Arbeitsbelastung der Fluglotsen wäre größer (und die Möglichkeit der Regeneration nach einem Fehler geringer), aber man arbeitet bereits an einer weiteren Neuerung, die auch das in den Griff bekommen soll.

Jeder Pilot erhält auf einem Schirmbild bestimmte Verkehrsinformationen mitgeteilt (CDTI-System – *Cockpit Display of Traffic Information),* so daß die Piloten mehrerer anfliegenden Verkehrsmaschinen ihre Reihenfolge selbst abstimmen können, wobei ihnen der Fluglotse, der einen besseren Überblick hat, behilflich ist. Als eine Variante des »distributiven Managements« oder der Dezentralisierung von Entscheidungen wurde diese geplante Neuerung in einem Simulationsversuch zwar von den Piloten, aber nicht von den Fluglotsen begrüßt. Bei dem Simulationsversuch ergaben sich eine erhöhte Effizienz (größere Zahl von

Landungen je Zeiteinheit) und gleichmäßigere (sicherere) Flugabstände zwischen fünf Flugzeugen (s. Kreifeldt 1980).

Die Verantwortlichen für den Orange County Airport wären von dieser Neuerung wahrscheinlich begeistert. Die Möglichkeiten des CDTI gehen über die des MLS hinaus. Wenn die anfliegenden Piloten auf einem Radarschirm sämtliche Flugzeuge in ihrer Umgebung orten und möglicherweise sogar noch deren Kurs, Flughöhe und Geschwindigkeit ablesen können, dann wird die Verantwortung zwischen Piloten und Fluglotsen anders verteilt: Die Arbeitsbelastung des Piloten erhöht sich, es werden weniger Fluglotsen gebraucht, es werden neue störanfällige Geräte eingeführt, möglicherweise werden die Piloten leichtsinniger und gehen größere Risiken ein, und es kommt zu jenen »Kollisionen auf Antikollisionskurs«, von denen die Transportschiffahrt heimgesucht wird (s. Kapitel 6). Vielleicht ist es eine jener zweifelhaften technischen Verbesserungen, deren Verlockungen die Konstrukteure technischer Systeme anscheinend nicht widerstehen können.

Die FAA, Passagierflugzeuge und die Sicherheit

Unser letztes Thema in diesem Kapitel betrifft die technischen Kräfte, von denen dieses besondere Hochrisiko-System angetrieben wird. Die folgende Hypothese muß vorerst ein versuchsweiser Ansatz bleiben, weil ich mir noch nicht sicher bin, ob die eindeutigen Ausnahmen nicht doch die unterstellte Regel überwiegen, aber sie scheint mir immerhin der näheren Untersuchung wert. Diese Hypothese lautet, daß die zivile Luftfahrtindustrie (Flugzeugbauer und Fluggesellschaften) Sicherheitsvorschriften und -auflagen vorwiegend dann unterstützt, wenn der Zugewinn an Sicherheit zugleich die Produktivität erhöht, und daß die FAA mit dieser Strategie übereinstimmt. Die Industrie ist nicht gegen Sicherheit und trägt von ihrer Seite aus sehr viel zu deren Erhöhung bei; schließlich gehört es zu den Voraussetzungen des Systems, daß es weitgehend sicher ist. Aber sie wird eigene Sicherheitsmaßnahmen vor allem unter zwei Bedingungen vornehmen: 1. wenn diese Maßnahmen die Produktivität steigern können (auf der Herstellerseite die Entwicklung sparsamerer Typen und Triebwerke und auf der Seite der Fluggesellschaften eine Erhöhung der Flugdichte und Einsparungen an Betriebskosten) und 2. wenn diese sicherheitstechnischen Eingriffe ohne nennenswerte Kosten möglich sind – letzteres vor allem dann, wenn zu befürchten ist, daß eine Nachrüstung der Maschinen aufgrund öffentlichen Drucks (in der Regel durch den amerikanischen Kongreß) oder (was weniger wahrscheinlich ist, wie wir sehen werden) durch Auflagen der FAA unumgänglich ist. Das bedeutet, daß die Industrie von sich aus keine Sicherheit erhöhenden Veränderungen oder Einbauten vornehmen wird, nur weil sie zur Sicherheit beitragen. Sie wird vielmehr *bindenden* Sicherheitsvorschriften nur so weit zustimmen, als damit zugleich die Effizienz des Systems erhöht wird.

Mit dieser zurückhaltenden Formulierung soll lediglich gesagt werden, daß niemand in der Industrie sich besondere Mühe gibt, das Leben von Angestellten, Fluggästen und unbeteiligten Dritten (potentiellen Opfern ersten, zweiten und dritten Grades) zu schützen. Daran wird sich vermutlich nie etwas ändern, und es sollte uns auch kaum überraschen, diese Einstellung in einem Bereich vorzufinden, der primär gewinnorientiert und außerdem auf eine große, formelle Organisation angewiesen ist (die zwangsläufig dem Schicksal dieser Opfer bis zu einem gewissen Grad gleichgültig gegenübersteht). Trotzdem stehen die öffentlichen Verlautbarungen der Industrie und der FAA in deutlichem Widerspruch zu dieser Auffassung, so daß diese Hypothese eingehender untersucht und geprüft werden muß. Das soll im folgenden geschehen, auch auf die Gefahr hin, daß Sie nach der Lektüre Ihren nächsten Flug etwas weniger unbefangen als bisher buchen werden.

Zur Sicherheit gehören zwei Aspekte: die Verhinderung von Unfällen und die Schadensbegrenzung nach einem Unfall. Industrie und FAA haben sich hauptsächlich auf den ersten Aspekt konzentriert, weil jede Verbesserung in dieser Hinsicht zugleich die Flugdichte, die Reisegeschwindigkeit und die Zahl der Buchungen erhöht hat. Die Schadensbegrenzung nach einem Unfall hat demgegenüber so gut wie keinen Einfluß auf diese wirtschaftlichen Faktoren. Verbesserungen, die in diesem Bereich eingeführt werden, verringern lediglich die Zahl der Verletzten oder der Todesopfer bei Unfällen. Zu den meisten Verletzten und Toten nach Flugzeugunfällen kommt es durch Verzögerungen bei der Räumung der Kabine, umherfliegende Trümmer der Kabinenausrüstung, Behinderungen, giftige Rauchschwaden und Explosionen.

Da wäre zunächst einmal die Frage der rechtzeitigen Räumung eines Flugzeugs nach einem Unfall. Eine ganz besondere Rolle spielen hierbei eine funktionierende Lautsprecheranlage und Möglichkeiten zur Kommunikation mit dem Bordpersonal. Amerikanische Flugpassagiere sind bemerkenswert fügsam, wenn diese respekteinflößenden technischen Wunderdinge einmal nicht funktionieren. Sie bleiben ruhig auf ihren Plätzen sitzen, bis sie angewiesen werden, auszusteigen. Ist die Stromversorgung defekt oder zur Verringerung der Explosionsgefahr ausgeschaltet oder hat das Flugzeug keinen Treibstoff mehr, dann *gibt* es einfach keine Möglichkeit, den Passagieren oder Flugbegleitern mitzuteilen, daß sie das Flugzeug verlassen sollen. 1971 fing eine Boeing 747 nach einem abgebrochenen Startversuch Feuer und blieb auf der Startbahn stehen. Der Erste Offizier forderte die Passagiere zur Räumung der Maschine auf, machte die Durchsage jedoch versehentlich über Funk statt über die Lautsprecheranlage. Als sich in der Kabine der Fluggäste nichts rührte, bemerkte er seinen Irrtum und wollte ihn korrigieren, aber die Lautsprecheranlage funktionierte nicht, weil zur Verringerung der Explosionsgefahr der Strom abgeschaltet wurde. Daraufhin ging die Bordmannschaft in die Kabine, um die Anweisung dort auszurufen, konnte jedoch nur von den Fluggästen verstanden werden, die im vorderen Teil der Kabine saßen. Schließlich konnten alle das Flugzeug sicher verlassen, aber da sich ein solcher Zwischenfall schon einmal ereignet hatte, empfahl die NTSB der FAA, batteriebetriebene optische und akustische Alarmsysteme installieren zu lassen. Die FAA akzeptierte zwar die Notwendigkeit einer solchen Maßnahme, wollte jedoch die Ergebnisse einer weiteren Untersuchung abwarten, um das am besten geeignete System herauszufinden (s. NTSB SIR-81-6, 1981). Der Bericht der NTSB wurde 1972 vorgelegt, und die FAA setzte ihre »Untersuchung« fort.

Nach etlichen weiteren Unfällen, bei denen die Lautsprecheranlage nicht funktionierte und es unnötig Tote und Verletzte gegeben hatte, versuchte die NTSB 1974 erneut, durch eine eigene Untersuchung und eine Liste von Empfehlungen die Aufmerksamkeit der FAA auf diesen Punkt zu lenken. Nichts passierte. Nach der Bruchlandung einer DC-8 1975 in Portland, Oregon, bei der wieder einmal die Lautsprecheranlage ausfiel, wiederholte die NTSB ihre Empfehlungen. Sechs Jahre später, am 19. Januar 1981, unterbreitete die FAA schließlich einen Vorschlag, batteriebetriebene Warnsysteme zur Vorschrift zu machen, hielt ihn aber noch bis Ende 1981 »zur Prüfung« unter Verschluß. Den Fluggesellschaften wurden nicht weniger als zwei Jahre Zeit gegeben, die Auflage zu erfüllen, so daß am Ende 13 lange Jahre für Untersuchungen und Empfehlungen ins Land gingen, bis ein so einfaches System wie eine batteriebetriebene Lautsprecheranlage zur Vorschrift für Passagierflugzeuge gemacht wurde. Die Kosten hierfür werden je nach Flugzeugtyp mit 500 bis 5 000 Dollar beziffert. In den Maschinen etlicher Fluggesellschaften ist das System bereits in Betrieb, aber nicht in allen. Bei manchen Flugzeugtypen muß selbst die normale Lautsprecheranlage bei einem Defekt erst nach 25 weiteren Flugstunden repariert werden, und bei anderen besteht überhaupt keine Vorschrift, innerhalb welcher Zeit Störungen an dieser Anlage zu beheben sind. Die Klagen der NTSB über diese laxen Bestimmungen blieben ungehört.

Noch gravierender ist das Problem der Sicherheit der Kabine (ebd.). Die Vorgängerin der NTSB, die Civil Aeronautics Board, empfahl der FAA 1962, die von dieser gerade durchgeführten Tests der Sicherheit von Sitzen bei einer Bruchlandung zu beschleunigen. Die Empfehlung erfolgte aufgrund einer Bruchlandung eines Flugzeugs, bei der 28 Menschen hätten gerettet werden können, wenn sich ihre Sitze nicht aus den Verankerungen gerissen hätten. Die FAA erwiderte, auch sie halte weitere Untersuchungen für notwendig und beabsichtige, diese »im Rahmen der verfügbaren Mittel und Arbeitskräfte« durchzuführen. Auch ohne alle Untersuchungen liegt jedoch der Schluß nahe, daß mit stärkeren Schraubbolzen schon einiges gewonnen wäre. Die Vorschriften darüber, welche Aufprallkraft die Sitze aushalten mußten, waren zu diesem Zeitpunkt zehn Jahre alt, und die Flugzeuge waren in der Zwischenzeit größer und schneller geworden, was natürlich auch die Aufprallkraft erhöhte. Als die NTSB Ende 1981 eine weitere Spezialuntersuchung zu dem Problem durchführte, waren die alten Bestimmungen von 1952 noch immer in Kraft.

Die Spezialuntersuchung stellte fest, daß seit 1970 allein bei den Bruchlandungen, bei denen zu erwarten gewesen wäre, daß wenigstens einige Passagiere die Wucht des Aufpralls überlebten, 60 Prozent der Flugzeuge Mängel in der Kabinenausstattung aufwiesen. Von den über 4 800 von den Unfällen betroffenen Fluggästen wurden mehr als 1 850 verletzt oder getötet. Die Untersuchung kam zu dem Schluß, daß zahlreiche Opfer hätten gerettet werden können, wenn die Kabinen besser ausgerüstet gewesen wären, vor allem bei 46 Prozent jener Unfälle, bei denen Feuer ausgebrochen war.

Bei diesen 46 Prozent der Unfälle mit mangelhafter Kabinenausrüstung versagten in wiederum 84 Prozent der Fälle die Sitze oder die Sicherheitsgurte; weitere Mängel betrafen die Fülldecken und Gepäckfächer (77 Prozent) und die Bordküche (62 Prozent). Die meisten dieser Defekte traten bei einer Wucht des Aufpralls auf, deren Wert beträchtlich

unter dem von der FAA festgelegten Höchstwert lag, bei dem einerseits
die Passagiere überleben und den andererseits auch die Kabinenausrüstung überdauern sollte. Die Untersuchung gelangte jedoch noch zu
dem weiteren Ergebnis, daß dieser Höchstwert von der FAA viel zu
niedrig festgesetzt worden war, weil Menschen noch weit größere bei
einem Aufprall auftretenden Kräfte überleben können, so daß auch für
die Halte- und Reißfestigkeit von Sitzen und Gurten höhere Werte ange-
setzt werden müßten. Diese Tatsache war auch der FAA aus ihren eigenen Untersuchungen seit Jahren bekannt, wurde von ihr jedoch 1980 bei
Anhörungen vor dem amerikanischen Kongreß in Zweifel gezogen. Die
FAA führt seit 1980 eine umfangreiche Untersuchung durch, die auf
mindestens fünf Jahre angelegt ist. Seitdem hat sie einige Änderungen
angeordnet, aber nach wie vor gilt, was damals die NTSB bemerkt hat:
»Sicherlich ist es möglich, zahlreiche sinnvolle Versuche anzustellen und
dabei neue Erkenntnisse zu gewinnen, dennoch hegt die NTSB Zweifel
daran, ob die FAA überhaupt bereit ist, solche Crash-Testergebnisse für
moderne Flugzeuge als repräsentativ zu akzeptieren.«

Und sie empfahl außerdem, »die FAA sollte bei ihren Untersuchun-
gen über die Belastbarkeit der Ausrüstung bei Bruchlandungen das
Schwergewicht darauf legen, die heute bereits verfügbaren technischen
Möglichkeiten zu nutzen . . .« (Ebd., S. 30 und 32)

Aber nicht nur herumfliegende Kabinentrümmer, losgerissene Sitze,
herabfallende Kabinenauskleidungen, die eine schnelle Räumung behindern, oder defekte Ausgänge sind ein Problem. Die wahrscheinlich
wichtigste Todesursache sind giftige Rauchschwaden. Als 1980 in Riad
ein saudiarabisches Flugzeug auf der Rollbahn explodierte und in Brand
geriet, fanden die Besatzung und 301 Passagiere den Tod – die meisten
von ihnen durch den Rauch und die giftigen Dämpfe, die von der Kabinenauskleidung ausgingen. Dieses Kunststoffmaterial entwickelt unter
großer Hitze das tödliche Wasserstoffcyanid sowie Chlorwasserstoff,
der seinerseits Salzsäure, Phosgen (ein Nervengas) und ein explosives
Hochtemperaturgemisch erzeugt, das den gesamten verfügbaren Sauerstoff verbraucht und nur Kohlenmonoxid übrigläßt (s. J.R. Smith 1981,
S. 557). In den letzten Jahren sind mindestens 371 Fälle bekannt geworden, bei denen Menschen eine Bruchlandung überlebten, nur um
anschließend an den giftigen Dämpfen der in Brand geratenen Kabinenauskleidung zu sterben. Der erste Brand mit derartigen Folgen ereignete
sich 1961; trotzdem zögerte die FAA, die Verwendung flammhemmen-
der Materialien zur Pflicht zu machen. Der Präsident der NTSB, James

King, sagte 1980: »Seit dem Unglück von 1961 . . . verspricht die FAA, etwas zu unternehmen, aber bis heute ist nichts geschehen.« (Zit.n. ebd.) Der National Research Council der National Academy of Sciences berichtete 1977, daß mittlerweile sicherere Kunst- und Schaumstoffe im Handel seien. Selbst so unaufwendige Maßnahmen wie die Entfernung von Teppichen als Wanddekoration seien von Nutzen.

Nach Meinung von Jeffrey R. Smith in einem Aufsatz der Zeitschrift *Science* bemüht sich die FAA um eine kaum erreichbare perfekte Lösung und übersieht dabei die kurzfristig möglichen Verbesserungen (ebd., S. 558). Wie das General Accounting Office of Congress bemerkt, fällt noch schwerer ins Gewicht, daß die FAA bestimmte Vorschläge zweimal vorgelegt und wieder zurückgezogen hat, weil die Industrie dagegen Einwände erhob. Die FAA berief ein Gremium aus 150 Spitzenfachleuten auf dem Gebiet der Feuersicherheit von Flugzeugen aus aller Welt ein, aber zwei Drittel kamen aus der Industrie und von der FAA selbst. Nach zweijähriger Arbeit gelangten diese Fachleute zu dem Schluß, die FAA sei im Hinblick auf den Feuerschutz von Flugzeugen auf dem richtigen Weg. Mit dieser Unterstützung im Rücken wagte sich die FAA vorsichtig weiter vor und schloß mit einem der Flugzeughersteller einen Vertrag, zu Versuchszwecken eine hochentwickelte Brennkammer zu bauen, die eine halbe Million Dollar kosten sollte. Doch selbst diese Verschwendung öffentlicher Mittel war noch nicht genug. Die FAA kam zu dem Schluß, die Kammer sei noch nicht ausreichend entwickelt, und forderte weitere Geldmittel und ein weiteres Jahr Zeit. In der Zwischenzeit führt sie ihre eigenen Tests weiter, bei denen ein Bunsenbrenner (wahrscheinlich ein Modell aus dem Jahr 1952) an den Kunststoff von Kabinenauskleidungen gehalten wird, um festzustellen, ob er Feuer fängt. Das Problem besteht jedoch nicht in Zigarettenanzündern, sondern in der Entwicklung extrem hoher Temperaturen, bei denen sich das Material zersetzt. Schon seit langem fordern die National Academy of Sciences und andere Gruppen Versuche zur Prüfung der Strahlungshitzebeständigkeit von Kabinenauskleidungen.

Was geht vor in einer Behörde, die doch immerhin ein hochkompliziertes System der Flugsicherung entwickelt und eingeführt hat und im Begriff ist, dieses noch weiter zu automatisieren und auf den neuesten Stand der Technik zu bringen? Der Konflikt zwischen NTSB und FAA war vielleicht vorauszusehen, da die NTSB als unabhängige Behörde die Aufgabe hat, Unfallberichte zu überprüfen, Untersuchungen über die näheren Umstände von Unfällen durchzuführen und der zuständigen Bundesbehörde (im vorliegenden Fall der FAA) Änderungen der Vorschriften, weitere oder eingehendere Studien und Ähnliches mehr zu empfehlen. Der Vorläufer der NTSB war das Safety Bureau des Civil Aeronautics Board (CAB), aber nach dem National Transport Act Mitte der 60er Jahre wurde es von der Behörde, welche für den Erlaß von Vorschriften verantwortlich war, abgekoppelt, so daß jetzt nicht länger ein und dieselbe Person (in diesem Fall Jerome Lederer) Vorschriften für die Zivilluftfahrt erließ und gleichzeitig die Unfälle untersuchte, zu denen diese möglicherweise geführt hatten. An die Stelle des CAB trat die FAA; diese sah sich jedoch im Lauf der Jahre einer wachsenden Kritik ausgesetzt, weil sie zu sehr auf der Seite der Industrie stand. Das General Accounting Office of Congress, ein Ausschuß des Repräsentantenhauses, das mit Ralph Nader verbundene Aviation Consumer Action Project und andere Gruppen haben vor kurzem den Vorwurf erhoben, die FAA sei zu industriefreundlich. Außerdem habe die Regierung unter Reagan der NTSB, dem Wachhund der FAA und deren schärfster Kritiker, die Mittel gekürzt, und die FAA habe schließlich zahlreiche Vorschriften und Beschränkungen wieder gelockert (so können z. B. die Piloten von Commuter-Gesellschaften wieder 70 Stunden in der Woche arbeiten, während die Höchstarbeitszeit für Piloten der großen Fluggesellschaften 30 Stunden beträgt). Die zivile Luftfahrtindustrie unterstützt die Politik der FAA nachdrücklich durch ihre zahlreichen Wirtschaftsverbände.

Aber warum tun die Industrie und die FAA nicht mehr für die Sicherheit der Flugkabinen, wenn die Vorwürfe der Kritiker berechtigt sind? Offenbar begrüßt und unterstützt die Industrie alle Bemühungen, das Fliegen effizienter, wirtschaftlicher und zuverlässiger zu machen – was letztlich auch der Sicherheit zugute kommt. Aber eine stärkere Verankerung der Sitze oder die Verwendung unentzündlicher Kunststoffe für die Kabinenauskleidung erhöhen weder die Effizienz noch die Zahl der Flugbuchungen. Dabei sind die vorgeschlagenen Verbesserungen noch nicht einmal teuer, weder bei neuen Flugzeugen noch als Umrüstung älterer Modelle. Es sieht vielmehr so aus, als wären der Industrie derartige Verbesserungen entweder schlicht lästig oder als fürchte sie einen Präzedenzfall, wenn der FAA entsprechende Vorschriften auferlegt würden. Wie anders ist es sonst zu erklären, daß ein von der Industrie und der FAA beherrschtes Gremium nach zweijähriger Untersuchungstätigkeit zu dem Schluß gelangt, die FAA sei auf dem richtigen Weg, wenn diese gleichwohl darauf verzichtet, 30 Jahre alte Bestimmungen, die vermutlich zu mehreren hundert vermeidbaren Todesopfern geführt haben, den neuen Verhältnissen anzupassen?

Zusammenfassung

Die Flugzeugindustrie und die Fluggesellschaften sind in ganz besonderer Weise dazu prädestiniert, nach Sicherheit in ihrer Branche zu streben. Die Unternehmensgewinne hängen von dieser Sicherheit ab, denn die potentiellen Opfer sind weder anonym noch unbeteiligte Dritte (sie können ganz und gar einflußreiche Führungskräfte aus Politik und Wirtschaft sein) und eventuelle Schäden werden nicht erst nach Jahren oder an späteren Generationen sichtbar. Ferner steht eine starke Gewerkschaft der Neigung der Industrie entgegen, bei Unfällen »Bedienungsfehler« als Ursache auszugeben, und bemüht sich statt dessen, dem Hersteller oder der Fluggesellschaft Fehler und Unterlassungen nachzuweisen. Außerdem gibt es ein bemerkenswertes freiwilliges Meldesystem (vgl. den folgenden Abschnitt über das ASRS) und eine jahrzehntelange Erfahrung. Der immer neue Zyklus des Startens, Fliegens und Landens macht die Bordmannschaft schnell sicher im Umgang mit der Maschine, fördert die Erkennung von Unfallursachen und liefert ständig Anhaltspunkte für neue Konstruktionen und Flüge unter veränderten Bedingungen. Zur Überbrückung einer großen Entfernung gibt es nichts Sichereres als Fliegen.

Diese Leistungen auf dem Gebiet der Flugsicherheit haben jedoch nicht verhindert, daß es immer wieder zu zwangsläufigen Systemunfällen gekommen ist. Aber im Gegensatz zu Atomkraftwerken, großchemischen Anlagen und der Genforschung handelt es sich hier nicht um ein Transformationssystem mit undurchschaubaren und verborgenen Interaktionen, die auf eine indirekte Steuerung mit indirekten Indikatoren ansprechen. (Eine Ausnahme bildet das Überschreiten der Flattergrenze.) Das System »Luftverkehr« weist sehr komplexe Interaktionen und eine enge Kopplung auf, die allerdings in hohem Maße, wenngleich nicht vollständig, für organisatorische und technische Neuerungen offen sind, die in den letzten Jahren eingeführt wurden. Zwar gibt es Ausnahmen wie die Nichtbeachtung von Warnsignalen oder schlampige Wartungsarbeiten und Schlimmeres, und bei Commuter-Fluggesellschaften wird wahrscheinlich ein übermäßig starker Leistungsdruck ausgeübt. Es wäre sogar möglich, mit geringen Kosten und unter Inkaufnahme gewisser Unbequemlichkeiten für die Fluggäste das System noch sicherer zu machen, wenn auch nicht wesentlich.

Wir haben uns mit dem System der Flugsicherung vor allem deshalb so eingehend beschäftigt, weil sich hier besonders eindringlich verfolgen läßt, wie die Komplexität und enge Kopplung des Systems verringert wurden – was dazu geführt hat, daß wir es hier mit dem wohl am wenigsten fehleranfälligen Großsystem in unserer Gesellschaft zu tun haben. Der Unterschied zum System der Frachtschiffahrt, auf die wir in einem späteren Kapitel eingehen werden, ist frappierend, insbesondere angesichts der Tatsache, daß die Probleme in beiden Systemen ziemlich ähnlich gelagert sind. Wir haben aber auch unsere Skepsis gegenüber den neuen Plänen zu einer weiteren Automatisierung des Systems angemeldet; das Kapitel über die Frachtschiffahrt wird uns als Warnung vor den Grenzen technischer Neuerungen dienen, obwohl wir sie im vorliegenden Kapitel so sehr gepriesen haben.

Eine letzte Bemerkung über das Air Safety Reporting System in den USA

Das *Air Safety Reporting System* (ASRS) wurde 1975 in den USA eingeführt und nimmt Jahr für Jahr über 4 000 Berichte über sicherheitsrelevante Störfälle sowie Beinahe-Unfälle entgegen. Ähnliche Systeme wurden in Europa eingeführt, in den USA versuchsweise erprobt und mindestens von einer US-Fluggesellschaft, den United Airlines, übernommen. Die FAA hatte schon Ende der 60er Jahre ein entsprechendes Meldesystem vorgeschlagen, das für die Berichterstatter (d.h. also für das in die gemeldeten Zwischenfälle verwickelte Personal) keine nachteiligen Folgen haben sollte, aber es wurde weder von den Piloten noch von den Fluglotsen unterstützt. Ein paar Jahre später versuchte es die FAA mit einem anderen System, das jedoch diesmal der Aufsicht der NASA unterstellt wurde. Die NASA entschied sich für das Battelle-Institute als den Adressaten der Berichte, was eine weitgehende Unabhängigkeit von der FAA sicherte und den Betroffenen mit Ausnahme von schweren Fällen Straffreiheit garantierte – und dieses Programm erwies sich als erfolgreich.

Im Rahmen dieses Programms können Fluglotsen, Piloten oder Dritte telefonisch oder schriftlich einen Bericht über eine gefährliche Situation erstatten; häufig gestehen sie Fehler ein, die sie selbst gemacht haben. Die FAA kann sie nicht bestrafen, wenn sie bundesstaatliche Vorschriften oder Gesetze verletzt haben (solange kein kriminelles Delikt verübt wurde), obwohl die Piloten nach wie vor von ihren Arbeitgebern, den Fluggesellschaften, disziplinarisch belangt werden können. Die Herkunft der Berichte wird fast unmittelbar nach deren Eingehen unkenntlich gemacht (im allgemeinen nach drei Tagen), nachdem ihre Echtheit durch Rückfragen bestätigt worden ist. Die Tatsache, daß Piloten oder Fluglotsen für die eingestandenen Verletzungen von Vorschriften nicht bestraft werden können, macht das System natürlich anfällig für Mißbräuche, und offenbar hatte die FAA Schwierigkeiten, dieser Regelung zuzustimmen. Die bisherige umfangreiche Erfahrung mit dem System hat jedoch gezeigt, daß nur in weniger als zehn Prozent der Fälle die aufgrund bekannt gewordener Regelverstöße getroffenen Maßnahmen durch den begrenzten Verzicht auf Strafen behindert oder gefährdet wurden (s. NASA TM X-3546, 1977).

Die Erfolge dieses Programms waren bislang überwältigend. Unsichere Bedingungen in einzelnen Flughäfen werden nach entsprechenden Berichten in kurzer Zeit geändert. Auf der Grundlage der ASRS-Berichte wurden an der Flugsicherung und in anderen Bereichen Änderungen vorgenommen. Eine Gruppe von Flugveteranen (die sich selbst »alte Adler« nennen) hat sich Methoden der empirischen Sozialforschung angeeignet und verfaßt informative Berichte über Themen wie Flugzeugabstürze trotz Erfassung durch die Flugsicherung, Ablenkungen des Piloten, Notsituationen während des Flugs, Kommunikationsprobleme und Ähnliches. Allein aus den ASRS-Berichten läßt sich ablesen, daß zweimal täglich irgendwo eine Situation eintritt, in der ein Zusammenstoß zwischen zwei Verkehrsflugzeugen gerade noch vermieden werden kann (s. Monan 1979, S. 22).

Hall und Hecht (1979) weisen darauf hin, daß 48 Prozent der Berichte von Piloten und 44 Prozent von Fluglotsen übermittelt werden. (Die Zahl der Berichte von Fluglotsen stieg kurz vor deren Streik 1981 deutlich an, um danach noch deutlicher zurückzugehen. Man hat vermutet, der Anstieg sei ein Zeichen dafür, daß die Fluglotsen das System und ihre Berichte als Argument für Veränderungen benutzten, während von anderer Seite unterstellt wurde, sie hätten das System damit torpedieren wollen. Der starke Rückgang in der Zahl der von ihnen eingereichten

Berichte ließe sich einfach aus der übergroßen Arbeitsbelastung während und nach dem Streik erklären.) Wie bei allen anderen Unfallmeldesystemen handelt es sich auch hier zweifellos in mancher Hinsicht um eine »politische« Datenquelle, aber außer mir sehen auch andere, die mit der Materie vertraut sind, keinen Grund, insgesamt am Wahrheitsgehalt der Berichte zu zweifeln. Zwei Dinge fallen an ihnen besonders ins Auge: die zahlreichen Selbstbezichtigungen und die Objektivität der Analyse. Nachdem ihre Herkunft unkenntlich gemacht wurde, sind die Berichte der Öffentlichkeit zugänglich. Ich selbst habe mich ihrer bis zu einem gewissen Grad bedient, um Zwischenfälle zu untersuchen, die zum Teil auf das Management der Fluggesellschaften zurückgingen; dabei erwiesen sich die Mitarbeiter des ASRS als außergewöhnlich kooperativ.

Es wäre mehr als segensreich, wenn ein derartiges praktisch anonymes System auch in die Atomindustrie und die Frachtschiffahrt eingeführt werden könnte.

Kapitel 6
Schiffsunfälle

Einleitung

Das Thema Schiffsunfälle macht uns mit einem umfassenderen System bekannt, als wir es bisher kennengelernt haben. Die faszinierende Reise, auf die wir uns in diesem Kapitel begeben, führt uns zu Bratpfannen, die innerhalb weniger Stunden einen Luxusdampfer zum Sinken bringen, zu Kapitänen, die in dicht befahrenen Fahrrinnen den starken Mann markieren, zu »radargestützten Kollisionen«, zu furchtbaren Orkanen, zu Hafenschleppern, die Musik von Johnny Cash eingeschaltet haben und dadurch Funksprechkanäle blockieren, und zu Tankern, die länger sind als ein Straßenblock und Kanäle befahren, die nur einen halben Meter tiefer sind als sie selbst. Inmitten dieser Kalamitäten sitzen Schiffseigner, die ihre Kapitäne antreiben, und Versicherungsgesellschaften, die zwar versäumen, den technischen Zustand der Schiffe zu überprüfen, aber danach rufen, dem »Gemetzel« ein Ende zu machen. Auf der Beobachterbank nimmt die amerikanische Coast Guard Platz, die mit dem Schutz der nordamerikanischen Binnen- und Küstengewässer beauftragt ist, aber zuwenig Geld und Personal zur Verfügung hat. Auch die Coast Guard betreibt Schiffe, doch diese laufen ohne ersichtlichen Grund genauso häufig auf oder stoßen mit anderen Schiffen zusammen wie die Exxon-Tanker oder die Frachtschiffe der griechischen Großreedereien. Ebenfalls auf der Beobachterbank sitzt die NTSB mit ihrer Unterabteilung des Marine Board, die Untersuchungen anstellt und die Schiffseigner schikaniert. Ein Großteil der Berichte von Unfällen, auf die ich mich hier stütze, stammt von der Coast Guard und der NTSB. Angesichts des »Gemetzels« – täglich geht ein Schiff verloren – stimmen sie nutzlose Klagen an über zu hohe Geschwindigkeiten oder den unterlassenen Einbau von Sicherheitsausrüstungen und führen ohne Unterlaß Verstöße gegen Regeln und Vorschriften an, die so komplex sind, daß sie nicht einmal mehr von den Anwälten der Frachtkompanien durchschaut werden können.

Daß es für Zusammenstöße von Schiffen, Strandungen und Tankerexplosionen letztlich keine plausiblen Gründe gibt, ist das eigentliche Paradoxon, mit dem wir uns beschäftigen werden. Alles spricht dafür, daß die Unfallquote nicht wie bisher steigen, sondern sinken müßte, da die modernen Schiffe mit technischen Wundern (von Antikollisions-Systemen bis zu Satellitennavigations-Systemen) ausgerüstet sind, schwerere und wertvollere Fracht befördern, in der Anschaffung teurer sind und zunehmend nationalen und internationalen Vorschriften unterworfen werden. Aber weit gefehlt! Die Chance, daß ein Schiff vorzeitig aufgegeben werden muß, beträgt 17 : 100, und in einer Industriebranche mit starken konjunkturellen Schwankungen ist das kein starker Sicherheitsanreiz. Technische Verbesserungen haben lediglich den ausgeübten wirtschaftlichen Druck und die Effizienz im engen Sinne erhöht, die sozialen Kosten jedoch nicht verringert. Jegliche Vorschriften oder Bestimmungen sind wirtschaftlichen und/oder nationalistischen Interessen untergeordnet und daher weitgehend nutzlos.

Diese Sachlage verursacht immense Kosten für den Verbraucher, auf den die erhöhten Frachtkosten abgewälzt werden, für die Seeleute, die dafür mit dem Leben bezahlen, und am meisten für jene Menschen auf dieser Erde, die von auslaufenden Giftstoffen, gigantischen Explosionen und weitreichender Umweltverschmutzung bedroht sind. Das erstmals nach dem Ersten Weltkrieg prophezeite Sterben der Weltmeere durch auslaufendes Öl wird zweifellos wesentlich beschleunigt, wenn ein havarierter Tanker 400 000 t Öl ins Meer entläßt. Es kann uns kaum trösten, daß die größte Gefahr in dieser Hinsicht nicht von einzelnen Unfällen droht, sondern von dem, was tagaus tagein beim sorglosen Be- und Entladen, dem erlaubten oder unerlaubten Reinigen der Öltanks auf hoher See und durch kleinere Lecks der Schiffsmaschinen ins Wasser gelangt. Nach Schätzungen rühren nur zehn Prozent der von Tankern verursachten Umweltverschmutzung von Unfällen her, aber selbst diese Menge – geschweige denn die übrigen 90 Prozent – ist Anlaß zu tiefer Besorgnis (s. Clingan 1981, S. 42).

Tanker, die Flüssiggas transportieren, können einen ganzen Stadtteil in die Luft jagen, genau wie die Explosion zweier Munitionsschiffe nach einer Kollision im Hafen von Halifax während des Ersten Weltkriegs

zwei Drittel der Stadt zerstörte und 1 600 Menschen tötete. (Beim großen Erdbeben von San Francisco zehn Jahre zuvor gab es »nur« 452
Tote.) Manche dieser Kolosse gleichen schwimmenden chemischen
Tanklagern mit gefährlichen Chemikalien, die innerhalb sehr enger
Temperatur- und Druckbereiche gehalten werden müssen, um nicht zu
explodieren. Ein beträchtlicher Anteil der weltweiten Produktion an
Schwefelsäure, Vinyldichlorid, Azetataldehyd und Trichloräthylen etc.
wird von Tankern durch Wind und Wetter befördert, die praktisch kei-
nerlei Bestimmungen unterliegen, häufig Schrottkisten in miserablem
Zustand, die für ihre Fracht mangelhaft konstruiert wurden. Man fragt
sich, ob diese giftigen Substanzen, die für die Industrieländer zweifellos
unentbehrlich sind, auf so billigen, aber gefährlichen Schiffen transportiert werden müssen. 1971 z. B. sank vor der Küste Uruguays die
Tagnari samt 25 t Quecksilber. Das Wrack wurde trotz der gefährlichen
Ladung nicht geborgen, da die Bergungskosten zu hoch gewesen wären.
Man überließ die Fässer sich selbst, bis etwas passieren würde. 1978 war
es so weit – die Fässer barsten. Ganze Dörfer mußten evakuiert und ins
Landesinnere verlegt werden; Tausende von toten Meerestieren wurden
an den Strand geschwemmt, weitere Tiere an Land und wahrscheinlich
auch Menschen fielen der Giftkatastrophe zum Opfer (s. Lagadec 1982).
Selbst bei größter Umsicht haben wir Anlaß zu Befürchtungen. Die
amerikanische Coast Guard führte für 15 verschiedene gefährliche Chemikalien eine Computersimulation durch, um jeweils die Auswirkungen eines zwei Meter langen Tankrisses bei einem im Hafen vertäuten
Schiff abschätzen zu können. Die Ergebnisse waren alarmierend. Ein
relativ kleiner Tank, gefüllt mit Chlorgas, einem stark flüchtigen und
giftigen chemischen Element mit einem Siedepunkt von -29° C, der auf
den Docks von Coney Island bersten würde, hätte den sofortigen Tod
von 75 050 Menschen zur Folge; in Los Angeles, wo die Bevölkerungs-
dichte niedriger ist, wären unter vergleichbaren Umständen 18 740 Tote
zu erwarten (s. Perry/Articola 1980). Eine Katastrophe solchen Ausmaßes ist innerhalb der nächsten 30 Jahre durchaus wahrscheinlich. Neben
den enormen finanziellen Kosten für die Industrie haben Schiffsunfälle
demnach auch bedeutende soziale Kosten zur Folge.

Es erscheint überaus zweifelhaft, daß irgendeine der bisher üblichen
Lösungen wie bessere technische Überprüfung, Schulung, Ausrüstung,
besseres Personal oder internationale Aufsichtsbehörden eine wesentliche Besserung bewirken könnte. Das Problem ist nach meiner Meinung
in der Art des bestehenden Systems begründet. Ich möchte es als ein

»fehlerinduzierendes« System bezeichnen; die Konstellation seiner zahlreichen Komponenten induziert Fehler und vereitelt alle Bemühungen,
die Fehleranfälligkeit zu verringern. Der Erfolg einzelner Versuche, dieses oder jenes zu korrigieren, wird durch neu auftretende Fehler zunichte
gemacht; einzig eine völlige Neukonzeption des Systems von Grund auf
wäre in der Lage, die einzelnen Systemteile fehlerneutral oder fehlerver-
meidend miteinander zu verbinden. Erinnern wir uns an die Systeme
»Flugzeug« und »Luftverkehr«: Obgleich auch hier Probleme mit
bestimmten Teilen oder Einheiten auftreten, haben die Komponenten
beider Systeme dennoch ein Sicherheitsbewußtsein gefördert. Selbst
wenn wir es wollten, wäre es sehr wahrscheinlich schwierig, diese
Systeme so umzugestalten, daß auch sie Fehler induzierten. Die Piloten-
gewerkschaft, die auf Flugreisen angewiesenen Spitzenpolitiker, die
leichte Identifikation von Opfern und Übeltätern, die mühelose Anru-
fung der Gerichte, die »Elastizität der Nachfrage« nach dieser Dienstleistung (zumindest eine Zeitlang ist es möglich, daß ein genügend großer
Personenkreis einen bestimmten Flugzeugtyp oder Flugreisen überhaupt
meidet, um eine ökonomische Wirkung zu erzielen), die Aktivitäten der
Regierung und die Erfahrung mit internationalen Kontrollen – alle diese
Faktoren haben sich sozusagen verbündet, um die Flugsicherheit zu
erhöhen. Selbst eine Liberalisierung des Luftverkehrs wird diese Sicherheit vermutlich nur geringfügig verringern.

Beim Schiffstransport liegen die Dinge vielfach auf eine merkwürdige
Art genau umgekehrt. Die identifizierbaren Opfer gehören vorwiegend
der Unterschicht an, es sind gewerkschaftlich nicht oder kaum oganisi-
sierte Seeleute; die Opfer dritten Grades von Umweltverschmutzung
und ausgelaufenen giftigen Substanzen sind anonym und zufällig betroffen, und die Auswirkungen der Unfälle zeigen sich häufig erst sehr viel
später. Es gibt keine Führungskräfte aus Wirtschaft oder Politik, die mit
Tankern unter liberianischer Flagge reisen würden. Die Seegerichte dienen der Aufgabe, den gesetzlich Schuldigen an einem Unfall herauszufinden und über materielle Ansprüche zu befinden; die Untersuchung
der Ursachen eines Unfalls und die Entschädigung der Seeleute oder
ihrer Angehörigen zählt dagegen nicht zu ihren Pflichten. Die Spediteure
meiden keineswegs gefahrenträchtige »Kähne«, sondern suchen sich die
billigsten und passendsten aus, und sie haben auch nicht die Möglichkeit,
eine Zeitlang überhaupt keine Frachten zu verschiffen, nur weil dieses
oder jenes Frachtschiff untergegangen ist. Die Aktivitäten der US-
Regierung sind sehr begrenzt, die von ihr ergriffenen Maßnahmen unge-

eignet. Ihr Haupteinfluß besteht darin, die Werft- und Schiffahrtindustrie der USA zu fördern. Sie legt zwar Normen für die Schiffe fest, die in amerikanischen Häfen anlegen, aber im Hinblick auf die Sicherheit ihrer Schiffe rangieren die USA auf dem 14. Platz, so daß diese Normen nicht besonders streng sein können. Und schließlich hat der einzige internationale Verband, der für Sicherheitsfragen zuständig ist, nur beratende Funktion und kümmert sich in der Hauptsache um nationale wirtschaftliche Interessen.

Für ein fehlerinduzierendes System wie dieses ist nach meiner Meinung kein einzelnes Versagen verantwortlich. Offenbar ist es vielmehr die spezifische Kombination von Systemkomponenten, die eine Induzierung von Fehlern begünstigt, so daß Verbesserungen oder Änderungen einer Komponente entweder unmöglich sind, weil andere »Komponenten« des Systems nicht kooperieren, oder aber folgenlos bleiben, weil andere Komponenten dadurch extensiver in Funktion treten können. Ein noch so auf Sicherheit angelegter und durchdacht konstruierter Shell-Tanker kann jederzeit von einem vagabundierenden Frachtschiff gerammt werden, das eine ganze Reihe von Vorschriften verletzt hat; eine Verbesserung des Funkverkehrs kann in Wirklichkeit eine Verschlechterung bedeuten, weil jetzt viel mehr als bisher belanglose Plaudereien die Frequenzen blockieren; Systeme zur Vermeidung von Kollisionen werden durch höhere Geschwindigkeiten unterlaufen; größere Tanker, aufgrund derer die überaus unfallträchtigen Hafenmanöver verringert werden können, bringen die Gefahr nicht nur schwererer, sondern auch häufigerer Explosionen mit sich, da (nach einer Studie von Shell) in den riesigen Tanks unvorhergesehene und undurchschaubare Prozesse ablaufen.

Unfälle in einem fehlerinduzierenden System werden besonders häufig vermeintlichen Bedienungsfehlern angelastet. Die vorliegenden Untersuchungen geben in mindestens 80 Prozent der Schiffsunglücke der Bedienungsmannschaft die Schuld. Wir haben gelernt, bei anderen Systemen derartigen Behauptungen gegenüber skeptisch zu sein, und das System »Frachtschiffahrt« bildet keine Ausnahme. Zwar hat sich für mich nach der Lektüre von rund 200 eingehenden Darstellungen von Schiffsunglücken eine Fülle von Anhaltspunkten dafür ergeben, daß es in der Tat immer wieder zu Bedienungsfehlern kommt. Aber ich kann mir nur schwer vorstellen, daß Schiffsoffiziere im Hinblick auf Intelligenz, Wachsamkeit, Qualifikation oder Beachtung der eigenen Sicherheit in irgendeiner Weise hinter den Operateuren anderer Systeme zurückstehen sollten. Da sie sich mit weit mehr Problemen herumschlagen müssen als die Bedienungsmannschaften anderer Systeme und fast immer ohne oder mit nur geringem Schaden davonkommen, kann es leicht passieren, daß ihnen nach einem wirklich schweren Unfall von Beobachtern vorgeworfen wird, sie hätten ein zu hohes Risiko auf sich genommen oder sich unklug verhalten.

Zwar spricht der äußere Anschein dafür, zahlreiche in diesem System auftretende Pannen als unerzwungene Fehler im unmittelbaren Sinn einzustufen: Die Offiziere und Mannschaften hätten es besser wissen müssen. Aber bevor ich glaube, daß 80 Prozent der Schiffsunfälle auf Bedienungsfehler zurückzuführen sind, wage ich die wilde Vermutung, daß es sich lediglich in der Hälfte dieser Fälle um unerzwungene Fehler der Bedienungsmannschaft gehandelt hat. (In unserem Schema wären das Komponentenunfälle, wobei der Operateur die Komponente darstellt, die versagt hat.) Etwa fünf bis zehn Prozent der Unfälle sind Systemunfälle. Erzwungene Bedienungsfehler und andere Ursachen einfacher Komponentenunfälle machen den restlichen Anteil aus. Die Anlässe dieser erzwungenen Fehler sollen hier kurz erwähnt werden: Ein Kapitän kann unter Umständen 48 Stunden lang ununterbrochen auf Wache stehen; für den Maat eines Küstenschiffs ist ein Arbeitstag von 14 Stunden nicht ungewöhnlich, und die hier bestehenden Risiken und Anforderungen sind höher als bei einem Hochseeschiff; die Kommunikationsprobleme sind immens, sowohl zwischen Brücke und Maschinenraum als auch zwischen zwei oder mehr Schiffen, da die Seeleute auf den Schiffen häufig aus den verschiedensten Ländern kommen – aus Pakistan, Indien, China, Griechenland, der Türkei, den Philippinen und Indochina, und die offiziell benutzte Sprache Englisch ist wirklich nur ein Kauderwelsch; die Schiffe fahren mit mangelhafter und gefährlicher Ausrüstung; Kapitäne werden mit Geldbußen bestraft, wenn sie Termine nicht einhalten, auch bei schlechten Wetterverhältnissen oder dichtem Schiffsverkehr; in vielen Fällen wird die Mannschaft für jede Fahrt neu angeheuert, so daß der Anreiz für sie gering ist, die Ausrüstung in Ordnung zu halten oder auch nur zu lernen, sie richtig zu bedienen; Leidtragender ist der Kapitän, dem auf diese Weise die Möglichkeiten einer Behebung des Schadens nach einem Unfall zunehmend beschnitten werden. Keines dieser Probleme läßt sich ohne weiteres beseitigen, und jedes betrifft einen anderen Teil des fehlerinduzierenden Systems.

Trotzdem sind für die Analyse von Schiffsunglücken unsere Kategorien »Komplexität«, »Kopplung« und »Systemunfall« von Nutzen.

Einige technische Verbesserungen an einzelnen Schiffen führten zu dem unvorhergesehenen Resultat, daß aus einer bislang lose gekoppelten eine eng gekoppelte Folge von Interaktionen wurde, was beim Auftreten von Störungen die Regenerierung des Systems erschwerte. Manche Schiffsexplosionen und -kollisionen gehen auf komplexe Interaktionen zurück. Auch der Begriff eines fehlerinduzierenden Systems leitet sich aus den Kategorien Komplexität und Kopplung ab. In einem derartigen System sind bestimmte Aspekte zu lose gekoppelt (das Subsystem Versicherungen und Schiffseigner) und andere zu eng (die Organisation an Bord eines Schiffes); einige Aspekte sind zu linear (wiederum die weitgehend zentralisierte und feststrukturierte Organisation an Bord), andere mit zu komplexen Interaktionen verbunden (Supertanker, aber auch die verwickelten Interaktionen zwischen Untersuchungsausschüssen nach Unfällen, Gerichten, Versicherungen und Schiffseignern).

Im allgemeinen ist das System jedoch eher lose gekoppelt. Zwar kommt es fortwährend zu Zwischenfällen, aber das System kann sich regenerieren, da meistens genügend Zeit zur Verfügung steht, Möglichkeiten zur improvisierten Behebung von Pannen bestehen und auch beschädigte Schiffe ihre Fahrt fortsetzen können. Zwar kommt es zu unvorhergesehenen Interaktionen zwischen einzelnen Defekten (Komplexität), aber dennoch ist das System insgesamt sehr viel linearer als z. B. der Luftverkehr, auch wenn wir in unseren Beispielen immer wieder auf Komplexität und enge Kopplung hinweisen werden.

Wichtiger jedoch als diese beiden Kategorien ist für uns der Begriff des fehlerinduzierenden Systems. Schiffe verrichten ihren Dienst unter Bedingungen, die im Extremfall den Anschein erwecken, als hätten sich Menschen und Natur gemeinsam verschworen, sie zu vernichten. Im Klartext: Die Fehlerquellen sind so heterogen und buntscheckig, daß keine Macht der Welt wohl je wird Besserung verheißen können. Das beginnt mit den Navigationsregeln, die entwickelt wurden, um den Gerichten die spätere Schuldzuweisung zu erleichtern, und nicht, um von vornherein Zusammenstößen vorzubeugen. Sodann ist der ökonomisch bedingte Zeitdruck oftmals enorm; die Arbeitsbedingungen zehren an den körperlichen und geistigen Kräften der Besatzung; die Ausrüstung ist kompliziert und oft schlecht gewartet; babylonische Sprachverwirrungen erschweren den Funkkontakt zwischen einzelnen Schiffen auf hoher See; konstruktive und Verarbeitungsmängel führen immer wieder zu unliebsamen Überraschungen; und vor allem herrscht auf jedem Schiff eine autoritäre Befehlsstruktur, die über die gegenseitige Abhängigkeit der Operateure und die Komplexität des Systems hinwegtäuscht. Schließlich ist da noch die Natur: wilde Stürme, 20 m hohe Wellen, vereiste Decks und Ausrüstungsgeräte, wandernde und enge Fahrrinnen, Sogwirkungen in Kanälen, Wetterverhältnisse, unter denen der Schall aus der falschen Richtung wahrgenommen oder gänzlich erstickt wird oder bei denen wegen dichten Nebels von der Kommandobrücke aus nicht einmal mehr das Hauptdeck zu sehen ist. Der alte Homer hatte schon recht: Der Mensch versucht die Götter, wenn er diese grünen Wellenfelder pflügt. Schon der bloße Begriff des Systemunfalls verliert hier etwas von seiner Trennschärfe: Es gibt so viele Fehlerquellen, sie treten fortwährend und häufig wie selbstverständlich auf und lassen sich während der meisten Zeit überhaupt nicht vom normalen Betriebsablauf unterscheiden.

Ich behaupte, daß der fehlerinduzierende Charakter des Systems in der sozialen Organisation der Schiffsbesatzung liegt (so daß unsere Reise mit dem Kapitän und den Traditionen der Seefahrt beginnt), in den ökonomischen Zwängen, die sich als Zeitdruck auswirken (woraus sich einige Fragen zur Risikovermeidung und Risikoeinschätzung der Kapitäne ergeben), in der Struktur der Transportschiffahrt und der Versicherungsgesellschaften (was uns dazu veranlaßt, die Statistiken des Systems genauer zu lesen) und in den Schwierigkeiten nationaler und internationaler Vorschriften und Bestimmungen. Anschließend werden wir die technischen Weiterentwicklungen und Verbesserungen untersuchen und feststellen, daß wenig Grund zu der Hoffnung besteht, das System könnte dadurch wirklich verbessert werden. Ein ausführliches Beispiel für das, was ich als »Kollisionen bei Antikollisionskurs« bezeichne, wird uns mit einem bereits bekannten Problem konfrontieren: der gesellschaftlichen Konstruktion der Wirklichkeit oder der Erstellung gedanklicher Modelle von mehrdeutigen Situationen. Wieso fahren zwei Schiffe mitten in der Nacht, die einander normalerweise problemlos passiert hätten, plötzlich aufeinander zu und kollidieren? Zum Schluß werden wir unsere Erörterung auf das umfassendere System ausdehnen, in diesem Fall mehrere Nationen in der nächsten Umgebung eines Schiffswracks, um nicht so sehr die Interaktion von Störungen drastisch vor Augen zu führen, obgleich diese auf der Hand liegt, sondern den Widerstand gegenüber Problemlösungen in einem fehlerinduzierenden System.

Der Kapitän

Bis in die jüngste Zeit waren Schiffe unter allen menschlichen Systemen ungeachtet ihrer Größe oder Komplexität mit Abstand am stärksten zentralisiert. Im Vergleich zu ihnen sind selbst Militäroperationen bis zu einem gewissen Grad dezentralisiert, da Feldkommandeure in einiger Entfernung vom Hauptquartier operieren und ihre Taktik veränderten und unvorhergesehenen Umständen anpassen müssen. Aber an Bord eines Schiffes hat der Kapitän den absoluten Oberbefehl. Die Schiffsbesatzung ist klein – wenn man einmal von großen Kriegsschiffen absieht –, was eine persönliche Überwachung und Kontrolle ermöglicht; der Kapitän hat die Aufsicht über ein einzelnes System, das man nicht ohne weiteres »entkoppeln« und einer geteilten Kontrolle unterstellen kann. Es läßt sich von einer einzelnen Autoritätsperson handhaben, selbst wenn das Schiff so lang ist wie drei Fußballfelder. Starke Traditionen unterstützen die zentralisierte Leitung, und unsere Sprache überträgt den Begriff »Kapitän« freizügig auf die unterschiedlichsten Kontexte. Wie wir noch sehen werden, findet sich der einzige Bruch mit diesen Traditionen bei großen Tankern, wo die althergebrachte Hierarchie durch ein Leitungsteam ersetzt wird, da die technische Bedienung und die Navigation zunehmend komplizierter und wichtiger werden, so daß die Führungsmacht mit Ingenieuren und Elektronikspezialisten geteilt wird.

Wenn einer einzigen Person so viel Verantwortung aufgebürdet wird, kann es nicht mehr überraschen, daß viele der schlimmsten Schiffsunglücke durch unfähige Kapitäne verursacht wurden. Die Geschichte überliefert uns eine überwältigend hohe Zahl von Beispielen für unerzwungene Bedienungsfehler, die auf Schiffen begangen wurden und von denen im folgenden einige angeführt werden.

Der Kapitän der *Medusa,* einer französischen Fregatte, die 1816 vor der afrikanischen Küste dahintrieb und am Ende 152 Personen verlor (ein zum größten Teil vermeidbarer Verlust), war während der meisten Zeit der Reise betrunken und ignorierte die Warnungen seiner Offiziere vor den gefährlichen Gewässern, in denen das Schiff sich befand. Berühmt wurde diese Katastrophe durch den Maler Géricault und sein Bild *Das Floß der Medusa,* das sich im Pariser Louvre befindet.

Der Kapitän eines Luxusdampfers, der sich 1873 dem heimtückischen Hafen von Halifax in Neuschottland näherte, hielt es nicht für nötig, seine Schiffskarten zu Rate zu ziehen, orientierte sich irrtümlich an einem falschen Küstenlicht und legte sich zu Bett; 560 Menschen kamen um, gerettet wurden fast keine Frauen und Kinder, nur männliche Passagiere und die Besatzung. 1893 führte das gepanzerte Kanonenboot H.M.S. *Victoria* unter dem Kommando eines brillanten und wagemutigen Taktikers, Sir George Tyron, ein Geschwader von 13 Schiffen in den Hafen von Tripolis. Nach einer vorherigen Verabredung sollten die Schiffe ein Manöver ausführen, gegen das von den untergebenen Offizieren vergeblich Bedenken geäußert wurden, da abzusehen war, daß dabei die beiden Flaggschiffe, die *Victoria* und die *Camperdown,* zusammenstoßen würden. Das Mannöver wurde ausgeführt, und die *Victoria* ging mit 358 Mann unter. Der Kapitän begriff seinen Fehler anscheinend erst im letzten Augenblick und befahl selbst nach dem Zusammenstoß die zu Hilfe kommenden Rettungsboote wieder zurück, da er nicht glauben wollte, daß sein Schiff sinken würde.

1904 fing ein Ausflugsdampfer, die *General Slocum,* mit 1 500 Passagieren an Bord im Hafen von New York Feuer. Der Kapitän, der bereits wegen früherer navigatorischer Schnitzer berüchtigt war, setzte das Schiff nicht auf den nahegelegenen Strand, sondern nahm Kurs auf eine Felseninsel in der windigen Bucht. Der Fahrtwind fachte nicht nur das Feuer weiter an, sondern blies die Flammen auch zum Heck, wohin sich die Passagiere geflüchtet hatten; die dort befindlichen Rettungsringe waren ebenso verrottet wie die Feuerwehrschläuche des Schiffes. Die Rettung an der Felsküste der Insel war schwierig, und über 1 000 Menschen kamen um, fast ausschließlich Frauen und Kinder. Beim Untergang der *Titanic* 1912 starben über 1 500 Menschen, zum Teil deshalb, weil ein Kapitän in dem unerschütterlichen Glauben, über ein unsinkbares Schiff zu befehlen, unbeirrbar des Nachts in ein Feld von Eisbergen hineinfuhr. Ein einziger Eisberg schlitzte fünf wasserdichte Abteilungen auf; die Schiffskonstrukteure hatten angenommen, daß höchstens drei Abteilungen gleichzeitig beschädigt werden könnten. Wie wir noch sehen werden, haben sich die Kapitäne seither nicht wesentlich geändert.

Diese Systeme sind demnach etwas Besonderes in unserer Sammlung, da eine einzige Person, der Kapitän oder sein Beauftragter, so viel Unheil anrichten kann. Vielleicht ist das der Grund, warum hier bei Unfällen die Ursache häufiger auf »Bedienungsfehler« oder »menschliches Versagen« zurückgeführt wird als in anderen Systemen. Wenn eine einzige Person die unbestrittene, absolute Autorität über ein System innehat, dann können ihre Fehler von keinem verhindert oder korrigiert werden. Auch Fluglotsen sind »Kapitäne« und tragen die letzte Verantwortung, aber der zweite Mann an Bord wird als »Kopilot« bezeichnet und nicht als

»Erster Offizier«, und er hat eine größere Machtbefugnis als der Erste Offizier eines Schiffes. Im allgemeinen sind zudem Pilot und Kopilot einer Meinung, selbst wenn sie sich beide irren. Sie überprüfen gegenseitig ihre Interpretation anormaler Verhältnisse. Für einen Deckoffizier ist es hingegen keineswegs ungewöhnlich, entsetzt und dennoch schweigend mit anzusehen, wie der Kapitän das Schiff auf Grund setzt oder mit einem zweiten Schiff kollidieren läßt.

Eine zentralisierte Aufsicht über eine geringe Anzahl von Untergebenen innerhalb einer eng umgrenzten Arbeitsstätte ist bei Organisationen nichts völlig Ungewöhnliches, wenn wir etwa an professionelle Sportmannschaften, Orchester oder Klöster denken. Aber in allen diesen Beispielen tritt ein besonderes Problem nicht auf, mit dem ein Kapitän fertigwerden muß: Wenn sich das System plötzlich erweitert und ein zweites Schiff umfaßt, wer ist dann für das neue System verantwortlich? Es gehört zu den wirklich erstaunlichen und immer wieder zu beobachtenden Besonderheiten der Schiffahrt, daß die Kapitäne von zwei Schiffen, denen die Gefahr einer Kollision droht, nicht miteinander kooperieren wollen. Es hat den Anschein, als würden die Macht und Autorität des Kapitäns des einen Schiffes durch die Macht und Autorität des anderen Kapitäns herausgefordert, sobald die beiden Schiffe einander nahekommen und ein einziges System bilden. Jetzt trägt keiner von beiden Kapitänen die Verantwortung, und die beiden Subsysteme sind in einer unvorhergesehenen Interaktion eng gekoppelt. Die komplizierten und mehrdeutigen Regeln für den Schiffsverkehr lösen das Dilemma nicht. Beim Luftverkehr ist der Fluglotse zuständig, wenn eine Kollision droht; beim fehlerinduzierenden System »Frachtschiffahrt« ist die autoritäre Rolle des Kapitäns zwar für Notfälle auf dem eigenen Schiff funktional, nicht jedoch für Notfälle, an denen zwei oder mehr Schiffe beteiligt sind.

Wirtschaftlicher Druck

Wahrscheinlich zeigt sich bei Schiffskapitänen deutlicher als bei den meisten übrigen Berufsrollen ein Problem, das von Wirtschaftswissenschaftlern im Zusammenhang mit der sogenannten »Risikohomöostase« diskutiert wird (s. Peltzman 1975). Dieser Theorie zufolge haben Menschen eine gewisse Vorliebe für Risiken, und wenn man ihr Tätigkeitsgebiet sicherer macht, suchen sie nach Mitteln und Wegen, das Gefahren-

potential wieder zu vergrößern (indem sie z. B. ihre Fahrtgeschwindig-
keit erhöhen oder bestimmte Sicherheitsvorkehrungen abschalten).
Diese Theorie ist extrem vereinfachend und läßt sich empirisch kaum
bestätigen (s. Robertson 1977). Sie gilt anscheinend nur für einige
wenige exotische und spezialisierte Aktivitäten wie Autorennen oder
Bergsteigen, und selbst hier spielen andere Variablen möglicherweise
eine wichtigere Rolle. Wenn wir jedoch die Annahme einer allgemein
menschlichen Risikofreude durch eine Analyse des Systems ersetzen,
innerhalb dessen das Risikoverhalten beobachtet wird, wird dieser
Aspekt für uns interessanter. Es kann durchaus sein, daß die Risikobereitschaft bei denen zu finden ist, die das System kontrollieren, ohne persönlich gefährdet zu sein.

So macht z. B. eine Geschichte die Runde, für die ich bisher allerdings
keine Belege gefunden habe: Nachdem große Lkws mit besseren Bremsen und Bremsbelägen ausgerüstet wurden, um die Gefahr eines Brems-
versagens auf langgezogenen Gefällstrecken zu verringern, ging die Zahl
der entsprechenden Unfälle dennoch nicht zurück. Grund: Die Bremsen
funktionierten so gut, daß die Fahrer nunmehr auf diesen Gefällstrecken
die Geschwindigkeit erhöhten, da sie einen zusätzlichen Sicherheitsspielraum gewonnen hatten, aber damit entweder die neuen Belastungsgren-
zen der Bremsen überschritten oder das Fahrverhalten ihrer Fahrzeuge
falsch einschätzten. Ich finde diese Geschichte überzeugend. Eine zusätzliche Sicherheitsvorkehrung ermöglicht den Truckers eine Erhöhung
ihres Einkommens oder die Sicherung ihres Jobs auch unter verstärktem
Zeitdruck.

Die Kapitäne von Frachtschiffen befinden sich im Hinblick auf konstruktive Sicherheitsvorkehrungen, Zeitdruck und Risikobereitschaft in
einer ähnlichen Lage wie die Fernfahrer. Im Lauf der letzten Jahrzehnte
sind die Schiffe mit immer neuen Sicherheitsausrüstungen versehen
worden, insbesondere seit den 50er Jahren mit Radar und anderen elek-
tronischen Navigationsgeräten. Einer der Direktoren der Shell International Marine Limited – ein ehemaliger Kapitän – ist von den Ergebnissen allerdings nicht sonderlich beeindruckt. So schreibt er unter anderem:

»Instrumente, mit deren Hilfe der Kurs gehalten, die Position bestimmt oder die
Meerestiefe festgestellt werden kann, sind in den letzten Jahren allesamt wesentlich verbessert worden, und die Zwillingsradargeräte, mit denen heute fast jeder
Tanker ausgerüstet ist, bedeuten, daß die Position aller übrigen in der Nähe
befindlichen Schiffe selbst dann verfügbar ist, wenn diese sich nicht in Sichtweite
befinden; trotzdem kommt es immer noch vor, daß Schiffe kollidieren, stranden

oder gelegentlich sogar untergehen. Das läßt anscheinend keinen anderen Schluß zu, als daß die verbesserte Instrumentenausrüstung den Kapitänen zwar die Möglichkeit bietet, ihre Fahrt ökonomisch effizienter und zweifellos unter geringeren Schwierigkeiten durchzuführen, das Risiko für das einzelne Schiff aber vermutlich konstant bleibt.« (Dickson 1971, S. 2)

Der Autor verteilt, seiner sorgsamen Wortwahl nach zu urteilen, die Verantwortung zu gleichen Teilen auf den Eigner und auf den Kapitän des Schiffes: »ökonomisch effizienter« bedeutet mehr Gewinn für den Eigner, »geringere Schwierigkeiten« heißt weniger Arbeit für den Kapitän.

Ein Kapitän kann seinem Reeder Geld sparen helfen und erhält dafür vielleicht eine bestimmte Prämie, wenn er z. B. auf einen Lotsen in Gewässern verzichtet, wo dieser nicht obligatorisch ist, oder auf die Unterstützung durch einen Schlepper. Generell werden die Kapitäne nach ihrer Fähigkeit beurteilt, Termine einzuhalten; der Druck knapper Terminpläne ist enorm. Ein Schiff ist schwimmendes Kapital, und die Gewinne unterliegen in den USA keinen behördlichen Einschränkungen wie im Fall der Stromversorgungsunternehmen. Wie bei allen anderen modernen industriellen Aktivitäten muß das Geld arbeiten, wenn es weiteres Geld hecken soll.

Belege für einen wirtschaftlich bedingten Zeitdruck sind natürlich nicht ohne weiteres zu beschaffen. In den Unfallberichten der Küstenwache und der NTSB werden entsprechende Überlegungen mit äußerster Vorsicht behandelt; von diesen beiden Institutionen ist kaum zu erwarten, daß sie Empfehlungen für unsere Schiffahrtsgesetze verfassen, die den Schiffseignern untersagen, geldgierig zu sein. Derartige Beschuldigungen lassen sich von diesen leicht bestreiten, etwa nach dem Motto: »Wir haben dem Kapitän nie eine Anweisung gegeben, solche Risiken auf sich zu nehmen; aus unseren Vorschriften geht unzweideutig hervor, daß die Sicherheit den Vorrang hat.« Trotzdem können wir aus einigen ausführlichen Unfallberichten, die weiter unten noch vorgestellt werden, den Schluß ziehen, daß tatsächlich ein Druck auf Kapitäne ausgeübt wird.

Betrachten wir z. B. folgenden Unfall. Wie bei allen übrigen Beispielen, die ich in diesem Buch anführe, kamen auch hier mehrere Fehler und Defekte zusammen, aber in diesem Fall spielt der wirtschaftliche Druck sicherlich eine besonders wichtige Rolle. Ein erfahrener und überaus korrekter Kapitän eines großen Öltankers, der sich mit seinem Schiff auf dem Weg nach Angle Bay befand, dem Offshore-Terminal von British

Petroleum am Westzipfel von Wales, entschloß sich für eine weniger sichere, dafür aber direktere Route durch die Scilly Islands, um auf diese Weise sechs Stunden Fahrzeit zu sparen. Der Agent von British Petroleum hatte ihn darüber informiert, wann er vor dem Hafen von Milford an der Einfahrt in die Angle Bay eintreffen mußte, um noch rechtzeitig mit der Flut einlaufen zu können; andernfalls hätte er wegen der beträchtlichen Schwankungen der Gezeiten fünf Tage vor Anker gehen müssen. Der Kapitän hatte sich daraufhin ausgerechnet, daß er die ruhigen Gewässer vor dem Hafen vier Stunden früher erreichen mußte, um dort seine Fracht umzustauen. Um den Wasserwiderstand auf hoher See zu verringern, hatte man nämlich in die mittschiffs gelegenen Tanks mehr Öl gepumpt als in die Tanks im Vorder- und Achterschiff; auf diese Weise hatte der Tanker einen maximalen Tiefgang von 52 Fuß vier Zoll. Das war selbst bei Flut zu tief, um in den Hafen einzulaufen, so daß ein Teil des Öls in die vorn und achtern gelegenen Tanks umgepumpt werden mußte. Damit würden zwei Zoll gewonnen! (Man fragt sich bloß, was passiert wäre, wenn der Kapitän die tiefste Stelle der Fahrrinne verpaßt hätte, oder wenn eine Welle gekommen wäre und das Ungetüm vier Zoll in die Höhe gehoben und dann abgesenkt hätte.)

Wieso bestand der Kapitän darauf, die Fracht in ruhigen Gewässern umzuladen statt unterwegs, wodurch er doch vier Stunden eingespart hätte? Der Kapitän hatte zu seiner Rechtfertigung anscheinend angegeben, daß hierbei die Gefahr auslaufenden Öls bestanden hätte. Diese Erklärung wurde vom Vorsitzenden des Untersuchungsausschusses mit offensichtlicher Erheiterung aufgenommen. »Er wollte sein Deck nicht schmutzig machen und nicht mit einem schmuddeligen Schiff in den Hafen einlaufen«, sagte er nach der Anhörung den wartenden Reportern (zit. n. Cowan 1968, S. 42). Was auch immer die Gründe gewesen sein mochten, offenbar hätten auch die vier möglicherweise eingesparten Stunden nicht ausgereicht, um noch mit auflaufendem Wasser in den Hafen einfahren zu können.

Wie bereits gesagt, hatte der Kapitän beschlossen, seinen Weg durch die Scilly Islands zu nehmen, eine Gegend aus Sandbänken, Untiefen und Felsen, die 48 winzige Inseln umfaßt. Vier davon sind zumeist von Fischern bewohnt, und zwischen 1679 und 1933 strandeten dort 257 Schiffe. Aus dieser Region ist eine Fülle von Geschichten über falsche Leuchtzeichen und geplünderte Schiffe überliefert. In seiner anschaulichen Erzählung *Oil and Water* gibt Edward Cowan ein Bittgebet wieder, das dem Reverend John Troutbeck zugeschrieben wird, der in der zweiten Hälfte des 18. Jahrhunderts auf den Scilly-Inseln als Geistlicher wirkte:

»Wir bitten dich, o Herr, nicht darum, daß du Schiffe stranden lassen mögest, aber wenn es dennoch dein Wille ist, dann geleite diese Schiffe zu den Scilly-Inseln zum Segen ihrer armen Bewohner, Amen!« (Zit.n.ebd.)

Das Navigieren in der vom Kapitän gewählten Durchfahrt ist bei gutem Wetter sogar bei Nacht »ganz einfach«, solange die eigene Position fortwährend überprüft wird – so steht es im *Channel Pilot,* der Bibel aller Steuerleute, die den Kanal befahren. Aber in dieser »ganz einfachen« Passage traf der Kapitän auf einige Fischerboote (womit man immer wieder rechnen muß), außerdem war er mit Volldampf in die Fahrrinne eingefahren, so daß ihm am Ende für ein erforderliches Ausweichmanöver keine Möglichkeit mehr blieb. Als er eine neue Positionsbestimmung vornahm, stellte er fest, daß er über die Fahrrinne hinausgeraten war und befahl dem Steuermann, hart nach Backbord zu drehen, aber nichts geschah. Der Kapitän hatte vergessen, die automatische Steuerung auszuschalten, als er das Steuer zuletzt selbst bedient hatte. Er korrigierte seinen Fehler und wollte seinem Steuermann helfen, das Steuerrad zu drehen, aber es war zu spät. Die *Torrey Canyon* ergoß ihre Ladung von 100 000 Tonnen Erdöl über die Gewässer am Rand des englischen Kanals.

Auch bei diesem Unfall sind mehrere Faktoren zusammengekommen, die man einzeln zur Unfallursache erklären könnte. Hätte der Kapitän nicht vergessen, die Ruderanlage auf Handbedienung umzuschalten, dann hätte das Schiff noch rechtzeitig ausweichen können; wären an diesem Tag keine Fischerboote ausgefahren, hätte er das Manöver früher einleiten können; hätte er umsichtig seine Fahrt gedrosselt, als die Boote sichtbar wurden, dann hätte er die Wende enger fahren können; hätte er nicht die Passage durch die Scilly-Inseln gewählt, wäre das Risiko geringer gewesen usw. Wir wissen einfach nicht, warum er dies oder jenes tat, und wir wissen natürlich ebensowenig, ob wir seinen Erklärungen glauben sollten, selbst wenn er uns welche gegeben hätte. Daß der Kapitän jedoch unter Zeitdruck stand, liegt auf der Hand. Dieser Druck trug zu einer Entscheidung bei, durch die das Schiff in die Nähe von Subsystemen geriet und die den vorhandenen Handlungsspielraum reduzierte, wodurch das System enger gekoppelt wurde und sich die Zahl der möglichen komplexen Interaktionen erhöhte.

Unfallstatistik und Versicherung

Weltweit standen 1979 71 129 Schiffe in Dienst, von denen 400 verlorengingen, so daß die Wahrscheinlichkeit dafür, daß ein einzelnes Schiff im Verlauf eines bestimmten Jahres verlorengeht, rund 560×10^{-5} beträgt (*Lloyd's List* 1981, S. 1). Das entsprach ziemlich genau der Wahrscheinlichkeit, mit der ein einzelner Raucher an seinem Tabakkonsum sterben wird (500×10^{-5}).

Nach einer großen Überschlagsrechnung kann sich ein Schiff rund sechsmal amortisieren, bevor es als Verlust abgebucht werden muß, wobei seine Lebensdauer auf 30 Jahre veranschlagt wird. Ein Reeder, der sechs Schiffe mit einer Lebensdauer von je 30 Jahren besitzt, muß damit rechnen, daß innerhalb von 30 Jahren eines dieser Schiffe vorzeitig verlorengeht. Das ist kein allzu hohes Risiko.

Die USA haben nur eine kleine Handelsflotte, aber 1973 verloren sie 21 Schiffe von über 100 BRT; 1974 standen sie mit ihren Verlusten weltweit an 14. Stelle. Länder wie Liberia, Griechenland, Italien und Panama hatten noch höhere Ausfälle, aber die USA rangierten hinter der UdSSR, England, Japan, Frankreich, Deutschland, den Niederlanden, Norwegen und Schweden, und die Statistik wird seit Jahren schlechter. Die durchschnittliche Anzahl der Schiffsunfälle pro Jahr hat in den letzten Jahrzehnten ständig zugenommen. Allein zwischen 1970 und 1979 stieg die Zahl der Unfälle von Handelsschiffen in nordamerikanischen Gewässern um jährlich sieben Prozent – von 2 582 auf 4 665. Die Zahlen von 1979 sind um 81 Prozent höher als die von 1970. Auch die Zahl der Registertonnen je gefahrene Seemeile ging in die Höhe, aber nur um jährlich sechs Prozent, von 306 Mrd. (1970) auf 409 Mrd. (1979). Die aussagefähigste Ziffer, die Anzahl der Unfälle je Tonne und Meile, stieg im gleichen Zeitraum um 74 Prozent an (MTRB 1976, S. 36).*

---

*Man nimmt an, daß dies zu einem großen Teil den Restriktionen zu verdanken ist, die von der amerikanischen Regierung dem Transport von US-Gütern auf ausländischen Schiffen auferlegt werden. Da der Neubau eines Schiffes in den USA fast dreimal so teuer ist wie in Japan, benutzen wir nach wie vor erschreckend unsichere Schiffe, die noch aus dem Zweiten Weltkrieg stammen, und besitzen die mit Abstand älteste Handelsflotte der Erde. Die Restriktionen der Regierung verfolgten eigentlich den Zweck, unsere veraltete Werftindustrie wieder anzukurbeln, statt dessen förderten sie den Einsatz von über 40 Jahre alten Schrottkähnen, die von der Coast Guard höchst selten inspiziert werden. Dies ist ein weiterer Aspekt dieses fehlerinduzierenden Systems.

Während dieser Zeit wurden etliche technische Neuerungen eingeführt, um das Unfallrisiko zu verringern – immer mehr Schiffe erhielten
eine Radarausrüstung, es wurden sogenannte *Vessel Traffic Services*
(VTS, in etwa dem System der Flugsicherung vergleichbar) eingeführt
sowie strengere Vorschriften über die erforderliche Schiffsausrüstung
und Navigationsregeln erlassen. 1974 wurden weltweit die Verluste an
Ladung, Schiffen und Ausrüstung auf 155 Mio. Dollar beziffert. Angesichts all dieser Zahlen sollte man eigentlich meinen, daß es zweifellos im
Interesse der Schiffseigner oder der Versicherungen liegen müßte, diese
bestürzend hohen Verluste so weit wie möglich zu reduzieren. Die
NTSB (MSS-81-1,1981) untersuchte 82 Schiffsunglücke, die sich zwischen 1970 und 1980 ereignet hatten. Es war nur eine kleine Auswahl,
dafür waren es jedoch die wichtigsten Unfälle, die von der Sicherheitsbehörde ausgewertet wurden, um auf dieser Grundlage 640 Sicherheitsempfehlungen für den Schiffsverkehr an Bundesbehörden, Lotsenver-
einigungen und Seefahrtsorganisationen zu versenden. Die Herausgabe
von jährlich rund 80 Empfehlungen an die unterschiedlichsten Gruppen
und Organisationen war zweifellos ein heroisches Unternehmen, hatte
jedoch gemessen an den weiter ansteigenden Unfallzahlen wahrscheinlich so gut wie keine Wirkung. Ein wesentliches Element in diesem fehlerinduzierenden System ist der allgegenwärtige Zeitdruck (obgleich
diese Erklärung für sich allein unbefriedigend ist, da derselbe Druck sich
auch in vergleichsweise fehlerfreien Systemen auswirkt). Wenn die
Hälfte oder auch nur ein Viertel dieser Unfälle durch Zeitdruck bedingt
waren, müßte eigentlich ein starker Anreiz bestehen, diesen Druck zu
verringern. Wieso gelingt es weder den Reedereien noch den Versicherungsunternehmen, die Verlustrate wenigstens konstant zu halten oder
sogar herunterzuschrauben, indem sie der Sicherheit den absoluten Vorrang vor wirtschaftlicher Effizienz einräumen? Läge ein solches Bemühen denn nicht in ihrem wirtschaftlichen Interesse? Die Versuche zur
Beantwortung dieser Fragen waren bisher entmutigend, und die folgenden Ausführungen sind meine persönlichen Mutmaßungen.

Es gibt eine große Anzahl von Schiffseignern und Charterern, so daß
es schwierig ist, differenzierte, leistungsbezogene Versicherungstarife
festzulegen. Verfügt eine Reederei nur über wenige Schiffe, ohne daß es
in den letzten zehn Jahren zu einem Unfall gekommen ist, dann reicht
diese bisherige Erfolgsbilanz trotzdem nicht für eine Senkung der Versicherungsprämie aus, da der Erfahrungszeitraum zu kurz ist. Da die
Wahrscheinlichkeit dafür, daß ein bestimmtes Schiff innerhalb von 30

Jahren vorzeitig verlorengeht, nur etwa 17 Prozent (30 x 560 x 10^{-5}) beträgt, kann es durchaus sein, daß eine Reederei mit sechs Schiffen 20 oder 25 Jahre lang keinen Unfall zu verzeichnen hat. (Der jährliche Tonnageverlust in den USA liegt zwischen 0,2 und 0,3 Prozent. Bei einer Flotte von sechs Schiffen würde es über 100 Jahre dauern, bis durch einen Unfall ein oder zwei ihrer Schiffe als Totalverlust abgeschrieben werden müßten.) Nun gibt es aber neben solchen kleinen Firmen auch große Reedereiunternehmen, die vor allem riesige Tankerflotten unterhalten. Allein Shell verfügt über mehrere Hundert Tanker. Für diese Schiffe können wir zwar eine Versicherungstabelle erstellen, die die Erfahrung der Reedereien mit ihren Schiffen berücksichtigt, aber diese Tabelle können wir weder auf kleine Reedereien anwenden, noch wissen wir, wie groß die Erfahrung bei den Großunternehmen eigentlich ist. Wir könnten über einen längeren Beobachtungszeitraum hinweg feststellen, ob die Unfallquote bei großen Reedereien schneller sinkt als bei den übrigen, aber es dürfte sehr schwierig sein, vergleichsweise selten auftretende Unfälle, deren Eintreten von zahlreichen Variablen abhängt, für unsere Tabelle zu bewerten. So ist z. B. während der weltweiten Rezession die Zahl der Öltanker auf den Weltmeeren drastisch zurückgegangen, so daß die Unfallquote je zurückgelegte Seemeile neu interpretiert werden muß. Zwar ist die Unfallquote je Registertonne und zurückgelegte Seemeile ein aussagekräftiges Maß für das Gesamtproblem, aber nicht für ein Unternehmen, das Frachten nur über kurze Entfernungen hinweg befördert und dessen Schiffe häufiger in Häfen an- und ablegen müssen und damit größeren Risiken ausgesetzt sind.

Die Schiffsversicherungsgesellschaften versichern jedes Schiff oder jeden Schiffstyp einzeln und berechnen den Reedereien unterschiedliche Prämien, deren Festlegung vermutlich in irgendeiner Form auf deren bisherigen Verlustquoten beruht. Aber wegen der niedrigen Verlustwahrscheinlichkeiten lassen sich diese Staffelungen nur sehr schwer in einer Weise festlegen, daß sicherheitsbewußte Eigner belohnt und sorglose bestraft werden. In einem von Lloyds in London veröffentlichten Memorandum des Nautical Institute in England werden die gängigen Methoden der Inspektion von Schiffen, deren Kategorisierung zu Versicherungszwecken sowie die Praxis, die Haftung für Schäden an anderen Schiffen auf eine Summe zu beschränken, die ausschließlich von der Größe des versicherten Schiffes abhängt, einer Kritik unterzogen. Das folgende Zitat macht die Undurchsichtigkeit der Versicherungspraktiken deutlich: »Die Unternehmen, die Schiffe versichern und chartern, müßten verpflichtet werden, diese Schiffe einer Inspektion zu unterziehen.« (*Lloyd's List* 1981, S. 1) In einem anderen Zusammenhang hält das Nautical Institute die Mahnung für angebracht: »Die Versicherer sollten sich vor jedem Abschluß eines Versicherungsvertrags vom Zustand des betreffenden Schiffes überzeugen.« Solange die Versicherung von Schiffen nicht deren vorherige Inspektion erforderlich macht, so lange werden mit der ausgehandelten Prämie höchstwahrscheinlich nicht das Sicherheitsbewußtsein und die Erfahrungen des Vertragspartners in einer nachvollziehbaren Weise berücksichtigt. Somit trifft ein Teil des Tadels, der in dem folgenden Resümee des wichtigen und viel diskutierten Memorandums des Nautical Institute enthalten ist, die Versicherungsbranche selbst:

»Diese Studie läßt einen übermäßig hohen und vermeidbaren Verlust an Menschenleben, Schiffen und Frachtgut auf See sowie eine zunehmende Gefährdung der maritimen Umwelt erkennen. Dazu kommt noch, daß der wachsende Verlust an Schiffstonnage zu einer Verteuerung von Gütern und Dienstleistungen führt und damit der Allgemeinheit unannehmbar hohe finanzielle Belastungen aufbürdet.« (Ebd., S. 4)

Aus all dem drängt sich mir die Vermutung auf, daß die Unfallhäufigkeit einer Flotte oder eines einzelnen Schiffes die Höhe der Versicherungsprämie kaum beeinflußt. Wenn das zutrifft, dann besteht auch wenig Anlaß, den auf den Kapitän ausgeübten Druck zu verringern oder die Ausgaben für Sicherheitsmaßnahmen zu erhöhen. Das internationale Konsortium, das sich dieser Fragen anzunehmen versucht, die Intergovernment Maritime Consultative Organization (IMCO) der Vereinten Nationen, »wird von vielen Seiten . . . als ein Forum (angesehen), das von Schiffseignern beherrscht wird, die ihre Investitionen und laufenden Kosten trotz der erhöhten Gefahr chronischer Verschmutzungen und Unfälle möglichst gering halten wollen« (Carter 1978, S. 514).

Demnach werden die unmittelbaren finanziellen Kosten der Unfälle von den Endabnehmern des Systems getragen, den Käufern der verschifften Waren. Mit steigenden Versicherungsprämien steigen dann auch die Frachtraten. Eine Großreederei kann vielleicht durch die Senkung ihrer Unfallziffern einen gewissen Betrag einsparen, da die von der Versicherung ausgezahlte Summe wahrscheinlich nicht alle anfallenden Kosten deckt, aber zum einen fällt diese Summe wohl kaum ins Gewicht, und zum anderen ist selbst bei großen Flotten die Unfallhäufigkeit gering. Die Schiffsversicherungsprämien steigen nur langsam an, da wegen der Zersplitterung dieser Branche Wettbewerb besteht, so daß der Endverbraucher die Verteuerung der Ware durch erhöhte Versicherungsprämien kaum zu spüren bekommt und nicht unwillig reagiert. Angesichts der Tatsache, daß Menschen auf Schiffen ihr Leben verlieren und daß Schiffe die Meere verschmutzen, wünscht man sich eine bessere Schlußbilanz, aber die werden wir auf absehbare Zeit nicht bekommen.

Zur Eigenart der Frachtschiffahrt als ein fehlerinduzierendes System trägt auch bei, daß hier ein sicherheitsbewußtes Verhalten schwer durchzusetzen ist. Die Kapitäne unterstehen keiner Aufsicht; die Eintragungen in die Logbücher können falsch sein, und es sieht so aus, als hätten sich alle dagegen verschworen, nach dem Vorbild des Fernlastverkehrs auf Überlandstraßen Fahrtschreiber auch in Schiffen installieren zu lassen. Die Einschätzung der Stärke eines heraufziehenden Sturms obliegt allein dem Kapitän. Deshalb neigen die Schiffseigner dazu, Meldungen der Kapitäne über schlechtes Wetter oder andere Widrigkeiten, durch die Verzögerungen eingetreten sind, zu mißtrauen; sie erlegen ihnen sogar ungeachtet ihrer Proteste Geldbußen auf. Das steht in ausgeprägtem Gegensatz etwa zum Luftverkehr, wo es die verschiedensten unabhängigen Indikatoren für ungünstiges Wetter, überlastete Flugrouten und -häfen und mechanische Probleme des Flugzeugs gibt. Vermutlich sind die Reedereien davon überzeugt, daß ein Schiff sich hauptsächlich deshalb verspätet, weil der Kapitän mehr auf die eigene Bequemlichkeit als auf die Interessen seines Arbeitgebers bedacht war.

Es spricht also einiges dafür, daß die Schiffseigner sich in einem System bewegen (zu dem auch die wenig effizienten Versicherungsunternehmen gehören), das sie dazu bringt, auf die Kapitäne in der Weise einen Druck auszuüben, daß diese die Komplexität und Kopplung des Systems stärker erhöhen, als dies unter normalen Umständen erforderlich wäre. Solange ein Kapitän den vorgegebenen Zeitplan ohne Schäden einhält, wird nichts unternommen, selbst wenn bekannt ist, daß er dafür große Risiken in Kauf nimmt. Hält der Kapitän die Vorgaben nicht ein, wird er einem stärkeren Druck ausgesetzt. Kommt es daraufhin zu einem Unfall, wird dem Kapitän die Schuld daran zugeschoben, und er wird mit einer Geldbuße oder seiner Entlassung bestraft. Der übrige Teil des Systems erweist sich dabei als kooperationsbereit, indem er 80 Prozent der Unfälle durch menschliches Versagen erklärt.

Wenn das alles zutrifft, dann stützt es die Behauptung, daß dieses System fehlerinduzierend ist. Die fehlende Kontrolle von Kapitänen, ihre Belohnungen und Bestrafungen sowie die finanziellen Anreize für Reedereien und Versicherungen im Verein mit anderen Faktoren, auf die wir noch zu sprechen kommen, z.B. das Wetter und der internationale Charakter des Systems, fördern kein Sicherheitsbewußtsein, sondern im Gegenteil die Risikobereitschaft. Die Ermutigung zum Risiko verführt die Eigentümer und die Mannschaft des Schiffes dazu, die vorhandenen Aspekte der Linearität und losen Kopplung aufzugeben und statt dessen die Komplexität und Kopplung des Systems zu verstärken. Bis zu einem gewissen Grad findet sich dieses Übergehen systemimmanenter Sicherheitsmerkmale in allen Systemen, aber nach meinem Dafürhalten ist es in der Frachtschiffahrt wesentlich ausgeprägter als etwa in Kernkraftwerken oder in großchemischen Anlagen. Der Unterschied liegt vermutlich in den technischen Umweltaspekten des Systems (weniger verfügbare Verbesserungen und eine feindlichere Umwelt), in seiner sozialen Organisation (hierarchische Befehlsstruktur) und in seinem Katastrophenpotential (das in der Frachtschiffahrt geringer ist und deshalb weniger öffentliche Reaktionen auslöst).

Dabei hätten Kapitäne eigentlich gute Gründe, dem eigenen Wohlbefinden den Vorrang vor den Interessen der Reederei zu geben. Viele von ihnen klagen darüber, daß sie Tag und Nacht auf den Beinen sein müssen, sobald ihr Schiff in einen Hafen einläuft, entladen und erneut beladen wird und schließlich wieder ausläuft, da das Ganze ein ununterbrochener Ablauf ist. Heute liegen die Schiffe kaum noch für längere Zeit im Hafen vor Anker, zwischen Ein- und Ausfahrt liegen oft nur 48 Stunden. Bei einem kleinen Tanker wurde während einer zwölftägigen Küstenfahrt über alle Aktivitäten Buch geführt. Der Obermaat arbeitete im Tagesdurchschnitt 14 Stunden, etliche der übrigen Offiziere waren täglich mindestens zwölf Stunden tätig (MRTB 1976, S. 43). 1973 kostete der Betrieb von Großtankern täglich zwischen 6 000 und 8 000 Dollar bzw. 30 000 bis 50 000 Dollar bei Hinzurechnung der Amortisations- und sonstiger Buchkosten. Nach der Kalkulation sollen sie sich pro Jahr 340 Tage auf See und nur 25 Tage lang in Häfen befinden. Häufig werden die Besatzungen über Hubschrauber ausgewechselt, und auch die Versorgung mit Lebensmitteln erfolgt über Hubschrauber, wenn diese Tanker etwa das Kap der guten Hoffnung umrunden. Die Shell Oil hat errechnet, daß sie durch eine Verkürzung des Hafenaufenthalts um eine Stunde pro Jahr 2,5 Mio. Dollar einsparen würde – immerhin bringen es die Schiffe von Shell jährlich auf insgesamt 13 000 Hafenkontakte (Mostert 1974, S. 28). Man kann sich vorstellen, daß der Kapitän und die Mannschaft unter diesen Umständen während der Hafenaufenthalte einem starken Druck ausgesetzt sind. Das Anlaufen und Verlassen eines

Hafens bringt auch die größten Gefahren der gesamten Fahrt mit sich. Die Anforderung eines Schleppers oder eines Lotsen wäre ein Luxus, der dem Kapitän die Arbeit wesentlich erleichtern könnte. Dieser hätte also allen Grund, sich diesen Belastungen zu entziehen, und genau deshalb hält sein Arbeitgeber Sanktionen für unverzichtbar.

Auch der internationale Charakter des Systems trägt dazu bei, daß sich die Einhaltung von Sicherheitsvorschriften hier so schwer durchsetzen läßt. Die Welt der Frachtschiffahrt kann sich mit internationalen Bestimmungen nicht anfreunden, obgleich es schon seit Jahrhunderten Ausweich- und andere Seeverkehrsregeln gibt. Es ist kein System, das sich durch Kooperationsbereitschaft auszeichnet. Piloten und Fluggesellschaften hingegen unterlagen von Anfang an nationalen Vorschriften und verhielten sich entsprechend. Danach war es vergleichsweise einfach, die bisher geübte Praxis auch auf den internationalen Luftverkehr zu übertragen. In der Schiffahrt fehlte diese Erfahrung: Vorschriften im nationalen Maßstab waren unbedeutend und wurden nur zögernd erlassen, und internationale Bestimmungen sind noch weniger von Bedeutung. Es gelang den Vereinigten Staaten, die IMCO zu überreden, im Hinblick auf die Einführung getrennter Ballastsysteme zur Verringerung der Ölpestgefahr nach Tankerunglücken eine weiche Haltung einzunehmen und solche Systeme nur für Tanker obligatorisch zu machen, die Häfen in den USA anlaufen. Das Ergebnis war ein schlechter Kompromiß (s. Carter 1978). Das Nautical Institute bemerkte, daß trotz der Bemühungen dieser Organisation »kaum Anzeichen dafür vorliegen, daß auf dem Gebiet der internationalen Sicherheitsvorschriften Fortschritte erzielt wurden«, und führte die Ergebnisse einer anderen Studie an:

»Wie der Rochdale Report betont, führen solche Regulierungen nicht selten dazu, daß der eigentliche Eigentümer eines Schiffes in einem Land ansässig ist, der unmittelbare Besitzer in einem anderen, daß dieses Schiff unter der Flagge eines dritten Landes geführt und von einem Unternehmen in einem vierten Land betrieben wird, aber im Rahmen eines langfristigen Chartervertrags im Interesse einer Gesellschaft in einem fünften Land, die es vielleicht an eine Firma in einem sechsten Land vermietet.« (*Lloyd's List* 1981, S. 2)

An dieser verwirrenden Situation lassen sich die angestrengten Bemühungen von Schiffseignern und Reedereien ablesen, Sicherheitsbeschränkungen ebenso zu umgehen wie Gebühren und sonstige fiskalische Abgaben. Es hat den Anschein, als liefen die ganzen Anstrengungen im Interesse einer Wirtschaftlichkeit des Systems darauf hinaus, dessen Fehleranfälligkeit zu erhöhen.

Was können angesichts der internationalen Gleichgültigkeit die amerikanische Küstenwache und die NTSB in diesem fehlerinduzierenden System schon tun? Die Unfallberichte der NTSB sind ausführlich und spannend zu lesen, aber vom Tonfall her defensiv und entmutigend, etwa so: »Trotz all unserer Empfehlungen hat sich nichts geändert; die zuständigen Behörden müßten ihre Bemühungen verstärken, die Sensibilität der internationalen Schiffahrt für dies oder das zu wecken.« Ihre Empfehlungen scheinen den wirtschaftlichen und anderen Realitäten des Schiffahrtsystems wenig gerecht zu werden; das Problem des wirtschaftlichen Drucks wird von ihnen kaum thematisiert, das des Alkoholismus hartnäckig ignoriert, und sie wollen auch nicht wahrhaben, daß man von keinem Menschen erwarten kann, daß er pausenlos auf der Hut, überlegt, vorausschauend und vorsichtig ist. Wir dürfen uns nicht darüber hinwegtäuschen, daß Coast Guard und NTSB gegen eine erdrückende Übermacht kämpfen müssen – gegen gleichgültige Schiffseigner, eine internationale Sippschaft von miteinander im Streit liegenden Staaten, Kapitäne mit »Cowboyallüren«, die hanebüchene Risiken auf sich nehmen –, und obendrein fehlt es anscheinend selbst an der Macht, Aussagen über Unfälle zu erzwingen. Zu allem Überfluß wurden unlängst beiden Institutionen die Mittel gekürzt, und die Regierung unter Reagan hat sich dafür ausgesprochen, die Coast Guard durch die von deren Dienstleistungen profitierenden Frachtschiffahrtsunternehmen finanzieren zu lassen. (Da eine ihrer wichtigen Aufgaben bisher darin bestanden hat, diese Unternehmen zu einer verstärkten Beachtung von Sicherheitsproblemen anzuhalten, wird ein solcher Schritt die Unfallquote bei Frachtschiffen wohl kaum positiv beeinflussen.) Aber angesichts der Vielfalt der Probleme in dieser Branche und der Interaktion so vieler Interessen und Anschauungen reicht es nicht aus, darauf hinzuweisen, daß Kapitäne mit überhöhter Geschwindigkeit fahren, es an Wachsamkeit fehlen lassen, Fehleinschätzungen erliegen oder die Seeverkehrsregeln mißachten. Was fehlt, sind Unfalluntersuchungen, die tiefer in die Materie eindringen und auch die Hintergründe stärker ausleuchten. Dazu ein Beispiel.

Am 9. Mai 1980 rammte der Lotse auf der *Summit Venture* die Sunshine Skyway-Brücke in der Tampabucht. Die Brücke stürzte ein, und 35 Personen fanden den Tod. Er war in eine plötzliche Regenbö geraten, die das Radarbild verwischte, so daß er die Brücke nicht mehr erkennen konnte. Die NTSB warf ihm vor, daß er keinen Anker geworfen hatte, und dem Wetterdienst, daß er solch plötzliche Unwetter nicht genauer vorhergesagt hatte, und monierte schließlich, daß der Brückenpfeiler keinen

Rammschutz aufwies, der den Anprall eines Großfrachters von der Länge zweier Fußballfelder hätte abfangen können (NTSB, MAR-81-3, 1981). Das war salomonisch geurteilt. Aber bereits am 14. Mai 1980, noch bevor der Untersuchungsausschuß der NTSB erstmals zusammengekommen war, berichtete die *New York Times,* daß der Lotse während seiner vierjährigen Tätigkeit in Tampa in nicht weniger als sieben meldepflichtige Unfälle verwickelt war und erst vier Monate zuvor dieselbe Brücke schon einmal gerammt hatte. Im Bericht der NTSB findet dieser Umstand an keiner Stelle Erwähnung. Statt exaktere Wettervorhersagen oder eine Verstärkung sämtlicher Brückenpfeiler in der Umgebung zu fordern, hätte sich die NTSB besser um die Modalitäten der Lizenzvergabe an Lotsen und deren Personalakten und Sanktionsmöglichkeiten gekümmert. Aber in einem fehlerinduzierenden System ist es sicherer, menschliches Versagen oder mangelhafte Wettervorhersage zu diagnostizieren, da solche Befunde das System selbst nicht in Frage stellen. Dieser eine Unfall verursachte den Tod von 35 Menschen, allesamt Opfer dritten Grades, und Sachschäden in Höhe von 31 Millionen Dollar.

Küchengeschichten und Gartenschläuche

Die beiden folgenden Unfallbeispiele verdeutlichen, daß sowohl ganz alltägliche und simple Dinge als auch sehr komplexe Zusammenhänge zu Pannen mit schlimmen Folgen führen können. Zwischen einer brennenden Küchenfriteuse und einem Orkan liegt der gesamte Bereich von Problemen, auf die eine Schiffsbesatzung gefaßt sein muß.

Stellen Sie sich vor, Sie haben Ihre Friteuse mit heißem Fett auf einer Herdplatte stehen lassen und vergessen, den Strom abzuschalten. Ist Ihnen das schon einmal passiert? So etwas Ähnliches ereignete sich jedenfalls an Bord des italienischen Kreuzfahrtdampfers *Angelina Lauro* im Hafen von St. Thomas auf den Jungferninseln. In der Bordküche, in der normalerweise das tiefgefrorene Essen für die Mannschaft aufgewärmt wurde, fing das heiße Fett einer großen Friteuse Feuer. Das Feuer schlug durch eine fettige Rohrdurchführung, überwand auf diese Weise ein Feuerschott und gelangte in Räume, die im Gegensatz zur Küche keine Sprinkleranlage hatten. Die zum Löschen abkommandierten Seeleute stellten sich bei der Arbeit sehr ungeschickt an, und die Feuermelde- und die Sprinkleranlage funktionierten auch nicht richtig. Zum Glück befanden sich die meisten Passagiere an Land. Nach einigen Stunden war die Rauchentwicklung so stark geworden, daß alle Mann von Bord mußten. Vier Tage lang brannte das Schiff am Pier und wurde dabei fast völlig zerstört (NTSB, MAR-80-16, 1980). So viel zu Küchenpannen an Bord eines relativ eng gekoppelten Systems.

Wesentlich komplizierter lagen die Dinge bei der Havarie der amerikanischen *Steel Vendor,* eines Frachtschiffs, das sich 1971 am regen Kriegshandel im Pazifik beteiligte. Auf der Fahrt von seinem Heimathafen Houston in Texas zu den Philippinen hatte das Schiff wiederholt Probleme mit den Dampfkesseln. Trotz einer Reparatur traten immer wieder Pannen auf. Ein Hilfsingenieur wurde in Manila entlassen, anscheinend nach einer Auseinandersetzung mit dem Kapitän über dringend nötige Reparaturarbeiten an der Kesselanlage. Von Manila aus nahm das Schiff Kurs auf Vietnam. Ein Taifun braute sich zusammen, aber der Kapitän glaubte, er würde in einiger Entfernung an ihnen vorbeiziehen. Drei Stunden, nachdem das Schiff ausgelaufen war, verloren beide Kessel große Mengen Wasser, und statt umzukehren gab der Kapitän dem Ingenieur Anweisung, die Panne zu beheben. Bisher waren diese Arbeiten von der Mannschaft übernommen worden.

Zum Pech für das Schiff und seine Besatzung ist ein Dampfantrieb ein ziemlich eng gekoppeltes System: Es muß immer wenigstens ein Kessel arbeiten, um die Speisewasserpumpen anzutreiben, die das Wasser in die Kessel befördern. Nach einer Reparatur können die Kessel nicht sofort hydrostatisch geprüft werden – man muß sie erst anheizen, da sie die für die Prüfung erforderlichen Pumpen antreiben. Andererseits ist die Prüfung nur sinnvoll, wenn sie vor dem Aufheizen der Kessel erfolgt. Deshalb benötigt man eine eigene Energiequelle, um die Kessel füllen und testen zu können, eine elektrisch angetriebene Pumpe, die ihren Strom von einem Hilfsgenerator bezieht. Eine derartige Pumpe befand sich zwar an Bord, hatte jedoch einen Defekt, und das fehlende Ersatzteil konnte noch nicht beschafft werden. Aber diese Pumpe hätte auch nicht viel genützt, weil bald darauf der Generator ausfiel.

Die Kessel wurden in harter Arbeit und mit unzulänglichen Mitteln repariert und am folgenden Morgen ohne Überprüfung wieder in Betrieb genommen. Danach erlitt der erste Kessel eine schwere Panne, und der Hilfsgenerator wurde eingesetzt (anscheinend zu gewaltsam, weil der Anlasser dabei zu Bruch ging). Zudem waren die Speisewasserpumpen verstopft, und es traten etliche weitere Probleme auf, die damit zusammenhingen. Abermals verlangsamte das Schiff seine Fahrt. Nach erneuten Reparaturen erreichte es noch am selben Abend wieder die volle Geschwindigkeit, was den Kapitän vermutlich zuversichtlich und wagemutig stimmte. Als am folgenden Morgen der Orkan heraufzog, verloren beide Kessel wieder Wasser, und das Schiff kam nur langsam voran. Die Kessel standen miteinander in Verbindung, und da das Schiff schlingerte und stampfte, ließ sich nicht feststellen, welcher von ihnen defekt war oder ob etwa beide ein Leck hatten. Nach dem Ausfall des Hilfsgenerators gab es auf dem Schiff keine Antriebsenergie mehr – es trieb manövrierunfähig mitten in einem Taifun auf den Wellen.

Nachdem die Mannschaft eine Handkurbel angefertigt hatte, gelang es fünf Stunden später, den Hilfsgenerator wieder anzuwerfen. Dann wurde die Pumpe für das Brauchwasser an Bord notdürftig mit einem Gartenschlauch versehen, um die Vorheizung für das Kesselwasser zu füllen. Nach einer Abklemmung des Backbordkessels, bei dem man das Hauptleck vermutete, versuchte die Mannschaft, den Steuerbordkessel in Gang zu bringen. Es dauerte sechs Stunden, die mit nutzlosem Pumpen verbracht wurden, bis jemand entdeckte, daß man vergessen hatte, ein Ventil zu schließen, und daß das mühsam durch den Gartenschlauch gepumpte Wasser in die Bilge des Schiffes abgeflossen war. In der Zwischenzeit hatten ein paar Männer den Backbordkessel geöffnet, um das Leck aufzuspüren, und dabei so viele undichte Stellen in den Rohrleitungen entdeckt, daß ein Reparaturversuch ziemlich hoffnungslos schien. So blieb ihnen nichts anderes übrig, als dem Kapitän zu raten, einen Schlepper um Hilfe zu rufen, was dieser um 17:00 Uhr tat. Die ganze Nacht über schaukelte das Schiff hilflos auf dem Wasser. Am nächsten Morgen um 5:00 Uhr kam die Nachricht, es sei ein Schlepper unterwegs, der in zwei Tagen ankommen werde!

Leider war die Position, die sie nach Manila durchgegeben hatten, von ihrem wahren Standort um mindestens 80 Seemeilen entfernt. Das Schiff verfügte über kein Loransystem (Weitstreckenradar), das elektronisch arbeitet und zudem nicht sehr teuer ist. Statt dessen mußte die Position durch Koppelnavigation geschätzt werden, da weder die Sonne noch Sterne zu sehen waren, seit sie Manila verlassen hatten. Beim Koppelnavigieren werden Kurs und Geschwindigkeit des Schiffes in ein Logbuch eingetragen und die Einflüsse von Wind und Meeresströmungen berücksichtigt. Der Taifun wurde immer stärker, und da der Wind aus der der Strömung entgegengesetzten Richtung kam, nahm der Kapitän an, beide Wirkungen würden einander aufheben. Aber ein starker Wind ist nicht nur imstande, ein schweres Schiff von seinem Kurs abzubringen, er kann auch die Strömungen in eine andere Richtung lenken, und daran dachte der Kapitän weder noch bemerkte er es.

Das Schiff lag jetzt manövrierunfähig im Wasser und hatte zwischen 35 und 40 Grad Schlagseite bei Windstärke neun (was fast einem Orkan entspricht). Im Maschinenraum schwappte das Bilgenwasser. Das Schiff verfügte gerade noch über ausreichenden Notstrom für die Beleuchtung und einen Teil der Lüftung. Die bei den mehr oder weniger ununterbrochenen Reparaturmaßnahmen an den Kesseln benutzten Handwerkszeuge rutschten über den Boden des Maschinenraums und verschwanden in den Bilgen, die unter Wasser standen. Aus den sturmgepeitschten Wellen gelangte die salzige Gischt in die Schornsteine und durchnäßte Männer und Maschinen im Kesselraum. Dadurch wurde ein Kurzschluß ausgelöst, der einen der Lüftungsmotoren außer Betrieb setzte. Trotzdem arbeiteten die Ingenieure den ganzen Tag und versuchten, den Kessel wieder flott zu bekommen.

Die Männer öffneten den Backbordkessel und kletterten hinein, um mit Taschenlampen die Dampfleitungen zu überprüfen. Um die undichten Stellen zu finden, sperrten sie einzeln jede Leitung am einen Ende ab und füllten sie vom anderen Ende mit Wasser aus dem Gartenschlauch – das alles, während das Schiff wild umhergeworfen wurde. Sie fanden auch tatsächlich ein beträchtliches Leck, und da sie es für die Hauptursache der Panne hielten, behoben sie den Schaden und verschlossen den Kessel wieder. Um 8:00 Uhr am anderen Tag konnten sie mit der mühseligen Prozedur beginnen, mit Hilfe des mittlerweile lebenswichtigen Gartenschlauchs den Kessel wieder mit Wasser zu füllen, nachdem sie den Steuerbordkessel abgesperrt hatten. Dabei übersahen sie jedoch ein offenstehendes Ventil, und das zufließende Wasser blieb wieder nicht im Kessel.

Wie einer der Ingenieure später aussagte, wäre auch das nicht schlimm gewesen, wenn sie eine Kolbenpumpe gehabt hätten, weil es damit möglich gewesen wäre, den Kessel mit dem in die Bilgen abgeflossenen Wasser zu beschicken. Aber die an Bord befindlichen Kolbenpumpen hatten während der Fahrt nach Manila ihren Geist aufgegeben, und es fehlte an Ersatzteilen. Neue Probleme traten auf, und der Vorwärmer mußte ein weiteres Mal gefüllt werden. Mittels einer Notleitung, die an eine der Kondensatpumpen angeschlossen wurde, konnte der Füllvorgang beschleunigt werden. Die Männer hofften, die Kessel wenigstens so weit wieder in Gang zu bekommen, daß das Schiff bis etwa 16:00 Uhr über einen wenn auch schwachen Antrieb verfügte.

Um 11:00 Uhr desselben Tages war für kurze Zeit die Sonne sichtbar, so daß eine Positionsbestimmung vorgenommen werden konnte. Dabei bemerkte der Navigationsoffizier am Horizont Brecher, und nach einem Blick auf die Karte wurde klar, daß sie sich vier Seemeilen vor der Loaita Bank befanden – einem Korallenriff, 90 Meilen südlich von ihrer geschätzten Position. Der Kapitän ließ einen Notruf senden, aber es dauerte 30 Minuten, bis der Funkspruch hinausging, da die Notruffrequenz von einem zweiten Schiff blockiert wurde, das sich ebenfalls in Seenot befand. Die H. M. S. *Eagle,* ein britischer Flugzeugträger, antwortete und befand sich dem havarierten Schiff am nächsten. In den folgenden drei Stunden arbeitete die Mannschaft im Maschinenraum fieberhaft an der Reparatur der Kessel, während das Schiff unaufhaltsam auf das Riff zugetrieben wurde. Ein ausgeworfener Anker fand zwar Grund, konnte das Schiff jedoch nicht halten, das schließlich strandete und mit jeder Woge höher auf das Riff geschaukelt wurde. Durch die in die Schiffswand geschlagenen Lecks drang Wasser ein, das nach einiger Zeit das Feuer in den Kesseln löschte, die gerade wieder den Betrieb aufgenommen hatten.

Endlich tauchte ein Hubschrauber der *Eagle* auf. Die Crew hatte zwar bereits die Rettungsboote klargemacht und teilweise zu Wasser gelassen. Man beschloß nun jedoch, die Mannschaft über den Helikopter von Bord zu bringen, und nach insgesamt drei Stunden waren alle 35 Mann in Sicherheit (USCG/NTSB 1973).

Bei diesem Unfall häuften sich die Pannen reihenweise, und wenn es bei der ersten geblieben wäre, hätte man von einem Zwischenfall gesprochen. Was mich an der ganzen Sache erstaunt, ist der Umstand, daß ein Kapitän ohne ausreichende Navigationsinstrumente, mit zwei unzuverlässigen Kesseln und ohne Kolbenpumpen angesichts eines zu erwartenden Taifuns nicht in den Hafen zurückfuhr, als drei Stunden nach dem Auslaufen die Kessel erneut einen Defekt hatten. Ich zweifle daran, daß es die Liebe zur See gewesen ist, die ihn trieb, und vermute vielmehr, daß er mit Sanktionen rechnen mußte, wenn er darauf bestanden hätte, ein Loransystem zu installieren oder mit dem Auslaufen zu warten, bis die Kolbenpumpen und die Kessel repariert waren und bis der Taifun abgeklungen war. Dies war ein ganz normales Frachtschiff. Im folgenden Beispiel geht es um äußerst ungewöhnliche Schiffe, bei denen sich Gefahrenpotential, Komplexität und enge Kopplung gegenseitig beträchtlich verstärken – die Supertanker.

Supertanker

Etwa die Hälfte der Schiffstonnage auf den Weltmeeren wird von Tankern bestritten. Die größten Schiffe sind ausnahmslos Tanker, die Rohöl oder Flüssiggas (LNG) befördern. Der Goliath unter ihnen war 1974 die *Globtik Tokyo* mit einer Bruttotragfähigkeit von 476 292 Tonnen (was etwa 50 000 Lastwagen von je zehn Tonnen Gesamtgewicht entspricht), einer Länge von rund 400 m (länger als drei Fußballfelder) und einem Tiefgang von 30 m (etwa die Höhe eines zehnstöckigen Bürogebäudes). Das Wachstum der Tanker ist erstaunlich: Am Ende des Zweiten Weltkriegs betrug die Tragfähigkeit des größten Tankers 18 000 Tonnen – die *Globtik-Tokyo* war 265mal so groß! Die meisten Tanker liegen jedoch im Bereich zwischen 200 000 und 300 000 Tonnen. Ab 200 000 Tonnen werden sie im angelsächsischen Sprachraum nicht mehr als Schiffe, sondern als VLCCs bezeichnet *(Very Large Crude Carriers* = Groß- oder Supertanker). Allein schon die neue Bezeichnung verweist darauf, daß mit Schiffen in dieser Größenordnung auf See Vorgänge verbunden sind, die wir in der Vergangenheit noch nicht erlebt haben.

Die *Torrey Canyon,* die 1967 mit verheerenden Folgen für die Kanalküste vor England auf Grund lief, hatte nur eine Tragfähigkeit von 120 000 Tonnen. 1974 gab es bereits Konstruktionszeichnungen für Tanker von 750 000 Tonnen. In seinem faszinierenden Buch *Supertankers* erwähnt Mostert, daß in der Branche Tanker von einer Million Tonnen im Gespräch waren, doch seit der Veröffentlichung dieses Buches ist im Zuge des Ölpreisschocks von 1974 und der nachfolgenden Rezession der Ölbedarf weltweit zurückgegangen, und zur Zeit werden die Supertanker sogar wieder verkleinert, indem man ihre Mittelteile herausschneidet, da die Nachfrage nach Öl zu gering und die Zahl der Tanker zu groß ist. Seit 1979 werden keine Großtanker mehr gebaut, und von 1982 bis 1984 wurden 27 Stück verschrottet. Sie sind sowieso nur für eine Lebensdauer von 15 bis 20 Jahren berechnet.

Aber es gibt sie noch. Als Systeme sind sie wegen ihrer Größe beeindruckend, das ist aber auch schon alles. Aus Wirtschaftlichkeitsgründen haben sie im allgemeinen nur eine Antriebsschraube, was das Manövrieren äußerst schwierig macht; sie haben häufig nur einen Kessel (ein Passagierdampfer verfügt über mindestens drei), was bei einem Kesselausfall das gesamte Schiff lahmlegt; sie sind nach herkömmlichen Maßstäben mit einem zu schwachen Antriebsaggregat versehen und lassen sich deshalb nur langsam und schwer manövrieren. Große Segelschiffe wie die berühmte *Cutty Sark* waren schneller als jeder Tanker mit seinen höchstens 14 oder 15 Knoten in der Stunde. Damit dauert eine Fahrt von Rotterdam bis zum Persischen Golf und zurück zweieinhalb bis drei Monate, wobei neue Vorräte bei der Umrundung des Kaps in Südafrika über Hubschrauber an Bord gelangen. Im Hafen dagegen ist alles für ein schnellstmögliches Be- oder Entladen des Tankers vorbereitet. Dieser Vorgang dauert zwölf bis 18 Stunden, und währenddessen ist der Besatzung kein Landgang erlaubt. Der Kapitän auf der Brücke befindet sich mehr als 30 m über der Wasserlinie und muß von Steuerbord nach Backbord 50 m zurücklegen, wenn er sehen will, was dort vor sich geht. Da ein Tanker von 250 000 Tonnen für das Anhalten aus voller Fahrt 21 Minuten benötigt, in denen er noch fünf Kilometer zurücklegt, kommt es beim Abbremsen auf eine Sekunde mehr oder weniger nicht an. Angesichts eines derart langen Bremsweges empfiehlt es sich nicht, auf einem Tanker über Bord zu gehen, ganz abgesehen von dem 20 m tiefen Fall. Die Mannschaft befindet sich so hoch über der Wasserfläche, daß sie nicht einmal sieht oder spürt, wenn der Koloß Fischkutter oder Fischerboote überfährt. Das Manövrieren in Kanälen oder in Küstennähe bereitet Schwierigkeiten. Kein Anker kann einen Tanker halten; selbst bei geringer Fahrt würde er aus dem Grund gerissen.

Tanker liegen so tief im Wasser, daß sie sich in der Mitte der Fahrrinne halten müssen, und deshalb können sie auch selbst nicht dann wenden, wenn der erforderliche Wenderadius von zwei Meilen zur Verfügung steht. Sie sind so lang, daß kleinere Schiffe des Nachts schon versucht haben, zwischen den vorderen und hinteren Positionslampen durchzufahren, da sie glaubten, es seien die Lampen zweier Schiffe. Nach Mostert gibt es viele Seegegenden, in denen die Bodenfreiheit der Tanker nur noch einen Meter beträgt. 1967 erklärte Shell International, das größte Einzelunternehmen, das Tanker betreibt und chartert, für seine Tanker sei ein Zwischenraum von 60 cm zwischen Kiel und Meeresboden zulässig. Bei einer so geringen Bodenfreiheit sind die Schiffe wegen der auftretenden Sogwirkungen praktisch manövrierunfähig. Selbst wenn ein Schiff mit einem Tiefgang von 16 m noch sechs Meter Wasser unter dem Kiel hat, verdoppelt sich sein Wenderadius. Die meisten Tanker in Europa befahren den Ärmelkanal, aber dessen Bodenverhältnisse ändern sich ständig, und es können sich bis zu sieben Meter hohe Sandbänke bilden, die nicht in den Seekarten verzeichnet sind, so daß immer wieder Schiffe unerwartet auf Grund laufen. Supertanker sind teils Schiff, teils Unterseeboot, bemerkt Mostert, und für U-Boote gilt der Kanal als nicht befahrbar.

Auch das Anlegen von Großtankern an einem Pier bringt Probleme mit sich. Selbst bei einer äußerst niedrigen Fahrt von einem Viertel Knoten (etwa acht Meter pro Minute) kann eine Berührung der Mole oder der Hafenmauer das Schiff so schwer beschädigen, daß ein Ölleck oder eine Explosion droht. Denken Sie daran, daß sich der Kapitän oder Lotse 30 m über dem Wasserspiegel befindet und auf einen rund 400 m entfernten Schiffsbug blickt! Natürlich werden Schlepper eingesetzt und neuerdings sogar Seitenantriebsschrauben und Schallmeßgeräte (Mostert 1974, S. 36). Diesem Problem kann man also beikommen. Wenn Tanker jedoch einen Totalausfall erleiden, können sie nur von ganz wenigen Häfen der Welt aufgenommen werden, und das Abschleppen in ein Dock muß zwangsläufig zu einem Problem werden. 1971 hatte ein 200 000-Tonnen-Tanker eine Kollision im Persischen Golf und wurde zu Reparaturzwecken zu einem Hafen geschleppt, dessen Behörden jedoch die Aufnahme verweigerten, weil aus seinen Tanks Öl auslief; dieser Tanker wurde zwei Monate lang umhergeschleppt, währenddessen er ununterbrochen Öl verlor, bevor er Aufnahme in einem Hafen fand, der für so große Schiffe ausgerüstet war. In Mosterts Buch finden sich Berichte von weniger glücklichen Schiffen, die auf hoher See leckschlugen und ihr Öl auf die hochgehenden Wogen gossen.

Die bloße Größe dieser Kolosse führt selbst bei banalen Irrtümern zu schlimmen Konsequenzen. Ein versehentlich 30 Minuten lang offenstehendes Ventil hatte zur Folge, daß in der Nähe der landschaftlich reizvollen Bantry Bay in Irland fast 40 km sandiger und felsiger Strand mit Öl verschmutzt wurden. In Rotterdam, dem größten Ölumschlagplatz der Erde, führen die Behörden strenge Kontrollmaßnahmen durch, aber auch in den besten holländischen Familien kommen Pannen vor. Als ein unerfahrener Seemann einmal das falsche Ventil aufdrehte, flossen 2 000 t Öl ins Meer. Als nach einer Havarie vor der spanischen Atlantikküste 16 000 t Öl ausliefen, fing dieses Feuer und erzeugte einen Feuersturm in der Umgebung des Schiffes, der Orkanstärke erreichte. Der Wind zerstäubte das Öl zu einem feinen Nebel und blies es in alle Richtungen; einige Tage später ging es als schwarzer Regen auf die Küste nieder und vernichtete die Ernte auf den Feldern; zahlreiches Weidevieh ging ein, nachdem es ölverrußten Klee gefressen hatte (ebd., S. 43f. und 52).

Kollisionen selbst zwischen kleineren Tankern können verheerende Folgen haben. Zwei unter liberianischer Flagge fahrende Tanker in amerikanischem und griechischem Besitz stießen im Indischen Ozean 40 km vor der Küste zusammen. Von der Explosion wurden noch Häuser in

70 km Entfernung von der Küste erschüttert. Das eine Schiff sank innerhalb von vier Minuten und mit ihm 33 Seeleute. Beide fuhren mit hoher Geschwindigkeit durch einen Nebel, der so dicht war, daß der Kapitän des einen Schiffes den eigenen Mast nicht mehr sehen konnte. Obgleich beide einander auf dem Radarschirm erkannten, drosselte keiner seine Fahrt. Das griechische Schiff machte zwei Versuche, den Kurs des anderen Schiffes zu ermitteln, den zweiten vier Minuten vor dem Zusammenstoß; das amerikanische Schiff machte keinen derartigen Versuch. Dessen Kapitän (ein Chinese) befahl nach der Kollision, mit Volldampf abzudrehen, ohne sich um eventuell Überlebende zu kümmern. Er sendete einen Notruf aus, gab jedoch irrtümlich eine falsche Position an und korrigierte diesen Fehler auch dann nicht, als er ihn sechs Stunden später bemerkte. Die Überlebenden wurden von einem Frachtschiff aufgenommen, das den ganzen Vorfall aus der Nähe auf dem Radarschirm verfolgt hatte – der Erste Offizier dieses Schiffes beobachtete den Zusammenstoß der beiden Bildpunkte, hörte eine fürchterliche Explosion und spürte das eigene Schiff erzittern; sodann sah er einen der beiden Punkte verschwinden (ebd., S. 61f.). Mostert führt eine ganze Liste weiterer Beispiele für unfähige Kapitäne und natürlich auch für unzureichende oder defekte Schiffsausrüstung an (unter anderem das eines auf Grund gelaufenen Tankers, bei dem Kreiselkompaß, Echolot, Radar, automatischer Fahrtmesser, Geschwindigkeitsmesser und Ruderanzeige allesamt defekt waren!).

Der Ärmelkanal ist gelegentlich so stark überlastet (in Spitzenzeiten mit bis zu 40 Schiffen gleichzeitig), daß es zu Massenkarambolagen fast wie auf einer Autobahn kommen kann. Innerhalb des Kanals bestehen festgelegte Fahrwege (übrigens seit Anfang der 70er Jahre auch in 65 anderen stark befahrenen Regionen der Weltmeere). Ein Frachter wollte Zeit sparen, fuhr auf dem falschen Fahrweg und kollidierte mit einem Öltanker, der explodierte, so daß noch 10 km weit entfernt in Folkestone Fensterscheiben zu Bruch gingen. Auch der Frachter ging auf Grund, aber da der Kanal ein relativ seichtes Gewässer ist, stellte er für die anderen Schiffe ein gefährliches Hindernis dar und wurde deshalb mit Warnbojen markiert. Am nächsten Tag prallte ein deutscher Frachter auf das Wrack und sank. Nun wurde hier zusätzlich noch ein Feuerschiff stationiert. Einen Monat später krachte ein griechischer Frachter auf die Hindernisse; ein zweites Feuerschiff und insgesamt 15 Leuchtbojen sicherten nunmehr die Unfallstelle ab, und natürlich waren inzwischen Warnungen und Aufforderungen ergangen, das Hindernis in den Seekarten zu verzeichnen. Zwei Wochen später ignorierte ein Tanker unbekannter Identität eine Sperre aus Leuchtraketen und Blinklichtern der beiden Feuerschiffe, durchpflügte eine Reihe von Leuchtbojen und schaffte es zur Überraschung aller, unbeschädigt durchzukommen und in der Nacht zu verschwinden. Mittlerweile waren an dieser Stelle 47 Menschen ums Leben gekommen. Nach Berichten der englischen Küstenbehörden hatten innerhalb von zwei Monaten 16 Schiffe die Warnzeichen ignoriert und ihren Weg durch das Unfallgebiet genommen – es war die schnellste Route. Erst als das Wetter aufklarte, war es möglich, die Wracks wegzuschaffen, so daß diese keine Gefahr mehr für die »Cowboys« zur See darstellten (ebd., S. 63f.).

Die Größe der modernen Supertanker hat jedoch nicht nur das Katastrophenpotential erhöht, sondern auch eine späte Einsicht in die Notwendigkeit bewirkt, die Organisationsstruktur an Bord eines Schiffes zu ändern. Wie Mostert berichtet, wurde als erstes die gesamte Besatzung eines Tankers in das Achterschiff verlegt. Bis dahin befanden sich an Bord eines Tankers zwei getrennte Gruppen, die nur durch eine Brücke oder einen Laufsteg miteinander verbunden waren: die Mannschaft und die Ingenieure im Heck über dem Maschinenraum und der Kapitän mit den Navigationsoffizieren mittschiffs unterhalb der Kommandobrücke. Die Verlegung erfolgte nicht zuletzt deshalb, weil bei einer Explosion die gesamte Kommandobrücke in die Luft fliegen kann. Nun mußten also zwei Gruppen, zwischen denen eine alte Rivalität bestand, die bis auf die Anfänge der Dampfschiffahrt zurückgeht, gutnachbarlich miteinander auskommen, und die Ingenieure saßen mit dem Kapitän und den Navigationsoffizieren an einem Tisch. »Doch die Automation trieb diese Veränderungen noch weiter«, heißt es hierzu bei Mostert (ebd., S. 96). Bald gab es eine dritte Kaste – die Elektronikingenieure, die aus den ehemaligen Bordelektrikern hervorgegangen waren.

Der Elektronik- oder Systemingenieur ist verantwortlich für die automatische Ausrüstung im Maschinenraum, das Radar- und das Kollisionsvermeidungssystem, die Radiophone für den Sprechverkehr von Schiff zu Schiff und für die Computer, die bereits in modernen Schiffen installiert sind und diese über Satellitenfunk steuern. Jetzt läßt sich nicht mehr eindeutig angeben, wer an Bord das Kommando hat. Nach Mostert wurde bei einer englischen Reederei die Bezeichnung »Schiffskapitän« durch die des »Schiffsmanagers« ersetzt, und die Schiffe werden nun von einem »Ausschuß« geleitet, der aus den Bordingenieuren sowie den Navigations- und Elektronikoffizieren besteht. Mittlerweile werden sie sogar zunehmend vom Land aus geführt. Der Kapitän erhält eine Aufstellung der vorzunehmenden Wartungsarbeiten sowie einen genauen Zeitplan, wann diese fällig sind. Häufig kommt es zu Kursänderungen; Terminpläne, Kurse und Ankunftszeiten werden an Land festgelegt und dem Schiff per Funk übermittelt. Ähnlich der Rationalisierung im Luftverkehr bewirken solche Änderungen wahrscheinlich eine Verbesserung. Die Schwächung einer bislang unumschränkten Autorität in einem mäßig komplexen und eng gekoppelten System führt vermutlich zu effizienteren Problemlösungen. (Wie wir jedoch im Kapitel über Raumfahrtprogramme noch sehen werden, kann eine Stärkung der Managementspitze gelegentlich auch zu weit gehen).

Zweifellos macht die Automatisierung ein Schiff anfälliger für geringfügige Pannen. Mostert schildert z. B. einen Fall, in dem im Maschinenraum eines Schiffes die automatische Steuerung eingeschaltet und die gesamte Besatzung in die Kojen gegangen war. Plötzlich ertönten die Alarmhupen; der Hauptkessel hatte sich abgeschaltet, und damit arbeiteten auch die Maschinen nicht mehr. Mit der Restwärme wurde noch 20 Minuten lang Notstrom erzeugt, dann gingen alle Lichter aus. Da die Besatzung das Problem nicht finden konnte, blieb ihr nichts anderes übrig, als den Kessel neu anzuheizen, weil es sonst keinen Strom und kein Licht gab, um der Sache weiter nachzugehen. Es dauerte sechs Stunden, bis die Männer feststellten, daß eine Membran von 12 mm Durchmesser in einem Reduzierventil gerissen war. Dieses Ventil dient dazu, die Klappe eines Druckgebläses offenzuhalten, und das Reißen der Membran hatte bewirkt, daß sich die Klappe für einen kurzen Augenblick schloß. Der Computer empfing jedoch ein Signal, das von ihm so »verstanden« wurde, daß die Klappe sich dauerhaft geschlossen hatte; er stoppte die Brennstoffzufuhr zu den Kesseln und damit die Maschinen. Zum Glück befand sich das Schiff weder in einer starken Strömung noch in einem Sturm oder in Küstennähe (ebd., S. 170f.). Automation ist etwas Wunderbares, aber sie hängt offenkundig selbst von einem unzuverlässigen automatisierten System der Stromversorgung auf dem Schiff ab.

Explosionen

Öltanker sind mit wachsender Größe nicht nur schwerfälliger und komplexer geworden, sie haben auch das Problem von Explosionen komplizierter gemacht. Solche Explosionen gibt es, seit es Öltanker gibt, aber erst mit dem Bau von Supertankern wurde das Problem wirklich beunruhigend. Mostert zufolge kam es zwischen 1959 und 1974 im Jahresdurchschnitt zu 14 Explosionen von Öltankern (ebd., S. 133). 1969 flogen innerhalb von 18 Tagen drei Großtanker in die Luft. Alle drei Schiffe waren neu, und die Explosionen ereigneten sich ausnahmslos beim Reinigen der Tanks auf hoher See. Shell und andere Unternehmen stellten intensive Untersuchungen an und verwendeten vermutlich mehr Zeit darauf, die Ursache dieser Explosionen herauszufinden, als auf die gesamten Entwicklungsarbeiten für den Bau der Supertanker (ebd., S. 137). Das Problem begegnet der chemischen Industrie immer wieder: Was passiert beim Übergang von einem »reichen« zu einem »mageren« Gasgemisch in der Atmosphäre? Im folgenden sollen diese Vorgänge kurz dargestellt werden.

Öl an sich explodiert nicht und ist auch sonst nicht ohne weiteres entflammbar; das eigentliche Problem ist das Gas, das beim Verflüchtigen des Öls entsteht. Dieses Gas ist reich an Kohlewasserstoffen, und diese sind explosiv. Selbst in einem leergepumpten Tank befinden sich noch beträchtliche Rückstände. Übrigens kann ein einzelner Schiffstank so groß wie das Innere einer Kirche sein, und bei einem Supertanker liegen mehrere Tanks hintereinander – ein Schiff mit einer Tragfähigkeit von 200 000 t ist immerhin 320 m lang. Ein kleiner Tanker mit 20 000 t hat 30 kleine Frachttanks; ein Riesentanker von 250 000 t hat dagegen nur 15, dafür jedoch von enormer Größe. Bei derart großen freiliegenden Oberflächen ist die Verflüchtigung sehr stark. Bei einem vollen oder auch nur zu einem Viertel gefüllten Tank ist die darin befindliche Luft so gesättigt an Kohlenwasserstoffen, daß sie nicht explodiert. Ist der Tank jedoch »leer« und ausgespült, obgleich er noch immer Ölrückstände enthält, dann wird das Gas aus Kohlenwasserstoffen stark abgemagert oder verdünnt. Während des Übergangs zwischen den beiden Zuständen kommt es zwangsläufig für eine gewisse Zeit zu einem Stadium, in dem das Gas-Luft-Gemisch hochexplosiv ist. Da sich die Luft in diesen großen Behältern kaum bewegt, ist es möglich, daß sich in irgendeiner Ecke des Tanks, zwischen zwei Rippen des Schiffsbauchs oder oben in der Nähe des Decks eine Gasblase mit der explosiven Mischung bildet, während der übrige Teil des Tanks sicher ist. Es kann sein, daß es nur eine kleine Blase von wenigen Kubikmetern Inhalt ist, die sich unmöglich aufspüren läßt, da sie umherwandern kann. Trotzdem kann sie den gesamten Tank entflammen, wenn sie selbst entzündet wird.

Dazu genügt ein Funken. Ein Funken kann von einem Nylonhemd oder einem Nylonseil ausgehen oder von einem Schraubring, der beim

Ausspülen des Tanks von einem der Schläuche auf den Tankboden gefallen ist, und er kann schließlich sogar vom Wasser aus den Schläuchen selbst stammen. Wenn dieses Wasser unter hohem Druck auf die Stahlwände des Tanks trifft, kann es eine statische Elektrizität erzeugen, deren Spannung ausreicht, das explosive Gemisch zu entzünden. Versuche, die von Shell angestellt wurden, führten zu folgendem Ablauf der Ereignisse.

Das an den Wänden, Schotts und sonstigen Bauteilen des Tanks haftende Öl wird von automatischen Maschinen abgewaschen, die einen mächtigen Wasserstrahl rotieren lassen. Das aus den Düsen strömende Wasser durchdringt als starker Strahl einen dichten Sprühnebel aus Wasserteilchen und absorbiert die statische Ladung dieses Nebels, wobei er sich ähnlich auflädt wie eine Gewitterwolke. Trifft der Wasserstrahl auf die Metallwand des Tanks, so kann sich unter Umständen ein Lichtbogen wie bei einem Gewitterblitz bilden (ebd., S. 139). Die Lösung des Problems, die bei modernen Tankern angewandt wird, ist zwar effektiv, aber teuer: Das Abgas aus den Dampfkesseln enthält einen hohen Stickstoffanteil und ist nicht explosiv. Sobald der Tank geleert wird, wird dieses Gas in den Tankbehälter nachgepumpt. Aber damit sind noch nicht alle Schwierigkeiten behoben. Die Tanks müssen von Zeit zu Zeit auf Risse und offene Schweißnähte überprüft werden; die Schiffe sind so lang, daß Schiffswände und Schotts einen enormen Druck aushalten müssen. Die Inspektion der Tanks erfordert den Einsatz von Sauerstoffgeräten, da sonst Vergiftungsgefahr besteht. Diese Gefahr ist allgemein bekannt, und deshalb werden bei jeder Inspektion umfangreiche Sicherheitsvorkehrungen getroffen.

Technische Verbesserungen

Zusätzliche Kessel, redundante Steuerung, Inertgas, Notstromgeneratoren und Ähnliches – das alles sind nützliche Einrichtungen an Bord eines Schiffes, und sie werden regelmäßig von der Coast Guard und der NTSB empfohlen. Aber das eigentliche Problem ist die Erkennung von Hindernissen. Schiffe müssen darauf achten, nicht auf Grund zu laufen, zu stranden oder mit Brücken oder anderen Schiffen zusammenzustoßen. Daß sie dennoch auf derartige Hindernisse auffahren, liegt daran, daß sie sie entweder überhaupt nicht oder nicht rechtzeitig sehen oder nicht erkennen, in welcher Weise der eigene Kurs mit der Strömung, der Abtrift durch den Wind oder mit einem zweiten Schiff zusammenwirkt. Wenn die Kapitäne die Hindernisse oder den absehbaren Zusammenstoß rechtzeitig erkennen könnten, käme es nicht zu solchen Unfällen. Folgerichtig haben sich die Bemühungen um technische Verbesserungen in der Hauptsache auf die Probleme der Erkennung und der relativen Bewegung konzentriert.

Ein Hilfsmittel zur Erkennung ist der Tiefenmesser – eine Weiterentwicklung der früher verwendeten Lotleine und seit längerem in Gebrauch. Bis zu einem gewissen Grad kann man in Verbindung mit einer Seekarte damit sogar navigieren. »Wenn sie wenigstens den Tiefenmesser benutzt hätten, dann hätten sie gemerkt, daß sie um fünf Meilen vom Kurs abgekommen und drauf und dran waren, auf Grund zu laufen« – so oder so ähnlich liest es sich immer wieder in den Unfallberichten. Aber wer keinen besonderen Grund zu der Annahme hat, er könnte vom Kurs abgekommen sein, der sieht auch keinen Anlaß, den Tiefenmesser zu befragen. Außerdem ist dieses Instrument häufig ungenau oder falsch geeicht. Trotzdem ist der Meeresboden vermutlich gar nicht das Hauptproblem: In der Mehrzahl der Fälle laufen Schiffe nicht einfach irgendwo auf Grund, sondern sie stranden, weil sie die Küstennähe ignoriert haben.

Die wichtigste Erfindung, die hier weitgehend Abhilfe schuf, war das im Zweiten Weltkrieg von den Engländern entwickelte Radar. (Es ist eine jener vielen Erfindungen, die angeblich für die Alliierten »den Krieg gewonnen« haben.) Sobald diese Technik genügend genau und zuverlässig arbeitete, wurde sie auch in der Handelsschiffahrt eingesetzt. Die Anfangserfolge waren überwältigend. Im Ärmelkanal konnte ein mit Radar ausgerüstetes Schiff selbst bei Nacht oder in dichtem Nebel ungestraft zwischen den anderen Schiffen durchschlüpfen, während es auf dem Radarschirm die langsame Fahrt der übrigen Schiffe, denen dieses Instrument fehlte, verfolgte, ohne die eigene Geschwindigkeit zu drosseln. Der Kapitän konnte sich darauf verlassen, daß die übrigen Schiffe weder plötzlich ausscheren noch ihr Tempo erhöhen würden. Sie befanden sich auf berechenbarem Kurs und fuhren mit berechenbarer Geschwindigkeit; ab und zu ließen sie ihre nutzlosen Dampfpfeifen ertönen, weil es Vorschrift war. Das dichte Überholen eines anderen Schiffes war kein Problem. Die Schwierigkeiten begannen erst, als immer mehr Schiffe mit Radar ausgerüstet wurden. »Ziel« Y (die Terminologie ist wahrscheinlich ein Überbleibsel aus der Anfangszeit der Anwendung

beim Militär, als das Radar noch dazu diente, Ziele aufzuspüren statt sie
zu umgehen) fuhr für das mit Radar ausgerüstete Schiff X scheinbar mit
konstanter Geschwindigkeit einen konstanten Kurs, so daß X seine
Manöver danach ausrichten konnte. War Y jedoch ebenfalls mit Radar
ausgerüstet und nahm seinerseits von X an, daß es weder seinen Kurs
noch seine Geschwindigkeit ändern würde, dann kam es zu den von Insi-
dern so bezeichneten »radargestützten Kollisionen«. Mit der Einführung
der Radartechnik ging die Zahl der Zusammenstöße nicht zurück. Teilweise lag das daran, daß die mit Radar ausgerüsteten Schiffe schneller als
vorher fuhren, da sie in der Nacht und bei schlechten Sichtverhältnissen
nicht mehr gezwungen waren, ihr Tempo zu drosseln.

Radar ist zweifellos nicht narrensicher und manchmal sogar völlig
wirkungslos. Als die New Yorker Hafenfähre *American Legion* am 6. Mai
1981 im dichtem Nebel mit einem Frachter zusammenstieß, war ihr
Radargerät in Betrieb. Wie der Kapitän jedoch aussagte, wird auf Fähren
der Kurs von Zielen auf dem Radarschirm nicht ermittelt. Die Kursermittlung eines anderen Schiffes über Radar ist eine ziemlich komplizierte
Angelegenheit. Der Mann am Radarschirm muß sich vom Lotsen oder
Steuermann den eigenen Kurs geben lassen und gleichzeitig eine relative
Positionsbestimmung des in seinem Gerät aufgetauchten Ziels vornehmen. Für eine Darstellung der relativen Position dieses Ziels (das sich
ebenso bewegt wie die Fähre selbst) muß nach einer gewissen Zeitspanne
eine weitere Ortung erfolgen. Da die Fähre in der Zwischenzeit möglicherweise ihren Kurs geändert hat, wird vom Steuermann der neue Kurs
abgefragt und die eventuell auftretende Differenz vom Radargast
berücksichtigt. Ändert auch das Ziel den Kurs, beginnt die ganze Prozedur von vorn. Es kann sein, daß inzwischen das Bild auf dem Radarschirm verwischt ist; in einem Gewässer wie dem New Yorker Hafen
tauchen zudem meistens mehrere Radarziele gleichzeitig auf, was die
Arbeit noch zeitaufwendiger macht und höchste Konzentration erfordert. Gleichzeitig wird dasselbe Radargerät dazu benutzt, zur Bestimmung des einzuhaltenden Kurses Richtbaken zu beobachten und verschiedene Navigationshilfen zu überwachen.

Wegen all dieser Schwierigkeiten ist ein Radargerät zur Vermeidung
von Zusammenstößen für eine Hafenfähre nur von beschränktem Wert.
Dazu kommt noch die Tatsache, daß vor kurzem die Coast Guard eine
Radarprüfung durchgeführt hat, bei der 57 Prozent der Probanden
durchfielen (NTSB, 11–82–1, 1982). Und schließlich wurde bei einer
Untersuchung festgestellt, daß nach dem ersten Radarkontakt die in der

Stichprobe erfaßten Schiffe bei Kursänderungen sich ebenso häufig auf das Ziel zu wie von diesem wegbewegt hatten (MTRB 1976, S. 19)!

Angesichts dieser Umstände ist es nicht verwunderlich, daß man versucht hat, diese komplizierte Aufgabe der Kursermittlung des fremden und des eigenen Schiffes sowie der Prognostizierung des geringsten Passierabstandes (CPA – *Closest Point of Approach*) zu automatisieren. Die verschiedenen hierfür entwickelten Geräte, deren Herstellung von der Coast Guard und der NTSB dringend empfohlen wurde, werden wie in der Luftfahrt als Antikollisionssysteme (CAS – *Collision Avoidance System)* bezeichnet. Sie verarbeiten die Radardaten und errechnen für die Geschwindigkeiten des eigenen und des fremden Schiffes sowie die eingeschlagenen Kurse den CPA. Das Gerät berechnet auch, zu welchem Ergebnis dieses oder jenes Ausweichmanöver führen würde. Sobald ein neues Ziel in das Radarfeld gelangt, ertönt ein Warnsignal, und bei manchen Geräten werden die Daten des neuen Ziels mit eingespeist, wenn es der Aufmerksamkeit des Radargasts entgangen sein sollte. Die einzelnen Ziele werden als Vektoren auf dem Bildschirm dargestellt. Es ertönt ebenfalls ein Alarmsignal, wenn ein sich näherndes Schiff in einen vorher festgelegten Umkreis von ein oder zwei Seemeilen gelangt. Diese Systeme sind Wunderwerke der modernen Elektronik und machen für alle Beteiligten die Arbeit leichter.

Wenn natürlich die anderen Schiffe, die ebenfalls über ein CAS verfügen, ihren Kurs ändern, dann benötigt das System eine gewisse Zeit, um den neuen Kurs zu bestimmen; dies kann bis zu zwei Minuten dauern, und das ist unter Umständen zu lange, wenn das eigene Schiff und ein entgegenkommendes Ziel mit jeweils 25 km/h fahren. Damit beträgt die relative Geschwindigkeit der beiden Schiffe 50 km/h – zu schnell, weil beide erst nach 1,5 km ihren Kurs nennenswert geändert haben (USCG/NTSB, MAR-77-1, 1977).

Ein weiteres vorgeschlagenes System ist der Schiffsradar-Transponder (MRIT – *Marine Radar Interrogation Transponder),* der auf Anfrage eines anderen Schiffes automatisch Kurs, Geschwindigkeit, Fracht und Tiefgang des eigenen Schiffes übermittelt. In einer stark befahrenen Durchfahrt gibt es jedoch so viele wahrscheinliche Ziele und Warnsignale, daß der wachhabende Offizier auf der Kommandobrücke das Warngerät vermutlich abschalten wird. Dasselbe geschieht mit CAS-Systemen.

Meine Skepsis gegenüber CAS und MRIT wird von einem hervorragenden und anerkannten Analytiker von Schiffsunfällen geteilt – John

Gardenier, der im Office of Research and Development der amerikanischen Coast Guard tätig ist. In einem 1976 verfaßten Aufsatz berichtet er über das Ergebnis einer gemeinsam mit seinen Kollegen durchgeführten Untersuchung, das den Vorstellungen der gesamten Zunft der Schiffsingenieure wohl ebenso widerspricht wie denen der Coast Guard selbst. Gardenier und seine Mitarbeiter untersuchten etliche Kollisionen, die sich im Lauf mehrerer Jahre zwischen Schiffen mittlerer bis extremer Größe ereignet hatten, und gingen dabei der Frage nach, wieviele davon durch ein CAS hätten vermieden werden können. Dabei wurde großzügig unterstellt, daß ein solches Gerät funktionieren und außerdem richtig interpretiert würde. Die Frage lautete, ob unter diesen Annahmen die Installation eines CAS *unter Umständen* einen Zusammenstoß hätte verhindern können – nicht hingegen, ob das System den Unfall mit Sicherheit verhindert hätte. Lediglich in 19 Fällen (9,6%) der insgesamt 198 untersuchten Unfälle hätte das System eine Kollision wirklich verhindert; bei weiteren 2,5% kam es zwischen den unabhängigen Gutachtern zu Meinungsverschiedenheiten, und in zwei Fällen (1%) war ihnen kein eindeutiges Urteil möglich. Selbst wenn man also auch diese fraglichen 3,5 Prozent zu den sicheren 9,6 Prozent hinzurechnet, ergibt sich durch diese Untersuchung, daß lediglich 13,1 Prozent der Schiffskollisionen durch die Installation eines Antikollisionssystems hätten vermieden werden können. Realistischer ist allerdings ein Anteil von knapp zehn Prozent.

Man könnte trotzdem den Einbau solcher Systeme für mittlere und große Schiffe vorschreiben, denn deren Kollisionen sind teuer. Aber das Ergebnis der genannten Untersuchung zeigt an, daß die weitaus größte Zahl von Schiffszusammenstößen nicht auf mangelnde Informationen über die relative Geschwindigkeit und den Kurs der beiden Schiffe zurückgeht: In 68 Prozent der untersuchten Fälle waren die Schiffe jeweils in Sicht – und dennoch änderte keines von beiden seinen Kurs. Damit bleiben noch 38 Fälle (19%) übrig, in denen die betreffenden Informationen nicht verfügbar waren. Die Pointe ist bloß: ein Zusammenstoß wäre auch dann nicht verhindert worden. Für diesen Umstand gibt es zwei hauptsächliche Gründe: In knapp der Hälfte dieser 38 Fälle hätten es die Manöver der beteiligten Schiffe unmöglich gemacht, brauchbare Kursprognosen zu erstellen oder den kürzesten Passierabstand zu errechnen. Hinzu kamen acht Fälle, in denen das Radargerät wegen schwerer Niederschläge und anderer Ursachen beeinträchtigt war. Ansonsten waren Mängel der Ruderanlage, des Radars usw. die Unfallursache. Trotzdem wäre der Einbau von Antikollisionssystemen zu befürworten, wenn sie die Kapitäne nicht zu höheren Geschwindigkeiten verführten.

Gardenier und seine Mitarbeiter interessierten sich auch dafür, wie weit sich Unfälle durch Sprechverkehr über Funk von Brücke zu Brücke verhindern ließen. Der Anteil der dadurch möglicherweise vermeidbaren Unfälle lag zunächst hoch – bei durchschnittlich 45 Prozent während jener Periode des Untersuchungszeitraums, als es noch kaum Funksprecheinrichtungen auf Schiffen gab (1964-1969). Nachdem diese Geräte allgemein eingeführt waren, ging der Anteil der Unfälle, die sich mit ihnen hätten verhindern lassen, zwischen 1971 und 1974 auf durchschnittlich 19 Prozent zurück. Aber obwohl diese Geräte inzwischen auf vielen Schiffen »in Betrieb« waren, nahmen die Probleme in der Bedienung ständig zu – es wurden z. B. die falschen Kanäle benutzt, die Kanäle waren überlastet, es gab Mißverständnisse im Hinblick auf die übermittelten Botschaften sowie auf die Identität des Schiffes, mit dessen Kapitän man zu sprechen glaubte. 1974 ergaben sich bei 18 Prozent der Schiffszusammenstöße derartige Unfallursachen: Die Funksprechgeräte waren vorhanden, konnten jedoch nicht wirksam genutzt werden. Mit dem Funksprechverkehr verhielt es sich ähnlich wie mit der Einführung des Radars. Anfangs ist der Nutzen für einige wenige Schiffe sehr hoch, aber mit zunehmender Verbreitung geht der Vorteil nach und nach verloren, und es treten »Systemeffekte« auf, wenn z. B. Funk- oder auch Schiffahrtskanäle überlastet sind.

Tabelle 6.1
Häufigkeit von Kollisionen

Kollisionsursache	% gesamt
Bewußte Verletzung der Verkehrsregeln	55,6
Fehleinschätzung der Lage	50,0
Umwelt	46,5
Anlage des Schiffs/der Wasserwege	31,3
Zu späte Erkennung	30,0
Mehrere Schiffe	9,5
Mechanische Defekte	8,0

Quelle: Gardenier, 1976

Bei einer Überprüfung der Ursachen der Schiffszusammenstöße stellten
Gardenier und seine Mitarbeiter fest, daß mechanische Defekte (z. B. ein
Ausfall des Steuerruders) von 1964 bis 1974 beträchtlich zurückgegangen
waren – von 1970 bis 1974 betrug ihr Anteil im Durchschnitt nur noch
acht Prozent. Die hauptsächlichen Ursachen für Kollisionen zwischen
zwei Schiffen im Zeitraum 1970-1974, bei denen mindestens eines der
beiden größer als 10 000 BRT war, sind in Tab. 6.1 aufgeführt. (Da viele
Kollisionen mehrere Ursachen hatten, addieren sich die Prozentzahlen
nicht zu 100.) Man beachte den hohen Anteil an »menschlichen Faktoren«: Bei 89,4 Prozent der Unfälle spielten die beiden ersten Ursachen
(Verletzung von Verkehrsregeln und/oder falsche Einschätzung der
Lage) eine Rolle. Nach einer gesonderten Aufzählung der spezifischen
Verkehrsverstöße rangierte überhöhte Geschwindigkeit an der Spitze
(und weist den engsten Zusammenhang mit den wirtschaftlichen Interessen der Reederei auf). An zweiter Stelle kam die Mißachtung der vorgeschriebenen oder vereinbarten Vorfahrtsregeln. Knapp die Hälfte der
Regelverletzungen entfiel auf überhöhte Geschwindigkeit unter eingeschränkten Sichtverhältnissen.

Auch hier stoßen wir auf wirtschaftlich bedingten Zeitdruck. Selbst
wenn nach den zitierten Untersuchungen Antikollisionssysteme und
Funksprechverkehr (und Trägheitsrichtsysteme etc.) anscheinend zu
einer Senkung der Unfallziffer beitragen können, so führen sie doch
andererseits auch zu einer Erhöhung der Geschwindigkeiten und der
Risikobereitschaft, was sich an dem ständigen Anstieg der Schiffskollisionen trotz solcher neuen Sicherheitsvorkehrungen ablesen läßt. Ökonomisch motivierter Zeitdruck macht den Zweck dieser Vorkehrungen
wieder zunichte und verstärkt die Neigung, die Geräte zur Senkung der
Betriebskosten zu nutzen, indem ein höheres Tempo und eine verbo-
tene, aber schnellere Route gewählt werden; auf diese Weise wird das
System Frachtschiffahrt insgesamt komplexer (engere Nachbarschaft
unabhängiger Teile, eingeschränktes Verständnis) und enger gekoppelt
(zeitabhängige Funktionen, begrenzter Spielraum).

Aber selbst wenn wir berücksichtigen, daß ökonomischer Druck eine
wesentliche Rolle spielt und daß das System wegen der hierarchischen
Befehlsstruktur an Bord eines Schiffes, schlechter Wetter- und Sichtbe-
dingungen usw. fehlerinduzierend wirkt, bleibt noch immer eine Frage
unbeantwortet. Warum ändern Schiffe im letzten Moment noch ihren
Kurs und stoßen mit einem anderen zusammen, obwohl sie sich zuvor
auf kollisionsfreiem Kurs befunden haben?

Kollisionen trotz Antikollisionskurs

Kollisionen zwischen zwei Schiffen machen nur rund zehn Prozent aller Schiffsunfälle aus, weit weniger als Schiffsuntergänge (40 %), Strandungen (32 %) und Feuersbrünste und Explosionen (18 %) (Clingan 1980, S. 41). Dennoch lösen sie das meiste Erstaunen aus, da man glauben sollte, daß sie noch am ehesten vermeidbar sein müßten. Folglich dient ein Großteil der technischen Verbesserungen innerhalb der Schiffahrtsindustrie der Verhinderung eben dieser Schiffskollisionen. Sie dürften sich allein deshalb nicht ereignen, weil einiges dafür spricht, daß sie vielfach das Ergebnis von eingreifenden Maßnahmen sind, die eigens zu ihrer Vermeidung getroffen wurden.

Wenn wir von Schiffszusammenstößen hören, stellen wir uns im allgemeinen zwei Schiffe vor, die kollidieren, weil ihre Kurse sich gekreuzt haben; vielleicht haben die Kapitäne die Gefahr soeben noch erkannt, aber zu spät, um eine wirksame Kursänderung vorzunehmen. Ein solcher Fall ist in Abb. 6.1 dargestellt. Es klingt vielleicht eigenartig, aber so etwas kommt höchst selten vor.

Abbildung 6.1
Eine hypothetische Schiffskollision

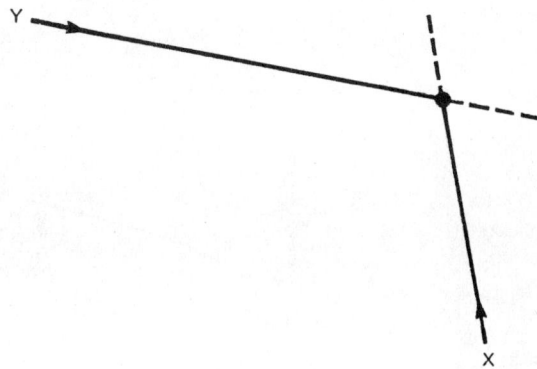

Die meisten Schiffskollisionen, von denen ich geeignete Unfallberichte ausfindig machen konnte, ereigneten sich zwischen Schiffen, die sich zunächst nicht auf Kollisionskurs befanden, sondern erst zusammenstießen, nachdem mindestens einer der Kapitäne das andere Schiff entdeckt und daraufhin seinen Kurs geändert hatte. Eine Organisation für die

Abbildung 6.2
Schiffskollisionen

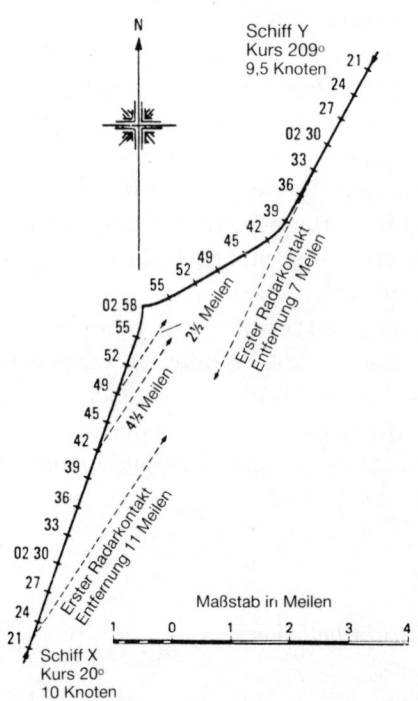

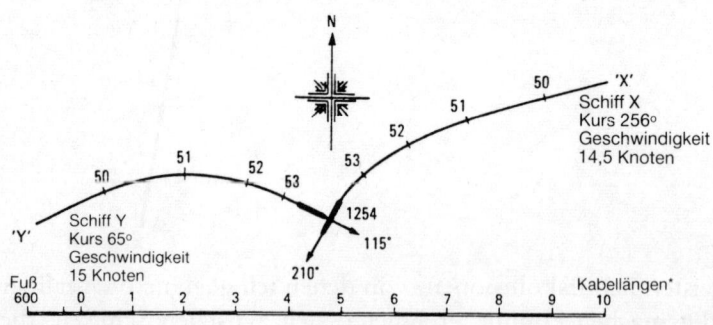

* 1 Kabellänge = 219.5 m

Quelle: International Chamber of Shipping, London.

Abbildung 6.3
Schiffskollisionen

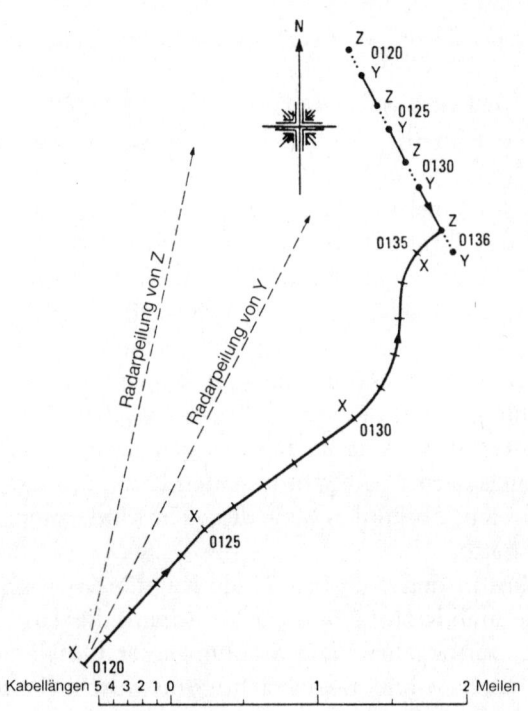

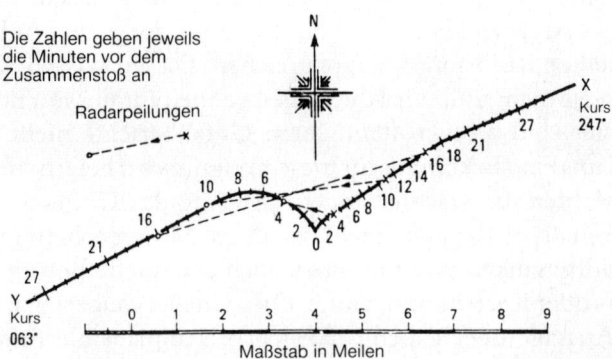

Quelle: International Chamber of Shipping, London.

Sicherheit des Schiffsverkehrs, die englische Chamber of Shipping, veröffentlichte 1972 eine Aufstellung von 50 Unfällen samt graphischen Darstellungen (und erteilte mir freundlicherweise die Erlaubnis, einige davon hier wiederzugeben). Zwei von ihnen sind in den Abb. 6.2 und 6.3 dargestellt.

Unter den 26 Kollisionen der insgesamt 50 Unfälle gab es lediglich zwei, bei denen keines der beiden beteiligten Schiffe seinen Kurs änderte. Im einen Fall rammte ein Schiff ein anderes, das vor Anker lag, und im anderen war es in einem Kanal zu einem fast vollkommenen Frontalzusammenstoß gekommen. In fünf Fällen machte mindestens einer der beiden Kapitäne ein bis zwei Minuten vor dem Zusammenstoß noch ein Ausweichmanöver, das vielleicht geglückt wäre, wenn man es rechtzeitig angeordnet hätte. Demnach stellten zwischen zwei und sieben der 26 Schiffszusammenstöße »Kollisionen auf Kollisionskurs« dar. Insgesamt waren also mindestens 19 (wenn nicht eher 24) Zusammenstöße »Kollisionen auf Antikollisionskurs«. Bei den genannten 19 Unfällen änderte mindestens eines der beiden Schiffe seinen Kurs, um einen Zusammenstoß zu vermeiden, obwohl es ohne diese Kursänderung gar keine Kollision gegeben hätte.

Was um alles in der Welt bringt die Kapitäne riesiger Schiffe dazu, Kursänderungen in letzter Minute anzuordnen, die dann überhaupt erst eine Kollision verursachen? Die meisten dieser Unfälle ereigneten sich auf offenem Meer, ohne Beeinträchtigung durch Küstenhindernisse, und in den meisten Fällen spielte die Anwesenheit weiterer Schiffe keine Rolle. Wollten zwei Kapitäne versuchen, absichtlich einen Zusammenstoß ihrer Schiffe herbeizuführen, so müßten sie beachtliche Koordinierungsleistungen erbringen, um an das Ergebnis der in den Abb. 6.2 und 6.3 dargestellten Kollisionen heranzureichen. Da wir wissen, daß sie das normalerweise nicht tun, wird die Angelegenheit für uns nur noch rätselhafter. Leider sind die veröffentlichten Unfallberichte nicht detailliert genug, um uns eine Erklärung für diese Ereignisse zu liefern. In manchen Fällen überlebten die wachhabenden Offiziere das Unglück nicht und konnten deshalb auch nicht mehr zu ihren Motiven befragt werden; manche Schiffe sanken und mit ihnen auch eventuelle Beweisstücke im Maschinen- oder Kartenraum; einige Offiziere verweigerten möglicherweise die Aussage oder gaben offensichtlich unplausible Erklärungen. Zum Glück gibt es ein paar dokumentierte Berichte in den Untersuchungen der NTSB, die einiges zur Beantwortung der uns brennend interessierenden Frage beitragen können.

Wenn wir uns einmal daran zu erinnern versuchen, wie oft es uns schon passiert ist, daß wir am Steuer unseres Wagens einen Fehler gemacht haben, dann haben wir vielleicht eine Vorstellung davon, wie Deckoffiziere in ähnliche Situationen geraten können. Warum steuern wir oder der Steuermann eines Schiffes nach links, wenn wir eigentlich rechts fahren müßten, obwohl die Sicht gut ist und wir achtgegeben haben? Auf diese Frage gibt es viele Antworten, aber die folgenden Unfallberichte lassen den Schluß zu, daß wir in unserem Innern eine Welt konstruieren, die unseren Erwartungen entspricht, da uns die Komplexität der realen Situation überfordert, und daß wir nur jene Informationen weiterverfolgen, die in unser konstruiertes Modell passen, während wir gleichzeitig alle Informationen entwerten, die dem Modell widersprechen. Bei der Konstruktion unseres subjektiven Bildes werden unerwartete oder unwahrscheinliche Interaktionen übergangen. Daneben spielt auch eine enge Kopplung des Systems eine Rolle, die uns daran hindert, geeignete Maßnahmen zu ergreifen, damit aus einem Zwischen- oder Störfall kein Unfall wird. Auch die Bedienungsmannschaft im Reaktor von Harrisburg schuf sich ihr eigenes, begrenztes Modell von den Vorgängen im Reaktorinneren. Im letzten Kapitel dieses Buches werde ich auf einige psychologische Untersuchungen eingehen, die sich diesem Vorgang besonders gewidmet haben. Hier möchte ich mich damit begnügen, einige flüchtige und willkürlich ausgewählte Belege dafür beizubringen, daß es diesen Vorgang tatsächlich gibt.

Damit soll allerdings eines nicht behauptet werden: daß bei diesen Unfällen Unaufmerksamkeit keine Rolle spielt. Sie wird sogar gelegentlich als hauptsächliche Unfallursache angegeben – auch von Seeleuten selber. Aber es gab zumindest einige Schiffskollisionen, bei denen alle Beteiligten alles andere als unaufmerksam waren, und weitere, bei denen man das Problem etwa so formulieren könnte: Warum konstruierten sie eine Wirklichkeit, die es ihnen erlaubte, unaufmerksam zu sein? Ich glaube nicht, daß Unerfahrenheit oder »Dummheit« eine angemessene Erklärung ist. Auch die Vermutung, daß Seeleute »die Gefahr lieben«, hilft uns nicht viel weiter. Eher schon spielen Erschöpfung oder Trunkenheit als Unfallfaktoren eine Rolle. Beides kommt vor, aber sie werden in keinem einzigen der Unfallberichte erwähnt, und außerdem weiß ich aus meiner eigenen Erfahrung als Autofahrer, Skiläufer, Segler und Bergsteiger, daß ich auch in nüchternem Zustand und in guter körperlicher Verfassung zu unerklärlichen Handlungen in der Lage bin. Mit alldem will ich sagen, daß die Hypothese der Konstruktion einer erwarteten Welt zwar viele Fragen umgeht und manche Dinge unerklärt läßt, aber vorschnelle Erklärungen wie Dummheit, Unaufmerksamkeit, Liebe zur Gefahr und mangelnde Erfahrung in Zweifel zieht.

Einige Kollisionen, die sich erklären lassen

An einem schönen Herbstabend im Oktober 1978 in der Cheasapeake Bay sichteten sich zwei Schiffe sowohl von der Kommandobrücke aus als auch auf dem Radarschirm. Auf der *Cuyahoga*, einem Ausbildungsfahrzeug der Coast Guard, sah der Kapitän das andere Schiff voraus als kleines Zielobjekt auf dem Radarschirm, und mit bloßem Auge erkannte er zwei Lichter, die ihm anzeigten, daß es in dieselbe Richtung fuhr wie sein eigenes Schiff. Möglicherweise handelte es sich um ein Fischerboot. Der Obermaat sah die Lichter ebenfalls, aber für ihn waren es nicht zwei, sondern drei, woraus er (zutreffend) den Schluß zog, daß das Schiff ihnen entgegenkam. Er hatte weder die Pflicht, den Kapitän darüber zu informieren, noch hielt er dies für erforderlich. Da die beiden Schiffe einander rasch näherkamen, glaubte der Kapitän, ein äußerst langsames Fischerboot vor sich zu haben, das er überholen würde. Das verstärkte sein irriges Bild von der Situation. Der Ausguck wußte, daß der Kapitän das Schiff im Blick hatte, und gab deshalb keine weiteren Kommentare ab, als sich das andere Schiff, anscheinend fast auf Kollisionskurs, immer mehr näherte. Da beide Schiffe mit voller Kraft liefen, bewegten sie sich sehr rasch aufeinander zu. Das andere Schiff, ein großer Frachter, verzichtete auf eine Kontaktaufnahme von Brücke zu Brücke, da der Passiervorgang eine Routineangelegenheit war. Doch im letzten Augenblick erkannte der Kapitän der *Cuyahoga* – immer noch unter der Annahme, daß das andere Schiff in dieselbe Richtung fuhr und sich fast auf parallelem Kurs befand –, daß er diesem durch ein – wie er glaubte – Überholmanöver die Möglichkeit nehmen würde, nach links in den Potomac einzubiegen. Deshalb befahl er Kurs hart backbord und steuerte so sein Schiff direkt vor den Bug des Frachters. Elf Angehörige der Küstenwacht kamen dabei ums Leben (s. Abb. 6.4).

Abbildung 6.4
Schiffskollision in der Cheasapeake Bay

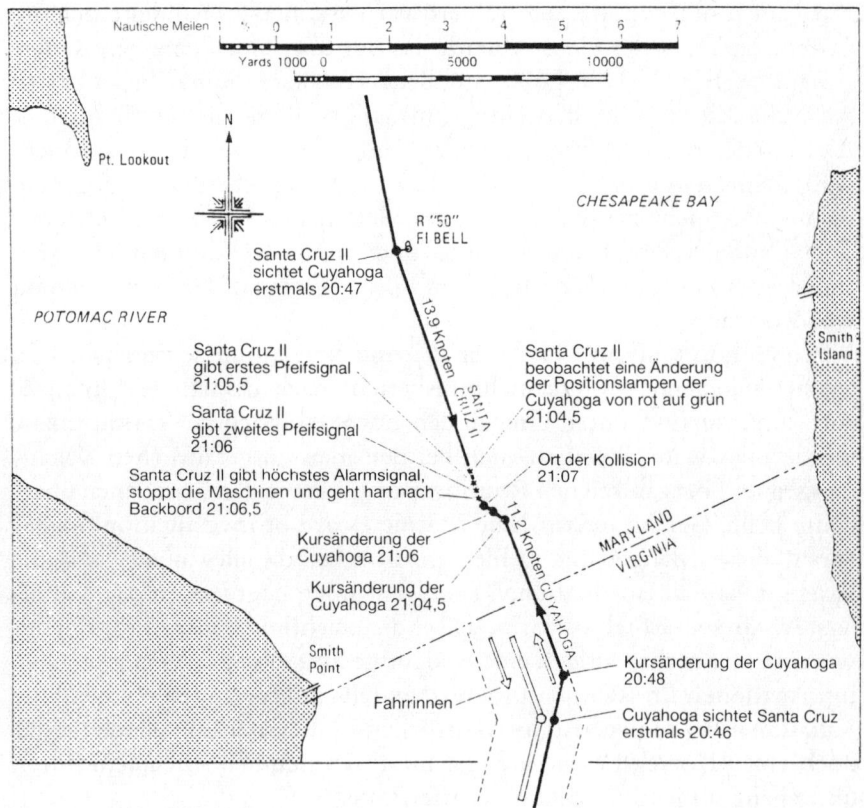

Nautische Meilen

Yards 1000 0   5000   10000

N

Pt. Lookout

CHESAPEAKE BAY

R "50"
FI BELL

Santa Cruz II
sichtet Cuyahoga
erstmals 20:47

POTOMAC RIVER

Smith
Island

Santa Cruz II
gibt erstes Pfeifsignal
21:05,5

Santa Cruz II
beobachtet eine Änderung
der Positionslampen der
Cuyahoga von rot auf grün
21:04,5

Santa Cruz II
gibt zweites Pfeifsignal
21:06

Santa Cruz II gibt höchstes Alarmsignal,
stoppt die Maschinen und geht hart nach
Backbord 21:06,5

Ort der Kollision
21:07

Kursänderung der
Cuyahoga 21:06

MARYLAND
VIRGINIA

Kursänderung der
Cuyahoga 21:04,5

Smith
Point

Kursänderung der Cuyahoga
20:48

Fahrrinnen

Cuyahoga sichtet Santa Cruz
erstmals 20:46

13,9 Knoten SANTA CRUZ II

11,2 Knoten CUYAHOGA

Quelle: USCG/NTSB, Marine Casualty Report, No. 16732/92368 31 July 1979

Wie bei den meisten Unfällen, die eingehend untersucht werden, entdeckte man auch hier nachträglich Mängel und Fehler der verschiedensten Art. Der Kapitän war kurzsichtig und trug keine Brille; außerdem
litt er unter Asthma, durch eine Aspergillose kompliziert, und dies
alles hatte vermutlich seine Sehkraft beeinträchtigt. Trotz seiner Erfahrung hatte er an keinem der empfohlenen zusätzlichen Ausbildungs-
kurse für die Küstenschiffahrt teilgenommen und befehligte, wie sich
bereits aus früheren Inspektionen der Coast Guard ergeben hatte, ein

Schiff mit einer zu kleinen und überlasteten Mannschaft. Ein zweiter Radarschirm in der Nähe der Kommandostation des Kapitäns, der den Unfall möglicherweise verhindert hätte (obwohl ich dies bezweifle), hätte nur fünf Tage später installiert werden sollen (es handelte sich um das einzige Boot der Coast Guard, das nur über einen einzigen Radarschirm verfügte). Der Lotse auf dem Frachtschiff ließ beim ersten Anzeichen der Gefahr statt eines fünfmaligen Pfeiftons für die höchste Alarmstufe nur ein mehrdeutiges einmaliges Pfeifsignal ertönen. Außerdem hätte es weniger Verluste an Menschenleben gegeben, wenn man nicht an diesem milden Herbstabend zwei wasserdichte Türen offenstehen gelassen hätte und wenn Kleidungsstücke und andere persönliche Habseligkeiten unter Deck ordentlich verstaut worden wären.

Alles schön und gut. Solche Fehler und Versäumnisse finden sich in jedem eingehenden Untersuchungsbericht nach derartigen Unfällen. Auf ähnliche und unter Umständen noch zahlreichere Versäumnisse würde man wahrscheinlich auch bei den meisten gefährlichen Begegnungen und bei zahlreichen Routineoperationen stoßen, bei denen überhaupt keine Gefahr auftritt. Die Marine Board of Investigation tut gut daran, diese Mängel und Fehler anzuführen, da alles nützt, was die Wachsamkeit an Bord erhöhen kann. Für mich liegt jedoch das Auffälligste an diesem Ergebnis darin, daß es die Leichtigkeit illustriert, mit der wir aus einer mehrdeutigen eine eindeutige Situation konstruieren, neue Informationen im Rahmen unseres Modells interpretieren – so daß die Situation unseren Erwartungen entspricht – und unter Umständen sogar noch eine »Korrektur« in letzter Minute vornehmen, die allein durch unser ganz subjektives Bild gerechtfertigt ist.

Es ist nicht uninteressant, noch zwei kleinere Ereignisse zu erwähnen, die verhinderten, daß der Kapitän seine falsche Vorstellung aufgab. Da der Ausguck wußte, daß der Kapitän die Positionslichter des anderen Schiffes gesehen hatte, wäre es überflüssig (und ganz gegen die hierarchischen Verhältnisse an Bord) gewesen, ihn darauf aufmerksam zu machen, daß ein Zusammenstoß drohte. Minuten später, als diese Gefahr größer wurde, erörterten der Ausguck und ein zweites Besatzungsmitglied die Lage und entschlossen sich, das herannahende Schiff erneut zu melden. Aber in diesem Augenblick wurde es auch vom Kapitän bemerkt, der die Dampfpfeife betätigte. Damit schien die Notwendigkeit einer zweiten Meldung zu entfallen, aber die beiden Männer wußten ja nicht, daß der Kapitän noch immer der

Meinung war, das entgegenkommende Schiff fahre in dieselbe Richtung wie sie; deshalb konnten sie auch seiner Sicht der Dinge nicht widersprechen. Aus solchen banalen Umständen heraus können Unfälle entstehen.

Warum ändert ein Schiff, das sich auf sicherem Passierkurs bewegt, plötzlich seinen Kurs und wird von einem viermal so großen Frachter in den Grund gerammt? Aus denselben Gründen, aus denen die Operateure im Reaktor von Harrisburg die Hochdruckeinspeisung drosselten und damit den Kern teilweise entblößten. Angesichts mehrdeutiger Signale konstruierten sie die sicherste Realität. Daß unser Beispiel nichts Außergewöhnliches ist, wurde von einem Experten bestätigt, den man zur Untersuchung mit herangezogen hatte, einem Lotsen mit mehr als 20jähriger Erfahrung in diesen Gewässern. Nach seiner Aussage »hatte er mehrere Situationen erlebt, in denen andere Schiffe ein plötzliches und unerwartetes Manöver ausführten und auf diese Weise eine zuvor ungefährliche Situation vollkommen in ihr Gegenteil verkehrten«. Im Bericht heißt es hierzu: »Die Akten mit Unfallberichten sind voll von Beispielen für Kollisionen, bei denen das eine der beiden beteiligten Schiffe eine plötzliche und unerwartete Kursänderung vornahm und dadurch überhaupt erst einen Zusammenstoß herbeiführte.« (USCG/NTSB 1979, S. 37 und 39) Bei diesen und anderen Kollisionen auf Antikollisionskurs sind zweifellos entscheidendere Faktoren im Spiel als bloße Kurzsichtigkeit oder, wie es in einer kriegsgerichtlichen Anklageschrift heißt, »fahrlässige Gefährdung eines Schiffes« (ebd.).

Bei einem anderen Schiffsunglück ermittelte die Untersuchungsbehörde die mißbräuchliche Benutzung von Sprechfunkfrequenzen zum Unfallzeitpunkt als eine der Unfallursachen. Auf diesen Punkt sind wir bereits zu sprechen gekommen – die unvorhergesehenen Folgen neuer Sicherheitsvorkehrungen. Die Vorschrift, alle Schiffe mit Funksprechgeräten auszurüsten und diese Geräte bei Passiermanövern auch zu benutzen, sollte ursprünglich eine Senkung der Unfallziffern bewirken, wie die Untersuchungsbehörde anklagend feststellt. Leider traten mit dem Sprechfunk etliche neue Probleme auf – Schlepper funken (entgegen den Bestimmungen) mit besonders hoher Sendestärke und blockieren damit in der Nähe befindliche Funkanlagen großer Schiffe, die im allgemeinen mit niedrigerer Sendestärke arbeiten. Darüber hinaus werden die Funkfrequenzen immer wieder dazu mißbraucht, Musik zu senden, Klatsch und Tratsch auszutauschen oder zotige

Witze zu reißen. Bei einem Unfall auf dem unteren Mississippi, an dem
vier Schiffe beteiligt waren, gaben die Besatzungsmitglieder zu, daß die
Notruffrequenz immer wieder für derartige Zwecke »genutzt« würde.
Aufgrund von Haushaltskürzungen 1980 konnten weder die Federal
Communication Commission noch die Coast Guard (die beide gemeinsam für die Überwachung des Sprechfunkverkehrs zuständig sind) viel
tun, um diesen Mißbrauch zu unterbinden. Nach einem Bericht der
NTSB (MAR-82-3, 1982) war bei vier Zusammenstößen mit insgesamt
16 Toten, 100 Verletzten und Sachschäden von über zwölf Millionen
Dollar auch eine mißbräuchliche Benutzung der vorgesehenen Sendefre-
quenz im Spiel. Offensichtlich ist es leichter, die Technik zu ändern als
die Unarten der Menschen.

Am 6. Mai 1981 fuhr die *Lash Atlantico*, ein US-Containerschiff von
250 m Länge und einem Ladegewicht von 30 000 t, vor Kitty Hawk in
südlicher Richtung im Atlantik, und die *Hellenic Carrier*, ein nur halb so
großer griechischer Frachter, fuhr nach Norden. In den frühen Morgen-
stunden setzte zeitweilig Nebel ein. Der Kapitän der *Lash* sah die *Hellenic*
auf seinem Radarschirm in einer Entfernung von mehreren Meilen und
gelangte zu der (irrigen) Überzeugung, das Schiff befinde sich auf seiner
Backbordseite (links). Die Ursache dieses Irrtums konnte von der
Untersuchungsbehörde nicht geklärt werden. Möglicherweise war das
Radarsichtgerät falsch eingestellt. Der Kapitän der *Lash* schätzte, daß die
Schiffe einander mit einem Abstand von mindestens einer Meile passieren würden. Auch der Kapitän der *Hellenic* ortete das andere Schiff auf
seinem Radar, sah es (richtig) auf seiner Steuerbordseite und schätzte den
Passierabstand auf mindestens ein bis zwei Meilen. Während sich die
Schiffe näherkamen, drosselte keines seine Geschwindigkeit, da alles in
Ordnung zu sein schien. Der Nebel wurde dichter. Die *Lash* änderte
ihren Kurs geringfügig nach rechts, um den Passierabstand vermeintlich
zu vergrößern. Da er sich auf dem Radarschirm jedoch nicht vergrö-
ßerte, befahl der Kapitän der *Lash* eine noch stärkere Kurskorrektur, als
beide Schiffe etwa zwei nautische Meilen voneinander entfernt waren.
Der Kapitän der *Hellenic* bemerkte diese scharfe Kurskorrektur auf seinem Radarschirm und befahl hart backbord zu steuern, eine Minute,
bevor die beiden Schiffe zusammenstießen. Es ist jedoch nicht eindeutig
festzustellen, ob er überhaupt noch eine Chance gehabt hätte, das
Unglück durch irgendein Manöver abzuwenden.

Der Kapitän der *Hellenic* gab Befehl, das Schiff zu verlassen, und dem
Kapitän der *Lash,* die weniger stark beschädigt war, gelang es, über

Satellitenfunk Hilfe herbeizurufen, so daß es keine Verluste an Menschenleben gab. Der Sachschaden belief sich einschließlich der Reinigung ölverseuchter Strände auf rund 8,5 Mio. Dollar.

Die NTSB wartete mit der üblichen Aufzählung von Mängelkritiken und Empfehlungen auf: überhöhte Geschwindigkeit im Nebel (der jedoch für Schiffe, die mit Radar, Loran etc. ausgerüstet sind, kein Hindernis sein dürfte); Unterlassung von Nebelsignalen bei der *Hellenic* (aber das Nebelhorn des anderen Schiffes war auf der *Hellenic* nicht zu hören); unterlassene Berechnung des geringsten Passierabstandes aus den Radardaten, eine komplizierte und zeitraubende Aufgabe (doch dazu schien kein Anlaß zu bestehen; beide Kapitäne hatten bis zur letzten Minute vor dem Unglück nicht mit Problemen gerechnet, weil es sich um eine Routinebegegnung handelte); unterlassener Einsatz der VHF-FM-Funksprechanlage, um sich über die Passiermanöver abzusprechen (dieser ist auf offener See nicht vorgeschrieben; trotz anhaltender Bemühungen ist es der amerikanischen Coast Guard bislang nicht gelungen, die internationale Schiffahrt zu einer entsprechenden Vorschrift zu bewegen). Kurz, die ganze Aufzählung ändert nichts daran, daß beide Kapitäne in der Situation eine Routineangelegenheit gesehen hatten.

Einige Anzeichen deuten darauf hin, daß nach dem Unfall am Fahrtschreiber der *Lash* manipuliert wurde, und der Kapitän gab eine ziemlich dürftige Erklärung dafür, daß nicht beide Radargeräte, eines für den Drei- und eines für den Sechs-Meilen-Umkreis, in Betrieb waren. Auf der *Lash* wurde das Sprechfunkgerät nicht benutzt, weil der Kapitän seinen Platz am Ausguck zu lange hätte verlassen müssen, während dieses Gerät auf der *Hellenic* nicht einmal eingeschaltet war. Wie so oft kamen auch hier zahlreiche Faktoren zusammen. Wirklich wichtig an diesem Unfall, bei dem zwei Schiffe einander im Nebel hätten gefahrlos passieren können, wenn das eine von beiden nicht plötzlich seinen Kurs geändert hätte, ist wiederum die anfängliche Annahme oder Konstruktion der Wirklichkeit, die in diesem Fall von Kapitän und Obermaat geteilt wurde. Nachdem für beide festzustehen schien, daß sich das andere Schiff links von ihnen befand, machte jedes Manöver zur Vermeidung einer Kollision alles nur noch schlimmer.

Das umfassendere System

Zwar werden 80 Prozent aller Schiffsunglücke auf menschliches Versagen zurückgeführt, aber die Schiffe selber sind alles andere als frei von Ausrüstungsmängeln und Konstruktionsfehlern. Ein Schiff ist ein ziemlich kompliziertes technisches System, wie sich gerade bei Unfällen immer wieder zeigt. Das folgende Beispiel, ein Schiffsunglück, bei dem 1974 das Tankschiff S. S. *Transhuron* im Arabischen Meer verlorenging, verdeutlicht dies. Darüber hinaus vermittelt es uns einen Einblick in die Systeme, mit denen ein Schiff auf hoher See verknüpft ist – der Reederei in New York, der indischen Regierung und in der Nähe befindlichen Schiffen. Auf dieser Ebene geht es uns weniger um Komplexität und Kopplung als Erklärung für einen bestimmten Unfall (obwohl sich beide auch hier nachweisen ließen), sondern um die aufeinanderfolgenden Einbindungen in immer umfassendere Systeme, wodurch neue Fehlerquellen hinzukommen. Ich stütze mich im folgenden auf einen Unfallbericht der USCG/NTSB (1976) sowie auf ein Telefoninterview mit der Reederei, das sich als sehr hilfreich erwies.

Im Rahmen von Überholungsmaßnahmen hatte man die *Transhuron* mit einer Klimaanlage ausgerüstet. Diese befand sich unmittelbar unter dem Raum mit der Schalttafel für den Schiffsantrieb. Das wurde vom Inspekteur der Coast Guard nicht beanstandet. Zwar sollten eigentlich »in der Nähe« der Schalttafel keine weiteren Leitungen verlaufen, aber in diesem Fall war die Leitung der Klimaanlage vom Schaltraum durch eine Stahldecke getrennt und mündete in einen nahegelegenen Kondensator.

Nach der Installation stellten die Techniker fest, daß noch ein Umgangsschieber eingebaut werden mußte, um für den Fall einer Reparatur der Kühlpumpe nicht den gesamten Kühlwasserkreislauf unterbrechen zu müssen. Deshalb wurde auf den Bronzedeckel des Kondensators ein eiserner Nippel geschweißt, der als Halterung für ein Meßinstrument diente, und diese Ungleichartigkeit der Metalle führte mit der Zeit zu Korrosion. Als die ganze Einheit etliche Jahre später gereinigt und überholt wurde, vergaß man unglücklicherweise diese zweifelhafte Nachrüstung. Auf See rostete die Stelle endgültig durch, das Kühlwasser schoß heraus, drang durch eine Öffnung in der Decke, durch die die Kabelstränge in den Schaltraum verliefen, in diesen ein und verursachte dort einen totalen Kurzschluß. Da die Anlage an dieser Stelle eine Stromstärke von 1 000 A bei einer Spannung von 2 300 V aufwies, war der auftretende Lichtbogen gewaltig, und es brach ein großes Feuer aus. Der Mannschaft gelang es nicht, ein zweites Stromnetz im Schaltraum abzutrennen, so daß auch dieses außer Funktion gesetzt wurde.

Die Mannschaft versuchte auf zweierlei Weise, das Hauptsystem abzuschalten, aber ihre Bemühungen wurden durch Lichtbögen und weitere Kurzschlüsse vereitelt; eine dritte, von ihr nicht versuchte Methode wurde später von der Untersuchungsbehörde nachdrücklich empfohlen – mit der ganzen Selbstsicherheit dessen, der hinterher der Klügere ist. (Man erinnert sich unwillkürlich an die unglücklichen Operateure im Reaktor von Harrisburg und die industriefreundlichen Mitglieder der Regierungskommission, die keinen Augenblick daran zweifelten, daß allein ein Versagen der Bedienungsmannschaften zu dem Reaktorunglück geführt hatte.) Die Männer auf der *Transhuron* versuchten es mit den verschiedenen Feuerlöschsystemen an Bord, aber diese versagten, so daß der Brand schließlich mit Handfeuerlöschgeräten gelöscht werden mußte.

Jetzt schickte der Kapitän eine dringende Nachricht an die Reederei in New York und forderte einen Schlepper an; nach dem Ausfall seines Antriebssystems trieb das Schiff steuerlos im Arabischen Meer. Die Nachricht wurde über die nächstgelegene Funkstation – Cochin in Indien – abgeschickt. Da keine Antwort kam, gingen innerhalb von 16 Stunden drei weitere Nachrichten ab, die alle unbeantwortet blieben. Am folgenden Morgen, 30 Stunden nach dem ersten Funkspruch, funkte die *Transhuron*, das Schiff treibe in schwerer See und häufigen Regenböen in einer Entfernung von 23 Meilen vor einer Insel und verfüge lediglich über ein einziges Notstromaggregat. An diesem Morgen, dem 25. September, teilte der Funker in Cochin dem Kapitän der *Transhuron* mit, seine Station erkenne keine dringenden Nachrichten an, sondern fertige alle ankommenden Funksprüche der Reihe nach ab. Bei der Übermittlung wurde das Wort »dringend« einfach vom Funker gestrichen. 31 Stunden nach dem ersten Hilferuf kam schließlich Antwort von der Reederei – fast anderthalb Tage später. Sie hatte wenigstens die beiden ersten Nachrichten erhalten; die zweite war ausführlicher und enthielt eine Aufzählung jener Systeme an Bord, die vollständig zerstört worden waren. Aber so leicht ließ sich die Reederei nicht beeindrucken. »Halten Sie uns über Ihre Position auf dem laufenden«, kabelte sie zurück. »Können Notreparaturen durchgeführt werden? Hat der Kondensator der Klimaanlage das Feuer verursacht? Gab es einen Kurzschluß im Schaltraum? Welche Teile wurden dabei zerstört? Sind Teile und Kabel des Schaltraums durch das Feuer in Mitleidenschaft gezogen worden?...« Es folgten noch zahlreiche weitere Fragen, bevor der Funkspruch mit den Worten schloß: »Antworten Sie sofort und kennzeichnen Sie die Nachricht als dringend.« (Ebd., S. 24) Von einem Schlepper war an keiner Stelle die Rede, auch nicht davon, daß momentan keiner aufzutreiben war. Im letzteren Fall hätte sich der Kapitän an vorbeifahrende Schiffe um Hilfe wenden können.

Es läßt sich leicht ausmalen, was der Kapitän inmitten einer schweren Dünung und ständiger Regenböen, ohne eigenen Antrieb und einer Strömung ausgesetzt, die das Schiff auf eine Insel zutrieb, auf diesen inquisitorischen Fragebogen gern geantwortet hätte; dennoch war der Ton seiner Antwort gemäßigt: »Bombay FCC nimmt keine dringenden Botschaften entgegen. Position... Fünfte Nachricht seit Maschinenausfall. Brauchen Hilfe.« In der Zwischenzeit hatten vorbeifahrende Schiffe ihre Unterstützung angeboten, doch der Kapitän rechnete damit, daß seine Reederei einen Schlepper schicken würde, und lehnte ab. Schließlich schickte er ihr jedoch eine Nachricht mit dem Inhalt, falls er keine umgehende Antwort erhalte, werde er »eigene Entscheidungen treffen«. Es mutet merkwürdig an, daß er in dieser schwierigen Lage noch um grünes Licht für ein selbständiges Handeln ersuchte. Es entspricht den Gepflogenheiten seiner eigenen und der meisten übrigen Reedereien, daß der Kapitän für das Schiff und die Besatzung selbst verantwortlich ist und seine Entscheidungen nach eigenem Gutdünken treffen kann (wenn er sie auch später rechtfertigen muß). Diese Nachricht ging am 26. September um 8:00 Uhr in den Äther; um 11:00 Uhr sendete das Schiff einen Notruf.

Der Notruf wurde von 15 Schiffen empfangen, aber selbst das nächste von ihnen war noch 115 Meilen entfernt. Der Kapitän fragte in einem erneuten Funkspruch bei seiner Reederei nach näheren Informationen über Sandbänke und Riffe im Süden der Kiltan-Insel, um dort möglicherweise vor Anker zu gehen. An der zunächst drohenden Chetland-Insel waren sie vorbeigetrieben. Es waren im Umkreis von 100 Meilen die beiden einzigen Inseln. Wie die Reederei später sagte, hatte der Kapitän versäumt, vor Chetland den Anker auszuwerfen und zu warten, ob er Grund fände. Vor Kiltan schickte die *Transhuron* einen noch dringenderen Notruf aus, der von einem 45 Meilen entfernten Schiff aufgefangen wurde, das sofort zu Hilfe kam.

Aber auf See ist nichts gewiß. Dieses Schiff, die *Toshima Maru,* wollte die *Transhuron* ins Schlepptau nehmen, kam jedoch nicht nahe genug heran, so daß die abgeschossene Fangleine ins Wasser fiel. Beim Abschießen der Leine war der Dritte Offizier verletzt worden, und die *Toshima Maru* signalisierte, sie werde den nächsten Hafen anlaufen, um den Offizier in ein Krankenhaus zu bringen. Der Kapitän der *Transhuron* war vermutlich außer sich; sein Schiff befand sich zwei Meilen vor einer Insel mit felsiger Küste und vorgelagerten Riffs, auf die es bei schwerer See zugetrieben wurde. Er beschwor die *Toshima Maru,* ihn wenigstens eine Meile weit zu schleppen, um von der Insel freizukommen, aber vergeblich. Dann bat er um eine Schleppstrecke von einer halben Meile, da das Leben von 35 Menschen auf dem Spiel stehe. Nach längerer Beratung von einer Viertelstunde erklärte sich der Kapitän der *Toshima Maru* zu einem zweiten Versuch bereit. Da sein Geschütz für das Abfeuern der Fangleine beim ersten Schuß jedoch beschädigt worden war, sollte diesmal die *Transhuron* eine Leine herüberschießen. Die Männer des strandenden Schiffes wuchteten ihr Geschütz gerade nach achtern, um in eine günstigere Schußposition zu gelangen, als das Schiff auf Grund lief. Sie warfen den Backbordanker aus und forderten die *Toshima Maru* auf, näher heranzukommen. Die *Transhuron* drohte in der schweren Dünung auseinanderzubrechen, schon drang Wasser in das Schiff ein. Schließlich begann der Spezialtreibstoff auszulaufen, der für die Marine auf den Philippinen bestimmt war.

Der Kapitän stellte die Besatzung vor die Wahl, ob sie versuchen wollte, an Land oder auf die *Toshima Maru* zu gelangen. Wegen des starken Seegangs entschied sie sich für das erstere, obwohl die Insel unbewohnt schien, und die *Toshima Maru* fuhr ohne sie davon. Eine Stunde und 20 Minuten später wurden zwei Boote zu Wasser gelassen, und alle bis auf den Kapitän und vier Offiziere verließen das Schiff. Von dort ging ein neuer Funkspruch an die Reederei ab, der unbeantwortet blieb. Am anderen Morgen funkten die Zurückgebliebenen erneut und baten um die Zusicherung, daß die Mannschaft gerettet und von der scheinbar unbewohnten Insel in ihre Heimat zurückgebracht würde. Die Insel war jedoch nicht unbewohnt; wie der Kapitän bald erfahren sollte, befand sich die Mannschaft zwar in Sicherheit, aber in militärischem Gewahrsam und sollte bald darauf von einem indischen Militärboot nach Cochin gebracht werden.

Am späten Nachmittag, dreieinhalb Tage nach dem Ausbruch des Feuers, erhielt der Kapitän endlich eine zweite Nachricht von seiner Reederei. Diese hatte etwas unternommen – und zwar »das Äußerste«. In dem Funkspruch hieß es: »Schlepper Challenger verläßt Bombay Freitag morgen und erreicht Ihre Position in 48 Stunden... Senden Sie Ihre Position alle zwölf Stunden. Von Singapur bis zum Persischen Golf kein anderer Schlepper verfügbar. Wir tun unser Äußerstes, um die Schlepperhilfe zu beschleunigen.« (Ebd., S. 30) Das Äußerste bestand darin, daß der Schlepper das gestrandete Schiff nach zweieinhalb Tagen erreichte, aber bei der Abfassung des Funkspruchs wußte die Reederei auch noch nichts davon, daß ihr Schiff gestrandet war.

In der Zwischenzeit war ein indisches Militärboot erschienen, und einige indische Marinesoldaten kamen an Bord und inspizierten die Frachträume. Es war hoffnungslos; der Schiffsboden war fast in seiner gesamten Länge aufgerissen. Aus mir unverständlichen Gründen – die vermutlich mit juristischen Problemen der Versicherung und der Bergung des Schiffes zusammenhingen – blieben der Kapitän und die vier Offiziere weiterhin an Bord. Am nächsten Tag kam der Schlepper an, obwohl der Kapitän nach New York gekabelt hatte, die Reederei solle ihn zurückbeordern. Der Notstromgenerator hatte keinen Treibstoff mehr, und die *Transhuron* wurde von schweren Brechern hin und her geworfen. Die Offiziere bereiteten sich darauf vor, das Schiff zu verlassen. Sie mußten sich mit einem Ruderboot begnügen, da beim vorherigen Test des Motors eines zweiten Rettungsbootes eine Dichtung gerissen war. Die Wellen hatten mittlerweile eine Höhe von vier bis fünf Metern erreicht.

Ein Rettungsboot in stürmischem Wetter zu Wasser zu lassen, ist äußerst schwierig, wie aus zahlreichen Berichten über Schiffsunglücke hervorgeht. Selbst die hochentwickelten, ringsum abgedeckten runden Rettungsinseln, wie sie auf Bohrplattformen verwendet werden und die alle nur erdenklichen Sicherheitsvorkehrungen aufweisen, können umschlagen und für die Insassen zur Todesfalle werden (in einem besonders tragischen Fall verloren auf diese Weise 18 Menschen ihr Leben). Immer wieder kommt es vor, daß aufblasbare Rettungsflöße sich nicht aufblasen, vom Sturm abgetrieben werden oder auf die bereits ins Wasser Gesprungenen herabfallen und sie verletzen. Bei einer endlosen und schrecklichen Schiffstragödie, die sich 1969 ereignete, versuchte die Mannschaft eines Kriegsschiffes, das Rettungsboot, in dem sie sich befand, freizubekommen, als sich eine 1 000 kg schwere Bombe auf dem Frachtdeck aus ihrer Befestigung löste, die Bordwand durchschlug und anschließend auf das Rettungsboot fiel und dieses in zwei Hälften teilte (NTSB, *Badger State,* 1971).

Auf der *Transhuron* gab es einen ganz modernen Davit, mit dem das Boot an beiden Enden gleichzeitig herabgelassen werden konnte. Dabei wird das Boot zunächst von Haltetauen gehalten, die verhindern sollen, daß es sich vorzeitig aus der Befestigung löst. Während es dem Funker am Heck des Rettungsbootes gelungen war, das Tau zu lösen, bekam der Mann im Bug das Boot nicht frei. So hing dieses in einem besonders tiefen Wellental plötzlich für einen Augenblick fast senkrecht in der Luft und schlug gegen den Schiffsrumpf. Im Untersuchungsbericht wird darauf verwiesen, daß normalerweise über einen Hebel in der Mitte des Rettungsbootes beide Halterungen gleichzeitig gelöst werden müssen. Warum dies hier nicht geschah, wissen wir nicht. Jedenfalls löste sich der Mechanismus von selbst, sobald die nächste Welle das Boot wieder in eine horizontale Lage brachte, die Männer konnten davonrudern und wurden von einem Motorboot des Schleppers aufgenommen.

Aber noch befand sich der Erste Hilfsingenieur an Bord, der das Rettungsboot von oben herabgelassen hatte und eigentlich hätte nachkommen sollen. Als sich das vordere Haltetau nicht löste, suchte er eiligst eine Feueraxt, um das Tau zu kappen. Nachdem sich das Tau von selbst gelöst hatte, trieb das Boot jedoch zu schnell ab, so daß er es nicht mehr erreichen konnte. Deshalb ging der Hilfsingenieur auf die zweite Kommandobrücke, wo sich eine aufblasbare Rettungsinsel befand, und rollte sie über Bord. Dann zog er an einer Fangleine, mit der die Insel gesichert war, um damit die Gasflasche zu öffnen und die Rettungsinsel aufzublasen. Es klappte auch alles wie am Schnürchen, aber der Wind fing sich in dem großen Ballon, so daß die Leine riß und die Insel ohne ihn davontrieb. Nach Angaben des Herstellers der Fangleine, der Switlik Parachute Company in Trenton, New Jersey, sollte die Leine einen Zug von 1 500 kg aushalten, aber im Untersuchungsbericht heißt es hierzu vielsagend und ohne jeden weiteren Kommentar: »Es gibt immer wieder Berichte über gerissene Fangleinen, sobald Rettungsinseln oder -flöße auf dem Wasser aufgeblasen werden.« (Ebd., S. 32)

Daraufhin rannte der Ingenieur zum Bug, wo am wenigsten Öl auslief, und es gelang dem Boot des Schleppers, sich dem Bug bis auf zehn Meter zu nähern. Der Ingenieur sprang ins Wasser und wurde gerettet. Die auf der Insel gelandeten Offiziere und die übrige Besatzung wurden von der indischen Regierung für drei Wochen in Cochin unter Hausarrest gestellt und anschließend in ihre Heimat befördert. Um eine weitere

Verschmutzung des Meeres und der Küste zu verhindern, ließ die indische Regierung das noch im Schiff befindliche Öl abpumpen.

Dieser Unfall oder besser diese Serie von Unfällen wurde durch eine Vielzahl von Faktoren verursacht: Konstruktionsfehler (Sitz des Meßinstruments und Unvereinbarkeit der verwendeten Materialien), ein Verfahrensfehler (unterlassene Überprüfung von Nippel und Meßinstrument), anfänglicher Bedienungsfehler (der Schaden wäre etwas geringer ausgefallen – allerdings nicht wesentlich –, wenn man sofort den Strom der Schalttafel abgeschaltet hätte), Defekt einer Ausrüstung (Feuerlöschsysteme), spätere Bedienungsfehler (Unterlassung des Kapitäns, sich bereits früher von einem vorbeifahrenden Schiff schleppen zu lassen, Unterlassung der Mitarbeiter der Reederei in New York, dem Kapitän sofort zu antworten und ihn über die Schwierigkeit, einen Schlepper zu finden, zu informieren – obgleich hierfür möglicherweise erst die Zustimmung des US-Handelsministeriums erforderlich war, dem das Schiff gehörte und das es als Versorgungsschiff für die Marine einsetzte). Auch bei den Versuchen, dem Schiff zu Hilfe zu kommen, wurden zahlreiche Fehler und Mängel sichtbar – die Verletzung des Offiziers und das Versagen des Geschützes an Bord der *Toshima Maru,* die Verzögerung bei der Aufstellung des Geschützes der *Transhuron*, die Probleme mit dem Rettungsboot und der Rettungsinsel usw. Das Beispiel ist außerdem für uns von besonderem Wert, weil wir hier eine Vielzahl von Systemen beobachten können, die mit dem Schiff verknüpft sind – die Reederei in New York, die indische Funkstation und die indische Regierung, vorbeifahrende Schiffe, Häfen mit Schleppern und ungünstig liegende Inseln. Normalerweise ist keines der hier geschilderten Probleme für sich allein betrachtet schwerwiegend. Erst wenn sie gehäuft auftreten, addieren sie sich zu einem Unfall wie diesem.

Zusammenfassung

Obwohl Kernreaktoren und großchemische Anlagen sehr komplexe Systeme sind, beschränken sich die komplexen Interaktionen doch auf die technischen Anlagen und auf den Grenzbereich, wo Mensch und Maschine miteinander in Verbindung treten. Auch wenn wir die Funktionsweise einer Fraktionierkolonne nicht verstehen, so kennen wir doch ihren Standort innerhalb einer Erdölraffinerie und wissen, daß sie bei

Bedarf funktionieren muß. In den Systemen Flugzeug und Luftverkehr spielt die Umwelt bereits eine gewisse Rolle und macht die Situation etwas komplizierter. Die das Flugzeug umgebende Lufthülle kann ebenso zu einem Problem werden wie Gewitterwolken, Landungsböen oder das Phänomen des Weißsehens. Außerdem gibt es noch weitere Systeme in der Luft und auf den Rollbahnen, die sich bewegen. Der Luftverkehr wird von zwei Regierungsbehörden überwacht, die Reaktorindustrie dagegen nur von einer einzigen (bei der Großchemie sind es mehrere, aber die Auswirkungen sind geringfügig). Im vorliegenden Kapitel über die Frachtschiffahrt sind wir auf ein noch komplexeres System gestoßen, das eine umfangreiche Analyse notwendig macht. Das Schiff selbst mit seiner eigenen Stromversorgung, seiner explosiven Fracht, der Steueranlage und dem starken Tiefgang in seichten Kanälen ist nicht weniger von Bedeutung als andere Schiffe, die Versicherungsbranche, die zersplitterte Frachtschiffahrt, Institutionen, die auf Vorschriften drängen, Schiffsverkehrsregeln, nationale Interessen und natürlich die enormen Umweltprobleme bei Nebel, Eis und Stürmen. Eine weit größere Rolle als bei den anderen bisher behandelten Systemen spielten hier die Frage der Risikovermeidung und -bereitschaft, die Wahrscheinlichkeit von Unfällen, ökonomisch motivierter Zeitdruck sowie die Befehlsstruktur innerhalb des Systems.

Die Frachtschiffahrt ist offenbar ein fehlerinduzierendes System, bei dem fehlgeschaltete Verknüpfungen Sicherheitsbemühungen und Effizienz des Betriebs zunichte machen können. Technische Verbesserungen haben zwar die Leistungsfähigkeit des Systems erhöht, zugleich jedoch vermutlich auch die Unfallziffern; mit Radargeräten ausgerüstete Schiffe können schneller fahren; wenn sich zwei Schiffe begegnen, die beide Radargeräte haben, erhöht sich sogar die Wahrscheinlichkeit einer Kollision. Das Äquivalent zu einer Bildschirmanzeige relevanter Verkehrsinformationen (CDTI – *Cockpit Display of Traffic Information*), die für Passagierflugzeuge eingeführt werden soll, existiert bei Frachtschiffen bereits, kann jedoch nur während eines geringen Bruchteils der Zeit genutzt werden und sich unter Umständen sogar leistungshemmend auswirken. Aber trotz aller technischer Neuerungen kommt es immer wieder vor, daß Kapitäne in letzter Minute eine Kursänderung anordnen und ein anderes Schiff rammen. Wir haben die Hypothese aufgestellt, daß sie in sich schlüssige innere Modelle der Wirklichkeit konstruieren, die in den meisten Fällen auch funktionieren, gelegentlich jedoch geradezu eine Umkehrung der tatsächlichen Verhältnisse darstellen. Die streng hierarchische

Befehlsstruktur an Bord eines Schiffes, die früher einmal zweckdienlich gewesen sein mochte, ist offensichtlich für komplexe Systeme in komplizierten Situationen nicht mehr angebracht. Dennoch wird sie von den Reedereien und der Versicherungsbranche weiterhin befürwortet, denen zwar einerseits an einer Senkung der Unfallziffern gelegen ist, die aber andererseits einen Verantwortlichen brauchen, an den sie sich gegebenenfalls halten können. Auch von den Befürwortern technischer Verbesserungen wird diese Struktur nicht in Frage gestellt; für sie gilt die Maxime: »Es kommt alles darauf an, dem Mann an der Spitze mehr Informationen zu verschaffen, die außerdem schneller und genauer sind als bisher.«

Wie Michael Gaffney (1982) bemerkt, wurde der Zwang zu immer neuen technischen Verbesserungen in Europa durch den Zwang zu sozialen Verbesserungen gemäßigt. Dort werden der Kapitän und die anderen Schiffsoffiziere darauf vorbereitet, als Team zusammenzuarbeiten, und die Ausrüstung der Schiffe ist darauf zugeschnitten, diese Zusammenarbeit zu fördern, wobei auch von einem Steuermann oder Ausguck erwartet wird, daß er nötigenfalls dem Maat oder dem Kapitän widerspricht, daß alle ihre Wahrnehmung gegenseitig überprüfen und alle gemeinsam die Verantwortung übernehmen sollen (s. Perrow 1982). Es ist für mich das erste Anzeichen einer Ausnahme von diesem fehlerinduzierenden System. Noch ist es erst ein bescheidener Anfang, aber vielleicht trägt es ein wenig dazu bei, die ineinander verschlungenen, selbstzerstörerischen Verknüpfungen des Systems aufzulösen.

Im folgenden Kapitel begeben wir uns in eine weit banalere Welt, in der es um Dammbrüche, Erdbeben, Grubenunglücke und Zwischenfälle mit einem See geht. In allen diesen Fällen ist die Anzahl der einzelnen Systemelemente bei weitem niedriger als in den bisher behandelten Systemen. Bergwerke teilen offenbar einige der fehlerinduzierenden Merkmale der Frachtschiffahrt, aber diese könnten wahrscheinlich mit beträchtlich geringerem Aufwand korrigiert werden. Wir werden im Fall des tragischen Unglücks beim Bruch des Tetondamms auf Fehler in der Organisation stoßen, aber zur Analyse eines solchen immer wieder vorkommenden Fehlverhaltens bedarf es keiner komplizierten technischen Untersuchung. Nur bei Erdbeben und künstlichen Seen treffen wir auf beträchtliche potentielle Möglichkeiten einer Erweiterung des Systems, doch ist dieser Aspekt für uns von besonderem Interesse, da wir hier den neuen Begriff des Ökosystem-Unfalls einführen können – ein Sachverhalt, der vor allem bei der in Kapitel 8 behandelten Gentechnologie von erschreckender Tragweite ist.

Kapitel 7
Irdische Systeme: Staudämme, Erdbebenzonen, Bergwerke und Seen

In diesem Kapitel haben wir es mit – bewußt oder durch einen Unfall herbeigeführten – großen Erd- und Wasserbewegungen zu tun. Die Systeme, die wir hier vorstellen, sind primitiv im Vergleich zu Kernkraftwerken oder petrochemischen Anlagen, und unvorhergesehene Interaktionen gibt es in Bergwerken kaum und bei Staudämmen so gut wie überhaupt nicht. Dennoch sind sie für uns von Interesse. Zum einen dienen sie als Kontrast zu komplexen und eng gekoppelten Systemen, so daß die Zweckmäßigkeit unserer Kategorien deutlicher zutage treten kann. Staudämme weisen ein Katastrophenpotential auf, was für unser Thema von Bedeutung ist, aber der Bruch einer Staumauer ist kein Systemunfall. Das System ist zwar eng gekoppelt, aber weitgehend linear. Auch in Bergwerken kommt es immer wieder zu Unfällen mit tödlichem Ausgang, aber es sind dies triviale Unfälle in einem weitgehend linearen System, das streckenweise recht locker gekoppelt ist. In beiden Systemen ließen sich die Unfallziffern ohne großen Aufwand verringern; die für Atomkraftwerke oder großchemische Anlagen so fatale Kombination von komplexen Interaktionen und enger Kopplung tritt hier nicht auf. Zum anderen haben sich bei der bisherigen Erörterung zwei Aspekte ergeben, die eingehender untersucht werden müssen: Fehler in der Organisation und erzwungene Bedienungsfehler. Der Bruch des Tetondamms z. B. war weniger auf technische als auf organisatorische Mängel zurückzuführen. Dieser Punkt wird uns im folgenden noch stärker beschäftigen, und die hier versammelten Beispiele können ihn besonders gut verdeutlichen. Erzwungene Bedienungsfehler zeigen sich ganz offenkundig im Bergbau, und deren knappe Erörterung wird einige Fragen zur Untersuchung von Unfallursachen und zu Sicherheitsmaßnahmen in allen Industriezweigen aufwerfen. Und schließlich kommt es trotz ihres linearen Charakters auch bei den hier behandelten Systemen zu Systemunfällen, wenn sie auf unvorhergesehene Weise mit anderen Systemen verknüpft werden. Erdbeben haben ihre Ursache nicht ausschließlich in der »ruhelosen Erde«, wie Nigel Calder sie nennt, sondern in rastlosen Menschen, deren Gedankenwelt sich auf einen kleinen Ausschnitt eines viel umfassenderen Ökosystems beschränkt. Bei einigen Staudämmen hat eine unvorhergesehene Ausweitung der Systemgrenzen etwas herbeigeführt, das ich als »Ökosystem-Unfall« bezeichnen möchte – ein Terminus, der sowohl für das Problem der Beseitigung von Giftmüll wie für Erdbeben relevant ist. Darüber hinaus bietet er die einzige Möglichkeit zur Erklärung eines eher erheiternden Vorfalls, das Verschwinden eines großen Sees innerhalb weniger Stunden.

Staudämme

Der Große Tetondamm

Als 1972 die Bauarbeiten für den Großen Tetondamm aufgenommen wurden, gab es wenig Anlaß, sich über seine Standfestigkeit Sorgen zu machen. Gebaut wurde er unter der Regie des amerikanischen Bureau of Reclamation, einer von acht staatlichen Behörden, die für den Bau von Staudämmen zuständig sind, und bislang hatte es bei keinem der von ihnen gebauten Staudämme irgendwelche Mängel gegeben. Tatsächlich sind nachträglich festgestellte Mängel an Staudämmen sehr selten, und solche mit gravierenden oder gar katastrophalen Folgen sind noch viel seltener. Auf der Grundlage von in den USA erhobenen Daten kam eine Untersuchung zu dem Schluß, daß die Wahrscheinlichkeit für ein Staudammunglück innerhalb eines Jahres 1:10 000 beträgt. Zwischen 1940 und 1972 gab es in den Vereinigten Staaten nur zwölf Fälle, in denen ein Staudamm versagte, und in der Mehrzahl handelte es sich dabei um kleinere Bauwerke. Die Mängel traten überwiegend während des ersten Betriebsjahres auf, zumeist bei der erstmaligen Füllung des Stausees; die Hälfte der Unfälle ereignete sich während der ersten fünf Betriebsjahre (Baecher u. a. 1980). Eine andere Untersuchung aller Staudämme, die während eines Zeitraums von 60 Jahren in den USA erbaut wurden, kam zu dem Ergebnis, daß es lediglich in 30 Fällen zu Pannen gekommen war, das sind weniger als zwei Prozent während des gesamten Zeitraums (Biswas/Chatterjee 1971). Kleine Dämme, die von Industrieunternehmen oder Stadtverwaltungen in Auftrag gegeben wurden und im allgemeinen ein geringes Katastrophenpotential aufweisen, sind mängelanfälliger. In den USA ist noch ein Unglück in Erinnerung, bei dem 1972 ein kleiner Industriedamm brach und die gesamte Gemeinde Buffalo Creek in West Virginia vernichtete. Der faszinierende soziologische Klassiker *Everything in its Path* von Kai Erikson (1976) erzählt die Geschichte dieser Gemeinde, der Katastrophe und der zähen Versuche der Überlebenden, ein neues Leben anzufangen, nachdem das soziale Netz ihrer Ansiedlung zerstört war. Es ist nicht ganz unwichtig hinzuzufügen, daß Erikson sein Material sammelte, während er an der Vorbereitung einer Anklage gegen das Bergbauunternehmen mitarbeitete, das den Damm gebaut und zahlreiche warnenden Hinweise auf die drohende Gefahr mißachtet hatte; die Anklage hatte Erfolg.

Im östlichen Teil von Idaho liegt eine dünn besiedelte Ebene; die dort ansässigen Farmer beziehen ihr Wasser aus dem Snake River. Seit langem bestanden Pläne, einen Bergpaß durch einen Staudamm zu schließen, um die Niederschläge während des Frühjahrs aufzufangen und eine Wasserreserve für die regenlosen Sommermonate zu schaffen. Als Folge der dort herrschenden extremen Witterungsbedingungen war die Gegend im Sommer 1961 zum Dürre- und im darauffolgenden Winter zum Flutkatastrophengebiet erklärt worden. Ein Jahr später legte das Bureau of Reclamation ein Staudammprojekt vor, das nach weiteren zwölf Monaten als Gesetzesvorlage ohne Gegenstimme vom Kongreß angenommen wurde. Der Damm sollte an einem Nebenfluß des Snake River als Erdschüttungsdamm von rund 100 m Höhe und 1 000 m Länge errichtet werden und in einem Flußtal von 37 km Länge einen 29 km langen See stauen. Mit dem Damm sollte außerdem ein Wasserkraftwerk verbunden werden. Nach einem Gesetz aus dem Jahr 1969 war für derartige Bauvorhaben ein Gutachten über etwaige Umweltbeeinträchtigungen erforderlich, und als dieses 1971 fertiggestellt war, enthielt es zwar einige Einwände im Hinblick auf mögliche Umweltschäden, aber keine sicherheitstechnischen Bedenken (Commitee. . . 1976, S. 6 f.).

Im Frühjahr 1972 wurden die Bauarbeiten aufgenommen. Im Dezember desselben Jahres arbeitete eine Gruppe von Geologen des U. S. Geological Survey in dieser Region, denen wegen des geplanten Staudamms Bedenken kamen, weil sie Anzeichen für eine seismische Aktivität in diesem Gebiet entdeckt hatten – d. h., daß es in jüngster Vergangenheit Erdbeben gegeben hatte. Einer der Geologen entwarf ein Memorandum, das die Vorgesetzten im Geological Survey und die Verantwortlichen im Bureau of Reclamation vor der Gefahr warnen sollte. In dem Entwurf wurde darauf gedrängt, das Bureau of Reclamation so bald wie möglich, »auf jeden Fall innerhalb von ein bis zwei Monaten«, darüber zu informieren (was in diesen Kreisen wirklich sehr schnell ist), daß es in diesem Gebiet zu größeren Erdbeben mit zerstörerischer Wirkung kommen könne. Innerhalb der letzten fünf Jahre hatte es im Umkreis von 30 Meilen bereits fünf solcher Erdbeben gegeben, hieß es in dem Entwurf, und zwei davon waren von beträchtlicher Intensität. Außerdem erinnerte der Entwurf daran, daß nach bisherigen Erfahrungen Erdbeben auch durch Stauseen verursacht werden.

So hatte man z. B. 1935 den Colorado durch einen Staudamm gesperrt und den großen Stausee Lake Mead gebildet. In den folgenden zehn Jahren traten 6 000 kleinere Erdbeben in einer Region auf, die bislang als erdbebensicher gegolten hatte. Das unter dem See liegende Gestein – an geologischen Verhältnissen gemessen nur eine dünne Schicht – wurde durch 300 km^3 Wasser belastet. Noch gravierendere Störungen traten nach der Fertigstellung des Karibadamms 1966 in Afrika auf. Und als in Indien das Tal hinter dem neu errichteten Koynadamm erstmals mit Wasser gefüllt wurde, gab es ein heftiges Erdbeben, das zu einem Dammbruch führte, bei dem 177 Menschen ums Leben kamen (Calder 1972, S. 133).

Die Geologen waren sehr beunruhigt. Am Ende ihres Entwurfs bemerkten sie, daß ein Versagen des Damms zu einer riesigen Flutwelle führen würde. Sarkastisch fügten sie hinzu: »Da mit einer solchen Flut zu rechnen ist, könnte in Erwägung gezogen werden, an geeigneten Stellen Filmkameras zu plazieren, um die Katastrophe in allen Abläufen auf dem Bild festzuhalten.« (Zit. n. Committee . . ., S. 171)

Ihr ursprünglicher Entwurf wurde überarbeitet und auf 17 Seiten erweitert. Die eingehende Darstellung des Problems mündete in die Schlußfolgerung, daß die angestellten Beobachtungen und andere Umstände »die mögliche Sicherheit (des geplanten Staudamms) beeinträchtigen« und dem Bureau of Reclamation baldmöglichst zugänglich gemacht werden sollten. Die Vertreter des Geological Survey in Denver und Washington erhoben jedoch Einwände; der Entwurf erschien ihnen zu »emotionsgeladen«. So wurde das Memorandum mehrfach umformuliert – ein Prozeß, in dessen Verlauf die Geologen so unwillig wurden, daß sie am Ende nicht einmal mehr bereit waren, neue warnende Anzeichen in ihr Papier mit aufzunehmen, weil sie damit doch nur auf taube Ohren gestoßen wären.

Sechs Monate nach dem ersten Entwurf gelangte das Memorandum schließlich in die Hände des Bureau of Reclamation. Es war mittlerweile so verwässert, daß von der ursprünglichen Besorgnis der Autoren nur noch wenig hindurchklang. Zwar hatte sich an den vorgetragenen Tatsachen nichts geändert, aber die daraus gezogenen Folgerungen waren denkbar harmlos: »Wir sind der Ansicht, daß unsere geologischen und seismischen Beobachtungen trotz ihres vorläufigen Charakters für die geologischen Rahmenbedingungen des geplanten Staudamms bedeutsam sind.« (Zit. n. ebd., S. 19)

Als die Geologen ihr Memorandum verfaßten, hatte das Bureau of Reclamation bereits 4,6 Mio. Dollar für Baupläne und vorbereitende Bauarbeiten ausgegeben. Von einer Behörde wie dem Geological Survey wird niemand erwarten, daß sie von sich aus eine zweite Behörde anspricht, mit der sie normalerweise zusammenarbeitet, und ihr erklärt: »Es ist eine Panne passiert. Ihr habt viereinhalb Millionen Dollar in den Sand gesetzt. Am besten, ihr sucht einen neuen Standort für den Damm oder rechnet das Projekt nochmal durch, auch wenn das Ganze doppelt so teuer wird wie eigentlich geplant.« Alle Behörden sind langfristig untereinander auf Zusammenarbeit angewiesen und mit derartigen Vorstößen äußerst vorsichtig. Außerdem hätte das Bureau of Reclamation sein Bauvorhaben wegen der angeführten Bedenken wohl auch kaum aufgegeben – vermutlich von der Hoffnung geleitet, daß die prognostizierten Erdbeben, wenn überhaupt irgend etwas, dann gewiß nicht den Damm in Mitleidenschaft ziehen würden. Gewisse kalkulierbare Risiken müssen eben übernommen werden, wenn wir den Fortschritt bejahen – so lautet das immer wiederkehrende Argument.

Kurz und gut, das Memorandum gelangte schließlich in entschärfter Form im Bureau of Reclamation an und stieß dort anscheinend auf nur geringes Interesse. Einer der für das Bureau tätigen Geologen erörterte es zwar mit einem der Autoren, ging der Sache jedoch nicht weiter nach. In einer Randbemerkung eines zweiten Geologen des Bureau of Reclamation, in der dieser eine »konstruktive Kritik« der geäußerten Bedenken empfahl, verriet sich die Grundhaltung der ganzen Behörde. Der Leiter der Untersuchungskommission bemerkte an dieser Stelle im Untersuchungsbericht nachdrücklich, die Behörde, die den Bau des Staudamms in Auftrag gegeben hatte, habe deutliche Warnungen von Fachleuten mißachtet, daß die Standfestigkeit des Bauwerks gefährdet sei. Nach Meinung des Untersuchungsausschusses hätten die Bauarbeiten sofort eingestellt werden müssen, bis diese Fragen geklärt waren (ebd., S. 21).

Wie auch immer, am Ende brach der Damm gar nicht aufgrund eines Erdbebens, sondern aus einem viel trivialeren Grund. Das Bureau of Reclamation ignorierte seine eigenen geologischen Erhebungen, nach denen das Gestein im Gebiet des geplanten Stausees voller Risse war, und außerdem wurde das Staubecken zu schnell gefüllt. Ein Geologe der Behörde hatte die Risse schon 1970 entdeckt; nach seiner Meinung stellten sie zwar ein Problem dar, konnten jedoch mit Zement vergossen werden, da sie maximal vier Zentimeter breit waren. Aber drei Jahre später, als der Dammbau schon zur Hälfte gediehen war (das ist wahrscheinlich der entscheidende Punkt!), stellte die Behörde fest, daß sich auf der rechten Seite des Damms nicht nur Risse, sondern regelrechte Höhlen befanden, die zum Teil mannshoch waren. Am Ende wurde doppelt soviel Zement vergossen wie ursprünglich vorgesehen, und die größte Menge wurde auf der rechten Dammseite verbraucht. Um einen Erddamm zum Einstürzen zu bringen, genügt ein einziger Riß, sofern durch diesen Wasser in das Damminnere gelangen und das dort befindliche Erdreich in einen Morast verwandeln kann. Das Vergießen von Rissen im Gestein ist keine exakte Wissenschaft, und niemand kann dafür die Gewähr übernehmen, daß dabei tatsächlich alle Risse vergossen werden. Spätestens nachdem man die Höhlungen entdeckt hatte, so der Untersuchungsausschuß, hätte sich das Bureau of Reclamation nicht mehr auf dieses Verfahren verlassen dürfen. Aber selbst nachdem der Damm gebrochen war, bestand der Bauherr öffentlich darauf, das Vertrauen in dieses Verfahren sei sehr wohl gerechtfertigt gewesen. Angesichts dieser Uneinsichtigkeit war selbst der Untersuchungsausschuß sprachlos.

Bis zum Juli 1973 wußte diese Behörde also von der Erdbebengefahr und war außerdem darauf aufmerksam gemacht worden, daß selbst ein kleineres Beben zu einem Riß im Damm und einsickerndem Wasser führen konnte, so daß der Damm einstürzen würde. Und sie wußte, daß es nicht nur geringfügige Risse im Gestein gab, sondern bis zu 1,80 m hohe Höhlen, die allesamt mit Zement ausgegossen werden mußten. Man sollte meinen, daß derartige Warnungen das Bewußtsein für eine drohende Gefahr verstärkt und zu einem künftig vorsichtigeren Vorgehen Anlaß gegeben hätten. Tatsächlich wurden die Risse und Hohlräume im Gestein vom Bureau of Reclamation als Problem erkannt (ebd., S. 25). Zugleich wurde auf das gravierende Problem von einsickerndem Wasser hingewiesen. Das alles hinderte später die Verantwortlichen nicht daran, das Staubecken wie ursprünglich geplant zu füllen – mit einer täglichen Anhebung des Wasserspiegels um 30 cm.

Aber noch während des Füllvorgangs ersuchte der Bauleiter um die Erlaubnis, die Füllgeschwindigkeit zu *verdoppeln*. Wegen der starken winterlichen Schneefälle war der Wasserzufluß stärker als ursprünglich angenommen. Außerdem würde dies nach seiner Meinung die Möglichkeit bieten zu überprüfen, ob sich das Vergießen der Hohlräume bewährt hatte (wobei er nichts darüber sagte, was man tun sollte, falls der Test mit katastrophalen Folgen fehlschlug). Des weiteren verwies er darauf, daß bei schnellerer Füllung des Staubeckens das Kraftwerk seinen Betrieb früher aufnehmen und daß das Gebiet um den Stausee frühzeitiger als Erholungsgebiet genutzt werden könnte. Selbstverständlich würde der Damm weiterhin wie bisher täglich nach Lecks abgesucht, und der Grundwasserstand in den nahegelegenen Brunnen würde ständig überwacht werden, um eine Unterspülung des Damms rechtzeitig entdecken zu können.

Einen Monat später wurde in einem weiteren Memorandum festgestellt, daß die bisherige Überwachung Mängel aufwies und die Entwicklung der Bodenverhältnisse unter dem Damm ungünstig verlief. Einige Daten der Beobachtungsinstrumente waren wegen winterlicher Bedingungen sechs Monate alt; drei von 17 Beobachtungsinstrumenten waren überdies defekt. Besonders beunruhigend war jedoch der Umstand, daß die funktionierenden Instrumente eine tausendfach höhere Strömungsgeschwindigkeit des Grundwassers anzeigten als man angenommen hatte. Trotzdem wurde weiter Wasser in das Staubecken geleitet, inzwischen sogar *viermal* so schnell wie vorgesehen – zu »Testzwecken« sowie im Interesse einer frühzeitigen Stromerzeugung und Nutzung der Umgebung als Erholungsgebiet.

Zwei Monate nach diesem alarmierenden Bericht, am 3. Juni 1976, wurden zwei Lecks an der Luftseite des Damms und am folgenden Tag noch ein drittes entdeckt. Wie der Bauleiter Mr. Robinson später aussagte, war er darüber nicht weiter beunruhigt; die Lecks versiegten wieder, und das war für einen Erddamm völlig normal. Wieder einen Tag später traten zwei neue Lecks auf, und diesmal bestand kein Zweifel daran, daß die Sache ernst war. Das erste lag etwa 40 m unterhalb der Dammkrone an einer Stelle, wo das rechte Widerlager und der Damm zusammentrafen – und wo sich die zahlreichen Höhlungen befunden hatten –, und das zweite lag unterhalb des ersten am Fuß des Staudamms. Aus diesem zweiten Leck flossen in der Minute 100 000 Liter Wasser. Anderthalb Stunden später trat im selben Bereich des Damms das letzte Leck auf. Es wurde rasch größer und spülte Erdreich aus dem Damminneren ins Freie. Bauarbeiter versuchten, das Loch mit Sandsäcken zu schließen, aber der Wasserstrudel wurde immer größer, und kurz nachdem sie unter Zurücklassung ihres Arbeitsgeräts die Flucht ergriffen hatten, verschwand dieses in den Wassermassen. An die Bewohner des Tals unterhalb des Staudamms wurden Warnungen durchgegeben, und wir dürfen annehmen, daß Mr. Robinson spätestens jetzt etwas beunruhigt war. Am 5. Juni 1976 um 11:57 Uhr brach der Damm.

Der Abgeordnete Leo Ryan aus Kalifornien war Leiter des Untersuchungsausschusses und Verfasser des Untersuchungsberichts. Über die nachfolgenden Ereignisse heißt es dort:

»Die riesigen Wassermassen, die sich flußaufwärts über eine Länge von 29 km erstreckten und ein Volumen von 350 Milliarden Liter Wasser aufwiesen, brachen durch den einstürzenden Damm und wälzten sich mit unvorstellbarer Gewalt durch die tiefer gelegenen Felder. Sie schwemmten die Ackerkrume mit sich und wühlten Pflastersteine aus den Straßen; Eisenbahnschienen wurden aus ihrem Schotterbett gehoben und verdreht; das Wasser schob Häuser und Scheunen von ihren Fundamenten, entwurzelte Bäume und riß das Vieh zu Tausenden mit sich fort.

Am Ende waren elf Menschen ums Leben gekommen. Tausende waren obdachlos. Ganze Städte wurden zerstört – von der Gewalt der Wassermassen buchstäblich in Stücke gerissen – und anschließend von tonnenweise von Dreck, Schlamm und Trümmern überschwemmt und verheert.« (Ebd.)

Über 40 ha Ackerland waren verwüstet, 16 000 Stück Vieh waren umgekommen. Der gesamte Sachschaden wurde damals auf über eine Milliarde Dollar veranschlagt. Zum Glück waren die Warnungen so rechtzeitig erfolgt, daß manche Gebiete noch evakuiert werden konnten, und die Katastrophe ereignete sich am hellen Tage. Man hatte keine Filmkameras aufgestellt, wie die Geologen ironisch empfohlen hatten, dafür erschienen jedoch in den Illustrierten und Zeitungen niederschmetternde Amateuraufnahmen von zufällig anwesenden Touristen.

Eine alte, aber nicht exakte Wissenschaft

Schon die alten Römer haben Staudämme gebaut, die zum Teil heute noch stehen, allerdings keine großen. Bis zum Bruch des Tetondamms haben wir eine Menge Erfahrungen mit kleinen und großen Dämmen gesammelt. Trotzdem ist auf zweierlei hinzuweisen: Wir nehmen den Bau von Staudämmen nicht ernst genug, was man daran ablesen kann, daß Konstruktionspläne und die Bauausführung von Dämmen nicht ausreichend überprüft werden, und im Grunde genommen wissen wir eigentlich nicht allzuviel über den Bau solcher Kolosse. Im Untersuchungsbericht von Leo Ryan wird festgestellt, daß alle Empfehlungen, solche Bauvorhaben besser zu überwachen, an der Haltung des Office of Management and Budget scheitern. Nach einer Schätzung aus dem Jahr 1976 waren in den USA von insgesamt 49 329 Staudämmen »20 000 so gelegen, daß ein Versagen oder eine Fehlfunktion zu Verlusten an Menschenleben und beträchtlichen Sachschäden führen könnte«. (Dem steht allerdings die tröstliche Erfahrung entgegen, daß bei den bisherigen Staudammunglücken meistens genügend Zeit blieb, um die Bevölkerung zu warnen, so daß sich die Verluste an Menschenleben in Grenzen hielten.) Programme von Regierungsbehörden zur Erhöhung der Sicherheit von Staudämmen hat es in der Vergangenheit entweder nicht gegeben, oder sie waren unzureichend. In den USA existieren acht verschiedene Behörden, die Staudämme bauen, aber eine Untersuchung zeigte, daß nur drei von ihnen zureichende Programme der Sicherheitsüberprüfung erstellt haben – darunter ausgerechnet auch das Bureau of Reclamation (ebd., S. 28 f.).

So wünschenswert weitere Sicherheitsüberprüfungen auch sein mögen, so ist doch nicht geklärt, ob sich dadurch die Situation wirklich bessern würde. Aus der Katastrophe des Tetondamms können wir die Lehre ziehen, daß sich die Verantwortlichen für das Bauvorhaben schlichtweg weigerten, daran zu glauben, daß der Damm einstürzen würde, nicht einmal nach ihren eigenen alarmierenden Inspektionsberichten. Statt dessen gab die Behörde kurz nach dem Unglück eine PR-Meldung heraus, in der sie die rhetorische Frage stellte: »Gibt es selbst bei nachträglicher Überlegung irgend etwas, das wir hätten tun können, um diese Katastrophe zu verhindern?« Die Antwort auf die selbstgestellte Frage lautete natürlich »nein« (zit. n. ebd., S. 31).

Wenn die Verantwortlichen von dem Unfall und den elf Todesopfern betroffen waren, dann zeigten sie es jedenfalls nicht. Niemand wurde entlassen, niemand mußte sich vor Gericht verantworten. In Europa ist das Leben für Ingenieure weniger leicht. Als 1959 der Malpassetdamm in Frankreich brach, wurde der Chefingenieur wegen fahrlässiger Tötung angeklagt, und eine ähnliche Anklage wurde in Italien erhoben, wo sich die furchtbarste Dammkatastrophe der Geschichte ereignete.

Es geschah am 9. Oktober 1963 in Italien am Vaiont, der durch eine 261 m hohe, ungewöhnlich große Bogenstaumauer gesperrt wurde. Wenn in Flußtälern Wasser gestaut wird, erfährt das unter Wasser liegende Gestein einen Auftrieb, der bei zuvor inaktiven Rutschzonen zu einer Veränderung des Gleichgewichts und somit zu einem Erdrutsch oder gar Bergsturz führen kann, insbesondere nach schweren Regenfällen. So auch beim Vaiontstausee. Hier rutschten derartige Gesteinsschuttmassen in das Wasser, daß sich eine riesige, über 100 m hohe Flutwelle (mehr als ein Drittel der Dammhöhe!) bildete. Die Wassermassen wälzten sich über die Talsperre und töteten 2 500 Menschen in den tiefergelegenen Dörfern. Die italienische Regierung, die sich auf die Ergebnisse einer technischen Untersuchungskommission stützte, erklärte die Katastrophe als das unmittelbare Ergebnis »bürokratischer Unfähigkeit, des Herumpfuschens, der Unterdrückung alarmierender Informationen, mangelnden Urteilsvermögens und unterlassener Beratung«. 14 Ingenieure wurden ihres Postens enthoben und wegen Totschlags angeklagt und verurteilt – eine außergewöhnliche Maßnahme, wie sie für die USA bislang noch undenkbar ist.

Natürlich wurde die Gemeinde der Ingenieure und Geologen durch dieses Gerichtsurteil aufgeschreckt, weil es einen unliebsamen Präzedenzfall schuf. Fachleute hielten es für voreilig. Einer von ihnen bemerkte: »Der Bergsturz konnte in der Form, in der er sich tatsächlich ereignete, unmöglich von irgend jemandem vorhergesehen werden.« (Zit. n. Biswas/Chatterjee 1971, S. 7) Vielleicht nicht in dieser Form, aber die Möglichkeit eines Bergrutsches als solche wurde während der Planung und Ausführung des Bauwerks sehr wohl erwogen. Ein ähnliches Schicksal steht möglicherweise einer anderen hohen Talsperre bevor, die sich in Tablachaca, 250 km stromaufwärts von Lima in Peru befindet. Nachdem ihr Staubecken gefüllt war, entdeckte man einen prähistorischen Erdrutsch, dessen Schutt sich nun mit einer Geschwindigkeit von einem Meter pro Jahr in den Stausee weiterbewegt. Ein großer Erdrutsch könnte das Becken innerhalb weniger Sekunden verschütten.

Im Fall des Tablachacadamms ist die peruanische Regierung vorgewarnt und hat Fachleute zu Rate gezogen. Es handelt sich nicht um eine mysteriöse Interaktion zwischen Talsperre und altem Gestein, dessen Gleichgewicht durch das gestaute Wasser gestört wurde. Die meisten Dammbrüche sind für uns kein Geheimnis mehr. Dennoch kommt es hin und wieder zu heftigen Debatten darüber, was genau den Einsturz eines Damms verursacht hat, so z. B. nach dem Bruch des Tetondamms. Sank der Damm ein, oder wurde er weggeschwemmt? Ein Geologe äußerte, der Damm sei nicht auf festen Untergrund, sondern auf brüchiges, rissiges Gestein gebaut worden, ein, wie er sagte, »kolossales Mißverständnis des Bruchmusters von Vulkangestein und ein gravierender Irrtum über die Natur von Grundwasserströmungen« bei den Geologen des Bureau of Reclamation. Während der Füllung des Staubeckens erfolgte die Verdichtung der Erdmassen im Damm möglicherweise nicht gleichmäßig, so daß eine Seite einsackte, wobei bereits ein Unterschied von wenigen Zentimetern zu enormen Drücken führen kann (Committee . . . 1976, S. 10 f.).

Ein anderer Experte gab ebenfalls dem Bureau of Reclamation die Schuld, trug jedoch eine andere Theorie vor. Als Folge der ungewöhnlich hohen Niederschläge und Wasserzuflüsse im April und Mai baute sich im Grundwasser unter dem Staudamm ein hoher Druck auf; dadurch hob sich möglicherweise das Gestein des Beckens entlang einer Scherzone am rechten Widerlager, so daß der Damm unter dem Druck weggespült wurde (ebd., S. 12).

Wie derartige Einschätzungen von Gutachtern zu beurteilen sind, geht aus einem einfallsreichen Experiment hervor, mit dem das Massachusetts Institute of Technology (MIT) einmal die Kenntnisse von Ingenieurgeologen über eine ganz einfache, aber praktische Frage überprüfte: Wie hoch kann man einen Erddamm aufschütten, bevor er einstürzt? Die Antworten zeigten, daß die befragten Experten sich erstens höchst uneinig waren und zweitens das Ziel weit verfehlten.

Geotechniker vom MIT hatten selber Versuche zur Festigkeit von tonigem Untergrund angestellt, als die Teilstrecke eines Highways durch sumpfiges Gelände gebaut wurde. Da der gesamte Bau der Straße wieder aufgegeben wurde, boten sich ihnen die schönsten Studienmöglichkeiten. Ein Teilstück des Straßendamms war etwa zwölf Meter hoch, und in das Erdreich sowie in die Tragschicht aus Sand und Kies wurden nun mehrere Meßinstrumente gesteckt. Danach wurde auf den Damm weiteres Erdreich geschüttet, um festzustellen, bei welcher Höhe er einstürzen würde, was bei einer Dammhöhe von insgesamt 18 m geschah.

Anschließend übergaben die Geotechniker sämtliche relevanten Daten über den Tonuntergrund, die Tragschicht, das Schüttgut, die Breite des Dammfußes etc. sieben Experten, die aufgrund dieser Informationen schätzen sollten, bis zu welcher Höhe es möglich wäre, weiteres Erdreich auf den Damm zu schütten, ohne daß er einstürzte. Die Experten sollten außerdem angeben, wie sicher sie sich ihres Urteils wären. Ergebnis: Fünf Schätzungen lagen wesentlich unter dem tatsächlichen Wert von 6 m, zwei lagen wesentlich darüber. Die Skala der Expertenurteile reichte von 2,5 bis 8 m, aber niemand errechnete auch nur annähernd den richtigen Wert. Trotzdem hatten alle befragten Experten eine hohe Meinung von ihrem eigenen Urteilsvermögen (Mynes/Vanmarcke 1976).

Demnach ist der Bau von Erddämmen eine alte, aber unexakte Wissenschaft; selbst das triviale Problem niedriger Dammaufschüttungen, mit dem sich Straßenbauingenieure tagaus tagein überall auf der Welt beschäftigen, ist nicht bis ins letzte geklärt; und bei dem Test der Experten gab es keine politischen, ökonomischen oder Organisationsprobleme, die die Fragestellung komplizierter gemacht hätten.

Radioaktive Dämme

Leider müssen Talsperren nicht nur Wasser zurückhalten. Im Südwesten der USA gibt es etliche Dämme, hinter denen radioaktive Erzabfälle (Sand und Ton) aus Urangruben lagern. Aus den Erzen sind 15 Prozent des Urananteils herausgelöst worden, die restlichen 85 Prozent lassen sich nicht rentabel ausbeuten und verbleiben im Gestein. Von 15 Unfällen zwischen 1959 und 1977, bei denen Uranschlamm freigesetzt wurde, gingen sieben auf Dammbrüche zurück (U.S. Congress House Interior Committee 1980, S. 9).

Am 16. Juni 1979 brach einer dieser Dämme in Church Rock, New Mexico, und 4 000 000 m³ verseuchte Flüssig- und 1 100 Tonnen gefährliche Feststoffe gelangten in einen Wasserlauf, flossen durch ein Indianerreservat und über Gallup, New Mexico, nach Arizona, wo winzige Reste ihre Reise vermutlich im Lake Mead beendeten, einem künstlichen Trinkwasserreservoir für Kalifornien. Die radioaktive Verseuchung wurde noch in einer Entfernung von über 170 km von Church Rock im Flußbett mit Meßgeräten nachgewiesen. Bei einem Hearing vor dem US-Kongreß sagten jedoch einige Sachverständige aus, daß die meßtechnisch nicht mehr nachweisbare Strahlung noch weiter reiche und möglicherweise auch das Grundwasser und die Seen verseuche. Das radioaktive Material drang teilweise bis zu zehn Meter in den Boden ein, und es wird damit gerechnet, daß es irgendwann in die Nahrungskette gelangt (ebd., S. 47 und 229 ff.).

Die United Nuclear, die den Damm bauen ließ, begann sofort mit der Entseuchung, und zur Zeit der Hearings, drei Monate nach dem Dammbruch, waren 3 500 Tonnen Geröll aus dem Flußbett auf einer Strecke von 17 km entfernt worden – von Arbeitern, die nichts anderes zur Verfügung hatten als Schaufeln, Eimer und 250-Liter-Fässer. (Das Flußbett war zu weich für schwere Ausrüstung, und nach Angaben des Unternehmens wäre es zu teuer gewesen, den Wasserlauf umzuleiten und das Bachbett austrocknen zu lassen, bis es für schwere Maschinen fest genug gewesen wäre.) Vertreter von United Nuclear ließen verbreiten, die ausgetretenen Radiumkonzentrationen seien für die menschliche Gesundheit ungefährlich.

Nach Angaben des Unternehmens wurde der Dammbruch durch ein unerwartetes Zutageliegen von Felsgestein an einer einzigen Stelle verursacht, das zu unterschiedlichen Setzungen des Untergrundes führte. Ein bereits früher aufgetretener Riß im Damm hatte mit dem späteren Dammbruch angeblich nichts zu tun. Vertreter des Unternehmens sagten aus, unglücklicherweise sei das Wasser in dem Rückhaltebecken gelegentlich über einen vorgebauten Pufferdamm aus Sand geflossen und habe wegen der ungleichmäßigen Setzungsbewegungen den Damm unterspült, so daß dieser schließlich gebrochen sei (ebd., S. 22).

Aus Dokumenten des Corps of Engineers, einer unabhängigen Firma, die zum Zeitpunkt des Unfalls zu Rate gezogen worden war, aus Aussagen von Vertretern des Bundesstaates New Mexico und der amerikanischen Umweltschutzbehörde, aus den firmeninternen Unterlagen von United Nuclear sowie aus anderen Aussagen ergibt sich allerdings ein anderes Bild. Die eigenen Geologen des Unternehmens hatten auf die Probleme des Untergrunds und auf die Notwendigkeit einer ständigen Überwachung hingewiesen. United Nuclear hatte immerhin zugesagt, Sensoren anzubringen, ohne diese Zusage jedoch einzuhalten. 1977 traten erste Risse auf und hätten eigentlich eine Warnung sein müssen, aber entgegen einer früheren Vereinbarung wurde nicht einmal das State Engineering Office davon unterrichtet. In den Konstruktionszeichnungen waren Verstärkungen des Damms vorgesehen, die später nicht eingebaut wurden, und der Damm wies keine einzige der Schutzmaßnahmen auf, die vom technischen Berater des Unternehmens empfohlen worden war. Auch die Verdichtung des Dammschüttguts erfolgte nicht vorschriftsmäßig. Der Abstand zwischen Dammkrone und Wasserspiegel sollte 1,50 m betragen, betrug tatsächlich jedoch nur 50 cm; der Damm war um die Hälfte seiner vorgesehenen Kapazität überlastet. Die Entseuchungsarbeiten gingen anfangs nur zögernd voran, bis sich eine bundesstaatliche Behörde einschaltete (ebd., S. 3, 34, 39, 42, 47, 227). Es war kein System-, sondern ein Komponentenunfall, bedingt durch mangelhaftes Management, wozu auch gehörte, daß die Leitung des Unternehmens ein Risiko einkalkulierte.

Künstliche Erdbeben

Der katastrophale Bruch des Tetondamms war ein Komponentenunfall, der auf Fehler in der Konstruktion und auf ein Versagen der Unternehmensleitung zurückging. Aber Störungen der Erdoberfläche in größerem Umfang sind immer mit Risiken verbunden, weil in ein geologisches und geothermisches System eingegriffen wird. Die Störungen können Systemunfälle zur Folge haben, die gravierender sind als die leichter zu verhindernden Komponentenunfälle. Wir dringen immer tiefer in den dünnen Mantel ein, der uns vom Kern der Erde trennt, während wir nach Bodenschätzen, Wasser, Müllagern oder Stätten für Atomexplosionen suchen.

Im Zusammenhang damit haben wir auf geheimnisvollere Weise Erdbeben ausgelöst als beim Füllen von Staubecken. Einige dieser Fälle verdienen eine kurze Untersuchung, z. B. unterirdische Kernexplosionen. 1968 folgten in Nevada innerhalb von drei Tagen 30 kleinere Erdbeben auf die unterirdische Zündung einer Atombombe. Offenbar war durch die Explosion eine alte Verwerfung reaktiviert worden. Noch Wochen später wurden leichte seismische Erschütterungen aufgezeichnet (Calder 1972, S. 136).

Die Furcht vor solchen künstlich hervorgerufenen Erdbeben ließ Japan und Kanada auf eine Serie amerikanischer Atomversuche entlang des pazifischen Faltengürtels heftig protestieren. Die USA hatten auf den Aleuten Atomexplosionen ausgelöst, und Kanada und Japan waren besorgt, weil die tektonische Falte sich über Vancouver, British Columbia bis nach Japan erstreckt. Zum Glück wurde sie jedoch nicht in Mitleidenschaft gezogen.

In Denver, Colorado, gab es im April 1963 ein leichtes Erdbeben. Es trat unvermutet auf, da es in dieser Gegend 81 Jahre lang kein einziges Erdbeben gegeben hatte. Einige Jahre lang kam es immer wieder zu kleineren Erschütterungen, 1967 wurden einige Häuser der Stadt dabei geringfügig beschädigt. Am Ende stellte sich heraus, daß die Armee der Urheber war. 17 km von Denver entfernt befindet sich das Rocky Mountain Arsenal der Armee. Dort werden Giftkampfstoffe wie z. B. Nervengas hergestellt, und es fielen große Mengen an vergiftetem Abwasser an, das irgendwo gelagert werden mußte. Eine Zeitlang wurde es einfach in Speicherbecken geleitet, was jedoch zum Absterben von Nutzpflanzen und zum Tod von Vieh und wilden Tieren führte. Deshalb bohrte die Armee einen 3 000 m tiefen Brunnen, in den sie das giftige Abwasser unter hohem Druck pumpte. Sechs Wochen später wurde das erste Erdbeben registriert und danach fast täglich eine Serie leichter Erschütterungen. Es dauerte ein Jahr, bis man dahinter kam, wo die wahrscheinliche Ursache zu suchen war, aber die Armee bestritt alle entsprechenden Vermutungen und pumpte weiterhin Abwasser in die Erde. Das unter hohem Druck stehende Wasser weitete die Risse des mürben Gesteins, dessen Platten sich unter einem zusätzlichen tektonischen Druck ruckweise hin und her bewegten. Selbst nachdem der Wasserzufluß aufhörte, machte sich der Wasserdruck noch eine Zeitlang bemerkbar, und erst nach zwei Jahren hörten die Erschütterungen endgültig auf.

Ähnliches geschah in einem anderen Teil des Staates, als ein Erdölunternehmen Wasser in Bohrlöcher drückte, um den unterirdischen Ölzufluß zu verstärken; auch hier traten Erdbeben auf, die nach einiger Zeit wieder verschwanden, sobald kein Wasser mehr in die Tiefe gepumpt wurde. Das National Center for Earthquake Research übernahm einen Teil des Bohrfelds, um eigene Versuche durchzuführen. Sobald man Wasser in die Erde pumpte, trat ein Beben auf, das wieder aufhörte, wenn das Wasser zurückgepumpt wurde. Diese Versuche führten zu dem Vorschlag, einen Teil der Sankt-Andreas-Verwerfung in der Nähe von San Francisco durch eine Serie von 500 Arbeitsgängen festzukeilen. Dabei sollte jeweils im Abstand von 900 m aus zwei Bohrlöchern Wasser entnommen und in ein dazwischenliegendes drittes Bohrloch gepumpt werden. Die Wasserentnahme sollte die beiden Enden des jeweiligen Segments fixieren, während durch das unter Druck eingepumpte Wasser in der Mitte kleinere Erdbeben hervorgerufen würden, da der in der Verwerfung herrschende Druck die Gesteinsplatten übereinander gleiten lassen würde. Das erhoffte Resultat wäre eine Verringerung des Drucks entlang der Verwerfung. Da sich der pazifische Faltengürtel Jahr für Jahr um etwa sechs Zentimeter nach Norden vorschiebt, baut er enorme Drücke auf. Schätzungen zufolge ist an manchen Stellen in der Nähe von San Francisco das Gestein bis zu vier Meter verschoben. Nach dem Vorbild eines Chiropraktikers sollte die Wirbelsäule der Erdfalte dort, wo sich die Gesteinsplatten übereinanderschieben, gezielt ausgeglichen werden. Glücklicherweise liegt die Verwerfung in dieser Region nahe an der Erdoberfläche und wird in einer Tiefe unterhalb von 20 000 m anscheinend mit dem nötigen Schmiermittel versorgt (ebd., S. 137 f.).

Bei dem ganzen Projekt besteht natürlich die Gefahr, daß statt einer geringfügigen Verschiebung eine Katastrophe ausgelöst wird – und sei es mit 100 oder 500 Jahren Verzug. Wieviel wissen wir überhaupt von dem, was tief unten in der Erde vor sich geht? Auf jeden Fall zuwenig, um entsprechende Ökosystem-Unfälle ausschließen zu können.

Bergbau

Der Untertagebau in den USA ist zweifellos ein gefährliches Geschäft. Aber bei der weitaus überwiegenden Mehrzahl aller tödlichen Unfälle in Bergwerken kommen Einzelpersonen um, allesamt nach unserer Terminologie Opfer ersten Grades. Soweit ich sehen kann, werden Bergwerke als Systeme nur selten von Systemunfällen heimgesucht. Zusammen mit einer Gruppe von Studenten habe ich die Unterlagen sämtlicher 1980 in Kanada gemeldeten Bergwerksunfälle, die Zeitschriften für Grubensicherheit und die Statistiken der OSHA untersucht. Dabei stellten wir folgendes fest: 1. Die Arbeit unter Tage ist allein schon ihrer Natur nach gefahrenträchtig; 2. es kommt häufig zu Pannen bei der Ausrüstung, zu Beeinträchtigungen durch die Umwelt (z. B. schlagende Wetter) und zu Bedienungsfehlern; 3. es kommt immer wieder zu Katastrophen, die vermeidbar gewesen wären und denen zahlreiche Warnzeichen vorausgingen; 4. es gibt nur wenig Hinweise auf mögliche Systemunfälle.

In unserem Diagramm in Kapitel 3 (S. 138) ist der Bergbau als ziemlich lose gekoppeltes und eher komplexes System eingeordnet. Die Gründe dafür sind folgende: Wenn es im Bergbau zu Pannen kommt, besteht im allgemeinen die Möglichkeit zur Regenerierung des Systems, da die betroffenen Systemteile ohne weiteres abgekoppelt werden können; eine Zeitlang läßt sich die Reihenfolge des Arbeitsablaufs umstellen; es bestehen gewisse Pufferspielräume, und in vielen Fällen sind unabhängige Substitutionen möglich. Trotzdem ist das System weniger lose gekoppelt als beispielsweise Firmen der verarbeitenden Industrie, Regierungsbehörden oder Universitäten.

Der Produktionsprozeß an sich ist linear – Lösen des Rohstoffs, Abspreizen des Hangenden, Abtransport des Materials, wobei Transformationsprozesse im Gegensatz etwa zur chemischen Industrie kaum eine Rolle spielen. Aber die besonderen Arbeitsbedingungen können unerwartete, unbeabsichtigte und unsichtbare Interaktionen hervorrufen, vor allem im Hinblick auf die Strömung von Gasen und die Veränderung des Drucks im komplizierten Gewirr aus Schächten und Streben. Manche dieser Interaktionen sind vermutlich unvermeidlich; es sind einfach zu viele interagierende Faktoren zu berücksichtigen, wenn man etwa prognostizieren will, an welcher Stelle vielleicht ein explosives Gemisch entsteht, wann es explodieren wird, welche Türen aus der Verankerung gerissen und welche unerwarteten Wege die Gase und der Explosionsdruck nehmen werden. Bergwerke weisen demnach einige der Aspekte sowohl komplexer wie linearer Systeme auf. Diese Komplexität läßt sich anscheinend nicht gänzlich verringern. Im Lauf der Jahre wurde auch die enge Kopplung weitgehend reduziert, und hier läßt sich noch einiges erreichen. Vor allem bei Systemteilen und -einheiten gibt es noch viel zuviele Pannen, auch wenn sie nur selten zu Subsystem- oder Systemunfällen führen. In der folgenden Erörterung möchte ich lediglich zeigen, daß ihrem Wesen nach gefährliche Aktivitäten nicht zwangsläufig systemunfallträchtig sind. Darüber hinaus werden wir noch mehr darüber erfahren, was in den USA unter »Sicherheitsuntersuchungen« verstanden wird und wie sehr hier die Neigung vorherrscht, die Schuld an Unfällen deren Opfern zuzuschieben.

Unvermeidliche Gefahren

Der Untertagebau ist zwangsläufig mit Schwierigkeiten und Gefahren verbunden. Es werden Sprengstoffe eingesetzt und Stollen vorgetrieben, die einstürzen können. Die Beleuchtung ist schlecht; es ist praktisch unmöglich, den scharfen Kontrast zwischen hell erleuchteten und im dunkel befindlichen Zonen abzumildern, da die Gänge zahlreiche Krümmungen aufweisen und bewegliches schweres Gerät immer wieder die Sicht verdunkelt. Die Kommunikation wird erschwert, weil die einzelnen Teile des Bergwerks weit auseinander liegen und ein ständiger hoher Geräuschpegel herrscht. Die Lüftung ist schwierig zu steuern; ein Bergwerk muß von großen Mengen Frischluft durchströmt werden, um giftige und explosive Gase und in Kohlebergwerken den Kohlestaub abzuführen. In den meisten Stollen und Schächten bläst ein kontinuierlicher, starker Gebläsewind. Die Arbeit erfordert schweres und bewegliches Gerät und große Elektrowerkzeuge. Sie erfolgt unter extrem beengten Verhältnissen, und bei drohender Gefahr ist es mühselig und zeitraubend, das System zu verlassen.

In einer so beschaffenen Umwelt kommt es häufig zu Komponentenausfällen. Bei der Lektüre von Berichten über Bergwerksunfälle überrascht die große Vielzahl der Defekte an Kupplungen, Bohrgeräten, Alarmanlagen, der Stromausfälle usw. Es hat den Anschein, als wären die Geräte besonders stör- oder pannenanfällig, aber es spricht mehr dafür, daß sie schlecht instand gehalten und unter den schwierigen Bedingungen besonders extrem belastet werden. Häufig sind es auch die Bergarbeiter selbst, bei denen »Komponentenausfälle« auftreten. Wir wissen nicht, wie weit sie durch Akkordvorgaben oder lange Schichtzeiten unter Tage (im Extremfall bis zu elf Stunden täglich) nicht anders können, als »erzwungene Fehler« zu machen, oder in welchem Maße andererseits unter ihnen eine »Machokultur« herrscht, in der Männer, die sich bereitwillig der Gefahr aussetzen, besonders geachtet werden. Ich bin überzeugt, daß das letztere eine geringere Rolle spielt. Sofern sich eine solche Machokultur in diesem Bereich entwickelt hat, erfüllt sie wahrscheinlich den Zweck, einer unmenschlich harten Tätigkeit einen Sinn zu verleihen. Wie auch immer, es ist nicht zu übersehen, daß es immer wieder – ob erzwungen oder nicht – zu Bedienungsfehlern kommt.

Schließlich gibt es auch noch das offensichtliche Versagen der »Umwelt«. Es läßt sich einfach unmöglich vorhersagen, an welchen Stellen der Stollen und Schächte Gestein hereinbrechen kann. Noch gefährlicher sind Gesteinsexplosionen. Dazu kommt es, wenn der auf dem Felsgestein lastende Druck, der mit wachsender Tiefe ebenfalls zunimmt, einseitig verändert wird, so daß aufgrund des gestörten Druckgleichgewichts das Gestein buchstäblich explodiert. Gelegentlich wird dieser Vorgang künstlich herbeigeführt, um die abzubauende Strecke sicherer zu machen.

Im folgenden werde ich kurz einige Unfälle schildern, die einen Eindruck von den hier bestehenden Gefahren vermitteln sollen. Ich stütze mich dabei auf den namentlich nicht gezeichneten Aufsatz »Could these deaths have been averted?« in *Mine Safety and Health* (1979), einer Zeitschrift für Bergbausicherheit. In diesem Artikel soll gezeigt werden, daß die Risiken vor allem für unerfahrene Bergarbeiter hoch sind. Im ersten Halbjahr 1979 wurden in den USA 53 Personen getötet, die im Tage- oder Untertagebau beschäftigt waren, und einige der Unfälle werden in dem genannten Beitrag etwas näher untersucht. (Der Autor weist darauf hin, daß die Hälfte der Opfer weniger als ein Jahr Erfahrung mit ihrer Tätigkeit hatte, aber diese Angabe ist wenig aussagekräftig, solange wir nicht wissen, wie hoch der Anteil der unerfahrenen an der Gesamtzahl aller Bergarbeiter ist.) Da der Aufsatz ein typisches Beispiel für die in dieser Branche geübte Unfallforschung darstellt, können wir aus ihm nicht nur etwas über die Arbeitsbedingungen des Bergbaus in den USA lernen, sondern auch über die grundlegenden Annahmen der Unfallforscher selber.

Ein Arbeiter in einem Kalksteinbruch in Texas mußte in einer elfstündigen Schicht den Kalksteinschotter wegschaufeln, der von den Rändern eines 1,20 m breiten Förderbandes herabfiel und sich unter diesem zu einem Haufen auftürmte. Anscheinend war es nicht ganz einfach, die Steine unter dem Band hervorzuschaufeln, und der Mann hatte keine Möglichkeit, das Band abzuschalten. In dem Aufsatz heißt es, die mit der Untersuchung des Unfalls beauftragten Mitarbeiter der Mine Safety and Health Administration (MSHA) seien zu dem Schluß gelangt, daß »das Opfer aus unbekannten Gründen unter das Förderband gekrochen war, während dieses noch lief«. Wahrscheinlich blieb ihm gar keine andere Wahl, um zu verhindern, daß sich die Steine so hoch auftürmten, daß sie möglicherweise das Band beschädigten – schließlich war genau dies seine Aufgabe. Anscheinend verfing sich seine Schaufel zwischen der Unterbandrolle und dem Band, so daß sein Arm ebenfalls zwischen Band und Rolle gerissen wurde, bevor er die Schaufel loslassen konnte. Er schlug mit dem Kopf auf die Rolle auf und brach sich den Kiefer und das Genick.

Dem Unfalluntersuchungsbericht zufolge wurde der Unfall dadurch herbeigeführt, daß »das Opfer an eine gefährliche Stelle unter dem Förderband kroch und daß die Firmenleitung versäumt hatte, das Band am unteren Ende zu sichern. Ein weiterer Faktor war die mangelhafte Konstruktion des Förderbandes selbst, die dazu führte, daß sich der Raum unterhalb des Bandes mit herabfallendem Kalksteinschotter zusetzte, so daß dieser immer wieder weggeräumt werden mußte.« Es ist bemerkenswert, daß der Bericht sowohl die Notwendigkeit der Räumarbeit als auch die mangelnde Sicherung der Unterbandrolle konstatiert, aber gleichzeitig daran festhält, der Arbeiter sei »aus unbekannten Gründen« unter das Band gekrochen. Gemessen an den in diesem Buch geschilderten Großunfällen war dieser hier fast geringfügig, und er hätte auch in einem Produktionsbetrieb vorkommen können, aber er vermittelt uns eine Vorstellung davon, was eigentlich gemeint ist, wenn in Unfallberichten »Bedienungsfehler« oder »menschliches Versagen« als Unfallursache angegeben wird. Man darf hier getrost von einem »erzwungenen Fehler« sprechen: Hätte der Arbeiter die Steine unter der Bandrolle nicht weggeräumt, dann hätte er sich gewiß bald einen neuen Job suchen müssen.

Ein anderer Unfall, der durch einen »Bedienungsfehler« verursacht wurde, ereignete sich in einem Schiefersteinbruch im Staat New York. Ein Arbeiter hatte die Aufgabe, einen Silo zu beaufsichtigen, der durch ein Förderband beschickt wurde, und zu signalisieren, wenn der Behälter voll war. Zwar gab es eine automatische Füllmengenanzeige, aber man hatte es für zuverlässiger gehalten, jemanden den Silo beobachten zu lassen. Als sich das Förderband aufgrund der automatischen Anzeige abschaltete, ohne daß der Beobachter ein Signal gegeben hätte, schaute man nach, ob etwas passiert war. In dem bereits angeführten Zeitschriftenaufsatz heißt es hierzu:

»Man nahm an, daß der Mann in den Silo geklettert und auf das Schüttgut getreten war, unter dem sich möglicherweise ein Hohlraum gebildet hatte, so daß er einsank, sich nicht mehr befreien konnte und verschüttet wurde.

Wie die MSHA-Gutachter feststellten, wurde der Unfall in der Hauptsache dadurch herbeigeführt, daß der Arbeiter in den Silo geklettert war, ohne sich durch einen Gurt mit Leine zu sichern, ohne einen zweiten Arbeiter zu informieren und ohne das Förderband abzuschalten und zu verriegeln. Weitere Faktoren waren den Gutachtern zufolge das Versäumnis des Opfers, den Mann zu informieren, der das Förderband belud, sowie Versäumnisse der Werksleitung, ihre Belegschaft richtig einzuweisen und zu beaufsichtigen.« (Ebd.)

Wir wissen nicht, warum der Arbeiter in den Silo geklettert ist, aber auf jeden Fall wollte er irgendein Problem beseitigen. Ob ein Gurt mit einer 1,50 m langen Sicherheitsleine ihn gerettet hätte, nachdem er von dem Kalkschotter begraben wurde, erscheint zweifelhaft. Wie aus dem Unfallbericht hervorgeht, gab es keinen zweiten Mann in der Nähe, den er hätte rufen können, und ein Abschalten des Förderbandes wegen eines vermutlich geringfügigen Problems hätte dem Mann wahrscheinlich eine Rüge eingetragen. Wir können natürlich nicht ausschließen, ob nicht der Arbeiter tatsächlich doch einen ganz dummen Fehler gemacht hat. Das kann jedem von uns auch passieren. Aber auch hier wäre es zu leicht, einfach von einem »Bedienungsfehler« zu sprechen. Genaugenommen geht es hier um eine von Anfang an gefährliche Arbeitssituation, in der der Produktionsstrom nicht unterbrochen werden darf und dem Arbeiter gewisse Gefährdungen zugemutet werden, solange er den Job behalten will.

In dem Aufsatz finden sich noch einige andere, ähnlich gelagerte Beispiele, die den »Nutzen von Erfahrung und innerbetrieblicher Schulung« verdeutlichen und davor warnen sollen, sich mit dem Gedanken zu beschwichtigen, »sowas kann hier gar nicht passieren«. »Ich habe zu zeigen versucht, daß mangelhafte Erfahrung und Schulung wahrscheinlich weniger ins Gewicht fallen als Arbeitsdruck, eine sorglose Unternehmensführung, eine unzureichende Beaufsichtigung und vor allem die immanenten Gefahren dieses Industriezweigs. In keinem der Fälle ging es um einen Systemunfall. Das System ist weder eng gekoppelt noch besonders komplex. Neben den in dem Aufsatz wiedergegebenen Unfällen haben wir noch anderes umfangreiches Material ausgewertet, unter anderem unveröffentlichte Berichte der OSHA über schwere und tödliche Unfälle in der Hüttenindustrie. Diese ist ziemlich lose gekoppelt und linear und weist viel mehr Ähnlichkeit mit Betrieben der verarbeitenden als etwa mit der großchemischen Industrie auf. Obgleich gewisse Parallelen zu Verfahren der chemischen Industrie bestehen, ergaben die Berichte sämtlicher tödlicher Unfälle innerhalb von zwei Jahren keine vergleichbaren Systemunfälle – was nicht anders zu erwarten war.

Komplexität und Kopplung in Bergwerken

Nicht alle Bergwerksunfälle werden durch simple Defekte von Komponenten verursacht, wie sie oben beschrieben wurden. Auch in Bergwerken gibt es enge Kopplung und komplexe Interaktionen. Zum Glück werden sie durch neue Vorschriften abgeschwächt (oder wurden es zumindest, bis sich der Trend durch die Regierung unter Ronald Reagan 1981 wieder umkehrte). Das U.S. Bureau of Mines schreibt heute eine Bewetterung durch mehrere Wetterschächte mit dezentralisierter Lüftung vor, was die Zahl der möglichen »abhängigen Fehler« beträchtlich verringert. Bergwerke mit nur einem Förderschacht waren ziemlich verbreitet, bis das Bureau mit seiner Forderung nach mehreren Fluchtwegen aus einem Bergwerk praktisch mehrere Schächte für ein Bergwerk vorschrieb. Bis dahin konnte in einer Grube mit nur einem Schacht ein steckengebliebener Aufzug bei einem Grubenbrand oder einer ähnlichen Katastrophe den Bergarbeitern den einzigen Fluchtweg abschneiden. Eine weitere Vorschrift sah vor, stillgelegte Stollen zuzumauern. Dort können sich giftige Gase bilden, oder sie werden als illegale Lagerstätten für Giftmüll benutzt. Dem sollte mit der neuen Vorschrift vorgebeugt werden.

Ein offensichtliches Problem von Bergwerken ist die fehlende Möglichkeit, eine unmittelbare Information über den Systemzustand zu erhalten – ein Merkmal, das sie mit vielen Systemen mit komplexen Interaktionen gemeinsam haben. Das zeigt sich besonders an den unvorhersehbaren Einbrüchen von hangendem Gestein, die zu häufigen und gefährlichen Unfällen führen (s. Seals/Speirer 1972/73, S. 1). Auch Gase und explosive Stäube tragen zur Unsicherheit des Systems bei. Zu den schwersten Unfällen kommt es bei Bergwerksexplosionen. Aus dem unterirdischen Gestein kann Methan entweichen, ein besonders schwieriges Problem bei Kohleflözen, obgleich es auch schon bei normalem Stollenvortrieb zu derartigen Explosionen gekommen ist.

Die Sicherheitstechnik hat sich mit der Zeit verbessert. Bereits eine oberflächliche Überprüfung zeigt, daß die Zahl der Todesopfer bei Bergwerksunglücken zurückgeht. So verzeichnet z.B. eine Quelle für den Zeitraum von 1960 bis 1978 acht Explosionen, bei denen eine größere Zahl von Todesopfern zu beklagen war, aber im Durchschnitt lag diese Ziffer nicht höher als 32. Zwischen 1971 und 1978 gab es meines Wissens in den USA nur ein einziges schweres Grubenunglück. Selbst bei der gewaltigen Explosion in dem Salzbergwerk Belle Isle in Louisiana 1979 wurden nur fünf Bergarbeiter getötet. Aber trotz allem bleibt im Bergbau ein unkalkulierbares Restrisiko, was ihn für den Menschen zu einer unberechenbaren Umwelt macht.

Ein See verschwindet

Unser letzter Unfall bietet eine eher komische Erholung von der harten Welt des Bergbaus und ein Beispiel für einen Eingriff des Menschen in ein natürliches System, der zu einem echten Systemunfall führte. Er ereignete sich 1980 in Louisiana, und in seinem Verlauf verschwanden ein Bohrgerüst samt einem See, und ein ganzes Salzbergwerk wurde außer Betrieb gesetzt. Ich stütze mich im folgenden auf den äußerst unterhaltsamen Bericht von Michael Gold in *Science* 1981.

Der Unfall ist ein Beispiel für komplexe Interaktionen, die sich aus der engen Nachbarschaft unabhängiger und linearer Systeme ergeben können. Es kommt nicht alle Tage vor, daß ein Bohrturm, ein See und ein

Salzbergwerk plötzlich zu Subsystemen eines umfassenderen Systems werden.

Vielleicht sind Sie nach dieser Einleitung schon selbst darauf gekommen, wie der Unfall passiert ist. Im Lake Peigneur in Südlouisiana bohrte die Texaco nach Öl. Die Bohrung war bereits in einer Tiefe von 400 m niedergebracht, als der Bohrmeißel sich festfraß, und nachdem man ihn wieder freibekommen hatte, begann der Bohrturm bis zu drei Meter hohe Sprünge zu machen, ein reichlich mysteriöses Verhalten für eine Konstruktion von 40 Tonnen Gewicht. Eine Stunde später mußten die Bohrleute feststellen, daß der Turm immer stärker Schlagseite bekam, und sie brachten sich in Sicherheit. Zu ihrer Überraschung wurden sie Zeugen, wie der Turm an einer Stelle des Sees verschwand, die höchstens einen Meter tief war. Zur selben Zeit beobachteten die Arbeiter in einem Salzbergwerk, dessen Gänge sich in einer Tiefe von 400 m bis unter den See erstreckten, daß in diesen Teil der Mine Wasser einbrach, und schlugen Alarm. Den 51 Arbeitern gelang es, rechtzeitig aus den unterirdischen Höhlen zu entkommen, die 25 m hoch und so breit waren wie eine vierspurige Autobahn und jetzt unter Wasser gesetzt wurden. Auf der Oberfläche des Sees hatte sich nach und nach ein Strudel gebildet, der einige morgendliche Fischer bedrohte und schließlich etliche Flachboote und einen Schlepper der Texaco verschlang. Der Strudel wurde immer größer und riß auch noch 26 ha des Rip Van Winkle Oak Garden, eine touristische Attraktion der Umgebung, in die Tiefe. Ein kleinerer Wasserlauf, der aus dem See in den Golf von Mexiko floß, kehrte seine Fließrichtung um und bildete am Ufer des ehemaligen Sees einen Wasserfall von 50 m Höhe. Eine Erdgasquelle brach auf, und Erdgasblasen drangen an die Oberfläche, wo sie verbrannten. Nach sieben Stunden war der gesamte See, der ursprünglich eine Fläche von knapp 6 km² bedeckt hatte, in das Salzbergwerk geflossen.

Diamond Crystal, die Salzbergwerksgesellschaft, verklagte die Texaco wegen Zerstörung ihrer lukrativen Einnahmequelle; Texaco ihrerseits verklagte die Diamond Crystal, weil diese es angeblich unterlassen hatte, sie von der gefährlichen Lage der Stollen unter dem See zu unterrichten. Das Bohrunternehmen verklagte Texaco wegen der verlorenen Ausrüstung, und die Rip Van Winkle Oak Gardens verklagten sowohl die Texaco als auch Diamond Crystal wegen des Verlusts an Gebäuden und Pflanzen, darunter 30 000 Weihnachtssterne. Insgesamt wurden sieben Klagen eingereicht, der Schaden ging in die Hunderte von Millionen Dollar.

Alle durch den Unfall direkt gefährdeten Personen hatten Glück im Unglück. Die 51 Bergleute entkamen mit knapper Not in Transportfahrzeugen, für die der salzige Untergrund sehr schnell zu rutschigem Matsch wurde. Die beiden Fischer, denen nicht verborgen blieb, daß der Wasserspiegel des Sees sank und daß die Welse in tieferes Wasser schwammen, wollten zur Mitte des Sees fahren, aber dort drohte der Strudel. In ihrem Rücken bestand der See nur noch aus wässrigem Schlamm, in dem sie nicht stehen konnten und der schließlich auch von dem Strudel verschlungen wurde. Der letzte mögliche Fluchtweg wurde durch eine Reihe miteinander vertäuter Prahme versperrt, aber zwei von ihnen rissen sich los und wurden ebenfalls in den Strudel gerissen, und durch diese Lücke gelangten die Fischer mit Vollgas auf eine Böschung und konnten an Land klettern. Der Wasserlauf, der angefangen hatte, in die entgegengesetzte Richtung zu fließen, hatte kurz vor dem Absturz in den früheren See eine Strömung mit einer Geschwindigkeit von 37 km/h, die die am Ufer vertäuten Boote mit sich riß. Ein Schleppboot versuchte, einen langen Prahm quer über das Flußbett zu ziehen, um zu verhindern, daß die Krabbenfischerkutter fortgerissen würden, aber der Prahm ging samt dem Schlepper über die Absturzkante, nachdem sich die Mannschaft im letzten Augenblick durch einen Sprung in den Uferschlamm gerettet hatte. Prahm und Schlepper wurden ebenfalls von dem gefräßigen Strudel verschluckt und in das Salzbergwerk gespült, wo sie sich heute noch befinden. Sieben verschwundene Prahme tauchten plötzlich wieder an die Oberfläche auf, nachdem sich die Saline ganz mit Wasser gefüllt hatte.

Als das Wasser in das Bergwerk eindrang, wurde die Luft in den Stollen und Schächten durch einen Wetterschacht nach draußen gedrückt, an dessen oberem Ende der Notaufzug auf und nieder wippte. Danach stieg eine 120 m hohe Fontäne aus dem Schacht, hielt 20 Minuten an und fiel wieder in sich zusammen. Am nächsten Tag begann sich der See wieder zu füllen, nachdem etwa 16 Mio. t Wasser in das Bergwerk geflossen waren. Einige Tage später mußte der Eigentümer der Oak Gardens einige Froschmänner anheuern, um die Bestände seines Weinkellers in Sicherheit zu bringen.

Es war ein sehr großes Salzbergwerk, dessen Stollen in die Spitze eines Salzdoms von 1,7 km Durchmesser vorgetrieben waren. Von seinem mittleren Schacht gingen mehrere Stollen in alle Richtungen, wobei sich der von dem Ölbohrer getroffene Stollen etwa 1 200 m weit erstreckte. Es kommt häufig vor, daß in der Nähe von Salzdomen Erdöl gefunden wird. Als die Texaco mit den Bohrarbeiten begann, hielt sie es nicht für nötig, Crystal Diamond von ihrem Vorhaben in Kenntnis zu setzen. Diamond erfuhr von den Bohrarbeiten erst durch eine Anfrage des U.S. Corps of Engineers, ob Einwände gegen eine von der Texaco beantragte Genehmigung für Explorationsbohrungen bestünden. Texaco war im Besitz von Karten, aus denen die Lage der Bergwerksstollen hervorging, aber die Karten waren widersprüchlich; auf einer befand sich das Bohrloch über dem Bergwerk, auf den anderen hingegen nicht. Texaco tat nichts, um den Widerspruch durch Crystal Diamond aufklären zu lassen, aber auch Crystal Diamond verzichtete auf eine Kontaktaufnahme mit Texaco. Die Vertreter des Erdölgiganten beriefen sich darauf, nur Crystal Diamond habe gewußt, wo sich Bohrturm und Bergwerksstollen befanden. Crystal Diamond entgegnete, sie hätten keine Angaben darüber erhalten, wie tief die Bohrungen reichen sollten. Ein typischer Fall von Bürokratismus, könnte man sagen – mangelhafte Kommunikation. Wichtiger ist jedoch der Umstand, daß sich der Unfall aus einer unerwarteten Interaktion zweier Systeme entwickelte, die einander näher benachbart waren, als irgend jemand vermutet hätte. Jeder gezielte Versuch der Texaco, anhand der verfügbaren Karten mit dem Bohrgerät einen Stollen des Bergwerks zu treffen – selbst wenn dieser so breit war wie eine vierspurige Autobahn –, wäre wahrscheinlich gescheitert. Systemunfälle sind selbst bei komplexen, eng gekoppelten Systemen nicht gerade häufig. Im Gegenteil, sie sind auch dann überaus selten und nachgerade außergewöhnlich, wenn zwei große Systeme wie hier, die scheinbar voneinander unabhängig sind, für kurze Zeit miteinander in Interaktion treten. Deshalb hat auch niemand die Karten überprüft. Wer denkt denn schon an sowas?

Zusammenfassung

Es gibt Talsperren mit erheblichem Katstrophenpotential, aber obwohl sie eng gekoppelt sind, so daß eine Systemregenerierung nach Störfällen nur innerhalb enger Grenzen möglich ist, treten hier keine unvorhergesehenen Interaktionen auf – nach unserer Terminologie sind es lineare Systeme. Die Verhinderung von Unfällen ist demnach weitgehend davon abhängig, wie weit Komponentenunfälle ausgeschlossen werden können, eine Frage, die bereits für den Entwurf und die Bauausführung von Staudämmen von Bedeutung ist. Allerdings besteht insofern die Möglichkeit von Systemunfällen, als Staudämme unerwartet zu einem aktiven Bestandteil eines umfassenderen Systems werden können. Das Füllen eines Staubeckens kann das bisherige Gleichgewicht der geologischen Umgebung stören und Erdbeben, Erdrutsche oder Bergstürze auslösen. Vielleicht dauert es noch Jahrzehnte, bis diese Vorgänge restlos erforscht sind, und so lange müssen wir uns noch auf unerwartete Interaktionen von Störfällen oder Änderungen von Systemzuständen gefaßt machen, da es hier nicht um die üblichen »Pannen« oder »Defekte« geht. Insgesamt gesehen haben Dammbrüche jedoch ziemlich prosaische Ursachen, vor allem Unfähigkeit und bewußte Inkaufnahme von Risiken bei den Verantwortlichen der Betreiberfirmen. Für die vorliegende Erörterung sind Staudammunglücke von besonderem Wert, da sie ein Beispiel für enge Kopplung ohne komplexe Interaktionen und für ein Katastrophenpotential darstellen, das nicht an die Möglichkeit von Systemunfällen gebunden ist. Mit anderen Worten: Es gibt Systeme, in denen keine Systemunfälle auftreten können und die dennoch ein hohes Gefahrenpotential aufweisen.

Auch am Beispiel des Bergbaus zeigt sich die Zweckmäßigkeit unseres Schemas. Trotz des Arbeitsbetriebs in einer gefährlichen Umwelt und trotz des wiederholten Auftretens dramatischer und katastrophaler Unglücksfälle kommt es offenbar auch hier nicht zu Systemunfällen. Selbst die kurz erwähnte Explosion von Belle Island wurde durch einen Komponentendefekt ausgelöst und nicht durch eine Interaktion mehrerer unabhängiger Defekte. Alle unsere Beispiele verdeutlichen indes die vorherrschende Neigung, nach einem Unfall dem Opfer die Schuld zu geben (»menschliches Versagen« oder »Bedienungsfehler« als Unfallursache) – eine Art Generalbaß, der unsere gesamte Analyse von Hochrisiko-Systemen begleitet.

Staudämme und Steinbrüche und mehr noch der Untertagebau und die Erdölbohrung, die zum Verschwinden des Lake Peigneur führte, haben uns auf die Möglichkeit von Ökosystem-Unfällen aufmerksam gemacht – eine unvorhergesehene Erweiterung des Systems und damit des Bereichs möglicher Störungen. Systeme werden plötzlich in einer Weise miteinander verkoppelt, wie dies vorher niemand vermutet hätte. Die meisten Freisetzungen giftiger Abwässer, einschließlich des relativ banalen Vorfalls von Church Rock, sind keine Ökosystem-Unfälle in unserem Begriffsverständnis, weil sie nicht zufällig, sondern geplant sind. Es steht ganz außer Frage, daß die Lagerung toxischer Abwässer in

Behältern ohne dauerhafte Haltbarkeit (und für manche giftigen Abfälle gibt es so etwas wie dauerhaft haltbare Behälter überhaupt nicht) dazu führt, daß diese über kurz oder lang in die Umwelt abgegeben werden. Besonders bei Staudämmen können jedoch Ökosystem-Unfälle auftreten, weil wir erst allmählich begreifen, daß mit unseren wachsenden technischen Möglichkeiten, große Erd- und Wassermassen zu bewegen, auch das labile Gleichgewicht der betroffenen Erdkruste massiv gestört wird. Zwei geologische Sachverständige haben hierzu bemerkt: »Große Talsperren und Staubecken schaffen eine komplizierte neue Umwelt, und wir wissen bislang noch sehr wenig darüber, wie sich langfristig die Beziehungen zwischen den hier wirkenden Kräften entwickeln werden.« Es mag sein, daß bestimmte Transformationsprozesse wie die Kernspaltung und chemische Reaktionen bei hohen Temperaturen unter hohem Druck ihre Geheimnisse niemals so weit preisgeben, daß wir sämtliche möglichen Interaktionen vorhersehen können. Bei den Ökosystem-Unfällen haben wir hingegen ein Beispiel dafür, daß wir mit zunehmender Erfahrung und genügendem Interesse durchaus imstande sein können, Interaktionen zwischen mehreren Systemen, die neue, unvorhergesehene Systeme hervorbringen, zu durchschauen. Diese Erkenntnisse benötigen wir, »um die neugeschaffenen, vom Menschen eingeführten Systeme mit der Natur in ein sinnvolles Gleichgewicht zu bringen« (Biswas/Chatterjee 1971, S. 7). Was das Beispiel der Staudämme angeht, so mag dies innerhalb der kommenden zwei bis drei Jahrzehnte möglich sein. Aber im folgenden Kapitel begegnen wir einem viel schrecklicheren Risiko von Ökosystem-Unfällen in einem Bereich, in dem bislang kaum Anstrengungen unternommen werden sicherzustellen, daß künstliche und natürliche Systeme ein Gleichgewicht bewahren – in der Genforschung und Gentechnologie.

Kapitel 8
Raumflüge, Kernwaffen und Genforschung

In unserem letzten Kapitel mit Unfallbeispielen geht es um drei hochentwickelte High Tech-Systeme, und damit sind deren Gemeinsamkeiten beinahe schon erschöpft. Eines davon weist so gut wie überhaupt kein Katastrophenpotential auf (Raumfahrt), das zweite ist mit dem größten überhaupt denkbaren Katastrophenrisiko behaftet (Kernwaffen), und das dritte, die Genforschung und -technologie, hat gerade erst begonnen, aber möglicherweise beinhaltet es ein zukünftiges Katastrophenpotential, das nur noch von dem der Atomwaffen übertroffen wird. Jedes System stützt unser Argument in besonderer Weise und liefert neue Belege dafür, daß es in komplexen und eng gekoppelten Systemen zwangsläufig zu Systemunfällen kommt.

Im ersten Abschnitt, der der Raumfahrt gewidmet ist, soll ein Aspekt noch deutlicher herausgearbeitet werden, der bereits in den Schilderungen von Unfällen in Kernkraftwerken, großchemischen Anlagen und auf Schiffen angesprochen wurde: die angestrengten Bemühungen der grandiosen Konstrukteure komplexer Systeme, ohne die unbedeutenden Operateure auszukommen. Die Operateure des Raumfahrtprogramms waren allerdings alles andere als unbedeutend, sondern erfahrene und hervorragend ausgebildete Testpiloten, die Santinis des Apollo-Zeitalters. Dennoch wurden sie so lange als unbedeutend angesehen, bis die Raumfahrzeuge in die Brüche gingen, die Manager des Unternehmens keinen Überblick mehr hatten und die Raumflüge nur noch von den Astronauten gerettet werden konnten. Die Raumflüge machen deutlich, daß selbst bei üppigen finanziellen Mitteln, hervorragend qualifizierten Mitarbeitern und einem zahlreichen Publikum an den Fernsehschirmen, das eventuelle Pannen sofort mitbekommen würde, Systemunfälle nicht zu vermeiden sind. Ich habe mich in diesem Buch wiederholt dafür ausgesprochen, in sämtlichen risikoreichen Systemen die Schulung des Personals und die Qualitätskontrolle zu verbessern, und dabei gleichzeitig betont, daß damit bei eng gekoppelten und komplexen Systemen Systemunfälle trotzdem nicht ausgeschlossen werden können. Wir haben für das Raumfahrtprogramm unser Bestes gegeben, und trotzdem kommt es immer wieder zu Systemunfällen. Es ist kein System mit Katastrophenpotential, denn es gibt nur Opfer ersten Grades. Die Möglichkeit von Systemunfällen bedeutet nicht zwangsläufig ein Katastrophenrisiko.

Auch den amerikanischen Waffensystemen dürfte es weder an finanziellen Mitteln noch an qualifiziertem Personal fehlen, und dennoch ereignen sich hier zahlreiche Unfälle. Ich bin überzeugt, daß es sich dabei um Systemunfälle handelt, obwohl sich diese Hypothese anhand des spärlichen veröffentlichten Materials nur unzureichend belegen läßt. Jedenfalls ist das Gefahrenpotential bei den Atomwaffen unendlich groß. Im Hinblick auf die Genforschung und -technologie haben wir bislang auf der Produktionsebene (dem bedrohlichsten Aspekt dieses Unternehmens) fast keine und in der Forschung nur geringe Erfahrungen gesammelt, so daß hier noch keine Unfälle zu verzeichnen sind, die wir hätten analysieren können. Wir können jedoch ein Szenario entwerfen, und wir wären gut beraten, solchen Szenarien nachzugehen.

Wir geben zunächst einen relativ positiven Bericht über das Raumflugprogramm. In dessen Mittelpunkt steht der außergewöhnlich verlaufene Raumflug Apollo 13, der mit einem Systemunfall begann und mit einer Regenerierung des Systems endete, die auf besonders eindrucksvolle Weise die charakteristischsten Eigenschaften von Menschen und ihren Maschinen illustriert. Dieses Ereignis sagt uns noch etwas mehr über Komplexität und enge Kopplung: Die Regenerierung wurde dadurch ermöglicht, daß es den Bodenkontrolleuren gelang, das System linearer zu machen, seine enge Kopplung zu lockern und die Operateure wieder in die Kontrollschleife einzuschleusen, aus der sie überwiegend ausgeschlossen worden waren.

Aus dem Abschnitt über Atomwaffen und Frühwarnsysteme ergeben sich keine vergleichbaren ermutigenden Lehren. Wir werden nicht auf die globale Zerstörungskraft von Kernwaffen eingehen, sondern auf die Grenzen menschlicher Fähigkeiten sowie auf die noch begrenzteren Fähigkeiten von Organisationen. Wir haben von Unfällen mit Kernwaffen, die z. B. unbeabsichtigt abgeworfen oder abgeschossen werden, viel zu befürchten, aber im Hinblick auf das Abschießen von Atomraketen nach einem falschen Alarm hat sich ein Resultat ergeben, mit dem ich wirklich nicht gerechnet hatte: Aufgrund der Sicherheitssysteme, die hierbei in Funktion treten, ist es praktisch unmöglich, durch gutgemeinte Maßnahmen versehentlich einen Angriff auszulösen (Böswilligkeit oder Geistesgestörtheit ist etwas anderes). In einer Hinsicht ist dieses Ergebnis nicht gerade tröstlich, weil es den Umkehrschluß nahelegt, bei einer zutreffenden Warnung vor anfliegenden feindlichen Raketen sei es ebenfalls fast unmöglich, einen *beabsichtigten* Gegenangriff auszulösen – so komplex und störungsanfällig ist das System. Damit erhebt sich eine interessante Frage: Gibt es einen Punkt, bei dem die Komplexität und die enge Kopplung eines Systems eine Größenordnung erreicht haben, daß dieses als System nicht mehr existiert? Da unser System aus ballistischen Waffen bislang nicht eingesetzt wurde (es läßt sich nicht einmal testen), können wir nicht sicher sein, daß es tatsächlich funktioniert. Möglicherweise bricht es im Ernstfall in einem heillosen Durcheinander zusammen!

Als letztes gibt es noch das undurchsichtige, neuartige und faszinierende Feld der Genforschung. Das hier schlummernde Potential zum Nutzen der Menschheit scheint weit gewaltiger zu sein als das aller übrigen Technologien zusammengenommen. Das mit ihr verbundene Katastrophenpotential ist ebenfalls beispiellos und steht dem der Atomwaffen kaum nach. Mit halsbrecherischem Tempo rasen wir (d. h. hauptsächlich die Ölmultis) auf einem gänzlich unbekannten Weg dahin, ohne Bremsen, ohne Scheinwerfer, auf der Suche nach unerhörten privaten Profiten. Möglicherweise haben sich die Systemunfälle bereits ereignet, ohne daß wir etwas davon ahnen.

Raumflüge

Eine Industrie auf Abwegen

In Kapitel 2 habe ich behauptet, daß es in jeder industriellen Branche Organisationsmängel, Unfähigkeit, Geldgier und eine gewisse Kriminalität gibt. In dieser Hinsicht hat die Raumfahrtindustrie zweifellos weniger Sünden begangen als etwa die Atomindustrie. Kriminelle Handlungen sind mir jedenfalls nicht zu Ohren gekommen. Aber selbst dieses von allen Seiten geförderte Programm zeigt genügend Beispiele für

Unfähigkeit und mangelhafte Organisation, um uns einmal mehr daran zu erinnern, daß nichts und niemand vollkommen ist. Ein bedeutendes Vertragsunternehmen ,des Raumfahrtprogramms, North American Aviation, war in der Branche als »brand X« bekannt – eine abwertende Bezeichnung, die soviel wie Billigmarke bedeutet. Die mehr als reichlich fließenden Subventionen und die zahlreichen Regierungsaufträge mögen mit dazu beigetragen haben, daß sich Fälle wie die folgenden ereignen konnten: Ein Arbeiter warf die Reste seines Lunchs in ein kostspieliges automatisches graphisches Aufzeichnungsgerät; eine Abdichtungsvorrichtung wurde bei dem Versuch zerstört, sie unter unsachgemäßer Verwendung eines Schraubenziehers mit Gewalt zu montieren; ein Raketenzusatztriebwerk schaltete sich selbst ab, so daß Walter Schirra in seiner *Gemini 6* auf der Startplattform blieb, weil bei einem Motor vergessen worden war, die Staubkappe von der Gasdruckleitung zu entfernen, obwohl ein Inspekteur eine Endabnahme vorgenommen und den entsprechenden Posten abgezeichnet hatte usw. (s. Hines 1967). Diese Beispiele stammen nicht aus einem gewinnorientierten Unternehmen der freien Wirtschaft, sondern aus den Montagehallen von Vertragspartnern des amerikanischen Raumfahrtprogramms, deren Produktion von regierungsamtlichen Inspekteuren auf Schritt und Tritt kontrolliert und überwacht wird.

Das Mercury-Programm, bei dem ein einzelner Astronaut in einer Kapsel in eine Erdumlaufbahn geschossen wurde, war der Gegenstand einer 440-seitigen Kritik durch die NASA, die von dem Reporter der *New York Times* John Finney (1963) als »erstaunlich schonungslose Anklage der amerikanischen Industrie« bezeichnet wurde. Zu den darin aufgeführten Mängeln zählten unter anderem: Ersatzteile, die bis zu 50 Prozent schadhaft waren, Batterien, die Löcher aufwiesen, mangelhaft gelötete wichtige elektronische Bauteile, unsachgemäß eingebaute Ventile, was während der Flüge zu Problemen bei der Fluglageregelung führte, verschmutzte Gasdruckregler sowie Verunreinigungen des von den Astronauten benötigten Sauerstoffs und des Trinkwassers. Die Vertragsfirmen beteuerten, nur höchste Qualität geliefert zu haben, gingen jedoch auf die einzelnen Vorwürfe nicht ein.

Nach der tragischen Feuersbrunst auf der Startplattform, bei der drei Astronauten ums Leben gekommen waren, wurde ein Untersuchungsausschuß für das Apollo-Programm ernannt, der sich auf die Recherchen von 21 Gruppen aus insgesamt 1 500 Sachverständigen stützte, als er seinen Bericht abfaßte. Von den acht Ausschußmitgliedern gehörten sechs der NASA an, so daß gewisse Befürchtungen bestanden, daß hier eine »Mohrenwäsche« betrieben werden könnte, da die NASA sich selbst sowie ihren Hauptvertragspartner Rockwell International kontrollieren sollte. Trotzdem wurde der rund 3 000 Seiten lange Bericht von der Presse als ziemlich vernichtend eingestuft. Die erhobenen Befunde lauteten unter anderem:

»Für diesen Test wurden angemessene Sicherheitsvorkehrungen weder angeordnet noch getroffen ... Das gesamte Kommunikationssystem war unzureichend ... Es gab Mängel in der Konstruktion der Kommandokapsel, der Ausführung und der Qualitätskontrolle, z. B. ... Störungen des Reglers, des Bordnetzes und des ECS (Regelsystem für Umgebungsbedingungen) ... Ein ständiges Problem war das Austreten von Kühlwasser an Lötverbindungen ... Die elektrische Verkabelung wies Mängel im Entwurf, der Fertigung, Installation, Nachbesserung und Qualitätskontrolle auf.« (Zit. n. *Aviation Week*, 17.4.1967)

Zum Zeitpunkt des Tests fand man in der Kommandokapsel einen Schraubenschlüssel und andere »nicht vorgesehene Ausrüstungsteile«; bei Anlieferung der Kapsel waren nicht weniger als 113 »wichtige« technische Arbeitsaufträge nicht ausgeführt, und die technischen Unterlagen stimmten nicht mit der Bauausführung überein. Rockwell erhob gegen fast alle diese Befunde Einspruch, und ein leitender Vertreter dieses Unternehmens verfiel sogar auf den Gedanken, der Astronaut Grissom habe möglicherweise jenes Kabelbündel, von dem vermutlich der katastrophale Funke ausging, durch einen Tritt beschädigt, womit selbst bei diesem Unfall wieder »menschliches Versagen« ins Spiel gebracht wurde – nur saßen zum Zeitpunkt des Unglücks die drei Astronauten entspannt in ihren Sitzen und warteten auf die nächste Phase des Tests. Die wahrscheinlichste Ursache des Unfalls war unser alter Bekannter, ein Bündel von Kabeln, deren Isolierung sich durchgescheuert hatte. Zum Unglück für die Astronauten bedeutet das in einer Atmosphäre aus reinem Sauerstoff ein explosionsartiges Schadensfeuer.

In der allgemeinen Erregung, die auf diesen Unfall folgte, blieb ein zweiter weitgehend unbeachtet, der sich vier Tage später in einem Raumflugsimulator ereignete, in dem die Wirkung einer Atmosphäre aus fast reinem Sauerstoff auf die blutbildenden Organe von Kaninchen untersucht wurde. Zwei Armeeangehörige wurden getötet, als das Kabel einer Arbeitslampe einen Kurzschluß hatte und sich der Sauerstoff entzündete. Genau wie die Tragödie auf der Startrampe handelte es sich wiederum höchstwahrscheinlich um einen Komponentenunfall.

Die Gemini-Flüge, ein Vorläufer des Apollo-Programms, waren nahezu perfekt, obwohl es gelegentlich um Haaresbreite einen Unfall gegeben hätte. Bei den Ranger-Flügen jedoch, die der Erkundung des Mondes dienten, gab es bei neun Flügen fünf Ausfälle. *Ranger 6* fiel übrigens aus einem uns bereits vertrauten Grund aus – durch eine zusätzliche Sicherheitsvorkehrung. Um ganz sicher zu gehen, daß sich die Fernsehkameras an Bord einschalteten, um Bilder von der Mondoberfläche aufzunehmen, gab es redundante Stromversorgungssysteme und zusätzliche Triggerschaltkreise. Nach Aussagen eines Ingenieurs von Babcock und Wilcox hatte ein Kurzschluß in einer Sicherheitsapparatur (einem Prüfschaltkreis) die Stromvorräte zu dem Zeitpunkt erschöpft, als das Fahrzeug den Mond erreichte. Wie der Ingenieur bemerkte, erhöhen sich die Chancen für eine fehlerhafte Auslösung von Schaltungen, je mehr redundantes Gerät zu Sicherheitszwecken eingebaut wird: »Redundanz ist nicht immer die beste konstruktive Lösung.« (Zit. n. Weaver 1981, S. 328)

Die meisten Pannen, die im Rahmen des Raumfahrtprogramms auftraten, waren nicht tödlich, und wenn es dennoch Todesopfer gab, dann waren es Opfer ersten Grades – die Astronauten selbst oder technisches Personal. Es gab jedoch drei Fälle, in denen Defekte an der plutoniumgespeisten Stromversorgung auftraten und wo möglicherweise ein Katastrophenrisiko bestand, da Plutonium die wahrscheinlich giftigste dem Menschen bekannte Substanz ist. Eines dieser Aggregate war ins Meer gestürzt und wurde glücklicherweise aus dem Santa Barbara Channel vor der kalifornischen Küste gefischt – knapp vor Kalifornien; wäre es irgendwo auf dem Land aufgeschlagen, ob in der Nähe der Stadt Santa Barbara oder nicht, wären die Folgen verheerend gewesen. Das zweite Aggregat stürzte in den Indischen Ozean, wo es sich noch heute befindet. Das dritte gehörte zu einem Navigationssatelliten, der 1964 ins All geschossen wurde und die vorgesehene Erdumlaufbahn nicht erreichte, da sein Raketentriebwerk ausgefallen war. Über dem Indischen Ozean trat er wieder in die Erdatmosphäre ein und verstreute ein ganzes Kilogramm Plutonium über die Erde. Man nimmt an, daß allein durch diesen Unfall die Erde dreimal so stark mit Plutonium verseucht wurde wie bei den gesamten bisherigen Atomwaffenversuchen (s. Broad 1979). Der Unfall fand bei den Massenmedien kaum Resonanz, im Gegensatz zu zwei anderen Fällen, in denen sowjetische Satelliten mit Atomstromaggregaten 1978 und 1983 über der Erde zerschellt waren. Die Havarie des Navigationssatelliten aus dem Jahr 1964 wurde erstmals 1967 in einer Ausgabe der Zeitschrift *Science* erwähnt (s. Krey 1967).

Technische Probleme überschatten auch das Space Shuttle-Programm, obwohl hierbei einschränkend anzumerken ist, daß dieses Programm weniger umfassend gefördert wurde als die Mondflüge. Häufig versagten die Triebwerke oder explodierten, immer wieder platzten die verflixten Isolierkacheln ab, die Kosten galoppierten unaufhaltsam davon und verdoppelten sich mit jedem neuen Flug, und der Starttermin für den ersten Flug verzögerte sich um sage und schreibe zehn Jahre. Nach zwei Defekten an den Raumanzügen während eines Flugs im November 1982 berief die NASA ein neues Expertengremium ein, und dessen Untersuchungsergebnis unterschied sich nicht wesentlich von den Befunden des früheren Ausschusses: »Unglaubliche Schlampereien« des hauptsächlichen Vertragslieferanten, der United Technologies. In einem Fall fehlten zwei kleine Kunststoffstifte, was zu einem Loch im Raumanzug führte; nach der Abnahmeprüfliste befanden sie sich an Ort und Stelle, und der verantwortliche Vorgesetzte hatte die Liste abgezeichnet. Noch schlimmer, im Abluftschlauch des Sauerstoffsystems des Raumanzugs fand sich ein vagabundierender Stahlsplitter – er hätte eine Explosion des Anzugs auslösen können, durch die ein Loch in die Wandung der Raumfähre gerissen worden wäre (*Time*, 20. 12. 1982, S. 68). In diesen Systemen wimmelt es von Beispielen für enge Kopplung. Es bleibt nur wenig Spielraum für all die nur zu menschlichen Fehler bei der Bauausführung, die auch beim qualifiziertesten Personal vorkommen, und schon gar nicht für jene, die wir oben aufgeführt haben.

Darauf kommt es jedoch nicht so sehr an; wichtiger ist das Auftreten von Systemunfällen und die Frage nach den Möglichkeiten einer Systemregenerierung. Das Raumfahrtprogramm liefert uns besonders wertvolle Einblicke in etwas, das wir bereits angesprochen haben und das uns zu einem wesentlichen Problem der Organisation führt: Wenn es zu unvorhergesehenen Interaktionen kommen kann, wer wird dann am ehesten mit ihnen fertig – die Operateure oder die Konstrukteure und die Leute in der Chefetage? Manche Organisationssoziologen vertreten die Meinung – in der sie durch bestimmte demokratische Werte noch bestärkt werden –, daß die Personen, die sich den auftretenden Störungen am nächsten befinden, am besten in der Lage sind, sie zu beheben. Sie empfehlen eine dezentralisierte Organisation. Andere hingegen sehen sich von der Logik der Technik bestätigt und sind der Auffassung, daß die unmittelbar von den Pannen Betroffenen nicht schnell genug handeln können oder nicht gleich begreifen, was schiefgegangen ist. Deshalb müßten die Systemkonstrukteure sich bemühen, ein Maximum von

Arbeitsaufgaben an Maschinen zu delegieren, und den Managern sollte die Entscheidung darüber vorbehalten bleiben, was das System und/ oder seine Operateure jeweils zu tun haben. Die Anhänger dieser Theorie empfehlen eine zentralisierte Organisationsstruktur. Der Konflikt zwischen diesen beiden Auffassungen zieht sich durch das gesamte Weltraumfahrtprogramm und wurde durch das regelmäßige Auftreten unerklärlicher Interaktionen nur noch verschärft. Wir werden diesen Punkt im folgenden Abschnitt eingehender erörtern.

Orbitaler Taylorismus

Wenn sämtliche Komponenten des DEPOSE-Systems perfekt wären, könnten wir auf das »O«, den Operateur verzichten. Der Konstrukteur wäre der Operateur; er würde das System einschalten, es würde funktionieren, und die Eigentümerin könnte es nach Belieben wieder abschalten. Die ersten Suborbital- und Orbitalflüge waren nach diesem Muster geplant: Der »Astronaut« wurde eigentlich nicht benötigt und reiste als Versuchsperson mit. (Die Bezeichnung »Pilot« wurde wieder verworfen, da sie an Kontroll- und Steueraufgaben erinnerte. Ein Astronaut war ein »Sternenreisender«, ein eher passiver Begriff.) Der erste Suborbitalflug und die ersten Orbitalflüge erfolgten sogar unbemannt; beim zweiten Mal befand sich jeweils ein Schimpanse an Bord, Ham und Enoch. Wie die Astronauten hatte man auch sie ausgiebig darauf getrimmt, nichts zu verpatzen. Die Affen manipulierten Wählscheiben, die mit dem Raumschiff nichts zu tun hatten; es diente lediglich dazu, ihre Reaktionszeiten zu testen. Bei den menschlichen Passagieren war es fast dasselbe, und irgendwann wurde sogar erwogen, ihnen Beruhigungstabletten zu geben, um ganz sicher zu gehen, daß sie nicht dazwischenpfuschten. (Ich stütze mich hier und im folgenden auf das höchst unterhaltsame und ungewöhnlich scharfsinnige Buch von Tom Wolfe, *The Right Stuff*, von 1979.)

Fangen wir bei den »großen Konstrukteuren« an, den Wissenschaftlern und Technikern, die diese Raumschiffe planen oder entwerfen. Ein Raumschiff besteht aus zwei Grundbausteinen, der Rakete und der Raumkapsel. Die Rakete muß aufsteigen, den Einsatz wieder abbrechen, wenn etwas schiefgeht, die Kapsel an einem Fallschirm sicher zur Erde schweben lassen oder, wenn alles klappt, sich zum richtigen Zeitpunkt abschalten und von der Kapsel lösen, so daß diese wie eine Kanonenkugel weiter durch den Weltraum sausen kann. Die »großen Konstrukteure« sind außerdem verantwortlich für das Bodenkontrollsystem, das die Sensoren in der Rakete und der Kapsel überwacht und eingreift, wenn eine Störung auftritt. In die Rakete und die Kapsel haben sie automatische Systeme eingebaut, die sich selbsttätig ein- oder ausschalten können.

Als nächstes haben wir die Bodenkontrolleure, das »mittlere Management«, die mit übergestreiften Kopfhörern zu Dutzenden vor ihren Steuerpulten und Bildschirmen sitzen. Sie bedienen das Kontroll- und Überwachungssystem, das die Konstrukteure sich ausgedacht haben. Und schließlich gibt es noch Ham oder Al Shepard in der Kapsel, je nachdem. Ham greift überhaupt nicht in das System ein; Shepard darf mit den Steuerraketen spielen, mit denen die Fluglage der Kapsel stabilisiert wird, nachdem sie sich von der Rakete gelöst hat, oder er darf den Knopf für den Einsatzabbruch betätigen, wenn ein Notfall eintritt. Auch dieser Knopf könnte automatisiert werden. Die Hierarchie war klar: Konstrukteure, Kontrolleure und Versuchspersonen. Das Mercury-Projekt war als wissenschaftliches Unternehmen geplant, und die Astronauten gehörten als Versuchskaninchen dazu.

Für die ersten Suborbitalflüge war das durchaus zweckmäßig, weil es dabei lediglich darum ging, eine Raumkapsel wie eine Granate in die Luft zu schießen und dafür zu sorgen, daß sie an der richtigen Stelle wieder herunterkam. Bei den Orbitalflügen war die Sache um einiges komplizierter, und noch weit schwieriger waren die Mondflüge. Hingegen kam das mittlere Management im Kontrollzentrum bei den Vorbeiflügen an weiteren Planeten – Jupiter, Saturn und Mars – wiederum sehr gut ohne Operateure an Bord aus. Haben wir bei den ersten Orbital- und den Mondflügen Operateure gebraucht? Es wäre vielleicht ganz bequem gewesen, sie dabeizuhaben, um bei Pannen einzugreifen, aber sie waren teuer. Ein Großteil der Komplexität des Systems, aus der sich überhaupt erst Notfälle ergeben können, war eben dem Umstand geschuldet, daß Menschen mitfliegen sollten. Nicht die Unterhaltskosten dieser Versuchspersonen also schlugen zu Buche (sie lebten von ihren 2 000 Dollar monatlich, die sie von der Armee bekamen, sowie von einigen Nebeneinkünften), aber es war teuer, sie da oben am Leben zu erhalten und sie anschließend unversehrt zu bergen.

Die Frage nach ihrer Entbehrlichkeit läßt sich nicht leicht beantworten. Wolfe ist der Meinung, daß es die Öffentlichkeit war, die – nachdem man ihr das Weltraumprogramm »verkauft« hatte – in den Astronauten

mehr sehen wollte als nur redundante Systemkomponenten und die Entscheidung nahelegte, bemannte Weltraumflüge zu planen. Kaum hatte
man hierfür die ersten sieben Astronauten ausgewählt, da waren sie
bereits nationale Helden. Sie sollten auf Raketen gen Himmel fahren, die
immer wieder explodierten, und in einer großen Tonne auf dem Ozean
landen, und um das zu vollbringen, mußten sie Helden sein. Als die glor-
reichen Sieben ihr Heldentum entdeckt hatten, versuchten sie sofort, ihre
Knotenfunktion in der Schleife aus Konstruktion, Ausrüstung, Kontrolle etc. selbst zu bestimmen oder wenigstens Einfluß darauf zu nehmen. Wie wir sehen werden, verlangten sie bestimmte Änderungen an
der Kapsel und gewisse Kontrollmöglichkeiten.

Die Bedeutung dieser Frage trifft ins Mark der Organisation aller
Hochrisiko-Systeme: Wenn die Operateure für sich selbst wie für andere
unmittelbar Beteiligte und für die enorm kostspieligen Investitionen ein
Risiko darstellen, wäre es da nicht besser, sie ganz aus dem System her-
auszunehmen? Man könnte doch ein Gerät auf dem Mond landen lassen,
das auf Befehl Bilder zurücksendet oder vielleicht sogar Gesteinsproben
analysiert. Es gab etliche, die diese Lösung für billiger und sicherer hielten. Operateure sind erstens unzuverlässig und zweitens lebende
menschliche Wesen. Die meisten von denen, die sich mit diesem Problem auseinandergesetzt haben, sind davon überzeugt – wie wir immer
wieder feststellen konnten –, daß mindestens die Hälfte, im Extremfall
bis zu 90 Prozent der Störungen in komplexen Systemen auf Bedienungsfehler zurückzuführen sind. Warum sollte man bei so extremen
Bedingungen wie im Weltraum und einer so hohen Fehlerquote bei Operateuren deren Leben aufs Spiel setzen?

Nach allem, was wir wissen, besteht das Ziel der Orbitalprogramme
gar nicht darin, den Weltraum zu erforschen. Wenn das alles wäre,
würde es wirklich genügen, Vorbeiflüge oder weiche Landungen mobi-
ler Kleinlaboratorien zu planen. Eher geht es darum, den Weltraum zu
besetzen, zu kontrollieren und zu überwachen, die Bodenschätze anderer
Planeten abzubauen, die Sowjets auszuspionieren und Blitze auf sie her-
abzuschleudern – und dann kommen wir nicht ohne menschliche Operateure aus. Jede dieser Möglichkeiten erfordert mehr als eine mit Sensoren
bestückte Granate.

Von Anfang an war vermutlich der militärpolitische Aspekt aus-
schlaggebend. Nach der Ermordung von Präsident Kennedy wurde der
Ehrgeiz des Apollo-Projekts, bis 1969 einen »Menschen« auf dem Mond
landen zu lassen, lautstark von seinem Nachfolger bekräftigt. »Ich will

nicht unter einem kommunistischen Mond zu Bett gehen«, sagte Präsident Johnson, und mehr brauchte er dazu wohl nicht zu sagen. Zu einer Inbesitznahme des Mondes, auch zur Beflügelung des Nationalstolzes, reichten Vorbeiflüge nicht mehr aus, aber die nun geforderten Mondflüge und -sonden zeigten immer wieder Störungen, die nur von Operateuren an Bord hätten behoben werden können. Es wurde zunehmend deutlich, daß Konstrukteure, Hersteller und Kontrolleure allein nicht ausreichten.

Die ersten Astronauten wurden unter Testpiloten ausgesucht, die sich freiwillig gemeldet hatten. Diese Entscheidung war nach Wolfe auf Sachzwänge und nicht auf Weitblick zurückzuführen. Die NASA benötigte ein Aufgebot von Kandidaten, das innerhalb kurzer Zeit, nachdem im Oktober 1957 der russische *Sputnik* unverschämt durchs Weltall piepste, aufgestellt werden konnte. Testpiloten brauchten nicht mehr auf ihre politische Unbedenklichkeit überprüft zu werden, hatten ihre körperlichen und technischen Fähigkeiten bereits bewiesen und konnten innerhalb kurzer Zeit zum Dienst befohlen werden. Zwar wären Radarbeobachter für die erforderlichen passiven Aufgaben, zu beobachten und sich beobachten zu lassen, wahrscheinlich am besten geschult gewesen, aber die Testpiloten schienen ein bequemes, verfügbares und nicht ungeeignetes Reservoir zu sein. Die Verantwortlichen bekamen indessen mehr, als sie verlangt hatten, denn Testpiloten neigen nicht dazu, sich auf die Rolle passiver Beobachter beschränken zu lassen.

Testpiloten, besonders wenn sie in der Luftwaffe dienen, müssen über nahezu überirdische Fähigkeiten verfügen. Wolfe beschreibt in packenden Einzelheiten, was diese Männer während ihrer Ausbildung durchmachen. Im allgemeinen haben sie ein technisches Studium absolviert und eine umfassende technische und ingenieurwissenschaftliche Schulung auf Flugschulen und bei ihren Testflügen erhalten, sind ausgezeichnete Piloten, häufig Fliegerasse aus dem jeweils letzten Krieg (in diesem Fall dem Koreakrieg, obgleich einige schon im Zweiten Weltkrieg dabeiwaren), und sie sind wirklich furchtlos. Sie testeten Raketenflugzeuge und deren Vorläufer und versuchten sich als erste an der Schallmauer. Am wichtigsten ist jedoch die Tatsache, daß sie für ihre Maschinen selbst verantwortlich sind. Was die Piloten dabei erlebten, wird von Wolfe so beschrieben:

»In der Morgendämmerung mit einer F-100 vom Boden abheben, den Nachbrenner einschalten und so schnell 8000 Meter hoch in den Himmel jagen, daß man sich nicht wie ein Vogel, sondern wie ein Schleudergeschoß fühlte und trotzdem die volle Gewalt behielt, die volle Gewalt über einen Schub von fünf Tonnen, die vom eigenen Willen im Kopf bis in die Fingerspitzen strömte, das riesige Triebwerk direkt unter dem Sitz, so nahe, daß man das Gefühl hatte, es ohne Sattel zu reiten, bis man in die Horizontale ging und durch die Schallmauer stieß, ein Ereignis, das unten auf der Erde als ein furchtbarer Donnerschlag zu hören war, bei dem Fensterscheiben zu Bruch gingen, hier oben jedoch nur als eine Empfindung grenzenloser Freiheit von der Erde verspürt wurde – das alles zu schildern, einem nahestehenden Menschen mitzuteilen, schien unmöglich.« (Wolfe 1979, S. 30)

Komplexität und Kopplung der von diesen Männern geflogenen Maschinen waren enorm. Die Triebwerke waren unerprobt oder wurden über ihre Auslegungsgrenzen hinaus beansprucht; die Testpiloten hatten die Aufgabe, die Lufthülle um das Flugzeug zu sprengen und neue Lufthüllen zu erzeugen und zu sondieren, »Löcher in den Himmel zu schlagen«, auf einer »Kerze« zu reiten, die am Ende drei Viertel der Schubkraft einer Redstone-Trägerrakete hatte, mit der die ersten Suborbitalflüge durchgeführt wurden. Alles Mögliche ging schief, und häufig gab es keinen Weg, das System zu regenerieren. Schnelle Entscheidungen mußten getroffen werden, wenn in einem Raketenflugzeug in 10 000 m Höhe plötzlich das Triebwerk ausfiel und die Maschine im freien Fall wie ein Stein in die Tiefe trudelte, wenn die zur Stabilisierung erforderlichen Korrekturtriebwerke abrissen oder beim Start nicht richtig funktionierten. Schließlich erreichten die Testpiloten Flughöhen von 35 km mit Geschwindigkeiten, die der siebenfachen Schallgeschwindigkeit entsprachen (Mach 7), und meisterten auf Schritt und Tritt immer neue Probleme. Das Raketenflugprogramm des Militärs wurde 1963 gestrichen, als das Rennen zum Mond in vollem Gang war. Aber 1982 tauchten Raketenflugzeuge in Gestalt der wiederverwendbaren Raumfähre, der Space Shuttle, wieder auf.

Den Testpiloten der Luftwaffe, die für die ersten Weltraumflüge ausgesucht worden waren, stand eine herbe Enttäuschung bevor. Ihnen war die Rolle passiver Versuchskaninchen zugedacht, die die neuartigen Bedingungen in einer Weltraumkapsel auf sich einwirken lassen sollten, überwacht durch Elektroden und Thermometer in allen Körperöffnungen, und sie hatten nicht einmal ein richtiges Fenster, um Ausschau zu halten, sondern lediglich zwei kleine Bullaugen links und rechts. Der erste Amerikaner im Weltraum (die Russen waren schon seit langem dort und hatten noch einige Jahre lang die Nase vorn), Al Shepard, tat praktisch nichts anderes, als die Kontrolltafel zu beobachten und selbst von einer Kamera, Drähten und Thermometern beobachtet zu werden.

Ein Großteil des Trainings der Astronauten bestand tatsächlich aus nichts anderem, als sie für die neue Situation fit zu machen – sie in Simulatoren an die Körperempfindungen unter mehrfacher Erdbeschleunigung zu gewöhnen, ihnen beizubringen, ihre Hände von den Schaltern und Knöpfen zu lassen, und sie an das Geräusch der Raketentriebwerke zu gewöhnen. Männer mit der Erfahrung von Testpiloten waren nicht die Leute, die eine solche Rolle widerspruchslos akzeptierten. Als sich ihnen eine unerwartete Chance zum Handeln bot, griffen sie zu.

Die »Laborratten«, wie sie sich in den langen Monaten im Simulator und in den medizinischen und psychologischen Testlabors selbst nannten, beschlossen zu protestieren und darauf zu bestehen, den Flug bis zu einem gewissen Maß selbst zu kontrollieren. Ihre Erfolgschancen waren nicht sehr hoch: Menschen sind fehlbar, nur die Konstrukteure anscheinend nicht. Selbst für den Fall, daß die Hersteller Mist machten, hatten die Konstrukteure vorgesorgt und redundante Komponenten vorgesehen. Die Bodenkontrolleure sollten umfassend und genau informiert werden und den größten Teil des Weltraumflugs steuern, entweder direkt oder durch die eingebauten automatischen Geräte. Inzwischen waren jedoch aus den sieben Astronauten des Mercury-Programms nationale Helden geworden, und das war ihre Chance. Ihr Ansehen innerhalb des Projekts stieg. Sie verlangten einen Notausstieg, um die Kapsel nach der Wasserung schneller verlassen zu können, und bekamen ihn. (Er wurde für den zweiten Suborbitalflug installiert; zuvor hätten sie in der Kapsel warten müssen, bis Mechaniker des Bergungsschiffes den Ausstieg von außen aufschraubten.) Sie verlangten die Kontrolle über die Rakete für den Fall, daß Störungen auftraten, und die bekamen sie nicht. Sie verlangten die uneingeschränkte Kontrolle über die Phase des Wiedereintritts in die Erdatmosphäre, über die Wasserstoffperoxid-Korrekturtriebwerke zur Stabilisierung der Fluglage. Sie wollten den Anflugwinkel beim Eintritt in die Erdatmosphäre von Hand einstellen. Hier erzielten sie einen Teilerfolg; sie erhielten ein manuelles System mit vorrangiger Wirkung, aber das automatische System blieb.

Die Operateure machen Fehler

Die ersten Weltraumflüge legen den Schluß nahe, daß ihre Steuerung durch diese weit überqualifizierten Versuchspersonen zumindest für die Konstrukteure und Kontrolleure ein zweifelhaftes Vergnügen war. Wie

Wolfe es ausdrückt, flogen nicht nur weiterhin unsere Raketen in die Luft, sondern unsere tollkühnen Männer pfuschten auch weiterhin kräftig mit hinein. Während des zweiten Orbitalflugs spielte Scott Crossfield derart ausgiebig mit den Triebwerken zur Stabilisierung der Fluglage herum, daß ihm schließlich die Zeit und der Brennstoff fehlten, seine Kapsel für den Wiedereintritt in die Erdatmosphäre auszurichten – ein gefährliches Geschäft, da der Astronaut Gefahr lief, mit seiner Raumkapsel für immer in den Weltraum zurückzuprallen oder so steil in die Atmosphäre einzutauchen, daß er mit der Kapsel verbrannte; dafür genügte bereits eine Abweichung um wenige Grad. Außerdem hielt das automatische Kontroll- und Steuersystem die Kapsel nicht mehr in der richtigen Position für die Rückkehr zur Erde. (Es hatte bereits einmal versagt, als ein Schimpanse an Bord war, und es sollte noch einmal mit John Glenn an Bord versagen.) Crossfield schaltete auf die Automatik um, vergaß jedoch, einen zweiten Schalter zu bedienen, und zehn Minuten lang verbrauchte er Brennstoff aus beiden Systemen. Als der Zeitpunkt zur Zündung der Bremsraketen gekommen war, war er schon weiter geflogen als geplant, und die Kapsel befand sich noch nicht in der richtigen Position; außerdem betätigte er den Zündschalter zu spät. Der Eintrittswinkel stimmte um neun Grad nicht. So mußte er frühzeitig den Fallschirm ausfahren, zudem von Hand, da das automatische System keinen Treibstoff mehr hatte. Er flog 400 km über das Ziel hinaus, und 40 Minuten lang erweckte der Bildschirm den Eindruck, daß er den Rückflug nicht überlebt hatte (ebd., S. 309–314).

Diese phantastisch ausgebildeten Testpiloten, die ein paar Manöver übernehmen und sich vergewissern sollten, daß dieser oder jener Schalter sich in der richtigen Stellung befand, waren nicht vollkommen. Der schwerste Fehler von allen wurde während des zweiten Suborbitalflugs von Gus Grissom begangen. Er verlor die Kapsel. In unserer Terminologie war es ein Systemunfall mit mehrfachen Bedienungs- und Verfahrensfehlern und ist darüber hinaus insofern von Interesse, als der Unfall mit einer Störung in einer Sicherheitsvorkehrung begann.

Gus Grissom war der zweite Mensch im Weltraum und flog genau wie Shephard einen suborbitalen Bogen in den Atlantik bei den Bermudas. Diesmal wies die Kapsel eine bedeutsame Änderung auf, die von den ehemaligen Testpiloten gefordert worden war – einen Notausstieg mit Sprengbolzen, die gezündet werden sollten, falls sich die Kapsel im Wasser nicht aufrichtete und Meerwasser eindrang. Es bestand kein Anlaß, von der Vorrichtung Gebrauch zu machen; der Flug wurde erfolgreich beendet. Grissom beschäftigte sich nach der Landung im Meer mit verschiedenen Aufräumarbeiten und bat den Hubschrauber, sich ein paar Minuten zu gedulden. Vielleicht war er nervös; während des gesamten Fluges hatte er einen höheren Puls als Shephard vor ihm. Als er fertig war, forderte er den Hubschrauber auf, die Kapsel an den Haken zu nehmen, doch als dieser herabschwebte, um mit einem langen Fanghaken eine hervorstehende Schlaufe zu erwischen, wurde der Notausstieg abgesprengt. Grissom kletterte heraus, da die Kapsel mit Wasser vollschlug, und begann mit schnellen Bewegungen zu schwimmen. Der Hubschrauberpilot war überrascht, aber nicht beunruhigt; der Astronaut hatte diesen Notfall oft geübt, und der Druckanzug hielt ihn besser über Wasser als jede Schwimmweste. Die Astronauten hatten es beim Training sogar genossen, in ihren Raumanzügen, die wie ein kleines, dem Körper angepaßtes Boot wirkten, im Wasser herumzuspielen. Deshalb versuchte der Pilot, so schnell wie möglich die Kapsel zu bergen, die zu sinken drohte.

Grissom schwor später Stein und Bein, er habe keine Erklärung dafür, daß der Notausstieg abgesprengt wurde – die Ladung ging einfach hoch. Trotz ausgiebiger Testversuche an einer Kapsel gleicher Bauart unter allen erdenklichen Bedingungen wiederholte sich der Vorfall nicht, und seit Jahren wurden in Kampfflugzeugen Sprengbolzen benutzt, ohne daß sie auf unerklärliche Weise von allein hochgegangen waren. Nachdem Grissom die explosiven Ladungen vorschriftsmäßig scharfgemacht hatte, war vielleicht irrtümlich oder unabsichtlich ein Knopf gedrückt worden, während er in der Kapsel beschäftigt war.

Grissom schwamm also auf den Wellen des Atlantik. Da er jedoch zuvor sicher gelandet war und damit gerechnet hatte, binnen kurzem von dem Hubschrauber an den Haken genommen und auf den in der Nähe wartenden Flugzeugträger gebracht zu werden, hatte er den Verschluß der Sauerstoffzufuhr in den Raumanzug geöffnet. Die Hülle, die ihn eigentlich tragen sollte, wies also ein großes Loch auf, und es dauerte eine Weile, bis er bemerkte, daß er nicht etwa munter auf den Wellen schaukelte, sondern sank. Er war sowieso schon schwerer als normal, da die Tasche seines Anzugs voller Souvenirs steckte, unter anderem zwei Rollen aus Zehncentmünzen und Modelle der Raumkapsel. Es gelang ihm, nach unten zu greifen und den Verschluß zu schließen, aber dabei bekam er eine Menge Wasser in seine Lungen. In der kabbeligen See schlugen die Wellen über ihm zusammen, weil ihn der teilweise mit Wasser gefüllte Raumanzug nach unten zog. Trotzdem gab es noch immer

keinen Grund zur Besorgnis, da in der Luft noch ein zweiter Hubschrauber schwebte für den Fall, daß Probleme auftraten. Grissom winkte wie
wild, und die Hubschrauberbesatzung winkte zurück in der Annahme,
er freue sich darüber, daß er der zweite Mensch im Weltraum war. Sie
hatten alles schon so oft geübt, alles schien wie geplant abzulaufen. Während Grissom immer mehr Wasser schluckte und sich bemühte, den
Kopf hoch zu halten, richtete der zweite Pilot sein Augenmerk auf den
ersten Hubschrauber, der von der sinkenden Kapsel mit heruntergezogen wurde. An Bord dieses Hubschraubers leuchteten die Warnlämpchen auf, da die Belastung die zulässige Tragkraft bereits um 25 Prozent
überschritten hatte, die Räder des Helikopters befanden sich schon im
Wasser, und der Motor drohte zu explodieren. Dem Piloten blieb nichts
anderes übrig, als schließlich den Haken auszuklinken. Daraufhin erst
wandte der Pilot des Hilfshubschraubers seine Aufmerksamkeit wieder
Grissom zu und hievte den mittlerweile Benommenen an Bord. Grissoms verwirrter Zustand hielt noch eine Zeitlang an – in der Hubschrauberkabine griff er wütend nach Schwimmwesten (ebd., S. 335-343).

Die einzelnen Pannen waren trivial – das ungeplante Absprengen des
Notausstiegs; der geöffnete Verschluß der Sauerstoffzuleitung; die Konzentration des ersten Hubschrauberpiloten auf die Bergung der Kapsel;
die Mißdeutung der Armbewegungen Grissoms durch die Besatzung
des zweiten Hubschraubers; ein möglicherweise zu schwerer Raumanzug; eine kabbelige See. Für jede einzelne Eventualität gibt es eine Sicherheitsvorkehrung, eine Redundanz, eine eingebaute Zusatzkapazität. Als
jedoch alles zusammenkam, hätten wir fast einen Astronauten verloren.
Bei einem unbemannten Flug wäre alles in Ordnung gewesen, es wäre
aber genauso gut alles glattgegangen, wenn man keinen Notausstieg
angebracht hätte.

Die Konstrukteure machen Fehler

Aber die Bedienungsfehler der Operateure sind noch nicht die ganze
Wahrheit. Es gibt auch Mängel in der Konstruktion oder der Ausrüstung. Wie bei jedem neuen komplizierten System, selbst bei jenen, die
den strengsten nur denkbaren Tests ausgesetzt wurden, mußten einfach
Fehler auftreten. Während des ersten Suborbitalflugs mit einem lebenden Wesen an Bord – dem Schimpansen Ham – stieg die Rakete auf eine
geringfügig größere Höhe als geplant, und als die Kapsel herunterkam,

verfehlte sie das Ziel um 250 km. Zwei Stunden lang trieb sie auf dem Meer, bevor sie geborgen wurde, und Ham wäre beinahe ertrunken, weil Wasser in die Kapsel eindrang (ebd., S. 186). Beim ersten Orbitalflug mit einem Schimpansen hatte die Bordelektrik einen Defekt, und der Flug mußte vorzeitig abgebrochen werden. Das automatische Kontrollsystem konnte die Kapsel nicht richtig positionieren und verbrauchte so viel Treibstoff, daß die Bodenkontrolle befürchtete, sie für den Wiedereintritt in die Erdatmosphäre nicht mehr in die richtige Position bringen zu können – was einem Testpiloten an Bord wahrscheinlich gelungen wäre (ebd. S. 106 und 254). Die Kapsel wasserte schließlich vor der Küste Kaliforniens statt Floridas, wie ursprünglich geplant. Die Konstrukteure konnten es auch nicht besser als die aufgeregten Testpiloten.

Auch beim ersten Flug von John Glenn fiel das automatische Kontrollsystem aus, und die Anzeige für den Erdanflugwinkel funktionierte nicht. Er schaltete auf manuelle Steuerung um und führte schließlich einen dramatischen Erdanflug durch, bei dem er sich allein auf seine Augen verließ – in der kritischsten Phase des ganzen Fluges (ebd., S. 274)! Bei der Bodenkontrolle kam außerdem ein falscher Alarm an, ein an der Raumkapsel befestigtes »Landungspaket« sei verlorengegangen. Zu Glenns Ärger sagten sie ihm stundenlang nichts davon, sondern forderten ihn lediglich auf, dieses oder jenes zu überprüfen. Obwohl er jetzt der Pilot war und kein Versuchskaninchen mehr, sagten sie ihm nicht, was nicht in Ordnung war, sondern erteilten ihm nur Anweisungen. Obgleich er die Automatik ausschalten mußte, um die Kapsel für den Wiedereintritt in die Erdatmosphäre in die richtige Position zu bringen, sich dabei nur auf seine Augen verlassen konnte und praktisch keinen Treibstoff für Korrekturen mehr hatte, wurde er immer noch nicht als Pilot behandelt. Die Bodenkontrolle hatte das Kommando und gab es während des gesamten Raumfahrtprogramms nicht wieder ab.

Mit jeder Rationalisierung eines Systems werden Operateure entbehrlich; es ist die Domäne der Konstrukteure und Manager. Dieser Prozeß hat eine lange Geschichte. Aber mit jeder Rationalisierung werden zugleich neue Möglichkeiten für noch komplexere Systeme geschaffen, so daß der Operateur als Pannenhelfer durch die Hintertür wieder hereinkommt. Auch dies hat eine lange Geschichte, aber die wenigen Jahre des Raumfahrtprogramms verdeutlichen exemplarisch beide Tendenzen. Anfänglich glaubte man, lediglich Radarbeobachter zu benötigen, die als redundante Sensoren fungieren sollten. Bereits nach den ersten

Starts in den Weltraum zeigte sich jedoch, daß weitere Qualifikationen gebraucht würden, und obendrein verlieh die Heroisierung der Astronauten ihnen fast die Verhandlungsmacht einer Gewerkschaft. Bei den Gemini- und Apolloprogrammen erhielten die Operateure einen wachsenden Funktionsbereich zugeteilt, auch wenn das Kommando bei der Bodenkontrolle blieb.

Bei der Raumfähre übernimmt der Operateur noch mehr Kontroll- und Steuerungsaufgaben. Ein automatisches Landungssystem muß überwacht werden, und man rechnet damit, daß die Automatik häufig auf Handbetrieb umgeschaltet werden muß. Daß hier die Operateure wieder stärker herangezogen worden sind, war eigentlich zu erwarten, da die Konstrukteure unmöglich alle Eventualitäten vorhersehen können. Zwar ist die Space Shuttle mit mehr Redundanz ausgerüstet als jedes andere Raumschiff vor ihr, aber genau dieser Umstand macht das System komplexer und selbst für seine Konstrukteure noch mysteriöser und unberechenbarer als seine Vorgänger (s. Stevens 1981). Der Leiter der Flugoperationen soll geäußert haben, die großartige »Architektur« des Raumschiffs erschwere es zugleich, die Handhabung des Systems zu erlernen. Die zahlreichen Mucken, die bei den ersten Flügen der Space Shuttle auftraten, bestätigen diese Einschätzung.

Wir dürfen jedoch die Rolle der Operateure nicht überbewerten. Die Rakete samt der Raumfähre war vollgepackt mit automatischen Kontrollen, die kein Pilot mehr hätte überblicken können, ähnlich wie in einem Atomkraftwerk, einer großchemischen Anlage oder an Bord eines modernen Passagierflugzeugs. An erster Stelle muß der Konstrukteur stehen, zuletzt kommt der Operateur. Manager verfügen im allgemeinen über mehr Informationen als Operateure, und sie haben den größeren Überblick. Aber trotz ihrer eigenen Fehler tragen die Operateure auch zur Systemregenerierung nach Fehlern von anderen oder bei unvorhergesehenen ungünstigen Umweltbedingungen bei. Je linearer das System, desto unwichtiger ist dieser Aspekt, und die Langstreckenflüge mit Raumsonden sind linearere Systeme als Raumflüge, bei denen die Kapsel oder Fähre zur Erde zurückkehrt. Je komplexer hingegen das System ist, desto wichtiger wird die zwar fehleranfällige, aber extrem flexible Komponente »Operateur«. Das hat sich besonders beim Raumflug *Apollo 13* gezeigt.

Apollo 13

Im April 1970 schienen eine zehnjährige Arbeit und zehn Milliarden Dollar ihre Früchte zu tragen: *Apollo 13*, ein Unternehmen, das allein schon durch seine Bezeichnung allen abergläubischen Befürchtungen entgegentrat, startete zum Mond – wohlausgerüstet mit einer Mondlandefähre. Zwei Tage nach dem Start, als sich die Astronauten auf halbem Weg zwischen Erde und Mond befanden, traten Probleme auf. Während der folgenden vier Tage, in denen die Bodenkontrollstelle in Houston ständigen Kontakt zum Raumschiff hielt, wurde die Welt vom Schreckbild dreier wagemutiger Astronauten in Atem gehalten, die nach einer Havarie im Weltraum wegen Sauerstoffmangels langsam zu ersticken drohten. Die Regenerierung von dieser Panne dürfen wir getrost als heldenhaft und als technische Glanzleistung bezeichnen. Die Auslöser des Störfalls waren selbstverständlich trivial. Was den Gang der Ereignisse angeht, so stütze ich mich auf das spannend und kenntnisreich geschriebene Buch von S. F. Cooper, *Thirteen: The Flight That Failed* (1973) – eine beispielhafte populärwissenschaftliche Darstellung.

Zwei Wochen vor dem Abschuß der Rakete fand eine routinemäßige Überprüfung des Raumschiffs statt, wobei auch zwei Sauerstofftanks begutachtet wurden. Dies waren große Kugeln aus einer Nickel-Stahl-Legierung, die einem Druck von $65\,kg/cm^2$ standhalten müssen. Sie enthielten flüssigen Sauerstoff, der auf einem extrem niedrigen Temperaturniveau gehalten wurde, auf -183° C. Flüssiger Sauerstoff ist instabil. Die Tanks hatten eine verdeckte Kuppe, durch die Leitungen und Elektrokabel in das Tankinnere führten, um Rührwerke für die zähe Flüssigkeit sowie Aufheizgeräte mit Strom zu versorgen, und sie waren mit allen zugehörigen Meßinstrumenten und Schaltern ausgerüstet. Die beiden Sauerstofftanks enthielten zusammen mit den Wasserstofftanks die Elemente für die Brennstoffzellen zur Erzeugung des elektrischen Stroms für praktisch alle wichtigen Systeme des Raumschiffs. Nach beendeter Überprüfung hatten die Ingenieure Schwierigkeiten, den flüssigen Sauerstoff wieder aus den Tanks abzupumpen, und schalteten die Rührwerke und Heizgeräte ein. An die Heizgeräte war natürlich ein Thermostat angeschlossen, der den Strom abschalten sollte, sobald eine Temperatur von 27° C erreicht war. Der Thermostat war allerdings für einen Strom von 28 Volt ausgelegt, wie er im Raumschiff verwendet wird, während für die Überprüfung mit einem Strom von 65 Volt gearbeitet wurde. Für die meisten Tests war dieser Unterschied belanglos, nicht aber für den Thermostatschalter, denn der war für niedrige Temperaturen und niedrige Stromspannungen dimensioniert. Die hohe Spannung verhinderte wahrscheinlich, daß sich die Heizgeräte bei 27° abschalteten, und die Hitze, die sich auf diese Weise entwickelte (vermutlich über 500°), ließ nicht nur den Schalter verschmoren, sondern auch die gesamte Isolierung der Kabel innerhalb des Tanks (ebd., S. 16ff.). Nach einigen Stunden wurde der Strom für das System ganz abgeschaltet, ohne daß die hohe Temperatur bemerkt worden war. Es gab keine äußeren Anzeichen für die Zerstörung des Schalters oder der Isolierung und keine weitere Überprüfung mehr; so galt denn die Inspektion als abgenommen.

Als nun während des Flugs die Rührwerke eingeschaltet wurden, gab es zwischen den blanken Kabeln einen Lichtbogen, durch den sich der Sauerstoff im Tank so sehr aufheizte, daß schließlich der Deckel abgesprengt wurde und der Tank rasch seinen Inhalt verlor. Durch die Explosion hatte der zweite, noch intakte Tank ein Leck bekommen. Wegen des Sauerstoffverlusts konnten die Brennelemente nicht mehr genügend Strom liefern, und das Raumschiff ließ sich nicht mehr manövrieren. Es dauerte 17 Minuten, bis die Ursache der Störung überhaupt entdeckt wurde.

※

Die Suche nach dem Problem wurde unter der sattsam bekannten Annahme aufgenommen, der wir in diesem Buch immer wieder begegnet sind: Da das System sicher ist – ansonsten hätte ich längst ade gesagt –, kann es sich nur um ein unbedeutendes Problem handeln, auf jeden Fall um das geringere von zwei möglichen Übeln. Ähnlich wie in vielen anderen in diesem Buch behandelten Fällen schien es den Verantwortlichen einfach undenkbar, daß der Lebensnerv des Raumschiffs getroffen sein könnte. Cooper hat diesen Sachverhalt zutreffend so formuliert:

»Es war ihre unerschütterliche Überzeugung, daß das Raumschiff für einen Flug zum Mond so sicher wie nur menschenmöglich war. Wäre es das nicht gewesen, dann hätte man ganz offensichtlich keine Menschen damit ins All geschickt. Aber da *tatsächlich* Menschen mit dem Raumschiff zum Mond geschossen worden waren, konnten die Leute von der NASA gar nicht mehr anders, als dem Raumschiff zu vertrauen. Jedermann setzte seine Hoffnung ganz besonders in die Redundanz der Weltraumkapsel: Es gab fast alles doppelt und dreifach.« (Ebd., S. 23 f.)

Dieser Unfall erlaubt uns, einige typische Verhaltensweisen aufzuzählen, die bei Systemunfällen zu beobachten sind: 1. Am Anfang eine Unfähigkeit zu begreifen, was die Störung tatsächlich ausgelöst hat; 2. die auftretenden Fehler sind verborgen und gelegentlich sogar getarnt; 3. es wird nach den kleinstmöglichen Ursachen gesucht, da eine größtmögliche Ursache undenkbar ist; 4. es wird versucht, den Betrieb unter allen Umständen aufrechtzuerhalten; 5. man mißtraut den Instrumenten, da diese bekanntlich immer wieder falsch anzeigen; 6. man setzt ein übergroßes Vertrauen in die konstruktiven Sicherheitsvorkehrungen und Redundanzen, das sich auf die Erfahrung eines reibungslosen Betriebs in der Vergangenheit gründet; 7. mehrdeutige Informationen werden so interpretiert, daß sie die anfängliche Hypothese (der kleinstmöglichen Fehlerursache) bestätigen; 8. es besteht eine enorme Zeitknappheit für Entscheidungen; und schließlich 9. bestehen invariante Betriebsabläufe, die sich nicht umkehren lassen, z.B. bei der Entscheidung, ein Subsystem abzuschalten, das nicht wieder eingeschaltet werden kann. Und all das passierte nicht etwa bei einer Gruppe von Hochschulabsolventen, die sich nur bruchstückhaft in Reaktortechnik auskennen, und nicht bei einem brummigen alten Kapitän, der kraft seiner absoluten Autorität einsame Entscheidungen trifft, sondern es passierte bei drei brillanten und hervorragend trainierten Testpiloten und einer aufgeregten Schar von Managern (allesamt Wissenschaftler und Ingenieure), unterstützt von den »großen Konstrukteuren« selbst und den Bodenkontrolleuren in Houston, die alle mit dem Raumschiff in Verbindung standen. So großartig diese Leute auch alle sein mochten, Komplexität und enge Kopplung des Systems verhinderten den erfolgreichen Abschluß dieses Flugs und führten beinahe zum Verlust des Raumschiffs und der Astronauten im Weltall.

Frühwarnsysteme

Seit Hiroshima und Nagasaki ist der äußerste denkbare Unfall mit katastrophalen Folgen ein zufällig ausgelöster Atomkrieg, ein allgemeiner Holocaust. Die Einzelheiten, die diesem Schreckensbild Kontur verleihen, kann ich mir sparen; sie sind in groben Zügen allgemein bekannt. Jedenfalls ist der Alptraum von *Dr. Seltsam* nicht geschwunden. Das Szenario dieses Films von Stanley Kubrick aus dem Jahr 1964 mochte damals noch grotesk erscheinen, wirkt jedoch im Hinblick auf die lose Kopplung und die Linearität des dort dargestellten Systems geradezu idyllisch im Vergleich zu Szenarien, die heute im Bereich des Denkbaren liegen.

In diesem ebenso erheiternden wie sarkastischen Film geht es um das strategische Luftkommando (SAC – *Strategic Air Command)* und die nationale Verteidigung der USA. Unter dem Blickwinkel der Entstehung von Systemunfällen ist seine Handlung die folgende. General Jack D. Ripper (die Anspielungen sind überdeutlich) ist ein verrückt gewordener Geschwaderkommandeur des SAC, der seine B-52er mit ihren Atombomben gegen die Sowjets in die Luft schickt. (In keinem der in diesem Buch behandelten Beispiele war psychopathisches Verhalten im Spiel, aber es kommt durchaus vor. Dieses eine Mal findet es sogar Berücksichtigung als Fehler Nr. 1.) Nur General Ripper kennt das geheime Codewort, mit dem die Bomber zurückgerufen werden können, und er wird es keinem sagen. (Fehler Nr. 2, ein Verfahrensfehler oder -risiko. Er gleicht der gerüchteweise kolportierten Order an U-Bootkommandeure, unter bestimmten Bedingungen ohne Erlaubnis des Präsidenten Atomraketen abzufeuern. Zu diesen Bedingungen gehört z. B. eine unterbrochene Kommunikation mit dem Präsidenten.) Die Armee ist gezwungen, den Stützpunkt des Generals anzugreifen, aber bei dem Angriff kommt General Ripper um, und damit ist das Codewort unwiederbringlich verloren (Fehler Nr. 3, ein abhängiger oder *Common Mode*-Fehler). Trotzdem gibt es noch Möglichkeiten zur Systemregenerierung, da es in jenen halkyonischen Tagen noch mehrere Stunden dauerte, bis eine B-52 das Gebiet der Sowjetunion erreicht hatte. (Heute benötigen Raketen, die von U-Booten aus abgeschossen werden, für diese Strecke nur noch zehn Minuten, und eine in Europa stationierte Pershing II braucht sogar nur acht; keine unserer Mittel- oder Langstreckenraketen kann zurückgeholt oder auch nur während des Flugs zerstört werden, wenn sie irrtümlich abgefeuert wurde. Das System ist heute weit enger gekoppelt als damals.) Dank einer glücklichen Eingebung und der vereinten Bemühungen der Russen und der Amerikaner ist es möglich, alle Bomber zurückzuholen oder abzuschießen, bis auf einen (Fehler Nr. 4). Die Geschichte erinnert an den Fall des amerikanischen Aufklärungsflugzeugs U-2 und seines Piloten Gary Powers, der zur Zeit der Kubakrise eine Anweisung nicht empfing, kein sowjetisches Territorium zu überfliegen; er verletzte die sowjetische Grenze und wurde abgeschossen, als die Amerikaner den Russen »Auge in Auge« gegenüberstanden, einen Luftangriff auf Kuba in Erwägung zogen und eine Blokkade aufnahmen. Der Zwischenfall komplizierte die Verhandlungen endlos (s. Allison 1971).

Zurück zum Film. Der im System vorhandene Spielraum hatte es ermöglicht, mit einer Ausnahme alle potentiellen Ursachen für eine Katastrophe auszuschalten; so glaubte man wenigstens. Aber gerade zu der Zeit hatten die Russen einen »Weltuntergangsapparat« aufgestellt, der die Welt automatisch zerstören sollte, sobald auch nur eine einzige Atombombe explodierte. Diese Maschine war von den Russen heimlich entwickelt worden, um ihre Gegner ein für allemal von einem Atomangriff abzuschrecken. Aber die Abschreckung konnte natürlich nur dann wirksam werden, wenn die übrige Welt davon Kenntnis erhielt. Fehler Nr. 5 bestand nun darin, daß die Russen die Maschine zwar scharf geladen hatten, aber noch auf einen günstigen Zeitpunkt warteten, um die Welt von deren Existenz zu unterrichten. Einmal in Gang gesetzt, konnte sie nicht wieder stillgelegt werden – genau das machte ihr Drohpotential aus. (Das ähnlichste Gegenstück zu dieser Maschine wäre heute ein »Präventivschlag«, eine von beiden Seiten angedrohte Maßnahme, bei der nicht zurückholbare Raketen auf das gegnerische Territorium abgeschossen werden, sobald der Gegner den Anschein erweckt, einen Erstschlag zu führen. Die Vermutung eines gegnerischen Angriffs wird uns in diesem Abschnitt noch beschäftigen.) An dieser Stelle des Films, die von patriotischer Musik untermalt wird, ist ein menschliches Eingreifen nicht mehr möglich. Die am Schluß allein übriggebliebene B-52, deren Pilot alle Funkbefehle zur Rückkehr ignoriert, weil das geheime Codewort fehlt, erreicht ihr Ziel, und die Welt wird radioaktiv verseucht. In der Schlußszene diskutieren die Verantwortlichen der USA die Möglichkeit, wenigstens die US-amerikanische Vorstellung von Zivilisation unterirdisch, in verlassenen Grubenschächten weiter zu pflegen. In dieser Diskussion warnt schließlich der Stabschef der Luftwaffe den Präsidenten vor einer möglichen »Grubenschachtlücke«.

Heute, gut 20 Jahre nach diesem Film, ist dessen Unfallszenario weit weniger lächerlich, als es damals den Anschein hatte. Während sowjetische Satelliten die USA ohne Unterlaß nach Anzeichen für einen Erstschlag ausspähen, ließ ein heruntergefallener Schraubenschlüssel eine Titanrakete in die Luft gehen (zum Glück flog sie nur wenige Hundert Meter weit). Außerdem kursieren Gerüchte über einen zufällig ausgelösten Raketenabschuß, bei dem das Projektil irgendwo in Kanada niederging. Es gibt jedoch so wenig Informationen über versehentliche Abschüsse von Raketen bzw. über Unfälle, bei denen fast eine Rakete in die Luft gegangen wäre, daß ich zu dieser Frage nicht einmal Spekulationen anstellen kann.

Dasselbe gilt für Unfälle mit Atomwaffen, wenn diese z. B. beim Beladen zu Boden fallen, wenn andere Objekte auf sie stürzen oder wenn sie versehentlich aus Flugzeugen abgeworfen werden wie bei dem Zwischenfall von Palomara in Spanien 1966 (s. Talbot 1981). Ihre Zahl bewegt sich irgendwo zwischen »über 27« (offizielle Angabe) und 125 (Schätzung des International Peace Research Institute). Bei 14 der offiziell zugegebenen 27 Unfälle explodierte der Zündsatz (der in einem Fall in Texas einen Bodenkrater von 10 m Durchmesser und 1,80 m Tiefe riß). Aber dieser Zündsatz muß äußerst genau gezündet werden, um den Gefechtskopf zur Explosion zu bringen; er besteht aus mehreren Explosivladungen, die den atomaren Kern umgeben. Man geht davon aus, daß es extrem unwahrscheinlich ist, durch einen Unfall genau das kritische Muster zu produzieren. Allerdings hat es einige Versuche in dieser Richtung bereits gegeben. In einem Fall versagten fünf der sechs ineinandergeschachtelten Sicherungen einer Bombe, und nach Angaben von Dr. Ralph Lapp, dem Vorsitzenden der Abteilung Kernphysik des Office of Naval Research, verhinderte schließlich nur noch ein einziger Schalter, daß eine Bombe mit 24 Megatonnen Sprengkraft das schöne North Carolina in weiten Teilen verwüstete.

Man kann sich ohne Schwierigkeiten ein Szenario aus trivialen Störfällen in der Industrie und militärischen Pannen vorstellen, die zu derartigen Unfällen führen; dazu braucht man die Kategorien »Komplexität« oder »enge Kopplung« gar nicht erst zu bemühen. Obwohl eine Kernexplosion extrem unwahrscheinlich ist, kann eine beschädigte Rakete tödliches Plutonium in die Umwelt entlassen, und es gibt bereits zahlreiche Stellen auf der Erde, wo die oberste Schicht entfernt und sicher gelagert werden mußte, weil sie radioaktiv verseucht war. Zwar sind die Zeiten vorbei, in denen rund um die Uhr B-52-Bomber mit scharfen Atombomben am Himmel kreisen, aber sie fliegen noch immer durch die Gegend, und die – nicht gefechtsbereiten – Waffen werden routinemäßig von Frachtflugzeugen durch die Luft befördert. (Einmal war ein Hubschrauber mit Atombomben an Bord zu einer Notlandung auf Coney Island gezwungen.) Ihr Plutonium kann bei einem Unfall leicht freigesetzt werden. Zwar ist das zerstörerische Potential für Opfer dritten und vierten Grades weniger groß als bei einer versehentlichen Detonation eines der Zehntausende von Gefechtsköpfen auf der Erde, aber die Wahrscheinlichkeit dafür, daß ein Geländestreifen von etwa 3,5 km Breite und

40 km Länge mit Plutonium verseucht wird, ist wesentlich größer. Zweifellos würde die verheerendste Zerstörung bei einem versehentlichen Abschuß von Kernwaffen verursacht, aber gerade dieses Ereignis ist am unwahrscheinlichsten von allen, und wir wollen sehen, warum das so ist.

Wir konzentrieren uns auf das plausibelste Beispiel für einen versehentlichen Angriff – falscher Alarm. Das Problem des Terrorismus und verrückt gewordener Kommandeure soll uns hier nicht beschäftigen.

Die Warnung

In einer langen Kette von Höhlen, die aus dem Felsen unter dem Cheyenne Mountain in Colorado herausgeschlagen wurden, wartet die NORAD (North American Aerospace Defense Command), die Kommandozentrale der nordamerikanischen Luftverteidigung, auf Anzeichen dafür, daß die Russen kommen. Entgegen landläufiger Meinung ist diese Tätigkeit keineswegs arm an Ereignissen. Zwar verhalten sich die Russen selbst ziemlich inaktiv, von einigen Raketentests und Raumflugstarts einmal abgesehen, aber dafür scheint die ganze Zeit hindurch überall etwas in die Luft zu gehen. In diesem Fall wird eine *missile display conference* (Konferenz nach einer Raketenanzeige auf dem Schirmbild) einberufen. Nach einem Bericht des Senats gab es z.B. 1979 1 544 solcher Konferenzen. Allein während der ersten sechs Monate 1980 waren es 2 159 – täglich mehr als zehn (Hart/Goldwater 1980). Die Armeeangehörigen, die an den Monitoren sitzen, sind also ganz schön beschäftigt.

Mit den Konferenzen hat es nicht viel auf sich, obwohl sie offenbar die Verantwortlichen in Trab halten; es sind Telefonkonferenzen, bei denen die diensttuenden Offiziere in drei anderen Kommandozentralen aufgefordert werden, die Exaktheit der Warnung zu bestätigen. Ernster wird die Lage bei einer *missile threat assessment conference* (Konferenz zur Beurteilung einer Raketendrohung), obgleich auch sie über Telefon stattfindet. Dabei werden ranghöhere als die diensthabenden Offiziere in den vier Kommandozentralen um ihre Meinung gebeten. 1979 gab es 78 dieser Konferenzen, also alle fünf Tage etwa eine – während der ersten Jahreshälfte von 1980 wahrscheinlich sogar zwei- oder dreimal soviel. Schließlich gibt es noch eine Raketenkonferenz auf höchster Ebene, die bislang noch kein einziges Mal einberufen wurde, die *missile attack confe-*

rence (Konferenz bei einem Raketenangriff). An ihr nimmt der Präsident der USA teil.

Was diese Vorposten im Interesse unserer Verteidigung andauernd beschäftigt, sind in erster Linie atmosphärische Störungen; diese produzieren eine infrarote »Signatur«, die eine gewisse Ähnlichkeit dem Bild eines echten Raketenabschusses aufweist, der von einem Satelliten entdeckt wird. Außerdem gibt es Vogelschwärme, Raumflugstarts, Raketentests und die unterschiedlichsten Anomalien in der Atmosphäre oder in der technischen Ausrüstung. Bei derart vielen Möglichkeiten eines Alarms steht zu erwarten, daß das System über höchst differenzierte Reaktionen verfügt. Daß dem so ist, zeigte sich am 9. November 1979, als die Monitore einen massiven sowjetischen Angriff anzeigten. Es stand außer Zweifel, daß keine der üblichen Anomalien vorlagen. Das Bild zeigte sowohl land- als auch seegestützte Raketen an, die von U-Booten aus abgefeuert wurden, und entsprach genau dem Szenario, das vom Pentagon als das wahrscheinlichste angenommen worden war. Es war international ein ruhiger Tag, was möglicherweise zu einer skeptischen Beurteilung des Alarms beigetragen hat. Der Angriff wurde auch auf den Bildschirmen der NORAD-Zentrale in Colorado, im Pentagon, auf Honolulu und »andernorts« registriert (*New York Times,* 16.12.1979). Eintausend Interkontinentalraketen vom Typ Minuteman, die Ziele in der Sowjetunion treffen können, wurden auf Niedrigalarmstufe gesetzt. Zehn taktische Kampfflugzeuge stiegen auf, deren Aufgabe mir nicht ganz klar geworden ist; sie hätten keine ankommenden Raketen abschießen können. Doch nach sechs Minuten wurde der Alarm als falsch bestätigt. Das war eine scheinbar schnelle Klärung, aber die sowjetischen Raketen, die von U-Booten abgeschossen werden, lassen uns nur acht Minuten Zeit, um den Gegenschlag einzuleiten. Und zudem müssen nicht nur die Raketen gefechtsbereit gemacht, es muß auch der Präsident angerufen werden, weil nur er einen Gegenangriff nach einer derartigen Warnung befehlen kann. Mehr als die Hälfte dieser Zeit war bereits verstrichen, bevor der Alarm abgeblasen wurde. Im Grunde genommen hatte man jedoch schon nach zwei Minuten vermutet, daß es ein falscher Alarm war.

Daß er trotzdem sehr realistisch wirkte, war verständlich: Ein Schulungsband, das einen erwarteten sowjetischen Angriff simulierte, war in einen Hilfscomputer eingegeben worden, der Routineaufgaben erfüllte. Irgendwie fanden die Daten auf dem Band ihren Weg in das aktive Warnsystem. (Man kann sich die Militärs vor dem Bildschirm vorstellen, wie sie erstaunt ausrufen, »Mensch, das sieht aber ernst aus, genau so, wie man es uns immer wieder eingetrichtert hat«, und alle Hebel in Bewegung setzen. Ebenso wahrscheinlich wäre aber auch die Gegenreaktion, »das ist niemals ein Ernstfall; das hat es noch nie gegeben, daß alles so läuft wie auf dem Schulungsband«.) Woher wußten die Verantwortlichen, daß es nicht ernst war? Sie überprüften die Meldungen anhand zweier unabhängiger Quellen, der Satelliten und der Radarfrühwarnsysteme – eine Sache, auf die wir gleich zurückkommen werden.

Weniger als ein Jahr darauf, am 3. Juni 1980 um 2:26 Uhr, empfing das strategische Luftkommando SAC einen Hinweis, daß zwei von einem Unterseeboot abgeschossene Raketen sich im Anflug auf die USA befänden; der Hinweis kam vom NORAD-Hauptquartier. Auf Rückfrage des SAC war das NORAD nicht in der Lage, die Nachricht zu bestätigen, obwohl sie aus seinen Computern stammte. Der diensthabende Offizier im SAC befahl vorsorglich den in Alarmbereitschaft wartenden Besatzungen der B-52er, an Bord ihrer Maschinen zu gehen und die Triebwerke zu starten. Diese mit Atomwaffen bestückten Flugzeuge müssen sich bei einem Raketenangriff in der Luft befinden, weil sie sonst keine Startmöglichkeiten mehr hätten. Sie würden die Sowjetunion zwar erst in Stunden erreichen, aber sie wären wenigstens nicht am Boden der Vernichtung Amerikas ausgesetzt. Kurz darauf ergab die SAC-Bildschirmanzeige keinen Hinweis auf Raketen mehr, so wenig wie alle übrigen Teile des Warnsystems, und die Piloten konnten die Triebwerke wieder abschalten.

Wenige Minuten später zeigte der SAC-Bildschirm nach dem Empfang von Meldungen aus dem NORAD-Hauptquartier abermals sowjetische Raketen – diesmal landgestützte – im Anflug auf die USA, und kurz darauf ließen die Monitore im Pentagon sowjetische Raketen im Anflug erkennen, die wiederum von U-Booten abgeschossen waren. Die Monitore zeigen keine »Abbildung« dieser Ereignisse wie z. B. bei Radarschirmen, sondern lediglich Ziffern, die verschiedenen Kategorien zugeordnet sind, so daß sich die Anzahl der feindlichen Raketen, ihre Richtung etc. ablesen läßt. Der diensthabende Offizier im Pentagon berief zunächst eine *missile display conference* und dann eine *missile threat assessment conference* ein. Der Kommandeur von NORAD sagte, es bestehe keine reale Gefahr, und eine Minute darauf wurde der Alarm abgeblasen. Inzwischen hatte der Kommandeur der in Honolulu stationierten Pazifischen Luftlandetruppen Bomber aufsteigen lassen. Die ganze Episode dauerte nur drei Minuten. Da es den Sowjets möglich ist, die Aktivität der amerikanischen Luftstützpunkte zu überwachen und möglicherweise auch unsere Telekommunikation, wenn nicht sogar den jeweiligen Inhalt unserer Meldungen, liegt die Frage nahe, ob diese Aktivitäten auf amerikanischer Seite wiederum bei ihnen einen Alarm ausgelöst haben.

Der Grund für den falschen Alarm konnte zunächst nicht herausgefunden werden. Aber die NORAD-Zentrale wußte, daß er falsch war, weil weder die Satelliten noch die Radarüberwachung irgendwelche Signale von anfliegenden land- oder seegestützten Raketen empfangen hatten. Die NORAD-Zentrale beließ das System einige Tage lang in derselben Konfiguration, um zu sehen, ob sich der falsche Alarm wiederholen würde – jedenfalls sagten dies die Verantwortlichen bei einer Anhörung im Kongreß (s. Hart/Goldwater 1980). Drei Tage später trat derselbe Alarm erneut auf. Wieder ließen die SAC-Techniker die Flugzeugtriebwerke warmlaufen, und wieder wurde der Alarm innerhalb von drei Minuten als falsch identifiziert. Die NORAD-Zentrale schaltete auf einen Hilfscomputer um und nahm die Suche nach einer möglichen Fehlfunktion auf. Schließlich hatte sie Erfolg. Es war ein winziger schadhafter Computerchip (Kostenpunkt 46 Cent), nicht im Computer selbst, sondern im sogenannten Multiplexer. Dieser Multiplexer leitet fortwährend eine bestimmte Meldung an die verschiedenen Standortkommandeure weiter, um zu garantieren, daß der Kommunikationskanal offen und nutzbar ist. Diese Meldung war allerdings genauso formatiert wie die Meldung von einem ernsthaften Angriff. Warum dies so war, konnte nicht geklärt werden. Es erscheint kaum wahrscheinlich, daß es eine ungewollte Ähnlichkeit war, obwohl es nicht unmöglich ist; mehr spricht für eine absichtsvolle Ähnlichkeit der Formatierung, um sicherzugehen, daß die Ernstfallmeldung auch gesendet werden würde. Die Meldung ist standardisiert und enthält eine Leerstelle, in die im Ernstfall die Anzahl der anfliegenden Raketen eingesetzt wird; in der routinemäßigen Testmeldung steht die Ziffer »0« – keine Raketen im Anflug. Aufgrund des beschädigten Chips wurden aus der »0« zunächst eine »2« und dann anscheinend noch andere Ziffern. Die falschen Zahlen gingen an einige, aber nicht alle Standortkommandeure.

Die NORAD-Zentrale änderte die Formatierung der Routinemeldung, so daß diese nicht mehr mit der Meldung eines ernsthaften Angriffs verwechselt werden kann. Außerdem änderte sie ein weiteres Versehen, dessen Charakter an das PORV-Warnlämpchen im Reaktor von Three Mile Island erinnert. In der NORAD-Zentrale gab es zwar eine Kontrolle darüber, was in die Geräte eingegeben wurde, aber in den einzelnen Hauptquartieren keine Monitore, um zu überprüfen, welche Meldung tatsächlich ausgegeben wurde. (In Harrisburg konnten die Operateure zwar feststellen, welchen Befehl das automatische System dem Ventil gegeben hatte, aber nicht, wie sich das Ventil tatsächlich verhielt.) Die NORAD-Operateure in der Zentrale hatten folglich keine Möglichkeit zu erkennen, daß die Meldung in Wirklichkeit lautete: »Zwei Raketen im Anflug«. Es wurden neue Monitore installiert, und vermutlich gibt es seither drei neue Arbeitsschichten, die damit beschäftigt sind, die eingegebenen mit den ausgehenden Meldungen zu vergleichen. Nachdem diese geringfügige Anomalie entdeckt und beseitigt wurde, fragt man sich, welcher Fehler als nächster kommt, an den vorher keiner gedacht hat und der, erst einmal entdeckt, so offensichtlich anmutet. Die Zahl der entsprechenden Möglichkeiten scheint unendlich groß zu sein, da die NORAD ein so riesiges und kompliziertes Kommando-, Kontroll- und Kommunikationssystem ist, das sich auf Radar- und Satellitenstationen stützt, die anscheinend zehnmal am Tag Schrott melden – falschen Alarm.

Aber davon abgesehen sind falsche Informationen so lange ungefährlich, solange sie nicht glaubhaft sind. Das amerikanische Frühwarnsystem hat zwei wichtige Möglichkeiten zur Überprüfung der Glaubwürdigkeit solcher Computerfehler und eines zur Prüfung der Glaubhaftigkeit von Raketenmeldungen, und diese sind zum Glück weitgehend voneinander unabhängig. Die von uns angeführten Beispiele gingen auf Fehlinformationen zurück, die in den Hauptquartieren der NORAD erzeugt und an die Standortkommandeure übermittelt wurden. Aber alle Standorte und die NORAD-Hauptquartiere selbst haben ihre eigenen Monitore, die darstellen, was das Radar- und das Satellitsystem wahrnehmen. Wenn eine Überprüfung dieser beiden Systeme keine Anzeichen erkennen läßt, die der quantitativen Information durch die NORAD entsprechen, dann kann es sich nur um falschen Alarm handeln. Das System muß sehr schnell arbeiten, und in den drei genannten Fällen hat es das auch getan – innerhalb von höchstens drei Minuten wurde erkannt oder stark vermutet, daß die Signale nicht stimmten.

Die beiden wichtigen Spürsysteme erkennen anfliegende Raketen außerdem mit Hilfe zweier verschiedener Verfahren, und sie sind voneinander unabhängig. (Satelliten erkennen den Abschuß und die Radargeräte den Flug, so daß genau genommen nicht dasselbe Ereignis beobachtet wird.) Landgestützte Interkontinentalraketen der Sowjets würden zuerst vom *Ballistic Missile Early Warning System* (BMEWS – Frühwarnsystem für ballistische Flugkörper), das sich über Nordkanada und Alaska erstreckt, und etwas später vom *Perimeter Acquisition Radar Attack Characterization System* (PARCS – System zur Radarerfassung und Angriffserkennung an der Landesgrenze) entdeckt. Das PARCS befindet sich in der Nähe von Grand Forks in North Dakota und ist angeblich in der Lage, den Typ der anfliegenden Raketen ebenso exakt anzugeben wie die Zielrichtungen der im Gefechtskopf untergebrachten kleineren Gefechtsköpfe mit individuellen Zielen (MIRV-Raketen). Selbstverständlich haben die Sowjets den Amerikanern bislang noch nicht die Gelegenheit geboten, die Tauglichkeit des Systems unter Beweis zu stellen. Seegestützte Raketen, die von U-Booten im Atlantik oder Pazifik abgeschossen werden, werden zuerst von Satelliten entdeckt und danach von einem speziellen Radarsystem mit der Bezeichnung *Pave Paws* (ich werde Sie nicht damit belasten, wofür diese Bezeichnung steht). Für die aus dem Golf von Mexiko abgefeuerten Raketen gibt es ein älteres Radarsystem.

Alle diese Warnsysteme können von den Kommandozentralen überprüft werden. Nun ist es denkbar, daß zwei oder drei dieser Spürsysteme zur gleichen Zeit oder fast gleichzeitig einen Defekt aufweisen, obwohl sie voneinander unabhängig sind und unterschiedliche Erkennungsverfahren verwenden. Aber es ist höchst unwahrscheinlich, daß ein Defekt des Satelliten eine Signatur erzeugt, die genau zu der fehlerhaften Signatur des BMEWS-Radars paßt und daß diese wiederum der Signatur des fehlerhaften PARCS-Radars entspricht. Die Systeme müßten also nicht nur gleichzeitig einen Defekt aufweisen, sondern die dadurch erzeugten Signaturen müßten außerdem noch miteinander kompatibel sein. Bei mehrfachen und voneinander unabhängigen Informationsquellen werden Fehler desto unwahrscheinlicher, je detaillierter die Informationen sind. Die Informationen in industriellen Anlagen sind im allgemeinen grob (das Ventil ist entweder offen oder geschlossen) oder singulär (die Temperatur ist X^0). Eine unabhängige Informationsquelle kann derartige Meldungen irrigerweise bestätigen, weil sie einfach sind. Wenn die Information jedoch zahlreiche Parameter enthält – Anzahl der Flugkörper, Flugbahn, Geschwindigkeit, Größe –, dann ist eine unzutreffende Bestätigung viel weniger wahrscheinlich.

Wir wissen allerdings nicht, wie ähnlich eine Information sein muß, um glaubhaft zu sein. Wenn unser Satellit zur Entdeckung von seegestützten Raketen im Golf von Mexiko ein U-Boot ausmacht und ein

Satellit drei im Golf abgefeuerte Raketen entdeckt, während dort ein Sturm tobt, die Signale wegen des schlechten Wetters jedoch nicht eindeutig sind, und wenn es der Zufall außerdem will, daß das Radarsystem für den Golf eine Fehlfunktion hat, aufgrund deren es den Anflug von zwei oder fünf Raketen anzeigt (die Fehlfunktion mag mit dem schlechten Wetter zusammenhängen), und wenn die Zeit für eine Bestätigung durch das PARCS in Grand Forks nicht mehr ausreicht, weil die Raketen scheinbar sehr nahe sind, und wenn schließlich eines der vier Kommandozentren über alle diese Informationen verfügt – dann kann es sehr wohl geschehen, daß der diensthabende Offizier die Bomber aufsteigen und die Minuteman-Raketen scharf laden läßt und eine Konferenz auf zweiter und dritter Ebene einberuft. Die drei vom Satelliten entdeckten Raketen könnten durchaus zu den zwei oder fünf vom defekten Radar aufgespürten Flugkörpern »passen«, vor allem deshalb, weil bei einem Angriff die Raketen in schneller Reihenfolge abgeschossen würden, so daß sich die Zahl der in der Luft befindlichen Raketen von Sekunde zu Sekunde ändern kann.

Nehmen wir des weiteren an, auch die sowjetischen Satelliten haben das höchst verdächtige atmosphärische Signal aus dem Golf von Mexiko aufgefangen und warnen innerhalb von drei Minuten Kuba vor einem atomaren Angriff durch die USA. Die USA bemerken das sofort, und es verstärkt ihre Befürchtung, daß ein Angriff durch sowjetische U-Boote bevorsteht. Wenn dann obendrein beim PARCS wieder ein Chip schadhaft ist, so daß die angeblich im Golf abgefeuerten Raketen nicht verfolgt werden können und das PARCS versucht, mit den amerikanischen U-Booten in Funkverbindung zu treten, kann dieses wiederum den Sowjets nicht entgehen, sondern bestätigt ihre bruchstückhaften Informationen. Vielleicht bekommen sie sogar mit, wie im mittleren Westen die Betondeckel von den Raketensilos geschoben werden. Dann bliebe keine Zeit für einen Anruf über den »heißen Draht«, und außerdem würde keiner vom anderen erwarten, daß er die Wahrheit sagt.

Ich bin sicher, daß Militärexperten in diesem hypothetischen Szenario zahlreiche Schwachstellen finden werden, und ich hoffe sogar sehr darauf. Aber da ich weder Zugang zum militärischen Sicherheitssystem der USA noch ein Jahr Zeit habe, um das System eingehend zu studieren, kann ich nicht mit Sicherheit behaupten, daß dieses oder irgendein anderes vergleichbares Szenario in keiner Weise zur Diskussion steht.

Es ist ebenso denkbar, wenngleich äußerst unwahrscheinlich, daß sich durch einen Defekt die Kommunikationsrichtung zwischen NORAD und den Spürsystemen umkehrt. Wie wir gesehen haben, kann NORAD von sich aus falsche Informationen erzeugen. Angesichts der Komplexität des Systems ist es nicht unvorstellbar, daß der für die Fehlinformation ursächliche Defekt auch eine Umkehrung des Informationsflusses verursachen kann, wobei die Fehlinformation über irgendeinen Umweg im Satelliten- oder im Radarsystem ankommt. Schließlich spielte ein Schulungsband im NORAD-System vor ausverkauftem Haus.

Um es noch einmal zusammenzufassen: Das Erkennungssystem – NORAD und die Spürsysteme – neigt in kleinerem Umfang zu komplexen Interaktionen. Die zu beobachtende Linearität geht darauf zurück, daß die Subsysteme voneinander unabhängig sind, sich nicht in räumlicher Nähe zueinander befinden und nicht zahlreichen abhängigen *(Common mode-)*Komponenten unterworfen sind (obgleich es davon einige gibt). Eine gewisse lose Kopplung ist daran erkennbar, daß eine Systemregenerierung nach Pannen auf der unteren Ebene möglich ist – die B-52-Bomber brauchen nicht aufzusteigen, oder sie können zurückbeordert werden –, und die endgültigen Maßnahmen können erst getroffen werden, nachdem der Präsident rechtzeitig ausfindig gemacht und überzeugt wurde. Ein gewisses Maß an loser Kopplung ist unbeabsichtigt in das System eingebaut worden (und unbeabsichtigte Regenerierungshilfen sind besonders wertvoll, weil sie bei Interaktionen helfen können, an die die Konstrukteure nicht gedacht haben). Das PARCS war ursprünglich konzipiert als Bestandteil eines ABM-Systems, mit dem anfliegende Raketen abgeschossen werden sollten, die gegen die amerikanischen Interkontinentalraketen gerichtet sind. Das stellte sich zwar als unmöglich heraus, aber das System dient jetzt zur Überprüfung der anderen Spürsysteme. Die Satelliten wurden in eine Erdumlaufbahn geschossen, um frühzeitiger vor einem Angriff warnen zu können als das Radarsystem, doch da die Satelliten von den Radarsystemen unabhängig sind, können auch sie zur Überprüfung und Gegenkontrolle herangezogen werden.

Eine letzte Überlegung ist jedoch zu beachten. Jede Seite versucht der anderen das Leben schwer zu machen. So können z. B. anfliegende Raketen Attrappen abfeuern, die das PARCS, *Pave Paws* und das BMEWS verwirren; da den Amerikanern diese Möglichkeit bekannt ist, halten sie vielleicht eine Signatur, die von einer Schar Gänse und ein paar Sonnenflecken erzeugt wurde, für eine bewußte Irreführung durch die Sowjets. Hinzu kommen durch Kernexplosionen in der Atmosphäre verursachte Störungen, wodurch ein Großteil unseres Kommunikationsnetzes lahmgelegt würde. Vielleicht ist es ja möglich, daß ein Stromausfall in einem kompletten Stromversorgungsnetz zwischen Colorado und der Hauptstadt als elektromagnetischer Impuls einer sowjetischen Waffe mißdeutet wird, die von einem sowjetischen Satelliten abgefeuert wurde. Das amerikanische Verteidigungssystem nimmt an Komplexität immer mehr zu. Wir bauen nicht einfach neue Sicherheitsvorkehrungen ein, um Pannen in den DEPOSE-Komponenten aufzufangen; die »Pannen«, gegen die wir uns schützen müssen, werden von einem (angeblich überaus gerissenen und einfallsreichen) Feind aktiv herbeigeführt. Beide Seiten nehmen einander mehr und mehr die Möglichkeit, sich sicher zu fühlen, daß sie sich nicht gegenseitig total vernichten wollen. Damit begegnen wir einer weiteren Fehlerquelle, die keinem der bisher in diesem Buch behandelten Systeme zu schaffen macht. Und diese neue Fehlerquelle existiert ausgerechnet in jenem System, von dem möglicherweise das Schicksal unseres Planeten abhängt.

Der Gegenschlag

Das System für den Gegenschlag, der erfolgt, sobald die Glaubhaftigkeit einer Frühwarnung genügend gesichert erscheint, ist offensichtlich so komplex, daß darin erhebliche Sicherheitsvorkehrungen gegen eine zufällige Auslösung eines dritten Weltkriegs eingebaut wurden; man kann sich schwer vorstellen, daß das System überhaupt funktioniert. Das bedeutet selbstverständlich, daß es vor einem tatsächlichen Angriff nur wenig Schutz bietet. Da es in Wirklichkeit so etwas wie »Verteidigung« gar nicht mehr gibt, sondern nur noch Vergeltungsschläge und vielleicht eine »Grubenschachtlücke«, mag dies ein Segen sein. Das *World Wide Military Command System,* zu dem NORAD gehört, ist trotz Dollarzuwendungen in Milliardenhöhe so mangelhaft und operiert mit so vielen Unterbrechungen, daß wir Grund zu der Annahme haben, sein strategisches Waffensystem könnte ebenso fehleranfällig wie sein Früherkennungssystem sein. Ein Admiral äußerte vor einiger Zeit, das strategische Waffensystem für den Gegenschlag sei wegen der vielen eingebauten Sicherungen so komplex, daß er sich frage, ob die Amerikaner angesichts einer ernsthaften atomaren Bedrohung tatsächlich in der Lage seien, ihre Raketen rechtzeitig abzufeuern (s. *Washington Post,* 28.4.1982). Einzelheiten über die vermutete Komplexität sind der Öffentlichkeit nicht zugänglich; man darf jedoch mit Fug und Recht vermuten, daß es kein besonders lineares System ist.

Das System für den Gegenschlag ist enger gekoppelt als das Früher-kennungssystem. Ein ballistischer Flugkörper kann weder zurückgeholt noch zerstört werden. Der Kommandeur eines U-Boots und seine Ersten Offiziere könnten wahrscheinlich ihre Raketen abfeuern, wenn sie zu der Überzeugung gelangt sind, daß eine eventuell unterbrochene Kommunikation mit ihren Vorgesetzten die Folge eines sowjetischen Raketenangriffs ist. Der entscheidende Punkt ist wohl der, daß es in die-sem Fall kein Signal gibt, das ihnen mitteilen könnte, daß das Ausbleiben eines Signals selbst kein Signal ist – ein in eng gekoppelten Systemen immer wieder auftretendes Problem. Von den Folgen eines versehent-lich ausgelösten Erstschlags kann sich das System höchstwahrscheinlich nicht mehr regenerieren; die »Weltuntergangsmaschine« existiert inzwi-schen auch in der Realität. Die Lage hat sich sogar noch verschärft. Inzwischen haben beide Seiten bereits gedroht, ihre Raketen auch dann abzuschießen, wenn nur eine *Warnung* vor einem Angriff ausgelöst wird. Daran hatte selbst der phantasievolle Stanley Kubrick nicht gedacht.

Zusammenfassung

Zusammenfassend können wir sagen, daß das amerikanische Frühwarn-system zwar weitgehend komplex und eng gekoppelt ist, aber nicht von vornherein mit verheerenden Konsequenzen. Da sein Katastrophenpo-tential extrem hoch ist, wünschen wir uns eine größere Unabhängigkeit zwischen seinen Subsystemen und zusätzliche Möglichkeiten der Über-prüfung von Alarmsignalen. Insbesondere ist zu hoffen, daß die Zahl der unveränderlichen Operationsabläufe reduziert wird, indem z. B. Mög-lichkeiten geschaffen werden, den Gefechtskopf zu entschärfen und unsere Raketen im Flug zu zerstören. Andererseits ist festzuhalten, daß in diesem System unter Umständen die Wahrscheinlichkeit relativ hoch ist, daß die Raketen auch im Ernstfall nicht abgefeuert werden, und da fal-sche Alarme bislang grundsätzlich die Regel ohne Ausnahme waren, ist dieser Mangel wahrscheinlich ein Segen. Man könnte sich überhaupt die Frage stellen, ob es jemals sinnvoll sein kann, das Risiko eines falschen Alarms in Kauf zu nehmen und tatsächlich die Raketen auf die Sowjet-union abzufeuern. Das Ergebnis eines solchen »Gegenschlags« ist purer WAHN (= Wechselseitige Absolute Hoffnungslose Niederlage). Das System für den Gegenschlag ist komplexer und enger gekoppelt als das Frühwarnsystem (obwohl sich beide schwer voneinander trennen lassen). Raketen können nicht zurückgerufen werden; U-Bootkommandeure können den Kontakt zur Befehlszentrale verloren haben und nach eigenem Ermessen handeln; Raketen können aus Versehen hochgehen. Die Komplexität des Systems ist so groß, daß sie dessen Fähigkeit beeinträchtigt, sich an der Zerstörung unserer Erde zu beteiligen, sie bedeutet aber zugleich, daß ein unabsichtlicher Erstschlag möglich ist. Es ist denkbar, daß unsere Raketen losgehen, aber nicht wegen eines falschen Alarms aufgrund falscher Deutungen von Umweltsignalen, sondern aufgrund intern erzeugter Signale.

Bei diesem Waffensystem für den Gegenschlag treffen wir auf neue Formen der Komplexität. Zunächst gibt es hier die Besonderheit, daß die Addierung von Pannen einem Erfolg gleichkommt. Wenn das Frühwarnsystem versagt und fälschlich einen Angriff anzeigt und wenn das System für den Gegenschlag ebenfalls versagt, dann haben die Systeme insgesamt erfolgreich funktioniert – es wurde vermieden, aus Versehen einen Krieg auszulösen. Es ist sicher nicht wünschenswert, wenn man seine Hoffnung auf Pannen setzen muß, die erst den Erfolg garantieren. Aber die Wahrscheinlichkeit dafür, daß eines der beiden Systeme ausfällt, bleibt meiner Meinung nach größer als die Wahrscheinlichkeit eines sowjetischen Erstschlags. Es ist sogar wahrscheinlicher, daß unser System für den Gegenschlag nach einem falschen Alarm versagt, als daß die Sowjets zuerst angreifen.

Trotz alledem haben wir es hier mit einem System voller komplexer Interaktionsmöglichkeiten zu tun. Wir wissen nichts darüber, wie wahrscheinlich es ist, daß die Sowjets einen Angriff versehentlich oder wegen eines falschen Alarms starten. Wahrscheinlich stehen sie vor denselben Problemen der Komplexität und engen Kopplung wie wir (obgleich manche vermuten, daß das sowjetische Raketensystem ähnlich wie – angeblich – ihre konventionelle Rüstung technisch weniger weit entwickelt ist als das amerikanische, d. h. weniger komplex und eng gekoppelt ist). Die durchspielbaren Möglichkeiten der Risikoanalyse auf diesem Gebiet wären dem endlosen Gang in einem gespiegelten Spiegel vergleichbar.

Schließlich begegnen wir zum ersten Mal in diesem Buch einem System, bei dem die Umwelt intentional ist und von sich aus tätig werden kann. Der Gegner kann in die Operation der DEPOSE-Komponenten durch Attrappen, Täuschung, Unterbrechung von Kommunikationskanälen, Militärspionage oder sogar durch Bestechung der Operateure eingreifen. Wir benötigen Sicherheitsvorkehrungen, um uns nicht nur vor dem Versagen eines Teils oder einer Einheit zu schützen, sondern auch gegen die Fähigkeit, das Versagen zu kaschieren. Damit wird einem an sich schon genügend komplexen System eine weitere Dimension von Komplexität hinzugefügt, das die Möglichkeiten einer Systemregenerierung nach Störungen und vor einem Zusammenbruch des Systems selbst erheblich einschränkt. Ein Ende dieses fortwährenden Zuwachses an Komplexität und enger Kopplung ist nicht abzusehen. Die Einschätzung aus dem Jahr 1983, das amerikanische Frühwarnsystem sei nicht übermäßig komplex und eng gekoppelt, kann 1990 überholt sein, weil beide Seiten unentwegt darüber nachdenken, auf welche Weise jeweils die andere in das eigene System eingreifen könnte. Wie schon gesagt, es ist ausgerechnet jenes System, von dem die größte Gefahr für die ganze Erde ausgeht, dessen Komplexität und enge Kopplung am meisten und am schnellsten zunehmen.

Gentechnologie

Bei den Verfahren der Genmanipulation oder Gentechnologie müssen wir uns auf eine spekulative, den Entwicklungen vorgreifende Analyse beschränken. Die verschiedenen Industriezweige, die sich mit dieser Technologie beschäftigen, sind gerade erst im Entstehen begriffen. Bislang gibt es keine öffentlichen Darstellungen der Produktionssysteme in kommerziellen Genlaboratorien, und es liegen sicherlich auch noch keine Berichte von Unfällen in dieser Branche vor. Wir haben jedoch eine mehr oder weniger bestimmte Vorstellung von der Natur dieser Produktionssysteme, und einige Autoren haben sich ausführlich über die Gefahren von Unfällen in Genlabors geäußert. Offenbar ist das System komplex und eng gekoppelt, aber ich warne den Leser: Von diesem Gebiet verstehe ich noch weniger als von Atomwaffen.

Die Gentechnologie ist ein mikrobiologisches Verfahren, das es ermöglicht, genetische oder Erbinformationen eines Organismus in den Zellkern eines zweiten Organismus zu verpflanzen. Mit Hilfe dieser Technik können Biologen neue Formen des Lebens konstruieren, die imstande sind, bestimmte Aufgaben zu übernehmen. Zu den ersten Erfolgen auf diesem Gebiet gehört die Produktion von Bakterien, die komplizierte, in der Medizin verwendete biologische Moleküle erzeugen können, die bislang nur unter erheblichem Aufwand zu gewinnen waren. Menschliches Insulin, Wachstumshormone und Interferon zählen zu den frühesten dieser synthetisch hergestellten biologischen Substanzen mit kommerziellen Anwendungen. Eine weit größere Zahl von Stoffen befindet sich noch in der Entwicklung; aus diesem Verfahren entsteht vermutlich bald eine bedeutende Wirtschaftsbranche. In der chemischen Industrie arbeitet man an der Konstruktion von Mikroorganismen, die als Katalysatoren für chemische Reaktionen dienen können, so daß bestimmte herkömmliche Transformationsprozesse, die hohe Temperatur- und Druckbereiche erfordern, entbehrlich werden (s. Wade 1979). Es sind Züchtungen von Bakterienstämmen denkbar, die Ölteppiche auf dem Meer vernichten oder Abfälle in Energieträger umwandeln können. Manche Biologen sind zuversichtlich, daß sich durch die Züchtung neuer und exotischer Pflanzenarten die landwirtschaftliche Produktion in der uns bekannten Form drastisch verändern läßt und daß es eines Tages möglich sein wird, die Fleischerzeugung durch die Anlage von »einzelligen Proteinkulturen« zu ersetzen (Kenney u. a. 1982, S. 2). Schließlich stellt diese Technik auch eine Anwendung ihrer Verfahren auf geschädigte menschliche Gene in Aussicht – was nichts weniger bedeutet als die Möglichkeit, menschliche Wesen »auf dem Reißbrett« zu entwerfen. Kurz, es ist eine Technologie mit enormen Möglichkeiten, die nicht nur unsere Wirtschaftsstruktur, sondern auch unsere Vorstellung vom Wesen des Menschen tiefgreifend verändern kann.

Die großen kommerziellen Möglichkeiten der Gentechnologie werden an dem Risikokapital sichtbar, das in diese Branche fließt, sowie an der zunehmenden Zentralisierung der Forschung und Entwicklung durch die kapitalstarken Ölgesellschaften. Die vier ersten kleinen Firmen in diesem Bereich, die Mitte bis Ende der 70er Jahre mit einem guten Dutzend promovierter Biologen den Betrieb aufnahmen, repräsentierten 1979 bereits einen Gesamtwert von über 225 Millionen Dollar (Wade 1979). Nach Schätzungen waren 1982 in den USA 350 Unternehmen in der Gentechnologie aktiv (Kenney u. a. 1982, S. 1). Die größeren pharmazeutischen Unternehmen betätigten sich natürlich frühzeitig auf diesem Sektor, dicht gefolgt von der Chemieindustrie und den großen Erdölgesellschaften. Hier sind insbesondere Dupont, Pfizer und Monsanto bzw. Arco, Standard Oil of Indiana und Occidental Petroleum zu nennen. Kommerzielle Erfolge in der Landwirtschaft sind wohl erst um die Mitte der 90er Jahre zu erwarten, in der Medizin hingegen früher.

Leider sind all diese phantastischen Möglichkeiten mit ebenso phantastischen Risiken verbunden. Die Produkte dieser Branche sind *lebende* Organismen mit einzigartigen, beispiellosen und in mancher Hinsicht bislang kaum zureichend verstandenen Eigenschaften. Zahlreiche vorgeschlagene Anwendungen liefen darauf hinaus, neue Organismen in großen Mengen an die Umwelt abzugeben. Dies kann völlig unvorhergesehene Interaktionen auslösen; unsere Erfahrung kann uns da überhaupt nicht helfen. Anscheinend verfügen wir über kaum eine Möglichkeit, unliebsame Interaktionen zu bekämpfen, sobald wir die neuen Organismen in großer Zahl in die Umwelt eingeführt haben. Pamela Lippe von »Friends of the Earth« warnte 1977 in einer Anhörung vor dem Kongreß:

»Die Genmanipulation ist wahrscheinlich die am wenigsten fehlerverzeihende Technik, die wir in der Vergangenheit entwickelt haben. Radioaktive Strahlung zerfällt. Wir können die Produktion giftiger Chemikalien einstellen. Aber ein neu konstruierter Organismus hat ein Eigenleben. Einmal aus dem Labor in die Umwelt entlassen, sucht er eine ökologische Nische, und wenn er diese gefunden hat, pflanzt er sich möglicherweise fort, ohne daß wir sein Wachstum steuern oder unterbinden können.« (Zit. n. Pfund 1984)

Das Katastrophenpotential der Gentechnologie unterscheidet sich insofern von dem aller anderen in diesem Buch behandelten Systeme, als hier keine giftigen oder explosiven Substanzen an die Umwelt abgegeben, sondern Interaktionen zwischen Systemen ausgelöst werden, zwischen denen zuvor überhaupt keine Verknüpfung bestand oder absehbar war. Sobald eine solche Verknüpfung zustandegekommen ist, läßt sie sich von den Operateuren nicht mehr unter Kontrolle halten. Auf diese Weise kann eine Katastrophe von buchstäblich epidemischem Charakter ausgelöst werden.

Wir wissen einiges über die Interaktionen toxischer Chemikalien mit der Umwelt. Das sind zwar keine neuen Organismen mit unberechenbarem Verhalten, aber wir können uns vielleicht einen Begriff von der Größenordnung des Problems machen, indem wir diese vergleichsweise simple Interaktion zwischen dem System und seiner Umwelt kurz erörtern. Das vermutlich bekannteste Beispiel ist DDT. Es war das Buch von Rachel Carson, *Der stumme Frühling*, dessen Originalausgabe 1962 in den USA erschien und das die Öffentlichkeit und zahlreiche Naturwissenschaftler erstmals auf die Kette unvorhergesehener Auswirkungen von DDT, Endrin, Dieldrin und anderer vergleichbarer Pestizide aufmerksam gemacht hat. Die von ihr aufgezeigte Gefahr lag nicht in einer unmittelbaren Vergiftung – diese war der Beobachtung zugänglich und allgemein bekannt. Carson wies vielmehr darauf hin, daß sich diese Gifte in lebendem Gewebe anreichern – und zwar durch die gesamte Nahrungskette hindurch in immer größerer Konzentration. Die unvorhergesehene Interaktion bestand also in einer Beeinträchtigung der Nahrungskette, die den Menschen mit Pflanzen und kleineren Tieren verbindet. Die Verzweigungen dieser Interaktion sind noch immer auf dieser Erde wirksam, etwa in Gestalt einer Hemmung der Photosynthese beim Phytoplankton und der Verkümmerung von Fortpflanzungssystemen bei bestimmten Vogelarten.

Die von Wissenschaftlern angeführten Szenarien für denkbare Unfälle in der Gentechnologie sind den tatsächlichen Unfällen mit DDT vergleichbar. Auch hier kam es zu einer unvorhergesehenen Verknüpfung zuvor unverbundener Systeme, es gab kaum Erkenntnisse über den auftretenden Interaktionsprozeß und nur indirekte und verzögert preisgegebene Informationen über dessen Folgen. Diese Szenarien beschreiben *Ökosystem-Unfälle* als Ergebnisse bewußter Eingriffe in das ökologische System.

Nicht alle Öko-Unfälle sind von Anfang an Systemunfälle. Das ausgelaufene Öl vor Santa Barbara, das Ausfließen giftiger Abwässer in den Love Canal und die Verseuchung von Seveso durch Dioxin sind Komponentenunfälle. Ihre Ursachen sind Konstruktionsmängel, Bedienungsfehler oder mangelhafte Ausrüstung. Die Hooker Chemical Company wußte, welche Gefahr ihre toxischen Abfälle darstellten. Das Pharmaunternehmen Hoffmann-Laroche war sich über die Gefahren einer Dioxinvergiftung ihrer Anlage in Seveso durchaus im klaren, und die Verantwortlichen hatten Anweisung, die in der Umgebung des Werks ansässigen Bauern unverzüglich zu entschädigen, denen ein Stück Vieh nach dem anderen verendete. Da sie wußten, daß bei der Herstellung von Pestiziden auch Dioxin als Nebenprodukt anfällt, wurden diese nicht in der sauberen Schweiz produziert, wo die Firma ihren Stammsitz hat, sondern im schmuddeligen Norditalien. Der chemische Reaktor explodierte an einem Wochenende, als kein Aufsichtspersonal zugegen war, und die Sicherheitsvorkehrungen waren nur auf den Schutz der Anlage ausgelegt, indem das Gift durch einen Schornstein in die Luft geblasen und vom Wind über die in der Nähe liegende Ortschaft transportiert wurde. Die Manager des Zweigwerks vermieden eine Panik, indem sie einfach die Anwohner nicht informierten. Bei Unfällen wie diesem versagen einzelne Komponenten, und die Risiken eines Bohrunfalls bei der

Suche nach Erdöl, undichter Fässer mit hochgiftigen Abfällen und explodierender chemischer Reaktoren sind nicht nur vorhersehbar, sondern werden vermutlich auch bewußt einkalkuliert.

Bei Ökosystemen ist keine vorherige Risikoeinschätzung möglich, und das auslösende Ereignis – das gewöhnlich noch nicht einmal als Komponentenunfall angesehen wird – verknüpft das System mit anderen Systemen, die bislang als von ihm unabhängig galten. Diese anderen Systeme sind nicht Bestandteil eines vorhergesehenen Betriebsablaufs. Die Verknüpfung ist nicht nur unerwartet, sondern wird nach ihrem Eintreten auch nicht zureichend verstanden, noch läßt sie sich mühelos zu ihrem Ursprung zurückverfolgen. Unser Wissen über das Verhalten der vom Menschen gemachten Organismen in ihrer neuen ökologischen Nische ist gerade wegen ihrer völlig neuartigen Eigenschaften äußerst begrenzt.

Ökosystem-Unfälle verdeutlichen die enge Kopplung zwischen künstlichen und natürlichen Systemen. Nur selten, wenn überhaupt, werden Puffer zwischen die beiden Systeme geschaltet, da die Gentechniker mit einer Verknüpfung zwischen ihnen nicht gerechnet haben. Letzten Endes sind Ökosystem-Unfälle Konstruktionsfehler und gehen auf die unzureichende Festlegung der Systemgrenzen zurück.

Erst seit die Naturwissenschaft gelernt hat, komplexe physikalische, chemische und biologische Prozesse im Labor zu kopieren, sind ihre Handlungen so folgenreich für das Ökosystem. Die Zahl der unabsichtlichen Eingriffe in das Ökosystem wird vermutlich zunehmen, je mehr Naturprozesse von uns entschlüsselt werden. Zumindest seit Rachel Carsons Buch haben sich besorgte Wissenschaftler und Praktiker über potentielle negative Interaktionen Gedanken gemacht. Sie haben versucht, das ansonsten Unerwartete vorherzusehen. Ein derartiges ökologisches Bewußtsein befand sich zu Beginn der 70er Jahre auf seinem Höhepunkt, als die Molekularbiologen erstmals die Möglichkeit zur Sprache brachten, daß ein bislang unerprobtes Verfahren, das »Verspleißen« der Erbsubstanzen von miteinander nicht verwandten Arten und deren Einbau in eine geplante oder ungeplante Wirtszelle, möglicherweise katastrophale Folgen haben kann. Eine Erörterung der Art und Weise, in der die wissenschaftliche Gemeinde mit dieser Warnung umging, wird im Hinblick auf die politischen Implikationen für andere komplexe und eng gekoppelte Systeme äußerst lehrreich sein. Aber zuvor scheint eine kurze Einführung in die Gentechnologie am Platze.

Die Verfahren der Gentechnologie

Die Gentechnologie arbeitet mit einer Reihe von Verfahren, mit deren Hilfe durch Enzyme die langen Doppelstränge der DNS-Moleküle in Segmente aufgeteilt und diese Segmente mit der DNS eines Transportmoleküls, des »Vektors«, neukombiniert werden. Diese neukombinierten Moleküle werden anschließend in eine Wirtszelle eingebaut, wo sie sich voraussichtlich vermehren. Durch die Kombination eines fremden DNS-Teilstücks mit einem Vektor, der sich in der Regel im Wirtsorganismus fortpflanzt, können die Biologen die »Expression« des fremden Genmaterials in die neue Wirtszelle induzieren. Wenn das fremde DNS-Molekül z. B. die genetische Information für menschliches Wachstumshormon trägt, kann es etwa mit einem Vektor kombiniert werden, der sich in leicht verfügbaren Wirtszellen fortpflanzt. Dann werden die Wirtsbakterien beginnen, menschliches Wachstumshormon zu produzieren. Dieser Prozeß ist bereits realisiert worden. Vorher war es nur möglich gewesen, dieses Hormon aus Menschenblut zu gewinnen, was es zu einer seltenen und deshalb teuren Substanz machte. Seine Massenproduktion durch Bakterien wird einen wesentlichen Beitrag zur Bekämpfung von Wachstumsstörungen bei Kindern leisten.

Aber während der Entwicklung dieser Verfahren kam es schon bald zu Meinungsverschiedenheiten über die ungehinderte Anwendung dieser Techniken auf offensichtlich gefährliche Organismen. Paul Berg, ein Biochemiker an der Stanford University, hegte die Absicht, das tumorerzeugende Simian-Virus 40 (SV 40) in *E. coli* einzubauen – ein Bakterium, das zahlreich in den menschlichen Därmen vorkommt und ausgiebig in der Forschung verwendet wird. Die Übertragung des aggressiven Genmaterials auf einen Bakterienwirt wie das *E. coli* eröffnete die beunruhigende Aussicht, daß hierbei ein bislang unbekannter Bakterienstamm entstehen und bei seiner Freisetzung in die Umwelt möglicherweise eine Krebsepidemie auslösen könnte. Der Mikrobiologe Robert Pollock hörte von diesem geplanten Experiment durch einen von Bergs Studenten. Pollock war vermutlich der erste Wissenschaftler, der die potentiellen Gefahren erkannte, einen neukombinierten Hybriden mit unbekannter Infektiosität zu züchten, der in der Lage war, im menschlichen Organismus zu überleben. Sein besorgter Telefonanruf bei Berg löste zunächst Verärgerung, dann jedoch Nachdenklichkeit aus (hierzu und zum Folgenden s. Wade 1977, Lear 1978, Krimsky/Ozonoff 1984).

In den folgenden sechs Monaten diskutierte Berg das Problem mit Kollegen an den verschiedensten Forschungsinstituten. Als Ergebnis beschloß er, das geplante Experiment vorläufig nicht durchzuführen. Im Juni 1973 hatten andere Wissenschaftler gegenüber der NAS *(National Academy of Science)* ihre Besorgnis zum Ausdruck gebracht. Die NAS bat Berg, einen Ausschuß zur Beratung der mit der Gentechnologie verbundenen Gefahren ins Leben zu rufen. Dieser Ausschuß trat im April 1974 am MIT *(Massachusetts Institute of Technology)* erstmals zusammen. Er faßte den Beschluß, eine internationale Konferenz einzuberufen und ein freiwilliges Moratorium zu bestimmten gentechnischen Experimenten zu fordern, die den Ausschußmitgliedern als zu riskant erschienen. Dieses Moratorium ist in der Geschichte der Naturwissenschaft wohl einmalig, denn schließlich verdankte es sich den beteiligten Wissenschaftlern selber – und zwar der Elite der Molekularbiologen.

Sieben Monate später trat die internationale Konferenz im Februar 1975 in Pacific Grove, Kalifornien, zusammen. Zunächst versuchten die Teilnehmer, die Schwere des Risikos der einzelnen gentechnischen Versuche einzuschätzen. Kontroverse Einschätzungen wurden in Ausschüssen weiter erörtert. Das Ergebnis der Konferenz war eine Verabschiedung von Sicherheitsrichtlinien für drei verschiedene Laborkategorien – je nach dem Risiko der in ihnen vorgenommenen Experimente. Die Mikrobiologen wollten zwischen die neukombinierten DNS-Moleküle und die Umwelt sozusagen Puffer einschalten. Dann konnte es nur noch durch ein Versagen einer der Sicherheitsvorkehrungen zu einem Unfall kommen. Nach langen Debatten und Auseinandersetzungen unter den Forschern wurden die in Pacific Grove in Umrissen formulierten Absichten 16 Monate später vom NIH *(National Institute of Health)* spezifiziert und übernommen.

In unserer Terminologie versuchten die Wissenschaftler eine Verringerung der Risiken in der Weise zu erreichen, daß sie einer potentiellen engen Kopplung eines Systems mit der Umwelt vorbeugten. Ihre Bemühungen wurden durch zweierlei Umstände erschwert: Zum einen waren sämtliche Unfallszenarien hypothetisch und beruhten auf lediglich geringen Kenntnissen, und zum anderen war es ein heikles Unterfangen, ein neu entstehendes und äußerst erfolgversprechendes naturwissenschaftliches Forschungsfeld, das zudem enorme kommerzielle Möglichkeiten verhieß, durch restriktive Bestimmungen zu beschneiden.

Bei der Abfassung der NIH-Richtlinien mußten die Wissenschaftler das potentielle Risiko der unterschiedlichsten denkbaren Experimente abschätzen und anschließend die Bedingungen festlegen, unter denen bestimmte Versuche durchgeführt werden durften (s. Krimsky/Ozonoff 1984, 5. Kap.). Zunächst versuchten sie, die mit dem höchsten Gefahrenpotential behafteten Experimente namhaft zu machen und sie einfach zu untersagen. Es wurde den Forschern verboten, mit bestimmten Organismen zu arbeiten, die vom *Center for Disease Control* und dem *National Cancer Institute* als pathogen (Krankheiten erregend) oder onkogen (Tumore erregend) qualifiziert waren. Ebenfalls verboten waren bestimmte DNS-Abschnitte bzw. Gene, die im Verdacht standen, Toxine, pflanzliche Pathogene oder Medikamentenresistenz zu codieren. Des weiteren wurde den Wissenschaftlern untersagt, irgendwelche neukombinierten Organismen vorsätzlich in die Umwelt zu entlassen, z. B. im Rahmen landwirtschaftlicher Forschungen. Und schließlich durften sämtliche Projekte nur in kleinem Maßstab durchgeführt werden, d. h., die Kulturen durften nicht größer als zehn Liter sein. Die Autoren der Richtlinien hofften also die Unsicherheit in der Weise zu reduzieren, daß sie die Mikrobiologen vorwiegend auf den Umgang mit nichtpathogenen Organismen niederer Ordnung verpflichteten, deren Verhalten unter Laboratoriumsbedingungen gut erforscht war.

Aber die Ausschaltung absehbarer Risiken war nur ein erster Schritt. Bei weitem bedeutsamer waren die Richtlinien über die zu treffenden Sicherheitsmaßnahmen. Hierfür wurden sowohl biologische als auch physikalische Maßnahmen vorgeschlagen. Beide implizierten unterschiedlich aufwendige Sicherungen, je nach dem vermuteten Risiko des einzelnen Experiments. Dabei galt als Leitgedanke, daß jedes Subsystem die Funktion einer Übertragungsschranke erfüllen sollte. Mit anderen Worten: Die Gensegmente von Viren, Vektoren und Wirtszellen sollten nach Möglichkeit so verändert werden, daß sie ihre besondere Aufgabe erfüllen konnten, ohne darüber hinaus irgendwelche Interaktionen auszulösen. Deshalb wurden etwa Plasmide (ringförmige, bakterielle DNS-Abschnitte) als Vektoren ausgewählt, die höchstens beschränkt in der Lage sind, Gene zwischen Zellen auszutauschen. Wirtszellen wie *E. coli* mußten so weit geschwächt werden, daß sie außerhalb des Laboratoriums keine Überlebensmöglichkeit mehr hatten.

Demnach dienen die Subsysteme in der biologischen Sicherung einem zweifachen Zweck: als funktionelle Einheiten und als Puffer. Die Verwendung solcher Puffer beschränkt den Umfang der zulässigen Forschung. Als die Richtlinien erlassen wurden, konnte nur eine geringe Zahl von Vektoren und Wirtszellen für Versuchszwecke benutzt werden. Gegen diese Beschränkungen wurden bereits Einwände erhoben, als die Richtlinien noch gar nicht veröffentlicht waren. Es gab sogar einige Fälle, in denen Forscher nachweislich mit verbotenen Viren oder Vektoren gearbeitet hatten. Ganz allgemein besteht der Hauptnachteil von Sicherungen dieser Art darin, daß sie Innovationen hemmen und deshalb schnell auf Widerstand stoßen oder umgangen werden, wenn das Produktionssystem Teil einer freien Wettbewerbswirtschaft ist.

Die andere Form, die physikalische Sicherung, beruht auf den seit längerem bekannten Verfahren zur Trennung potentiell pathogener Organismen von der Umwelt. Die unterste Ebene physikalischer Sicherungen wird häufig mit den üblichen Laborverfahren gut ausgebildeter Mikrobiologen verglichen. Diese bezwecken zumeist den Schutz der Versuchskultur vor einer Verunreinigung durch Wildarten, aber der Puffer wirkt in beide Richtungen. Höhere Sicherungsebenen, die als P2 und P3 bezeichnet werden, umfassen die Sterilisierung von Geräten, Händewaschen, dicht verschlossene Fenster, Saugfilter und besonders Sicherheitskammern, wenn die zu untersuchenden Substanzen in die Luft gesprüht werden. Die höchste Ebene P 4 verlangt das Auswechseln der gesamten Kleidung, Abduschen und einen Unterdruck im Labor, damit keine Partikel ins Freie dringen. Zu dem Zeitpunkt, als die Richtlinien erlassen wurden, hatten einige Universitäten bereits mit dem Bau von Labors mit Sicherheitseinrichtungen bis zur Stufe P3 begonnen. Nur die Regierung besaß ein P4-Labor, das ehemalige Zentrum für biologische Kriegführung in Fort Detrick in Maryland.

Innerhalb einiger weniger Jahre machte die wissenschaftliche Gemeinde jedoch eine abrupte Kehrtwendung in ihrer Einstellung zu den Vorschriften über die Gentechnologie (s. Cullington 1978). Konfrontiert mit der Aussicht auf strenge staatliche Bestimmungen, mit denen die Grenzen der erlaubten Forschung sehr eng gezogen werden sollten, nahmen die Biologen eine erneute Einschätzung der gentechnischen Risiken vor, um Befürchtungen der Bevölkerung zu beschwichtigen. Das Experiment zur Einschätzung der potentiellen Gefahren, das öffentlich die meiste Aufmerksamkeit fand, wurde von Martin und Rowe durchgeführt. Die beiden Forscher stellten sich die Frage nach der Gefährlichkeit eines in die Umwelt gelangten neukombinierten DNS-Moleküls, in das ein Gen aus einem tödlichen Spenderorganismus eingebaut war. Zu ihrer Beantwortung übertrugen sie die genetische Information von einem krebserregenden Virus auf *E. coli* und infizierten mit dem neuen Bakterienstamm Mäuse. Dabei entdeckten sie, daß die neuen Bakterien entweder überhaupt nicht oder nur zu einem extrem geringen Bruchteil (einem Milliardstel der ursprünglichen Infektiosität) infektiös waren. Martin und Rowe zeigten sich überzeugt, daß dieser Befund alle Befürchtungen zerstreute, ein aus dem Labor entwichener neukombinierter Organismus könnte eine Gefahr für den Menschen werden. Nach Rowes Meinung demonstrierte der Versuch, daß es kein Segment im DNS-Molekül eines Pockenvirus gab, das nach der Übertragung auf ein Bakterium in einem ungesicherten Laboratorium eine Gefahr darstellte. »Dasselbe gilt für alle tumorerregenden Viren und selbst für das tödliche Lassa-Fiebervirus.« (Marshall 1979) Das Ergebnis dieses Versuchs und das Gefühl einer zunehmenden Vertrautheit mit der neuen Technologie bewog die Biologen, dem Gesetzentwurf über eine Beschränkung der Genforschung zuvorzukommen. Im September 1979 hatte sich das RAC *(Recombinant Advisory Committee* – Beratender Ausschuß für Fragen der Genforschung) des NIH dafür ausgesprochen, 80 bis 85 Prozent aller gentechnischen Forschungsvorhaben von jeglichen Beschränkungen – mit Ausnahme der allgemein üblichen Sicherheitsvorschriften – für Labors auszunehmen. Innerhalb von knapp drei Jahren hatte es in der Haltung des RAC zu Sicherheitsproblemen der Gentechnologie einen radikalen Umschwung gegeben. Verlangte man ursprünglich einen Schutz gegen den schlimmsten denkbaren Unfall, so ging es jetzt nur noch um den Schutz gegen glaubhafte Risiken (s. Thomasson 1979).

Es fragt sich jedoch, ob die neuen Befunde tatsächlich einen so tiefreichenden Bruch mit der sicherheitsbewußten Politik rechtfertigen, die die Wissenschaftler noch in den 70er Jahren verfolgt hatten. Es gibt zumindest einige informierte Fachleute, die der Meinung sind, der Ausgang des Versuchs von Martin und Rowe biete keinen schlüssigen Beweis dafür, daß strenge Sicherheitsvorschriften nicht notwendig seien. Kritiker betonen, es gehe nicht etwa darum, daß die neukombinierten Bakterien weniger infektiös seien als das Tumorvirus selbst. Die Experimente von Martin und Rowe hätten vielmehr unwiderleglich gezeigt, *daß* das tödliche Merkmal durch Genmanipulation übertragen werden kann. Bei diesen Versuchen wurde »etwa die Hälfte der Mäuse, denen man eine Bakteriophage injiziert hatte, die eine dimerische (doppelgestaltige) neukombinierte DNS enthielt«, vom Polyomavirus infiziert (Marshall 1979). Einige Beobachter leiteten daraus ab, die Experimente hätten gezeigt, daß die Genmanipulation tatsächlich einen neuen Überträger solcher gefährlichen Merkmale erzeugen könne, und dies sei das eigentlich wichtige Ergebnis der Versuche.

Es sind noch andere Szenarien entwickelt worden, die vermuten lassen, daß die besondere und subtile Komplexität neukombinierter Organismen allein schon dadurch zu einem Gesundheitsrisiko für den Menschen werden kann, daß diese in unvorhergesehene und deshalb ungepufferte Wechselwirkungen mit biologischen Systemen treten. Das wohl beste Beispiel für das Szenario eines Systemunfalls in diesem Bereich beruht auf der Autoimmunreaktion beim Menschen. Gesetzt, ein Protein aus einem tierischen Spenderorganismus wäre in ein Wirtsbakterium wie *E. coli* eingebaut worden. Durch einen trivialen Unfall könnte sich anschließend das *E. coli* im Darmtrakt eines Laborarbeiters einnisten. Das neukombinierte Bakterium nähme dort die Produktion von tierischem Protein auf, dessen Aufbau dem des menschlichen Proteins ähnlich ist. Dadurch würde das Immunsystem des Arbeiters ausgelöst, welches das fremde Protein angriffe. Aber wegen der Ähnlichkeit im Aufbau könnten die Antikörper nicht zwischen dem fremden und dem eigenen Protein unterscheiden, so daß sie auch das gesunde Gewebe des Arbeiters angriffen. Dieser Vorgang wird als Autoimmun- oder Autoaggressionskrankheit bezeichnet. Zwar halten Immunbiologen die Wahrscheinlichkeit eines solchen Ereignisses für gering, aber ihre Modelle können es andererseits auch nicht völlig ausschließen (s. Krinsky/Ozonof 1984, 6.-14. Kap.).

Auf welche Seite wir uns in dieser Debatte auch schlagen, so fällt doch eine Tatsache besonders auf. Die Tragik in der Geschichte der Sicherheitsbestimmungen auf dem Gebiet der Genforschung liegt darin, daß die ernsthaften und von Verantwortungsbewußtsein getragenen Bedenken der wissenschaftlichen Gemeinde, wie sie noch 1975 in Pacific Grove zum Ausdruck kamen, seitdem so sehr umgeschlagen sind, daß heute eine besondere Abneigung und ein hartnäckiger Widerstand gegenüber allen bindenden Vorschriften im Hinblick auf die Gentechnologie zu verzeichnen sind. Ob diese Abneigung weniger einmütig und verbreitet wäre, wenn man die betroffenen Wissenschaftler Ende der 70er Jahre nicht mit einem Gesetzentwurf in eine Ecke gedrängt hätte, muß offenbleiben. Es ist jedoch wahrscheinlich, daß die Notwendigkeit des Aufbaus einer eigenen Lobby in Washington bei den Genforschern zunehmend zu einer Haltung geführt hat, die Sicherheit ihrer Verfahren nicht mehr offen in Frage zu stellen. Eine solche Reaktion wäre zumindest nicht überraschend und ist auch verschiedentlich konstatiert worden

(z. B. von Weiner 1981). Tatsache bleibt, daß die USA mit ihren laxen Sicherheitsbestimmungen auf dem Gebiet der Genforschung gegenüber vergleichbaren Ländern ziemlich isoliert dastehen. In England z. B. wird die Gentechnologie durch strenge Vorschriften beschränkt, die folgende Anforderungen stellen: »ärztliche Aufsicht, langfristige epidemiologische Untersuchungen, Vor- oder Nachberichte über Experimente mit Genmanipulationen, regelmäßige Inspektion der Forschungsanlagen sowie die Einhaltung von Sicherheitsbestimmungen, die strenger sind als in den USA« (Goldoftas 1982, S. 32). Selbst die Japaner, die inzwischen zur vordersten Front technologischer Unternehmen gehören, haben in ihrem Land strikte Vorschriften erlassen, die sich eng an die ursprünglichen Richtlinien der NIH anlehnen (Kenney u. a. 1982). Die kommerziellen Nutzungsmöglichkeiten, die eingangs erwähnt wurden, das starke Interesse von profitorientierten Privatunternehmen und die Beliebtheit amerikanischer Firmen wie Genetech an der New Yorker Börse – das alles trägt möglicherweise zu diesem Unterschied bei.

Sobald man gegenüber einem Mitglied der amerikanischen Forschergemeinde diese Diskrepanz zur Sprache bringt, bekommt man in der Regel zur Antwort, derartige Sicherheitsvorschriften seien zumeist übertrieben streng und behinderten den Fortschritt wissenschaftlicher Erkenntnis. Dr. Peter Farley von der Firma Cetus behauptete 1980, die Japaner hätten sich mit ihren Sicherheitsbestimmungen selbst die Hände gebunden und seien deshalb als Konkurrenten auf diesem Sektor weniger zu fürchten; außerdem lägen sie drei bis fünf Jahre hinter den Amerikanern zurück. Japan sei, so Farley wörtlich,

».. . weit weniger bedrohlich. Insgesamt betrachtet sind die japanischen Wissenschaftler absolut erstklassige Mikrobiologen. Inzwischen sind sie jedoch unglaublich stark gehandikapt, weil Japan vor kurzem die ursprünglich sehr strengen Richtlinien des NIH übernommen hat. Dieses kurzsichtige Vorgehen der japanischen Behörden wurde in unserer Branche mit Verblüffung aufgenommen.« (Zit. n. ebd., S. 58)

Wie Kenney und seine Co-Autoren jedoch scharfsinnig bemerken, lag Farley mit seiner Vermutung, daß strenge Vorschriften seine Branche strangulieren müßten, offenbar daneben, denn ein Jahr später äußerte er seine Besorgnis darüber, daß die Japaner in der Gentechnologie enorme Fortschritte gemacht hätten und nur noch ein Jahr hinter den USA zurücklägen.

In der Betonung des Konkurrenzdrucks bringt Dr. Farley etwas zur Sprache, das man als die wesentlichste und vielleicht die beunruhigendste Änderung in der Ausrichtung der Genforschung bezeichnen könnte, seit es sie überhaupt gibt. Die Eile, mit der die Forschungen vorangetrieben wurden, erklärt sich wohl weniger aus der intellektuellen Faszination des Gegenstandes als aus den riesigen wirtschaftlichen Möglichkeiten, die sich immer deutlicher abzeichnen. Es sieht ganz so aus, als würde die gentechnische Forschung mehr und mehr als ein ökonomischer und nicht als ein wissenschaftlicher Wettkampf betrachtet, und einige Universitäten strengen sich ganz besonders an, die wirtschaftlichen Möglichkeiten dieser Disziplin nach Kräften auszuschöpfen.

Es spricht einiges dafür, daß in universitären Forschungslabors stärker auf potentielle Gefahren der Genforschung geachtet wird als in den Laboratorien der Industrie, obwohl ich hier auf keine persönlichen Erfahrungen zurückgreifen kann. Die Labortechniker an Universitäten sind einem geringeren wirtschaftlichen Druck ausgesetzt, wahrscheinlich besser ausgebildet, arbeiten an einer Vielzahl unterschiedlicher Experimente, was ihnen eine breitere Wissensgrundlage verschafft, und sie unterstehen einer ständigen Aufsicht durch wissenschaftliche Assistenten und Professoren. Natürlich bestehen in dieser Hinsicht zwischen den einzelnen Universitäten gewisse Unterschiede, aber die berufliche Laufbahn der Assistenten (die den größten Teil der Arbeit erledigen und ihre Promotion vorbereiten) und der Forscher (zumeist Professoren) hängt nicht von hohen Produktionsziffern oder davon ab, daß sie etwas entdecken, das »funktioniert«. Ihre Versuche müssen sorgfältig dokumentiert, wiederholt, zur Veröffentlichung in Fachzeitschriften aufgezeichnet und mit Fachkollegen kritisch diskutiert werden. Gewiß besteht ein starker Druck, mit der eigenen Arbeit »der Erste« zu sein, aber das System legt Wert auf Sorgfalt, Dokumentierung und vielleicht vor allem auf wissenschaftliches Verständnis. Ich halte das hier bestehende Unfallrisiko zwar für beträchtlich, aber dennoch für niedriger als in den Labors der großen Industrieunternehmen.

In einem kommerziellen Labor geht es aufgrund der wirtschaftlichen Interessen der Firma weit mehr darum, durch wiederholtes Herumprobieren zu Ergebnissen zu gelangen, die funktionieren, ohne jenes gründliche Forschen, bei dem man vorsichtig und überlegt vorgeht. Die benutzten Verfahren und die Ergebnisse werden nicht mit Fachkollegen diskutiert, so daß mögliche Fehler unentdeckt bleiben, und es herrscht ein starker Druck, möglichst schnell Resultate vorzulegen, die für die Produktion nutzbar gemacht werden können, wobei das Schwergewicht auf eine Verkürzung der Produktionsverfahren und generell eine Einsparung an Produktionskosten gelegt wird. In dieser Umwelt gibt es weniger Puffer. Es besteht kein Grund zu der Annahme, daß die unter starkem wirtschaftlichem Druck stehenden Unternehmen, die ihre neukombinierten Organismen als erste auf den Markt bringen wollen, weniger nachlässig oder gleichgültig verfahren als die hochtechnisierten Raumfahrtunternehmen, die Metallspäne in Raumanzügen zurückließen oder das Trinkwasser der Astronauten verunreinigten. Die Folgen solcher Versäumnisse oder Pannen sind relativ leicht vorherzusehen. Demgegenüber ist es extrem schwierig abzuschätzen, welche Folgen Mängel in der Sicherheitseinrichtung von Laboratorien haben können oder welche gefährlichen Interaktionen sich nach dem Verkauf zwischen den neuen Organismen und einer höchst komplexen und unzureichend erkannten natürlichen Umwelt einstellen können.

Nicholas Wade hat diesen Sachverhalt in Begriffen ausgedrückt, die uns bereits vertraut sind: »Wir können nicht einmal das Verhalten von Systemen wie z. B. Kernkraftwerken prognostizieren, die vollständig von Menschen errichtet wurden, und weit weniger können wir über das Verhalten noch komplexerer Systeme wie E. coli aussagen, von denen wir höchstens die Hälfte ihrer Funktionsteile kennen.« (Zit. n. Pfund 1984)

Diesen Vergleich würde die Gemeinde der Biologen nicht gelten lassen. Nach meiner Erfahrung blicken sie genau wie die Chemotechniker und Raumfahrtingenieure auf die Techniker und Ingenieure der Kernkraftwerke herab, als wären diese eine Art herumbastelnde Abtrünnige einer wahrhaft wissenschaftlichen Welt. Wie wir jedoch gesehen haben, übersteigen komplexe Systeme in allen Gebieten die Fähigkeiten von Konstrukteuren und Technikern. Eine Bescheidenheit von der Art, wie sie in Pacific Grove an den Tag gelegt wurde, wäre eher angebracht. Statt dessen scheinen die Forscher in den Labors von Universitäten und kommerziellen Unternehmen überzeugt zu sein, daß wir bereits alles wissen, was wir über die Risiken der Gentechnologie wissen müssen. In einem persönlichen Gespräch hat Sheldon Krimsky bemerkt, mittlerweile habe sich eine gewisse Orthodoxie herausgebildet, der zufolge »genetische Substanzen nach ihrer Verpflanzung entweder das tun, was wir von ihnen erwarten, oder gar nichts tun«. Unter dem Gesichtswinkel der in diesem Buch untersuchten Systeme erscheint eine derart zur Schau getragene Zuversicht unrealistisch. Auf der Jagd nach wissenschaftlichem Ruhm oder nach wirtschaftlichem Profit bereiten wir möglicherweise unseren letzten großen Unfall vor. Vielleicht hat er sich sogar bereits ereignet, ohne daß wir es bemerkt haben.

Kapitel 9
Mit Hochrisikosystemen leben

Vielleicht haben Sie sich selbst schon bei der Lektüre der vorangegangenen Kapitel die Frage gestellt, was wir gegen die geschilderten Risiken tun können. Ich persönlich habe nur einen bescheidenen Vorschlag zu machen, aber obwohl er wirklich gemäßigt und nach meiner Meinung auch realistisch ist, spricht wenig dafür, daß irgendjemand ihn aufgreifen wird.

Ich schlage vor, auf der Grundlage der vorliegenden Untersuchungen die risikoreichen Systeme in drei Kategorien einzuteilen. Zur ersten zählen alle Systeme, die hoffnungslos sind und aufgegeben werden sollten, da ihre unvermeidlichen Risiken jeden sinnvollen Nutzen übersteigen (Kernwaffen und Atomkraftwerke). Zur zweiten Gruppe gehören alle Systeme, auf die wir entweder vermutlich nicht verzichten können, die jedoch bei einigem Aufwand sicherer gemacht werden könnten (ein Teil der Frachtschiffahrt), oder deren Nutzen so beträchtlich ist, daß gewisse Risiken in Kauf genommen werden sollten, wenn auch weniger als bisher (Genforschung und -technologie). Zur letzten Gruppe gehören schließlich alle Systeme, die zwar keineswegs in jeder Hinsicht, aber doch bis zu einem gewissen Grad selbstkorrigierend sind und sich ohne größeren Aufwand noch weiter verbessern ließen (großchemische Anlagen, Flugzeuge und Flugsicherung sowie eine Reihe weiterer Systeme, die wir nicht eingehend untersucht haben, hier jedoch erwähnen sollten wie Bergwerke, Wärmekraftwerke, Autobahnen und Kraftfahrzeuge). Diese Empfehlungen beruhen nicht nur auf dem Katastrophenpotential einzelner Systemunfälle, sondern auch von Komponentenunfällen, und sie stehen in Einklang mit der Meinung weiter Teile der Öffentlichkeit und mit allgemein akzeptierten Wertvorstellungen.

Aber obwohl wir schon einen langen Weg zurückgelegt haben seit der trivialen Küchenpanne am Anfang des Buches, müssen wir uns doch noch mit drei ernst zu nehmenden Einwänden gegenüber allen Empfehlungen auseinandersetzen, die sich für die Aufgabe oder für einschneidende und kostspielige Änderungen von Systemen aussprechen.

1. Meine Empfehlungen müssen als unbegründet verworfen werden, wenn die Wissenschaft der Risikoanalyse, wie sie derzeit betrieben wird, recht hat. Nach deren Theorie sind gerade von den Systemen, von denen uns nach meiner Meinung die größten Gefahren drohen, bislang fast keine Menschen verletzt oder getötet worden, während jene Systeme, die aufgrund meiner Empfehlungen nur geringfügig geändert werden müßten (Wärmekraftwerke, Autos und Bergwerke) bislang eine große Zahl von Menschenleben und Verletzten gefordert haben (vgl. z. B. Kasperson u. a. 1982). Die Risikoanalyse ist eine neue Wissenschaft, aber sie hat bereits unübersehbares Terrain in Regierungskreisen und manchen Intellektuellenzirkeln erobert und wird innerhalb der kommenden Jahrzehnte weitere Geländegewinne verzeichnen. Ihre Argumente verdienen also eine eingehende Prüfung.

2. Meine Empfehlungen können aber auch falsch sein, wenn sich zeigen läßt, daß sie der öffentlichen Meinung oder allgemein geteilten Werten zuwiderlaufen oder, falls sie dies nicht tun, daß diese Meinungen und Werte auf schlechter oder falscher Unterrichtung beruhen und korrigiert statt respektiert werden müßten. In höchst interessanten Forschungen auf dem Gebiet der kognitiven Psychologie hat sich tatsächlich gezeigt, daß die Bevölkerung schlecht informiert und schlecht dafür gerüstet ist, wichtige Entscheidungen über äußerst komplizierte Fragen zu treffen. Ich halte diese Arbeiten für irreführend und werde einige kritische Einwände dagegen erheben, bin mir jedoch bewußt, daß dieser Punkt eine ausführliche Kritik verdient hätte, die in diesem Rahmen nicht zu leisten ist.

3. Ein letzter Einwand gegen meine Empfehlungen richtet sich grundsätzlicher gegen die Theorie des vorliegenden Buches. Er besagt, es gebe eine Möglichkeit, all die aufgeführten Systeme sicher zu betreiben; dazu seien lediglich autoritäre, streng disziplinierte, fehlerfreie Organisationen notwendig, wie sie anscheinend an Bord von Atom-Unterseebooten zu finden sind. Nach dieser Auffassung gibt es prinzipiell eine Lösung, nämlich eine Änderung der Organisationsform, und wir waren bisher eben nicht bereit, derartige Organisationsstrukturen einzuführen. Zu diesem Einwand gibt es einiges zu sagen, da unser ganzes Buch in gewisser Hinsicht eine Analyse von Organisationsstrukturen darstellt.

Wir haben also vier Aufgaben vor uns: Wir müssen die neue Disziplin der Risikoanalyse untersuchen, da diese zur Inkaufnahme von Risiken rät, die nach meiner Meinung unannehmbar sind und unzureichend eingeschätzt wurden; wir müssen den Bereich der Entscheidungsfindung untersuchen, da hier behauptet wird, der Bevölkerung fehlten die Voraussetzungen, um Entscheidungen über die einzugehenden Risiken zu treffen; wir haben den organisatorischen Dilemmata nachzugehen, die zwangsläufig in Hochrisikosystemen auftreten, und wir müssen zeigen, daß die Analyse dieser drei Probleme in Verbindung mit unseren eigenen Untersuchungen von Systemeigenschaften und Systemunfällen sehr wohl zu einigen bescheidenen Empfehlungen führt, wie sich jene Risiken verringern lassen, die wir angeblich eingehen *müssen*. Ich bin vor allem der Meinung, daß ein vernünftiges Leben unter Risiken bedeutet, Kontroversen wach zu halten, auf die Bevölkerung zu hören und den zutiefst politischen Charakter aller Risikoanalysen zu erkennen. Letzten Endes geht es nicht um Risiken, sondern um Macht – um die Macht nämlich, im Interesse einiger weniger den vielen anderen enorme Risiken aufzubürden.

Risikoanalyse

Es kann kaum wundernehmen, daß die Existenz so vieler katastrophenträchtiger Systeme auch einige Sozialwissenschaftler inspiriert hat. Ein völlig neues Forschungsfeld ist entstanden – die Risiko-Nutzen-Analyse oder einfach die Risikoanalyse. Sie ist zwar nicht so gefährlich wie die von ihr untersuchten Systeme, aber sie hat wiederum ihre eigenen Risiken, denn schließlich besteht immer die Gefahr, daß die Realität anders ist, als sie von Experten wahrgenommen wird.

Das Abschätzen von Risiken ist nichts Neues. Menschen in Machtpositionen haben schon immer andere beauftragt, bestimmte Risiken zu beurteilen. Es gibt kaum eine wichtige Entscheidung ohne eine zumindest überschlägige Abwägung der von ihr zu erwartenden Vor- und Nachteile. Schamanen, Priester, königliche Ratgeber, Astrologen, Rechtsgelehrte usw. standen die gesamte menschliche Geschichte hindurch den Herrschenden und Besitzenden zur Verfügung. Mit zunehmender Ausweitung und Zentralisierung der Macht sind jedoch auch die Konsequenzen einzelner Entscheidungen gravierender geworden und

verstärken auf diese Weise die Bedeutung von Risikoanalysen. Da die
Gefahren in wachsendem Maße von technischen Unternehmungen aus-
gingen, sind an die Stelle von Schamanen Naturwissenschaftler und
Ingenieure getreten.

Viele unserer katastrophenträchtigen Systeme sind ebenfalls nicht neu
und waren frühzeitig einer primitiven Vorform der Risikoanalyse unterworfen. Unglücke in Bergwerken, chemischen Fabriken und Muni-
tionslagern gibt es seit mindestens zwei Jahrhunderten immer wieder;
auch Eisenbahn- und Flugzeugunglücke sind uns seit längerem vertraut.
Aber bei den früheren Hochrisiko-Systemen gab es keine Opfer dritten
und vierten Grades in katastrophalem Ausmaß. Das Schiff des Odysseus
verschmutzte weder eine der Mittelmeerküsten, noch hätte es eine Stadt
wie Texas City zu einem großen Teil zerstören können; die Bomben-
flugzeuge des Zweiten Weltkriegs konnten noch nicht auf ein Gebäude
abstürzen, in dem Kernwaffen gelagert wurden, wie dies 1956 auf einem
ungenannten Überseestützpunkt geschah (s. Talbot 1981); chemische
Fabriken waren ursprünglich noch nicht so groß, lagen nicht so sehr in
Siedlungsnähe oder verarbeiteten weniger explosive und toxische Substanzen; die ersten Flugzeuge waren nicht so groß, nicht so zahlreich und
hatten ihre Flughäfen nicht in der Nähe größerer Städte; und es ist noch
nicht sehr lange her, seit in den USA fast jede dicht besiedelte Region
dem Risiko eines Reaktorunfalls unmittelbar ausgesetzt ist. Die früheren
Systeme haben heute ein höheres Katastrophenpotential, weil sie größer
geworden und uns näher gerückt sind, und wir haben neue Systeme, die
von vornherein weit gefährlicher sind. Kernkraftwerke, Atomwaffen
und möglicherweise auch die Gentechnologie sind gänzlich neuartige
Systeme mit einem Katastrophenpotential auch für Opfer dritten und
vierten Grades – unbeteiligte Umstehende und zukünftige Generationen. Die aus diesen Systemen rührenden Katastrophen lassen sich weder
räumlich noch zeitlich in irgendeiner Weise begrenzen.

Wenn Gesellschaften einer neuen oder explosionsartig zunehmenden
Bedrohung ausgesetzt sind, dann nimmt die Zahl der Risikoanalytiker
vermutlich zu – die der Schamanen ebenso wie der Wissenschaftler. Ich
glaube, man darf wohl ohne Übertreibung sagen, daß ihre Funktion
nicht nur darin besteht, die Lenker dieser Systeme über deren Risiken
und Nutzen zu informieren und zu beraten, sondern auch darin, bei Inkaufnahme der Risiken diese zu rechtfertigen und alle diejenigen zu
beschwichtigen, denen die Risiken zugemutet werden. Auf Beschluß des
amerikanischen Kongresses sind technische Überwachungsbehörden

wie Pilze aus dem Boden geschossen, und eine neue Rolle der Risikoanalytiker besteht jetzt darin, die unbeholfenen Bemühungen dieser Behörden, ihrer äußerst schwierigen Aufgabe gerecht zu werden, nach Möglichkeit zu behindern. Es ist interessant zu beobachten, daß gerade Risikoanalytiker im allgemeinen eine geringere staatliche Aufsicht fordern und die Überwachungsämter besonders hart kritisieren (s. z.B. Schwing/Albers 1980, S. 128-141; Lave 1983, S. 8).

Die Fachleute auf diesem Gebiet sind zumeist Ingenieure, Natur- und Sozialwissenschaftler; sie sitzen in Universitäten, Forschungsinstitutionen, staatlichen Aufsichtsbehörden, im Militär und in Interessenorganisationen der einzelnen Industriebranchen. Private, gewinnorientierte Forschungs- oder Beratungsunternehmen, z.B. Unternehmensberatungen, übernehmen dieses einträgliche Geschäft für die Regierung und die Industrie. Wirtschaftsverbände wie das Electric Power Research Institute führen eigene Risikostudien durch oder geben sie in Auftrag. General Motors lud vor kurzem zu einer Konferenz über Risikofragen ein und veröffentlichte die Referate und Protokolle unter dem Titel »Wie sicher ist sicher genug?« (Schwing/Albers 1980) An dieser Veranstaltung nahmen die führenden Fachleute auf diesem Gebiet teil, und in der Hauptsache ging es nicht etwa um die Risiken industrieller oder militärischer Systeme, sondern um die Risiken einer staatlichen Produktionsaufsicht.

Neben den genannten Organisationen haben auch die großen staatlichen und privaten Stiftungen Risikountersuchungen in Auftrag gegeben. Die National Science Foundation entwickelte eigene Programme, und richtete eine besondere Abteilung für diesen Bereich ein und unterstützte mit ihren Mitteln die Tätigkeit von Unternehmensberatern, des Brookings Institute in Washington D. C., der RAND Corporation und universitärer Forschungsteams. Die National Academy of Science (eine teilstaatliche Institution) berief vor einigen Jahren einen Ausschuß für Risikoanalyse unter dem Vorsitz von Howard Raiffa, einer geachteten Kapazität auf diesem Gebiet. Die Russell Sage Foundation, vermutlich eine der vorsichtigsten und konservativsten unter den großen privaten Stiftungen innerhalb der Sozialwissenschaften, räumte der Risikoanalyse vor kurzem eine besondere Priorität bei der Vergabe ihrer Mittel ein. Und schließlich haben heute die meisten großen Universitäten in den USA Studienzentren oder Forschungsprojekte, die sich mit Risikoanalysen beschäftigen und von der Regierung und der Privatwirtschaft gefördert werden, und es gibt Fachzeitschriften, um die Forschungsergebnisse zu vermarkten. Die Nachfrage ist groß und stößt seit längerem auf positive Resonanz.

Die Risikoanalyse ist eine ziemlich komplizierte Materie. Die Theorie wird beherrscht von mathematischen Modellen, es werden umfangreiche Forschungen angestellt, und so esoterische Dinge wie statistische Wahrscheinlichkeiten, »ALARA«-Prinzipien (*as low as reasonably achievable* – so niedrig, wie sich gerade noch plausibel vertreten läßt), »diskontierte zukünftige Wahrscheinlichkeit« etc. werden ebenso vor Gericht wie auf akademischen Tagungen erörtert. Einige der besten natur- und sozialwissenschaftlichen Köpfe arbeiten an der Antwort auf die Frage »Wie sicher ist sicher genug?«

Zugleich ist es aber auch eine begrenzte Disziplin, die durch die Bewertung sozialer Güter in Geld ihre engen Schranken findet. Alles läßt sich in Geldwert ausdrücken; was nicht gekauft werden kann, wird von den komplizierten Berechnungen nicht erfaßt. Eine Studie gelangte zu dem Schluß, daß ein Menschenleben etwa 300 000 Dollar wert sei (s. dazu Graham/Vaupel 1981) – bei Leuten über 60 weniger und noch weniger, wenn die Körperkraft in anderer Weise geschwächt ist. Unter Berücksichtigung des Alters und der potentiellen Verdienstmöglichkeiten ist ein Leben so gut wie jedes andere (s. Okrent 1980). 50 000 Verkehrstote im Jahr bedeuten gewissen Risikoexperten soviel wie 50 000 Tote, die einer einzigen Katastrophe zum Opfer fallen. Und diese Experten beklagen die Tatsache, daß die Bevölkerung gegen Atomkraftwerke protestiert und die Zahl der jährlichen Verkehrstoten um die Hälfte zu niedrig einschätzt (so. z. B. Cohenllee 1979).

Die Risikoforscher sehen den Unterschied zwischen freiwillig eingegangenen Risiken etwa beim Skilaufen oder Drachenfliegen und unfreiwilligen Risiken, die z. B. mit der unsachgemäßen Lagerung chemischer Giftstoffe verbunden sind (s. Starr 1969). Was sie hingegen nicht sehen, ist der Unterschied zwischen der Zumutung von Risiken durch gewinnorientierte Firmen, die in der Lage wären, diese Risiken zu verringern, und der *Hinnahme* eines Risikos durch die Bevölkerung, sofern es um Privatvergnügungen geht (Skifahren) oder eine gewisse Kontrolle ausgeübt werden kann (Autofahren). Alle diese Risiken werden unter vager Berufung auf Marktgesetze in einen Topf geworfen, so als gäbe es Wärme und Licht nur um den Preis Dutzender von Toten in Bergwerken oder von verstrahlten Hilfsarbeitern in Atomkraftwerken (»Strahlemänner«). Die Fachliteratur orientiert sich an einer rationalen, mathematisierten Theorie der Kosten-Nutzen-Analyse im Rahmen von Marktgesetzen. Die technische Literatur weist besonders gern darauf hin, daß wir zwar bereit sind, Millionensummen für Sicherheitsvorkehrungen (z. B. ein Notkühlsystem in Atomkraftwerken auszugeben, um einen einzigen Arbeiter vor dem möglichen Tod zu bewahren, aber nicht einmal 80 Dollar z. B. für einen Sicherheitsgurt erübrigen wollen, um den Fahrer eines Autos zu schützen. Deshalb wäre es irrational, so große Summen in ein Atomkraftwerk zu stecken (s. Cohen 1980), hingegen weit nützlicher, sie für Sicherheitsgurte, Leitplanken auf den Autobahnen oder für Bücher gegen das Rauchen auszugeben. Es klingt, als gäbe es einen festen Etatposten für Sicherheit, gleichgültig, ob für Großunternehmen oder Privatleute, der trotz des Auftretens neuer Risiken nicht aufgestockt werden kann.

Bei der Lektüre der Veröffentlichungen von Risikoanalytikern mutet einen das folgende Szenario ganz realistisch an. Auf der Aufsichtsratssitzung eines großen Unternehmens erklärt der Vizepräsident, der sich zuvor von Risikoanalytikern hat beraten lassen, der Verzicht auf den Einbau einer bestimmten Sicherheitsvorkehrung werde im Durchschnitt jährlich einen Arbeiter das Leben kosten. An Nachfolgern wird kein Mangel bestehen, aufgrund der hohen Arbeitslosigkeit und da jeder Bewerber angesichts der fehlenden Sicherheitseinrichtung sich mit dem Gedanken tröstet, daß er trotzdem gute Aussichten hat, davonzukommen. Auf der Nutzenseite bedeutet der kalkulierte Tod des Arbeiters, daß das Unternehmen durch den Verzicht auf die Sicherheitsvorkehrung 50 Millionen Dollar eingespart hat, so daß weder der Verkaufspreis seiner Produkte erhöht noch die Aktiendividenden oder die Jahresboni der leitenden Mitarbeiter gekürzt zu werden brauchen. Durch die Inkaufnahme eines tödlichen Arbeitsunfalls pro Jahr haben Verbraucher und Aktieneigner offenbar einen großen Nutzen. Wieviel ist ein Leben wert? Der Vizepräsident sagt sich: »50 Millionen Dollar sind ziemlich viel für einen unbekannten Arbeiter, den es zufällig trifft, also sparen wir uns die Einrichtung.« Er hat recht; gemäß den Kriterien der Risikoanalyse ist es ein guter Handel. Etwas Ähnliches wie diese erfundene Geschichte ereignete sich bei Ford, als die Verantwortlichen beschlossen, beim Modell Pinto den Benzintank nicht aufprallsicher einzubauen, und bei General Motors, wo man Warnungen der Techniker in den Wind schlug, der Corvair neige zum Ausbrechen, und auf den Einbau eines Stabilisierstabes im Wert von 15 Dollar verzichtete (Wright 1980, S. 65 ff.).

Der Risikoanalyse mit ihrem Hang, kulturelle Güter und Werte in Geld auszudrücken, folgte die Kosten-Nutzen-Analyse, die sich ganz

unverhüllt auf den Dollar als letztes Lösungsmittel für alles Gesellschaft-
liche bezieht. In einer einfallsreichen Untersuchung der Kosten-Nutzen-
Analyse (ein Aufsatz mit dem gewinnenden Titel »Kosten-Nutzen-
Analyse und die Kunst, ein Motorrad zu warten«) vermerkt Baruch
Fischhoff (1977) eine weitere Konsequenz der geldlichen Bewertung
gesellschaftlicher Güter durch die Wirtschaftswissenschaftler. Die
Kosten-Nutzen-Analyse ist »sprachlos im Hinblick auf die Verteilung
des Reichtums in der Gesellschaft«, lesen wir dort. »Deshalb würde das
Projekt, dessen Sinn einzig in der Umverteilung der Ressourcen einer
Gesellschaft bestünde, nach den Kriterien der Kosten-Nutzen-Analyse
nur Kosten (der Umverteilung) ohne jeden Nutzen zur Folge haben (da
sich an der Höhe des gesamten Güterbestands nichts ändert).« Auch die
technologischen Risiken werden von den verschiedenen Klassen der
Gesellschaft nicht zu gleichen Anteilen getragen, was aber die Risikoanalytiker tunlichst ignorieren.

Die Kosten-Nutzen-Analyse stützt sich bei ihrer Bewertung darüber
hinaus weitgehend auf die augenblicklichen Marktpreise. In diesen Preisen spiegeln sich jedoch die jeweiligen wirtschaftlichen Verhältnisse
wider, die von vielen in Frage gestellt werden. Menschen mit einer
geringen Einkommensmacht können nicht verhindern, daß auch ihr
Leben geringer bewertet wird (s. allgemein dazu Graham/Shakow
1981). Der gegenwärtige Marktpreis für Aushilfsarbeiter in Atomkraftwerken ist angesichts einer anhaltenden Rezession sehr niedrig. Das kann
bedeuten, daß die Kosten eines Unfalls nur deshalb niedrig sind, weil das
ökonomische System manche Menschen sehr niedrig bewertet. Grundbesitz in der Nähe eines Chemiewerks ist wegen des Gestanks, des
Rauchs und der Feuer- und Explosionsgefahr nicht allzuviel wert. Wenn
sich ein Unfall ereignet, werden die in der Umgebung angerichteten
Schäden nach Werten berechnet, die wegen der Unfallgefahr sowieso
schon gedrückt waren, und nicht danach, was der Grundbesitz wert
wäre, wenn sich auf dem Gelände des Chemieunternehmens eine Elek-
tronikfirma oder ein gepflegter Park befinden würde.

Eine weitere Folge der risikoanalytischen Grundannahmen ist das
Argument, neue Risiken dürften nicht höher sein als die bestehenden, die
wir »bereits akzeptiert« haben (hatten wir überhaupt eine Wahl?).
Logisch weitergedacht, könnten dann bei allgemein zunehmendem
Risiko in anderen Industriebranchen auch die Sicherheitsbestimmungen von Kernkraftwerken oder großchemischen Anlagen gelockert
werden.

Und noch ein Standardargument. Es lautet, wir müßten riskante Vorhaben energisch betreiben, weil uns sonst andere Nationen vom Markt verdrängen würden. Wir werden z. B. aufgefordert, die Gentechnik nach Kräften auszubauen, weil uns sonst die Japaner zuvorkommen. Aber warum sollen wir deshalb auf Vorsichtsmaßnahmen verzichten, wenn die Japaner ihre Fortschritte auf diesem Gebiet doch trotz staatlicher Auflagen erzielen? Wenn die Entwicklung der Gentechnik tatsächlich der Allgemeinheit nützt, macht es dann wirklich so viel aus, ob uns deren Segen über die Japaner oder durch amerikanische Firmen ins Haus kommt? Selbstverständlich ist das den Besitzern und Aktionären amerikanischer Firmen nicht gleichgültig, da ihnen dadurch Gewinne und Dividenden entgehen. Selbstverständlich stehen auch hier einige Arbeitsplätze zur Debatte, aber diese Branche ist nicht sehr arbeitskräfteintensiv. Wenn jedoch die Japaner aufgrund ihrer besseren Kontrollen das Risiko einer Katastrophe auch nur um einen kleinen Betrag verringern, dann sind die direkten und indirekten Verluste für unsere Wirtschaft diesen Erfolg durchaus wert. Welche Risiken sollen wir in Kauf nehmen, um die Gewinne einiger weniger zu erhöhen? Das läßt sich im Modell eines Ökonomen nicht unterbringen. In diesem ist ein ersparter Dollar ein ersparter Dollar, gleichgültig, wer den Dollar bekommt oder wessen Leben durch die Einsparung größeren Risiken ausgesetzt ist.

Es gibt Leute, die behaupten, wir verlören unser Rückgrat, wenn wir nicht mehr bereit seien, die mit neuen Technologien verbundenen Risiken auf uns zu nehmen (so z. B. Nisbet 1981; Wildavsky 1979; Douglas/Wildavsky 1982). Es ist jedoch auffällig, daß die, von denen dieser Vorwurf erhoben wird, lediglich von technischen Risiken im Zusammenhang mit profitorientierten Privatunternehmen oder einem aggressiven militärischen Gebaren sprechen. Die risikofreudigen Männer in Großunternehmen und im Militär erweisen sich häufig als überraschend ängstlich, wenn es um riskante soziale Experimente geht, mit denen sich möglicherweise Armut, Abhängigkeit und Kriminalität verringern ließen. Die folgenden Vorschläge entstammen dem Forderungskatalog der amerikanischen Linken und Liberalen; sie sind gewiß alle mit nennenswerten Risiken verbunden, aber die Wagehälse in der freien Wirtschaft und im Militär möchten es nicht einmal auf einen Versuch ankommen lassen, da sie Konsequenzen für die Klassenstruktur, ihre Macht und die Werte ihrer Klasse zu fürchten haben. Zu den Vorschlägen gehören Sicherung eines Mindesteinkommens (wie in Europa), echte Progressivbesteuerung, Investitionen in arme und verfallende Gebiete (die amerikanischen Banken unterliegen dem niedrigsten Steuersatz des Landes – zwischen drei und vier Prozent –, weigern sich jedoch, das Risiko von Investitionen in arme innerstädtische Regionen einzugehen), kontrollierte Ausgabe von Heroin zur Eindämmung der Kriminalität, einseitige Abrüstung der Atomwaffen (ein risikoträchtiges Unternehmen, mit dem nicht nur die Gefahr von Atomunfällen verringert, sondern auch langfristig die wirtschaftliche Lage verbessert werden könnte), Rückzug der USA aus Mittelamerika usw. Die Gefahren, die unser Land groß werden ließen, waren keine industriellen Risiken wie unsichere Kohlebergwerke oder schadhafte Giftfässer, sondern gesellschaftliche und politische Risiken im Zusammenhang mit demokratischen Institutionen, dezentralisierten politischen Strukturen, religiöser Freiheit, Pluralismus und allgemeinem Wahlrecht.

Die risikoanalytischen Untersuchungen machen auch keinen Unterschied zwischen suchthaftem und frei gewähltem Verhalten (was in etwa unserer Unterscheidung zwischen erzwungenen und unerzwungenen Bedienungsfehlern entspricht). Neben den Unfalltoten auf den Autobahnen ist der Lungenkrebs bei starken Rauchern das beliebteste Beispiel der neuen *body-counter*. Rauchen wird als freiwilliges Vergnügen ähnlich etwa dem Drachenfliegen angesehen. Aber die meisten von uns, die heute rauchen, tun dies, weil man uns mit Werbekampagnen und anderen Anreizen zu Süchtigen gemacht hat. Während des Zweiten Weltkriegs erhielt jeder amerikanische Soldat zusammen mit seiner Marschration fünf Zigaretten pro Mahlzeit, und der Verkauf von Zigaretten in den US-Streitkräften wurde massiv subventioniert und unterlag keinen Steuern. Fluggesellschaften verteilten kostenlos Zigaretten unter die Fluggäste, möglicherweise um deren Nerven zu beruhigen, nachdem die Maschine von der Startbahn abgehoben hatte. Ein Hollywoodstar ohne Zigarette war undenkbar. Die Höhe des Werbeaufwands der Zigarettenindustrie wurde nur noch durch die ihrer Gewinne übertroffen. Die amerikanische Gesellschaft war dem Nikotingenuß so sehr verfallen, daß die staatlichen Subventionen für den Tabakanbau in den USA heute weit höher liegen als die Ausgaben der Regierung für die Warnung der Bevölkerung vor den gesundheitsschädlichen Folgen des Rauchens und für entsprechende Forschungen. Junge Menschen erleben eine große Zahl von Erwachsenen, die es nicht geschafft haben, mit dem Rauchen aufzuhören, und wir werden noch immer durch Werbespots und rauchende Fernsehstars bearbeitet. Ironischerweise beruht das

Wohlergehen eines bedeutenden Sektors unserer Wirtschaft (Tabakanbau, Zigarettenindustrie und -werbung) auf der Krankheit der Opfer; die
Kosten der Nikotinsucht trägt nicht nur der einzelne (Süchtige), sondern
die Gesellschaft insgesamt. Hier kann keine Rede sein von den freien
Marktentscheidungen, die von informierten Verbrauchern getroffen
werden und die man spöttisch mit den »irrationalen« Angriffen derselben Leute auf Kernwaffen oder Atomkraftwerke vergleichen kann. Rauchen in den USA ist ein von der Regierung immer noch unterstütztes
Suchtprogramm, das der Zigarettenindustrie enorme Profite einträgt.
Die Sucht eines einzelnen Rauchers läßt sich nicht mit den Kosten vergleichen, die eine Industrie unter staatlichem Druck auf sich nehmen
muß, um das Auftreten von Asbestlungen zu reduzieren oder um sicherere Kinderspielzeuge herzustellen. Dasselbe gilt natürlich auch für
Alkoholismus und andere Formen des Drogenmißbrauchs.

Schließlich machen die Risikoanalytiker nur selten einen Unterschied
zwischen Aktivitäten, über die der einzelne eine gewisse, wenn auch
noch so illusorische Kontrolle hat, und solchen, wo dies nicht der Fall ist.
An erster Stelle steht hier das Autofahren. Offenbar sind wir eher bereit,
ein Risiko zu akzeptieren, wenn wir glauben, die Gefahr aufgrund unseres eigenen Könnens bis zu einem gewissen Grad zu kontrollieren. Dort,
wo wir Risiken rein passiv ausgesetzt sind, fürchten wir diese eher und
lehnen sie ab. Nach unserer gar nicht unvernünftigen Überzeugung darf
es nicht sein, daß eine chemische Anlage in die Luft geht, ein Staudamm
bricht, die Fluglotsen Mist bauen oder die Konstrukteure bei Ford einen
ungeschützten Benzintank absegnen; diese Risiken sind unserer Kontrolle weitgehend entzogen. Wir sind jedoch bereit, bestimmte Risiken
hinzunehmen, wenn wir etwa Auto fahren, skilaufen oder fallschirm-
springen. Risikoanalytiker sehen darin lediglich den Unterschied zwischen freiwilligem und unfreiwilligem Risiko, aber damit gehen sie an
einem wesentlichen Punkt vorbei. Die tägliche Autofahrt zur Arbeits-
stelle ist für viele von uns eine denkbar unfreiwillige Tätigkeit, aber wir
üben dabei wenigstens eine gewisse eigene Kontrolle aus. Andererseits
fliegen wir zwar aus freien Stücken zu einem entfernten Ferienort, haben
jedoch keine Kontrolle über das Flugzeug oder die Fluggesellschaften.
Wir begeben uns freiwillig bei Großveranstaltungen auf Tribünen, die
gelegentlich Feuer fangen oder einstürzen, aber wir haben keinen Einfluß
auf die Architekten oder die Bauunternehmen oder die Veranstalter, die
anscheinend grundsätzlich die Notausgänge verriegeln. Darüber hinaus
werden solche »aktiven Risiken«, wie ich sie einmal nennen möchte, im

allgemeinen nicht für den persönlichen Profit eines Dritten eingegangen; dies gilt nur für »passive Risiken«.

Für aktive Risiken, die dem, der sie auf sich nimmt, gewisse Kontrollmöglichkeiten offenlassen, bietet der Markt zumindest eine rudimentäre Möglichkeit, sich der Sicherheitsprobleme anzunehmen. Sicherere Skier verkaufen sich besser; nach etlichen gefährlichen Unfällen mit Pintos und Corvairs gingen die Verkaufsziffern der beiden Automodelle drastisch zurück. Sicherlich gibt es Ausnahmen, aber im allgemeinen treffen Menschen eine vernünftige Entscheidung, wenn sie vernünftige Alternativen haben, und nach einer gewissen Zeit reagieren auch die Hersteller. Das gilt auch nicht annähernd für die Tätigkeiten, bei denen wir passiv Risiken hinnehmen, die der Kontrolle durch die Oberen einer Organisation unterliegen. Obwohl es für die Fluggesellschaften wirtschaftlich von Vorteil ist, sichere Flüge durchzuführen, weil sonst die Fluggäste wegbleiben, benötigen wir noch immer eine Luftfahrtbehörde, um sie zur Sicherheit anzuhalten, ihnen Vorschriften zu machen und sie zu überwachen. Bei solchen Aktivitäten wie der Lagerung von Atommüll oder toxischer Abfälle, dem Bau eines Staudamms oder eines Asbestwerks können wir auf keinen »Markt« rechnen, der automatisch die Kosten für mehr Sicherheit übernimmt. Diese Tätigkeiten unterliegen nicht unserer Kontrolle, hier muß der Staat einspringen.

Das gilt für immer mehr Lebensbereiche. Staatliches Engagement ist nicht das Ergebnis ausufernden bürokratischen Wachstums, sondern eben der Tatsache geschuldet, daß unsere persönliche Kontrolle über unsere Umgebung und unsere Tätigkeiten ständig von Systemen untergraben wird, an denen wir teilnehmen oder von denen wir betroffen sind. Trotzdem werden die Risikoanalytiker nicht müde, die übermäßige Gängelung der Industrie durch den Staat zu beklagen. Der Wirtschaftswissenschaftler Ron Howard (1980) von der Stanford University würde am liebsten jede staatliche Aufsicht über die Industrie abschaffen. Starr und Whipple vom Electronic Power Research Institute, das die Interessen der Stromversorgungsindustrie vertritt, gehören zu den ersten, die sich mit Risikoanalyse beschäftigt haben.

Sie sind nicht etwa besorgt über die Risiken, die der Bevölkerung von der Industrie unnötig aufgebürdet werden, sondern über die Kritik, die daran geübt wird. Staatliche Beaufsichtigung bringt ihrer Meinung nach vor allem Kosten mit sich, wegen der »Rechtsstreitigkeiten, Fehlinvestitionen, Nachrüstungen und kostspieligen Verzögerungen«. Immerhin konzedieren sie die »Unfähigkeit der Industrie, die Hinnahme von Risiken durch die Bevölkerung richtig einzuschätzen« (Starr/Whipple 1980). Vielleicht könnten die Risikoanalytiker die Industrie darüber aufklären, daß es gar nicht so schwer ist, eine Abneigung der Bevölkerung gegenüber passiven Risiken wie Quecksilber- oder Dioxinvergiftungen, Asbest- und Staublunge usw. richtig einzuschätzen.

Auf zwei Gefahren von »aktiven Risiken« ist besonders hinzuweisen. Die Verbraucher sind nicht immer freiwillig bereit, für eine erhöhte Sicherheit von Produkten zu bezahlen, und häufig achten sie nicht auf die Risiken, selbst wenn diese bekannt sind. Wahrscheinlich wird das immer so bleiben. Zum zweiten sind aktive Risiken attraktiv. Manche Risiken gehen wir gern ein, wenn wir überzeugt sind, daß wir sie unter persönlicher Kontrolle haben. Das bedeutet, daß bei sinkender Gefährdung durch verbesserte Ausrüstung eine größere Zahl von Personen bereit ist, dieses geringere Risiko einzugehen. Das Ergebnis ist, daß trotz der Einführung einer verbesserten Ausrüstung die Unfallziffern in dem Bereich nicht zurückgehen. Als z. B. ständig verbesserte Skiausrüstungen entwickelt und die Pisten besser geräumt und sicherer angelegt wurden, rührte die Wintersportbranche kräftig die Werbetrommel, um neue Anhänger des Skisports zu gewinnen. Eine wachsende Zahl von Anfängern bedeutete mehr Unfälle, auch für die Erfahrenen, mit denen die Neulinge zusammenstießen. Während die Randbedingungen sicherer wurden, erhöhte sich zugleich die Zahl der unerfahrenen Teilnehmer, so daß die Risiken nicht geringer wurden. Jede Analyse einer Tätigkeit mit aktivem Risiko muß die Zahl der Teilnehmer und den Anteil der unerfahrenen Greenhorns mit berücksichtigen.

Zusammenfassend können wir also sagen, daß die Risikoanalytiker einen äußerst verengten Blickwinkel haben. Die meisten richten ihr Augenmerk nur auf Dollars sowie auf Todes- bzw. Verletzungsraten und lassen kulturelle und soziale Kriterien unberücksichtigt. Sie machen keinen Unterschied zwischen Risiken, die dem persönlichen Profit anderer zugute kommen, und solchen, die dem eigenen privaten Vergnügen oder Bedürfnis dienen, obgleich die ersteren aufgezwungen und die letzteren bis zu einem gewissen Grad frei gewählt sind; sie lassen das Suchtproblem ebenso außer Betracht wie den Unterschied zwischen aktiven und passiven Risiken; sie sprechen sich für die Unverzichtbarkeit von Risiken aus, beschränken sich dabei jedoch auf die Risiken der Wirtschaft und des Militärs und sind nicht bereit, ihrerseits soziale oder politische Risiken auf sich zu nehmen. Wie bereits gesagt, ist die Risikoanalyse weniger riskant als die analysierten Systeme selbst, aber trotzdem hat auch sie für unsere Gesellschaft negative Folgen.

Eine verhängnisvolle Konsequenz quantitativer Risikoanalysen besteht darin, daß die Bevölkerung von Diskussionen ausgeschlossen werden soll, die in erster Linie sie selbst angehen (s. allgemein Broad 1979). Es gibt nur wenige Risikoanalytiker, die das rundheraus fordern. Ungleich häufiger ist eine mittlere Position: Beteiligung der Bevölkerung ja – allerdings nur zu den von den Risikoanalytikern selbst vorgegebenen Bedingungen. Im Klartext geht es also um Kontrolle. Die Informations-, Wahrnehmungs- und Erörterungslücke zwischen Bevölkerung und Experten soll zwar geschlossen werden, aber sozusagen nur in eine Richtung.

Woher kommt diese Lücke überhaupt? Als Hauptgrund wird die unzureichende Unterrichtung der Bevölkerung angeführt. »Zwischen der Wahrnehmung der meisten Menschen und der Realität besteht ein eklatanter Unterschied«, meint Howard Raiffa (1980, S. 340), ein führender Fachmann an der Harvard University. Wenn Wahrnehmungen dubios anmuten, dann müsse durch Informationen eben Abhilfe geschaffen werden. William Clark (1980, S. 305) behauptet gar: »Die Einstellungen der Gesellschaft zu Risiken wie Krebs oder Reaktorunfällen unterscheiden sich auf den ersten Blick in nichts von ihren früheren Ängsten vor dem bösen Blick.« Fachleute sollten *per definitionem* mehr wissen als Laien, und deshalb glaube ich gern, daß es Informationslücken gibt. Aber das besagt nicht viel. Die Frage ist doch, ob es, wenn jeder rundum informiert wäre, keine unterschiedlichen Bewertungen oder gar Konflikte mehr gäbe. Risikoanalytiker gehen davon aus, daß es selbst einer wohlinformierten Bevölkerung immer noch an logischem Denkvermögen fehle. Sie sehen sich von den Forschungsergebnissen der kognitiven Psychologie bestätigt, deren Autoren sie gern zitieren (Starr/Whipple 1980; Schwing 1980). Aber hinter der Entscheidung komplizierter Sicherheitsprobleme steht die ungeklärte Frage, was denn unter »Rationalität« überhaupt zu verstehen ist.

Drei Formen der Rationalität

Wie kommt es, daß Leute wie wild drauflos paffen und zugleich gegen Kernkraftwerke und für Abrüstung demonstrieren? Eine Antwort auf diese Frage findet man möglicherweise in manchen klugen und verblüffenden Arbeiten auf dem Gebiet der Entscheidungsfindung und der menschlichen Denkvorgänge. Wie uns die Psychologen sagen, denken wir nur selten wirklich logisch: Manche Gefahren machen wir zu klein, während wir andere bedrohlicher finden, als sie es tatsächlich sind, und wir berechnen auch Chancen nicht nach einem Wahrscheinlichkeitsmodell wie ein Statistiker. Einige der von diesen Forschern erhobenen Daten sind zwar schlüssig, aber meiner Überzeugung nach irrelevant, und der größte Teil ist wahrscheinlich irreführend. Es trifft sicher zu, daß die menschliche Rationalität begrenzt oder »beschränkt« ist, wie man das nennt, aber es kann gut sein, daß gerade bei verwirrenden Daten und widersprüchlichen Zielvorgaben diese Beschränkung der Rationalität ihre größte Stärke ist.

Zweckmäßigerweise kann man drei Formen der Rationalität unterscheiden: absolute Rationalität, deren sich in der Hauptsache Wirtschaftswissenschaftler und Ingenieure rühmen, »beschränkte« oder begrenzte Rationalität, wie sie der Bevölkerung von den Risikoanalytikern attestiert wird, und schließlich eine soziale und kulturelle Rationalität. So möchte ich die Rationalität bezeichnen, nach der sich die meisten von uns im Leben richten, auch wenn ihnen das nicht besonders bewußt ist.

Einer absoluten Rationalität begegnen wir in den Darlegungen von Risikoanalytikern, wo Risiken und Nutzen sich mathematisch berechnen lassen, so daß wir eindeutig ersehen können, welche Systeme oder Tätigkeiten wir anderen vorziehen sollten – z. B. Kernkraftwerke gegenüber Kohlekraftwerken. Selbst wenn man sämtliche Todesfälle der beiden vollständigen Brennstoffzyklen vom bergmännischen Abbau der Kohle bzw. des Urans bis zur Verbrennung im Kraftwerk und zur Umwandlung in elektrischen Strom miteinander vergleicht, ist die Atomkraft nahezu risikolos (die Wahrscheinlichkeit einer Kernschmelze und eines Durchbrennens des Sicherheitsbehälters ist winzig klein), während durch den Betrieb von Kohlekraftwerken in den USA jährlich schätzungsweise 10 000 Menschen ums Leben kommen (unter Tage, beim Transport und durch Schadstoffe aus Altanlagen ohne Filter). Im Rahmen einer absoluten Rationalität liegt die Entscheidung zwischen den beiden Systemen auf der Hand. Wie kommt es, daß trotzdem 20 bis 40 Prozent der Bevölkerung Kernkraftwerke fürchten? Einige erwidern darauf, das sei eben irrationales Denken, und die unausgesprochene Folgerung daraus lautet, die irrationale Bevölkerung sei unfähig, an Entscheidungen über Risikofragen teilzunehmen. Die Bevölkerung ist

»überempfindlich« gegenüber Atomkraftwerken, die zu den bevorzugten »Sorgenkindern« der Gesellschaft gehören (Kasperson u. a. 1981, S. 40 und 43). Nach Meinung dieser Experten ist der soziale Schaden einer derartig »irrationalen« Reaktion immens: Proteste, Demonstrationen und ein Kongreß, der sich weigert, auf die Experten zu hören.

Die kognitiven Psychologen, die sich mit den Vorgängen des menschlichen Denkens beschäftigen, haben sich nach und nach auf die Grenzen der Rationalität besonnen und sprechen nun in Anlehnung an Herbert Simon, der diesen Begriff in einem anderen Kontext aufgebracht hatte, von »beschränkter« Rationalität. Eingebungen, Faustregeln, grobe Schätzungen und Vermutungen sind offenbar weitverbreitet und weisen bestimmte Strukturen auf. Die Psychologen bezeichnen diese Vermutungen als »heuristische Methoden«, aus dem griechischen Wort für Entdeckung, und sie sind damit beschäftigt, einige dieser Methoden genauer zu erforschen. So besagt z. B. die »Verfügbarkeitsheuristik« (Tversky/Kahnemann 1973), daß wir alle dazu neigen, nicht etwa sämtliche existierende Fälle eines bestimmten Phänomens zu überprüfen und unser Urteil auf die Summe der eigenen und fremden Erfahrungen zu gründen, sondern eine Situation im Hinblick auf den am leichtesten verfügbaren Fall zu beurteilen, nämlich den, an den wir uns am besten erinnern können. Ist vor kurzem ein Flugzeug abgestürzt, dann konzentrieren wir uns auf dieses Ereignis und lassen alle erfolgreich verlaufenen Flüge außer Betracht, wenn wir uns entscheiden sollen, ob wir einen Flug unternehmen oder nicht. Oder wenn wir gefragt werden, ob in den Wörtern unserer Umgangssprache der Buchstabe r häufiger an erster oder an dritter Stelle steht, antworten wir unwillkürlich »an erster«, weil unserem Gedächtnis mehr Wörter »verfügbar« sind, die mit einem r anfangen, als solche, bei denen der dritte Buchstabe ein r ist.

Es besteht allgemeine Einigkeit, daß heuristische Methoden nützlich und zeitsparend sind, selbst wenn sie uns gelegentlich oder sogar häufig in Schwierigkeiten bringen. Während zahlreiche kognitive Psychologen ihre Mühe darauf verwenden, den verschiedenen von Menschen benutzten Faustregeln einen Namen zu geben (und immer wieder darauf hinweisen, wie trügerisch diese Regeln sind und jede rationale Entscheidung verhindern), haben einige wenige begonnen, dem Problem tiefer nachzugehen. Was können wir aus ihren Untersuchungen lernen? Zwar steckt die Forschung noch in den Anfängen, aber einige Antworten zeichnen sich bereits ab. Erstens verhindert die Anwendung von Heuristiken eine Lähmung des Entscheidungsprozesses; sie bewirkt, daß wir uns nicht endlos darüber den Kopf zerbrechen, welche möglichen Umstände zusammentreffen könnten, auf die wir gefaßt sein müssen. Zweitens senkt sie beträchtlich die »Suchkosten«, die Zeit und Mühe, die darauf verwendet werden, sämtliche möglichen Entscheidungen durchzugehen und anschließend im Hinblick auf ihre Kosten und Nutzen einzuordnen. Drittens werden die heuristischen Methoden immer wieder modifiziert, wenn auch vielleicht nur langsam, wenn wiederholte Versuche zu Korrekturen der »inneren Stimme« und von Faustregeln führen, ohne daß es dazu besonderer bewußter Anstrengungen bedarf. Und schließlich erleichtern diese Methoden das soziale Leben, weil sie anderen gute Anhaltspunkte dafür liefern, wie wir uns wahrscheinlich entscheiden werden, da wir alle mehr oder weniger dieselben Heuristiken verwenden. Es mag sein, daß wir etwas tun, von dem ein Experte abraten würde, aber mit anderen Nichtexperten (*per definitionem* die große Mehrheit) ist wenigstens ein gemeinsames Vorgehen möglich, selbst wenn es nicht die optimale Lösung darstellt.

Diese Heuristiken bewähren sich anscheinend deshalb, weil unsere Welt tatsächlich sehr lose gekoppelt ist und zahlreiche Spielräume und Puffer aufweist, die keine exakten Lösungen erfordern, sondern auch Näherungen zulassen. Da unser soziales Alltagsleben so beschaffen ist, benötigen wir eine besondere Ausbildung, um in den eng gekoppelten Welten der Technik mit Präzision zu handeln. Die hier geltenden Gesetze widerlegen unsere alltagspraktische Erfahrung, daß »die Dinge sich von selbst regeln« oder daß sie nicht eng gekoppelt sind. Außerdem ist denkbar, daß wir bei Entscheidungen, die wir für besonders wichtig halten, die bequemen, aber möglicherweise irrigen Faustregeln beiseite lassen und sehr viel sorgfältiger überlegte Entscheidungen treffen. Leider findet sich in der psychologischen Literatur wenig darüber, was Menschen im wirklichen Leben tatsächlich tun. Experimente mit Versuchspersonen unter Laborbedingungen bringen uns hier einfach nicht weiter. Sie können uns vielleicht etwas darüber sagen, wie unmotivierte Testpersonen (zumeist Anfangssemester in Grundkursen der Psychologie an Universitäten) bestimmte Abkürzungen wählen, um wirklichkeitsfremde und häufig extrem komplizierte Probleme zu lösen, aber trotz ihrer scheinbaren Aussagekraft führen uns diese Versuche wahrscheinlich auf unterschiedliche Weise in die Irre, und darauf werde ich kurz eingehen.

Ein wichtiges und nicht vorhergesehenes Ergebnis dieser Untersuchungen ist die überragende Bedeutung des Kontexts, in den das Problem von der Testperson gestellt wird. Erinnern wir uns an das Bedienungspersonal des Reaktors in Harrisburg, an die Besatzung der DC-10 auf dem Flug in die Antarktis oder die Schiffskapitäne und ihre Reaktionen auf mehrdeutige Signale. In allen diesen Fällen waren die getroffenen Entscheidungen völlig rational; das einzige, was nicht stimmte, war eben der Kontext. Die Wahl eines bestimmten Kontexts stellt eine Vorentscheidung dar, die ohne Überlegung, fast mühelos als Teil eines ständigen Stroms der Erfahrung und von Denkprozessen getroffen wurde. Wir beginnen erst dann zu »denken« oder »Entscheidungen« zu treffen, die auf einer bewußten, rationalen Anstrengung beruhen, wenn wir den Kontext definiert haben. Und das ist ein höchst subtiler, selbststeuernder Prozeß, beeinflußt durch eine lange Erfahrung des Herumprobierens (in etwa vergleichbar unseren unwillkürlichen Ausweichmanövern in einer belebten Straße). Konfrontiert mit einer mehrdeutigen Situation, greifen wir ohne lange Überlegung oder gar Entscheidung zu dem, was uns als der vertrauteste Kontext *erscheint,* und fangen dann erst an, bewußt nachzudenken. Bei zahlreichen psychologischen Experimenten geschieht offenbar genau dies. Ohne bewußte Überlegung sagt sich die Versuchsperson: »Das hier ist ähnlich wie *x,* ich werde das tun, was ich bei *x* sonst auch tue.« Die Ergebnisse dieser Versuche lassen stark vermuten, daß der von den Testpersonen unterlegte Kontext nicht dem Kontext entspricht, den der Versuchsleiter herstellen möchte, so daß dieser zwangsläufig von den Antworten der Versuchspersonen überrascht ist.

Schließlich sind heuristische Verfahren Intuitionen ähnlich. Man kann sie sogar als regelgeleitete, überprüfte Intuitionen betrachten. Eine Intuition ist eine unserem Bewußtsein verborgene Begründung dafür, daß bestimmte Dinge, die scheinbar nichts miteinander zu tun haben, kausal miteinander verknüpft sind. Wir können Experten als Menschen definieren, die jeder Intuition abgeschworen haben; es ist ihr Verdienst, daß sie die verborgenen Kausalbeziehungen zutage gefördert und einer eingehenden Prüfung unterzogen und sie dadurch bestätigt oder widerlegt haben. Intuitionen sind demnach besonders verhängnisvolle heuristische Verfahren, weil sie keiner Prüfung unterzogen werden können. Deshalb werden sie auch selbst dann noch hartnäckig verteidigt, wenn konkrete Anhaltspunkte gegen sie sprechen; die betreffende Person erklärt diese einfach als für ihre »Eingebung« irrelevant.

Beispiel: Vor die Frage gestellt, welche Seite eine gleichmäßige Münze beim 21. Wurf wahrscheinlich zeigen wird, nachdem 20-mal hintereinander »Zahl« erschienen ist, beharren die Testpersonen selbst dann noch darauf, daß »Kopf« etwas wahrscheinlicher ist als »Zahl«, wenn man sie über ihren angeblichen Irrtum aufklärt. Sie argumentieren, daß bei einer großen Zahl von Münzwürfen »Zahl« nur in der Hälfte aller Fälle erscheint, so daß diese Serie aus lauter Kopfwürfen zwangsläufig einmal abbrechen muß. Irrtum, sagen die Experten, jeder Wurf ist von jedem anderen Münzwurf unabhängig; die Münze hat kein Gedächtnis, und bei jedem neuen Wurf stehen die Chancen erneut 1:1. Ich muß zugeben, daß auch ich ein Opfer dieses »Spielerirrtums« bin. Ich sage mir, daß bei einem durchschnittlichen Anteil der »Zahl«-Würfe von 50 Prozent dieses Muster bei 21 Würfen bestimmt eher zu erkennen ist als bei drei oder vier Würfen, so daß nach 20 »Kopf«-Würfen die Chance für »Zahl« beim 21. Wurf etwas größer sein müßte.

Aus den Arbeiten dieser Psychologen ergibt sich implizit, daß der überwiegende Teil der Bevölkerung nicht qualifiziert ist, an Entscheidungen über die Risiken, die ihr aufgebürdet werden sollen, teilzuhaben. Der Durchschnittsmensch verfährt nach einer informellen, wahrscheinlich regellosen »Logik«, die von den Experten nicht geteilt wird. Aber immerhin einer unter den kognitiven Psychologen, Baruch Fischhoff, hat sich unlängst für den Wert von Intuitionen ausgesprochen und sich gefragt, ob wir trotz der Schmähungen durch die Experten nicht doch von unseren intuitiven Urteilen Gebrauch machen sollten. »Es fragt sich«, so schreibt er, »ob die scheinbare Tollheit der Bevölkerung nicht doch Methode hat. Ist es denkbar, daß beim Treffen von Entscheidungen Kriterien mitspielen, die zwar von der formalen Analyse übergangen werden, aber dennoch für das Wohl der Menschheit und das seelische Wohlbefinden des einzelnen unverzichtbar sind?« (Fischhoff 1979) Wie wir bald sehen werden, gibt es solche Kriterien, wenn wir die Arbeiten von Slovic, Fischhoff und Lichtenstein näher untersuchen.

Der Unterschied zwischen absoluten Rationalisten und kognitiven Psychologen, die von einer beschränkten Rationalität des Menschen ausgehen, läßt sich an der Reaktion der Bevölkerung auf das Reaktorunglück von Harrisburg verdeutlichen. Für die Rationalisten war es nichts anderes als das Eintreffen eines äußerst seltenen Ereignisses, das bei diesem Reaktortyp etwa einmal im Lauf von 300 Jahren zu erwarten ist. Daß es bereits wenige Monate nach der Inbetriebnahme der Anlage eintrat und nicht etwa 100 Jahre danach im Jahr 2079, besagt nichts. Aus Schätzungen geht hervor, daß sich ein solcher Unfall gelegentlich, aber eben selten ereignen wird; und um eines jener seltenen Ereignisse handelte es sich hier. Für die Gruppe der »beschränkten Rationalisten« trifft dies zwar zu, aber es ist nicht der eigentliche Punkt. Mit dem Problem, das den Unfall auslöste, hatte man kaum Erfahrungen gesammelt, so daß auch noch keine geeigneten heuristischen Methoden dafür entwickelt wurden. Ein so einschneidendes Ereignis wie dieses Reaktorunglück dient der Bevölkerung als Zeichen dafür, was überhaupt möglich ist (Slovic u. a. 1978). Ist es dann nicht ebenso möglich, daß es sich hierbei nicht nur um den *einen* Unfall handelt, sondern um den ersten einer langen, langen Reihe weiterer Unglücke, daß also die Fachleute irren? (Man beachte, daß der »beschränkte Rationalist« sich nicht der Meinung der Bevölkerung über die Risiken der Atomkraft anschließt, sondern nur behauptet, daß deren Schlußfolgerung nicht irrational ist.)

Darüber hinaus könnte sich die Bevölkerung sagen, wenn es auch nur eine winzige Chance für eine Katastrophe gibt, warum sollten wir dieses Risiko eingehen? Für den Vertreter einer beschränkten Rationalität ist hier eine höchst effiziente und nachvollziehbare Logik am Werk, auch wenn sie einem technischen Irrtum erliegt. Sie ist effizient, wenn man berücksichtigt, daß auch Experten sich irren können und sich in der Vergangenheit als fehlbar erwiesen haben. Es ist also effizient, ihre Behauptungen in Frage zu stellen. Und diese Logik ist effizient, weil sie die Bevölkerung zu der Forderung ermutigt: »Weg mit dieser Gefahr! Ich will nicht von allen Seiten bedroht werden; mich hat niemand nach meinem seelischen Wohlbefinden gefragt. Sucht nach anderen Energiequellen!«

Eine beschränkte Rationalität ist schließlich noch deshalb effizient, weil sie vor übermäßigen Anstrengungen bewahrt. Man braucht nur daran zu denken, wieviel Arbeit es für die betroffenen Bürger erfordert hätte, sich sachkundig zu machen und die Bedeutung des Unglücks von Harrisburg selber einzuschätzen. Paßte der Unfall in den technischen Fehlersuchbaum, den die Experten im Rasmussen-Report konstruierten (einem mehrbändigen technischen Untersuchungsbericht)? Wie oft waren wir in der Vergangenheit nahe an einem Unfall dieses Typs? Können wir das System korrigieren und somit aus dem Unfall lernen? War die Berichterstattung über das Unglück präzise? Stimmen die Experten über den Unfallablauf überein? Paßte er in die Gesamtheit jener Ereignisse, die zu der Aussage führten, daß er ein extrem seltenes Ereignis sei? Usw. Auf manche dieser Fragen wissen nicht einmal Experten eine Antwort, so daß die Bevölkerung selbst bei einer monatelangen Beschäftigung mit diesen Problemen nicht sicher sein kann, ob es überhaupt für jede Frage eine Lösung gibt.

Wir dürfen nicht vergessen, daß die Reaktion der Bevölkerung auf den Bau von Atomkraftwerken alles andere als hysterisch war. Selbst nach dem Unglück von Harrisburg haben sich 60 bis 70 Prozent der Bevölkerung bei Umfragen für den Bau weiterer Atomkraftwerke ausgesprochen (s. Mitchell 1982). Das bedeutet jedoch nicht, daß die Befürworter der Kernkraft ihr Urteil auf rationale Berechnungen gründen und dazu umfangreiche Kenntnisse heranziehen, so wenig wie die kleine Minderheit – zwischen 15 und 20 Prozent –, die für eine Stillegung aller Atomkraftwerke eintritt. Es ist jedoch zu beachten, daß zwar selbst die aufgeklärteren Befürworter einer beschränkten Rationalität die Effizienz der Denkweise der breiten Bevölkerung ernst nehmen, verteidigen und die »natürlichen« Grundlagen für deren Irrtümer verstehen, aber dennoch zu dem Schluß gelangen können, daß der öffentliche Widerstand gegen die Kernkraft unrecht hat. Auch für sie läßt sich die Kluft zwischen Bevölkerung und Experten nur dadurch überbrücken, daß erstere zur Sicht der Fachleute bekehrt wird.

Soziale Rationalität

Die dritte Form, die soziale (oder kulturelle) Rationalität, unterscheidet sich noch weit stärker von der absoluten Rationalität der Risikoanalytiker und Wirtschaftswissenschaftler als das Konzept der beschränkten Rationalität. Sie erkennt die Grenzen der rationalen Entscheidungsfähigkeit als unanfechtbar an und sieht darin sogar Vorteile: Unsere kognitiven Beschränkungen machen uns auf eine Weise zu Menschen, wie wir uns dies nur wünschen können.

Es gibt mindestens zwei allgemeine Gründe, warum wir die Grenzen unseres Denkvermögens dankbar begrüßen sollten. Zwischen den einzelnen Individuen bestehen nicht nur absolute Unterschiede in den kognitiven Fähigkeiten, sondern auch im Hinblick auf das Vermögen, unterschiedlich strukturierte Probleme zu lösen. Zwei Personen mit demselben IQ können sich trotzdem in ihrem Intelligenzprofil unterscheiden. Während die eine vielleicht gut rechnen kann, hat die andere ein gutes räumliches Vorstellungsvermögen. Auf diese Weise könnten sie sich gut ergänzen, was einer sozialen Bindung förderlich ist. Soziale Bindungen aufgrund unterschiedlicher Fähigkeiten sind stabiler und vermutlich auch befriedigender als Bindungen, die auf dem Zusammenschluß gleichgearteter Fähigkeiten beruhen. Das beliebte Beispiel des Steins, der von zwei Menschen wegbewegt wird, die ihn allein nicht von der Stelle brächten, und der somit gesellschaftliche Beziehungen stiftet, ist sehr bescheiden. Man braucht lediglich einen kräftigen Helfer, und nachdem der Stein weggewälzt ist, können beide wieder auseinandergehen. Soziale Bindungen, die auf einer Vielfalt unterschiedlich ausgebildeter Fertigkeiten beruhen, sind viel stabiler. Wenn wir alle in derselben Weise rational wären, bräuchten wir keine Wirtschaftswissenschaftler. Da wir das jedoch nicht sind, brauchen wir sowohl Ökonomen, die herauszufinden suchen, wo rationale, quantitative Lösungen am Platze sind, als auch Soziologen, die sich darüber Gedanken machen, wie sich soziale Bindungen optimal nutzen lassen.

Ein weiteres Plus unserer kognitiven Beschränkungen rührt daher, daß Sie meinetwegen den Hang haben, alle Probleme als solche des Zählens und Messens zu sehen, während ich geneigt bin, alle Probleme als solche der sozialen Interaktion zu betrachten. Wenn wir vor einem gemeinsamen Problem stehen, bei dem offenbar viele Ziffern, Größen, Prozentanteile usw. mitspielen, werden Sie wahrscheinlich unverzüglich nach einer mathematischen Lösung suchen. Sofern es nur um Zahlen geht, sind Ihre »Heuristiken« besser als meine. Ihr Sachverstand wird Sie jedoch wahrscheinlich zu dem Schluß verleiten, daß das vorliegende Problem zu jener Gruppe von Aufgaben gehört, die einer quantitativen Analyse unterzogen werden können. Ihre Einordnung nimmt die Art der Lösung bereits vorweg. Dasselbe gilt für meine eigene Betrachtungsweise. Für Sie reduziert sich die Entscheidung zwischen Kohle- und Kernkraftwerken auf einen Zahlenvergleich: Wieviele Todesopfer je produziertem Megawatt hat jedes der beiden Systeme bisher gefordert? Die Risiken der Genforschung können daran gemessen werden, wieviele Experimente ohne Unfälle durchgeführt wurden. Ich dagegen frage mich nach den Folgen einer vielleicht seltenen, aber möglichen Katastrophe, bedenke, daß davon ganze soziale Verbände betroffen wären und unter Umständen riesige Landstriche auf Generationen hinaus verseucht werden.

Wir können in einer ersten Annäherung einen Experten als jemanden definieren, der ein Problem schneller oder besser als andere lösen kann, der jedoch ein höheres Risiko eingeht als andere, das Problem nicht richtig zu sehen. Mit Hilfe der ihm zur Verfügung stehenden speziellen Methoden formuliert er das Problem so um, daß sich die Methoden darauf anwenden lassen. Da Sie zählen und messen können und da Zahlen über Todesfälle vorliegen, wird die Entscheidung zwischen zwei verschiedenen Formen der Stromerzeugung auf das Problem reduziert, bekannte Ziffern zusammenzuzählen. Da ich meine Aufmerksamkeit auf soziale Beziehungen, symbolische Werte und menschliche Nachkommenschaft richte, definiere ich das Problem als eines der potentiellen, nicht der beobachteten Folgen. Wenn Sie sich darüber Gedanken machen, wie man Rasenmäher oder Automobile, über die es gut geführte Unfallstatistiken gibt, sicherer konstruieren könnte, so mag dies mehr Personen vor dem Tod oder vor Verletzungen bewahren als meine Grübeleien über einen Atomkrieg, der sich – wenn überhaupt – wahrscheinlich nur ein einziges Mal ereignen würde. Wir verfügen beide nur über eine beschränkte Rationalität, aber unsere gemeinsame Welt wird unermeßlich reicher, weil jeder von uns seine eigenen Fähigkeiten und Wahrnehmungen hat. (Das gilt natürlich nur, wenn jeder von uns die Vorzüge der Sichtweise des anderen anerkennt.) Der absolute Rationalist sähe es am liebsten, wenn alles vollkommen rational wäre, was aber nicht möglich scheint. Der Anhänger einer beschränkten Rationalität würde auf die verhängnisvollen Grenzen der kognitiven Fähigkeit der meisten, wenn nicht aller Menschen verweisen. Der Verfechter einer sozialen Rationalität würde dem entgegnen, daß diese Grenzen keineswegs verhängnisvoll sind, sondern eine gegenseitige Abhängigkeit unterschiedlich begabter Menschen zur Folge haben, woraus neue Sichtweisen und Lösungen entstehen, die ein Mensch allein unmöglich entwickeln kann. Die Beschränkung unserer Rationalität fördert also nicht nur soziale Bindungen, weil jeder auf den anderen angewiesen ist, sondern sie schafft auch die Möglichkeit, unterschiedliche Werte gleichberechtigt vertreten und diskutieren zu können. Ein dritter Vorzug, der uns hier allerdings nicht interessiert, liegt darin, daß eine Beschränkung der menschlichen kognitiven Fähigkeiten eine Herrschaft der wenigen über die vielen erschwert.

Für die Befürworter der sozialen Rationalität gehören die Ängste der Einwohner von Middletown in Pennsylvania zu den Kosten der Kernkraft. Eine Technologie, die Ängste weckt, mögen diese auch noch so irrational oder fehlgeleitet sein, muß aufgegeben werden, denn es sind trotzdem reale Ängste. Eine Technologie, die Verwirrung, Täuschung, Ungewißheit und unverständliche Ereignisse hervorbringt (wie dies während der tagelang anhaltenden Krise der Fall war), muß aufgegeben werden. Diese Technologie wirkt sich auf die sozialen Bindungen und Interaktionen ebenso aus wie auf die Gemütsverfassung der einzelnen Individuen. Der Tod eines Arbeiters ist nicht die einzige Maßzahl für die Angst; das Ausbleiben tödlicher Unfälle ist nicht der einzige Maßstab für gesellschaftlichen Nutzen.

Offenkundig ist die Bevölkerung, ohne sich darüber Rechenschaft abzulegen, überwiegend Befürworter der sozialen Rationalität. Sie ist zwar in vieler Hinsicht uninformiert und begeht zweifellos Denkfehler, aber im Hinblick auf Katastrophenrisiken sind diese Fehler weniger folgenreich als die Alternative, die in sozialen und kulturellen Werten verankerte Rationalität zu ignorieren. Der Gedanke einer eingeschränkten Rationalität hat einen enormen Einfluß auf die Organisationstheorie ausgeübt. Er wurde erstmals 1958 in einem einflußreichen Buch von James March und Herbert Simon vorgetragen, anschließend von March, seinen Mitarbeitern und seinen Schülern weiterentwickelt und stellt heute die gesamte etablierte Organisationstheorie in Frage (March/Olsen 1976; March 1978). Dieser Theorie zufolge werden Organisationsprobleme und deren Lösungen aufs Geratewohl in einen »Eimer« geworfen, aus dem sich die einzelnen bei Gelegenheit bedienen, bis ihr Interesse abflaut oder neue Eimer auftauchen. Probleme werden miteinander vermengt, fertige Lösungen suchen sich ihre Probleme quasi selber, und die Teilnahme einzelner an der Organisation läßt sich nicht prognostizieren. Ich halte die oben skizzierte Form einer sozialer Rationalität für eine Erweiterung dieser »Mülleimertheorie«, weil sie einige Erklärungen dafür anbietet, daß die unter rationalistischem Blickwinkel erkennbare Ineffizienz von Organisationen sich unter der Perspektive einer sozialen Rationalität möglicherweise in Effizienz verkehrt.

Die Entdeckung der Angst

Das Konzept der sozialen oder kulturellen Rationalität wird von den Ergebnissen empirischer Studien bestätigt, die von Decision Research und von einer Forschergruppe der Clark University durchgeführt wurden (Slovic 1981). Gegenstand der Untersuchungen war die Grundlage der vermutlich irrationalen Ansichten von Durchschnittsbürgern über bestimmte Technologien wie etwa die Kernkraft. Anschließend wurden für unterschiedliche Gebiete (insgesamt 30) Vergleiche angestellt zwischen den Meinungen von Experten und den Ansichten von Angehörigen einzelner gesellschaftlicher Gruppen – in diesem Fall Collegestudenten, Mitglieder eines örtlichen Berufsverbandes und Mitglieder der League of Women Voters.

Experten und Laien stimmten bei einzelnen Bereichen im Hinblick auf deren Risiko durchaus überein. Beide Gruppen stuften Automobile,

Handfeuerwaffen, Rauchen, Trinken und Motorradfahren als hochriskant ein. Niedrig eingeschätzt wurde hingegen einhellig das Risiko von Impfungen, des Umgangs mit Rasenmähern und Haushaltsgeräten und des Verzehrs von Lebensmittelfarben. Bei anderen Punkten gab es jedoch unterschiedliche Meinungen, insbesondere zur Kernkraft. Anhand einer Punkteskala, auf der ein Punkt das höchste und 30 Punkte das niedrigste Risiko bedeuteten, gaben die Studenten und die Mitglieder der League of Woman Voters der Kernkraft einen Punkt, die Mitglieder der Berufsvereinigung acht, die Experten hingegen 20. Wie erklären sich diese Unterschiede?

Die Forscher hatten bei früheren Untersuchungen beobachtet, daß Menschen im allgemeinen die tatsächliche Häufigkeit verschiedener Todesursachen stark »verzerrt« einschätzen, was zum Teil auf die Sensationsberichterstattung der Medien und zum Teil darauf zurückging, daß jünger zurückliegende Ereignisse besser erinnert wurden (»Verfügbarkeitsheuristik«). Diesen Sachverhalt wollten sie überprüfen. Sie fragten die Versuchspersonen, wieviel Menschen im kommenden Jahr vermutlich bei einer der aufgezählten Aktivitäten sterben würden, sofern es sich um ein ganz normales Jahr handelte. (Wenn Sie das für eine schwierige Aufgabe halten, haben Sie recht. Wieviele Menschen werden z.B. Ihrer Meinung nach im nächsten Jahr beim Sporttauchen oder Rasenmähen ums Leben kommen?) Die Experten waren wirklich sachkundig und nannten Zahlen, die sich ganz in der Nähe der Quoten der vergangenen Jahre bewegten. Die Schätzungen der Laien dagegen waren nicht sehr genau. Sie neigten beispielsweise dazu, die Zahl der Todesfälle beim Rasenmähen stark zu überschätzen. Das hinderte sie andererseits nicht daran, das Risiko dieser Beschäftigung als relativ niedrig einzustufen, und bei anderen Tätigkeiten zeigten sich ähnliche Widersprüche. Es sieht so aus, als wäre die Bevölkerung überwiegend unfähig, Risiken zutreffend zu beurteilen, weil ihre Einschätzung der Todesfälle (die sowieso häufig unzutreffend ist) nicht einmal mit der Einschätzung des Risikos einer Aktivität übereinstimmt.

Um dieser – von vornherein erwarteten – Diskrepanz näher auf die Spur zu kommen, hatten die Forscher noch eine weitere Frage gestellt: Wie wird das Risiko für das kommende Jahr beurteilt, falls es ein besonders katastrophenreiches Jahr werden sollte? Bei den meisten Bereichen änderten sich die Schätzwerte für die Todesfälle kaum, bei manchen gab es beträchtliche Unterschiede, und ganz besonders starke Abweichungen waren im Fall der Kernkraftwerke zu verzeichnen. Offenbar ließen sich also die bei den Nichtfachleuten beobachteten Unterschiede zwischen der Einschätzung von tödlichen Unfällen und dem Risiko bestimmter Aktivitäten aus dem unterschiedlichen Katastrophenpotential der einzelnen Bereiche erklären.

Diese Erklärung war einleuchtend. Die befragten Nichtfachleute beurteilten bestimmte Risiken nach der Möglichkeit eines katastrophalen Unfalls und nicht nach den tatsächlichen Unfällen in der Vergangenheit; so wurde auch verständlich, warum die Bevölkerung über die Atomkraftwerke besorgt war und nicht über die Gefahren des Straßenverkehrs, der jährlich eine enorme Zahl von Opfern fordert. Trotzdem bestanden noch viele Unterschiede zwischen den Urteilen der Laien und denen der Fachleute. Um deren Ursachen aufzufinden, wurden die Testpersonen aufgefordert, jede der 30 Aktivitäten nach folgenden Dimensionen in eine Rangfolge zu bringen: Bis zu welchem Grad werden die Risiken freiwillig in Kauf genommen, sind sie kontrollierbar, der Wissenschaft bekannt, den Betroffenen bekannt, Angst auslösend, vertraut, mit Sicherheit tödlich, katastrophal und nach einem Unfall sofort erkennbar? Damit hatten die Forscher den Nerv getroffen. Bei dieser Frage verschwanden die Unterschiede zwischen Fachleuten und Laien fast vollständig – alle befragten Gruppen ordneten die Aktivitäten in den einzelnen Dimensionen ähnlich ein. Insbesondere rangierte die Kernkraft bei allen unerwünschten Merkmalen bei Experten wie Nichtfachleuten gleichermaßen auf den vordersten Plätzen. »Ihre Risiken wurden als besonders unfreiwillig in Kauf genommen, mit Spätfolgen verbunden, unbekannt, unkontrollierbar, unvertraut, katastrophal, angsterregend und tödlich eingestuft.« (Ebd., S. 25)

Auffällig dabei ist, daß die Experten zwar mit den übrigen Befragten in dieser Einschätzung der Kernkraft übereinstimmten, bei derselben Befragung jedoch 19 andere Bereiche als noch gefährlicher einstuften (während die drei übrigen Gruppen ihr im Hinblick auf ihre Gefährlichkeit die Ränge 1, 1 und 8 zugeordnet hatten). Mit anderen Worten: Bei den Experten bestand keine Korrelation zwischen ihrer Einschätzung der Gefährlichkeit von Kernkraftwerken im Vergleich zu anderen Bereichen und ihrer Charakterisierung dieses Risikos – wohl aber bei den Nichtfachleuten. Bei diesen war es möglich, aus ihrer Antwort auf die Frage, wie angsterregend oder tödlich im einzelnen das Gefahrenpotential zu beurteilen sei, fast exakt auf ihre Einschätzung des Risikos selbst zu schließen. Dasselbe gilt für deren Antwort auf die Frage nach den in einem katastrophenreichen Jahr zu erwartenden Todesfällen. Wiederum lagen hier die Dinge bei den Experten anders. Der Grad, in dem nach ihrer Meinung ein Risiko angsterregend und tödlich war, hatte keinen Einfluß darauf, für wie gefährlich sie die Kernkraft im Vergleich zu den übrigen Risiken hielten. Offenbar orientierten sie sich dabei ausschließlich an der Zahl der Todesfälle, die in der Vergangenheit bei den einzelnen Aktivitäten zu verzeichnen waren.

Anschließend führten die Forscher eine weitere Studie durch, in der 90 statt 30 unterschiedliche Risiken und 18 statt 9 Risikomerkmale vorgegeben waren. Die Ergebnisse stehen mit denen der vorhergehenden Untersuchung in Einklang, sind jedoch differenzierter. Sie lassen sich als drei »Faktoren« darstellen (Bündel von zusammengehörigen Urteilen, die voneinander weitgehend unabhängig sind). Der wichtigste Faktor, das von den Forschern so bezeichnete »Angstrisiko«, ist verknüpft mit

- mangelnder Kontrolle über die Aktivität,
- tödlichen Folgen bei auftretenden Pannen,
- angstvollen Reaktionen,
- einem unausgewogenen Verhältnis zwischen Risiken und Nutzen (einschließlich der Risiken für künftige Generationen),
- der Überzeugung, daß die Risiken zunehmen und sich nur schwer verringern lassen.

Besonders hoch bei diesem »Angstrisiko«-Faktor rangierten Kernwaffen, Atomkraft, Krieg, Nervengas, Terrorismus, Verbrechen und »nationale Verteidigung«. Ich erinnere daran, daß Kernwaffen, Kernkraft und Militäraktionen allgemein Systeme darstellen, die ich als komplex und eng gekoppelt eingestuft habe – im Kasten 2 unseres Diagramms (s. Abb. 3.1 auf S. 138).

Das ist ein auffälliger Tatbestand. Zwar ist die Korrelation nicht vollkommen, aber immerhin weisen zwei unabhängige und völlig unterschiedliche Klassifikationsschemata eine Konvergenz auf: Das eine beruht auf einer Theorie von Systemeigenschaften, ohne das Katastrophenpotential der einzelnen Systeme in Betracht zu ziehen, das andere berücksichtigt das Katastrophenpotential und außerdem noch weitere Dimensionen, z. B. den subjektiv empfundenen Mangel an Kontrolle, eine ungleiche Verteilung zwischen Risiko und Nutzen und die Überzeugung, daß bei gewissen Systemen die Risiken zunehmen und sich nicht ohne weiteres verringern lassen. Das Kategoriensystem der Durchschnittsbevölkerung ist offensichtlich umfassender als das in diesem Buch vorgestellte Schema. Es verbindet ein intuitives Urteil über

Systeme mit einer Wahrnehmung von sozialen Merkmalen und Konsequenzen, die über die Wahrnehmung reiner Todesziffern hinausgeht.

Der zweite Faktor, das »Unbekanntheitsrisiko«, umfaßt Risiken mit folgenden Eigenschaften:

- unbekannt,
- nicht beobachtbar,
- neuartig,
- mit Spätfolgen verbunden.

Bei diesem Faktor rangierten besonders hoch die Stromgewinnung aus Solarenergie, Gentechnologie, Erdsatelliten, Raumflüge, Bestrahlung von Nahrungsmitteln, Laserstrahlen und Kernkraft. Die letztere rangiert also bei diesen beiden Faktoren sehr bzw. ziemlich hoch.

Der Faktor »Unbekanntheitsrisiko« ist weder mit unserem Diagramm noch mit dem Faktor »Angstrisiko« verknüpft. Manche der hier relevanten Bereiche sind keine Systeme, sondern Verfahren (Stromgewinnung aus Solarzellen, Bestrahlen von Nahrungsmitteln und Laserstrahlen) und können in unser Diagramm nicht eingetragen werden. Ein gewisser Zusammenhang besteht zwischen dem »Unbekanntheitsrisiko« sowie Komplexität und enger Kopplung, wenn auch nicht für sämtliche Bereiche, aber immerhin für die in diesem Buch behandelten Systeme Genforschung, Raumfahrt und Kernkraft, die wir allesamt als hoch komplex und eng gekoppelt eingestuft haben.

Weniger Informationen liegen über den dritten Faktor vor, mit dem das »Risiko der gesellschaftlichen und persönlichen Gefährdung« erfaßt wird. Hoch eingestuft wurden hier Autounfälle, koffein- und alkoholhaltige Getränke, Rauchen, Konservierungsstoffe, Herbizide und Pestizide; niedrig rangierten dagegen Laserstrahlen, Solarenergie, Raumfahrt, Laetrile (Vitamin B_{17}), Sporttauchen und Herzchirurgie. Dieser Faktor beeinflußte die Wahrnehmung der mit den einzelnen Aktivitäten verbundenen Risiken weniger stark als die beiden erstgenannten.

Leider wurden in dieser umfassenden Studie jene Risiken nicht berücksichtigt, die uns ganz besonders interessieren, nämlich solche, die mit bestimmten industriellen Systemen verbunden sind, so daß wir keinen unmittelbaren Vergleich zwischen unserem Diagramm und der Zuordnung einzelner Bereiche zu den Faktoren »Angstrisiko« und »Unbekanntheitsrisiko« anstellen können. Wenigstens lassen sich Grobvergleiche durchführen, die zeigen, daß unser Klassifikationsschema

stärker mit der Risikoeinschätzung der Durchschnittsbevölkerung übereinstimmt als mit der von Experten, von denen viele in der Industrie, bei
Regierungsbehörden und Universitäten angestellt sind. Für sie spielte
bei der Einschätzung des Risikos lediglich die Häufigkeit oder Wahrscheinlichkeit von Todesfällen eine Rolle und nicht die Frage, wie weit
die mit dem Risiko verbundene Aktivität Angst auslöste oder in ihren
Einzelheiten von der Wissenschaft beherrscht wurde, obwohl sie diesen
Aspekten einen hohen Rang einräumten.

Die Dimension der Angst – fehlende Kontrolle, hohes Katastrophenpotential mit zahlreichen Todesfällen, ungleiche Verteilung von Risiko
und Nutzen sowie die Überzeugung, daß diese Risiken in Zukunft noch
zunehmen und sich kaum verringern lassen – korrelierte eindeutig am
höchsten mit der Risikowahrnehmung der befragten Nichtfachleute. Es
handelt sich hierbei – in Anlehnung an Clifford Geertz (1973) – um eine
»dichte Beschreibung« von Gefahren, im Gegensatz zu einer »kargen
Beschreibung«. Letztere ist quantitativ, exakt, logisch widerspruchsfrei,
ökonomisch und wertfrei. Sie erstreckt sich auf zahlreiche Vorzüge der
Technik und der Naturwissenschaften und enthält ähnliche Eigenschaften wie die von uns so bezeichneten Komponentenunfälle (prognosti-
zierbar, nachvollziehbar und im Rahmen eines festgelegten Produk-
tionsablaufs). Eine dichte Beschreibung berücksichtigt dagegen auch
subjektive Dimensionen und kulturelle Werte, erweist sich in unserem
Beispiel außerdem als skeptisch gegenüber Systemen und Institutionen,
die von Menschen errichtet wurden, und betont soziale Bindung sowie
die Vorläufigkeit und Mehrdeutigkeit von Erfahrung. Eine dichte
Beschreibung wird der Natur von Systemunfällen gerecht, bei denen
unvorhergesehene und undurchschaubare Interaktionen von Defekten
auftreten und das System eine Regenerierung nur geringfügig oder überhaupt nicht zuläßt.

Eingegangene Risiken oder Versuche ohne Irrtümer

Zur Begrenzung der mit der fortschreitenden Industrialisierung auftretenden Übel würde es zumeist genügen, die bisherigen Aufsichtsmaß-
nahmen, Bußgelder und Verbote zu verstärken oder zu erhöhen – angefangen mit einer drastischen Anhebung der Tabaksteuer bis hin zum für
Raffinerien obligatorisch vorzuschreibenden Wirbelschichtverfahren.

Einige solcher Verbesserungen haben wir bereits vorgenommen, weitere wären möglich – wenn die Politiker bereit wären, sich mit der Industrie anzulegen.

Nun gibt es allerdings ein noch völlig unabsehbares Risiko, das in diesem Buch über normale Unfälle nicht erörtert wurde und dessen Ausschaltung noch weit einschneidendere Maßnahmen erforderlich machen würde. Ich meine das Problem des zunehmenden Anteils von Kohlendioxid in der Luft, das durch die Entwaldung großer Flächen und die Verbrennung fossiler Brennstoffe wie Holz, Kohle und Erdöl verursacht wird. Der dadurch möglicherweise ausgelöste »Treibhauseffekt« führt zum Abschmelzen und wahrscheinlich zu einer ganzen Reihe weiterer, zumeist katastrophaler Veränderungen. Nach Meinung einiger Experten haben wir noch einige Jahrzehnte Zeit, um dieses Problem in den Griff zu bekommen, während andere Fachleute glauben, daß es dafür bereits zu spät ist. Das ist einer der stärksten Trümpfe in den Händen der Kernkraftsüchtigen, da für das Problem der CO_2-Anreicherung der Erdatmosphäre nicht zuletzt die konventionellen Wärmekraftwerke verantwortlich sind. Vielleicht ist es jedoch möglich, die durch die u. U. unabweisbare Stillegung konventioneller Wärmekraftwerke bedingte Lücke auch durch Energieeinsparungen und den Einsatz von Solarenergie zu schließen. Wir dürfen jedoch nicht vergessen, daß für den Bau von Solarzellen und Sonnenkollektoren sowie deren Vertrieb ebenfalls Energie aufgewendet werden muß. Auf Jahrzehnte hinaus wird sich jedenfalls die Einrichtung sicherer Systeme nicht ohne weitere Umweltverschmutzung durch die Hauptübeltäter, die Industrieländer, verwirklichen lassen. Die zur Eindämmung der weltweiten Verschmutzung erforderliche internationale Planung und Kooperation würde alle bisherigen Maßstäbe sprengen.

Immerhin können wir uns fragen, ob wir uns als Gattung inzwischen so weit fortentwickelt haben, daß wir die unmittelbaren vor uns liegenden, kurzfristigen Probleme durch Gentechnologie, großchemische Anlagen, Atomkraftwerke und Kernwaffen in den Griff bekommen. Erinnern wir uns an die Hauptthese dieses Buches: Systeme, die explosive oder toxische Rohstoffe umwandeln oder von einer feindlichen Umwelt umgeben sind, machen Konstruktionen erforderlich, die eine Vielzahl komplexer Interaktionen ermöglichen, die weder durchschaubar noch vorhersehbar sind. Da es nichts gibt, das vollkommen wäre – weder Konstruktionen, Ausrüstung, Produktionsverfahren, Operateure, Material und Betriebsstoffe noch die Umwelt –, wird es immer zu

Defekten und Pannen kommen. Wenn komplexe Interaktionen die konstruktiven Sicherheitsvorkehrungen außer Funktion setzen oder umgehen, kommt es zu unerklärlichen und unvorhergesehenen Störungen. Ist das System zudem noch eng gekoppelt, so daß nur wenig Zeit und nur ein geringer Spielraum im Hinblick auf Hilfsmittel oder zufällige Sicherheitsmaßnahmen zur Systemregenerierung zur Verfügung stehen, dann läßt sich die Störung nicht mehr auf Komponenten oder Einheiten des Systems beschränken, sondern wird Subsysteme oder das gesamte System lahmlegen – es kommt zu einem Systemunfall. Dieser wurde zwar durch eine Komponentenstörung ausgelöst, wird jedoch aufgrund der Natur des Systems selbst leicht zu einem unvermeidlichen oder »normalen« Unfall.

Unsere Erörterung über die kognitiven Fähigkeiten oder das logische Denkvermögen des Menschen ist von besonderer Relevanz für die unausweichliche Tatsache, daß unsere risikoreichen Unternehmungen organisatorische Unternehmungen sind. So wie einige ihre Hoffnung auf immer noch rationale und wissenschaftlichere Risikoanalysen setzen, so hoffen andere darauf, unsere riskanten Systeme durch hierarchische Organisationen mit verstärkt autoritärer Befehlsstruktur in den Griff zu bekommen. Nach ihrer Meinung geht es einzig darum, »Bedienungsfehler« auszuschalten. Zwar haben wir es das ganze Buch hindurch mit Organisationen zu tun gehabt, aber erst jetzt ist der Zeitpunkt gekommen, Unfälle mit katastrophalen Folgen explizit in diesen Kontext zu stellen. Was wissen wir über Organisationen, und gibt uns dieses Wissen Grund zu der beruhigenden Vermutung, daß diese Risiken beherrschbar sind? Eine vorläufige Antwort: Die Verbesserung der Organisationsstruktur ist für Hochrisikosysteme mindestens ebenso bedeutsam wie die Möglichkeiten technischer Verbesserungen.

Am Anfang dieses Buches stand ein alltäglicher Systemunfall ohne katastrophale Folgen. Eine bessere Organisation hätte im Beispiel der zersprungenen Kaffeekanne wahrscheinlich nur wenig geändert; etwas weniger Pech hätte da mehr geholfen – es hätte genügt, wenn auch nur eine einzige Sicherheitsvorkehrung intakt geblieben wäre. Im Anschluß daran haben wir uns mit der Atomindustrie beschäftigt, und ich habe behauptet, daß deren organisatorische Leistungen oder ihre Bereitschaft, die Öffentlichkeit über Störfälle rechtzeitig und umfassend zu informieren, vermutlich kaum über dem Durchschnittsniveau aller Industriebranchen liegt. Der Unfall von Harrisburg hatte jedenfalls andere Gründe, wenn auch organisatorische Mängel und eine unzureichende

Berichterstattung zu seiner Verschlimmerung beitrugen. Auch in gut geführten Anlagen kommen Systemunfälle vor, was unter anderem auch für (wie ich vermute: besser organisierte) großchemische Anlagen gilt. Ferner erwies sich, daß im großen und ganzen auch das Flugsicherungssystem nicht mit organisatorischen Problemen zu kämpfen hat. Für die Frachtschiffahrt gilt das freilich nicht. Deren Analyse diagnostizierte ein fehlerinduzierendes System, und alle von uns verwendeten Variablen bezogen sich auf Organisationsfragen. Unsere Untersuchung gipfelte in der Empfehlung, nicht die autoritäre Befehlsstruktur an Bord von Frachtschiffen durch die Nachrüstung mit technischem Gerät am Leben zu erhalten, sondern diese Struktur selbst zu verändern und den Operateuren einen größeren Entscheidungsspielraum zuzubilligen. Diese Ansicht bestätigte sich auch in der Erörterung der Raumfahrtprojekte: Unvorhergesehene Interaktionen und fehlerhafte Informationen sowie unzutreffende Modelle der Wirklichkeit bei den Verantwortlichen des Systems können zu Systemunfällen führen, die sich nur noch durch Eingriffe der Operateure beheben lassen. Unsere beiden Beispiele für gebrochene Staudämme führten uns zu alltäglichen organisatorischen Pannen, wie wir ihnen ähnlich schon in der Atomindustrie begegnet sind, und auch im Bergbau zeigten sich organisatorische Mängel sowie die allgemein anzutreffende Neigung, Systemunfälle durch »Bedienungsfehler« zu erklären und dem Opfer die Schuld zu geben. Besonders kritisch war unsere Haltung gegenüber der Genforschung und -technologie, wo um wirtschaftlicher Vorteile willen ebenfalls grundlegende Vorsichtsmaßnahmen unterbleiben.

Es gibt jedoch noch eine systematischere Grenze mancher Organisationen, eine Art Pushmi-Pullyu aus Dr. Dolittles Geschichten (ein Tier mit je einem Kopf vorn und hinten, das gleichzeitig in beide Richtungen gehen wollte). Die risikogefährdeten Organisationen sind die hochkomplexen, eng gekoppelten Systeme im Kasten 2 unseres Diagramms (s. Abb. 3.1). Das Dilemma wird besonders deutlich, wenn man Abb. 3.1 auf S. 138 und Abb. 9.2 auf S. 388 miteinander vergleicht. Was nun die Frage einer optimalen Organisationsstruktur für einzelne Systeme angeht, so bin ich aufgrund der vorliegenden Analyse zu folgenden Ergebnissen gelangt: Komplexe, aber lose gekoppelte Systeme (Kasten 4, z. B. Universitäten) sollten stärker dezentralisiert werden; lineare und eng gekoppelte Systeme (Kasten 1, z. B. Anlagen der pharmazeutischen Industrie) sollten stärker zentralisiert werden; lineare und lose gekoppelte Systeme (Kasten 3, z. B. Fließbandherstellung) vertragen beides; während kom-

Abbildung 9.1
Zentralisation/Dezentralisation der Zuständigkeit im Hinblick
auf Krisensituationen

	INTERAKTIONEN	
	linear	*komplex*

	linear	komplex
eng	ZENTRALISATION wegen enger Kopplung ZENTRALISATION vereinbar mit liniearen Interaktionen (erwartet, sichtbar) Staudämme, Kraftwerke, einige kontinuierliche Prozeßverfahren, Schienen- und Schiffstransport	ZENTRALSISATION wegen enger Kopplung (unbedingte Befolgung von Anweisungen, sofortige Reaktion). DEZENTRALISATION für den Fall ungeplanter Interaktionen von Pannen (sorgfältige, zeitaufwendige Fehlersuche durch die Bedienungsmannschaften am Ort). Anforderungen sind unvereinbar. Kernkraftwerke, Rüstung; Gentechnologie, großchemische Anlagen, Flugzeuge, Raumflüge
	1	2
	3	4
lose	ZENTRALISATION oder DEZENTRALISATION möglich. Wenige komplexe Interaktionen; Komponentenunfälle können von der Spitze aus oder vor Ort behoben werden. Vorlieben der Führungseliten sowie Traditionen entscheiden über die Wahl der Struktur. Mehrzahl der verarbeitenden Industrie, Handelsschulen, Institutionen mit nur einem Produktionsziel (Autoindustrie, Postamt).	DEZENTRALISATION wegen der möglichen komplexen Interaktonen wünschenswert. DEZENTRALISATION wegen loser Kopplung wünschenswert (ermöglicht improvisierten Einsatz von Ersatzteilen/-geräten und alternativer Strategien), da Möglichkeit von Systemunfällen. Bergwerke, Forschung & Entwicklung, Institutionen mit mehrfachem Produktionsziel (Sozialbehörden etc.), Universitäten.

(KOPPLUNG)

plexe und eng gekoppelte Systeme (Kasten 2, z. B. Kernkraftwerke) weder das eine noch das andere sein können – in diesen Systemen sind die Erfordernisse zur Behebung von Störungen oder Unfällen miteinander unvereinbar.

Hochkomplexe Systeme (Kasten 2 und 4) neigen zu unvorhergesehenen Interaktionen zwischen mindestens zwei Störungen. Diese sind zwar lästig und unerwünscht, führen jedoch nicht zwangsläufig zu Unfällen,

d. h. zu Ausfällen eines Subsystems oder des Systems insgesamt, vor allem dann nicht, wenn das System außerdem lose gekoppelt ist (Kasten 4). In diesem Fall sind genügend Zeit, Hilfsmittel und Alternativen verfügbar, um die Störungen zu beheben und deren Folgen auf ein Minimum zu beschränken. Um die Vorteile einer losen Kopplung jedoch nutzen zu können, müssen die unmittelbar an der Störungsstelle tätigen Mitarbeiter die Möglichkeit haben, die Situation selbst zu beurteilen und eigene Maßnahmen zur Behebung der Panne zu ergreifen. Da solche Störungen in den meisten Fällen zuerst von den Operateuren bemerkt werden (zu denen auch Vorgesetzte auf der untersten Stufe und anderes diensttuendes Personal wie Techniker und Wartungsmonteure zählen), bedeutet dies, daß das System dezentralisiert werden sollte. Die der Störung am nächsten Befindlichen haben zwei Aufgaben: Analysieren der Situation und Eingreifen, um nach Möglichkeit eine Ausbreitung der Störung zu verhindern. Unerwartete und undurchschaubare Interaktionen ermöglichen zwar keine sofortige Analyse der Unfallursache, aber wegen des in lose gekoppelten Systemen vorhandenen Spielraums ist das auch nicht erforderlich. Es genügt, wenn das Bedienungspersonal einen unplanmäßigen Systemzustand erkennt, bevor es zu Interaktionen mit anderen Einheiten und Subsystemen kommt. Zu diesem Zweck müssen die Operateure die Möglichkeit haben, »herumzustreunen« und überall ihre Nase in das System zu stecken, Teile auszuprobieren, sich Gedanken über frühere merkwürdige Ereignisse zu machen, Fragen zu stellen und sich mit anderen darüber auszutauschen. Bei dieser diagnostischen Arbeit (»Ist etwas verkehrt? Wenn ja, was könnte als nächstes schieflaufen?«) muß das Bedienungspersonal befugt sein, seine normale Arbeit liegenzulassen, seine Kompetenzen zu überschreiten und Eingriffe vorzunehmen, die normalerweise von oben genehmigt werden müssen. Das gehört zur Dezentralisierung. Dieses Experimentieren bei der Fehlersuche ist wegen der Komplexität der Interaktion erforderlich, aber nur aufgrund der losen Kopplung des Systems möglich.

Nachdem ein unnormaler Systemzustand festgestellt und dessen mögliche Folgen erörtert wurden, müssen Maßnahmen ergriffen werden, um zu verhindern, daß die Störung sich fortpflanzt. In einem lose gekoppelten System finden sich genügend Spielraum, Hilfsmittel, alternative Pfade, zufällig verfügbare Ersatzmöglichkeiten und Sicherheitsvorkehrungen, um eine Regenerierung des Systems zu bewerkstelligen. Alle diese Faktoren können jedoch am effizientesten von denen eingesetzt werden, die sich der Störung am nächsten befinden. Bei hochkomplexen

Systemen, die lose gekoppelt sind, wirkt sich somit eine Dezentralisierung sowohl auf die Fehlersuche als auch auf die Fehlerbeseitigung (Systemregenerierung) positiv aus. (Sie ist auch noch aus anderen Gründen bei diesen Systemen effizient, da diese von unvorhergesehenen Interaktionen, bei denen es jedoch nicht zu Störungen kommt – sogenannte »synergistische Effekte« –, profitieren, mit nicht-standardisierten »Rohstoffen« umgehen und mit Fachleuten arbeiten können, die dank ihrer spezialisierten Ausbildung keine Aufsicht mehr benötigen.)

Betrachten wir im anderen Extremfall (Kasten 1, lineare und eng gekoppelte Systeme) einen fortlaufenden industriellen Verarbeitungsprozeß mit bewährter Technologie, standardisierten Rohstoffen und linearem Betriebsablauf. Hier ist aus Effizienzgründen eine enge Kopplung erforderlich und weniger problematisch, da das Verfahren bewährt ist und die Rohstoffe keine Abweichungen aufweisen. Trotz zwangsläufig immer wieder auftretender Störungen kommt es nicht zu unvorhergesehenen und undurchschaubaren Interaktionen, die Pannen sind bekannt und leicht erkennbar. Das System hat für diese seltenen, aber erwarteten Störungen Gegenmaßnahmen vorprogrammiert; sie werden in den Chefetagen oder den Konstruktionsabteilungen festgelegt, und man erwartet, daß sie von den Angestellten und Arbeitern ohne weitere Rückfragen ausgeführt werden. Wegen der engen Kopplung müssen die Reaktionen schnell und exakt erfolgen, weil sich sonst der Fehler zu einer Einheit oder einem Subsystem fortpflanzen kann. Derartige Störungen sind kein Problem, sondern werden fast als Abwechslung begrüßt. Es gibt keine Zeit zum Überlegen, keine zufällig verfügbaren Ersatzmöglichkeiten oder Sicherheitsvorkehrungen und keine Möglichkeiten einer Änderung des Betriebsablaufs. Die Handgriffe zur Behebung der Störungen müssen gut eingeübt werden, um eine schnelle und exakte Behebung zu gewährleisten, aber die zu ergreifenden Maßnahmen sind von vornherein festgelegt. Da das System im Produktionsmodus prinzipiell ähnlich arbeitet wie im Störungsmodus, empfiehlt sich die Zentralisierung.*

* Die Organisationstheoretiker sind sich zumindest seit den bahnbrechenden Arbeiten von Burns und Stalker (1961) sowie Woodward (1965) und anderer Vertreter der sogenannten »Kontingenzschule« darin einig, daß bei Organisationen mit routinemäßigen Aufgaben eine zentralisierte und bei solchen mit nicht routinemäßigen Aufgaben eine dezentralisierte Organisationsstruktur die effizienteste ist. Zu einer frühen Darstellung vgl. Perrow (1967) sowie Lawrence und Lorsch (1967). Die vorliegenden Ausführungen bedeuten eine Erweiterung dieses Ansatzes.

Lineare, lose gekoppelte Systeme (Kasten 3) verlangen nach Zentralisierung wegen der Linearität und nach Dezentralisierung wegen der losen Kopplung. Diese Organisationen haben also eine Wahl insofern, als von der Form ihrer Struktur die Regenerierung nach einem Störfall abhängt. Die Tatsache, daß die meisten dieser Systeme zentralisiert sind, sagt einiges aus über die Wertvorstellungen von Eliten, die diese Systeme planen, und vielleicht sogar etwas über so subtile Fragen wie die nach der »Reproduktion der Klassengesellschaft«. Organisationssoziologen halten diese Organisationen im allgemeinen für übermäßig zentralisiert und empfehlen aus Gründen sowohl der Produktivität als auch der sozialen Rationalität unterschiedliche Formen der Dezentralisierung.

Für die komplexen und eng gekoppelten Systeme (Kasten 2) sind die Anforderungen nicht miteinander in Einklang zu bringen. Ihre Komplexität erfordert eine Dezentralisierung, die enge Kopplung verlangt eine Zentralisierung der Organisationsstruktur. Zwar sind gewisse Mischformen möglich und wurden auch schon versucht (kleinere Aufgaben können selbständig, wichtige dürfen jedoch nur auf Anordnung von oben erledigt werden), dies stößt jedoch auf Schwierigkeiten bei Systemen, die ziemlich komplex und eng gekoppelt sind, und läßt sich bei hochkomplexen und extrem eng gekoppelten Systemen wohl überhaupt nicht realisieren. Wir haben z. B. gesehen, daß die zunächst stark zentralisierten Raumflugunternehmen mit der Zeit etwas dezentralisiert wurden. Nach meiner Meinung werden jedoch die Spannungen zwischen beiden Organisationsformen anhalten und einen Großteil der organisatorischen Energien verzehren. Großchemische Anlagen rangieren im Hinblick auf Komplexität und Kopplung nicht extrem hoch, aber wir wissen, daß Sicherheitsingenieure sich den Kopf darüber zerbrechen, wie man mit zunehmender Komplexität des Produktionsverfahrens die Operateure stärker beteiligen kann, und wir haben Beispiele für Operateure angeführt, die das zentralisierte, automatische System umgingen, um Teile der Anlage zu entkoppeln und eigenmächtig die von der Störung betroffenen Teile abzuschalten. Ich weiß nicht genug über diese Industrie, um definitiv zu behaupten, daß das Problem einer Parallelität von zentralisierten und dezentralisierten Strukturen anhaltend hohe Kosten verursacht, aber ich bin davon überzeugt, daß dem so ist.

Im Fall der Kernenergie bin ich mir dessen sogar völlig sicher. Ich habe vor einiger Zeit an Diskussionen der Nuclear Regulatory Commission und von Führungskräften aus der Atomindustrie teilgenommen, in denen es um die optimale Organisationsstruktur von Kernkraftwerken ging. Dabei kam immer wieder das Problem zur Sprache, daß einerseits Anordnungen von oben (oder aus der Bedienungsanleitung) sofort und ohne Einwände befolgt und andererseits den Bedienungsleuten gewisse Befugnisse eingeräumt werden müssen. Die Operateure sollten so viel Spielraum haben, als einzige das Problem zu diagnostizieren, die Bedienungsanleitung außer acht zu lassen und nicht auf Anordnungen von weit entfernt sitzenden Vorgesetzten hören zu müssen, die mit dem System keine direkten, alltäglichen Erfahrungen haben. Wir erkannten, daß beide Strukturen nötig waren, sahen jedoch keinen Weg, beides zugleich zu verwirklichen. Wie zu erwarten, entschieden sich die NRC und die Manager angesichts der Unvereinbarkeit beider Formen für eine Zentralisierung.

Diese am Ende von allen befürwortete Organisationsstruktur von Kernkraftwerken geht wegen des hier bestehenden Katastrophenpotentials über die Zentralisierung der meisten Anlagen der verarbeitenden Industrie oder von kontinuierlichen Produktionsprozessen hinaus. Diese Struktur hat damit bestimmte Konsequenzen für die Gesellschaft. Es ist eine militärische, auf den Kriegsfall zugeschnittene Struktur, die auf einen nichtmilitärischen Betrieb in Friedenszeiten übertragen wurde. Ihre Prinzipien sind strenge Disziplin, unbedingter Gehorsam, intensive Schulung und Beaufsichtigung sowie Isolierung vom normalen Zivilleben. (Ich stütze mich hier auf ein idealtypisches Modell und behaupte nicht, daß unsere gegenwärtigen Militärorganisationen ihm entsprechen.) Ein Apparat, der die Aufgabe hat, »eine freie Gesellschaft zu verteidigen«, muß eben jene Freiheit verletzen. Da das Militär unsere Existenz vor gewalttätigen Angriffen schützen soll, wird ihm ein Spielraum zugestanden, über den keine andere Gruppe verfügt. Seine Organisationsstruktur wird von der Gesellschaft weniger unterstützt als geduldet, weil hier besondere Probleme und Umstände vorliegen. Versuche im 19. und beginnenden 20. Jahrhundert, dieses Modell auf die Industrie zu übertragen, mußten scheitern; es ließ sich zuwenig mit den sozialen und kulturellen Werten der Amerikaner vereinbaren. Damit stellt sich die Frage, ob wir nicht im Begriff sind, weitere Systeme zu entwerfen, die sowohl hochkomplex als auch eng gekoppelt sind und die Übertragung eines militärischen Organisationsmodells auf immer weitere Bereiche in der Gesellschaft erfordern – im Namen des Fortschritts, der Verteidigung, des Wettbewerbs oder wessen auch immer.

Das Problem tauchte in den oben erwähnten Diskussionen mit Vertretern der Atomindustrie auf, aber noch viel deutlicher trat es bei der Untersuchung der Ursachen des Reaktorunglücks von Harrisburg in den Vordergrund.

Ganz gewöhnliche Menschen

Unmittelbar nach dem Reaktorunglück von Three Mile Island ernannte Präsident Carter eine Kommission aus renommierten Fachleuten, die später als »Kemeny-Kommission« bekannt wurde. Nach monatelangen Hearings trat die Kommission in geschlossenen Sitzungen zusammen und erarbeitete einen Entwurf für den endgültigen Untersuchungsbericht. Die Sitzungen wurden protokolliert, und die folgende Zusammenfassung samt Zitaten aus einer einzigen Sitzung (vom 15. Sept. 1979) illustriert einige der wichtigen Fragen unseres Buches: Funktionieren Hochrisikosysteme notwendig anders als Systeme, die mit niedrigem Risiko verbunden sind? Welchen Preis kostet der Versuch, hohe Komplexität und enge Kopplung bei einem System unter einen Hut zu bringen? Diese Fragen wurden eingehend erörtert; es waren immens praktische Probleme für eine Kommission, deren Arbeit die Schlagzeilen füllte und die Einfluß auf den Präsidenten und den Kongreß nehmen konnte.

Zunächst mußten sich die Kommissionsmitglieder mit der Realität des Betriebs von Atomkraftwerken unter Normalbedingungen vertraut machen. Sie erlebten eine Überraschung. Während einer Besichtigung des unbeschädigten Reaktorblocks 1 des Betreibers Metropolitan Edison stießen sie auf einen alarmierenden Mangel an fundamentalen Betriebskontrollen sowie auf Gleichgültigkeit gegenüber den dort herrschenden Zuständen. Aus undichten Ventilen wuchsen Stalagtiten von bis zu 90 cm Länge, auf dem Boden standen Pfützen mit radioaktivem Wasser, und Berge von verstrahlten Werkzeugen, Materialien und Schutzanzügen lagen herum, einfach durch einen Zettel mit der Aufschrift »heiß« gekennzeichnet. Von den Decken hingen lose Drähte herab. Bei einer anderen Gelegenheit besichtigte eine der Beratergruppen der Kommission den Reaktorblock 1. Wie sie der Kommission im September 1979 berichtete, verstanden die Ingenieure des Betriebs, die die Besichtigung leiteten, offenbar weder die Grundkonstruktion der Anlage noch die Bedeutung der möglichen Folgen von lose herabhängenden Drähten.

Eines der Mitglieder der Kommission verfügte über umfangreiche Erfahrungen in der Industrie – Patrick E. Haggerty, Ehrenvorsitzender und Generaldirektor von Texas Instruments und leitendes Mitglied der äußerst einflußreichen Trilateralen Commission (eine entschieden atomindustriefreundliche Institution, die den wichtigsten Industrienationen der Welt zu einer Ausrüstung mit Kernkraftwerken rät). Nach seiner Aussage hängen in jedem Werk von Texas Instruments irgendwelche Drähte von der Decke, und auch dort wissen die Ingenieure vielfach nicht, wie das Gesamtsystem funktioniert. (Darauf ließe sich natürlich erwidern, das sei für Texas Instruments schön und gut, aber nicht für ein Kernkraftwerk.) Er und mit ihm einige andere Kommissionsmitglieder behaupteten außerdem, ein Atomkraftwerk könne nicht wegen jedes undichten Überdruckventils abgeschaltet werden, weil dies zu neuen Problemen führe. »Wir wissen alle«, sagte er wörtlich, »daß wir einen Betrieb, der einmal läuft, am besten weiterlaufen lassen . . .« Und wenn dann und wann undichte Ventile auftreten oder die Anlage abgeschaltet werden müsse, dann sei es besser, der Bevölkerung der Umgebung von den innerbetrieblichen Problemen nichts zu erzählen. Die Soziologin in der Kommission, Professor Cora Marrett, meinte, »es wäre lächerlich«, wenn das Stromversorgungsunternehmen über alle Ereignisse informieren wollte, die die Sicherheit beeinträchtigten, und verteidigte damit das Recht des Unternehmens auf Geheimhaltung. Der einflußreiche Washingtoner Anwalt und angesehene Lobbyist in der amerikanischen Regierung unter Johnson, Harry McPherson, hieb in dieselbe Kerbe. Man dürfe von den Betreibern eines Kernkraftwerks nicht mehr verlangen als von den Managern bei General Motors, da sei kein Unterschied.

Das Kommissionsmitglied Peterson, Präsident der National Audubon Society und ehemaliger Leiter der Forschungsabteilung bei Dupont, war nicht überzeugt. »Die haben es dort mit einem verflucht gefährlichen Zeug zu tun«, sinnierte er und fuhr fort: »Als wir die Anlage besichtigt haben, war ein kleiner Aufkleber auf dem Schaltpult, auf dem stand ›Kernkraft ist sicher‹.« Dem hielt der Kerntechnikspezialist Professor Pigford von der University of California in Berkeley und früherer Angestellter eines Reaktorherstellers entgegen: »Sie dachten, sie sei wirklich sicher.« (Wenn das stimmt, warum mußten sie sich dann durch den Aufkleber immer daran erinnern?) Peterson gab zurück: »Sie wußten verdammt gut, daß der Betrieb gefährlich war. Es ist leicht, in Sicherheit zu arbeiten, wenn man Anzüge herstellt, aber nicht, wenn man Atomstrom produziert.« Später kam er noch einmal auf den Unterschied zu sprechen: »Es gibt einen Riesenunterschied (zwischen Kernkraftwerken und Textilfabriken oder Betrieben wie General Motor), und die Gesellschaft weiß das inzwischen.« Aber Pigford blieb hartnäckig bei seiner Meinung: »Ich jedenfalls weiß es nicht, ich werde beide näher untersuchen«, zog er sich aus der Affäre.

Die Diskussion wogte hin und her. Nachdem zunächst behauptet wurde, es gebe keinen Unterschied zwischen Atomkraftwerken und Automobilfabriken, so daß keine besonderen Sicherheitsmaßnahmen erforderlich seien, erfolgte ein erster Meinungsumschwung, und es wurde eine militärische Organisationsstruktur gefordert, weil Atomkraftwerke eben doch etwas Besonderes seien. »Sie sind schreckliche Dinge in den Händen ganz gewöhnlicher Menschen«, so drückte es das Kommissionsmitglied Lewis aus. Schließlich einigte sich die Kommission darauf, allen möglichen Leuten die Schuld an dem Unfall zu geben und sich auf einen Appell zu beschränken, alle sollten sich künftig mehr anstrengen (s. Perrow 1981).

Pigford hatte in der Diskussion zu Recht darauf bestanden, daß es kein prinzipiell »unfallfreies« System geben kann. Das gilt selbst für militärische Systeme. Auch bei den atomgetriebenen U-Booten unter Admiral Rickover, deren Flotte »mit eiserner Faust geführt und ausschließlich von ganz oben befehligt (wurde), ohne daß unten einer muckste«, gab es katastrophale Unfälle. Wenn sich diese also trotz einer militärischen Befehlsstruktur nicht vermeiden lassen, dann ist die Frage wirklich berechtigt, ob ein ziviles System, das in Friedenszeiten betrieben wird, es rechtfertigt, nach militärischen Prinzipien geführt zu werden.

Organisationstheoretiker haben seit langem die Hoffnung aufgegeben, perfekte oder auch nur hervorragend geführte Organisationen ausfindig zu machen, nicht einmal dort, wo kein Katastrophenrisiko besteht. Das ist eine fortwährende Beschränkung – wenn man es überhaupt als solche bezeichnen will – unseres menschlichen Daseins. Es bedeutet, daß Menschen nicht dazu da sind, ihr ein und alles irgendwelchen Organisationen hinzugeben, die von anderen geführt werden, und daß Organisationen zwangsläufig bis zu einem gewissen Grad ihren eigenen Zielen entgegenarbeiten. Das ist der Grund, warum es sich hierbei nicht um ein Problem des »Kapitalismus« handeln kann. Auch sozialistische Länder, selbst wenn sie einer kommunistischen Idealgesellschaft entsprächen, können den Dilemmata nicht ausweichen, die sich aus kooperativen, organisierten Unternehmungen in nennenswertem Umfang

und ab einer bestimmten Komplexität ergeben. Von einem bestimmten
Punkt an sind die Kosten eines wie immer erreichten Gehorsams höher
als der Nutzen aus der organisierten Tätigkeit.

Was können wir tun?

Die Antwort auf die Frage, wie wir uns gegen Unfälle in Hochrisikosystemen schützen können, hängt davon ab, worin wir das Problem sehen.
Mittlerweile werden Sie ganz richtig vermuten, daß es für mich jedenfalls nicht an den Operateuren liegt, aber es gibt noch drei weitere angeb-
liche Unfallursachen, die mich nicht überzeugen und auf die ich kurz eingehen möchte: Technik, Kapitalismus und Profitgier. Was die Rolle der
Technik angeht, so meine ich damit nicht das in diesem Buch immer
wieder vorgetragene Argument, daß Eliten über den Einsatz risikoreicher Technologien entschieden haben, bei denen es zwangsläufig zu
Systemunfällen kommt. Der konventionellere Einwand gegen die Technik lautet, daß wir einem Zwang zum technischen Fortschritt zum Opfer
gefallen sind, der unsere kulturellen Werte, die Natur usw. zu zerstören
droht. Er wird durch etliche Beispiele in diesem Buch gestützt (Ausfall
von Antikollisions-Systemen, Erfindung von Mehrfachsprengköpfen);
die Systeme sind zu komplex, als daß unser Denkvermögen mit ihnen
Schritt halten könnte. Auch in diesem Buch findet sich eine gewisse Kritik an der Technik, vor allem dort, wo ich mich für eine soziale Rationalität ausspreche. Aber erstens gibt es in der Gesellschaft als sozialem Verband keinen inneren Zwang zu immer neuen Technologien. Es sind
Menschen – Eliten –, die *entscheiden*, die Entwicklung bestimmter technischer Möglichkeiten zu finanzieren und technische Verfahren einzuset-
zen. Und zweitens bedrohen die meisten unserer Technologien weder
unsere Werte, noch die Natur oder unser Leben. Die Hacke und das Rad,
die Bratpfanne und der Backofen sind allesamt technische Erfindungen.

Als eine weitere Gruppe von Verantwortlichen für Systemunfälle
werden die Entscheidungsträger genannt – in unserer Gesellschaft sind es
angeblich die Kapitalisten oder staatlichen Agenten des Kapitals. Kritiker haben behauptet, die Organisation einer Wirtschaft nach dem Prinzip
der individuellen Gewinnmaximierung führe zu kurzfristigen Zielset-
zungen, so daß die langfristigen Folgen vernachlässigt würden. Wir
haben in diesem Buch immer wieder auf den Faktor des wirtschaftlichen

Drucks hingewiesen, und darüber hinaus steht es außer Frage, daß die
»Externalitäten« oder sozialen Kosten (Umweltverschmutzung, Unfälle
mit katastrophalen Folgen oder Schwächung der Arbeiterklasse) von
Unternehmen nur allzuleicht der Gesamtbevölkerung oder bestimmten
Bevölkerungsteilen aufgebürdet werden. Dennoch fällt es schwer, dem
Kapitalismus die Schuld an katastrophalen Systemunfällen zu geben.
Zwar bin ich durchaus der Meinung, daß dieses Wirtschaftssystem für
einen Großteil dessen, was in der Welt vor sich geht, verantwortlich ist,
aber nachdem es sich einmal durchgesetzt hatte, wurde die Welt so tiefgreifend verändert, daß es im Kontext dieses Buches verfehlt wäre, den
Kapitalismus als Unfallursache anzuführen. Sozialistische Länder verhalten sich hier kaum anders (teils, weil sie mit kapitalistischen Ländern
konkurrieren müssen, teils wegen der Grenzen jeder organisierten Tätigkeit). Auch sie vergiften die Umwelt, ignorieren die langfristigen Kosten
und schwächen zumindest in der sowjetischen Einflußsphäre die Arbeiter weit mehr, als dies in kapitalistischen Ländern der Fall ist. Der in der
Produktionssphäre herrschende Druck in einigen sozialistischen Ländern ist mindestens ebenso hoch wie bei uns, wobei er in kapitalistischen
Gesellschaften stark variiert (hoch in Bergwerken und auf Frachtschiffen, gering im Flugverkehr). Der Kapitalismus an sich ist demnach keine
zureichende oder sinnvolle Erklärung für das Auftreten von Systemunfällen.

Und wie sieht es mit der etwas weniger anspruchsvollen Erklärung
der Systemunfälle durch Profitstreben aus, die einer Kritik an der frühka-
pitalistischen Gleichsetzung von »privaten Lastern« und »öffentlichem
Nutzen« (*private vices – public benefits*) entspricht? Unter dieser Fragestellung lassen sich immerhin Unterschiede zwischen kapitalistischen und
sozialistischen Gesellschaften besser verdeutlichen. Manche sozialen
Systeme setzen dem privaten Gewinnstreben höhere Schranken als
andere, und bestimmte Tätigkeiten erlauben ein ungehemmteres Ausle-
ben der Gewinnsucht als andere. Vermutlich streben die staatlichen
Bürokraten in sozialistischen Ländern nicht weniger nach privatem Nutzen als ihre Kollegen in kapitalistischen Ländern, nur daß der ihnen
erreichbare Nutzen äußerst beschränkt ist (Wochenendhäuser und Elite-
schulen für ihre Kinder in sozialistischen Ländern gegenüber ungeheu-
rem Reichtum und relativ uneingeschränkter Macht in kapitalistischen
Ländern). Ich habe nicht den Eindruck, daß die Einführung bestimmter
Höchstgrenzen (durch Besteuerung oder andere Formen der Umverteilung von Einkommen) einen großen Einfluß auf die Schaffung und den

Betrieb von Hochrisikosystemen hat, obwohl sie nach meiner Meinung für eine gerechte Gesellschaft unverzichtbar sind. Aber in jeder Gesellschaft können wir Bereiche ausmachen, in denen Gewinne sehr leicht zu realisieren sind (z. B. in der chemischen Industrie), und andere, wo dies sehr schwierig ist (z. B. in der Raumfahrt). Es würde jedoch auf Schwierigkeiten stoßen, unsere Systeme allein nach diesem Kriterium zu klassifizieren; einige von ihnen mit dem größten Katastrophenpotential werden vom Staat betrieben (Staudämme, Kernwaffen), und andere, die nur ein geringes Gefahrenpotential aufweisen (Luftverkehr), befinden sich in Privathand. Demnach scheint auch das Streben nach privatem Nutzen oder Gewinn nicht das ausschlaggebende Problem zu sein.

Die Frage, worin denn nun das eigentliche Problem besteht, hat viel mit der Rolle der bereits angesprochenen »Externalitäten« zu tun. Das sind jene sozialen Kosten einer Tätigkeit oder eines Unternehmens (Umweltverschmutzung, Verletzungen, Angstgefühle usw.), die nicht im Preis der Tätigkeit enthalten sind. Sie werden häufig gerade von jenen getragen, die von der Aktivität noch nicht einmal einen Nutzen haben oder die sich dieser Kosten nicht bewußt sind. Externalitäten treten bei Hochrisikosystemen besonders deutlich in Erscheinung, wenn z. B. die Folgen einer Ölpest beseitigt oder gebrochene Staudämme wieder aufgebaut werden müssen. Im Preis für elektrischen Strom aus Kernkraftwerken werden weder die umfangreichen staatlichen Subventionen sichtbar noch die Kosten des ungelösten Problems der Endlagerung radioaktiver Abfälle, ganz zu schweigen von den bislang noch gar nicht abzuschätzenden Kosten der Stillegung von Reaktoren nach 40 Jahren, sofern sie überhaupt so lange halten. Hätte man alle diese Kosten in den 50er Jahren in den Kostenvoranschlägen mitberücksichtigt, dann wäre dieses Buch nicht geschrieben worden, weil kein einziges Stromversorgungsunternehmen eine Reaktoranlage in Auftrag gegeben hätte. Die Externalitäten von Kohlekraftwerken ohne Entschwefelungsanlage sind enorm hoch und fallen etlichen US-Staaten und Teilen Kanadas zur Bürde. Die Einsicht in diesen Sachverhalt breitet sich immer weiter aus. Externalitäten finden sich ebenso bei staatlichen wie bei privaten Unternehmungen. Das Corps of Engineers ist keine gewinnorientierte Institution, aber die möglichen Externalitäten von Dammbrüchen sind in dem von ihr benötigten Budget nicht enthalten. In den öffentlich bekanntgegebenen Zahlen der Kosten unserer Waffensysteme finden sich keine Angaben über die Höhe der Reserven für den Fall, daß versehentlich losgegangene Raketen Unfälle verursachen. Wären alle diese Externalitäten im Preis der Produkte mitenthalten, könnte der Verbraucher von elektrischem Strom, staatlichen Verteidigungsmaßnahmen oder von Asbestplatten eine bessere Wahl treffen.

Produkte, die unmittelbar an den Endverbraucher abgegeben werden, können Externalitäten weniger leicht verschleiern als solche, die ihn erst auf Umwegen erreichen. Öffentliche und private Systeme, die im Katastrophenfall angebbare und bekannte Opfer fordern, sind eher bereit, Externalitäten in Rechnung zu stellen als Systeme, deren potentielle Opfer zufällig getroffen werden, anonym und/oder nur wahrscheinlich zu erwarten sind. Systeme mit gesellschaftlich angesehenen, gut organisierten und finanziell gut gestellten Operateuren können ihre Externalitäten weniger gut verborgen halten (was die Eliten der Systeme unter Druck setzt) als Systeme, deren Operateure einen niederen sozialen Status haben, sich kein Gehör verschaffen können und schlecht bezahlt sind. Zur Wahrung ihrer persönlichen Interessen können die Operateure in der ersten Gruppe das öffentliche Interesse geltend machen, da sowohl sie als auch die Bevölkerung unter den Externalitäten zu leiden haben. Das gesamte Spektrum reicht hier von Flugkapitänen über die Operateure großchemischer Anlagen und von Kernkraftwerken bis zu Bergarbeitern und schließlich Hilfsmatrosen an Bord von Frachtschiffen.

Das bedeutet, daß wir uns bei der Konstruktion oder Modifikation von Hochrisikosystemen nicht nur über die Technologie Gedanken machen müssen, sondern auch über die Rolle unterschiedlicher Personengruppen einschließlich der möglichen Opfer verschiedenen Grades sowie über die echten, langfristigen sozialen und wirtschaftlichen Kosten oder Externalitäten. Privates Gewinnstreben muß analytisch ebenso berücksichtigt werden wie »strukturelle« Variablen. Zu fragen ist danach, ob das Produkt unmittelbar oder auf Umwegen an den Endverbraucher abgegeben wird, ob angebbare Opfer zu erwarten und ob die Operateure politisch unabhängig sind usw. Hinzu kämen Wahrscheinlichkeitsrechnungen im Hinblick auf den Systemverlust, Untersuchungen der Struktur des Versicherungswesens und der Möglichkeit von Gerichtsprozessen, des Umfangs von staatlichen Eingriffen und der externalisierten Kosten. Das alles werde ich hier jedoch nicht tun, sondern eine weit einfachere und stark impressionistische Beantwortung der Frage vornehmen, was wir tun können.

Ich werde das Problem so formulieren: Welche Risiken – und zwar nur im Hinblick auf potentielle Katastrophen – haben wir von den in diesem

Buch erörterten Hochrisikosystemen zu fürchten, und wie kostspielig sind alternative Möglichkeiten zur Herstellung derselben Produkte, sofern Alternativen bestehen? Das ist letztlich eine Frage nach dem Kosten-Nutzen-Verhältnis, aber sie enthält jetzt eine Reihe von Begriffen, die normalerweise nicht einmal in eine Problembetrachtung mit einbezogen werden.

Katastrophenpotential

Unser Diagramm mit den beiden Dimensionen Komplexität und Kopplung hat uns bisher gute Dienste geleistet, reicht aber jetzt nicht mehr aus. Es liefert uns lediglich eine theoretisch vorgenommene Einordnung von Systemen nach dem Grad ihrer Komplexität und Kopplung und behauptet, daß alle im Kasten 2 eingezeichneten Systeme wahrscheinlich häufiger Systemunfälle zu verzeichnen haben als die übrigen, wobei lediglich die Annahme zugrundegelegt wurde, daß in den DEPOSE-Komponenten zwangsläufig Störungen oder Pannen auftreten. Eine wichtige Aufgabe dieses Buches bestand darin, für diese Annahme Belegmaterial beizubringen. Die Behauptung, daß die Komponenten eines Systems zwangsläufig Defekte erleiden, ist für sich allein genommen jedoch ohne praktische Bedeutung. Sie sagt überhaupt nichts darüber aus, welchen Risiken die Gesellschaft durch solche Störungen ausgesetzt ist.

Jetzt müssen wir uns zu weit weniger bestimmten Aussagen und Schätzungen vorwagen. Eine der Schätzungen betrifft das Katastrophenpotential dieser Systeme im Fall von Komponenten- oder Systemunfällen. Dies ist unabhängig vom Systemunfallpotential. Wenn aus den Erdsatelliten die Plutoniumbehälter entfernt werden, ändert dies zwar etwas an deren Katastrophenpotential, aber nichts an der Anfälligkeit für einen Systemunfall. Desgleichen kann ein Staudammbruch katastrophale Folgen haben, ohne daß er ein Systemunfall wäre. Um die Dinge noch komplizierter zu machen: Es kann vorkommen, daß sich Systemunfälle selbst bei Systemen mit Katastrophenrisiko auf den Ausfall von Subsystemen beschränken, ohne daß dabei Menschen zu Schaden kommen; dasselbe ist auch bei einer Beschädigung des gesamten Systems möglich (Harrisburg). Auch in der Frachtschiffahrt kommt es zu Systemunfällen, aber die Gefahr von Katastrophen besteht nur bei giftigen und explosiven Ladungen.

Das Abschätzen des Katastrophenpotentials nach einem schweren Unfall ist schwierig. Ich habe Opfer ersten Grades völlig unberücksichtigt gelassen und bei Opfern zweiten Grades angenommen, daß mehr als 100 Tote als Katastrophe anzusehen sind, aber auch wenn man statt 100 die Zahl 200 wählt, ändert das nichts an der folgenden Analyse. Im Hinblick auf Opfer dritten und vierten Grades sind Unfälle bei Kernwaffen, in Atomkraftwerken und in der Genforschung wohl die katastrophenträchtigsten. Etwas weniger risikoreich sind großchemische Anlagen (größtenteils Explosionen von Gaswolken und die Freisetzung giftiger Substanzen wie z. B. Chlorgas) und Frachtschiffe (bei denen giftige Substanzen freigesetzt werden oder Explosionen im Hafen auftreten können). Bei Unfällen dieser beiden Systeme wird die Zahl der Opfer dritten und vierten Grades normalerweise eher in die Hunderte als in die Tausende oder in die Millionen gehen.

In Spalte 1 von Tabelle 9.1 habe ich die in diesem Abschlußkapitel relevanten Systeme nach ihrem immanenten Potential für Systemunfälle einschließlich ihres Katastrophenpotentials für den Fall eines derartigen Unfalls in eine grobe Rangordnung gebracht. Es handelt sich also um das mit einem Systemunfall verbundene Katastrophenpotential. Raumflüge sind mit gewissen Systemunfallrisiken behaftet, ohne daß daraus jedoch Katastrophen zu befürchten sind; deshalb befinden sie sich ganz unten in der Spalte. Ähnlich verhält es sich mit Staudämmen, wo so gut wie keine Systemunfälle auftreten, so daß diese hier keine Katastrophen auslösen. Atomindustrie und Genforschung sind beide systemunfallträchtig; in beiden Fällen besteht ein hohes Katastrophenpotential aufgrund solcher Unfälle. (Sie wurden aus anderen Erwägungen nicht an die höchste Stelle plaziert. Die zugeordneten Ziffern von 1 bis 10 dienen lediglich Vergleichszwecken und sind relative Rangziffern.)

Wie wir jedoch gesehen haben, kann sich die Wahrscheinlichkeit für einen Systemunfall erhöhen, wenn eine Organisation schlecht geführt wird. Wenn es unzureichende Vorschriften, mangelhafte Qualitätskontrollen und eine ungenügende Schulung der Mitarbeiter gibt, erhöht sich die Chance von Komponentenstörungen im DEPOSE-System, wodurch sich die Wahrscheinlichkeit für unvorhergesehene Interaktionen ebenfalls erhöht. Auch dieser Umstand muß berücksichtigt werden, was in Spalte 2 der Tabelle erfolgt ist. In dieser Spalte sind die einzelnen Systeme danach angeordnet, wie hoch ihr Katastrophenpotential aufgrund ihrer Unfallträchtigkeit *und* der Qualität ihrer Organisation ist. Es wird immer Pannen im DEPOSE-System geben, aber wo eine effektive

Aufsicht fehlt (wie im Fall der Gentechnologie), da sind sie häufiger zu erwarten. Die Anordnung in Spalte 1 entspricht einer Situation, in der alle nur denkbaren Anstrengungen zur Senkung des Unfallrisikos unternommen werden, während Spalte 2 den realen Gegebenheiten entspricht.

Es gibt jedoch auch Unfälle, die ihre Ursache lediglich in einer Komponentenstörung haben. Das gilt z. B. weniger für Kernkraftwerke, wo ein Unglück meistens auf einen Systemunfall zurückgeht, sondern eher für Systeme wie Talsperren, wo Katastrophen fast immer auf das Versagen einer Komponente zurückzuführen sind. In Spalte 3 sind die Systeme nach der Wahrscheinlichkeit angeordnet, mit der es zu Katastrophen durch Komponentenstörungen kommt, wobei die Erfahrungen der Vergangenheit zugrundegelegt wurden.

Wir unterscheiden also zwei Ursachen von Katastrophen: Systemunfälle und Komponentenunfälle. Es ist nun am einfachsten, die den einzelnen Systemen in den Spalten 2 und 3 zugeordneten Werte zu addieren. (Das ist methodisch anfechtbar, weil es sich nur um Rangziffern handelt, aber wir begnügen uns hier mit einer ganz groben Analyse.) Das Ergebnis dieser Operation findet sich in Spalte 4 und unterscheidet sich nicht wesentlich von der Anordnung in Spalte 1; immerhin gibt es einige Umstellungen, und es haben sich Gruppen gebildet.

Wenn wir uns die Spalten 1 bis 4 der Tabelle ansehen, drängen sich einige Schlußfolgerungen auf. Bei Talsperren kommt es selten oder nie zu Systemunfällen, auch nicht durch schlechte Führung des Systems. Es treten jedoch Komponentenunfälle auf, und es besteht ein Katastrophenrisiko. Bis zum Challenger-Unglück 1985 schien hier überhaupt kein Katastrophenpotential zu bestehen, aber nachdem herauskam, daß für den folgenden Raumflug die Mitnahme von 21 kg Plutonium geplant war, müßten die Zahlen in Tab. 9.1 (auf S. 402) entsprechend geändert werden. Auch die Katastrophe von Bhopal, die sich erst nach der Niederschrift dieses Buches ereignete und bei der zwischen 2 000 und 10 000 Menschen ums Leben kamen, muß zu einer Korrektur meiner ursprünglichen, zu optimistischen Annahme führen. Die Schlampereien im Management der NASA seit den Mondflügen machen ebenfalls deutlich, daß Komponentenunfälle wie beim Challenger-Unglück heute eine größere Ereigniswahrscheinlichkeit haben als früher, obgleich sich am Potential für die selteneren Systemunfälle nichts geändert hat.

Der Bergbau verzeichnet kaum Systemunfälle, und Unfälle aufgrund des Versagens von Komponenten lösen ebenfalls nur selten Katastro-

Tabelle 9.1
Katastrophenpotential (KP)

	1 Potentieller Systemunfall mit KP	2 Tatsächlicher Systemunfall mit KP	3 Komponenten- unfall mit KP	4 Nettokata- strophenpoten- tial (2 + 3)	5 Kosten von Alternativen	
(hoch)						*(niedrig)*
10				20		Raumfahrt 1
		Gentech	Rüstung		Rüstung	
9		Rüstung/KKW		18	Rüstung	KKW Schiffstr. 2
8	KKW/Gentech.			16	KKW/Gentech.	3
7	Rüstung		KKW	14		4
6	Flugzeug	Flugzeug Chemie	Gentech.	12	Chemie	Gentech. 5
5	Chemie	Schiffstr.	{ Schiffstr. Flugzeug Chemie	10	Schiffstr.	Staudamm 6
4	Schiffstr.			8		7
		Flugsicher.	Damm			
3	Flugsicher.			6		8
		Bergwerk	Bergwerk		{ Flugsicher. Damm/ Bergwerk	
2	Bergwerk		Flugsicher.	4		{ Chemie/ Bergwerk 9
		Raumfahrt			Raumfahrt	
1	Raumfahrt Staudamm	Staudamm	Raumfahrt	2		Luftfahrt 10
(niedrig)						*(hoch)*

phen aus. Obwohl dieses System im Hinblick auf potentielle Opfer ersten Grades um einiges sicherer gemacht werden könnte, bleibt sein gesamtes Katastrophenpotential gering. Der Schiffstransport von giftigen und explosiven Stoffen ist von vornherein bis zu einem gewissen Grad durch Systemunfälle gefährdet; dieses Risiko erhöht sich noch bei mangelhafter Führung des Systems und unzureichender Aufsicht und Regelung durch verbindliche Vorschriften. Hinzu kommt ein gewisses Risiko durch Komponentenunfälle, und die Summe ergibt eine relativ hohe Unfallträchtigkeit.

Das Risiko der petrochemischen Industrie ist in jeder Hinsicht begrenzt; ähnlich wie in der Frachtschiffahrt besteht noch viel Spielraum zur Verbesserung des Systems und zur Verringerung der Unfallrisiken. Die zivile Luftfahrt (in der Hauptsache die Flugsicherung) hat sich mit Erfolg bemüht, die enge Kopplung und Komplexität des Systems zu reduzieren, und aufgrund zahlreicher Redundanzen und Entkopplungsmöglichkeiten sind Komponentenunfälle mit katastrophalen Folgen hier seltener als entsprechende Systemunfälle. Dieses System funktioniert offenbar gut. Flugreisen sind jedoch mit einem beträchtlichen Systemunfallrisiko behaftet, das sich selbst bei mangelhafter Führung des Systems nicht weiter erhöht. Auch hier kommt es wegen der zahlreichen Redundanzen des Sicherheitsbewußtseins der Flugzeughersteller und der Qualifikation der Piloten seltener zu Komponentenunfällen. Dieses System liegt im Hinblick auf sein Katastrophenpotential im Mittelfeld, und daran wird sich wohl auch in Zukunft nichts ändern, weil jede technische Verbesserung nur zur Folge hat, daß sich der Druck auf die Piloten erhöht.

Gentechnologie, Atomkraft und Kernwaffen liegen mit ihrem Katastrophenrisiko in jeder Hinsicht an der Spitze. Das hohe Gefahrenpotential der Genforschung geht jedoch hauptsächlich auf eine mangelhafte staatliche Aufsicht und auf – wie ich vermute – unzureichende Sicherheitsvorkehrungen in der Produktion zurück. Dieses System könnte wesentlich sicherer gestaltet werden. Weder hier noch in der Atomindustrie ist mit schwerwiegenden Komponentenunfällen zu rechnen, wenngleich aus unterschiedlichen Gründen. In der Gentechnik signalisiert jede Störung während des Prozesses ein grundsätzliches Problem und führt zum Abbruch der Tätigkeit. Sie ist das unerwartete Ergebnis einer fast erfolgreich beendeten Serie von einzelnen Schritten und ein Zeichen dafür, daß diese höchstwahrscheinlich sehr gefährlich ist. In der Atomindustrie kommt es zwar häufig zu Komponentenstörungen, aber wegen der zahlreichen Ersatzgeräte und Sicherheitsvorkehrungen (z. B. die Notabschaltung) führen sie nicht zu schweren Unfällen. Im Gegensatz zur Gentechnologie spricht bei Kernkraftwerken wenig dafür, daß sich deren Sicherheit nennenswert erhöhen ließe. Das gilt nach meiner Meinung erst recht für das System der Kernwaffen. Zu unser aller Unglück können hier Komponentenstörungen durchaus katastrophale Folgen haben. Anders als das militärische Frühwarnsystem (in diese Analyse nicht einbezogen), das durch ein gewisses Maß an loser Kopplung vor Komponentenunfällen geschützt ist, kann etwa eine Titanrakete (ohne Übertreibung!) bereits hochgehen und unter Umständen Plutonium freisetzen, wenn ein Arbeiter seinen Schraubenschlüssel

fallen läßt. Nach einer unbestätigten Mitteilung führte eine Panne bei der
Wartung einer scharfen Rakete dazu, daß diese sich selbständig machte
und irgendwo in Kanada einschlug. Wie man mir berichtete, war es nicht
einmal ein komplizierter Unfall, sondern eher von der Art, wie sie in der
zivilen Industrie an der Tagesordnung sind. Dieses System ist mit dem
absolut größten Katastrophenrisiko verbunden; das Risiko von Systemunfällen ist so hoch wie das von Komponentenunfällen, und die Konsequenzen sind für weite Bevölkerungsteile tödlich.

Brauchen wir diese Systeme eigentlich? Wenn sie so große Gefahren in
sich bergen, welchen Nutzen haben sie dann überhaupt noch? Was
würde es uns kosten, mit anderen Systemen unter Umständen dasselbe
Ergebnis zu erzielen? Hierzu habe ich höchst subjektive Schätzungen
angestellt und die einzelnen Systeme in Spalte 5 entsprechend eingeordnet. Ich gehe davon aus, daß der Luftverkehr nicht wesentlich verringert
werden kann und daß ein Überlandverkehr mit hohen Geschwindigkeiten nur bei Entfernungen unter 500 km praktikabel ist. Aber selbst im
Kurzstreckenbereich wären riesige Investitionen in den Schienenverkehr
erforderlich, um diesen sicher und gegenüber dem Luftverkehr konkur-
renzfähig zu machen. Was hingegen die Frachtschiffahrt angeht, so
besteht keine absolute Notwendigkeit, tödliche Gift- oder Explosiv-
stoffe wie z. B. Flüssiggas in unsicheren und mangelhaft gebauten Schiffen über lange Entfernungen hinweg unter ungünstigsten Witterungs-
verhältnissen zu transportieren, damit einige wenige ihren wirtschaftlichen Profit davon haben. Weder die Weltwirtschaft noch die nationalen
Volkswirtschaften würden einen Schaden erleiden, wenn man diese Substanzen entweder überhaupt nicht oder nur in extrem sicheren Contai-
nern durch eigens hierfür entworfene Schiffe unter qualifizierter Führung transportierte. Damit verdoppeln sich vielleicht die Frachtkosten,
aber diese sind gering im Vergleich zu den Schäden, die auf diese Weise
dem Ökosystem erspart würden. Eine solche Verringerung der Risiken
ist in der chemischen Industrie und im Bergbau nicht zu erreichen.
Unsere Wirtschaft und unsere Lebensweise beruhen zu wesentlichen
Teilen auf diesen Branchen; vorstellbar sind hier lediglich gewisse Substitutionen in bescheidenem Umfang.

Wir könnten unsere Ansiedlungen in Überschwemmungsgebieten
aufgeben und diese nur noch rein landwirtschaftlich nutzen, so daß wir
keine Staudämme bräuchten. Das wäre zwar in vielen Fällen möglich,
aber wir müßten auch an das bereits investierte Kapital denken. Die Verlegung von Los Angeles, das in einem riesigen Überschwemmungsge-

biet liegt, wäre unmöglich. Überdies dienen Staudämme nicht nur dem Schutz vor Überschwemmungen, sondern auch der Stromerzeugung – ein weiterer Grund, warum wir auch in Zukunft solche Bauwerke brauchen.

Das Problem der Kernwaffen läßt sich unmöglich sinnvoll in einem einzigen Abschnitt oder auch nur einem Kapitel abhandeln. Ich schließe mich ganz einfach jenen an, die eine umfassende, einseitige Abrüstung aller ballistischen Kernwaffen und Atomraketen fordern. Im Gegensatz zu sämtlichen US-Regierungen seit dem Zweiten Weltkrieg vermag ich keine sowjetische Bedrohung zu erkennen, und deshalb bin ich überzeugt, daß die Abkehr von allen strategischen (und taktischen, aber das gehört nicht hierher) Kernwaffen uns allen einen enormen Nutzen brächte – sie würde die internationalen Spannungen verringern, der Wirtschaft aufhelfen und dafür sorgen, daß die besten naturwissenschaftlichen Talente nicht länger in die Militärindustrie abwandern.

Die Argumente für einen Verzicht auf Kernkraftwerke erscheinen mir äußerst zwingend. Aber hier bestehen zwei Schwierigkeiten. Wollten wir erstens sämtliche Bauarbeiten an Kernreaktoren einstellen und die Kernkraftwerke stillegen lassen, dann würden nicht nur Investitionen in Milliardenhöhe den Bach hinuntergehen, sondern einige Stromerzeuger wären dann wahrscheinlich bankrott. Die Auswirkungen auf die Aktionäre und auf die Pensionskassen der Gewerkschaft und anderer Institutionen wären beträchtlich. Dasselbe gilt im Hinblick auf die Aktienbörse und die Wirtschaft der USA und die der freien Welt überhaupt. Würde eine solche Maßnahme in einer unsicheren Zeit *de facto* verlorener Kredite an arme Länder oder hoher Arbeitslosigkeit getroffen, dann könnte die Interaktion von Störungen in unserer und in anderen Volkswirtschaften zu einem Subsystem- oder gar zu einem Systemunfall führen. Trotzdem wäre eine derartige Entscheidung noch immer einem Reaktorunglück vorzuziehen, bei dem eine bevölkerte Region unseres Kontinents radioaktiv verseucht wird.

Das zweite Problem betrifft die Kapazität der nicht mit Kernbrennstoff betriebenen Kraftwerke sowie die Verteilung der elektrischen Energie in den USA. Der Strombedarf der USA wird zwar nur zu rund zwölf Prozent durch Atomkraftwerke gedeckt. Wenn diese ausfallen sollten, können einige Industriebranchen und andere Großabnehmer auf andere Energieformen ausweichen, aber bei den meisten wäre das unmöglich. Das Problem liegt darin, daß für sie der Strom von weit entfernt liegenden Kraftwerken bezogen werden müßte. Chicago, North und South Carolina

und Teile des Nordostens erhielten dann Strom aus dem Westen, Südwesten und den nordöstlichen kanadischen Provinzen. Vor kurzem in
Betrieb gegangene Wasserkraftwerke in Kanada und die Ausbeutung
bedeutender Erdgasvorkommen vor der Küste könnten zwar in einigen
nordöstlichen Staaten die Knappheit wesentlich verringern, aber nicht
gänzlich beseitigen. Effiziente Überlandleitungen von der nordwestlichen
Pazifikküste bis Chicago gibt es nicht, obwohl sie technisch möglich
wären. Zwar bestehen in den USA insgesamt in der Elektrizitätserzeugung
Überkapazitäten (einer von vielen Gründen, den Bau weiterer Atomkraftwerke einzustellen), aber Angebot und Bedarf liegen häufig zeitlich wie
räumlich weit auseinander. Wir sollten auf jeden Fall Vorsorge treffen, auf
konventionelle Kraftwerke umstellen zu können. In der amerikanischen
Originalausgabe schrieb ich an dieser Stelle: »Ich rechne innerhalb der
kommenden zehn Jahre mit einem schlimmeren Reaktorunfall als dem in
Harrisburg – mit einem Unfall, bei dem Menschen zu Tode kommen und
radioaktive Strahlung in größerem Umfang austritt.« Das ist mittlerweile
eingetroffen.

Selbst wenn man diese beiden Probleme in Rechnung stellt, deren Folgen in keinem Fall an die verheerenden Konsequenzen einer Kernschmelze mit großen Mengen an austretendem radioaktiven Material
heranreichen, liegen die Gründe für ein Abschalten sämtlicher Kernkraftwerke in den USA offen auf der Hand. Nach der hier vorgelegten
Analyse wird es zwangsläufig zu weiteren Systemunfällen kommen. Bei
mindestens einem von ihnen werden radioaktive Substanzen in einer
Größenordnung an die Umwelt abgegeben, daß zahlreiche Menschen zu
Tode kommen oder verstrahlt und größere Landflächen radioaktiv verseucht werden. Sollte es überhaupt eine Organisationsstruktur geben,
die solche Unfälle verhindern könnte, dann ist es jedenfalls keine, die wir
uns zumuten lassen dürfen. Keiner der zur Zeit in den USA in Betrieb
befindlichen Reaktoren ist von seiner Bauweise her in der Lage,
Systemunfälle zu verhindern. Vielleicht gelingt es eines Tages, eine
sichere   lineare und lose gekoppelte – Konstruktion zu entwickeln, aber
ich bin in dieser Hinsicht skeptisch. Hätten wir nur die Wahl zwischen
Atomstrom oder Hungertod, dann sähe die Sache anders aus, aber so
weit sind wir noch nicht.

Neuere Entwicklungen auf dem Gebiet der Supraleitung würden es
den USA sogar ermöglichen, 10 bis 15 Prozent der elektrischen Energie einzusparen, die durch die Übertragung verlorengeht und der
gesamten Strommenge entspricht, die von den US-Kernreaktoren

erzeugt wird. Noch mehr fällt ins Gewicht, daß Anlagen zur Gewinnung von Sonnenenergie in Wüstengebieten die gesamte nordamerikanische Nation mit Energie versorgen könnten. Und wenn schließlich die Technik der Supraleitung endgültig ausgereift ist, könnte jede Wohnung mit Solarenergie versorgt werden. Damit würden unsere Atommeiler, ein Großteil unserer konventionellen Wärmekraftwerke und schließlich auch unsere traditionelle Zentralisierung der Stromversorgung überholt.

Ich habe der Gentechnologie einen mittleren Rang zugeordnet, weil wir einerseits bisher ganz gut ohne sie ausgekommen sind, andererseits möglicherweise einen beträchtlichen Nutzen aus ihr ziehen können. Ich unterstelle also, daß die an diese neue Technologie geknüpften Verheißungen sich wenigstens zu einem Teil erfüllen. Angeblich übersteigt der Nutzen der Gentechnik noch den des Luftverkehrs und der Kernkraft zu friedlichen und militärischen Zwecken. Diesem Optimismus mag man sich nur zögernd anschließen, wenn man an ähnlich optimistische Prognosen über die Kernkraft zurückdenkt, aber anscheinend bestehen hier tatsächlich kaum glaubliche Möglichkeiten im Hinblick auf die Nahrungsmittelproduktion, Energieeinsparung, Beherrschung von Krankheiten, Behebung genetischer Schäden und sogar die Aufbereitung toxischer Abfälle. Der schnell zunehmende Verzicht selbst auf minimale Sicherheitsvorkehrungen hatte seine Ursache wahrscheinlich nicht in dem Bedürfnis, diese Segnungen der Menschheit möglichst bald zukommen zu lassen, sondern in der Aussicht auf ungeheure Profite, in dem Reiz der Forschung und der Gewinnung neuer Erkenntnisse. Ginge es allein um das Wohl des Menschen, dann könnten wir langsam und umsichtig zu Werke gehen; in der Geschichte der Menschheit schlagen selbst einige Generationen kaum zu Buche. Doch die wirtschaftlichen und wissenschaftlichen Antriebskräfte sind weit weniger kontrollierbar. Es stehen einfach zu viele Belohnungen für einzelne Forscher und wirtschaftliche Eliten auf dem Spiel, und deshalb lassen die Verantwortlichen alle Vorsicht fahren.

Sollten die Ergebnisse der Genforschung für die biologische Kriegführung nutzbar gemacht werden, dann vervielfachen sich deren Gefahren. Es läßt sich begründet vermuten, daß der nächste Weltkrieg nicht mit Atomraketen, sondern mit biologischen Waffen geführt wird. Bekanntlich arbeiten sowohl die UdSSR als auch die USA an der Entwicklung dieser Waffen. Ich verfüge über keine näheren Informationen, aber wenn sich herausstellen sollte, daß Genetech und Cetus (zwei führende gentechnische Unternehmen) geheime militärische Forschungen betreiben, dann haben wir auch die zweite der beiden bedrohlichsten Gefahren der Menschheit in die Hände des Militärs gegeben. Unter allen risikoreichen Systemen, die ich in diesem Buch erörtert habe, steht dieses im Hinblick auf sein Gefahrenpotential an zweiter Stelle.

Wenn wir die Ergebnisse aus Spalte 4 (das gesamte Katastrophenpotential) mit Spalte 5 (den Kosten für alternative Systeme) kombinieren, erhalten wir ein Ergebnis, das in Abb 9.2 dargestellt ist. Diese enthält unsere politischen Empfehlungen, die sich aus der vorliegenden Analyse

Abbildung 9.2
Politische Empfehlungen

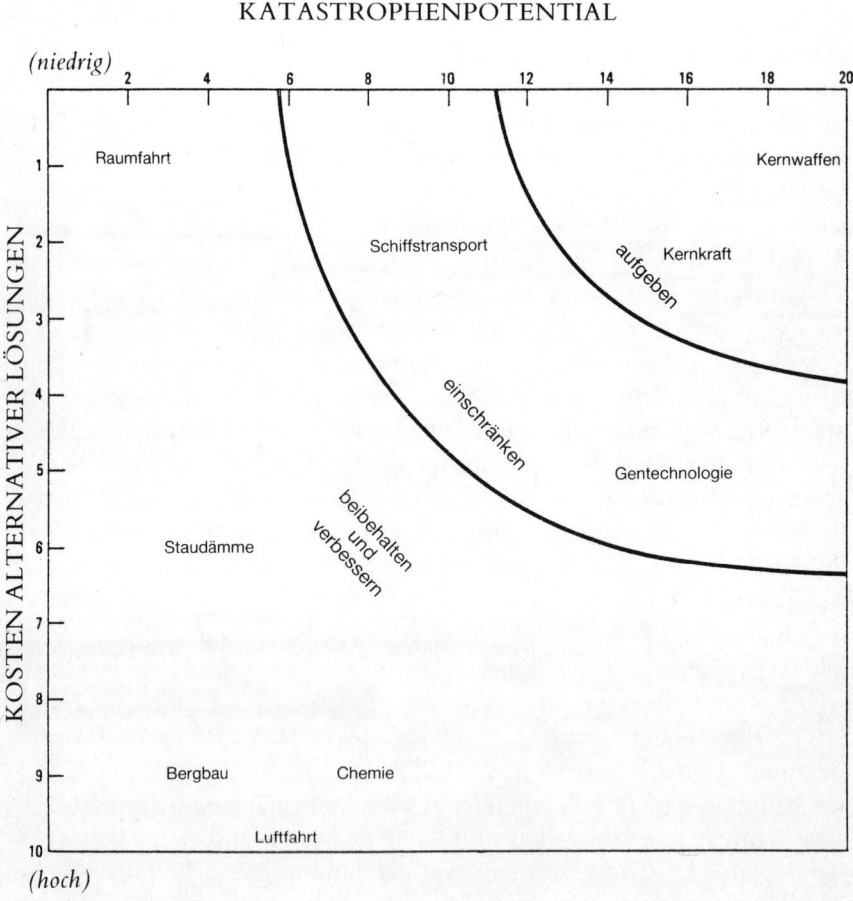

ergeben. Aus ihr läßt sich ablesen, welche Systeme sowohl risikoreich als auch entbehrlich sind und deshalb aufgegeben werden können – und welche Systeme kaum entbehrlich, aber weniger unfallträchtig sind und beibehalten und verbessert werden sollten. Selbstverständlich bleibt es jedem unbenommen, die Einordnung der einzelnen Systeme in Abb. 9.2 zu kritisieren. Manchen wird die Gentechnologie als eine so unglaubliche Möglichkeit erscheinen, daß sie im Diagramm links unten stehen müßte – ebenso risikoreich wie verlockend. Etliche Kernkraftfreaks behaupten, Staudämme seien viel gefährlicher als Kernkraftwerke, aber wie aus Abb. 9.2 hervorgeht, bin ich dieser Meinung ebensowenig wie große Teile der Bevölkerung. Immerhin ist das Diagramm eindeutig und ein zweckmäßiger Ausgangspunkt für eine Debatte zwischen Öffentlichkeit und Experten.

Es ist nicht gerade revolutionär, die Abschaltung aller Kernkraftwerke zu fordern; diese Forderung wird von vielen gestellt. Die Atomindustrie fühlt sich ja inzwischen durch die zahlreichen Störfälle so bedroht, daß sie noch während der Niederschrift dieses Buches ihre Werbeanstrengungen verstärkt hat. Nach einem Bericht der *New York Times* vom 23. Mai 1983 hat das amerikanische Energieministerium jährlich rund 2,5 Millionen Dollar für »Atomkraftinformationen« ausgegeben und beabsichtigt, private Gruppen wie die Scientists and Engineers for Secure Energy, die Podiumsdiskussionen in Universitäten veranstaltet und im Interesse der »Fairneß« keine Kernkraftgegner auf dem Podium zu Wort kommen läßt, stärker als bisher zu unterstützen; 1983 betrug die Förderung 100 000 Dollar. Das Stromversorgungsunternehmen Virginia Electric Power and Light, dem wir bereits in Kapitel 2 begegnet sind, spendete 600 000 Dollar für ein atomkraftfreundliches Informationskomitee und hat bei der Regulierungskommission von Virginia beantragt, diesen Betrag den Erzeugerkosten zuschlagen zu dürfen. Viele andere Elektrizitätswerke in den USA haben die Möglichkeit, derartige Kosten an die Verbraucher abzuwälzen. Zulieferbetriebe wie General Electric und Bechtel geben ebenfalls großzügige Beträge, und insgesamt kommen jährlich 25 bis 30 Millionen Dollar zusammen. Das läßt vermuten, daß an der Analyse des vorliegenden Buches manches zutrifft, denn wäre die Kernkraft wirklich so sicher, dann könnte man sich diese aufwendigen Werbefeldzüge sparen.

Die Bewegung der Atomkraftgegner scheint sich immer stärker auszubreiten. Auf dem Gebiet der Genforschung haben sich die biologischen Laboratorien der Universitäten und Industriebetriebe bisher allerdings kaum eine Blöße gegeben. Das mag daran liegen, daß die hier notwendigen Vorsichtsmaßregeln tatsächlich befolgt werden, aber ich habe meine Zweifel. Nach allem, was mir bekannt ist, geschieht überhaupt nichts zur Verbesserung oder Anprangerung des Transports von Gift- und Explosivstoffen auf den Weltmeeren; das entsprechende Problem bei Überlandtransporten, das wir in diesem Buch nicht näher untersucht haben, verschärft sich offensichtlich ebenfalls.

Bei allen der genannten Systeme kann noch vieles zur Erhöhung der Sicherheit getan werden, aber die bisherigen Erfahrungen waren in keinem Fall besonders ermutigend. Ich hoffe mit diesem Buch bei einigen die Erinnerung an die Erfahrungen der Vergangenheit wachzuhalten; es war alles in allem ein düsterer und erschreckender Streifzug durch die Welt von Hochrisikosystemen. Wohin wir auch geschaut haben: selbst in den am besten geführten Industriezweigen trafen wir auf dieselbe ausgeprägte Neigung, die Ursache von Unfällen in einem Versagen der Bedienungsleute zu suchen und nicht in den Fehlern der großen Systemkonstrukteure oder der Verantwortlichen in einer zentralisierten Organisationsstruktur. Wir trafen auf Organisationen, welche die Last eines fehlerfreien Betriebs nicht tragen konnten und gelegentlich gar kein Organ für den Schaden zu haben schienen, den sie anrichteten oder anrichten konnten. Wir können froh sein über die Aufsichtsämter und -behörden und die von ihnen erlassenen Vorschriften, aber nicht selten erwiesen sie sich als wirkungslos; manchmal meckerten sie nur ein bißchen, und gelegentlich blieben sie sogar in krimineller Weise gleichgültig oder steckten mit der Industrie unter einer Decke.

Aber so wichtig alle diese Probleme auch sein mögen, sie bildeten doch nicht den Hauptgegenstand dieses Buches. Es war vielmehr mein Anliegen zu zeigen, daß diese Konstruktionen von Menschenhand und deren Operateure *Systeme* sind. Von unserem einleitenden Beispiel mit dem verpaßten Vorstellungsgespräch wegen einer Unachtsamkeit in der Küche bis zu den exotischen Welten der Raumfahrt, der atomaren Waffen und der Gentechnologie war immer nur ein Thema das Grundmotiv: Worauf es ankommt, ist die Art und Weise, wie die Teile ineinandergreifen und interagieren. Die wirklichen Unfallgefahren lauern im System und nicht in dessen Komponenten. Im Fall der friedlichen und militärischen Nutzung der Kernenergie entziehen sich die hier wirksam werdenden Transformationsprozesse den Fähigkeiten jedes menschlichen Systems, das für uns akzeptabel wäre; das Luftverkehrssystem funktioniert gut – die verschiedensten Interessen und technischen Verbesserungen unterstützen sich gegenseitig; wir haben gute Gründe, uns von der Gentechnologie mehr und von der Erdölchemie weniger beunruhigen zu lassen; und obwohl die Prozesse im Bergbau und in der Frachtschiffahrt weniger schwierig und gefährlich sind, stellen beide Systeme eine verhängnisvolle Verkettung divergierender Interessen und Zwecke dar.

Diese Systeme sind menschliche Konstruktionen, gleichgültig, ob sie von Ingenieuren und wirtschaftlichen Führungskräften ausgedacht wurden oder das Ergebnis ungeplanter, unabsichtlicher, allmählich sich entwickelnder und größer werdender menschlicher Bemühungen sind, eine Aufgabe zu meistern. So oder so erweisen sie sich als äußerst widerspenstig gegen jeden Versuch einer Änderung. Private Vorrechte und Profite sind die Ursache bei den geplanten Konstruktionen; bei den anderen sind es die Überlagerungen zahlreicher Schichten aus Anpassungen und Auseinandersetzungen, die unter der Bezeichnung Tradition laufen. Aber es sind von Menschen gemachte Konstruktionen, und Menschen können sie wieder zerstören oder verändern.

Die Katastrophen senden uns Warnsignale. Dieses Buch hat den Versuch unternommen, die Signale zu entschlüsseln: Gebt es auf, es übersteigt eure Fähigkeiten; ändert das um, auch wenn es kurzfristig sehr teuer ist; erlaßt in diesem Bereich Vorschriften, auch wenn deren Einhaltung nur unvollkommen kontrolliert werden kann. Aber ähnlich wie die Operateure im Reaktor von Harrisburg sich das Schlimmste nicht vorstellen konnten – und damit auch unfähig waren, die Katastrophe zu erkennen, der sie gegenüberstanden –, haben wir diese Signale nur allzuoft fehlgedeutet und uminterpretiert, so daß sie unsere vorgefaßten Meinungen bestätigten. Eine bessere Schulung des Personals allein löst das Problem so wenig wie der Einbau von technischen Spielereien oder Versprechungen, ein solcher Unfall werde bestimmt nicht mehr passieren. Was noch schlimmer ist, vielleicht lassen wir uns sogar einreden, daß militärische Überlegenheit und Profite von Privatunternehmen die Risiken aufwiegen. Die Botschaft der in diesem Buch entschlüsselten Signale lautet, daß individuelle Motive, individuelle Fehler oder gar politische Ideologien nicht das eigentliche Problem darstellen. Die Signale kommen von technischen und wirtschaftlichen Systemen. Es sind Systeme, die von Eliten entwickelt wurden, und wir haben die Wahl, sie zu ändern oder ganz aufzugeben.

Abkürzungsverzeichnis

ABM	Anti-ballistic missile = Antiraketenrakete
AEC	Atomic Energy Commission = Atomenergiekommission
AFCS	Automatic flight control system = Autopilot
AKW	Atomkraftwerk
ASD	Automatic safety device = automatische Sicherheitsvorkehrung
ASRS	Air Safety Reporting System = Erfassung und Auswertung von Berichten über gefährliche Begegnungen in der Luft
ATC	Air Traffic Control = Flugsicherung
BMEWS	Ballistic Missile Early Warning System = Raketenfrühwarnsystem
BRT	Bruttoregistertonnen
BWR	Boiling water reactor = Siedewasserreaktor; SWR
CAS	Collision avoidance system = Antikollisionssystem
CDTI	Cockpit display of traffic information = bildschirmübermittelte Verkehrsinformationen für Flugzeugpiloten
CPA	Closest point of approach = engster Passierabstand
CRT	Cathode ray tube = Kathodenstrahlröhre
DEPOSE	Design, equipment, procedures, operators, supplies and materials, environment = Konstruktion, Ausrüstung, Verfahren, Operateure, Betriebsstoffe, Umwelt
ECCS	Emergency core cooling system = Notkühlsystem
ESD	Emergency safety device = Sicherheitsvorkehrung für Notfälle
ESF	Engineered safety feature = konstruktive (eingebaute) Sicherheitsvorkehrung
ETA	Expected time of arrival = voraussichtliche Ankunft
FAA	Federal Aviation Administration = US-Luftfahrtbehörde
GAU	größter anzunehmender Unfall
HPI	High-pressure injection = Hochdruck-Einspeisung
ICBM	Intercontinental Ballistic Missile = Interkontinentalrakete
IMCO	Intergovernmental Maritime Consultative Organisation = Zwischenstaatliche Organisation zur Beratung von Problemen der Frachtschiffahrt (ein UNO-Gremium)
INS	Inertial navigation system = Trägheitsnavigationssystem
LNG	Liquified propane gas = Flüssig-Propangas

LOCA	Loss of coolant accident = Kühlmittelverlustunfall
LPG	Liquified propane gas = Flüssig-Propangas
MIRV	Multiple independent reentry vehicles = kleinere Gefechtsköpfe *einer* Rakete mit voneinander unabhängigen Zielen
MLS	Microwave landing system = Mikrowellen-Landesystem
MRIT	Marine radar interrogation transponder = Schiffsradar-Transponder
MSHA	Mine Safety and Health Administration = US-Aufsichtsbehörde für die Sicherheit im Bergbau
MTRB	Maritime Transportation Research Board = US-Schiffahrtbehörde
MW	Megawatt
NAS	National Academy of Sciences = Nationale Akademie der Wissenschaften
NASA	National Aeronautics and Space Administration = US-Weltraumbehörde
NIH	National Institute of Health = US-Gesundheitsbehörde
NORAD	North American Aerospace Defense Command = Kommandozentrale zur Verteidigung des nordamerikanischen Luftraums
NRC	Nuclear Regulatory Commission = US-Atombehörde
NTSB	National Transportation Safety Board = US-Transportsicherheitsbehörde
OSHA	Occupational Safety and Health Administration = US-Behörde für Sicherheit und Gesundheit am Arbeitsplatz
PARCS	Perimeter Acquisition Radar Attack Characterization = System zur Radarerfassung und Angriffserkennung an der Landesgrenze
PORV	Pilot operated relief valve = vorgesteuertes Überdruckventil
PRA	Probabilistic risk analysis = probabilistische Risikoanalyse
PWR	Pressurized water reactor = Druckwasserreaktor; DWR
RAC	Recombinant Advisory committee = Beratender Ausschuß für Fragen der Genforschung
SAC	Strategic Air Command = strategisches Luftkommando der USA
TCA	Terminal control area = Nahverkehrsbereich
TMI	Three Mile Island
VEPCO	Virginia Electric Power Company
VLCC	Very large crude carrier = Supertanker
VTS	Vessel Traffic Services = Verkehrsinformationen für die Schiffahrt

Literatur

Bibliographie zum Reaktorunglück von Harrisburg (Three Mile Island)

Die Darstellung über das Reaktorunglück in Harrisburg im 1. Kapitel stützt sich auf die folgenden Veröffentlichungen. Sofern diese nur für das 1. Kapitel herangezogen wurden, erscheinen sie nicht mehr in der allgemeinen Bibliographie.

Babcock und Wilcox, Pressekonferenz vom 5. Juni 1979, S. 82 f. und S. 9. Kommentare von J. H. McMillan.

Bird, David und Frank Prial, *New York Times* vom 1., 2., 3., 9. und 25. Nov., 7. Dez. 1982 und 25. Jan. 1983.

Comey, David Dinsmore, »The Incident at Browns Ferry«, in: *The Silent Bomb,* Hg. Peter Faulkner, New York 1977, S. 3-22.

Essex Corporation, *Human Factors Evaluation of Control Room Design and Operator Performance at Three Mile Island-2,* NUREG/CR-1270, 1. Jan. 1980, S. v.

Faulkner, John, *We Almost Lost Detroit,* New York 1975.

Kemeny, John et al., *The Need for Change: The Legacy of TMI,* Bericht der Kommission des Präsidenten über den Reaktorunfall von Three Mile Island, Washington 1979.

Mason, John F., »*The Technical Blow-by-Blow*«, *IEEE Spectrum,* 16. Nov. 1979, S. 33-42.

Perrow, Charles, »The President's Commission and the Normal Accident«, in: *The Accident at Three Mile Island,* Hg. V. Shilensky et al. (1981), S. 173-184.

President's Commission on the Accident at TMI, *Hearings* vom 30. und 31. Mai, 1. Juni und 18. Juli 1979.

Rubenstein, Ellis, »The Accident That Shouldn't Have Happened«, *IEEE Spectrum,* 16. Nov. 1979, S. 33-42.

Science, 19. Okt. 1979, S. 308.

Scott, R. L. Jr., »Fuel-Melting Accident at the Fermi Reactor on October 5, 1966«, *Nuclear Safety* 12 (1971), S. 122-134.

Shelanski, Vivien, David Sills und Charles Wolf (Hg.), *The Accident at Three Mile Island: The Human Dimensions,* Boulder/Colorado 1981.

Union of Concerned Scientists, *The Risks of Nuclear Power Reactors*, Cambridge/Mass. 1977.

Allgemeine Bibliographie

Abraham, P., D. Pattnaik und S. D. Soman, »Safety Experiences in the Operation of a BWR Station in India«, in: International Atomic Energy Agency (Hg.), *Principles and Standards of Reactor Safety. Proceedings of a Symposium,* Wien 1973, S. 459-471.

Allison, Graham, *Essence of Decision,* New York 1971.

American Petroleum Institute, *Reported Fire Losses in the Petroleum Industry for 1980,* Washington, 1981 a.

——, *Review of Fatal Injuries in the Petroleum Industry for 1980,* Washington 1981 b.

——, *Summary of Occupational Injuries and Illnesses in the Petroleum Industry,* Washington 1981 c.

Ashford, Nicholas A., *Crisis in the Work Place: Occupational Disease and Injury,* Cambridge, Mass. 1976.

Atwood, J. D., »How Hot Is Too Hot?«, *Ammonia Plant Safety,* 18 (1976), S. 109-111.

Aviation Week, 17. April 1967.

Aviation Week and Space Technology, 17. März 1980, S. 61.

Baecher, Gregory B., M. Elisabeth Pate und Richard de Neufville, »Risk of Dam Failure in Benefit-Cost Analysis«, *Water Resources Research,* 16 (1980), S. 449-456.

Bagne, Paul, »The Glow Boys«, *Mother Jones,* Nov. 1982, S. 24-27.

Billings, Charles, Ralph Grayson, William Hecht und Renwick Curry, *A Study of Near Midair Collisions in U. S. Terminal Airspace,* NASA TM-81225, Aug. 1980.

Biswas, Asit K. und Samar Chatterjee, »Dam Disasters: An Assessment«, *Engineering Journal,* 53 (1971).

Blumenthal, Ralph, »Illegal Dumping of Toxins Laid to Organized Crime«, *New York Times,* 5. Juni 1983.

Braverman, Harry, *Labor and Monopoly Capital,* New York 1974.

Broad, William J., »Public Attitudes to Technological Progress«, *Science,* Juli 1979, S. 281-286.

——, »Fallout from Nuclear Power in Space«, *Science,* Januar 1983, S. 38 f.

Brown, Michael L., *Laying Waste,* New York 1979.

Bupp, Irvin C. und Jean-Claude Derian, *Light Water: How the Nuclear Dream Dissolved,* New York 1978.

Burns, Tom und G. M. Stalker, *The Management of Innovation,* New York 1961.

Calder, Nigel, *The Restless Earth,* New York 1972.

Carson, Rachel, *Der stumme Frühling,* München 1963.

Carter, Luther J., »AMOCO Cadiz Incident Points Up the Elusive Goal of Tanker Safety«, *Science,* Mai 1978, S. 514.

Castro, W. R., »Safety-Related Occurences Reported in October-November 1970«, *Nuclear Safety,* März/April 1971 (a).

——, »Operating Experiences«, *Nuclear Safety,* Mai/Juni 1971 (b).

——, »Operating Experiences«, *Nuclear Safety,* Juli/Aug. 1971 (c).

——, »Operating Experiences«, *Nuclear Safety,* Mai/Juni 1972.

——, »Operating Experiences«, *Nuclear Safety*, März/April 1975.

Catastrophe! When Man Loses Control, vorbereitet von den Herausgebern der *Encyclopaedia Britannica,* New York 1979.

Chamber of Shipping of the United Kingdom, *Marine Casualty Report Scheme,* London 1972.

Clark, William C., »Witches, Floods and Wonder Drugs: Historical Perspective on Risk Management«, in *Societal Risk Assessment: How Safe is Safe Enough?,* Hg. C. Schwing und Walter A. Albers, New York 1980, S. 287-311.

Clarke, Lee, »Risk and Interorganisational Relations«, unveröff. Manuskr., State University of New York, Stony Brook, Abt. für Soziologie, 1980.

Clawson, Dan, *Bureaucracy and the Labor Process,* New York 1980.

Clingan, I. C., »Safety at Sea«, *Interdisciplinary Science Reviews*, 6(1981), S. 36-48.

Cohen, Bernard L., »Society's Evaluation of Livesaving and Radiation Protection and Other Contexts«, *Health Physics,* Januar 1980, S. 33-51.

—— und I-Sing Lee, »A Catalog of Risks«, *Health Physics,* Juni 1979, S. 707-722.

Combs, Barbara und Paul Slovic, »Newspaper Coverage of Causes of Death«, *Journalism Quarterly,* 56(1979), S. 837-843.

Committee on Government Operations, *Teton Dam Disaster*, Washington 1976.

Cooper, Henry S. F., *Thirteen: The Flight That Failed,* New York 1973.

Cowan, Edward, *Oil and Water*, Philadelphia 1968, S. 38-45.

Cullington, Barbara J., »Recombinant DNA Bills Derailed: Congress Still Trying to Pass a Law«, *Science*, Jan. 1978, S. 274-277.

Dalton. Melville, *Men Who Manage,* New York 1959.

Davenport, J. A., »A Survey of Vapor Cloud Incidents«, *Chemical Engineering Progress*, Sept. 1977, S. 54-63.

Department of Employment, *The Flixborough Disaster,* Report of the Court of Inquiry, London 1975.

Dickson, A. F., »Navigation Problems (Tankers)«, in: *International Tanker Safety Conference,* International Chamber of Shipping, London 1971, S. 1-23.

Douglas, Mary und Aaron Wildavsky, *Risk and Culture,* Berkeley 1982.

Eddy, David M., »Probabilistic Reasoning in Clinical Medicine: Problems and Opportunities«, in: *Judgement Under Uncertainty: Heuristics and Biases,* Hg. Daniel Kahneman, Paul Slovic und Amos Tversky, Cambridge 1982, S. 249-67.

Edwards, Elwyn, »Automation in Civil Transport Aircraft«, *Applied Ergonomics,* Dez. 1977, S. 194-198.

Egginton, Joyce, *The Poisoning of Michigan,* New York 1980.

Einhorn, Hillel J. und Robin M. Hogarth, »Behavioral Decision Theory: Process of Judgement and Choice«, *Annual Review of Psychology,* 32 (1981), S. 53-88.

Emshwiller, John R., »Construction Halt at Nuclear Plant Raises Questions«, *Wall Street Journal*, 24. Okt. 1979.

Erikson, Kai, *Everything in its Path: Destruction of Community in the Buffalo Creek Flood,* New York 1976.

Fallows, James, *National Defense,* New York 1981.

Feaver, Douglas B., *Washington Post*, 7. März 1982.

Feazel, M., »Fuel Pivotal in Trunks'Earnings Slump«, *Aviation Week and Space Technology*, 18. Feb. 1980, S. 31 f.

Finney, John W., »Project Mercury Defects Laid to Private Industry«, *New York Times*, 4. Okt. 1963.

Fischhoff, Baruch, »Cost Benefit Analysis and the Art of Motorcycle Maintenance«, *Policy Sciences*, 8 (1977), S. 177-202.

–, »Behavioral Aspects of Cost-Benefit Analysis«, in: *Energy Risk Management*, Hg. G. Goodman und W. T. D. Rowe, London 1979.

Fitts, Paul M. und R. E. Jones, »Analysis of Factors Contributing to 460 ›Pilot Error‹ Experiences in Operating Aircraft Controls«, in: *Selected Papers on Human Factors in the Design and Use of Control Systems*, Hg. H. Wallace, New York 1961.

Franklin, Ben A., »Toxic Wastes Turned Area of Non-Profit«, *New York Times*, 25. Feb. 1983.

Fuller, John G., »We almost lost Detroit«, in: *The Silent Bomb*, Hg. Peter Faulkner, New York 1977, S. 45-59.

Gaffney, Michael E., »Bridge Simulation: Trends and Comparisons«, unveröff. Manuskr., Maritime Transportation Research Board, National Academy of Sciences, Washington D. C. 1982.

Gardenier, John S., »Ship Navigational Failure Detection and Diagnosis«, in: *Human Detection and Diagnosis of System Failures*, Hg. Jens Rasmussen und William B. Rouse, New York 1981, S. 49-74.

–, »Toward a Science of Marine Safety«, Symposium über die Sicherheit des Seeverkehrs, Den Haag, April 1976.

Geertz, Clifford, *The Interpretation of Cultures*, New York 1973, S. 3-32.

Gilinsky, Victor, »Full Ahead for Nuclear Power«, *Technology Review*, Feb./März 1982, S. 10.

Godson, John, *The Rise and Fall of the DC-10*, New York 1975.

Gold, Michael, »Who Pulled the Plug on Lake Peigneur?«, *Science*, Nov. 1981, S. 56-63.

Goldoftas, Barbara, »Recombinant DNA: The Ups and Downs of Regulation«, *Technology Review*, Mai/Juni 1982, S. 29-32.

Goller, O., »Report on Three Serious Accidents in Oxygen Plants«, in: *Loss Prevention and Safety Promotion in the Process Industries*, Hg. C. H. Buschmann, New York 1974, S. 325-330.

Graham, John D. und James W. Vaupel, »Value of a Life, What Difference Does it Make?«, *Risk Analysis*, 1 (1981), S. 89-95.

Graham, Julie und Don Shakow, »Risks and Rewards: Hazard Pay for Workers«, *Environment*, Okt. 1981, S. 14-45.

–, – und Christopher Cyr, »Risk Compensation – In Theory and Practice«, *Environment*, Jan./Feb. 1983, S. 14-40.

Grayson, Ralph L. und Charles E. Billings, »Information Transfer Between Air Traffic Control and Aircraft: Communication Problems in Flight Operations« in: *Information Transfer Problems in The Aviation System*, NASA, Technical Paper 1875, Moffet Field, Sept. 1981, S. 47-69.

Greenberg, Daniel, *The Politics of Pure Science*, New York 1967.

Gulbransen, Earl A., »Not Safe Enough«, *Bulletin of the Atomic Scientist*, Juni 1975, S. 5

Gyorgy, Anna und Freunde, *No Nukes: Everyone's Guide to Nuclear Power*, Montreal 1979.

Hagen, E. W., »Common-Mode/Common Cause Failure: A Review«, *Nuclear Safety*, März/April 1980, S. 184-192.

Hall, D. W. und A. W. Hecht, »Summary of the Characteristics of the ASRS Database«, *Ninth Quarterly Report*, NASA 78608, Washington D. C., Juni 1979, S. 24-34.

Hart, Gary und Barry Goldwater, »Recent False Alerts from the Nations's Missile Attack Warning System«, *Report to the Senate Committee on Armed Services*, Washington D. C., Government Printing Office, 9. Okt. 1980.

Hines, William, »NASA: The Image Misfires«, *The Nation*, 24. April 1967, S. 517-519.

Hirschhorn, Larry, »The Soul of a New Worker«, *Working Papers*, Jan./Feb. 1982, S. 42-47.

Hogarth, Robin M., »Beyond Descrete Biases: Functional and Dysfunctional Aspects of Judgmental Heuristics«, *Psychological Bulletin* 90, S. 197-217.

Howard, Ronald A., »On Making Life and Death Decisions«, in: *Societal Risk Assessment: How Safe Is Safe Enough?*, Hg. Richard C. Schwing und Walter A. Albers, S. 86-106.

Hoy-Petersen, R., »Fire Prevention in Solvent Extraction Plants«, in: *Loss Prevention and Safety Promotion in the Process Industries*, Hg. C. H. Buschmann, New York 1974, S. 325-330.

Hunt, D. C., »Restricted Release of Plutonium-Part 1. Observational Data«, *Nuclear Safety*, März/April 1971, S. 85-89.

Hynes, Mary Ellen und Erick H. Vanmarcke, »Reliability of Embankment Performance Predictions«, *Proceedings of the ASCE Engineering Mechanics Division Specialty Conference*, Waterloo, Kanada, Mai 1976.

Jarvis, H. C., »Butadiene Explosion at Texas City-1«, *Loss Prevention*, 5 (1971), S. 57-60.

Jervis, Robert, *Perception and Misperception in International Politics*, Princeton 1976.

Kahneman, Daniel und Amos Tversky, »On the Psychology of Prediction«, *Psychological Review*, 80 (1973), S. 237-251.

Kasperson, Roger, C. Hohenemser und J. X. Kasperson, »Institutional Response to Different Perdeptions of Risk«, in: *Accident at Three Mile Island: The Human Dimensions*, Hg. David L. Sills, C. P. Wolfe und Vivian B. Shelanski, S. 39-48.

Keister, R. G., B. I. Pesetsky und S. W. Clark, »Butadiene Explosion at Texas City-3«, *Loss Prevention*, 5 (1971), S. 67-75.

Kemeny, John, et al., *The Need for Change: The Legacy of TMI*, Bericht der Regierungskommission über den Unfall von Three Mile Island, Government Printing Office, Washington D. C., Okt. 1979.

Kenney, Martin und Frederick Buttel, J. Tadlock und Jack Kloppenburg, Jr., »Genetic Engineering and Agriculture«, *Bulletin Nr. 125*, Cornell Rural Sociology Bulletin Series, Juli 1982.

Kletz, T. A., »The Flixborough Cyclohexane Disaster«, *Loss Prevention*, 9 (1975), S. 106-110.

–, »A Decade of Safety Lessons«, *Hydrocarbon Processing*, 6 (Juni 1979), S. 202.

–, »Seek Intrinsically Safe Plants«, *Hydrocarbon Processing*, 8 (Aug. 1980), S. 137-151.

Kokemor, F. G., »Synthesis Start-Up Heater Failure«, *Ammonia Plant Safety*, 22 (1980), S. 159-169.

Kompass, E. J., »A long Perspective on Integrated Process Control Systems«, *Control Engineering*, Aug. 1981, S. 4-9.

Kreifeldt, John G., »Cockpit Displayed Traffic Information and Distribution Management in Air Traffic Control«, *Human Factors*, 22 (1980), S. 671-691.

Krey, P. W., »Atmospheric Burnup of a Plutonium-238 Generator«, *Science*, 10. Nov. 1967, S. 769-771.

Krimsky, Sheldon und D. Ozonoff, *Genetic Alchemy: The Social History of the Recombinant DNA Controversy*, Cambridge, Mass., 1984.

Lagadec, Patrick, *Major Technological Risk*, New York 1982.

La Porte, Todd R., »In Search of Nearly Error-Free Management: Lessons from U. S. Air Traffic Control for the Future of Nuclear Energy«, unveröff. Manuskr., Institute of Governmental Studies, University of California, Berkeley 1980.

–, »On the Design and Management of Nearly Error-Free Control Systems«, in: *Social Aspects of the Accident at Three Mile Island*, Hg. David Sills et al., Boulder, Colorado 1982, S. 185-202.

Lave, Lester B., »Introduction«, in: *Quantitative Risk Assessment and Regulation*, Hg. Lester Lave.

–, (Hg.) *Quantitative Risk Assessment in Regulation*, Washington D. C. 1983.

Lawrence, Paul und Jay Lorsch, *Organizations and Environment*, Cambridge, Mass. 1967.

Lear, John, *Recombinant DNA: The Untold Story*, New York 1978.

Lederer, Jerome, *Aviation Safety Perspectives. Hindsight, Insight, Foresight*, New York 1982.

Lloyd's List, London, 21. Mai 1981, S. 1-4.

Lyons, Richard D., »Crews at Reactor Criticize Cleanup«, *New York Times*, 28. März 1983.

McCaffrey, David P., *OSHA and The Politics of Health Regulation*, New York 1982.

McKinley, Olson, *Unacceptable Risk: The Nuclear Power Controversy*, New York 1976.

Mackley, William B., »Aftermath of Mount Erebus«, *Flight Safety Digest*, Sept. 1982, S. 1-5.

Mahon, Thomas, *Report of the Royal Commission to Inquire Into the Crash on Mount Erebus, Antarctica, of a DC-10 Aircraft Operated by New Zealand Limited*, Wellington, New Zealand 1981.

March, James G., »Bounded Rationality, Ambiguity, and the Engineering of Choice«, *Bell Journal of Economics*, Herbst 1978, S. 587-608.

– und Herbert Simon, *Organizations*, New York 1958.

– und Johan Olsen, Hg., *Ambiguity and Choice in Organizations*, Bergen 1976.

Maritime Transportation Research Board (MTRB), *Human Error in Merchant*

Marine Safety, AD/A-028 371, National Technical Information Service, Washington D. C., Juni 1976.

Marshall, Eliot, »Gene Splicers Simulate a ›Disaster‹, Find No Risk«, *Science,* 23. März 1979, S. 1223.

–, »NCR Takes a Second Look at Reactor Design«, *Science,* 28. März 1980, S. 1445-1448.

Metcalf, Lee und Vic Reinemer, *Overcharge,* New York 1967.

Meyer, John und Brian Rowen, »The Structure of Educational Organizations«, *Environment and Organizations,* San Francisco 1978, S. 78-109.

Mine Safety and Health, »Could These Deaths Have Been Avested?«, 1979, S. 4 ff.

–, »The Belle Isle Explosion«, 4/1980, S. 2-7, 28.

Mitchell, Robert Cameron, »Public Response to a Major Failure of a Controversial Technology«, in: *Accident at Three Mile Island: The Human Dimensions,* Hg. D. Sills et al., Boulder, Colorado 1982, S. 21-38.

Monan, William P., »Distraction – A Human Factor in Air Carrier Hazard Events«, *Ninth Quarterly Report,* NASA Technical Memorandum 78608, Washington D. C., Juni 1979, S. 2-22.

Morris, P. A. und R. H. Engelken, »Safety Experience in the Operation of Nuclear Power Plants«, in: *International Atomic Energy Agency Principles and Standards of Reactor Safety,* Proceedings of a Symposium, IAEA, Wien 1973, S. 429-446.

Mostert, Noel, *Supership,* New York 1974.

NASA, Aviation Safety Reporting System Staff, »Human Factors Associated with Altitude Alert Systems«, in: *Sixth Quarterly Report,* NASA TM-78511, Washington D. C., Juli 1978, S. 25-37.

NASA, Aviation Safety Reporting System Staff, NASA-Ames L/M: 239-3. Perrow. Eigens für Ch. Perrow 1982 erstellter Bericht.

–, Third Quarterly Report, TM X-3546, Washington D. C. Mai 1977.

–, TM 81225, Ames Research Center, Moffett Field, Kalifornien, August 1980.

National Research Council, *Computer-Aided Manufacturing: An International Comparison,* zusammengest. von Hiroyuki Yoshikawa, Keith Rathmill und Jozsef Hatvany für die Assembly of Engineering, National Research Council, Washington D. C. 1981.

NBC, *Nightly News,* 24. Juli 1982.

New Indicator, »You Have One Hour to Evacuate . . .«, University of California, San Diego, 2. Dez. 1981 – 4. Jan. 1982, S. 1 f.

New York Times, 16. Dez. 1979.

–, 14. Mai 1980.

–, 17. Sept. 1980.

–, 28., 29., 30. Okt., 12. Dez. 1981.

Nisbet, Robert, »Quintessential Liberal«, *Commentary,* 72 (Sept. 1981), S. 61-64.

National Transportation Safety Board (NTSB) – Flugunfallberichte (AAR):

NTSB, AAR-81-10, 7. Juli 1981.

–,– 81-11, 21. Juli 1981.

–,– 81-12, 19. Aug. 1981.

–,– 81-13, 19. Aug. 1981.

–,– 81-15, 15. Sept. 1981.
–,– 81-17, 17. Dez. 1981.
–,– 81-18, 17. Dez. 1981.
–,– 82-3, 6. April 1982.
NTSB, SS, *Badger State,* 7. Dez. 1971.
Schiffsunfallberichte (MAR):
NTSB, MAR-75-5, 6. Juli 1978.
–,– 79-16, 27. Sept. 1979.
–,– 80-5, 28. März 1980.
–,– 80-7, 12. Mai 1980.
–,– 80-11, 28. Aug. 1980.
–,– 80-16, 29. Sept. 1980.
–,– 81-3, 10. April 1981.
–,– 81-14, 9. Dez. 1981.
–,– 82-3, 9. Feb. 1982.
–, Sicherheitsempfehlungen (A): A-81-69, 29. Juni 1981.
–,– A-81-92, 26. Aug. 1981.
–,– A-81-93, 26. Aug. 1981.
–,– A-81-150, 9. Nov. 1981.
–,– A-82-17, 5. März 1982.
–,– M-82-1, 18. Feb. 1982.
–, SIR-81-6, 9. Sept. 1981.
–, SIR-81-6, 24. Sept. 1981.
–, *Special Study: Major Marine Collisions and Effects of Preventive Recommendations,* MSS-81-1, 9. Sept. 1981.
Okrent, David, »Comment on Societal Risk«, *Science* 208 (25. April 1980), S. 372-375.
Palladino, N. J., »Defends Zirconium«, *Bulletin of the Atomic Scientist,* März 1976, S. 5.
Peltzman, S., »The Effects of Automobile Safety Regulation«, *Journal of Political Economy,* 83 (1975), S. 677-725.
Perlman, David, *San Francisco Chronicle,* 6. Nov. 1981.
Perrow, Charles, »Hospitals: Technology, Goals and Structure«, in: *Handbook of Organizations,* Hg. James March, Chicago 1965, S. 910-971.
–, »A Framework for the Comparative Analysis of Organizations«, *American Sociological Review,* 32 (April 1967), S. 194-208.
–, *Organizational Analysis: A Sociological View,* Belmont 1970.
–, »The Bureaucratic Paradox: The Efficient Organization Centralizes in Order to Decentralize«, *Organizational Dynamics,* Frühjahr 1977, S. 2-14.
–, *Complex Organizations: A Critical Essay,* Glenview 1979.
–, »Normal Accident at Three Mile Island«, *Society,* Juli/Aug. 1981, S. 17-26.
–, »The President's Commission and the Normal Accident«, in: *The Accident at Three Mile Island: The Human Dimensions,* Hg. V. Shelansky et al. (1981), S. 173-184.
–, *The Organizational Context of Human Factors,* Technical Report, DTIC Nr. ADA 123435, US Navy, Office of Naval Research, Washington D. C., Nov. 1982.

–, »The Organizational Context of Human Factors Engineering«, *Administrative Science Quarterly,* Dez. 1983.

Perry, Willard W. und William P. Articola, *Study to Modify the Vulnerability Model of the Risk Management System,* Technical Report CG-D-2-80, U.S. Department of Transportation, Washington D. C., Feb. 1980.

Pfund, Nancy, »Recombinant DNA: Miracles and Menaces«, in: *Do No Harm: Health Risks and Public Choice,* Hg. Diana Dutton, o. O. 1984.

President's Commission on the Accident at Three Mile Island, *Closed Hearings,* 15. Sept. 1979.

Pryde, Philip R., *The Soviet Energy System,* New York 1981.

Raiffa, Howard, »Concluding Remarks«, in: *Societal Risk Assessment: How Safe Is Safe Enough?,* Hg. Richard C. Schwing und Walter A. Albers, S. 339-420.

Robertson, L. S., »A Critical Analysis of Peltzman's ›The Effects of Automobile Safety Regulation‹ «, *Journal of Economic Studies,* 11 (1977), S. 587-600.

Sadee, C., D. E. Samuels und T. P. O'Brien, »The Characteristics of the Explosion of Cyclohexane at the Nypro (U. K.) Flixborough Plant on 1st June 1974«, *Journal of Occupational Accidents,* 1 (1976/77), S. 203-235.

Saia, S. A., »Vapor Clouds and Fires in a Light Hydrocarbon Plant«, *Chemical Engineering Progress,* 72 (Nov. 1976), S. 56-61.

Santilli, Stan R., *Critical Interface Between Environment and Organisms in Class A Mishaps: A Retrospective Analysis,* Report SAM-TR-80-3, University of San Francisco, School of Aerospace Medicine, Brooks Airforce Base, Texas, Juni 1980.

Schwing, Richard C., »Trade Offs«, in: *Societal Risk Assessment: How Safe Is Safe Enough?,* Hg. Richard C. Schwing und Walter A. Albers, S. 129-141

–, und Walter A. Albers, Jr., *Societal Risk Assessment: How Safe is Safe Enough?,* New York 1980.

Science, »Investigators Agree New York Blackout of 1977 Could Have Been Avoided«, 15. Sept. 1978, S. 994-996.

–, »UCDS Gene Splicing Incident Ends Unresolved«, 26. Sept. 1980, S. 209.

Scott, R. L. Jr., »Fuel Melting Incident at the Fermi Reactor on October 5, 1966«, *Nuclear Safety,* 12 (März/April 1971), S. 123-134.

Seale, Robert L., »Consequences of Criticality Accidents«, in: *Nuclear Criticality Safety,* Hg. R. Douglas O'Dell, USAEC, Technical Information Center, 1974, S. 16-24.

Seals, E. D. und R. A. Speirer, »Analysis of Accidents Related to Falls of Ground in Metal and Nonmetal Mines, 1972-1973«, U. S. Bureau of Mines, Mining Enforcement, and Safety Administration, Pittsburgh, Information Report 1009.

Slovic, Paul, Baruch Fischhoff und Sara Lichtenstein, »Accident Probabilities and Seat Belt Usage«, *Accident Analysis and Prevention,* 10 (1978), S. 281-285.

–, »Facts and Fears: Understanding Perceived Risk«, in: *Societal Risk Assessment: How Safe Is Safe Enough?,* Hg. Richard C. Schwing und Walter A. Albers, S. 181-212.

–, »Perceived Risk: Psychological Factors and Social Implications«, *Proceedings of the Royal Society of London,* A 37 376, 1981, S. 17-34.

–, »Facts versus Fears: Understanding Perceived Risk«, in: *Judgment Under Uncer-*

tainty: Heuristics and Biases, Hg. Daniel Kahneman, Paul Slovic und Amos Tversky, Cambridge, Mass. 1982, S. 463–492.

Smith, H. P. Ruffell, *A Simulator Study of the Interaction of Pilot Workload with Errors, Vigilance and Decisions,* NASA TM 78482, Ames Research Center, Moffett Field, Calif. 1979.

Smith, R. Jeffrey, »FAA Is Cool To Cabin Safety Improvements«, *Science,* 6. Feb. 1981, S. 557–560.

Spahn, Mark J., »Analysis of the System Effectiveness Information System (SEIS) Data Base«, in: *The Human Element in Air Traffic Control,* Hg. Glenn C. Kinney, McLean, Va., Dez. 1977.

Starr, Chauncey, »Social Benefit versus Technological Risk«, *Science* (1969), S. 1232–1238.

–, und Chris Whipple, »The Risk of Risk Decisions«, *Science* (6. Juni 1980), S. 1114–1119.

Stevens, William K., »Man Has Yet to Master Shuttle's Sophistication«, *New York Times,* 15. Nov. 1981.

–, *New York Times,* 15. Nov. 1982.

Street, David, Robert Vinter und Charles Perrow, *Organization for Treatment,* New York 1966.

Talbot, Stephen, »The H-Bombs Next Door«, *Nation,* 7. Feb. 1981.

Thomasson, W. A., »Recombinant DNA and Regulating Uncertainty«, *Bulletin of the Atomic Scientists* (Dez. 1979), S. 26–32.

Thompson, James, *Organizations in Action,* New York 1967.

Time, 20. Dez. 1982, S. 68.

Turner, Walker, *New York Times,* 2, Dez. 1981.

Tversky, Amos und Daniel Kahneman, »Availability: A Heuristic for Judging Frequency and Probability«, *Cognitive Psychology,* 5 (1973), S. 207–232.

Union of Concerned Scientists, *The Risks of Nuclear Power Reactors,* Cambridge, Mass., Aug. 1977.

U. S. Atomic Energy Comission. WASH-1192: *Operational Accidents, 1943–1970,* Washington D. C. 1972.

U. S. Coast Guard/National Transportation Safety Board, *Marine Casualty Report* Nr. 16732/92368, 31. Juli 1979.

–, MAR-73-1, 28. Aug. 1973.

–, *Marine Casualty Report – SS » Transhuron« Fire on 24 September and Grounding on 26 September 1974, Arabian Sea,* Washington D. C., Sept. 1976.

–, MAR-77-1, 12. Mai 1977.

U. S. Congress House Interior Committee, *Mill Tailings Dam Break at Church Rock, New Mexico,* Washington D. C. 1981.

U. S. Nuclear Regulatory Commission, *NRC Licensee Assessments,* NUREG-0834, USNRC, Washington D. C. 1981.

–, »Safety Goals for Nuclear Power Plants: A Discussion Paper,« NUREG 0880, USNRC, Washington D. C. Feb. 1982.

van Eijnatten, A. L. M., »Explosion in a Naphta Cracking Unit«, *Loss Prevention,* 11 (Sept. 1977), S. 11–14.

Vervalin, Charles H., »Fire Losses Reported by NFPA«, *Hydrocarbon Processing,* Feb. 1977, S. 166–167.

Voros, M. und Gy Honti, »Explosion of a Liquid CO_2 Storage Vessel in a Carbon Dioxide Plant«, in: *Loss Prevention and Safety Promotion in the Process Industries,* Hg. C. H. Buschmann, New York 1974, S. 337–346.

Wade, Nicholas, *The Ultimate Experiment,* New York 1977.

–, »Recombinant DNA: Warming Up for the Big Payoff«, *Science,* 29. Nov. 1979, S. 663–665.

–, »UCSD Gene Splicing Incident Ends Unresolved«, *Science* 209 (26. Sept. 1980), S. 1494–1495.

Wald, Matthew, L., *New York Times,* 21. Sept. 1981.

Wallstreet Journal, »Unsettling Questions«, 15. Dez. 1982.

Washington Post, 29. Feb. 1980.

–, 28. April 1982, A 14.

Weaver, W. W., »Pitfalls in Current Design Requirements«, *Nuclear Safety,* Mai/Juni 1981, S. 328–329.

Webb, Richard E., *The Accident Hazards of Nuclear Power Plants,* Amherst, Mass. 1976.

Weick, Karl, »Educational Organizations as Loosely Coupled Systems«, *Administrative Science Quarterly,* März 1976, S. 1–19.

Weiner, Charles, »Relations of Science, Government, and Industry: The Case of Recombinant DNA«, in: American Association for the Advancement of Science, *Policy Outlook; Science, Technology and the Issues of the Eighties,* Washington D. C. 1981, S. 109–156.

Whiteside, Thomas, *The Pendulum and the Toxic Cloud,* New Haven 1979.

Wiener, Earl L., »Controlled Flight into Terrain Accidents: System-Induced Errors«, *Human Factors,* 19 (1977), S. 171–181.

–, »Midair Collisions: The Accidents, the Systems, and the Realpolitick«, *Human Factors,* 22 (1980), S. 521–533.

–, und Renwick E. Curry, »Flight-Deck Automation: Promises and Problems,« *Ergonomics,* 23 (1980), S. 995–1011.

Wildavsky, Aaron, »No Risk Is the Highest Risk of All«, *American Scientist,* 67 (Jan./Feb. 1979), S. 32–37.

Williams, G. P., »Causes of Ammonia Plant Shutdowns«, *Ammonia Plant Safety,* 20 (1978), S. 123–130.

Wilson, Richard, »The Costs of Safety«, *New Scientist,* 30. Okt. 1975, S. 174–175.

Wilson, G. L. und P. Zarakas, »Anatomy of a Blackout«, *Spectrum,* 15. Feb. 1978, S. 39–45.

Winegar, Bruce H., »Partial Collapse of an Atmospheric Ammonia Storage Tank«, *Ammonia Plant Safety,* 22 (1980), S. 226–230.

Witkin, Richard, *New York Times,* 28. Nov. 1981, S. 9.

Wolfe, Tom, *The Right Stuff,* New York 1979.

Wood, Jim, *San Francisco Examiner,* 19. Dez. 1981.

Woodward, Joan, *Industrial Organization: Theory and Practice,* London, 1965.

Wright, J. Patrick, *On a Clear Day You Can See General Motors,* New York 1980.

Register